国家社科基金重大项目"东西方心灵哲学及其比较研究"
（项目批准号12&ZD120）研究成果

华大"韦卓民哲思"文丛
丛书主编／高新民　毛华兵

东西方心灵哲学及其比较研究

东西方心灵哲学比较研究

王世鹏　高新民　吴胜锋 等／著

科学出版社
北京

内容简介

本书是一部从跨文化、跨地域、跨学科视角对东西方心灵哲学进行比较研究的哲学著作，着重通过东西方心灵哲学的异同比较，确定双方在哪些方面能够互补及如何互补，为现代西方心灵哲学研究提供借鉴。本书试图在对心灵哲学的元哲学问题进行探讨的基础上，梳理东西方心灵哲学比较研究的历史脉络，选取心灵观、意向性、自我、情绪等比较项进行考察，从整体上把握东西方心灵哲学各自的实质、特点和突出贡献，挖掘其各自体系中隐藏的有助于推进人类心灵认识的资源和真理元素，并尝试基于比较研究的成果为心灵哲学中一些困难问题的解决提供方案。

本书适合哲学、文化学、语言学专业的研究者参考，也适合对人工智能、心理学、信息科学感兴趣的读者阅读。

图书在版编目（CIP）数据

东西方心灵哲学比较研究/王世鹏等著. —北京：科学出版社，2024.3
（华大"韦卓民哲思"文丛."东西方心灵哲学及其比较研究"系列）
ISBN 978-7-03-053132-2

Ⅰ. ①东… Ⅱ. ①王… Ⅲ. ①心灵学-对比研究-中国、西方国家
Ⅳ. ①B846

中国版本图书馆 CIP 数据核字（2020）第 153312 号

丛书策划：刘 溪
责任编辑：邹 聪 刘红晋 张 楠/责任校对：王晓茜
责任印制：师艳茹 / 封面设计：黄华斌

科学出版社 出版
北京东黄城根北街 16 号
邮政编码：100717
http://www.sciencep.com

北京虎彩文化传播有限公司印刷
科学出版社发行 各地新华书店经销

*

2024 年 3 月第 一 版　开本：720×1000　1/16
2024 年 3 月第一次印刷　印张：42 1/4
字数：680 000
定价：298.00 元
（如有印装质量问题，我社负责调换）

华大"韦卓民哲思"文丛
编委会

主　编：高新民　毛华兵

编　委（以姓氏汉语拼音为序）：

　　　　陈吉胜　高扬帆　胡子政　李宏伟
　　　　刘占峰　宋　荣　王世鹏　吴秀莲
　　　　杨足仪　殷　筱　张　卫　张尉琳
　　　　张文龙

总　　序

"华大'韦卓民哲思'文丛"是为纪念和发扬韦卓民科学精神、展现华中师范大学哲学一级学科原创性学术成果而组织策划的。

本丛书之所以以韦卓民先生的名字命名，是因为他用他的生命实践成功、生动地诠释了难得而又最为我们华中师范大学哲人、最为我们时代所需要的科学和学术精神。

韦卓民生于广东中山的一个茶商家庭，是我国现代著名的哲学家、翻译家、教育家和宗教学家，西方哲学史学科的奠基人之一，曾长期担任作为华中师范大学前身之一的华中大学的校长。曾留学于哈佛大学、伦敦大学等著名学府，获英国伦敦大学哲学博士学位。20 世纪三四十年代，先生曾三次应邀赴美国耶鲁大学、芝加哥大学、哥伦比亚大学讲授哲学和伦理学。其所讲的关于中国文化的系列讲座不久在纽约以英文公开出版。

先生长期的哲学和逻辑研究折射出了一种只在少数知识分子身上才能看到的文化和精神现象，其内隐藏着与"李约瑟难题""钱学森之问"有异曲同工之妙的"韦卓民难题"。他以自己的人生实践和元方法论层面上的科学哲学探讨对之做了别具一格的回答。反思这些用实践写成的答案有助于我们理解今日知识界的种种反常、异常、异化现象，破解杰出、创新人才培养的重大难题。他的学术实践所诠释的科学精神是，以科学本身为目的，为学术而学术，殚精竭虑地敬重、维护、创新科学文化这一最高的社会价值，不仅不像今天许多人那样把它当作谋取财富、地位、权力的手段，或只做有利可图的学问，而且只要学术需要就毫不犹豫地奉献自己的一切，生为学术而生，死为学术而死。最为突出的是，他以不可思议的意志和毅力，自己戴着"右派""反动学术权威""牛鬼蛇神"等一顶顶可怕的帽子，在经常上五七干校、下农村改造的艰难处境下，完成了令人瞠目的著述和译作。仅逝世前短短 20 年时间，他就写下了近千万字，其中大多数是一笔一画誊正清晰的完整手稿。最为感人的是，许多作品是在国人对学术不仅不需要反倒嗤之以鼻的背景下写出来的。例如，他有两篇文章落款的时间、地点分别是"1972 年 1 月 12 日政治系宿舍""1972 年 1 月 4 日政史连"，他关于黑格尔哲学的 10 多万字的英文稿，落款的时间也是 1972 年。1976 年春天的一天，先生对一位同事说争取在最近把他十分看重的《黑格尔〈小逻辑〉评注》写完，可惜的是，没过几天，他因患感冒而悄然离开了人世。

我们将铭记和发扬先生所践行的学术精神，不断拿出无愧于时代的成果，并通过本文丛陆续推出。

高新民　毛华兵
2019 年 3 月

前　言

西方心灵哲学有两种发展趋势：一种是一体化，另一种是分化。分化的表现是：诞生了像意识哲学、行动哲学、中国心灵哲学、印度心灵哲学这样的分支学科。比较心灵哲学（comparative philosophy of mind）或心灵哲学比较研究也是在这一过程中诞生的一个分支。尽管它的历史不长，但成果颇丰，既有全局性的比较[如对中国、印度、西方（简称中印西）心灵哲学的比较]，又有具体问题和思想的比较（如对正理派和笛卡儿派的二元论结论与论证的比较等）。印度心灵哲学界在这一领域也做了大量令国内学界有巨大压力和紧迫感的工作。这不禁使我们汗颜，因为这本应是我们的优势领域，却让外国人特别是西方人捷足先登了。基于这样的使命感，笔者将在此阐述我们对开展东西方心灵哲学比较研究、发出中国声音的初步构想。

一、心灵哲学比较研究的历史回顾与必要性

从总体上看，东西方心灵哲学比较研究是一个起步较晚、尚不成熟、有待进一步开拓的研究领域。在西方，比较哲学研究有一个从自发向科学化转化的过程。古希腊思想家麦加斯梯尼早在公元前4世纪前后就对古代希腊、印度、希伯来的自然哲学思想做过比较。16~18世纪的欧洲近代哲学家已接触并认识到东方哲学的重要性，印度的佛教思想经由中国及别的渠道

传至欧洲并对包括培尔（Bayle）和休谟（D. Hume）在内的一些哲学家产生了影响。莱布尼茨作为最早在西方倡导比较哲学的哲学家也明确表达了对东方哲学的兴趣，并提出要把中国的哲学家请到西方去。随后不断有西方哲学家、心理学家、宗教学家翻译儒释道三家经典，并从西方视角出发对之进行研究，诞生了大量有价值的、跨文化研究的著作。但这一时期的东西方心灵哲学比较并不具有专门性、系统性和严格性的意义，其成果主要是以零散的形式穿插在一些文化、宗教、心理学或者一般性的哲学著作当中。

西方真正的比较心灵哲学研究是伴随着19世纪末比较研究的科学化进程而诞生的。随着文化、文明的大发现，各种形式的比较研究蔚然成风，如宗教比较、神话比较、语言比较等。20世纪初以马松-乌尔色（Masson-Oursel）为代表的哲学家通过对比较的元哲学、元方法论的研究，最终建立了作为独立学科的比较哲学。20世纪30年代以后，随着心灵哲学研究的深入以及对非西方的心灵哲学的了解的增加，在心灵哲学领域内便出现了比较心灵哲学这一子门类。经过几十年的发展，其已成为一个蔚为壮观的心灵哲学分支。其特点是：第一，发展迅猛，论著与日俱增，许多主流哲学家也介入研究。第二，重视对心灵哲学元问题的研究。当然，由于对心灵哲学划界标准有宽松（把对心灵的认识看作是心灵哲学）和苛刻（只承认分析传统的心灵哲学）两种不同的理解，因此持不同见解的人便有不同的比较研究。第三，重视对微观、细小项目的比较。例如，正理派和笛卡儿派对二元论的各种论证的比较，佛教的遮诠理论与西方的心理内容理论的比较，东西方自我—人格同一性理论的比较，佛教自证分理论与西方的方法论的唯我论的比较，纯意识理论的比较，法称与洛克的比较，东西方幸福概念的比较，等等。第四，有的西方学者热衷于用现代西方心灵哲学的专业术语（如意识、意向性、意义、心理内容、感受性质、命题态度等）来解释和重构东方心灵哲学。

中国的中印西心理理论的比较研究早就开始了，尽管它尚不是严格意义上的心灵哲学比较研究。在佛教传入的过程中，佛教中国化的推动者、创宗立派的大师都做过这方面的工作。例如，天台宗智顗大师对佛教和道教关于心的认识做过比较研究。20世纪以后，梁漱溟（1893—1988）、钱穆（1895—1990）、林语堂（1895—1976）等都做出了重要贡献。此后，蒙培元（1938—2023）、杨国荣（1957—）等在有关论著中也经常涉及这一主题，如蒙培元先生通过对哲学类型的比较，认为中国心灵哲学既有境界型，又有知识型。杨国荣先生对休谟和陆王心学关于心理现象的本体（依托）的思想做了比较。另外，认识到中国心灵哲学有反实体主义、非中心主义、自然化和具身性思想都是由于有了比较视角。印度的中印西心灵哲学比较研究，在20世纪中叶已经取得了许多有较高水平的成果，著名学者泰戈尔、拉达克里希南都为之做出了贡献，后者的论著非常多。近年来，印度的中印西心灵哲学比较研究十分活跃，呈上升之势，而且有一定的深度。罗摩克里希纳·劳（Ramakrishna Rao）的《意识研究：跨文化视野》就是其代表。

我国在这一领域尽管早有尝试，且有一些成果，但作为一个心灵哲学分支的、严格而规范的比较心灵哲学则是有待中国学人开垦的一个空白领域。首先，我们介入这一研究的必要性在于：作为文化大国的中国，没有丝毫理由让这个空白继续存在下去。在这里，没有中国的强有力的发声，不仅是不正常的，而且对世界心灵哲学的发展也是一大欠缺和损失。其次，这样的研究也是推进对心灵的哲学认识、建立有中国特色的心灵哲学所不可或缺的。因为比较研究可以帮助我们更好地挖掘各种文化的心灵哲学所隐藏的资源、认识被比较的各种类型的心灵哲学的实质与特点。除此之外，这样的研究还有助于我们从中国责任视角审视当前心灵哲学成果多而绩效不令人满意的困境，为推动人类心灵哲学发展贡献中国的力量。正如维特根斯坦（Wittgenstein）在诊断一般哲学病因时所说的那样：哲学病的根源是偏食，即只关注一个或有限的方面。心灵哲学要突破，既要像诺贝尔奖获得者克里克（Crick）所说的那样，不能让哲学家垄断对心灵的认识，而应让这一认识成为包括神经科学在内的多学科的共同课题，同时又应超越心灵哲学的西方沙文主义，不能在单一的文化视域中研究心灵哲学，而应在广泛的、跨文化的视域中，调动各种文化的资源，展开对心灵哲学的攻关。一方面，各种文化中事实上已包含有对心灵的真理性认识的颗粒，这些值得我们通过比较去发掘和发挥；另一方面，比较研究本身也有这样的功能，即在发挥它的其他固有作用的同时，为被比较学说体系所关注的对象"贡献新的东西"，即推进对心灵本身的认识。

中印西心灵哲学比较不但是一个能成立的、有研究价值的课题，能够作为东西方文化交流和哲学比较的一个良好范例，而且其丰富的理论资源和实践价值有待我们去发现、挖掘。中印西心灵哲学既有显著差异性，又有明显的一致性，例如，三种心灵哲学都是基于对心理现象的形而上学诧异而产生的。中国心灵哲学研究既不能夜郎自大、闭门造车，也不能盲从迷信、妄自菲薄。中印西心灵哲学中都包含有对人类心灵认识的真理性成分，都依托自身文化传统、按照自己的研究路径从一个侧面将自己对心灵的哲学思考推进到了相当的高度。分开来看三者都不完整，不是人类的整体性的心灵哲学，只有取长补短、相互促进才能形成整体，才有希望获得对心灵的全面而科学的认识。中国心灵哲学在历史上曾受到印度文化的影响，吸取并融合了印度佛教心灵哲学的有益成分，当前又恰逢东西方心灵哲学碰撞和交汇的契机，能够直接吸收和利用西方心灵哲学的最新成果，这种得天独厚的条件将使中国有可能构建起自己相对全面的、现代意义上的心灵哲学。

二、西方心灵哲学比较研究的局限性与中国赶超的可能性根据

必须承认的是，西方人不仅抢占先机，科学地建立了心灵哲学比较研究这一独立分支，而且做了极富成果的耕耘。其表现有很多，如对有关元问题、大量具体问题做了数量可观且质

量很高的研究。很多一流学者在这里都有所建树。例如，著名心灵哲学家、比较学者德雷福斯（Dreyfus）和汤普森（Thompson）在《亚洲视角：印度的心灵理论》中没有流于宏大叙事，而是选择东西方文化中具体而有代表性的理论加以比较，将印度的心灵观特别是佛教的心灵观与西方现象学的心灵观加以比较。[①]

尽管西方在这一领域取得了出色的成绩，但由于这是中国哲学有优势的、大有可为的研究领域，只要我们认识到其意义和紧迫性，拿出实际行动，就不仅能发出中国声音，而且完全有可能比西方做得更好。产生这一中国底气是有充分根据的。

西方人在做心灵哲学比较研究时，在解读中国和印度文本时碰到的麻烦比我们在解读西文时的麻烦要大得多，并且东方很多重要的、比较研究中必然要涉及的文本并未译成西文。即使有翻译，东方特殊的意义世界、意境及其独特的表现方式也是西方难以逾越的理解屏障。事实也是这样，由于文本形态、时空距离及别的方面的原因，西方已有比较研究成果存在着许多有待于我们去弥补的缺陷。例如，他们对东方被比较的有关思想的理解就存在着较多的误读、不到位解读甚至解读空白。这一点在进行自我理论的比较研究时表现得最为突出。著名比较哲学研究学者格里菲斯（Griffiths）一方面承认佛教基于禅定提出了五位百法的理论（它在本质上由于不承认二分而承认五分，因而不同于西方的二

[①] Zelazo P D, Moscovitch M, Thompson E. *The Cambridge Handbook of Consciousness*. Cambridge: Cambridge University Press, 2007: 5.

前　言

元论），主张禅定中出现的经验既不是物理现象，又不同于一般的心理现象；而另一方面又认为，佛教在本质上相近于西方的二元论。[①]还有这样常见的观点，即断言佛教坚持无主论、无我论，而佛教所否定的婆罗门教则坚持有主论或有我论。这类看法显然没有看到有关问题和思想的复杂性，因而有待完善。

西方已有心灵哲学比较研究的一个突出的局限是没有看到中国心灵哲学在该领域的贡献，而这一局限又让它的比较研究难以成为真正科学而规范意义上的比较心灵哲学。笔者认为，如果能在扎实研究的基础上将中国心灵哲学放入比较研究之中，那么心灵哲学比较研究的整体面貌将大为改观。这恰好是我们有条件做好的工作。因此这是我们有中国底气的最重要的根据。根据笔者的看法，中国的心灵哲学至少有以下突出的成就。第一，由于中国心灵观对心灵的开发、挖掘到了比西方人关注的更深的本体层面，它甚至比无意识心理还要深，因此这种甚深的心又有至简至易的特点，至少其中有至简至易的道或体。中国心灵观的任务就是找到它。"推此心而与道合，此心即道也；体此道而与心会，此道即心也。……心外无别道，道外无别物也。"[②]第二，看到心离不开"生"的道理。这里的生既指生命、活着，又指生活。一方面，真正的、能为我们

[①] Griffiths P J. *On Being Mindless: Buddhist Meditation and the Mind-Body Problem*. La Salle: Open Court Publishing Company, 1986: xiii.
[②] 《修真十书杂著指玄篇》。

研究的心一定是活着的人身上表现出来的东西；另一方面，这种心本身也是活着的，或活生生的，当下正进行着、正经历着的。而这样的心一定不是单纯的属性，一定既依赖于多种必要条件，如心性、根身、环境和行为或活动，又一定表现为像流水一样的流动的结构。第三，与中国哲学在关于人的概念图式上有超越西方心身二分图式的特点相一致，它在心灵观上也有反单子主义、坚持多元主义的特点。从比较上说，中国心灵哲学占主导地位的心灵观是宽心灵观，即不把心局限于大脑或心脏之内，甚至不局限于人身之内，而认为心弥散于主客之间，乃至可与世界一样大。由心灵观的外在主义或反实体主义、反单子主义的特点所决定，中国哲学所说的"心"或"心灵"，就不是指一个东西、一种性质，因此不是一个概念，而是一个简写的句子或命题，全写即为，心有灵性。[1]第四，中国心灵观中占主导地位的是一元论基础上的多样性理论（多元论）。尽管也有例外，但一般都持关于人的非二元的、整体的概念图式。根据这一图式，人既是内在多要素的统一，又是人与环境的统一。就心内的结构图景而言，里面尽管有作用稍多的子系统，如心神，但魂、魄、精、神、灵、气等都有自己的功能和相对平等的地位。

中国心灵哲学研究能赶超西方的底气还在于：这一新生的心灵哲学分支尚存在着大量的研究空白，至少有许多可发挥我们优势的地方。例如，我们通过对东西方意向性理论的初

---

[1] 张君房编：《云笈七签》。

步考察发现：我们有可能将这一研究大大向纵深推进，因为西方学者尽管已在研究，但他们对中国和印度的发达的但隐藏很深的意向性研究所知甚少。再如，心理的标准问题没能成为比较研究的课题，这也是很令人遗憾的。只要带着心理标准理论的解读框架，就很容易在有关的文本中看到比较规范的心理标准理论。如此之类的空白、薄弱环节还有很多。总之，在这里，我们是可以大有作为的。

三、问题梳理与"元问题"思考

要在这一领域有所建树，应先对有关元问题做出探讨。例如，心灵哲学比较研究究竟应该且能够研究哪些问题？其内在的逻辑是什么？笔者认为，心灵哲学比较研究应解决的主要问题，一方面是存在于现有比较研究中的问题，另一方面是我们在反思、研究的基础上新提出的问题。概括说，其主要问题及其逻辑顺序是：在已有的心灵哲学比较研究中，暴露出了许多带有元哲学性质的问题。例如，什么是心灵哲学的比较研究？这种比较是否可能？如果可能，是怎样可能的？比较研究的前提条件、目的、种类和方法是什么？怎样保证比较的客观和公正？怎样选择被比较项？合格的比较研究依赖于哪些条件和要素？主题相同但时间不同的两种思想能否被比较？这些都是有争论的问题。就目的而言，答案五花八门，例如，有的人认为，比较的目的是促进互补；有的人认为，比较的目的是求大同或求大异，是达到和谐统一，是要揭示新的东西，以资将来的研究，是通过比较让心性展示出来，是倾听（以世界主义方式）基础上的诉说，等等。笔者不赞成以西方传统为中心的哲学沙文主义（它否认西方传统之外存在任何真正的哲学）和根据不可通约性、不可翻译性对比较研究的否定。笔者将从理论和事实两方面对之做出论证。在目的问题上，笔者的基本观点是：这里的比较研究有多种目的，其中最重要的是为了更好地认识被比较学说体系的实质与特点，通过比较探索隐藏在各被比较项中的真理颗粒，探寻让心灵哲学冲出困境，步入高速度、高质量发展轨道的出路、方法。笔者将通过探讨，选择适当的方法论，它将具有广泛的包容性和较大的灵活性，以便根据不同对象选用不同的方法，如异同比较、宏观比较和微观比较、人物比较和学派比较等。为了保证比较的客观和公正，笔者将力避两种常见的倾向，即要么用西方的概念框架剪裁和解释东方思想，要么从中国或印度出发将西方的思想东方化。其出路是：通过考察东西方心灵哲学的历史和现实，抽象共同的问题、视界和概念框架，以此作为比较的出发点。在选择被比较项时，将根据是否有价值、是否有较高的关注度等来做出判断。

在西方的心灵哲学比较研究中，有一种倾向尽管现在不占主导地位，但仍有影响，它基于对东方的不到位的理解，认为东方心灵哲学的主要内容是非理性、非逻辑，以及神秘主义。因此，所做的比较主要是挖掘东方的神秘主义，将东方与西方在灵魂神秘起源、转世、再生、不朽等方面的思想加以比较。薛定谔、

前　言

沃尔夫、拉兹洛（Laszlo）等不仅热衷于这种比较，而且试图从科学的高度进行解释。该怎样看待这些比较？怎样看待东西方的神秘主义？它们与它们所属的心灵哲学是什么关系？

　　心灵哲学研究的问题很多，并且越来越多。因此，要想对中印西在一切心灵哲学问题上的思想做出比较是不可能的。需要探讨的问题是：在一切可比的问题及思想中，能否选择重要的、有代表性的被比较项？如果能，该怎样选择？选择的标准是什么？我们的比较研究将选择哪些被比较项？

　　就已有的关于中印西心灵哲学总的实质和特征的看法来说，有些结论有合理性，有些结论值得进一步探讨。例如，有西方学者认为，中印心灵哲学在研究心或心灵时，比较重视它的非认知的方面，而西方则相反。西方重视心灵的内容和内部思想语言，重视内容和语言逻辑的关系。因此，西方心灵哲学属于理智型，且与语言哲学、逻辑学密不可分。有印度学者认为，印度重视向内和第一人称观点，而西方重视向外和第三人称观点，且倾向于诉诸非心理的东西对心的解释。相比较而言，中国像印度一样重视向内，不同于印度的地方在于：不重视形而上学和认识论。这些看法都值得进一步探讨。

　　不同哲学传统中的相关思想流派不可胜数，而且同一哲学传统内部还存在着众多处在不断发展变化中的、既相互批判又相互继承的流派。很显然，将中印西所有哲学传统或者所有心灵哲学理论都一一列举并逐个进行比较，在实际操作中是不现实的。因此如何处理这些传统流派、理论之间的关系，特别是具体选取其中哪些思想、观点、人物进行比较，即如何确定具体可操作的比较项，是比较心灵哲学所要解决的一个主要问题。

每种心灵哲学既有自己的局限性，又有自己的特点和优势，都为人类对心灵的认识做出了贡献，因此如何通过动机、目的、方法、范式、基础、侧重点、特征、价值和主要内容等全方位、多维度的比较，阐明中印西心灵哲学各自的优劣得失，使各方能够取长补短、相互促进将是比较心灵哲学研究要予以攻克的一大难题。

中国、印度和西方的心灵哲学无疑有巨大的差异性，但它们之间也有共同性和相容性。中印心灵哲学在19世纪以前相对于西方而言拥有较大的先进性，而现当代西方心灵哲学后来居上，在20世纪甚至将距离越拉越大，但这不意味着先进的一方是世界心灵哲学的全部。落后一方需先进一方补养，先进一方也应向落后一方学习，因为落后一方里面也有真理的元素。总之，中印西心灵哲学客观上存在着相互包容性、互补性。在今天自觉认识到这一点，并通过研究将可互补的因素具体弄清楚将是推动人类心灵哲学向前发展的一条途径。为此，比较心灵哲学将通过比较研究，第一，弄清中印西心灵哲学在心灵观念、心理现象学、心灵本体论、语义学、名实关系等方面所做研究和思考的具体表现。中国和印度的心灵哲学重在关注价值性问题，但这不代表它们没有对心灵的事实性问题的思考和认知。中国有自己完善的心灵哲学体系，既包含与西方心灵哲学类似的，以心灵构成、结构、功能、本质为研究对象的事实性或者求真性的心灵哲学，又包含西方心灵哲学关注不够的价值性心灵哲学。印度正理派的二元论与西方笛卡儿式的实体二元论,顺世派的唯物主义与当代西方唯物主义不但在思想观点而且在论证方法上都有惊人的相似之处。第二,通过对各方心灵哲学内容的具体扎实研究,站在着眼于世界心灵哲学发展的高度,对它们所包含的真理性元素做出具体深入的挖掘和清理。

目 录

总序 / i

前言 / iii

第一章 心灵哲学比较及其元哲学问题 / 1

 第一节 西方心灵哲学之考察 / 3

 第二节 东方心灵哲学之考察 / 7

 第三节 东西方心灵哲学比较研究之考察 / 13

 第四节 东西方心灵哲学比较研究之立场、态度与方法 / 18

第二章 五百年心灵哲学比较研究概论 / 23

 第一节 16~18世纪的东西方心灵哲学比较 / 24

 第二节 19~20世纪中叶的东西方心灵哲学比较 / 38

 第三节 20世纪后半叶至今的东西方心灵哲学比较 / 46

第三章 从比较研究看心灵哲学的描述—规范问题 / 58

 第一节 自然主义的谬误及规范性与描述性关系问题之缘起 / 59

第二节 现代西方心灵哲学研究中的规范性
与描述性 / 68

第三节 中国心灵哲学研究中的规范性与描述性 / 84

第四节 规范性和描述性之关系及其与自然主义
之前途 / 92

第四章 东西方的心灵观比较 / 102

第一节 西方心灵观比较研究回眸 / 103

第二节 比较视野下的中国的心灵观 / 116

第三节 比较视野下的印度心灵观 / 126

第四节 西方心灵哲学心灵观的新探索 / 139

第五节 我们的比较研究与初步思考 / 150

第五章 灵明性、五遍行与意向性：心理标准
理论比较 / 164

第一节 中国哲学的心理标准探索 / 165

第二节 佛教的心理标准理论 / 188

第三节 西方的心理标准探索 / 198

第四节 比较、"循环问题"与思考 / 210

第六章 二分图式的遮蔽与超越：人的概念图式
比较研究 / 218

第一节 中国哲学的一元论—多元论基础上的
心身关系论 / 220

第二节 印度的心物二分图式之超越与
心身关系论 / 237

第三节 西方以二分图式为基础的心身关系论 / 253

第四节 回顾、思考与创新 / 272

第七章 "心包万物"、"四分心"与意向性：意向性理论比较 / 289

第一节 跨文化背景下的中国哲学的意向性理论 / 290

第二节 跨文化背景下的佛教意向性理论 / 305

第三节 跨文化背景下的西方当代意向性理论 / 321

第四节 回顾、方法论思考与出路探寻 / 339

第八章 比较心灵哲学视野中的冥想研究 / 358

第一节 冥想研究的历史回顾与现实扫描 / 359

第二节 冥想及其心理状态的标准性与确证性 / 366

第三节 冥想、"纯意识"与意识的难问题 / 370

第四节 冥想的功能作用与价值性维度 / 379

第九章 东西方自我研究的维度、贡献与思考 / 384

第一节 比较心灵哲学视域中的自我知识 / 387

第二节 比较心灵哲学视野中的有我与无我 / 405

第十章 "吾心之藏"、种子识与原初心灵：天赋心灵论比较 / 418

第一节 中国哲学对"吾心之藏"的探究 / 419

第二节 佛教的天赋心灵论 / 435

第三节 西方天赋研究的心灵—认知转向与"天赋心灵"的深度探析 / 448

第四节 从比较看天赋问题解决的出路与途径 / 465

第十一章　阳明心身学与西方心灵哲学的
　　　　　心身学说 / 471

　　第一节　阳明心学中的心身范畴 / 472
　　第二节　阳明心身学的心灵哲学维度 / 478
　　第三节　与西方心身理论比较之结论 / 484

第十二章　东西方价值性心灵哲学：比较、融合
　　　　　和世界主义 / 493

　　第一节　中国价值性心灵哲学的特质与贡献 / 495
　　第二节　佛教心灵哲学新论域 / 507
　　第三节　西方价值性心灵哲学的兴起与建树 / 518
　　第四节　西方伴随规范性心灵科学而来的
　　　　　　比较研究 / 533
　　第五节　我们的比较研究与思考 / 544

第十三章　西方心灵哲学与现代新儒家直觉
　　　　　研究之比较 / 559

　　第一节　现代新儒家的直觉研究及其特点 / 560
　　第二节　当代西方哲学的直觉研究及其
　　　　　　实验心灵哲学维度 / 570
　　第三节　对比较结论的简单思考 / 580

第十四章　中西方心灵哲学情绪研究中的
　　　　　主要问题 / 583

　　第一节　西方心灵哲学情绪研究的主要问题 / 583
　　第二节　中国心灵哲学中的情绪研究的
　　　　　　主要问题 / 588

第十五章　基督教灵肉观念及其与儒释道的比较 / 597

第一节　基督教灵肉观念同儒家身心之学的比较 / 598

第二节　基督教灵肉观念同禅宗自心自性说的比较 / 610

第三节　基督教灵肉观念同道家形神观念的比较 / 619

第十六章　马克思主义意识理论与当代心灵哲学：对话与批判 / 630

第一节　塞尔的生物自然主义心灵观 / 630

第二节　对话之可能：马克思主义意识理论与塞尔心灵理论的共同特征 / 634

第三节　批判之指向：马克思主义意识理论与塞尔心灵理论的主要差别 / 637

结语 / 642

后记 / 646

第一章
心灵哲学比较及其元哲学问题

心灵哲学乃是一译名。在西文中，表示"心灵哲学"的英文是 philosophy of mind。在汉语中，这一术语除"心灵哲学"外，还有"心的哲学""心智哲学""精神哲学"等译法。高新民（1957—）在 1994 年出版的《现代西方心灵哲学》中曾就这些译法进行辨析，在 2010 年该书的再版中进一步详细解释了为什么更宜采用"心灵哲学"这一译名。"我们这里之所以采取'心灵哲学'的译法，是因为'心灵'一词尽管很含糊，且给人以某种神秘的感觉，但很宽泛，不仅可以用它表示各种心理现象，包括带有智慧特性的高级心理现象，而且在必要的时候如在介绍唯心主义和二元论的有关思想时，可以用它表示作为心理现象之主体或支托或支撑物的心灵、灵魂或精神实体。因此'心灵'一词可以表达 mind 一词所表示的内容，即一切心理现象以及作为其主体、支托的东西，'心灵哲学'一词可以囊括西方哲学家们在 philosophy of mind 这一领域所做的工作和所形成的思想。在这个意义上，'心灵'与'心'是同义的。将 mind 译为'心'也许更为恰当一些，但由于在汉语中，单字不成词，且念起来不上口，故将 philosophy of mind 译为心灵哲学。"[①]在当今汉语哲学中，"心灵哲学"这一译名已经获得广泛的认可和应用，这一点在各种新近出现的译著和专业著作中都体现出来。

[①] 高新民、沈学君：《现代西方心灵哲学》，华中师范大学出版社 2010 年版，第 1 页。

何谓心灵哲学？站在东西方心灵哲学比较的角度回答这一问题，比单纯在西方心灵哲学的语境中回答这一问题，涉及更多要考虑的因素。比如，有什么理由说东方有心灵哲学，并因此东西方心灵哲学能够进行比较研究？如果东方有心灵哲学的话，它与西方心灵哲学有何关系？区别心灵哲学思想与非心灵哲学思想之标准是什么？对这些带有元哲学性质的问题的回答，是进行非西方的心灵哲学研究及东西方心灵哲学比较研究的逻辑起点。西方人在研究心灵哲学时，虽然也会涉及这些元哲学性质的问题，但他们对这些问题的答案的探寻并不显迫切。这是因为，第一，心灵哲学在当今西方是显学，西方人在进行心灵哲学研究时，更易产生代入感，更易入门，不像国内有些学者那样，把与心有关的学问都泛泛地称作心灵哲学，毕竟严格的、具有学科性质的、现代意义上的心灵哲学，是在西方哲学中建立起来的，其规范、视界、问题域、方法等是西方人找到的。第二，现代西方心灵哲学在诞生之后的很长一段时间之内，并没有可与之对照和交流的参照物，尽管在东西方哲学交流中曾涉及心灵哲学研究的一些主题，但影响范围有限，因此西方心灵哲学在很多人那里一直都是心灵哲学的唯一选项。直到最近十几年西方心灵哲学遭遇发展危机的情况下，中国心灵哲学、印度心灵哲学、比较心灵哲学这些概念才逐渐在西方流行开来，对心灵哲学的元哲学问题的思考才开始逐渐深入。

但是，对心灵哲学的元哲学问题，特别是对心灵哲学的标准性问题，即心灵哲学的判定标准这一问题的回答，却是心灵哲学比较研究不容回避的首要问题。它不但关系到对心灵哲学乃至哲学本身的理解，而且关系到对比较研究的范围的规划和比较项的选择，并最终影响到对中国心灵哲学的理解和当代构建，可谓牵一发而动全身。但另外，它即便不能说是一项前无古人的开创性工作，也具有相当的难度，甚至一些西方哲学家都认为，"心灵哲学"一词没有公认的、严格的定义，划分心灵哲学的界线，把它从整个哲学中完全分离出来作为一个绝对独立的亚领域是很困难的。

不识庐山真面目，只缘身在此山中。西方学者认为心灵哲学难以界定，难以就其标准性问题做出回答，不正是其视域狭隘、参照匮乏的一种表现吗？这样说并不是要离开西方心灵哲学，另起炉灶，去凭空杜撰一个心灵哲学，正相反，对现代西方心灵哲学的考察应是解决心灵哲学界定问题和标准性问题最重要的根据，这正像要确定本体论（ontology）的划界标准必须到西方哲学中去探寻一样。这种考察既要防止主观臆想、人为杜撰，也应避免以某一或某几个权威的界定为依据，而是要用定性和定量研究相结合的方法，花较大力气去考察尽可能多的心灵哲学家的看法和心灵哲学操作实践，从而从西方心灵哲学中抽象出对心灵哲学的元认识。另外，对中国和印度心灵哲学思想的考察也是回答这些问题的重要参照。在初步形成对于心灵哲学的元认识之后，我们再以此种认识对照中国和印度的哲学思想和实践，并在此对照中对之进行丰富和发展，最终形成对心灵哲学元问题的回答。这样的回答既应是严格的，能防止非心灵哲学的思想混入其中，又应具有一定的包容性、宽容性，以免把真正的心灵哲学思想人为地排除在外。鉴于心灵哲学研究本身的复杂性和多样性，我们可以从多个维度对心灵哲学的面貌进行观照。

第一节 西方心灵哲学之考察

就历史而论，如果把心灵哲学视为对人类心理现象的哲学探讨，那么心灵哲学的历史就和哲学发展的历史一样古老，因为人类在刚刚萌发了原始思维即各种思维能力（包括原始的哲学思维能力）混沌统一于一体的认识能力后，就开始了对灵魂现象及其构成和本质、灵魂与身体的关系的反思。其发展呈现出四个历史阶段：第一阶段是从原始思维到亚里士多德以前。有证据表明，灵魂或心灵问题在原始思维中已朦胧地出现了。直到亚里士多德之前，人们一般都相信人体乃至有生命的物质体内存在着灵魂，并不断地思索灵魂的构成、功能、本质及其与躯体的关系等问题，哲学家则倾向于把灵魂当作是一个实在或实体。第二阶段是从亚里士多德到托马斯·阿奎那。亚里士多德最先发起了对第一阶段认识的否定。他认为，灵魂不是一种实体，而是一个功能或能力或属性的组合。心灵哲学探讨的问题和程序在此发生了重大转折，即从对实体的构成本质的探讨转到对具体心理能力属性的作用、相互关系、本质的探讨上。第三阶段是从笛卡儿到现代。笛卡儿是近代科学和哲学的创始人之一，在心灵的哲学探索中否定了亚里士多德的传统，在新的基础上重新肯定和阐发了古代早期和柏拉图有关的思想，把心灵和身体看作本质、功能和属性不同的两种实体。这种区分使物理学、生理学和心理学有了各自独立的研究对象，也造就了心灵哲学研究的最主要议题之一，即心身问题。自笛卡儿以后的心灵哲学研究跃入了一个新的境界，并有了飞速的发展。第四阶段是现代西方的心灵哲学及其当代发展和最新走向。现代西方心灵哲学开始于19世纪后半叶，是在否定传统的形而上学，尤其是否定笛卡儿的心灵哲学的基础上产生和发展起来的。语言分析的心灵哲学和自然主义的心灵哲学成为现代心灵哲学发展的两大基本倾向。前者试图通过语言分析的方法，澄清混乱，消除心灵哲学的传统问题。后者试图通过多元主义的方法，在自然化的基础上为心灵哲学的问题找到"新答案"，增进人们对心灵的认识。

　　就学科而论，尽管心灵哲学思想在西方哲学中源远流长，甚至在原始思维中就已经产生了灵魂观念，形成了关于灵魂与身体关系的"前哲学"，但作为独立的、成熟的、具有相对清晰边界和稳定内核的哲学分支的心灵哲学，则是20世纪以后分析哲学、科学哲学与心理学、脑科学等互动的产物。它既是现代哲学在深入发展中、在对各种现象做专门的哲学探讨的过程中分化出来的，又是关于心理现象的有关学科（如哲学、心理学、语言哲学、神经生理学直至现代的神经科学、人工智能等）的观念化运动、总体化趋势的产物。所以，尽管近代就不断有人使用"心灵哲学"一词泛泛地描述与心灵、精神等有关的哲学研究[①]，但在当前的哲学语境中，心灵哲学却有其专门所指，即当前西方哲学中占有重要地位的一门独立的哲学分支。现代西方心灵哲学在百余年的发展中不断分化，产生了一些更加具体的研究领域和哲学分支。就对象和方法而论，心灵哲学既包括对民间心理学（folk psychology，FP）观念和一些心理学理论及实践的哲学反思，又有对心理现象的范围、种类、标志、本质、心与身、心理内容、心理语言等的分析与探讨。就与心灵的科学研究相对照而言，心灵哲学的研究对象与科学研究的对象有一致之处，如心灵哲学和科学都关注人的心灵与身体，但科学研究主要是从经验观察中得出结论，而心灵哲学则主要通过各种理性的论证来辨明各种结论和

---

① 高新民在《现代西方心灵哲学》一书中对心灵哲学的起源、演化和发展趋势进行了考察。据该书中的说法，心灵哲学的名称在近代就有人提出了，如杜格尔德·斯图尔特写了《人类心灵哲学原理》，托马斯·布朗著有《人类心灵哲学讲演集》等。后来黑格尔把"心灵哲学"（通常译作"精神哲学"，英文仍是philosophy of mind）作为他的哲学体系的重要组成部分。哲学迈入现代之后，这一术语广为流行，因而可以说西方心灵哲学尽管是哲学的一个新的分支，但它有漫长而悠久的历史。

主张。科学研究试图描绘出大脑状态与心理状态之间的联系,如找出意识的神经关联物;心灵哲学则试图辨明发现大脑状态和心理状态的联系是什么意思,如找到意识的神经关联物意味着什么。质言之,心灵哲学尽管与科学关系紧密,甚至大量利用了经验研究的成果,但它又不是科学的、经验的问题,因为科学家并不能直接在大脑中找到相应的经验事实来回答此类问题。所以,这类问题就只能由心灵哲学家以其独特的方式如理性论证来回答。尤其是在当前脑科学家常常关注心灵的本质、心理状态、意识以及它们与大脑的关系等心灵哲学传统问题的背景下,一些哲学家认为研究方法的差异能够把心灵哲学与心灵科学的研究区别开来。[①]心灵哲学作为一种反思性的活动,要求一种独立的、理智的态度进行理性的、系统的思考。这就意味着心灵哲学要不断展开追问,对所有结论进行严格的审视。这样一来,民间心理学、科学心理学、神经科学、计算机科学、人工智能等与心灵有关的观点和结论都是心灵哲学关注的对象。这种追问更是产生了心灵哲学独有的研究对象,即心灵的形而上学。

就问题而论,心灵哲学是由一些相对独特的提问方式和相对稳定的问题域所构成的具有相对模糊的边界和稳定内核的一门哲学分支。这些问题和其他哲学问题一样显示出一些显著的特征,例如,它们对人本身有深入而持久的兴趣;它们答案众多却没有定论;它们的解答既不盲从科学,又依靠信仰和常识。从对哲学问题的一般分类来看,心灵哲学的问题可以归为本体论问题、认识论问题、价值论问题、现象学问题、语言学和语义学问题等,这些问题又各自伴随有其独特的、富有个性的提问方式。最基础的是本体论问题,其形式为"什么存在"。例如,心身关系存在?感受性质存在?自由意志存在?如存在,它们如何存在?认识论问题的表现形式是"我们知道什么"。例如,民间心理学的观念和心灵科学的结论应如何看待?如何认识现象性的意识?如何认识他心和自我意识?价值论问题的表现形式为"我们应该做什么"。例如,心灵有什么价值和功用?人是否要为自己的行为负责?什么样的生活是快乐的、幸福的生活?心灵的描述性研究与规范性研究之间的关系是怎样的?现象学问题表现为"感觉起来之所是"。例如,成为一只蝙蝠感觉起来之所是?意识究竟是不是与其依赖的脑加工过程相分离

---

① Sytsma J (Ed.). *Advances in Experimental Philosophy of Mind.* London: Bloomsbury, 2014: 2.

的某个额外的东西？语言学和语义学问题表现为"这样说是什么意思"。例如，我们所谓的心灵或者灵魂是什么意思？意识这个词指的是什么？

就内容而论，心灵哲学在整体上包括心理学哲学、哲学心理学和心灵的形而上学三个基本的组成部分。心理学哲学与科学哲学关系紧密，主要涉及对心理学主张和认知科学方法论的批判性评价。例如，20世纪上半叶心灵哲学家致力于对精神分析学说和心理学行为主义的理论主张进行批判。当前哲学家又热衷于对人类心灵与计算机程序之间的心理模型进行批评，对意识的科学研究进行批评。哲学心理学的兴趣不在于审视心理学科学，而在于致力于分析我们日常的、常识化的心理观念，即对所谓的"民间心理学"进行批判和反思。民间心理学是存在于每个人心中、体现在人的行为实践中的概念图式或能力结构。当前，心灵哲学越来越重视对民间心理学的研究。这些研究涉及心理语词、心灵观、人格同一性、心理因果性等重要内容。心灵的形而上学涉及理解心理现象的内在本质，与其相关的是心灵哲学中最核心的一些问题，如心灵与大脑的关系问题（心身问题）、有意义的心理状态何以可能的问题（意义问题）、意识如何从物理世界中产生出来的问题（意识问题）、心理状态与物理状态的因果作用问题（心理因果性问题）。

就动机而论，西方心灵哲学研究主要是想获得关于人类心灵的求实性、求真性的理论认识，这一点在现代西方心灵哲学中的表现尤为突出。现代西方心灵哲学中占主导地位的自然主义和物理主义倾向，既是由实证主义和自然科学影响所产生的，又表达了心灵哲学家想要在探索人类心灵的真理性认识中"有所作为"的信念。尽管当代西方心灵哲学也有一些研究者，试图在获得对心灵的真理性认识的基础上，进一步阐发关于心灵的价值性的内容，比如道德、人生意义、幸福等，但这并不是西方心灵哲学的主要倾向。另外，一些脑科学、神经科学和心理学领域的科学家也愿意就心灵哲学的问题发表见解，人们已经很难把这些见解与心灵哲学家的研究成果区分开来。

就地位而论，心灵哲学因涉及的问题更为"终极"、解决的难度更大、形而上学的意味更强，而被归入"第一哲学"的行列。心灵哲学不但把人们与心灵有关的很多常识观念作为梳理和澄清的对象，而且对心理学、神经科学等科学研究的结论进行严格的审视，甚至其他一些哲学门类如语言哲学、伦理学、宗教哲学所讨论的问题最终也有赖于心灵哲学的解答，因此心灵哲学是名副其实的"难哲学""第一哲学""哲学的哲学"。

第二节 东方心灵哲学之考察

前文从历史发展、学科分化、对象方法、问题、内容、动机和地位这七个方面对西方心灵哲学的考察，从整体上勾勒出西方心灵哲学之面貌。现在我们回过头来看一下东方心灵哲学的情况。当然，并非这七个方面中的每一个都在中国和印度心灵哲学中有其对应的内容。一方面，中国和印度的心灵哲学并不像西方心灵哲学那样已经形成一个比较完善的学科门类，甚至中国心灵哲学很多思想资源的开发仍然处于起步阶段，尚未形成可以与西方心灵哲学相对应的形态化、专门化的心灵哲学。这大概类似于19~20世纪中国传统哲学发展的状况。因此，如果仅仅把心灵哲学看作是一个独立的哲学门类，并拿来与中国和印度相对照的话，那么中国和印度确实没有这样的心灵哲学。但另一方面，又绝对不能够说中国和印度没有心灵哲学，中印心灵哲学同样有其悠久的历史、有与西方既具共通性又不失个性的研究方法、问题、内容和动机等。有印度学者指出，历史上印度心灵哲学曾通过佛教传播到中国，并对中国心灵哲学产生深远影响，但是中印西心灵哲学在整体上仍是相互独立的不同文化传统，这是它们之间通过比较而成为东西方文化比较史上成功案例的一个重要条件。而且，西方学者事实上已经做了大量的中西、印西心灵哲学的比较工作，产出了不少有价值的成果（详见后文），因此可以说东西方心灵哲学比较以及中国和印度心灵哲学研究已经是一个不容争议的事实。因此，我们所要做的工作主要不是重新去论证东方有无心灵哲学、东西方心灵哲学比较有无可能性，而是要分析这些事实上已经存在的研究背后的条件，以澄清中印在何种意义上有心灵哲学，其心灵哲学与西方相比有何特点。

从总体上看，中国和印度心灵哲学各有其自身的特点，它们在动机、方法、内容等方面与西方心灵哲学存在不小的差异，但即便如此，东西方心灵哲学的共性仍然远远大于它们的差异性，双方的差异只是形态、程度和侧重点等方面的量的差异，而在心灵哲学的"质"的方面并无不可调和的差异。通过对东西双方差异性和共性的分析，心灵哲学的质的方面和量的方面的特征就会呈现出来，而这正是心灵哲学区别于非心灵哲学的内在标志。就具体考察而言，东方心灵哲学的特性在于以下几个方面。

就历史发展而论，东方心灵哲学同样历史悠久、源远流长。哲学是一种反思性的学问，心灵哲学亦不例外。判断一种关于心灵的认识，是属于自发的常识心理学还是严格意义上的心灵哲学，关键是看该认识是否包含有对常识心理学的反思和超越。根据对心灵哲学的这一理解，有理由认为，中国在春秋时期开始了它的心灵哲学的理论化进程。其逻辑和历史起点是《左传》中记载的郑国思想家、政治家、执政官子产（？—前522）的心灵哲学思想。尽管他仍沿用了以前常识心理学的"心""魂""魄""神"等语词，但正如钱穆先生所说的，他提出了新的魂魄观、形神观。这表现在：首先，他反思和超越了常识心理学，对魂等实在、现象的起源和构成有了具体的设想，尤其是用气等自然力量予以说明，如说"人生始化曰魄，既生魄，阳曰魂"[①]。这开了后来的自然主义心灵哲学的先河。其次，他不再把魂魄当作能在人身上回转的主体，而赋予它们负责身体运动、觉知、神明等作用，以解释人的行为。我们说子产的思想是心灵哲学开端的最重要的根据是它构成了中国心灵哲学的"范型"或研究纲领。它一经提出，就陆续成了关心这一领域的注释家、思想家的出发点和争论焦点，引出了孔颖达、杜预、刘炫、朱熹等思想家的不同诠释。这些诠释代表的实际上是各有特点的心灵哲学思想，而且是可与西方对话的求真性心灵哲学。

印度心灵哲学的形成时间要远远早于西方，甚至有学者认为在西方心灵哲学诞生之前，印度的一些心灵哲学思想就传播到西方并对后者产生了重要影响。[②]而且，印度心灵哲学与西方心灵哲学尽管也存在重大差异，但在很多问题的推论方式上双方具有惊人的相似性。这一点在印度六派哲学中体现得尤为明显，当前印度心灵哲学中的二元论、物理主义、意向性、心理内容等资源都在一定程度上得到挖掘和呈现。在一些研究者看来，西方心灵哲学中几乎所有理论、范畴、原则和方法都能在印度心灵哲学中找到其对应的存在。佛教作为一种特殊的宗教，极

[①]《左传·昭公七年》。
[②] Chakrabarti K K. *Classical Indian Philosophy of Mind: The Nyāya Dualist Tradition*. Albany: SUNY Press, 1999.

第一章　心灵哲学比较及其元哲学问题

为重视对心的研究，心在佛教中具有崇高殊胜的地位，甚至将佛教称作"心教"亦与佛教之原则相称。即便完全依照最紧缩的西方心灵哲学的标准（即把心灵哲学看作是求真性、描述性的心灵哲学，而不涉及价值性、规范性的内容），佛教经典当中也包含有丰富的心灵哲学思想，佛教对心的探索、解释、论说大多具有现代心灵哲学的意趣。

就动机而论，中国和印度的心灵哲学具有强烈的解脱论动机和价值诉求，注重实践、解脱和生命关怀，它们研究心灵、意识的直接目的不在于弄清心灵本身的奥秘，而在于获得调整心理、协调心身、提升境界、超凡入圣的方法，以理论指导实践。质言之，东方心灵哲学的研究动机主要指向价值、境界、修养和人生意义，在此意义上将中国和印度心灵哲学称作价值性、境界性心灵哲学是恰当的。当然，在此种主要动机的支配下，东方心灵哲学也有弄清心灵之本来面目、真实性状等求真性认识的成分。相比而言，西方心灵哲学的主要动机则与中印心灵哲学相反，它虽然也有价值性的心灵哲学动机，但在西方心灵哲学的整个发展过程中毕竟不是主流，可以说，它主要以求真为目的，旨在弄清心灵及其本质是什么，心身、心物之间的关系是什么，心理内容的来源、作用和本质是什么等事实性、真理性问题。近代以来，西方心灵哲学与自然科学之间关系的日渐紧密，语言分析的心灵哲学和自然主义心灵哲学的接连崛起，使得西方心灵哲学在研究动机上深受实证主义和自然科学的影响，探求关于心灵的真理性认识已成为西方心灵哲学之最主流。近些年来，神经科学家、心理学家、脑科学家以及人工智能的研究者对心灵哲学的传统问题产生了浓厚兴趣，并在持续的关注下有大量相关的研究成果问世，虽然这些研究与心灵哲学研究在方法、动机等上仍然有差异，但这两个领域的研究已经相互产生重要的影响。很多研究者都同时具有自然科学家和心灵哲学家的双重身份。此外，即便是对于价值性心灵哲学问题有一定的关注，西方心灵哲学也主要是在自然主义的理论框架下对这些价值性问题产生关注，其目的是构建一个能够普遍应用于心灵的求真性说明和价值性说明的统一的心灵哲学理论。就此而论，西方心灵哲学对价值性问题的关注在本质上仍然是对求真性问题关注的自然延续。

就方法和对象而论，东西方心灵哲学都受到其各自研究动机的影响。由于动机上的差异，东方心灵哲学重视心理操作及其反思，如注重个人在实践、修行中的反省和感悟（有人将它看作东方独有的、可与本体论和认识论相提并论的功夫论），并以此来达到个人对一些更高级心理状态的认识。就此而论，直觉之方法在中国心灵哲学的研究中具有核心之地位。与此相应，中国心灵哲学中有大量与此研究方法相关的技术术语，如体道、睹道、尽心、观心、玄览、见独、反观、体物等。把心灵哲学研究的方法论、对于心灵的认识论和有关个人的价值论、境界论结合在一起，是中国心灵哲学的一个特点。

由于有这样的特殊心灵哲学对象，因此东方心灵哲学在内容上一定有别于西方。就关注的心理现象范围和类型学来说，中国和印度心灵哲学的范围要大得多，如精、气、神、魂、魄、末那识、第八识、第九识、第十识等是西方没有的，佛教从生存论角度列举的"心"多达100多种。其分类也很特别。西方关注的范围小，分类要么是知、情、意，要么是命题态度和感受性质。不可否认的是，印度和中国（特别是道教等）不仅重视正常的心理现象，而且重视异常的，如非健康的，特别是超自然的乃至神秘的心理现象（如印度所说"五眼六神通"等）。这方面的研究铸就了东方心灵哲学的神秘主义内容和特征。西方尽管也有重视超常心理现象的表现，尤其是在现当代还出现了超心理学，但主流的心灵哲学家一般是排斥这一研究的。

中国和印度的心灵哲学强调从内在和主观出发的第一人称视角，多用综合法，善用形而上学的思辨方法。当然，中国与印度由于形而上学的内容各不相同，因此方法论又有很大不同，比如，印度心灵哲学的渊源是吠陀文献中所包含的灵魂观、本原论、宇宙结构论，在对心灵做形而上学思考时常用梵天、纯识、四大等予以解释；而中国心灵哲学由于重气、阴阳、五行，因此常根据这些有中国特色的概念（当然充满形而上学气息）对心灵进行"自然化"。而西方心灵哲学则强调从外在和客观出发的第三人称视角，重视实验、实证、观察等科学手段和自然主义的态度，多用分析方法，其自然化的基础常表现为各门自然科学。西方心灵哲学坚持的是二元论的思维模式，强调灵与肉、主与客、感性与理性、物质与精神的二元对立，对人和世界都坚持二分，即便有许多形式的心物同一论，它们的出发点也都是二分模式，是"在对立下求统一"。而中国和印度的心灵哲学中尽管也不乏二元论思想，但是占主导地位的是本原论上的一元论、本体论上的多元论，其实质是反二元论或超二元论。比如，中国人在人身上看到的不只是心与

第一章　心灵哲学比较及其元哲学问题

身两方面，还有形、精、气、灵、魄、魂多方面，因此用心和身不足以概括人。同样，印度心灵哲学关注的人也非常复杂。

就问题而论，东方心灵哲学与西方心灵哲学既有共同关注的问题，也有自身独有的问题。西方心灵哲学中的问题大都具有明确、规范、清晰的表达方式，我们在西方心灵哲学的研究中经常能够看到各种类型的心灵哲学问题能够以"问题域"形式呈现出来，在这些问题域中，心灵哲学的问题能够持续不断地得到深化、细化，结果是问题域不断衍生，不断有新的心灵哲学问题被发现和呈现。相比之下，中国心灵哲学的问题有两个特点：其一，中国心灵哲学并没有产生西方心灵哲学那样为数众多、意思明确又持续引人关注的问题。梁启超先生认为，中国哲学并不以问题见长，所以并没有很多哲学问题产生出来。其二，中国心灵哲学中的很多问题并不以明确的问句的形式呈现，这些问题是"隐形的"，虽然也经历了众多人物、学派的持久关注，不断"为往圣继绝学"，探求问题之答案，但却少有人专门做学术问题的梳理。例如，钱穆先生在《阳明学述要》中意图介绍王阳明之心学思想，就不得不花费大力气梳理和提炼宋至明一代理学、心学研究中的问题。质言之，中国心灵哲学不是没有问题，而是缺乏对于问题的梳理和呈现。现代新儒家在与西方哲学的对照中就把中国哲学的很多问题呈现出来，这些问题大量涉及心灵哲学的问题，如心灵观问题、灵魂问题、意识问题、意向性问题、自我知识问题、情绪问题、直觉问题、心身关系问题等。

就东西双方共同关注的问题而言，双方对这些问题关注的力度、深度和范围又有不同。例如，西方心灵哲学重点关注的本体论问题，在东方心灵哲学中虽然也有涉及，但却不是重点。对于心灵及一些心理现象的有无问题，中国心灵哲学就没有特别关注，这既与中国人对心灵及其现象的独特理解有关，也与中国哲学中本体论之不发达的状况有关。相比之下，印度心灵哲学在本体论的关注上与西方心灵哲学更具可比性。例如，佛教对心之有无、我之有无等问题就有大量深入的研究，这些研究与现代西方心灵哲学的本体论问题的研究能够产生交集，这对于心灵哲学本体论的推进和发展极有意义（详见后文）。再如，东方心灵哲学重点关注的价值性问题，在西方心灵哲学中亦不是重点。一些学者称中国哲学为人生哲学、道德哲学正是抓住了中国哲学的这一特性。就体用之区分而言，中国心灵哲学不但在心灵之用的阐发上更倾向于强调心对于修身、行仁、成圣的主导作用，而且对于心灵之体的认知本身都带有价值的成分，如儒家所谓的仁心仁性、释家所谓的真心都是人的价值性认识和行为的本原。对心灵的这种认识在西方心灵哲学中并不多见。将庄子"强于物"而"弱于德"的批评应对于西方心灵哲学是较为适用的。

除此之外，东方心灵哲学还有一些自身独有的问题。西方心灵哲学所关涉的问题虽然精细，对很多问题的探索也更深入，但在问题的宽度和广度上却不及东方心灵哲学。中国和印度心灵哲学探索过一些西方心灵哲学未曾涉及或者极少涉及的问题，如心性问题、意识状态的转化问题、圣人之心与凡夫之心的关系问题等。这些问题是最能够体现东方心灵哲学独特价值与魅力的地方，也是最容易招致误解的地方，尤其是其中很多成分难以见容于西方心灵哲学中流行的自然主义倾向。这里有一个我们必须予以解答的元哲学性质的问题：既然西方心灵哲学从来没有关注过这样一些问题，那么这些问题有什么理由能够成为心灵哲学的问题？即便是弗拉纳根（Flanagan）这样对东方心灵哲学大为推崇，并极力倡导东西方心灵哲学比较的哲学家都主张对中印心灵哲学进行自然化改造。为了建立他所谓的"自然化的佛教"，弗拉纳根依据他所理解和坚持的自然主义对佛教进行了大刀阔斧的改造。具体操作是，把佛教中的轮回转世、因果报应、极乐世界、天道地狱以及心灵的非物理状态等一切超自然的东西都作为迷信去除掉，之后剩下的就是值得分析哲学家和自然主义者重视的一种哲学理论。这样的一种"自然化的佛教"还是不是佛教，弗拉纳根并不在意，但他认为经此处理的"佛教"却一定是一种可信的哲学。他认为，如果他的这种自然化的佛教能够建立起来的话，那么这一理论足以比肩新达尔文进化论和科学的唯物主义。这样的佛教才是他心目中"理想类型"的佛教，他主张对佛教的自然化应采用具体分析、区别对待的方法。总的原则是：对于那些有可能得到自然主义认可的佛教思想和概念，尽量在意思不变的前提下，使用自然主义的概念和术语进行重新表述，比如佛教的无常、无我、缘起、性空观念；对于佛教思想中存在的一些明显不合理的、错误的思想进行合理化的完善和修正，比如四圣谛和八正道；对于那些完全无法与自然主义调和的思想，则坚决予以抛弃或者在自然主义框架内重新予以说明，比如涅槃和重生。弗拉纳根这样的自然化的佛教实质上就是要求佛教心灵哲学抛弃其自身独有的、西方心灵哲学的概念框架所不能容纳的一些内容，其结果将是把佛教心灵哲学变成西方心灵哲学的一个组成部分或者分支。

笔者认为，对问题的选取和关注只能作为心灵哲学判定标准的一部分，或者说只能是其判定的一个参照，而不能是这个标准的全部内容，尤其不能以东西方心灵哲学任意一方所关注的问题来为心灵哲学研究划定界限。事实上，东西方心灵哲学所关注的问题本身就是开放的、动态变化的。西方心灵哲学以往和现在未曾关注的问题，并不代表它以后不会关注。梁漱溟先生说，中国哲学相较西方而言是一个早熟品，这就意味着中国心灵哲学会较西方心灵哲学更早涉及一些问题，这些问题中有些是迄今中国心灵哲学都在独自面对的问题。从东西方心灵哲学各自发展的历程看，东方心灵哲学现在所谓独有的问题，西方心灵哲学凭其自身未必不会独立地将其发掘出来，同样的情况对东方心灵哲学亦成立。由此而论，东西方心灵哲学在问题上的分歧是暂时的、历史的，而非永久性的。即便当前双方分别侧重于关注不同类型和性质的问题，这些问题也仍同属于心灵哲学问题。

第三节　东西方心灵哲学比较研究之考察

在西方，自17~18世纪马勒伯朗士和莱布尼茨开东西方心灵哲学比较研究之先河以来，对该领域的研究便未曾间断。20世纪以前，随着儒释道经典不断被译介到西方，大量有价值的、跨文化研究的成果产生出来。但这一时期的东西方心灵哲学比较研究并不具有专门性、系统性和严格的意义，而是以零散形式夹杂在文化学、宗教学、心理学和一般性哲学著作当中。真正严格意义上的、作为一门哲学分支的心灵哲学比较研究诞生于20世纪上半叶。随着比较哲学的诞生和心灵哲学的发展，它逐步成熟和完善，经过几十年的发展在最近十几年逐渐成为一个具有独特研究方法、明确研究目标、确定研究内容和丰富问题域的专门哲学分支。

西方哲学家所做的东西方心灵哲学比较研究尽管历史不长，但参与者众多，如塞尔（Searle）、弗拉纳根、查尔莫斯（Chalmers）、阿尔巴哈里（Albahari）、阿诺德（Arnold）、耿宁（Kern）等一大批在当代哲学中有影响力的哲学家都参与其中。他们取得的成绩主要表现在以下五个方面：一是重视对心灵哲学元问题的研究。心灵哲学的标准问题、形态学问题、可比性问题等的探讨，为东西方心灵哲学比较提供了理论框架。二是热衷于用现代西方心灵哲学的术语重构中国心灵哲学。感受性质、命题态度、意向性、心理内容、意义等现代西方心灵哲学在研究中"创造"出来的大量新"课题"被引进到比较研究的问题域当中。三是广泛采纳自然主义的研究纲领。自然主义是当代西方心灵哲学中占主导地位的思想倾向，因此从西方心灵哲学中分化而来的东西方比较心灵哲学也将自然主义作为自己的指导性原则。尽管对"自然主义"的理解存在差异，但从事比较心灵哲学研究的研究者都普遍地依据种种自然主义对中国心灵哲学思想进行"自然化"改造。四是倾向于通过对微观、细小项目和具体问题的比较来反映东西方心灵哲学的特点和相互关系。五是赋予了东西方心灵哲学比较一些新的功能作用。东西方心灵哲学比较研究除了能够增进对被比较双方的理解和认识之外，很多研究者还期望通过比较研究来对照反思东西方心灵哲学自身发展历史和路径，借以摆脱当代西方心灵哲学研究成果多但实质进展少的"瓶颈危机"，最终推进对人类心灵的真理性认识。

西方学者开辟和建构的东西方心灵哲学比较研究这一领域，仍留有大量值得探讨的问题、空白和不足。一是西方人对中国心灵哲学独特的表达方式、价值取向等存在理解障碍，对其中一些重要范畴、观点和原则的理解过于简单化和片面化，据此展开的比较难免产生误解和遗漏，如对"心""神""性""魂魄""理气"的理解即如此。二是西方人对中国心灵哲学的成就、贡献和价值的认识不足，如中国心灵哲学在心灵的深度、范围、条件、构成和功能作用等方面大量有价值的研究没有被西方人注意到。

与西方以及印度相比，中国此项研究总体仍然滞后。这表现在四个方面：第一，真正基于标准的、严格的心灵哲学范式和框架所做的比较不多，作为一个心灵哲学分支的东西方比较心灵哲学则几乎是一个有待开垦的空白领域。第二，从宏观上、整体上概括东西方哲学思想特点及其异同的成果较多，但对具体心灵哲学问题的专门的、深入的比较研究较少。第三，中国哲学中尚有大量真正属于心灵哲学的、非常有价值的思想未被纳入东西方比较研究的视野当中。第四，一些研究对当代西方心灵哲学发展的基本态势和最新发展缺乏必要的、深入的了解，没有注意到脑科学、心理学和认知科学对心灵哲学发展的影响，因此在比较时所利用的材料比较陈旧。

作为一门独立的哲学分支，心灵哲学比较研究既应有整体性的、宏观的比较，又应有微观的、具体的比较。就前一方面而言，笔者认为，中国、印度和西方的心灵哲学内部尽管也存在观点、派别、体系上的重大差别，但作为一个有继承性和连续性的文化传统，它们各自在总体上又有自己的共同性，因而得以以整体的哲学形态表现出来。心灵哲学比较研究应按这样的逻辑展开，即在对被比较项的扎实研究以及具体明确的比较研究的基础上，对中印西心灵哲学各自的实质、特点以及突出贡献做出梳理，尤其是挖掘各自体系中隐藏的有助于推进人类心灵认识的资源和真理元素，以资我们的进一步研究。比较心灵哲学在对它们做具体的比较研究时，除了应分别把握其各自的整体特质，揭示它们在动机、方法和侧重点上的异同外，还应就双方共同关注的项目展开更具体细致的比较，其中前者主要涉及直觉、自然主义以及规范性和描述性、价值性和求真性等方面，后者主要涉及心灵观、意识、幸福、自我等众多项目的比较。这些共同构成了我们中印西心灵哲学比较研究的主要内容。就双方共同关注的项目的比较而言，本书主要涉及以下九个方面。

第一，心灵的本原、样式、构成、本质等问题是东西方心灵哲学共同关注的课题。西方心灵哲学关注的主要是心灵的本原论、本体论的地位和结构问题，例如，有无心灵；如果有，是什么。围绕它们，形成了数以百计的心身学说。中国心灵哲学不但关注依赖于肉体之心，即肉团心，而且关注形而上学的超越之心（价值之心），即心之用途或者价值。徐复观指出：中国文化脉络中的心，既是生理意义的 heart，又是价值意义的 mind，而且两者融贯为一。[①] 印度心灵哲学关注的心有肉团心、思虑心、妄心、真心等。有的学派理解的心不是纯精神性的，而是处在纯识与形体之间。

第二，意识问题在印度和西方特别重要，研究很多。当代西方心灵哲学采取的主要策略是还原论、二元论和神秘主义。其中占主导的是还原论，如表征论、自我一表征主义及意识的高阶理论等。印度心灵哲学关于意识的研究成果丰富，对意识和心灵做出了区分，对意识本身的分类非常细致，如佛教把意识分为五俱意识和不

[①] 徐复观：《中国思想史论集》，九州出版社 2014 年版，第 294 页。

俱意识，不俱意识又有五后意识和独头意识（独散、梦中、禅定）。它具有现代西方心灵哲学意义的思想是：注重对意识的现象学性质的把握，反对对意识进行还原论的说明。意识的困难问题是当今西方心灵哲学意识研究关注的焦点问题，同时也是它和脑神经科学、心理学等诸多学科共同关注的一个重要问题。中印心灵哲学中的一些研究资源，如禅定、静坐等对于解决意识的困难问题具有积极意义。

第三，意向性问题。当代西方心灵哲学把意向性作为心灵的标志性特征，把意向性研究看作是心灵哲学的重中之重，并在意向性的范围、本质、结构、特征、机制、条件等"体"的方面达到了令东方心灵哲学望尘莫及的高度。中国心灵哲学主要从"用"的层面关注意向性，对它在做人、成圣中的作用以及它与人生状态的关系做了大量探究，但却没有围绕意向性提出带有实证科学和形而上学性质的问题。印度心灵哲学尤其是佛教哲学对意向性做了系统的分析，阐述了不同类型认知关涉其对象的方式。而且佛教心灵哲学还认为，意向性并非所有意识状态所共有，存在着一些没有意向性的高阶的纯意识状态，而且到达这些状态的方式是有迹可循的。

第四，自我的本体论问题和认识论问题。与自我相关的各种问题历来是东西方心灵哲学比较研究关注的一个焦点。在这里，印度心灵哲学提出的问题很多，有些为西方心灵哲学注意到了，有些则没有。概括说，有这样一些子问题：①世界是有我还是无我，佛教否定世界有实体性的、常一不变的人我和法我，而其他派别则有三种有我论，如认为我体常恒周遍、量同虚空，再如认为我虽常而有不定性等；②关于"我"的界定问题，有的派别认为，我具有三义，即实体性、常一性、主宰性，佛教认为，没有这样的我，我只是指称五蕴因缘和合的"假名"，这种我即有，但也是变化不定的；③关于我与蕴（色、受、想、行、识之类的构成要素）的关系问题，有的派别认为我即蕴，有的派别认为我离蕴，有的派别认为不即不离或非即非离；④关于我与身的关系问题，有的派别认为，我即身，有的派别予以否认；⑤关于我与人格的事实上的同一性的关系问题，有的派别认为我是人格同一的基础，有的派别否定。中国心灵哲学对这里的问题也有关注，而且也有求真性的维度。当然它主要是从人生哲学的角度讨论有我无我问题，强调没有肉体意义上的"小我"而只有社会层面上的"大我"。到此境界，就能实现不朽。西方心灵哲学主要是从求真性角度提出和解决问题的。有三类问题：第一类是人身上是否有我？如果有他是什么？第二类是人有无人格同一性？一般的看法是肯定的。如果是这样，就必然要进一步追问：这种同一性的根源是什么？一种回答是：这种同一性的根源是我。如果是这样，就有了第三类问题，即我与人格同一性究竟是什么关系？西方对这些问题展开了大量研究，分析传统的心灵哲学和现象学传统的心灵哲学分别做了不同回答。关于自我的认识论问题主要以自我知识、自我意识、自我感等形式体现出来，西方心灵哲学对此问题的明确呈现做了大量工作，它构成了西方心灵哲学自我研究的一个重要维度。中印心灵哲学同样有关于自我知识的大量研究，现代新儒家所倡导的"自我转向""自我发现"就是对自我知识之于儒家哲学的重要地位的一种呈现。

第五，心身关系问题。在现代以前，西方居主导地位的倾向是心身二元论，尤其是实体二元论。现代西方心灵哲学产生的心身理论数以百计，如同一论、功能主义、属性二元论、实体二元论、心身平行论等，此领域堪称心灵哲学的核心，也是最能体现它的成就和特色的地方。印度心灵哲学中有些派别有与西方类似的二元论思想，并做了极富现代意义的论证，如正理派心灵哲学。中国心灵哲学在这一问题上思想比较复杂，不仅不同派别的观点差异很大，而且就主流的儒释道来说也很复杂。从本质和本体论上说，它们一般有自然主义的倾向，如认为心依赖于身，而它们都本于气。从人生哲学上说，它们强调心身互渗、心身一体，两者不可分割，特别是由于区分开了人心和道心或妄心和真心，因此一般把道心或真心当作一切的本体。如朱熹在解释《大学》时指出的："心者，身之所主也。"[1]阳明心学继承了朱熹关于心身关系的一些见解，并有新的发微，从而在心身关系问题上呈现出一条与西方心灵哲学不同的、具有启发意义的研究路径。

第六，心与性情问题。这是东方心灵哲学的重要问题，尤其是，中国在这方面的探讨是最有成就的，因此是能体现中国心灵哲学特点的内容。印度也关心这一问题，如佛教中围绕佛性的探讨形成了各种形式的佛性论。现当代心灵哲学只在天赋问题中涉及了这一点。当然，康德对此做了较全面的探讨，如试图到心灵中去寻找真理、美德、审美的种子。不同于中国心性论的地方在于：康德对心灵中的对于人做人、完满人格方面的资源挖掘不够，而中国的心性论则可补西方这一不足。

---

[1] 朱熹：《朱子全书》。

第七，与心灵有关的人的整体图式问题，即作为整体的心是什么、作为整体的人是什么的问题。中国和印度对此研究较多。西方对此的关注是最近几十年才升温的。弗拉纳根等受东方思想的启发，也倡导这一研究，认为它们是心灵哲学的重要问题之一。除此之外，具身性，常识心理学的重构、反思与超越，自然化，现象学等也都是中印西心灵哲学的共同问题。

第八，情绪问题。情绪问题是东西方心灵哲学共同关注的重要问题，这一问题在东西方哲学中都起源较早，并在持续不断的研究中积累了大量研究成果。西方心灵哲学对情绪的关注主要涉及情绪的对象、情绪的基础、情绪的地位以及情绪的因果作用等问题。中国和印度心灵哲学对情绪都有详细的分类，并重点探讨了情绪与其他心理现象的关系，以及情绪的控制对于人格修养之完善、道德境界之提升和幸福快乐之获得的功能作用。

第九，天赋问题。在西方哲学史上，心的天赋论表现为三种典型形式：柏拉图的"回忆说"、理性主义者17~18世纪天赋论的辩护和当代认知科学天赋论的复兴。西方的天赋研究在现当代经历了从认识论向心灵—认知哲学的转向。在东方哲学史上，没有纯粹而独立的天赋论，或者说没有创立这种理论的主观动机，但它对西方人关注的天赋问题乃至有现当代意义的天赋问题有涉及和解答。中国天赋论的独有特点在于：为了追本溯源，不仅在习俗之知能之后找到了作为它的先天根源的本然之知，而且追溯了本然之知能的根源，这就是心性，进而用性尤其是心性说明天赋心理的根源和机理。这就是说，天赋心理的存在离不开心性，相应地，天赋论包含在心性论之中。佛教的天赋心灵论像中国的天赋论一样，是它的主题性理论（如人生解脱论等）的副产品。

第四节 东西方心灵哲学比较研究之立场、态度与方法

比较哲学有广义和狭义之分。广义的比较哲学涉及任何两种哲学理论或者观点的比较，在此意义上，一切哲学都是比较哲学。[①]狭义的比较哲学专指跨文化

---

① Oursel P M, McCarthy H E. "True philosophy is comparative philosophy". *Philosophy East and West*, 1951, 1(1): 6.

传统的哲学比较。心灵哲学比较既是西方心灵哲学不断演化和分化的产物，又是比较哲学这一哲学门类深入发展的产物。东西方心灵哲学之比较最初确是由西方心灵哲学发动的，但这项研究而今已经完全超越了西方心灵哲学的领域，这不仅表现在参与这项研究的研究者不只是西方人，更表现在此项研究所涉之问题、范围、领域、维度等远远超出西方心灵哲学之预期，甚至西方心灵哲学的研究者自己也在研究中认识到东西方任何一方都不能单独胜任这样一项跨文化的比较事业。

首先应当肯定，跨文化的心灵哲学比较与交流不但可行，而且这已经是一个事实。爱莲心认为，跨文化的比较和交流，实际上是我们一直都在做的事情。[1]沙夫斯坦更是直接言明："关于比较哲学的可能性的讨论，包括反对它的讨论，在思想史面前都黯然失色。因为事实上我们假定无法调和的文化之间的实际接触已经发生，影响也已呈现。"[2]这样的论述对于东西方心灵哲学的比较而言是恰如其分的。东西方心灵哲学虽然存在较大差异，但它们同属对于人类心灵及其相关对象的哲学反思，双方无论是形态上的差异，还是问题、方法、内容或侧重点上的差异都不能成为其比较沟通的障碍。

此外，我们也应该承认，跨文化比较有很大的难度。对东西方心灵哲学比较研究可能性的讨论，归根结底都能落脚到对东西方文化传统之间的关系的看法上。如果认为东西方文化在内容上而非发展过程上是各自独立、毫不相干的两个系统，那么东西方哲学交流确实面临无法逾越的困难，比如不可通约性。不可通约性论题的首倡者是库恩。比较哲学中的不可通约性有其独特的表现。黄大卫（David Wong）曾指出比较哲学中的三种不可通约性：一是不同传统间的概念的不可互译；二是不同传统间的哲学家不能相互理解；三是不同传统间不能互相评论。[3]有一种观点认为，东西方文化存在巨大差异，任何跨文化的比较交流都会一无所获。比如，东方的"道""因果报应""轮回"等概念在西方哲学的框架内得不到理解和阐释。同样，西方的"本体论"等概念也无法在东方哲学的框架

---

[1] Allinsen R E (Ed.). *Understanding the Chinese Mind: The Philosophical Roots*. Oxford: Oxford University Press, 1989: 2.
[2] 克拉克：《东方启蒙：东西方思想的遭遇》，于闽梅、曾祥波译，上海人民出版社 2011 年版，第 267 页。
[3] Wong D B. "Three kinds of incommensurability". In Krause M(Ed). *Relativism: Interpretation and Confrontation*. Notre Dame: Notre Dame University Press, 1989.

内找到其对应物。与此相应，在进行比较研究时，哲学家总能够通过比较辨别转向更优的哲学传统，这种观点被称作"择优论"。但是事实上，跨文化比较的难度并没有达到不可比较的程度。问题更多地集中在对待另一种传统的文化的态度上。只要有开放的信念和包容的态度，东西方哲学比较不存在无法克服的困难。弗洛姆对待禅宗的态度即如此。他指出，按照禅定的原理，禅的重心是悟，没有"悟"这种经验的获得，就永远不可能对禅有充分的理解。西方人即便没有悟的经验，不能够"以应当谈论它的方式来谈论它"，却也可以以西方人自己的方式，如他所谓的"一种切线"的方式来谈论禅，获得对禅的理解。所以，弗洛姆主张：就以这方面而言，禅并不比赫拉克利特、爱克哈特或者海德格尔更难理解。[1]比如，我们上面的分析已经表明，东西方心灵哲学具有共同关注的问题，东西双方以相同或相异的方式对同样的问题进行过探讨。这就是现代西方心灵哲学总能在古老的东方智慧中找到灵感的原因。当前，西方心灵哲学把包括禅定在内的冥想作为其研究的一项重要内容，并对之给予厚望，期望关于它的研究能够为意识、自我等问题的研究带来突破。这种研究难道不是以西方人自己的方式在谈论禅吗？事实上，东西方文化以独立的方式各自发展出具有特色和个性的心灵哲学，正是心灵哲学比较研究价值性的一个体现。这样的心灵哲学比较才更具有启发性。正如印度的心灵哲学比较研究者查克拉巴蒂（Chakrabarti）发现印度和西方心灵哲学传统中都有可以分庭抗礼的唯物主义和二元论传统，而且双方在论证方法上极为相似，但这一切发现有价值的前提是印度和西方这两种心灵哲学传统之前未曾接触过，这些相似的东西必须是它们各自独立地发展出来的，"如果这两种传统之间曾发生过相互影响，那么关于两者中任一文明之本质，以及关于哲学思想的某些概念运动之普遍性，我们所能说的就少之又少了"[2]。

尽管黑格尔系统研究与讨论过中国和印度哲学，尽管他也曾试图用西方哲学的概念来理解中国和印度哲学，但他把东方文明之于世界文化历史的作用，看作是对儿童的分析之于理解成人心理的作用，把中印文明在历史上的繁荣看作是人类精神发展进程中的早期片段。在他看来，东方文明作为一种停滞的、凝固的东

---

[1] 铃木大拙、弗洛姆：《禅与心理分析》，孟祥森译，海南出版社2012年版，第169页。
[2] Chakrabarti K K. *Classical Indian Philosophy of Mind: The Nyāya Dualist Tradition*. Albany: SUNY Press, 1999.

西，理应由西方文明来完成对它的超越。他看待东方哲学的这种态度是他受制于不可通约性并不可能正确认识东方哲学的真正原因。

美国哲学家诺斯罗普（Northrop）对东西方哲学的比较研究有重要贡献，他曾试图为东西方哲学比较提供一个基本的框架。在他带有元哲学性质的比较哲学著作《东西方的邂逅》一书中，他探讨解决了东西方比较中最困难的一些理论问题。他认为，哲学分析是解决不可通约性等问题的关键。通过建立一个哲学的分析框架，东西方哲学之间就可以进行有效的比较。时至今日，用哲学分析的方法去化解哲学比较中的不可通约性问题，仍是一个行之有效的方法。实际上，没有绝对不可通约的问题。应当说，不同传统的哲学问题具有一定程度的共通性，这是跨文化哲学比较能够进行的保障，而不同文化传统之间哲学关注的差异性，恰恰说明了比较研究的必要性。

普遍主义是比较哲学研究中较为流行的一种方法。这种方法产生于20世纪的东西方哲学比较研究，其目标是建立一种全球哲学，把东西方哲学传统最终融为一体。莱布尼茨可以被看作是普遍主义的最早期倡导者。美国哲学家塞尔关于"哲学全球化"的主张可看作是普遍主义的一种变体。普遍主义的一个基本信念是，认为西方哲学无论在欧陆还是英美都已经进入死胡同，要使哲学摆脱困境，就必须让东西方相互融合，进而构建全球哲学。在实践方面，从1939年开始举办的"东西方哲学家会议"就是以建立全球哲学为目的的。

多元主义是比较哲学研究中另一种有影响力的方法，这种方法与普遍主义的主张相反，它认为在比较研究中保持不同文化的个性和多元视角的存在，是促进哲学发展和发挥哲学比较功能作用的必要前提，因此比较研究不能希求一个能够融为一体的哲学。多元主义对当今哲学中的后现代主义颇有影响。莱布尼茨、雅斯贝尔斯等人的普遍主义主张先后失败就说明多元主义是一个合理的选项，而且东西方文化和哲学本身就具有多元视角，是多元主义的体现。

然而，现有的所有这些比较哲学的研究方法都与比较研究中所应采取的正确态度是矛盾的。我们强调批评西方哲学对东方哲学的漠视和贬低，并不是要把东方哲学提升到高人一等的地步，而是主张对东方哲学要有一个平等的对待。我们反对把东方哲学看作所谓的人类早期儿童阶段思维的遗留（如黑格尔），主张东方哲学自有其独特价值，我们赞同说东方哲学是一种早熟的人类思想（如梁漱溟），但也反对因此而认为东方哲学不需进步，处处优于西方。汤用彤先生在评价中外文化交流的结果时曾指出：本地文化思想虽然改变，但也不至于完全根本改变；但外来思想也须改变，和本地适应，乃能发生作用。[①]我们主张在做东西方心灵哲学比较研究时，采用一种不预设任何态度的方法，即无预设的方法。这种方法能够有效避免因立场和态度上的偏向而导致内容和结论的偏差，在平等对话的基础上，取长补短，推进心灵哲学的发展。欧洲的启蒙思想家曾从各自需要出发对中国哲学和文化产生截然相反的判断。20世纪初，中国哲学的东西方比较在方法上主要受到"分优劣，明得失"这一目的的影响，因此这一时期的比较虽然对于提升民族自信心和文化上的救亡图存有实质意义，但对心灵哲学本身的推动作用有限。吴森批评其为"以己之长，比彼之短"，正确的做法是对双方都有深入研究，弄清它们各自的优点和特色，再加以比较。[②]当前，我们的心灵哲学比较研究站在一个新的高度和起点上，一方面我们无须在"短长"的分辨中竭力去向西方证明什么，因为东方心灵哲学的价值和意义既不用在证明中获得又无须在证明中展示，这正是文化自信的体现；另一方面我们也绝不会夜郎自大、抱残守缺，而是以一种积极开放的态度在比较中吸纳借鉴西方心灵哲学的成果和方法，这亦是一种文化自信的体现。这样一个新的起点必能促成关于人类心灵认识之进步。

---

① 汤用彤：《文化思想之冲突与调和》，《汤用彤全集（第五卷）》，河北人民出版社2000年版，第280页。
② 吴森：《比较哲学与文化》，东大图书有限公司1978年版，第2页。

第二章
五百年心灵哲学比较研究概论

东西方心灵哲学比较研究是一项可以从多重维度、在多个方面、用多种方法推进的系统工程。仅就比较研究的结构设计和章节安排而言，本书对问题比较、方法比较、阶段比较、人物比较和学派比较都有不同程度的涉及，在进行具体的比较时，异同比较、粗细比较也会依相应内容来分别予以运用。本章可算作是一个整体的、阶段性质的比较，其中又间杂有对于相关重要人物的说明与简介，对于问题、方法、学派等方面的比较则留待后续章节进行。

本章的任务是对自 16 世纪以来过去约 500 年间的心灵哲学比较史做一个简单的扫描和勾画，其中又以 16~18 世纪之比较为主，因为这一阶段之比较离现在较远，概念陈旧，而且其中大多数比较思想在随后时代已有长远的进步和发展，不易为现在的比较研究所察觉。而此后阶段之比较，更为成熟，在思想言语等方面与现阶段的比较研究较为接近，双方易于形成贯通呼应，而且在本书随后的章节中常有细述，故对其考察相对简略。比较哲学必须要有"史"的维度。本章可算作是对心灵哲学比较研究史的研究，尽管较为简略，但可在一定程度上避免纯粹的哲学理论上的比较的个别性和片面性。

自 16 世纪中西文化交汇以来，中西哲学在过去约 500 年间曾经历过三次比较研究的热潮。对这三次哲学比较研究热潮进行梳理和分析不难发现，不同时期的这些哲学比较研究无不凸显出其各自鲜明的时代特性。总结这三次比较热潮与其时代特性之间的内在联系，对于我们今天的比较哲学研究和文化建设都具有现实的借鉴意义。

第一节　16~18世纪的东西方心灵哲学比较

16~18世纪是中西文化交流的黄金时期。中国正式接触到所谓"西学",应以明末因基督教传入而带来的学术为其端倪。[①]在"西学东渐"为中国人带来惊诧的同时,同步展开的"东学西渐"也让欧洲人被东方文明所折服,甚至产生了狂热的迷恋。一时间"到中国去"的呼声响彻欧洲,由此形成了一次东西方比较研究的热潮。东西方的政治、哲学、宗教、教育、艺术等众多领域都被纳入比较研究的视域。其中,中国儒家的"理"与西方基督教的"神"是被关注最早、讨论最多、后续影响最大的一对比较范畴。利玛窦、龙华民等耶稣会士以传教、护教为目的,将亚里士多德哲学和中世纪宗教哲学的一部分思想介绍到中国,同时也将中国的儒释道思想传递到欧洲。中西哲学比较由此展开。最先真正在哲学意义上对"神"和"理"进行比较研究的是法国哲学家马勒伯朗士,他的研究在当时即引发了广泛的关注和讨论,他本人也因此被看作是从事东西方比较哲学研究的第一人,而后莱布尼茨对"神"与"理"比较的继续讨论则将这场研究推向了高潮。其时,西方人在进行地理大发现的同时,也在进行着文化的大发现,其重要成果之一,就是发现了中国也有如灵魂观之类的心灵哲学。马勒伯朗士和莱布尼茨就是这一发现中的"哥伦布",他们发现了蕴藏在中国传统儒家文化中的心灵哲学思想,并与西方基督教的相关观念进行比较研究。他们所进行的"理神比较"中包含着丰富的、深刻的心灵哲学思想,这些思想不但对于理解"神""理"及其关系至关重要,而且其中的很多内容即便放在今天也足以引起心灵哲学和东西方心灵哲学比较研究的重视。

一、此阶段研究之代表人物

在这场持续近三个世纪的哲学比较热潮中,中国知识分子一方面对照西方哲

---

① 侯外庐主编:《中国思想通史(第四卷)》,人民出版社1959年版,第1189页。

学意识到了"空谈心性之弊",另一方面也对西方哲学保持了相当的警惕,而作为此次比较研究"主场"的欧洲,对中国哲学则经历了"前倨而后恭"的态度转变。在前期,无论是耶稣会士的耶佛比较、耶儒比较,还是基督教哲学家马勒伯朗士以向当时流行的斯宾诺莎主义示威为目的的理神比较,都视中国哲学为有待纳入基督教文化的、落后的、被改造的对象。在这些比较中,中国哲学被矮化、简单化和标签化。但是,当欧洲哲学家对基督教的态度转变之后,中国哲学在欧洲的形象也随即改变。启蒙思想家,如伏尔泰、魁奈(Quesnay)、莱布尼茨等人,都反过来从儒家的自然理性中找到了对抗基督教信仰的思想武器。中国哲学被当作是开明思想的典范和映照欧洲缺陷的"纠谬之镜",孔子被看作是"启蒙时期的圣徒",儒家思想被看作是无神论的代表,中国的专制制度也被用来激励欧洲的政治改革。当时哪怕是中国最落后的思想也能被欧洲人解读出最先进的东西。欧洲人对中国哲学态度的这种巨大反差,既是其强烈的自我投射所致的"欧洲制造"的中国哲学的必然结果,又是欧洲由蒙昧走向启蒙的时代精神的体现。这一时期涉及心灵哲学比较研究的学者主要有以下几人。

1. 利玛窦

利玛窦为西方文化传入中国做了奠基性的工作,被誉为"明季沟通中西文化之第一人"[①]。他对儒家学说、佛教和道家都向西方做了介绍,也把亚里士多德哲学、托马斯·阿奎那的经院哲学、奥古斯丁的经院哲学等西方哲学思想介绍到中国。唯就利氏本人而言,除重新在华建立天主教传教事业外,其最大贡献仍在有选择地将中学西传,使欧人因他的媒介而对其产生新的认识。[②]明代学术思想界与利玛窦有实际交往者众多,如李贽、章潢、祝世禄、李之藻、徐光启等,有人曾专门作《利玛窦交游人物表》一文予以介绍。李贽与利玛窦进行过多次面对面交流,两人间的哲学讨论并未留下书面材料,但却是中西哲学家的第一次直接对话和交流。利玛窦的著作含中西两种语言,在其双语著作《中国传教史》《天主实义》等当中,他对中国文化和基督教做了比较研究,分析了两者的共同性和差异性。

[①] 方豪:《中西交通史(下)》,上海人民出版社2008年版,第487页。
[②] 王漪:《明清之际中学之西渐》,商务印书馆1979年版,第21页。

利玛窦在比较视域中对中国哲学的总体特点进行了归纳，他认为中国哲学的一个重要特点是重伦理而乏逻辑。他说，在学理方面，他们对伦理学了解最深，但因"他们没有逻辑规则的概念，因而处理伦理学的某些教诫时毫不考虑这一课题各个分支相互的内在联系"[①]。利玛窦鉴于"中国人没有逻辑"的特点，意味深长地选择了《几何原本》，并将它译介到中国。利玛窦对中国哲学的这一特点的批评并非全无道理，很多中国知识分子都接受这种观点。李之藻也谈到他介绍亚里士多德逻辑的目的就在于"用西方之逻辑学来纠正晚明时士大夫空谈心性之弊端"，实质是要把宋明理学中的"格物致知"从伦理学转向自然科学，将一种伦理的认识论导向科学的认识论。[②]后来严复主张用"归纳法"来反对宋明理学的"良知论"，（再到金岳霖）与李之藻的思想是一脉相承的。

在对待中国哲学的看法上，利玛窦对儒家大体持肯定态度，并将之视作一种自然神学，而对佛教则近乎全盘否定。他主要是出于传教、护教的目的来研究佛教的，把中国文化纳入基督教文化是其主旨，在其著作中对佛教采取了批评，甚至通过附会进行刻意打压的态度。他虽然在宇宙生成论、轮回说等方面分析佛耶之间的相似性，但却将此种相似之原因以佛教窃取基督教之学说，西方思想早已传播至印度来解释。利玛窦对中国文化及佛教的批评主要见于其《天主实义》和《畸人十篇》，主要涉及五个方面的内容。

第一，在有无之辨的视角下，对儒家"太极"学说提出批评，并否定了道家"无"的观点和佛教"空"的观点。这一争论的目的还在于证明上帝是有而非无，是实而非空，是本有而非派生。

第二，从人格区分的视角，对照了基督教"爱邻人"的观念与佛教"万物一体"观念的区别，并套用儒家的话语指责佛教自私自利、背弃公道。

第三，批评了中国人关于精神和灵魂的各种观念，特别是详尽批评了佛教的轮回学说。认为佛教轮回学说并无新意，是毕达哥拉斯的学说传播至印度为佛教所窃的结果。

第四，在实在论的立场上，批评佛教对世界的"现象论"的解释，主张人所

[①] 利玛窦、金尼阁：《利玛窦中国札记（上）》，何高济、王遵仲、李申译，商务印书馆 2017 年版，第 67 页。
[②] 楼宇烈、张西平主编：《中外哲学交流史》，湖南教育出版社 1998 年版，第 184 页。

具有的关于自然的观念只是自然的摹本(摹本论),上帝观念对自然则具有创造者的意义,而佛教的理解则不能把认识对象与观念中的对象区别开来。

第五,从基督教对善恶的绝对化理解出发,介入中国传统的人性论之争,对佛教的善恶相关联的理论进行批评。

中西灵魂学说之比较是利玛窦及其他耶稣会士关注的一个焦点。耶稣会士之所以愿意多就灵魂问题发表见解,原因在于,他们认为灵魂之学与晚明盛行的心学在理论上最为契合,易与儒学打成一片,这实际上亦是利玛窦"合儒传教"路线的一种表现。除利玛窦外,明清间还出现了一批涉及西方灵魂观介绍及东西方灵魂观念比较的研究著作,其代表有利类思的《性灵说》,艾儒略的《性学觕述》,毕方济口述、徐光启笔译的《灵言蠡勺》,以及孙璋的《性理真诠》。其思路皆是切割儒学,将儒学分为先秦之儒与宋明之儒,厚古而薄今,多与孔孟合,再从先秦之儒寻找与基督教的一致性。例如,孙璋认为,儒家经典因秦始皇焚书等历史传承因素的影响,遗留下来的有关心灵的论述"愈久而愈失其真也",故而西方灵魂学说是对心学理论的有益补充。

与利玛窦、龙华民等耶稣会士对中国文化的怀疑乃至敌视不同,李贽、黄辉、憨山德清、虞淳熙等中国知识分子则无一不表示出希望与西方文化对话交融的态度。1599 年,李贽在与利玛窦的会面中并没有与之争论,"也不想反对利玛窦",而只是说"我们的宗教是真谛"。[①]1604 年憨山德清鉴于耶稣会士对佛教的敌视态度,曾主动联系龙华民,并在双方长时间的交谈后指出佛教与天主教具有共通性。利玛窦记述了这次会晤:他表示神父所说的一切与他的教派[佛教]所倡导的东西是一致的,尽管他也对我们所写的一些反对佛教的著作表示不满。[②]

以上事例足以体现当时耶稣会士与中国佛教知识分子对待对方文化迥然相异之态度。彼时,中国知识分子对西方文化的态度大体是认可、和解、同化、综合、友好。一是对外来文化采取宽容的同化立场。这种将外来文化融入自身的同化立场是中国文化之传统习惯,正像佛教初入中国时曾被作为儒道的一种形态来

[①] 耿宁:《心的现象:耿宁心性现象学研究文集》,倪梁康、张庆熊、王庆节等译,商务印书馆 2012 年版,第 75 页。
[②] 耿宁:《心的现象:耿宁心性现象学研究文集》,倪梁康、张庆熊、王庆节等译,商务印书馆 2012 年版,第 77 页。

理解一样。二是中国文化具有一种强烈的综合倾向。以儒家为根本的中国文化与其他各家在长期的相互影响下都难以保持自身原有形态，至明代"三教合一"则是这种综合最强有力的体现。三是将矛盾的学说加以融合本身就是佛教对自身不同教义的一种基本态度。因为佛教强调因材施教，反对抽象化、绝对化的真理，所以可以容许一个学说的不同形式的存在。

此时，利玛窦等人对待东方文化的态度则主要是敌对、攻讦、漠视和猜疑。在利玛窦看来，这是因为双方具有根本不同的真理观。佛教如中观学派坚持双重真理观，即把真理分为真谛和俗谛。真谛作为最终的、彻悟的真理是不可言说的，一切对它的言说都只是方便。因此语言的意义在佛教的真理中具有不定性。而耶稣会士的真理观则正相反。耶稣会传教士的真理观念则是在不屈不挠的斗争传统中成长起来的。这种传统排斥教义上的对立命题，追求最终真理在概念上的确定性，在经历了反宗教改革运动的神学论战之后这种倾向进一步加强。相似性对于他们而言与其说是真理的同一性的标志，毋宁说是缔造谎言和仇视的假象。[①]天主教通过神学论战将其确定性的真理观强化了，而中国文化则通过"三教合一"将自身不定性的真理观强化了。而在追求真理中强调语言文字的不确定性，并非佛教对中国文化之独特贡献，实为中国本土文化固有之观念，如《道德经》中对"道可道"与"常道"的区分就与佛教真俗二谛的区别相似。

利玛窦对佛教的态度被视为其对待中国文化之态度的一个缩影。因为他清楚意识到当时佛教知识分子的观点实际上不纯是佛教的，而是佛教乃至道家思想财富的结合。因此，他对中国文化的批评采取了策略的分析态度，如他通过对儒释的对照，认为儒家与基督教并无基本观点之对立，可资利用和同化，而佛教的核心观点（万物自性）"抗诬上帝"乃为大衅，故不值得深入研究。[②]利玛窦所代表的也不仅仅是基督教，他在与佛教的论战中，所凭借的是西方自亚里士多德以来的哲学资源。

2. 智旭

明代学者中对利玛窦进行反批评者为数众多，但其中观念能系统展开且流传

---

① 耿宁：《心的现象：耿宁心性现象学研究文集》，倪梁康、张庆熊、王庆节等译，商务印书馆2012年版，第81页。
② 李之藻：《天学初函》，上海交通大学出版社2013年版，第274页。

第二章　五百年心灵哲学比较研究概论

于世的是明末四大高僧之一的智旭（1599—1655）。他于 1643 年以俗名钟始声发表《天学初征》和《天学再征》对利玛窦的观点进行了反驳。智旭从三个方面系统阐述了佛教对人心特点的认识与利玛窦的分歧。

其一，智旭指出西方人对于中国人所谓"天"的认识具有片面性。在儒家看来，天有三层含义：一是望而苍苍之天，即所谓昭昭之多，及其无穷者；二是统御世间主善罚恶之天；三是本有灵明之性，无始终生灭，乃天地万物之本原。而西方人视天为主宰，充其量只认识到了天的第二层含义，尤其没有认识到天作为灵明之性这一对中国文化而言至关重要的天的作用。质言之，这种认识上的缺陷就导致利玛窦没有注意到中国人所谓的天与性、命、易、良知、独、心、己、我、诚等心理范畴之间的关系。

其二，智旭批驳了西方人关于魂的层次的观点。在智旭看来，西方人将魂分为上、中、下三个层次，分别是灵魂、觉魂和生魂。灵魂即人魂，为人所独有，此魂不灭，有始而无终。觉魂即禽兽之魂，生魂即草木之魂，此二魂皆有始有终。这实际上就是亚里士多德对灵魂等级说明的一个翻版。智旭认为，西方人对魂的层次划分是有问题的：第一，既然觉魂与生魂有所不同，那么就不能够仅凭它们都有始有终的特点把它们区别开来；第二，把有无灵魂作为人魂与禽兽之魂相区别的依据也有问题，禽兽并非都是有觉而无灵，比如那些舍身殉主的义犬义猴在灵魂上就与人无异，而那些饱食终日无所事事只念淫欲的"愚人"，就与禽兽无异了。

其三，智旭对人心的特点进行分析，讨论了人心能否作为万物之体的问题。智旭指出，第一，人心对万物的认识不同于止水明镜对万物的反映，人心并非不能作为万物之体。止水明镜与其反映对象之间有明显的区别和空间界限，而人心虽然在形式上和止水明镜一样能够反映万物即所谓的"含天地而具万物"，但却没有这样的区别和界限，所以，尽管止水明镜能影万物而不能生万物，但人心却并非如此。"止水明镜之影万物也。镜水在此。万物在彼。有分剂。有方隅。故知是影而非体也。心之含天地具万物也。汝可指心之方隅分剂。犹如彼镜与水乎。"[1]第二，智旭进而指出，人心和天主同样无有形朕，因此能力不应有异，在能够生万物这一点上两者是一样的。"若心无形朕。不能生万物者。天主

---

[1] 智旭：《天学再征》，《辟邪集》。

亦无形朕。胡能生万物也。若天主无形而能形形。心独不可无形而形形乎。"①

3. 马勒伯朗士

马勒伯朗士的比较哲学著作只有一部，即他在 1708 年发表的《一个基督教哲学家和一个中国哲学家的对话——论上帝的存在和本性》（简称《对话》）。在该著作中，马勒伯朗士借中国哲学家和基督教哲学家的对话对中国儒家的"理"和西方基督教的"神"进行了第一次严格的、真正意义上的哲学比较。按照马勒伯朗士自己的说法，其比较的最终目的：一是要批驳中国人所形成的错误的"天主"观念；二是要汲取中国人观念中所隐含的微乎其微的一点真实成分，以使中国人"皈依改宗"。为了论证这一结论，马勒伯朗士从心灵哲学的角度，对中西心灵观、心身观等进行了详细深入的比较研究，其研究主要涉及两方面。

马勒伯朗士所涉及的第一方面的问题主要围绕中西哲学对意向对象的看法的差异而展开。其焦点体现在以下问题：第一，精神当前的对象究竟是"在我们以外存在"还是仅仅是"精神本身"；第二，所谓精神，究竟是有机的、净化了的气（物质），还是不同于物质的另一种东西；第三，精神是有限的还是无限的，如果精神是有机的、净化了的气（物质），那么它就是有限的，这样一来，有限的东西里面能不能看见无限。为了向中国人证明"神"这种具有无限性的存在体，马勒伯朗士实际区分了两种意向对象，即实际存在的对象和不存在的对象。前者是指凡是精神当前的、直接的知觉的东西。他在这里特别强调当前的、直接的，因为在他看来，是否能够具有这一特点正是实际存在的对象和实际不存在的对象的区别。比如，我面前的书桌能够成为我的心灵的当前的、直接的对象，所以它一定是实际存在的对象，即便这书桌是在我的梦里出现，它也同样是非常实在的。但是那些不能够以这样的方式出现在心灵面前的对象，则是"不存在的东西"。换言之，是否能够成为心灵和精神当前的、直接的对象，是判断事物在本体论上是否具有存在地位的标准。马勒伯朗士做出这种区分所依据的是一个他反复强调的原则，即"想个什么都没有和什么都没想，知觉个什么都没有和什么都没知觉，是一回事"②。而上帝作为具有无限性的存在体，是可以成为心灵的

---

① 智旭：《天学再征》，《辟邪集》。
② 清华大学思想文化研究所：《世界名人论中国文化》，湖北人民出版社 1991 年版，第 19-26 页。

当前的、直接的对象的："而我想到无限，我当前地、直接地知觉无限，因此无限是存在的。"[1]

在马勒伯朗士看来，中国哲学一定认为精神的对象仍属精神本身，这个对象不过是作为"有机的、净化了的气（物质）"，通过一定的方式呈现给你的，根本不会在你之外存在。因此，无限即使作为你的精神当前的对象，也并不能得出结论说无限绝对存在。中国人的错误在于，把精神看成是气（物质），而气（物质）是有限的，有限当中并没有足够的实在性得以见到无限。但是，这与我们自己的经验是相违背的，因为我们可以在心灵、精神当中见到无限的东西。他认为，我们日常的经验也证明，精神并不是有限的，比如我们可以从有限的空间中得到无限的观念。因此，精神一定不是中国人所说的"有机的、净化了的气（物质）"。他反问中国人："物质（气），不管你怎么净化吧，它怎么去表现它所不是的东西呢？特殊的、可以改变的器官怎么能够看到或者表现常住不变的、对一切人都是共同真理和永恒的法规呢？"[2]

马勒伯朗士所涉及的第二方面的问题主要围绕心理内容的原因而展开，这些问题包括：知觉产生的原因是什么？纯粹的物理过程能否产生思想，即灵魂或精神是不是有机的、精细的气？精神和大脑是不是同一的单一的实体？马勒伯朗士认为，知觉的原因只能是以下这些东西：或者是外物本身，或者是灵魂，或者是理或上帝。首先他认为，外物本身不是知觉的原因，因为即使把人所能够认识的一切物理过程都清楚无误地描述出来，也仍然得不到对知觉的认识，精神的思想不同于物质的另一种实体的变化。他说：大脑的各种震荡和动物的精气都是物质的变化，可是它们与精神的思想是完全不相合的，精神的思想当然是另外一种实体的变化。[3]所以，知觉不是大脑的变化，而只能是唯一能思维的实体即精神的变化。他认为中国哲学对于知觉的原因的说明完全相反，把知觉、精神完全同一于大脑的物理过程：大脑纤维的震动，和那些小物件或者那些动物精气结合在一起，就是我们的知觉，我们的判断，我们的推理，一句话，就是我们的各种思

---

[1] 清华大学思想文化研究所：《世界名人论中国文化》，湖北人民出版社1991年版，第19-26页。
[2] 清华大学思想文化研究所：《世界名人论中国文化》，湖北人民出版社1991年版，第19-26页。
[3] 清华大学思想文化研究所：《世界名人论中国文化》，湖北人民出版社1991年版，第19-26页。

想。①他对中国哲学所主张的这种朴素的心身同一论提出了责难，认为精神和大脑尽管有关，但绝不同一，他说：老实说，你清楚地领会到，各种大大小小的物体的布置和运动是各不相同的思想或者各种不同的感受吗？如果你清楚地领会到了，那么请你告诉我，欢乐或者悲伤，或者你愿意是什么其他感觉吧，是由于大脑的纤维的什么布置？②

那么，究竟是什么样的观念引起了手指疼的知觉呢？马勒伯朗士进一步借基督徒之口把灵魂排除在知觉的原因之外，并由此来证明上帝是知觉的原因。基督徒从四个方面说明灵魂不是知觉的原因：第一，灵魂不熟悉视神经和眼睛的情况；第二，灵魂没有光学和几何学知识，没法通过眼睛里的投影得到关于物体形状、大小的正确认识；第三，灵魂没有能力在一刹那间进行无限量的计算，完成大量的工作；第四，我们对于物体所产生的知觉并不受我们自己意志的控制。再把其他因素一一排除之后，基督徒就得出结论，认为灵魂、身体都不能够胜任的工作只能由上帝来完成。因为只有上帝完全知道几何学和光学，掌握一些知识，能进行正确而迅速的推理，所以，只有上帝才能够直接对灵魂发挥作用，使我们产生知觉。

4. 莱布尼茨

继马勒伯朗士之后，莱布尼茨对"理"和"神"进行了更为深入、全面的比较研究，这一研究中同样涉及了大量有价值的心灵哲学思想。尤其是，莱布尼茨在"神"和"理"的比较中对西方灵魂观与中国魂魄观第一次进行了较为系统的比较研究。而且，与同时期的欧洲学者相比，莱布尼茨对中国文化和哲学的研究更具可信度和参考性。汉学家艾田蒲评价说："在 1700 年前后关注中国的人之中，莱布尼茨无疑是最了解实情、最公平合理的一个，他的著作也是唯一一部我们今天还可以阅读的著作。"③莱布尼茨有关中国的著述非常丰富，除了分别于 1697 年和 1716 年出版的《中国近事》和《论中国人的自然神学》之外，还包括近 200 封尚未整理出版的书信。

---

① 清华大学思想文化研究所：《世界名人论中国文化》，湖北人民出版社 1991 年版，第 19-26 页。
② 清华大学思想文化研究所：《世界名人论中国文化》，湖北人民出版社 1991 年版，第 19-26 页。
③ 艾田蒲：《中国之欧洲：从罗马帝国到莱布尼茨（上卷）》，许钧、钱林森译，广西师范大学出版社 2008 年版，第 278 页。

第二章 五百年心灵哲学比较研究概论

莱布尼茨了解"理""气""魂魄"等儒家思想所用的原始材料主要有两个来源：一是马勒伯朗士的著作，二是耶稣会士龙华民和利安当等的著作与口述。但是，在"神""理"关系、中西灵魂观等问题上，莱布尼茨并没有受到龙华民、利安当等人的观点的制约，反而针锋相对地与之展开争论，并指出了后者的错误。例如，在"神""理"关系上，龙华民和利安当把程朱理学的"理"完全看作是"具有唯物性质的"，认为"理"并非"至高的神"，而只是西方哲学所说的"原始物质"，中国人没有关于神的观念。由此他们得出中国哲学是一种纯粹唯物论这样的结论。莱布尼茨反对这种观点，批评他们认理为纯被动性的、生硬而毫无人情的、和物质一样的，是不对的。[①]莱布尼茨认为，儒家的"理"和基督教的"神"是有关系的，这种关系主要体现在两个方面：一方面，儒家把理看作是万物的第一推动者（first mover），这种看法与基督教的至高神观念非常接近；另一方面，儒家的理还可以指代众神祇，即有行动与知识的特别精神体。所以，问题的关键在于：中国儒家的理究竟是纯物质性的，还是精神性的存在，抑或二者兼有。换言之，中国人是否承认精神实体的存在？莱布尼茨认为，回答这一问题就涉及对中国人灵魂观念的研究，以弄清中国人是如何认识灵魂的本质的。

在关于中国人的灵魂观问题上，莱布尼茨与龙华民、利安当二人进行了更激烈的争论。龙华民和利安当对中国人的灵魂观基本上持批评和否定的态度，他们认为中国人在有关灵魂的问题上说法不一且明显有误。利安当说：儒家和最有学问的人认为我们的灵魂来源于天，是天的最稀微之气，或者天的天气；灵魂离开肉体时就复归于天。它们以天为归宿，由天而出，又混合于天。他认为，中国人所谓的灵魂来自最后又复归于的这个天，是物质性的天，是和气相一致的东西。所以他说："他们认为灵魂之复归于'上帝'，不过是灵魂分解在气的物质之中，它和粗笨的躯体一起，失去全部知识。"[②]莱布尼茨认为，中国人把灵魂称作"魂魄"，中国人的魂魄观念与西方的灵魂观念具有很多一致之处。他根据《尚书》和朱熹的说法，认为中国人所说的人死，指的只不过是组成人的各部分分散开来，回归到它们应该去的地方。魂或者灵魂具有天的本质，因而升上天去；魄或者身

---

① 莱布尼茨：《论中国人的自然神学》，载秦家懿编译：《德国哲学家论中国》，生活·读书·新知三联书店1993年版，第71页。
② 清华大学思想文化研究所：《世界名人论中国文化》，湖北人民出版社1991年版。

体具有地的本质，因而归入地中。人的生死只是天地的结合与分离，并没有造成普遍本性（即理）的任何改变。但是问题在于，中国人对于人死之后魂魄运动的这种见解是否代表中国人把灵魂看作纯粹物质性的东西呢？

根据龙华民的观点，既然中国人认为死亡分开了属于天和地的东西，属于天的东西在本性上与气和火有关，并回归于天，那么毫无疑问，灵魂就被认为是"纯物质性的在气中消失的"。莱布尼茨则认为，龙华民的错误在于他没有弄清楚"中国人说灵魂与天或上帝重合的意思"。他指出，正确理解中国人的灵魂观必须依据"一切即一"这条"中文公理"。这条公理的意思是"一切"都分享"一"，如果把这个"一"误解为"唯一的物质"，那么"一"与"一切"的关系自然就变成了物质分配的关系。龙华民不理解"一切即一"这条公理，才会错误地把灵魂回归上帝认作是化成气一般的物质。[1]莱布尼茨认为，作为普遍本性的理与作为个体性的灵魂是有区别的，它们两者之间的关系不能用物质分配关系来解释。因为魂魄有来去升降等运动变化，但作为普遍本性的理却没有这样的变化，所以两者之间并没有一种分配再回收的关系，魂魄也可以在人死后继续存在。中国儒家也主张灵魂可以与不同形式的身体相结合，这就说明，灵魂的确继续存在；要不然，它就会回归普遍本性。[2]莱布尼茨还通过中国人的地狱观念来证明他对中国人灵魂观的看法。比如，他指出，中国古代学说承认灵魂在身死之后有受到赏罚之事，中国儒家虽然不主张探讨地狱和炼狱，但其中有人相信山林中乱跑的游魂实是身处一种炼狱。[3]这同样证明中国人承认灵魂是不朽的。

通过对中国人灵魂观念的重新解读，莱布尼茨就把"理"解释成一种既有物质性又有精神性的存在。这样的理实际上等同于他自己哲学中的"神"，基于这种认识莱布尼茨还把理与他自己建立的单子论进行了比较。他认为，理有时指至高神，有时又可泛指众神，即赋有动力和知觉的单子。所以，理和单子是有相同之处的。莱布尼茨的单子说有别于经院哲学和笛卡儿传统皆重视的心身分别，是

---

[1] 莱布尼茨：《论中国人的自然神学》，载秦家懿编译：《德国哲学家论中国》，生活·读书·新知三联书店1993年版，第121页。
[2] 莱布尼茨：《论中国人的自然神学》，载秦家懿编译：《德国哲学家论中国》，生活·读书·新知三联书店1993年版，第122页。
[3] 莱布尼茨：《论中国人的自然神学》，载秦家懿编译：《德国哲学家论中国》，生活·读书·新知三联书店1993年版，第122页。

对心身关系中流行的二元对立思维方法的一种超越。理与单子的比较也仅在此点上最具可比性。因为理与单子归根结底在层次上、性质上是不同的，理是原则，而单子则是原子性的简单实体。所以，莱布尼茨把理比作单子，如说得通的话，只是因为两者皆指向超越心身二分的本体论原则。

二、对此阶段比较研究之评价

马勒伯朗士和莱布尼茨在比较研究中对"理""气""魂魄""心"等概念的理解与中国哲学的"原貌"都有一定的差距。在马勒伯朗士的研究中，西方的"灵魂"与中国的"魂魄"概念之间的差异性完全没有被注意到，"魂魄""灵魂""心灵"被混为一谈，并都使用一个词来表示。但是，"有机的、净化了的气（物质）"并不等于西方人所讲的心灵，反倒是和马勒伯朗士称作"禽兽心灵"的东西更为接近。按照朱熹的说法，魂和魄都不是心灵，对人而言，心灵应该是人之主宰，是寓于人的形体之中并指导着它的"理"。再者，在朱熹那里，物质化的身体与能知觉的心灵之间的关系就类似于蜡烛的"脂膏"与"光焰"之间的关系，没有前者，后者也就不能存在。相比之下，莱布尼茨对中国人"魂魄观"的分析更为细致、具体。他不但注意到"魂"和"魄"的不同，而且能够从"理"的角度入手分析"理"和"心灵"的关系。但是，无论是对西方"灵魂观"与中国"魂魄观"的认识，还是对两者之间差异的分析，都被大大简单化了。在西方哲学中，"灵魂"一词也具有多重含义。有时它是指与肉体相对立的、可以轮回转世的精神实体。有时它指的则是呼吸、生命的起源，人的意识活动的承担者或者本质。中国人的"魂魄"概念更为复杂，涉及对"阴阳、形气"的理解，因此不能简单地、不加分析地与西方的"灵魂""心灵"做比较。

马勒伯朗士和莱布尼茨对理的本质特征的认识偏重于本体论，而完全忽视，或者没有条件注意到其更为重要的价值性的、伦理的方面。比如，在对作为宋明理学重要内容的"理气论"的理解上，马勒伯朗士对理气关系的理解过于片面，仅仅知道"理只能存在于气（物质）中"。因为他对"理"的理解不够深入、全面，又把中国哲学误判为唯物论、无神论哲学，所以他把重点放在了"气"这一概念之上，从"气论"和唯物论的角度来理解理气关系。其结果是，在他的理解中，理的地位被气拉低，所以他才会认为"理也没有什么了不起的"。同时他们也没有注意到中西方认识论的差异，完全用西方的特别是他们自己哲学的认识论范畴、框架剪裁理学认识论。在朱熹的理学思想中，"心"不仅指"人心"，还包括更为重要的"天地之心"，前者的主要功能是"思维"，后者的主要功能是"生物"，即创造万物。天地之心即创造万物的"仁心"，于是心就有了道德的因素。所以，理学的认识论主要是一种"道德认识论"，认识论囿于伦理学，但马勒伯朗士和莱布尼茨对此都一无所知，所以前者把中国哲学的认识论说成是"灵魂的认识论"，后者则用"单子"与之进行比较。

马勒伯朗士和莱布尼茨对上帝和理的比较受其各自目的的影响，都明显带有分优劣、见高低的意思。为了证明中国人的"理"观念与西方基督教的"神"的观念很接近但"后一个观念更好"，马勒伯朗士对中国哲学采取了过分矮化和打压的态度。其《对话》中的"中国人"也没有被作为一个平等对话的参与者，而是成了一个观点不断被修正的"受教育者"。后来的康德、黑格尔等人对中国哲学持有种种误解，甚至认为"中国没有哲学"，源头之一就在马勒伯朗士。"从马勒伯朗士以后，西方许多哲学家都在重复他的观点，认为中国哲学不具备哲学特征，没有思辨性。"[①]莱布尼茨在研究中的态度则恰恰相反，出于对中国哲学的好感，他在很多方面为中国哲学进行了善意的"补充"。比如，对孔子的"鬼神观"做了过度的解读和阐释，对"理"和"单子"的比较也显牵强，甚至认为中国哲学比西方哲学更接近基督教神学。

实际上，马勒伯朗士和莱布尼茨的"理神比较"在他们自己表面上宣称了的目标之后，还都隐藏有自己"不可告人"的真实意图。比如，马勒伯朗士所描述的儒家思想实际上代表的是某种形式的斯宾诺莎主义，这样基督徒在《对话》中对儒家思想的驳斥就带有向当时流行的斯宾诺莎主义示威的目的。所以"当马勒伯朗士嘴上说'中国人'三个字时，他心里想的是'斯宾诺莎主义者'；当他写'理'一字时，他想的是'Deus sive natura'"[②]（如自然的神）。正如克拉克（Clark）评价马勒伯朗士时所说的：他与后来许多启蒙思想家一样，都将东方哲学作为有效

[①] 楼宇烈、张西平主编：《中外哲学交流史》，湖南教育出版社1998年版，第296页。
[②] 艾田蒲：《中国之欧洲：从罗马帝国到莱布尼茨（上卷）》，许钧、钱林森译，广西师范大学出版社2008年版，第260页。

第二章　五百年心灵哲学比较研究概论

武器来对纯粹的欧洲目标开火,这种策略直至今日我们还能在许多地方看到。[①]莱布尼茨在进行"理神比较"时,虽然对儒家思想有更深入的了解、更公允的评价,但他的主要目的仍是从中国儒家思想中为他自己的哲学理论寻找论据。莱布尼茨毕生寻求一种全人类共有的"普遍哲学",以实现一切人的结合,以及一切国家之间的普遍和谐。他认为,只要对世界各民族思想传统中真实的、有价值的部分加以提炼和保存,就能够总结出一切哲学的基本相容性,就可以奠定东西方哲学协调的基础。[②]所以,莱布尼茨在对中国哲学的材料掌握不足的情况下,通过为中国哲学"补充"素材的方式,来肯定中国哲学的价值。

尽管存在上述种种不足,马勒伯朗士和莱布尼茨的"理神比较"仍然具有不可忽视的价值。庞景仁先生也认为:"'理'的观念的不准确性丝毫没有改变《对话》的价值和功绩。"[③]马勒伯朗士在其《对话》中讨论的内容,实质上已经涉及了意向对象、意识本质、意向性的超越性及感受性质等当今心灵哲学争论的热点和难点问题。"神"与"理"、"灵魂观"与"魂魄观"等的比较也确实为中西哲学比较研究提供了最基本的比较项。更为重要的是,他们的比较研究证明了中西哲学之间在思想方法上可以具有一致性和相互印证之处。比如,莱布尼茨提出单子论所用的方法就更具有中国特色。根据莱布尼茨的说法,他的哲学研究所用的方法是逻辑式的推理,通过同一律和充足理由律将整个体系演绎出来。但是他为自己规定的这种严谨的科学方法在涉及"单子论"的问题时似乎并没有得到严格的贯彻。所以,后来以莱布尼茨的继承者自居的沃尔夫就因为超越心身二分的单子概念不符合笛卡儿"清楚""明白"的真理标准而加以拒斥。事实上,莱布尼茨的单子论在方法上更类似于朱熹对于理所用的方法,即理只能由悟性来认识,说不出什么逻辑。莱布尼茨与中国思想的一致之处还不止于此,甚至他的形而上学思想与中国思想的某些学派有惊人的一致性。比如,佛教华严宗关于"理"和"事"两个层次的区分与莱布尼茨的单子论在内容和方法上的一致性即如此。莱布尼茨的形而上学把心的概念解释为单子,作为单子的心可以自觉地成为现实之境,

---

① 克拉克:《东方启蒙:东西方思想的遭遇》,于闽梅、曾祥波译,上海人民出版社2011年版,第63页。
② 克拉克:《东方启蒙:东西方思想的遭遇》,于闽梅、曾祥波译,上海人民出版社2011年版,第69页。
③ 庞景仁:《马勒伯朗士的"神"的观念和朱熹的"理"的观念》,冯俊译,商务印书馆2005年版,第38页。

但它又不只是一堆影像的总和,而是表达全宇宙的一面永恒的活镜。巧合的是,中国唐代的法藏同样以镜子为喻来说明心与万物的关系,即万事万物皆为绝对心体的表现,心体是包罗万象的。莱布尼茨以镜为喻最终得出"一即多,多即一"的宇宙和谐思想,而华严宗的结论是"一即一切,一切即一"。

无论是马勒伯朗士的《对话》本身,还是他率先确立并重点予以关注的上帝和理及其他一些比较项,在随后都引发了广泛而深入的关注,而且这种关注从 1708 年马勒伯朗士发表《对话》迄今数百年未曾间断。莱布尼茨在创作《中国人的自然神论》之前据说就曾研读过马勒伯朗士的《对话》。庞景仁在 20 世纪 30 年代末至 40 年代所作的《马勒伯朗士的"神"的观念和朱熹的"理"的观念》,朱谦之在 30 年代末所作的《中国哲学对欧洲的影响》以及法国人艾田蒲 1989 年完成的《中国之欧洲:从罗马帝国到莱布尼茨》都对马勒伯朗士的《对话》有深入回应。其中庞景仁的著作在国内外都获得高度评价。贺麟先生认为该著作为比较哲学做了一个范例,"对两位大哲进行比较研究,仍然是后无来者"[①]。

第二节 19~20 世纪中叶的东西方心灵哲学比较

18 世纪是西方对待中国哲学态度转变的一条分界线。随着"西方中心主义"的盛行,欧洲人对待东方哲学的态度急转直下,甚至一些人干脆否认中印哲学的存在。直到 20 世纪初,实证主义仍把东方思想看作是代表前科学的神秘知识库,是无意义的东西,理应与西方的形而上学残余一起抛弃。语言哲学对待东方文化的态度虽然较实证主义开明和宽容,但从其讨论的内容来看,仍是主要集中在西方语言,而对东方语言哲学鲜有涉及。胡塞尔甚至干脆主张将所有外来事物全盘欧化,并鼓吹其为人类之宿命。在他看来,西方哲学是唯一可以完整表述人类精神的哲学,中国和印度哲学做不到这一点。当然,其间也出现了像荣格、保罗·多伊森(Paul Deussen)、雅斯贝尔斯、海德格尔这样对中印心灵哲学保有敬意,

---

① 庞景仁:《马勒伯朗士的"神"的观念和朱熹的"理"的观念》,冯俊译,商务印书馆 2005 年版,第 11 页。

并热衷于促成东西方对话和交流的人物。德国哲学家保罗·多伊森被认为是比较哲学的创始人，他的两卷六册本的《一般哲学史》是该领域的奠基之作。在该著作中，他将以印度为主的东方哲学和西方哲学进行比较，指出与东方的特别是成体制的哲学的比较，对于西方哲学摆脱"毫无道理的偏见"具有重要作用。

而与西方整体上漠视东方哲学的态度相反，中国知识分子在19世纪末至20世纪中叶主动引发了一场中西哲学比较的热潮。在此期间，中国人对西方哲学采取"积极主动"的态度，从西方人"递来"变为自己"拿来"。颜永京翻译出版美国心理学家约瑟·海文（Joseph Haven）的《心灵学》一书，被誉为向国内传播心理学之第一人。颜永京在美国学习期间曾接触到心灵哲学，他翻译的《心灵学》实际上是一部心理哲学著作，它对心灵的能力进行了分析和归类，涉及了意识、思维、记忆、直觉、表象。自严复始，至五四运动前后，中国人对古希腊罗马哲学、宗教哲学、近现代西方哲学等几乎全部西方哲学门类都有涉及。这一时期，中国文化受到西方思想的猛烈冲击。因此，如何在向西方学习的同时提升中国文化的认同与自信，在文化上"救亡图存"，是这一时期中国哲学比较研究的时代背景与精神动力。

辛亥革命后，梁启超、刘文典等向国人传介马赫主义，张东荪、蓝公武、胡适等人介绍实用主义，王国维、鲁迅等人则宣传叔本华和尼采的唯意志论。1920年，杜里舒来华讲学，介绍了他本体论上的"心物二元论"和认识论上的直觉主义的观点。同年9月，罗素来华，进行长达8个月的演讲，内容涉及心的分析、物的分析等他的许多新的哲学思想，这些思想在中国的阐发甚至早于其在英国的正式出版。罗素在关于心的分析的演讲中，出于批判的目的，还首次把弗洛伊德和荣格的精神分析学（罗素称为新发明的学术——心灵解析）介绍到中国。北京大学创办了《罗素季刊》，成立了"罗素学说研究会"，张申府、王星拱、杨端六、彭基相等人是主要代表人物。张申府以在中国传播罗素分析哲学为己任，他大力宣传罗素哲学，为罗素来华讲学创造了学术条件，并译介了罗素的大量著作。张东荪对中国哲学核心范畴和结构进行了深入的比较研究。他对西方哲学研究很广，尤其精研罗素哲学。他对"理"、"理念"（idea）、"共相"范畴做了比较分析，对中国传统哲学的"整体论"与西方哲学的"本体论"之异同做了较为详细深入的说明。

一、此阶段研究之代表人物

与欧洲大陆的情况相反，美国哲学在这一时期的发展中表现出强烈的"向外看"的倾向。东方哲学特别是佛教的思想在美国产生较大影响。在 19 世纪，随着多元主义在美国的兴起，比较哲学的地位也随之上升。印度哲学在美国超越欧洲思想传统的过程中发挥了重要作用。一些美国哲学家也注重吸收佛教思想来应对欧洲哲学的影响。美国哲学家雅各布森（Jacobson）后来曾对佛教对美国哲学思想的影响进行过总结，他在总结前人关于佛教认识的基础上指出，佛教对于世界的预示等同于 2000 年来西方哲学家努力的总和。对于印度哲学在美国传播做出贡献的主要包括以下 6 位人物。

（1）罗伊斯（Royce），他用印度的形而上学思想来反击当时流行的实在论和二元论观点。

（2）威廉·詹姆斯（William James），他的心理学和哲学思想都深受印度哲学影响，他甚至主张，佛教是真正的心理学，值得每个人学习。

（3）詹姆斯·伍兹（James Woods），他是专门研究比较哲学的人物，曾赴日本学习天台宗的哲学思想。他在 1914 年出版了研究印度哲学的巨著《帕坦伽利的瑜伽体系》。

（4）桑塔耶拿（Santayana），他主张印度哲学的重要性在于为他提供了西方哲学以外的一个基点，使他可以据此构建自己的形而上学体系。

（5）哈茨霍恩（Hartshorne），他和怀特海一样是过程哲学的倡导者，怀特海曾表示从佛教中获得启发，他比怀特海更关注佛教。他在比较和吸纳佛教思想的基础上提出，佛教关于心物关系的思维方式远远领先于西方的过程哲学。

（6）荣格是此阶段在东西方心灵哲学比较中做出卓越贡献的人物。他在《心理类型学》《金花的秘密》中对心理学的阐释和反思，可以看作是一种心理学哲学的研究，他对《西藏生死书》《周易》的翻译和研究，以及在《禅宗简介》等著作中对瑜伽和静观的研究对东方心灵哲学在西方的传播和研究起到了重要推动作用。就其中典型的心灵哲学研究而言，荣格指出《西藏生死书》把心灵和意识作为根本，把物质现实看作精神的构造，主张区别和研究这种观念的形而上学意义和宗教意蕴。荣格还认识到，西方关注"外在"，认识的特点是"向外指涉"，因而具有丰富的关于自然的知识。东方的特点是关注"内在",重视"内在生活"的价值。西方的这一特点导致的后果是心理状态失衡,它进而导致了精神危机的持续存在,这表现为个体存在意义感的丧失及周期性的社会和政治问题。而西方人要改变这种状况,就必须通过为向外性提供补偿的方法使心理状态回到平衡。但是,荣格并不主张西方人生搬硬套东方的做法,因为他认为东方的方法根植于在本质上有异于西方的历史文化土壤当中。荣格给出的方法是从东方引入瑜伽等冥想的方法,使之与心理分析相结合,最终以西方人自己的方式建立自己的根基。事实上,荣格本身的理论研究就带有这一方法论倾向,比如他要到东方去寻求的东西,并不是一个新的东方形而上学体系,而是要从东方心灵哲学中借鉴关于心的现象的认识来支持他自己所谓的心理中心论(centrality)的观点。

佛教思想在西方的传播和发展为西方学者的东西方心灵哲学比较增添了新的理论素材。早在20世纪20年代,俄国哲学家舍尔巴茨基(Stcherbatsky)就把佛教作为一个哲学体系来进行分析,并尝试在佛教和西方思想之间搭建沟通的桥梁。德国的存在主义哲学家雅斯贝尔斯企图用一种具有全球视野的哲学框架来定位佛陀和孔子的思想,他认为东西方哲学具有共同的根源和永恒的问题。正确认识东方思想的价值关键是把它们放在人类的整个历史中来看待。在维特根斯坦之前,西方人在理解佛教时,所选用的参照系主要是康德哲学和各种唯心主义哲学思想,维特根斯坦哲学的产生和兴起为东西方心灵哲学比较研究提供了一种新的理论资源。维特根斯坦哲学对语言、心灵、意识、心身、自我等众多问题的讨论和关注,使得它能够在广泛的视域中与东方心灵哲学产生交集。例如,维特根斯坦与龙树中观思想的比较,从这一时期开始就获得了西方学者的持续关注。龙树哲学产生时间比维特根斯坦哲学早近1800年,但这并没有影响到两人都发现人们通常陷入虚构的语法结构的束缚当中,被这种语法结构所欺骗,并因此误以为心灵、自我是一个真实存在的实体。所以,龙树哲学和维特根斯坦哲学都具有"治疗性"的功能,要为治疗语言疾病服务。

在国内,发掘、梳理并利用中国心灵哲学资源与西方展开比较起步较晚。20世纪以后,梁启超、梁漱溟、冯友兰、金岳霖、贺麟、钱穆等以"分优劣,见得失"和文化"救亡图存"为目的的研究,既创造性地挖掘和呈现了可以与西方"分庭抗礼"的中国心灵哲学思想,又推出了一批有重要影响的比较研究成果。他们一方面对照中西,对西方哲学去神秘化,消除国人对西方哲学的盲从和迷信;另一方面又基于他们对西方哲学的理解,深入发掘中国独特而丰富的哲学思想,着力构建可与西方哲学分庭抗礼的中国哲学。由此决定,此时期的中国哲学比较带有强烈的"分优劣、论得失"的性质。此种性质的哲学比较在当今虽然饱受批评,但于当时的中国而言却无可厚非,因为当时中国人进行哲学研究的主要目标是"救亡图存",因此,有必要比较中西文化及其哲学的优劣得失,以挽救中国哲学的生存危机,并为"从新改造和振兴中国文化做准备"。梁启超是较早涉及中西比较,并对此种比较的性质、前景和方法等都有论述的人物,他曾经介绍过法国哲学家拉美特利的唯物论思想,并在此基础上对于灵魂问题有所阐发。马君武也曾对拉美特利的灵魂观进行发挥,他说:"灵魂之说,幽缈而无据,世界之大哲学家,大医士,无不攻之。灵魂者,空名也,无物可见也。或谓人之知觉思想力即灵魂,是不然。人之知觉思想力,有身内之一部司之,即脑是也。"[1]章太炎也曾引进洛克的白板说,并言"人之精神,本为白纸"。下面就此时期心灵哲学比较研究代表人物所做的工作做一简单的梳理。

1. 梁漱溟

梁漱溟是近代明确主张中国有自己独特的、发达的心灵哲学思想的第一位哲学家。他的心灵哲学比较研究主要体现在《究元决疑论》、《东西方文化及其哲学》和《人心与人生》等著作中。在一般人看来,中国古代即便有自己的心灵哲学思想,在与西方的现代心灵哲学思想相比较时,也难免显得幼稚、落后并过于简单化。梁漱溟曾从人与动物之异同来解说人心攀缘外物之认识与返求自心之认识的原因。动物为求生存需向外求食,对外防敌,"耳目心思之用恒先在认识外物,固其自然之势"[2]。由自然界进化所形成的这种心理特征是人与动物的共同点。但是,返求自心之认识不能自然发生,必在文化大进、聪明有余之后而获得。东西方心灵哲学具有可比性的一个原因就在于,古代东方文化对人类心灵的认识遥遥领先于西方,其中一些认识与当今西方心灵哲学的最新成果相比,亦不显落后。

2. 金岳霖

一般认为,西方科学哲学的中国化,是在20世纪30~40年代由金岳霖完成

---

[1] 曾德珪选编:《马君武文选》,广西师范大学出版社2000年版,第64页。
[2] 梁漱溟:《人心与人生》,上海人民出版社2011年版,第20-21页。

的。他强调的"旧瓶装新酒"就是要在哲学体系上使中国哲学和西方科学哲学相融合。在哲学建树上，他不但有自己的本体论，体现在《论道》当中，而且在此基础上建立了他的认识论思想，体现在《知识论》当中。一般认为，金岳霖的《知识论》标志着欧美科学哲学中国化的完成。

3. 冯友兰

冯友兰一方面主张对西方哲学"去神秘化"，直言哲学并不是一件稀罕东西[①]，以此消除国人对于西方哲学的盲从和迷信；另一方面又基于他对西方哲学的理解，从"天"、"人"和"天人之际"等方面发掘中国哲学独特而丰富的哲学思想，着力建构可与西方分庭抗礼的中国哲学。他的心灵哲学比较思想主要体现在他对于新理学、心性之学、人生哲学的论述中，而且他还对中西哲学研究偏重的方法进行了对照分析，强调中国哲学直觉研究方法的重要性。在哲学比较的目的问题上，他也有超越时代的见解。他说："我们比较和研究中国和欧洲的哲学思想，并不是为了判断孰是孰非，而只是注意用一种文化来阐明另一种文化。我们期望不久以后，欧洲的哲学思想将由中国的直觉和体会来予以补充，同时中国的哲学思想也由欧洲的逻辑和清晰的思维来予以阐明。"[②]

4. 钱穆

在比较哲学的元问题上，钱穆对东西哲学比较研究之侧重有独到的见解，他认为这种侧重既包括对异同之侧重，又包括对粗细之侧重。在比较研究的异同把握上，他主张，东西方哲学比较应该以异为主，以同为辅，在对东西方思想体系做比较时应该特别注重它们的相异处，而其相同之点则不妨稍缓。[③] 除异同外，还有粗细之侧重。钱穆主张，中西哲学之比较应该从粗大基本处着眼，从其来源

[①] 冯友兰：《三松堂学术文集》，北京大学出版社1984年版，第1页。
[②] 冯友兰：《三松堂学术文集》，北京大学出版社1984年版，第289页。
[③] 钱穆：《灵魂与心》，广西师范大学出版社2004年版，第1页。为什么钱穆会认为对东西方比较之相同点的研究不妨稍缓？此问题应深究之。笔者以为，在哲学比较中以同或以异为重点受到多重因素影响，其中最为重要的是为哲学家所体认的时代所赋予的使命。依此使命之不同，笔者将中西心灵哲学比较研究分为三个阶段。钱穆等人处于第二阶段，其中西比较为时代所赋予之使命主要为文化之救亡图存。因此，求中西之差异，彰显中国文化之特殊魅力与价值，就是其比较研究的首务，而对相同点之比较则不妨稍缓了。钱穆的这种态度，在此一时期的哲学家中具有代表性，梁启超、梁漱溟、冯友兰等人在中西方心灵哲学的比较中无不是以求异为主、求同为辅的。

较远，牵涉较广处下手，而专门精细的节目，则不妨暂时搁置。①

此外，钱穆通过对西方哲学所走的心物两条路径的分析，认为无论唯心论还是唯物论都摆脱不了由来已久的思想上的二元对立，都一样有"走不出之苦"，有"求出不得之苦"。②从原因上看，这种思想是在个人主义之下产生的二元冲突，灵魂和身体即为个人之二元。但此二元虽然引发了极精明的科学与哲学，却"终不能指导人生，满足人类内心之要求"③。

他的《灵魂与心》站在文化守成主义的立场上，从中西比较的角度入手，剖析了生死、魂灵、性命、心灵等问题，阐发了中国传统心灵哲学的要旨，特别是比较集中地论述了中国心灵哲学的特质：一是更注重揭示心灵的价值资源与禀赋；二是对形而上学的超越之心而非肉体之心更感兴趣；三是更关心心的生活、心灵的境界；四是重在研究道心、文化心；五是强调要站在人生哲学的角度观照心灵等。

5. 贺麟

贺麟的心灵哲学比较研究主要体现在他的新心学思想当中。这主要体现在三个方面：其一，他推崇陆王心学，主张把"理气之说"与"心性之说"结合起来。他还用近代西方哲学的心身关系理论并借鉴西方心理学和生理学成果，对王阳明的知性学说进行重构，把知行关系解读为心身关系的一个维度。其二，他把新黑格尔主义与陆王心学结合起来。贺麟早年曾认为朱熹之"理"与黑格尔的"绝对观念"有相似之处，并试图以后者来改造前者，这也是其"新心学"的重要内容。这对后来的比较研究有一定影响，如张世英就更倾向于将朱子之学与柏拉图哲学做比较。贺麟认为，无论是对于物理的认识，还是对于性理的认识，都应从认识"本心之理"开始。他说：心即是理，理即是在内，而非在外，则无论认识物理也好，性理也好，天理也好，皆须从认识本心之理着手。不从反省心着手，一切都是支离骛外。④其三，他还从体用关系的角度对心的意义做了辨析，认为心的含义有两种，即"心理上的心"和"逻辑上的心"。前者是经验之心，受外物所支配，相当于宋明理学中的"已发"，所以此心"亦物也"。后者是"超经验的精神原则，

---

① 钱穆：《灵魂与心》，广西师范大学出版社2004年版，第1页。
② 钱穆：《灵魂与心》，广西师范大学出版社2004年版，第4页。
③ 钱穆：《灵魂与心》，广西师范大学出版社2004年版，第4页。
④ 贺麟：《近代唯心论简释》，上海人民出版社2009年版，第23页。

是经验的统摄者,行为的主宰者,知识的组织者,价值的评判者,是心理意义上的心由以成立的根据"[1],相当于理学中的"未发",故为"物之体"。

二、对此阶段研究之评价

第一,此阶段哲学家之研究具有一定的前瞻性和预见性,尤其是对西方哲学的把脉不可谓不准。当今西方哲学家在西方心灵哲学发展中遭遇"瓶颈危机"而大吐苦水之时,钱穆却早已预见了西方哲学所谓的"走不出之苦""求出不得之苦",这种准确的诊断若离开了比较哲学的语境是万万无法得出的。

第二,此阶段之研究大量涉及中西心灵哲学比较的元哲学问题。中西心灵哲学比较既是中外之比,又是古今之比,此时期的哲学家注意到这一问题,并自觉对这种比较的可能性做了理论上的说明。如梁漱溟所说的,中国哲学是一"早熟品",它不是在全部的方面齐头并进,而是专门选择一个特殊的领域急突冒进,达到了当时西方哲学难以企及的高度。中国哲学这一发达的领域就是关于人心的哲学,因此拿它与西方现代的心灵哲学相比较时才能不显落后。

第三,此阶段之研究也为后来的研究者遗留了大量有待完成的工作。如前文所言,比较研究的内容选择和方法侧重受到时代的影响,此时期的哲学家在进行比较研究时,自觉选择了那些他们认为是中西双方相异的、粗大基本的东西,而把双方相同的、专门精细的东西留给了后来者。

第四,他们对中西方心灵哲学相异的方面的说明大体上是准确的。这些方面主要涉及以下几点:其一,中国哲学倾向于内,而西方哲学倾向于外;其二,西方哲学存在根深蒂固的、难以摆脱的二元对立困局,中国哲学则没有这种情况;其三,西方心灵哲学偏重于求真求实,对人心和人生的指导能力有限。

第五,此阶段之研究进一步明确了中西比较对于中国哲学自身之作用。研究比较心灵哲学的主要目的之一就是促进中国哲学自身之发展。中国哲学本身在发展中面临现代化和分化。20世纪,胡适、冯友兰等人对于中国哲学之工作主要在于两个方面:一是剥离,即从经学中剥离出哲学,而在此之前中国并无纯粹之哲学,经学凌驾于一切学术之上;二是转型,即从经学研究范式向西方学术研究范

---

[1] 贺麟:《近代唯心论简释》,上海人民出版社2009年版,第3-4页。

式之转换。当前中国心灵哲学研究何尝不是在继续此项工作,而东西方心灵哲学比较研究则是此项工作能够顺利开展的必由之路。

第三节　20世纪后半叶至今的东西方心灵哲学比较

中西哲学比较的第三次高潮始于20世纪后半叶。此阶段的中西哲学比较,不但参与者更多、受重视程度更高、涉及的传统和地域更广泛,而且比较研究本身在内容、对象、方法、原则、目的和功用等方面都呈现出多元化的特征。既出现了对以往哲学比较的反思及对比较哲学元理论问题的专门讨论,又出现了对专门哲学分支、哲学问题和代表哲学家的深入比较。西方哲学中长期存在的"西方中心论""欧洲中心论"虽然仍有市场,但作为其服务对象的西方对东方的殖民要求和种族偏见已难以见容于时代。以往以"分优劣""揭发缺点"为目的的中西比较不再流行,对中国文化的认可也无须通过"以己之长比彼之短"的方法来实现。在西方哲学框架下展开的"以西释中"式的中西哲学比较受到质疑,中国哲学自身独特的范畴、术语和方法论原则受到更广泛的认可和重视。事实上,中西哲学都能够作为对方的"他者"而存在,从而为对方提供一种"自我质问""自我更新"的客观的外部参照。梅洛-庞蒂(Merleau-Ponty)在论及"西方哲学"和"西方人"的存在地位时,就主张应该在东西方的相互关系中进行再发现和再思考,唯其如此才能杜绝西方对自身的自我隔离。中西哲学中都包含有一些具有自身文化特质的真理性认识,而这些认识只有在双方摆脱成见、平等对话的时代背景下才能获得真正的重视。中西双方在厘清各自优点和特色的基础上,相互参照,平等对待,共同推进人类的真理性认识,这正成为比较哲学研究的共识。一个日益显著的趋势是:当西方哲学的发展遭遇到"瓶颈"和"危机"时,就总会有西方哲学家将目光投向中国,希望从中国哲学中找到灵感;而中国哲学在走上现代化的过程中也离不开西方,并在形态和方法等方面从西方获得借鉴。

一、此阶段研究之代表人物

现代西方和印度心灵哲学中涉及东西比较研究的人物众多,本书在后续章节的论述中会涉及这些人物的相关思想。在本章，我们简单介绍当前心灵哲学比较研究中最有影响力的人物，他们都有相关的专著出版，且其成果对心灵哲学比较研究具有一定影响。这些人物既包括国外研究者，如弗拉纳根、阿诺德、罗摩克里希纳·劳、保尔（D. Paul）、塞尔和阿尔巴哈里，也包括国内研究者，如唐君毅、蒙培元、杨国荣和高新民。

1. 弗拉纳根

弗拉纳根是美国著名心灵哲学家，在意识、意向性、认知神经科学、东西方心灵哲学等领域成果颇丰，同时他也是当今西方哲学家中最热衷于东西方心灵哲学比较的人物。他著述甚丰，对中印西心灵哲学都有涉猎，他的比较心灵哲学思想主要体现在《菩萨的大脑：佛教的自然化》《真正的困难问题：物理世界中的意义》《道德之端与自然主义目的论：21世纪道德心理学遇见传统中国哲学》等著作及一系列论文当中。一方面，他用西方心灵哲学的概念范畴和理论框架来挖掘中印心灵哲学的资源，对东方心灵哲学进行大刀阔斧的自然化改造；另一方面，他又大力借鉴东方心灵哲学对于价值、道德、幸福、人生意义等方面的研究成果，弥补西方心灵哲学的短板及不足，倡导西方心灵哲学的"价值转向"。他期望在既跨文化又跨学科的视野中，为西方心灵哲学中一些传统的困难问题的解决，以及东西方心灵哲学的发展做出贡献。除了对一些具体问题的心灵哲学比较之外（详见后文），弗拉纳根还对比较心灵哲学的元哲学问题有独立之见解。他认为，面对不同文化传统的哲学，主要有三种研究方法：一是比较，二是融合，三是他自己提出并倡导的世界主义。他认为这三种研究方法存在着前后的继承与超越关系。例如，融合哲学就是比较哲学的后继者，其目标在于用一种文化传统中的要素去解决另一种文化传统中的问题。而世界主义则类似于罗蒂（Rorty）所谓的异常话语（abnormal discourse），其目标在于构建起一种具有广泛包容性的、从不同文化传统中汲取资源和智慧的心灵哲学理论，以推进人类对于心灵的认识。

《菩萨的大脑：佛教的自然化》和《道德之端与自然主义目的论：21世纪道德心理学遇见传统中国哲学》是弗拉纳根本人最为推崇的两部比较心灵哲学研究成果。《菩萨的大脑：佛教的自然化》一书共分两个部分，即"比较神经哲学"和"佛教作为一种自然哲学"。该书在广泛问题上阐发了新颖而值得思考的见解。

第一，对佛教心灵哲学做了极富西方意义的解读。首先是对学界关注不够的问题做了探讨，如就佛教心灵哲学的类型学、无我论、法称的思想、藏传佛教、《阿毗达磨俱舍论》中的心灵哲学思想等广泛主题阐发了自己的见解，其次讨论有关思想、概念与西方心灵哲学的关系，甚至与脑科学、进化论、大爆炸宇宙学等的关系，提出佛教早就有今日西方盛行的自然化理论，在今天，佛教的这些思想可根据新的科学予以自然化。第二，论述了佛教心灵哲学中的现象学思想，认为佛教把现象学与自然主义结合起来了，可称作自然化现象学。第三，对佛教心灵哲学所包含的价值性心灵哲学内容做了开创性（对西方学者而言）的探讨，认为佛教从心灵哲学角度回答了人性及改造的可能性和方法问题，揭示了幸福生活的心灵哲学机理、条件和方法，并回答了心灵、幸福、德行、智慧等伦理学问题。由于佛教有这方面的内容，弗拉纳根将它放在与中国儒家、西方的亚里士多德主义的比较中，探讨了它们的异同。最值得关注的是，他从心灵哲学、脑科学和认知科学角度解读了佛教的禅定、幸福观。

在《道德之端与自然主义目的论：21世纪道德心理学遇见传统中国哲学》一书中，弗拉纳根利用现代西方心灵哲学的概念框架和理论方法对孟子的四端说进行了挖掘、梳理和重构。他试图在自然主义的立场上为道德哲学找到理论的根基，那就是要为道德哲学提供一门能够作为其理论基础的心理学哲学。他认为要做的工作是从安斯康姆（Anscombe）那里找到灵感和动力。20世纪中叶安斯康姆在《现代道德哲学》一文中，曾哀叹心理学发展过于滞后于伦理学的发展，因而无法为后者提供一个牢靠的基础，并寄望于未来心理学和心灵哲学的发展。她说："当前我们并不适于做道德哲学；这项工作至少应该被搁置到我们有了一种能够胜任的心理学哲学，而这种心理学哲学，我们现在明显欠缺。"[①]弗拉纳根认为，鉴于当前心灵哲学的发展，安斯康姆所期望的那样一种心理学哲学的建立已经成为可能，他所要做的就是这样一项开创性的工作。他从中国儒家心灵哲学中找到了灵感和理论的共鸣。在他看来，孟子的四端说对于道德哲学的建立而言，就是一种古代版本的心理学哲学，而且这种古代版本在当今美国也能找到它的现代诠释。弗拉纳根借鉴西方心灵哲学的"心理模块性"等理论，从自然主义目的论的

---

① Flanagan O. *Moral Sprouts and Natural Teleologies: 21st Century Moral Psychology Meets Classical Chinese Philosophy.* Milwaukee: Marquette University Press, 2014: 3.

视角重新阐发了孟子的四端说。

2. 阿诺德

阿诺德是印度哲学家,他既熟悉西方心灵哲学的理论成果和研究动态,又热衷于挖掘印度特别是佛教心灵哲学的理论资源,曾出版多部从西方心灵哲学视角研究印度佛教的著作。他在代表作《大脑、佛陀和相信:古代佛教和关于心灵的认知——科学哲学中的意向性问题》一书中就意向性、意识、心理内容、心理因果性、心理语言等问题展开了印西心灵哲学的比较,并且还对法称和福多、丹尼特等人进行了人物比较。阿诺德认为,前现代的佛教学者可以被称作真正的"心灵科学家",他们的见地有超前的一面,甚至可与现代的心脑研究媲美,例如印度 7 世纪的思想家法称的思想就是如此。阿诺德说:"我的想法是这样的,我们能够从法称那里和现代西方心灵哲学当中学到很多东西,这就要领会,对法称的一些核心观点构成威胁的那些论证,(何以)同时也会对当前认知科学中所主张的种种物理主义的心灵哲学构成威胁。"[1]他认为,法称像当代的福多、丹尼特等人一样也碰到了意向性问题。阿诺德试图推进印度和当代西方心灵哲学的发展。通过追溯意向性的研究历史,他认为意向性不可能通过因果术语来解释。通过阐明法称关于意义的遮诠理论和对自我意识的说明,他认为,千年以前印度思想家的论证有助于解决当代心灵哲学的一些核心问题。

3. 罗摩克里希纳·劳

罗摩克里希纳·劳亦是印度哲学家,他曾就学于印度安德拉大学,最初的主攻方向是心理学和超心理学,后来又热衷于心理现象的跨文化研究。他的《意识研究:跨文化的视角》就是跨文化研究的一项重要成果。罗摩克里希纳·劳在该书中指出,跨文化研究非常必要,因为每种文化都从特定侧面、角度为人类文化贡献了自己的真理,只有探讨各种传统和文化,找到它们对真理的局部贡献,才能找到全部真理。就意识问题来说,虽然意识是多个学科的主题,但研究绩效并不显著,而要改变这种现状,必须将单一视域转向跨文化视域。在他看来,犹太

---

[1] Arnold D. *Brains, Buddhas, and Believing: The Problem of Intentionality in Classical Buddhist and Cognitive-Scientific Philosophy of Mind.* New York: Columbia University Press, 2012: 2.

文化和古希腊文化是西方文化的源头,中国和印度文化则是东方文化的源头,东西方文化各有其独有的特点,同时两大文化内部也有差异。例如,中国文化强调的是社会中的人,坚持人道主义或人性论,几乎不太重视形而上学和认识论的问题;而印度文化则重视精神及其与宇宙的关系,同时重视对形而上学和认识论问题的思考。印度文化内部也有差异。例如,吠檀多派重视沉思,而弥曼差派重视行动。就意识问题来说,东西方的相同之处是:在意识的指向或作用上都承认意识有两种指向,既指向内部,认识自我,又指向外部,认识外界;在意识的构成上,都承认意识离不开主体和客体。差异之处在于:看问题的方法、观点不同;致思取向不同;对主体和客体、主观的东西和客观的东西的地位的看法不一样,东方更重视主体,西方更重视客体;对两者关系的看法不同;对主观转化为客观,以及客观转化为主观的方法、途径的看法不同。两种哲学之所以对这些问题有不同的看法,最根本的原因是它们的出发点各不相同。西方哲学的目的是求知,而知识是关于外部世界的,因此它更为重视外界。由此所决定,西方哲学看重的心智能力是理性,在方法上更重视科学方法和帮助人们认识外界的方法。由于重视上述方面,因此科学在西方文化中地位最高,成绩也最突出,尤其是物理学。东方传统的特点在于:重视内在的东西。在意识问题上,西方哲学强调科学在认识意识中的突出地位,试图形成关于意识的科学理论,由此所决定,研究意识的方法主要是分析的、实证的、对象的等。在东方,意识被看作是有精神性根源的自主的原则。西方的心灵哲学的总倾向是:意识和心灵在本质上是没有区别的,充其量,意识是心灵的一个方面或特点;重视意向性、内容,认为意向性是心灵的标志性特征;目的是得到关于心灵是什么的理性理解和说明;如果说有实用目的,也只表现在它关心心理健康。东方,尤其是印度心灵哲学的总倾向是:把心和意识区别开来;认为存在着没有意向性的纯意识,当然可以说心理现象有意向性;注重研究到达纯意识的方法、途径;不仅关注意识、心的表象,更注重它后面的本体世界。非西方的意识论,一般强调用向内的观点看待意识,拒绝还原或根本无异于还原的说明。总之,中印西对心的探究的特点如下:印度是向内、神秘主义;西方是向外、理性主义;中国则介于两端之间。

4. 保尔

保尔是美国哲学家，她的《中国六世纪的心识哲学——真谛的〈转识论〉》是西方从心灵哲学视角研究真谛唯识思想的第一部专著。真谛作为一名杰出的传法僧，其译作专攻唯识，并集中有关心识本性的探讨，他的思想对中国华严、天台、法相和禅宗都有影响，对佛教心灵哲学具有开创性的贡献。该书围绕真谛的《转识论》，揭示了真谛的瑜伽行思想，阐述了真谛对瑜伽行派关于语言和心识流转过程的思想体系的分析，指出中国6世纪佛教心灵哲学的特点是通过对语言的分析来揭示心灵的内在结构，用现象学方法来研究心灵现象，指出语言引发了心理态势和情感，情感扭曲了知觉，知觉是心灵的活动或流转过程，我们能认识的只是心灵所创造的符号世界，唯一可知的是心灵，等等，但由于保尔没有把佛教心灵哲学放到整个中国哲学背景之下来观照，因而未能真正揭示当时中国心灵哲学的内容与特点。

5. 塞尔

美国哲学家塞尔是当今西方心灵哲学中最负盛名的人物之一，但他能够成为比较心灵哲学研究的代表性人物，并非是他主动意识到比较心灵哲学的重要性并参与到这项工作中来，而是由于塞尔的心灵哲学思想本身与中国哲学产生了大量交集，成中英等一些学者对两者进行了比较，这些比较研究的成果体现在《塞尔的哲学与中国哲学：建设性接触》一书中。该书中既有塞尔对于比较哲学元哲学问题的看法，又有塞尔哲学与中国哲学就心灵、语言、道德及形而上学等问题的比较，还涉及塞尔与朱熹、老子等人物和学派的比较。在元哲学问题上，塞尔提倡他所谓的"哲学全球化"的主张，他认为他自己的哲学思想就具有跨越国界的性质，而且未来哲学一定是全球化的哲学。在具体的心灵哲学问题上，塞尔哲学和中国哲学的比较涉及知识、意向性、心灵观、意识等问题，塞尔对这些问题亲自做了解读和回应。

6. 阿尔巴哈里

阿尔巴哈里对佛教和心灵哲学都有浓厚兴趣，她和弗拉纳根等人一样，仍然是从心灵哲学的自然主义立场出发，对佛教心灵哲学的相关思想进行挖掘、解读和重构的，她的代表性著作《分析的佛教：自我的两重幻象》对佛教自我观念的解读极有代表性。在研究方法上,阿尔巴哈里主张把佛教所描述的涅槃与心灵哲学关于有我和无我的本体论研究结合起来。当然,她眼中的涅槃并不是佛教的一种神秘的状态,而是可以用哲学的手段和方法予以分析的一个心灵哲学的主题。她认为将涅槃作为心灵哲学的研究主题对于自我等众多问题的解决都有意义。在对佛教心灵哲学的解读上,她用西方哲学的术语解释了涅槃的心理机制和心理状态的特点。在有我无我问题上,她区分了自我和自我感这两个范畴,并对佛教和现代西方心灵哲学中流行的关于自我的描述进行了对照分析,其结论是,东西方心灵哲学对自我有大致相似的描述,双方都反对把自我看作是一种实体性的东西,自我在本质上是一种幻象。就原因而言,她认为,西方哲学和佛教对自我的这种认识,是基于不同的形而上学标准做出的。佛教对自我的理解与涅槃联系在一起。而涅槃在西方的形而上学体系中并不存在,西方哲学对自我缺乏实在性的认识主要是基于科学实在论而做出的。

相比于西方和印度学者而言,中国学者所做的东西方心灵哲学比较研究相对滞后。这表现在,专门关于东西方心灵哲学比较研究的论著数量较少,研究者所做的相关的比较工作或者是夹杂在其他类型的比较,如心理学比较和东西方哲学的整体比较当中,或者是没有把握当今西方心灵哲学发展的新动态,用一些西方哲学的旧有的理论、思想与中国哲学相比较。中国学者的研究除了从西方心灵哲学视角出发解读中国哲学的常规做法外,还有学者反其道而行之,尝试以中国哲学立场解读西方哲学。例如,高小斯在其《禅话:西方哲学的禅化》一书中,主要运用中国禅宗的一些名相概念,如"正觉""报身""妙有""般若""分别心"等来重新梳理和观照自古希腊以来到分析哲学产生的西方哲学中一些有代表性的哲学家的思想,揭示其中的关联性。①此阶段,中国学者涉及东西方心灵哲学比较研究的,主要有以下代表性人物。

7. 唐君毅

唐君毅(1909—1978)的中西心灵哲学比较研究主要体现在《中国人文精神之发展》一书当中,该书初版于 1951 年,是此阶段较早的一部与心灵哲学比较

---

① 高小斯:《禅话:西方哲学的禅化》,人民出版社 2008 年版,第 28 页。

第二章　五百年心灵哲学比较研究概论

研究相关的专著。该书概述了中西人文精神发展演变的阶段历史，认为人文主义并非西方之所长，世界人类文化思想的主流在中国，而不在西方。概而言之，唐君毅所做的工作主要体现在两个方面。

其一，他批评了西方将人对象化、外在化的人学图景，在这种图景下人与人心是分离割裂的状态，而中国哲学内在化的特点使得人心尤其是人之仁心仁性能够成为规避割裂、贯通身心的枢纽，这在一定程度上揭示了东西方心灵哲学在致思路径上存在的差异。他认为，西方学术文化传统自源头上就存在希腊精神和希伯来主义的对立，前者偏重自然主义与理性主义，而后者则偏重超自然主义和信仰启示。这种对立使西方对人的研究恒久陷于自然与上帝的夹缝之中。自然主义视人为一普通之自然物，而宗教则视人为上帝之造物，其结果是人终究被视为一外在对象。看人自己，亦要把人自己对象化、外在化的。[①]唐君毅批评西方文化对人的这种关注在根源上就是不健康的。同时他认为，中国文化对人的关注则不存在这种问题，因上述这种对立在中国文化中或者不存在，或者已消融。就儒家而言，儒家最重之心性，即人之仁心仁性，它"内在于个体人之自身，而又以积极的成己成物，参赞天地化育为事之实践的理性，或自作主宰心"[②]。概言之，人只有这种仁心仁性才是专属于人自己的，而又能与他人、社会和自然相沟通的东西，即消融人我之根基，天人一贯之枢纽。

其二，他对西方科学精神与中国人文精神做了较为系统的比较，既阐明了双方之优劣得失，又分析了融合与互补之条件。他认为，中国的人文精神与西方的科学精神是人类心性倾向不同道路发展而生的两种精神。西方那个虽然也有人文精神，却与中国不同。中国人文精神主要表现"性的性情"，而西方则主要表现"智的条理"。所以，西方人文精神自然而然与科学相顺应，而中国人文精神则起初不与科学相顺应。他指出，我们的理想是要把科学与人文"两个打成一片"。尤其值得注意的是，唐君毅还论述了科学的理智之限制及其与仁心的关系。这种关系体现在两个方面：一是以人之仁心为科学之主，以为科学之应用施加限制；二是使得仁心仁性之流行伸展依赖于科学之发达，以成就中国重

---

① 唐君毅：《中国人文精神之发展》，广西师范大学出版社2005年版。
② 唐君毅：《中国人文精神之发展》，广西师范大学出版社2005年版。

人教的文化之最高的发展。

8. 蒙培元

蒙培元的《心灵超越与境界》分总论、诸子、玄学、理学、当代新儒学五编，总论阐述了中国传统心灵哲学的共性，概括了绝对性特征、整体性特征、内向性特征、功能性特征、情感意向性特征、开放性特征等，从出发点、理性与性理、实体与境界、横向超越与纵向超越等角度概括了中西心灵哲学的主要区别，并探讨了中西融合的可能，另外还说明了儒、道、佛的心灵境界说之间的异同。在分论各编，则分别阐述了《周易》、孔子、孟子、老子、庄子、王符、王弼、郭象、程颢、朱熹、李退溪、王阳明、王畿以及冯友兰、牟宗三等的心灵境界学说。

9. 杨国荣

杨国荣的《天人之际——中西哲学的困惑与选择》一书从历史、理论和人物三个方面进行了东西方哲学之比较，其中涉及较多的心灵哲学思想。他从天人合一和主客二分两个维度概述中西哲学的整体特性，认为现代西方哲学有不满于主客二分之传统而向类似中国天人合一之传统靠拢的趋势，与此趋势相应的是中国哲学却召唤西方的主客二分和主体性原则，用以为科学、民主之发展做出理论支撑。在人物比较上，该书还涉及了王夫之与黑格尔、程朱陆王与现代西方哲学、尼采与老庄等人物和学派之思想。

10. 高新民

高新民是此时期真正熟知西方心灵哲学，且对其发展脉络和研究动态有准确把握，并在此基础上展开中印西心灵哲学比较和对话的人物。除了大量相关的论文外，他的《人心与人生——广义心灵哲学论纲》是一部专门就东西方心灵哲学比较进行研究的专著。该书在综合东西方心灵哲学成果的基础上，提出要建构广义心灵哲学的主张，并对此做了一些探索。他认为，西方心灵哲学尽管有其优势，但对心灵之体的"用"注意不够，至多只是开发、挖掘过它对于认识世界的认识论之用，而尚未关注它客观上存在的对人改变自己的生存状态、提高生活质量的人生哲学之用。他试图把两种价值取向的心灵哲学综合起来，提出了"广义心灵哲学"的概念和研究纲领。广义心灵哲学有两部分：一是求真性的，其目的是利用心灵哲学和有关科学的最新成果从体上真正揭示心灵的庐山真面目；二是价值性心灵哲学，其主旨是在对心灵观念的祛魅，以及重构关于心灵的地形学、地貌学、结构论和动力学的基础上，开发心灵所蕴藏的取之不尽的资源，尤其是对于人类生存、发展、解放的价值。

二、对此阶段研究之评价

20世纪后半叶以来，西方不同派别的哲学家纷纷表达了这样的观点：东方哲学能够在总体上帮助西方哲学通过反思重新进行"自我定位"，治疗其长期以来存在的种种"偏狭"，获得更多发展的可能性。法国存在主义大师梅洛-庞蒂也强调西方哲学要学会在中国和印度哲学的相互对照中重新发现并确定自我的存在。当前，东西方心灵哲学的合作交流是对治哲学困境和文化疾病的一味良药。现代西方很多思想家都关注过"文化疾病"问题，如道德腐化和文化衰弱等。再如现代社会表现出的耽于享受，狂热的物质利益追求，对理性、进步观念的反对，对自然的疏远，等等。有西方学者认为，东方拥有一些西方已经丧失的、如今亟待恢复的特质，如对与自然和谐一致的追求，对与物质观念针锋相对的精神性的崇尚。[①]"未来唯一的希望，只能是找到某些隐藏在西方科学和东方神秘主义之间的和谐点。"[②]爱莲心也说："恰恰不是用一个思想体系去代替另一个，而是保留并扩展两种不同倾向，是二者的综合共生。"[③]

从心灵哲学比较研究的具体内容来看，比较项目的细化和具体化是发展的趋势。就西方心灵哲学自身发展来看，不断细化和分化是它自诞生以来的基本趋势。这表现在：既诞生了意识哲学、行动哲学、情绪哲学等以问题为导向的专门研究领域，又形成了英美心灵哲学、印度心灵哲学、中国心灵哲学等以文化传统和地域为导向的专门哲学分支。比较心灵哲学也是西方心灵哲学在分化过程中诞生的一个分支。它尽管历史不长，但成果颇丰，既有全局性的比较（如对中西心灵哲

---

① 克拉克：《东方启蒙：东西方思想的遭遇》，于闽梅、曾祥波译，上海人民出版社2011年版，第161页。
② 克拉克：《东方启蒙：东西方思想的遭遇》，于闽梅、曾祥波译，上海人民出版社2011年版，第161页。
③ Allinson R E (Ed.). *Understanding the Chinese Mind: The Philosophical Roots*. Oxford: Oxford University Press, 1989: 15.

学总体研究方法、旨趣和特征的比较），又有具体问题、流派、人物和思想的比较（如中西灵魂观、心灵观、心身问题的比较等）。心灵哲学比较研究的这种趋势表明西方心灵哲学对其自身和东方心灵哲学的认识都进一步深化。

从过去 500 年比较哲学发展的历史进程中，我们可以获得以下启示。第一，比较研究的目标必须一致于民族文化的生存状况和外部环境。从来不存在为比较而比较的、无关于时代使命的哲学研究。以往所有的哲学比较都具有鲜明的时代主题，为民族文化的发展服务应是当前比较哲学研究的立足点。第二，中西哲学比较研究应以充分尊重双方个性为前提。哲学个性是民族文化特征和时代特征的双重体现。中印西心灵哲学是在各自文化传统中独立发展起来的，相互之间具有一定的历史差异性。哲学比较不能以取消个性为代价换取中西之间的融合，而是要在个性的彰显中实现东西方的相互印证、相互补充。西方心灵哲学有较为强烈的科学主义和反形而上学的倾向，在此影响下一些研究者对东方思想做了简单的否定和边缘化的处理，理所当然地把东方思想体系等用于欧洲过去的形而上学和宗教体系，把东方贬低为"前科学时代的蒙昧观念的反映"。[1]甚至马克思也在一定程度上受到此种倾向的影响，他把那些幸存在特定文化圈中的东方思想，看作是"属于旧时代的"，是"前布尔乔亚社会的意识形态及上层建筑"的表现。应当说，马克思对东方文化的这种批评态度与黑格尔对待东方文化的态度具有相似性，即仅把东方视作"日出之地"，仅代表了世界的早期精神。问题在于，这种早期精神中有没有在今天看来仍然可取的，甚至是较为成熟的看法？梁漱溟关于中国文化早熟论的说明具有启发意义。事实上，至少在心灵哲学中，东方与西方应有一个以个性的相互尊重为前提的平等对话。哲学并非只说希腊话，也并非只能用西方语言。第三，中西哲学比较应该采取更加多元化的研究立场。中国哲学和西方哲学都不是单一的、标签化的抽象个体，而是敞开的、未完成的有机体。中西哲学应突破单纯哲学比较的限制，从自然科学和社会科学的发展中借鉴并引入更多新的元素。东方有丰富的心灵哲学资源，但缺乏从严格的心灵哲学视角对此资源进行的挖掘、梳理和重构，东方心灵哲学的很多思想，如果不放在现代分

---

[1] 克拉克：《东方启蒙：东西方思想的遭遇》，于闽梅、曾祥波译，上海人民出版社 2011 年版，第167页。

析哲学和认知科学视野下加以分析、解释的话，就易使人将之误解为纯粹的玄学、神学。用现代西方心灵哲学的话语体系重构东方心灵哲学，是在比较中使东西方快速接轨的一种有效方式，尽管其操作方法在一定程度上是用西方的标准和规范来衡量和重构东方心灵哲学思想，难免会造成一定的遗漏和误解，但这也使得东方心灵哲学能够因此走向现代化、标准化和规范化，为东西方心灵哲学更大范围、更深层次的比较创造先决条件。就西方而言，其心灵哲学在当代发展中遇到的难以克服的瓶颈危机，急需从不同文化传统中寻求参考和借鉴；东方心灵哲学对西方哲学摆脱其困境具有无可替代的价值。第四，中国哲学应在中西哲学比较中采取更加积极的姿态。中西哲学比较不但是中与西比，而且涉及古与今比。中国哲学应在推进自身形态现代化的同时，积极地通过中西哲学比较来实现自身的国际化。西方的比较心灵哲学看似发展迅猛，如其历史较久、参与者较多、研究的覆盖面较广、理论成果也不少，但与其心灵哲学发展的大环境相比，仍显滞后，尤其是其受西方主流哲学重视的程度仍显不足。

第三章
从比较研究看心灵哲学的描述—规范问题

规范性和描述性是在伦理学、逻辑学、语言学、法学和历史学等领域常见的一对术语。文德尔班是较早使用规范科学和描述科学这对术语的人,并对它们做了独到的规定。他根据科学研究的目的和方法的不同,认为自然科学和历史科学有着原则的区别,自然科学是利用从特殊到一般的方法来寻找事物的规律性,因此属于制定规律的科学,历史科学利用的则是对特殊事物进行描述的方法,因此属于描述特征的科学。但是,当下学人所说的描述性和规范性与文德尔班的用法已大不相同了。缪勒出版的《宗教学导论》中只承认对宗教的历史性、比较性描述研究是宗教学研究的对象。但随后,关于宗教的本质及评价等规范性研究也成为宗教学研究的重要内容。当前在宗教学中一般有描述性研究和规范性研究的划分。哲学中对规范性的讨论以往主要集中在伦理学领域,如规范的陈述(normative statement)阐述的是事物的应该与否,以及善恶、好坏、对错等价值评价的问题。在伦理学中,有规范伦理学这一分支,它涉及对人们道德行为的准则、道德原则和规范本质的研究。与规范性和描述性的讨论相关的,往往是这样一些对立:实践的和理论的,价值的与事实的,应当的和实是的以及伦理的与科学的。当然,并非有一个一致的看法认为能够用规范的和描述的这样一对术语来指代所有上述这些对立,比如威廉斯就在承认伦理领域和科学领域的基本区分的基础上,明确反对把伦理这一领域称作评价的或者规范的。他说:"我们不把这个领域叫作

'评价性的',因为评价性至少要额外覆盖审美判断的领域,而审美判断有一大批它们特有的问题。我们不把这个领域叫作'规范性的',这个用于只覆盖伦理兴趣的一部分(大致是与规则相关的部分),而且,它理所当然延展到法律等等物事,而法律领域同样有它不同的问题。"[1]伦理学对于规范性与描述性的讨论既涉及对自然主义的看法,又涉及对道德、幸福、快乐等范畴的心理层面的属性的理解。心灵哲学中一些带有元哲学性质的讨论也涉及规范性和描述性问题。东西方都有学者尝试对中印西心灵哲学的整体特性进行概括。印度有学者用事实性来概括西方心灵哲学的特点。蒙培元曾用内向型、境界型来说明中国心灵哲学的特点。高新民也曾把中西方心灵哲学的特点分别概括为价值性和求真性。用规范性和描述性来概括心灵哲学的研究有与上述概括一致之处,但它们却是一对可以在更宽泛的意义上使用的范畴。在此意义上,可以说以往对于心灵哲学之形态问题的研究都可以以规范性和描述性关系问题的形式呈现出来。一方面,相比之下,规范性和描述性提法能够把东西方心灵哲学研究的各种内容、维度和方法等更全面地无遗漏地囊括进来,这一点与宗教学对这一术语的使用情况相仿。比如,我们在随后的章节对东西方价值性心灵哲学的讨论中就涉及幸福的规范性问题。另一方面,当前心灵哲学研究中已经大量使用到规范和描述等词汇,在元哲学高度给这些词汇的地位予以确认,是对心灵哲学本身的认识进一步深化的体现。当代西方心灵哲学的发展和转向,将道德、幸福、人生意义等规范性概念赋予了新的内涵,也将规范性和描述性的关系问题清晰地呈现出来。以西方心灵哲学所呈现的这一新的视角来反观东方心灵哲学,我们发现,东方心灵哲学中也蕴含关于规范性和描述性关系的大量讨论,东西双方对这一问题的看法是对双方心灵哲学总体特征的一种呈现。

第一节 自然主义的谬误及规范性与描述性关系问题之缘起

无论是由摩尔提出并随后在伦理学和各种形式的自然主义研究中具有重要

---

[1] 威廉斯:《伦理学与哲学的限度》,陈嘉映译,商务印书馆2017年版,第163-164页。

影响的所谓"自然主义的谬误",还是我们所要着力探讨的心灵哲学中的规范性和描述性问题,其源头都可追溯到休谟关于"是"与"应该"之关系的一番著名论述。在道德学中,休谟有这样一条附论:"在我所遇到的每一个道德学体系中,我一向注意到,作者在一个时期中是照平常的推理方式进行的,确定了上帝的存在,或是对人事作了一番评论;可突然之间,我却大吃一惊地发现,我所遇到的不再是命题中通常的'是'与'不是'等联系词,而是没有一个命题不是由一个'应该'或一个'不应该'联系起来的。这个变化虽是不知不觉的,却是有极其重大的关系的。因为这个应该或不应该既然表示一种新的关系或肯定,所以就必须加以评论和说明;同时对于这种似乎完全不可思议的事情,即这个新关系如何能由完全不同的另外一些关系推出来的,也应当举出理由加以说明。"①人们在休谟的这段话中,通常最为关注的是休谟在道德学命题中发现了一种新的关系,即应然关系,这种关系是相对于由"是"作为联系词的那种命题关系而言的全新的一种关系。在休谟说到这两种命题关系的区分时,他就涉及了规范性与描述性的关系问题。在此意义上,我们也可以说,休谟在描述性命题之外,首次发现了规范性命题。就此而言,休谟在这段话中所表达的意思就是很多伦理学家从以"是"作为联系词的描述性命题,推进到以"应该"作为联系词的规范性命题,甚至没有对这个推理做出任何解释。②值得注意的是,休谟在发现描述性命题与规范性命题的同时,实际上并没有断然否认由描述性推进到规范性的关系,而只是说要想完成这样一个推论,应当给出一些详细的解释。以往的伦理学家没有能够就描述性与规范性之间的关系做出合理解释,并不代表它们两者之间就不能够有一个推论关系,或者别的其他什么关系。亨特(Hunter)曾就休谟所论及的这两种类型的命题的关系做过细致的辨析,认为休谟并没有在描述性和规范性之间挖出不可逾越的鸿沟。③

在休谟之后论及规范性和描述性问题并对当今心灵哲学中的该问题的研究产生重要影响的是布伦塔诺(Brentano)和乔治·摩尔。布伦塔诺是近现代西方心灵哲学的开创性人物,他不但对心灵哲学中的现象学传统和分析哲学传统都有

---

① 休谟:《人性论》,关文运译,商务印书馆2016年版,第505-506页。
② Liu J L. "The is-ought correlation in neo-confucian qi-realism: how normative facts exist in natural states of qi". *Contemporary Chinese Thought*, 2011, 43(1): 60-77.
③ Hunter G. "Hume on is and ought". *Philosophy*, 1962, 37 (140): 148-152.

第三章 从比较研究看心灵哲学的描述—规范问题

关键的影响力，而且对于心灵哲学的描述性和规范性问题兼容并论。施太格缪勒说他对现代哲学有巨大而实际的影响，因为"引向各个不同方向的许多条线索都在布伦塔诺那里汇聚在一起"[①]。但是，布伦塔诺在心灵哲学中的贡献及地位，就像在其他哲学领域内一样，是被低估了的。他为区分心理现象和物理现象而阐发的关于意向性的思想已经被人们所熟知，但是他对心灵哲学的研究视野和所涉及的问题远不止于此。他的很多贡献，比如他在《正确知识和错误知识的来源》一书中以隐晦的方式对规范性与描述性关系的论述，不但在国内的心灵哲学研究中鲜被提及，甚至在西方学者那里似乎也处于一个被遗忘的角落。布伦塔诺论及了道德法则的自然基础问题，并对"自然的"一词的意思进行了辨析。他认为，"自然的"一词有两种用法：一是指"由自然所给予或者天赋的东西，它区别于由经验或者历史过程而习得的东西"；二是指"自在自为的那些正确原则"，这些原则是自然的，因为它们与人们武断地规定的原则相区别。[②]比如"好"和"最好"这样的概念，它们的意思是什么？我们凭什么规定一个东西比另一个东西"更好"呢？布伦塔诺认为，回答这样的问题就要回到这些概念的源头去，而所有概念的源头在他看来，就是"某种直观呈现"（intuitive presentation）。[③]在布伦塔诺看来，有两类不同的概念：一类概念是像颜色、声音、空间这样的概念，我们对这些概念的直观呈现具有物理的内容，而像好、更好、最好这样的概念则是另有其源头的另一类概念，这些概念与"真"这个概念紧密相关，我们对这些概念的直观呈现有心理的内容。而所有心理的东西的一个共同的特征，即不幸被"意识"一词所误导的那种东西，构成了我们与对象之间的一种关系，这种关系就是所谓的"意向关系"。这种意向关系中的那个对象物，或许不是真实的，但却是被呈现的一个对象。依据这样一种区分，布伦塔诺对幸福等概念及伦理学的原则进行了说明。在他看来，像"幸福"这样的东西，与主体所处的外部环境完全无关，而是完全依赖于一个人的内在描述。他说："我们感觉的质（quality），更

[①] 施太格缪勒：《当代哲学主流（上卷）》，王炳文、燕宏远、张金言等译，商务印书馆 1986 年版，第 41 页。
[②] Brentano F (Ed.). *The Origin of Our Knowledge of Right and Wrong*. Chisholm R M, Schneewind E (Trans.). London: Routledge, 2009: 2.
[③] Brentano F (Ed.). *The Origin of Our Knowledge of Right and Wrong*. Chisholm R M, Schneewind E (Trans.). London: Routledge, 2009: 8.

依赖于神经系统的本性而非外在刺激。"①布伦塔诺为我们视作具有规范性的类概念,即他所谓的像"好""幸福"这样的概念寻找了一个具有心理内容的直观呈现作为源头,这是否意味着我们对心理内容的描述能够作为规范性概念的基础呢?布伦塔诺没有进一步明确地回答这个问题。但至少我们能够看到,在布伦塔诺那里,与道德、幸福、好有关的这些心灵的规范性问题,并没有与心灵哲学的其他问题区别开来,甚至布伦塔诺试图用"意向性""意向关系"来说明所有与心理的东西有关的问题。

布伦塔诺在《正确知识和错误知识的来源》一书中的一些观点,随后被乔治·摩尔发现并引为同道。摩尔认为布伦塔诺和他一样把全部的伦理学命题都置于一个事实的规定之下。②在摩尔看来,全部伦理学中最根本的问题就是讨论怎样给"善"下定义的问题,如果这个根本的问题得不到解答,伦理学作为一门系统的科学就是值得怀疑的。同时他认为,"善"是一个单纯的概念,而不是一个复合的概念,这就意味着它是一个不能通过进一步简化为更基础的术语来界定的概念,质言之,"善"是由以构成和界定其他概念,而不能为别的概念构成和界定的那种概念。在这一点上,"善"和"黄"是类似的,但这仅是就语言规范的层面而言的,离开了语言规范而到了与事实描述相对照的层次,它们之间的不同就显现出来,因为像"黄"这样的概念"我们或许试图通过描述其物理等价物来定义它。我们或许会陈述,为使我们知觉到它,我们正常的眼睛需要什么样的光性的刺激"③。当然,摩尔指出了这样的定义与"黄"的实际意义之间有出入,充其量只能够与我们所知觉的"黄"的空间对象相当,但无论如何,对"黄"的规定总是在事实上有一个可以描述的对应物。然而,如果将定义"黄"的这种方式,运用到对"善"的定义,就会犯一个简单的错误,这个错误就是他所谓的"自然主义的谬误"。他说:自然主义的谬误永远意味着,当我们想到"这是善的"时,我们所想到的是,所讨论的事物与另外某个其他事物有着一种确定的关系。但是,参照它来给善下定义的这一事物,要么是我所称呼的一种自然对象——其

---

① Brentano F(Ed.). *The Origin of Our Knowledge of Right and Wrong*. Chisholm R M, Schneewind E (Trans.). London: Routledge, 2009: 2.
② 摩尔:《伦理学原理》,陈德中译,商务印书馆2017年版,序言第 iv 页。
③ 摩尔:《伦理学原理》,陈德中译,商务印书馆2017年版,第14页。

存在被认为是经验对象的某种事物，要么是只能推断其存在于超感觉的实在世界的某种对象。[①]在摩尔看来，自然主义的谬误从根本上说是由于不了解善的根本性质，误以为善这一属性可以用其他属性或者属性的集合来定义。质言之，善不是一个复合属性，自然主义的谬误犯了定义论的错误。摩尔认为自然主义的谬误存在范围极广，从以往的伦理学的大的类型上看，自然主义伦理学和形而上学伦理学都是自然主义的谬误的典型，因为这两种类型的伦理学都犯有同一个错误，那就是试图用某个其他事物来定义善这样一个不可定义的事物。这样一来，摩尔实际上指出，过去的伦理学定义和说明善所诉诸的资源有两类：一类是自然主义的，另一类是形而上学的。自然主义和形而上学在摩尔那里是一对对立的范畴，在自然主义的谬误的自然主义版本和形而上学版本中出现的是同一种错误。摩尔的自然主义的谬误的自然主义版本和当前心灵哲学中流行的各种自然主义版本关系更为紧密，我们的讨论也主要集中在这一版本的自然主义的谬误上。接下来我们要分析，摩尔在对善与伦理学的性质的讨论中，如何把规范性与描述性的关系问题呈现出来。

说善是非复合的属性，就意味着，善不能被分解成更基本的组成部分，善的概念无法被分析，因此也不能得到定义，至少不能通过分析它的组成部分来定义它，因为它根本没有组成部分，它就是最基础的那个部分。说善是非自然属性，就意味着，善不能等同于任何自然的属性，心理学、物理学、社会学、生物学等一切自然科学对于善本身的界定，都是无能为力的。那么，什么是摩尔所理解的自然或者自然属性呢？他说：那么，说到"自然"一词，我的确意指或一直意指作为自然科学以及心理学研究主题的那些东西。[②]摩尔对自然主义所能诉诸的资源的理解极为宽泛，从范围上说，它包括一切具有时空规定性的东西，也就是自然存在的对象，从内容上说，它既包括过去和现在科学研究的成果，又包括未来科学可能取得的成果。这样一来，摩尔就在伦理学所关注的善和自然科学所能描述的东西之间划出了一道界线。正如迈克尔·斯廷格尔所指出的："实际上，这就是摩尔的结论：善这种属性是简单的、不可定义的、非自然的思维对象。"[③]自然科学

---

① 摩尔：《伦理学原理》，陈德中译，商务印书馆2017年版，第43-44页。
② 摩尔：《伦理学原理》，陈德中译，商务印书馆2017年版，第46页。
③ 约翰·康菲尔德：《20世纪意义、知识和价值哲学》，江怡、曾自卫、郭立东等译，中国人民大学出版社2016年版，第151页。

是对世界的客观描述，善则既处于这种描述的范围之外，又不能基于这种描述而得以说明。质言之，善完全是一个规范性的概念。描述性的概念和规范性的概念之间有一条不可逾越的鸿沟。如果逾越这条鸿沟，试图用描述性的"自然的"概念（包括自然科学）去说明善这样一个规范性的概念，那就是犯了自然主义的谬误。

在摩尔看来，这样一种自然主义的谬误在伦理学中几乎无处不在。斯多葛学派（Stoicism）伦理学的"遵循自然生活"的伦理学准则就是这种自然主义的谬误的一个表现，因为这种伦理学武断地持有一种信念，即认为"自然"可以说是确定并决定什么是善的，就跟它决定什么应当存在一样。[1]他举例子说，这种伦理学在对"健康"下定义时，就是以"自然的"为基础的，以"自然的"来确定"健康的"应该是什么，质言之，它就是把伦理学奠基于科学之上。自然主义的谬误的另一个重灾区是所谓的"进化论的伦理学"，这种伦理学试图用流行的"进化"术语来解释伦理学问题，具体地说，主要就是要把伦理学奠基于进化论的基础之上。摩尔认为，上述的这些自然主义的伦理学在概念上有一个误解，那就是把"自然的""正常的""进化的"等同于"好的""善的"。就斯多葛伦理学而言，健康的就意味着正常的，不健康的比如疾病则是反常的，正常的就是善的，反常的就是恶的，所以健康的就是善的。但是，摩尔质疑这样一种推论：正常的一定就是善的吗？反常的难道就不能是善的吗？把正常的和善的等同起来真的理所当然吗？摩尔认为，这些显然是具有开放性的问题，如果不加讨论就把自然的、正常的和健康的、善的等同起来，那就是犯了自然主义的谬误。他告诫人们说："我们绝对不能因为有人断定'某件事物是自然的'，就会被吓住，进而承认它也是善的。善从定义上不意味任何自然的东西。一件自然的事物是否就是善的，这因而总是一个开放的问题。"[2]就进化论的伦理学而言，这种概念上的误解就表现在，它把善设定为"自然选择""生物进化"的目标。但这种设定并不是达尔文进化论的应有之意。适者生存只不过就仅仅意味着最适于生存的生存下来了，没有别的什么意思，更不等同于为了满足一个善的目标而做出改变进而生存下来。因为按照达尔文的进化论的解释，完全有可能有一些比人类低等级的物

---

[1] 摩尔：《伦理学原理》，陈德中译，商务印书馆2017年版，第48页。
[2] 摩尔：《伦理学原理》，陈德中译，商务印书馆2017年版，第49页。

第三章 从比较研究看心灵哲学的描述—规范问题

种反倒比人类更能适应环境,更有生命力,难道这些物种就代表着更善、更好的东西吗?所以在摩尔看来,从进化论当中寻找善的基础和根据是不可靠的。

在笔者看来,摩尔在斯多葛伦理学和进化论伦理学当中所发现的这些矛盾就是规范性与描述性的矛盾的体现。对前者而言,健康的、正常的,充其量只是对人的生活状态的一种客观描述,它们和善之间还有一段难以跨越的距离。对后者而言,生物进化论中的描述,不能毫无理由地把善囊括进去,善并不是生物进化中的一个环节。那么,善和自然之间究竟是什么关系呢?摩尔把这样一个问题清晰地呈现出来。这构成了"元伦理学"讨论的一个焦点。我们关注摩尔对此问题的解答,不打算关注元伦理学对此问题的持续讨论,我们想要通过以上讨论呈现的是,摩尔对善和自然关系的讨论,在实质上是对规范性和描述性关系的一种讨论。规范性和描述性是何关系呢?这才是一个更具有根本性的问题。尽管摩尔没有使用这样的术语,但我们断言他在讨论时心中充满了类似的疑问。

规范性的东西能不能在描述性的东西当中找到它的原因或者根据呢?比如对于规范性伦理学(normative ethics)而言,它所要辩护或者批判的所有道德判断都是规范性的,因为道德判断必是根据一个道德标准的,这个标准就是规范。道德哲学关注道德判断,因而也是规范性的。这种规范性的道德判断有没有一个规范性以外的解释呢?用伦理学的话说,道德价值判断是如何被确证的?它的正当性何在?善性是何种类型的事物?善性和正确性有何关系?换句话说,我们如何理解道德价值判断的来源、标准、证明、意义和正当性?[1]我们已经看到,摩尔对此问题提供了一种非自然主义的解答,他实质上认为,描述性命题和价值判断在逻辑上是不同的。[2]摩尔的这个解答是否正确并不重要,事实上,摩尔在坚持非自然主义立场的同时,也主张对此问题应有一个开放的态度,重要的是,摩尔把这样一个重要的问题呈现出来,对此后的元伦理学的讨论产生了影响。

自然主义的谬误真的是谬误吗?从自然主义的谬误提出以来,围绕这一问题的争论就没有停止过。如果规范性的道德评价与描述性的东西完全无关,那么我

---

[1] 布鲁克·穆尔、肯尼斯·布鲁德:《思想的力量》,李宏昀、倪佳译,北京联合出版公司2017年版,第360页。
[2] 布鲁克·穆尔、肯尼斯·布鲁德:《思想的力量》,李宏昀、倪佳译,北京联合出版公司2017年版,第360页。

们有什么理由把某种言行规定成合乎道德的呢？离开了描述性的东西，仅仅具有规范性质的伦理学是否有一个牢固的基础，是否应该被认为不具有科学的性质呢？我们日常生活中的道德判断难道真的与经验描述毫无关系吗？石里克、艾耶尔（Ayer）都曾在科学主义的指引之下把规范伦理学视作心理学的一部分，当前一些持自然主义立场的哲学家如福多（Fodor）、塞尔、帕特里夏·丘奇兰德（Churchland）、弗拉纳根等更是利用新的科学研究成果对这一问题做出了解答。

艾耶尔批评摩尔对善的存在根据提供不了任何证明，只是从直觉出发来说明善的特点，如果有别人同样固执地根据直觉对善做出相反的说明，摩尔就无能为力了。他从语言分析的视角对摩尔发出了这样的质疑："自然主义的错误果真是错误吗？把善与快乐相等同或许是错误的，但是将善视作一种并非简单而不可分割的性质，这种看法的错误究竟在哪里呢？"[①]他认为摩尔指责别人对善的理解犯了定义性错误，事实上是摩尔自己把问题复杂化了，摩尔不加分别地认为任何定义都要陈述构成某一个整体的各个组成部分，但却没有解释一个性质在何种意义上具有组成部分。摩尔曾以"愉悦感就是善"为例展开了一个著名的分析，这个分析证明了善具有非自然主义的性质。首先，我们可以追问愉悦感是不是善，这是一个合理的追问，但如果愉悦感就是善的话，那么这个追问就变成了关于善是不是善的追问。善当然是善，追问善是不是善是同义反复，毫无意义，因此摩尔认为，推而广之，除了愉悦感之外，我们还可以追问任何一种自然属性是不是善，如果是的话，那它就同样是毫无意义的同义反复，这样一来，摩尔就得出结论说善不是任何一种自然属性。艾耶尔认为，摩尔的这个关于自然主义的论证是有问题的，它事实上可以用来针对任何一个定义。比如，摩尔本人最常用并认定为成功的定义"兄弟是男性同胞"，在艾耶尔看来就存在同样的问题，如果说"兄弟"这个词确实代表男同胞，那么说兄弟是男性同胞就无异于说兄弟是兄弟。因此，艾耶尔认为，"就摩尔关于定义的一般论证而言，他的自然主义谬误说乃是混乱不堪的"[②]。

同样是在对伦理学的讨论中，艾耶尔把规范性与描述性关系的问题进一步明

[①] 艾耶尔：《二十世纪哲学》，李步楼、俞宣孟、苑利均等译，上海译文出版社2005年版，第48页。
[②] 艾耶尔：《二十世纪哲学》，李步楼、俞宣孟、苑利均等译，上海译文出版社2005年版，第50页。

确化。与摩尔笼统地讨论善的性质及其与自然主义的关系不同，艾耶尔对知识和伦理学命题进行了更细致的分类，他认为，我们的思辨知识包括不同的两类：一是关于经验事实问题的知识，二是关于价值问题的知识。伦理学的体系也并非一个纯一的整体，而是由四个主要的类别所组成：第一类是表达伦理学中语词的定义的命题；第二类是描写道德经验现象及其原因的命题；第三类是关于要求人们在道德上行善的命题；第四类是关于一些实际的伦理判断的命题。这四个类别之间存在显著差异，但以往的伦理学家却忽视了。[①]艾耶尔认为这四类命题中，只有第一类属于伦理学的范畴，而像第二类关于道德经验的现象及其原因的描述显然就属于心理学或者社会学的范围，这是毋庸置疑的。所以对于第一类问题的讨论是一个焦点，因为伦理学通常被认为是规范性的，如果伦理学所讨论的术语的定义能够得到一种描述性的说明的话，那么伦理学就能够被归属于心理学和社会学。这种研究，用艾耶尔的话说就是："我们所感兴趣的是把伦理的词的整个领域归结为非伦理的词的可能性问题。我们所探究的是伦理价值的陈述是否可能翻译成经验事实的陈述。"[②]把关于伦理价值的陈述翻译成关于经验事实的陈述，就是试图在规范性和描述性之间架起一座桥梁。艾耶尔同样承认基本的伦理概念是不能分析的，但是与摩尔给出的那种非自然主义的解释不同，艾耶尔认为这些概念不能分析的原因在于它们只是一些"妄概念"。艾耶尔对于伦理学概念的看法大致类似于康德对"存在"一词的看法。康德认为"存在"一词是无指称的，只是一个虚概念，将"存在"一词添加到词或者句子当中，并不会使原有信息有所增加。艾耶尔也认为，一个伦理符号出现在一个命题中，对这个命题的事实内容并不增加什么，其作用不过是表达了某种道德情感，只是具有纯粹的"情绪上"的功能。[③]这样的道德判断无关乎真假，只关乎情绪、情感和习惯。由此艾耶尔认为，伦理学的这些命题实际上根本就不是关于价值问题的，而只是关于事实问题的，因此"作为知识的一个分支的伦理学只是心理学和社会学的一部分"[④]。这样一来，通过把伦理学归属于心理学和社会学的方式，艾耶尔事实上表明了他

---

① 艾耶尔：《语言、真理与逻辑》，尹大贻译，上海译文出版社2006年版，第83页。
② 艾耶尔：《语言、真理与逻辑》，尹大贻译，上海译文出版社2006年版，第83-84页。
③ 艾耶尔：《语言、真理与逻辑》，尹大贻译，上海译文出版社2006年版，第87-88页。
④ 艾耶尔：《语言、真理与逻辑》，尹大贻译，上海译文出版社2006年版，第93页。

对于规范性和描述性之间关系的立场，那就是，伦理学中的一些规范性的东西，实际上都只涉及情感的表达，因而能够具有一个描述性的东西作为基础。

摩尔提出的自然主义的谬误，显然是与自然主义这个概念密切相关的，尤其是在摩尔分析自然主义伦理学的时候，他对自然主义的理解与当今西方心灵哲学中流行的自然主义概念基本是一致的，既在本体论上反对超自然的实在和属性，又在方法论上主张把各门学科的研究限定在自然主义的框架之内，主张在自然的限度之内来解释世界，反对超自然的解释，尤其是强调要利用自然科学的资源来做出解释。在自然主义的谬误的背后隐藏着更深层次的问题，这个问题，在休谟那里以"是"与"应该"的形式表现出来，在布伦塔诺那里以"心理内容"和"物理内容"的形式呈现出来，在艾耶尔那里则表现为"价值陈述"和"经验事实陈述"的形式。对于自然主义的谬误问题的所有这些表现形式，我们同样还可以用规范性与描述性关系的形式予以表达，而且这种形式的表达正是问题的实质所在。规范性与描述性的关系究竟是怎样的？描述性能够作为规范性的基础吗？如果这些问题得不到解答，围绕自然主义的谬误的争论就不会停歇。在现代西方心灵哲学中，规范性和描述性的关系问题，以更清晰、更明确的形式呈现出来，而且围绕该问题的争论也不再仅仅局限于伦理学的范围之内，而是作为一个更具有一般性的问题形式，引发了既跨学科又跨文化的广泛争论。

第二节　现代西方心灵哲学研究中的规范性与描述性

现代西方心灵哲学对规范性和描述性问题的研究，既有与伦理学共同关注的交叉的课题，又有其独特的视界和方法。就双方的一致性而言，现代西方心灵哲学对人的心理现象的范围的认识不断拓展，不但关于心理现象的丰富性、层次性的认识不断拓展，关于心灵的本质的认识不断深化，而且关于心理现象的类型的认识也在不断进步。道德、幸福等价值性、规范性的东西，被当作一种独特的心理现象或者至少是与心理现象紧密相关的东西，而受到心灵哲学研究的重视。随之而来的问题就是规范性的心理现象的基础问题，如它的心理机制、神经机制问题；规范性的心理现象与其他心理现象的关系问题，如它们是由其他心理现象派

第三章 从比较研究看心灵哲学的描述—规范问题

生的,还是具有独立的存在地位的一类心理现象;规范性的心理现象的自然化问题,如那些通常所谓的具有规范性的心理概念能够经受自然主义的检验,如此等等。这些问题把规范性与描述性的关系问题更加清晰地呈现出来。

塞尔是当代心灵哲学研究中较早涉及规范性与描述性关系问题,并明确主张描述性可以作为规范性之基础的哲学家之一。在《如何从"是"推出"应该"》一文中,塞尔明确对休谟关于"是"与"应该"的区分及由之而来的所谓"自然主义的谬误"表示质疑。在塞尔看来,质疑的最好方式就是提供一个反例,而在对这个反例的选择上,他说道:"反例一定要是这样的:对于一个或几个命题陈述而言,任何赞成它们的人都承认它们纯粹是事实的或者'描述性的'(它们事实上用不着含有'是'这个词),而且它们还要能够表明怎样与一个明显被认为是'价值性的'的命题陈述在逻辑上是相关的。"[1]塞尔通过一系列逻辑上紧密相关的命题陈述,给出下面这样一个反例。

(1)约翰说出这样一句话:"麦克,我特此承诺支付给你5元钱。"
(2)约翰承诺支付给麦克5元钱。
(3)约翰让自己有责任支付给麦克5元钱。
(4)约翰有责任支付给麦克5元钱。
(5)约翰应该支付给麦克5元钱。

通过上述这样一个反例,塞尔认为他合理地从"是"推出了"应该",从描述性推出了价值性。既然如此,那么为什么人们通常会把上述这两种关系割裂开来呢?塞尔认为,那是因为人们在理解语词与世界关系之方式的图景时犯了错,或者说人们受到了错误图景的引诱。塞尔把这样一幅错误的图景称作"传统的经验主义图景"。[2]在这样一幅图景中,人们会理所当然地把所谓的描述性陈述和价值性陈述区别开来,而且这两种陈述之间的差别也是显而易见的。描述性陈述有真假问题,而且这个真假在客观上是可以确定的,因为总会有一个与该陈述相应的客观的、可以验证的环境存在着,让我们知道这个陈述的意思。但是,价值性陈述则不同,价值性陈述在客观上并不存在真假问题。一个人对价值性陈述的

---

[1] Searle J R. "How to derive 'ought' from 'is'". *Philosophical Review*, 1964, 73: 43-58.
[2] Searle J R. "How to derive 'ought' from 'is'". *Philosophical Review*, 1964, 73: 43-58.

判断与他的心理态度有关。因此，描述性陈述就是客观的，价值性陈述是主观的，造成这种区别的原因是这两种陈述的功能作用不同。描述性陈述的作用在于描述世界的各种特征，而价值性陈述的作用在于表达陈述者的情绪、态度等。从形而上学的层面说，价值不在世界之中，否则价值就不成为价值，而只是世界的一部分了。从语言的层面说，不能用描述性的语词来界定价值性的语词，否则，价值性语词就不再是进行评价，而只是进行描述了。

但是，一般人视为天经地义的上述这样一幅图景，在塞尔看来是错误的，而且"毫无疑问，它很多地方都错了"[1]。这幅图景没有注意到世界上有两类不同的事实，因而也没有区分出不同类型的"描述性陈述"。在塞尔看来，有两种类型的描述性事实，一种可以称为制度的事实（institutional fact），另一种可称为原生的事实（brute fact）。虽然它们都是事实，但是前者却比后者预设了更多东西。比如像"5元钱"所表述的事实，预设了钱这样一种制度的存在，因此与"5米高"所表述的事实是有区别的。如果没有钱这样一种制度的存在，"5元钱"所表述的事实就只是一些有各种颜色和图案的纸。为什么会有这两类有差异的事实呢？塞尔借用康德对规定性原则和构成性原则的区分来说明这两类事实差异的成因。规定性原则所规定的行为能够脱离原则而单独存在，比如就餐礼仪是一种原则，这种原则对就餐这种活动具有规定性，但是就餐这种活动却是能够离开就餐礼仪而单独存在的。构成性原则所构成（或者也可以说规定）的行为在逻辑上则是依赖于这些原则的。比如下象棋这种活动的游戏规则就是一种构成性原则，这个原则定义了下象棋这种活动，下象棋这种活动不能离开原则而单独存在。因此，所谓制度的事实就是预设了制度存在的事实，而其中所谓的"制度"就属于构成性原则的范围。一旦理解了这一点，就能够说明为什么有一些规范性的东西能够从描述性的东西中推导出来。因为像责任、承诺、权利、义务等一些概念都属于"制度"，与此相关的事实就是制度的事实，而不是原生的事实。

通过这样的方式，塞尔就为一部分（而不是全部）规范性的东西，找到了一个描述性的基础。塞尔通过语言分析和形而上学论证的方式使人认识到，规范性和描述性可能有更多、更紧密的联系，他从关于制度的事实的命题陈述出发推出

---

[1] Searle J R. "How to derive 'ought' from 'is'". *Philosophical Review*, 1964, 73: 43-58.

第三章　从比较研究看心灵哲学的描述—规范问题

价值性的命题陈述，只是把以往关于规范性和描述性关系的误解的一个方面呈现出来。在塞尔之后，关于这一问题的讨论形式更加多样，维度更加丰富，不但有哲学家利用新的分析方法和研究成果在自然主义立场上研究该问题，而且有科学家从纯粹描述性的层面对幸福、道德等规范性问题的研究。心灵哲学家把幸福、道德、快乐、意义等视为一类独特的心理现象，即规范性的心理现象，与此相关的心灵哲学研究实际上构成了心灵哲学研究的一个独特的领域。这样一个领域的研究，是与现代西方心灵哲学以往所重点关注的关于心灵的求真性、求实性研究相区别的。心灵哲学的参与，使得规范性与描述性关系的研究突破了伦理学的范围，成为一个真正的多学科共同参与的领域。

20世纪70年代以后，刘易斯（D. Lewis）、帕特里夏·丘奇兰德、杰克逊（F. Jackson）和弗拉纳根等人，在对一般心理现象进行自然化的同时，逐步扩大其自然主义哲学理论所能解释的心理现象的范围，把包括幸福、道德在内的一系列规范性的东西纳入自然主义的研究体系当中。刘易斯认为，道德术语只是理论上的术语。道德术语的意思取决于它们在一种被常识所承认的道德理论中的作用，这种道德理论被他称作"民间道德理论"（folk moral theory）。而民间道德理论具有纯粹描述性的内容。他认为，道德术语可以还原成描述性的术语，但这种还原是整体论性质的，而不是原子式的。比如，对"公平"这样一个道德术语的描述而言，我们应该归属给它何种属性呢？答案是，归属给它的属性应该去填充人们在日常的道德思考中标记为公平性的那个位置。质言之，为"公平"这个术语选择一种描述的属性，凭借的是这种属性在民间道德理论中所处的位置，而且它要求其他道德术语同时选择的那些描述属性能够与之互补。这就是刘易斯的道德术语的功能主义理论。道德功能主义把道德属性等同于基础层面的、扮演填充角色的属性。

杰克逊继续发展了刘易斯的思想，致力于从描述性层面解决道德术语的规范性问题。他依据他的"心理术语的功能主义理论"建立起关于"道德内容的功能主义理论"。[1]按照这种理论，道德术语具有网状特性，所有道德术语都卷入内容相互联系的网络当中，没有任何原子式的定义能用来推动对一个术语的理解，

---

[1] Jackson F, Pettit P. "Moral functionalism and moral motivation". *The Philosophical Quarterly*, 1995, 45(178)：20-40.

因为每一个术语都与一个更大的联系网络关联在一起。因此，道德术语在整体上可以还原为描述性的术语，而描述性术语对应着被归属于它的基础层面的属性。就幸福这个术语而言，被归属于它的那个属性填充了人们在日常思考中标记为幸福性的那个位置。所以，"幸福"这个术语选择一种描述性的属性，凭借的是这种属性在民间幸福理论中所占据的位置。

帕特里夏·丘奇兰德是较早利用神经科学研究成果解决心灵哲学问题的哲学家。20世纪80年代，她在借助神经网络术语重构自然科学认识论的过程中，发现她所谓的"突现框架"具有更强的解释力，不仅对于一般性的知觉知识，而且对于数学知识、音乐知识和道德知识的解释同样适用。从学习角度来说，任何神经网络想要具有某种认知能力，实质上就是为它的输入输出行为施加某种特殊的功能。道德知识的获得同样如此，具有道德知识，也就是具有一系列复杂的知觉或者认知技能。这种技能使人们能够理解他所处的社会和道德环境。因此，她一方面断言人的大脑中具有一个与幸福等道德事实相关的"社会区域"，另一方面通过她提出的"最佳决策推论"说明道德决策的心理机制。她认为，人们在做出决策的时候使用的就是她所谓的"最佳决策推论"。最佳决策推论就像科学中的最佳解释推论一样，如果一个决策或者行为与其他可能的选择相比更具优势，那么它就是得到确证的（justified）。人之所以会在心理上出现幸福的感受，是因为幸福感受的出现与心理上的其他可能的选项相比更具有优势，这样幸福感受就会得到确证。质言之，幸福是通过比较和择优而被确证的。所以，道德决策是通过比较和择优而定的。按照这种解释，幸福决策是一个非常复杂的计算过程，其复杂性会导致人在判断和行为中犯错。比如，人们在计算什么东西对自己或者他人最有利时，就可能出现计算错误。这是因为这种计算过于复杂，大脑会产生两种可能倾向：一是试图进行一个完整的计算，但在计算时出现错误；二是利用经验法则来降低计算的复杂性，其代价是损失一些信息并因此出现错误。帕特里夏·丘奇兰德认为最佳决策推论能够解决个体在道德推论过程中遇到的问题，并因此为道德推论提供一个自然主义的基础。

在当今的西方心灵哲学中，对规范性与描述性关系的研究主要以幸福研究的形式体现出来。因为在当前幸福已经成为一个多学科共同关注的课题，对幸福的研究也呈现出一些新的思路和趋势。一方面，心理学、脑科学和神经科学等科学势力积极介入对幸福的研究，使幸福研究摆脱了哲学的局限，真正成为科学研究的对象。另一方面，幸福的哲学研究在科学的强势"入侵"下产生分化，呈现出三种主要倾向：一是元理论倾向，它认为对幸福本身的研究最终将被科学所接管，哲学的任务在于从元哲学层面讨论幸福与哲学特别是与伦理学之间的元理论关系。二是语言学倾向，它认为幸福的科学研究是经验性的研究，哲学研究应该脱离经验分析，通过对日常语言中"幸福"及其相关概念的用法分析，揭示幸福的意义。三是最新出现的一种哲学自然主义倾向，它认为幸福的科学研究为幸福的自然化提供了机遇。哲学应该扬弃幸福科学的研究成果，既重视幸福科学研究的作用，又反对其中隐含的唯科学主义，利用跨学科、跨文化研究的方法，为幸福的规范性研究提供经验科学的依据，建立起能够提供客观幸福知识的自然主义"幸福学"。

20世纪末，美国哲学家帕特里夏·丘奇兰德在总结神经科学发展状况时曾指出，20世纪的实验神经科学，几乎无一例外地专注于寻找那些在本质上完全自然的或者物理的知觉属性的神经解剖学（即结构上的）和神经生理学（即激活性的）关联物。[1]但是，进入21世纪之后，神经科学关注的对象却发生了极为显著的变化。这表现在，神经科学家一方面继续关注诸如声音、颜色、形状、位置、温度之类的属性，另一方面也开始关注像道德、幸福、意义等这样通常被认为与科学无关的东西。其中，幸福是当前最受科学家关注的话题之一。当前，幸福科学研究由心理学和神经科学共同主导。其总体思路是，先从心理学所提供的幸福的诸多构成要素中筛选出核心要素，再由神经科学确定这些要素的大脑机制，并最终说明大脑与幸福之间的本质联系。因此，心理学的幸福研究的主要任务就是，尽可能客观地筛选和验证能对人的幸福感产生影响的关键因素及其效用的大小。

心理学的幸福研究在总体上受到西方传统幸福理论的影响。传统上，西方人主要关注两类幸福理论：一类是以亚里士多德为代表的实现型的幸福理论，该论视幸福为个人潜能的实现；另一类是以密尔为代表的享乐型的幸福理论，该论把幸福看作是快乐等个人情感的体验。心理学通常把由享乐型的幸福产生的幸福感称作"主观幸福感"，由实现型的幸福产生的幸福感称作"心理幸福感"。能够

---

[1] Churchland P M. *The Engine of Reason,The Seat of the Soul: A Philosophical Journey into the Brain.* Cambridge: The MIT Press, 1995: 128.

导致这两类幸福感产生的要素很多，如快乐、满足、欲望、道德、持续时间等都被看作是幸福感产生的关键要素。在这些要素中，受到心理学和神经科学共同关注，且研究进展最大的要素是快乐。科学家认为，快乐对幸福至关重要，是我们幸福感的核心要素，同时也是神经科学研究能够发挥专长的领域。质言之，"快乐及其基础为我们理解幸福提供了一线机会"[①]。在心理学中，快乐一贯被看作是一种情绪。弗洛伊德和威廉·詹姆斯都曾从消极情绪角度说明快乐与幸福之间的关系，他们把情绪都看作是一种感受和经验。情绪神经科学对情绪概念做了新的界定，即将其分成两个部分：一部分是情绪状态，它在行为、生理和神经方面具有客观的影响；另一部分是有意识的情感感受，即情绪的主观经验。这种区分的好处在于，既能使有意识经验在快乐经验中发挥作用，又可以避免快乐反应的情感本质仅仅被看作是一种有意识的感受。情绪的神经科学研究关注的就是有意识感受之外的那种作为情绪状态的快乐。当前，神经科学在确定快乐反应的客观特性及揭示其潜在的大脑基质等方面取得了实质性进展。这主要体现在三个方面。

一是从进化角度说明快乐和幸福的功能作用。科学对幸福的研究是从情绪开始的。达尔文在《物种起源》中就曾分析过情绪和情感表达在进化中的功能作用，并将之看作是对环境的适应性反应。近十年的神经生物学研究主张，快乐和不快乐反应是所有哺乳动物的行为和大脑中占支配地位的情感反应，而且它们具有非常重要的进化功能，比如，积极情绪在学习和认知中具有重要作用。[②]

换言之，快乐作为一种由进化而获得的心理状态，是人和其他一些生物身上所具有的同源物。就进化而言，快乐心态的产生是动物在长期进化中对自己生存和繁殖行为所进行的一种奖赏。正是人能够有意识地感受快乐，以及比快乐更高级、更复杂的幸福，人类才在进化中获得了其他物种所不具备的优势，比如有意识地进行计划、选择和行动的能力。照此观点，追求快乐和幸福就是人的全部有意识行为的终极原因，而不是这些行为所附加的一个无关紧要的结果。

二是在大脑中寻找幸福的"中心区域"。早在 20 世纪 50 年代，生理学家就试图通过在动物大脑中植入电极来发现大脑中的"快乐控制中心"和"快乐化学

---

① Kringelbach M L, Berridge K C. "The neuroscience of happiness and pleasure". *Social Research*, 2010, 77(2): 659-678.
② Kringelbach M L, Berridge K C. "The neuroscience of happiness and pleasure". *Social Research*, 2010, 77(2): 479-487.

物质"。这些研究发现，对动物大脑中特定区域的电流刺激会让动物"乐此不疲"。此后科学家一直试图在人和动物的大脑中找到快乐和幸福的"中心区域"。当前，神经科学利用芯片技术和大脑扫描技术发现，人的大脑皮层和大脑深处都具有与快乐机制有关的神经回路。比如，在大脑特定区域植入电子芯片，通过芯片放电刺激该区域，人就会产生类似于由美食或者性所带来的快感。对处在积极情绪状态中的人的大脑扫描则发现，其大脑左前额叶皮层在扫描下会呈现明亮的颜色，而且其中一部分受试者的大脑的前额叶皮层不但颜色更亮，而且其发亮的区域也比其他人更靠左。人们对于这些成果是否能够证明神经科学已经找到了对幸福进行判定和比较的"终极证据"，存在很大争论，但它至少证明了大脑中确实存在一些区域与快乐具有密切关系。

　　三是从神经层面说明幸福的实现机制。对快乐的神经解剖学研究证明，食物、性欲等带来的基本快乐（fundamental pleasure）和艺术、音乐等带来的高阶快乐（higher-order pleasure）所涉及的大脑神经回路完全重叠，所以至少是对这些基本的感官快乐而言，大脑层面的实现机制并无不同。换言之，不同的快乐是由同样的大脑机制实现的。一方面，这说明快乐反应具有不同于一般认知活动的、专门的大脑机制，因此不能被看作是其他大脑活动和心理活动的副现象；另一方面，科学家推断，基本快乐与高阶快乐之间的关系模式可以为理解快乐与幸福的关系提供借鉴，因为快乐与幸福之间同样存在由低到高的阶次关系。快乐的神经解剖学已经认识到，快乐反应是由"喜欢""欲望""学习"等许多不同的、低阶神经结构构成的。快乐同样是幸福的构成要素之一。所以，"神经重合可能提供了从最易理解的基本快乐出发进行推论的一种方法，并因此暗示着可能对幸福起作用的更高层次的大脑原则"[①]。科学家由此认为，无论快乐还是幸福都能够在神经科学的框架内得到说明，因为两者在神经实现机制上具有类似性。

　　心理学和神经科学在进行具体研究的同时，也从总体上对自己所进行的工作进行了反思和评价，而且从难易程度上对当今幸福科学所关注的问题进行了划分，指出了幸福科学研究的"困难问题"。神经科学家、心理学家克林格尔巴赫（Kringelbach）认为，幸福科学的容易问题，是那些能够被测量和统计的问题。

---

① Kringelbach M L, Berridge K C. "The neuroscience of happiness and pleasure". *Social Research*, 2010, 77(2): 479-487.

比如，对以主观报告形式出现的幸福的测量问题，现实世界中幸福心态的分布问题，以及生活因素对幸福的影响问题。"困难问题"则表现在两个方面：一是幸福的主观经验的本质问题。它是指人在获得幸福时总会随之而产生特定的质的感受和体验。神经科学的快乐研究主要是对情绪的大脑状态的研究，很少涉及情绪的主观经验。但是这两种研究显然不能相互替代。比如，神经生物学虽然在大脑层面上证明了人和动物都能够具有快乐状态，但是人所具有的对快乐状态的经验和感受显然是独特的，动物不可能具备。甚至只要有意识存在，就会产生对幸福的有意识的经验，其他人和动物不具有我的意识，显然也就不具有我对快乐的意识经验。这就使幸福科学研究遭遇到这样一些问题：人的快乐和动物的快乐究竟是否相同？离开了感受和经验是否还有快乐？幸福能否是无意识的？幸福是否同样具有进化功能？二是享乐型的幸福和实现型的幸福之间的关系问题。当前的幸福科学主要集中于对"大脑的享乐学"（brain hedonics）即享乐型的幸福的研究，而对于实现型的幸福的理解非常有限，特别是对这种幸福的功能性神经结构的认识难以取得实质进展。享乐型的幸福被认为是与快乐这种情绪直接相关的，而实现型的幸福要复杂得多，除了情绪之外通常认为它还会涉及道德、潜能、自我实现以及意义等因素。神经科学从快乐入手去研究幸福，视快乐为所有类型的幸福的核心要素，这样它就面临下述的一些问题：快乐与人的潜能的实现如何相互作用产生幸福？快乐和幸福以何种方式相关？幸福能否被客观的生理学或其他技术所测量？

幸福科学研究所依据的幸福概念是由心理学所提供的，但是心理学对幸福概念的理解和分类并不能满足幸福科学研究的需要。事实上，幸福本身是一个含义模糊的前理论概念，而不是一个适合科学研究的技术术语。用心灵哲学的话讲，幸福是一个典型的"民间心理学"概念。民间心理学不是心理学的一个分支，而是人们在对他人进行心理解释和行为预测时普遍利用的一种常识化的心理知识和资源。民间心理学的一个典型特征是前科学性。当前由自然主义所主导的心灵哲学研究的一项主要任务就是反思和批判民间心理学。但是，心理学的幸福研究不仅对幸福本身的理解和分类没有脱离民间心理学的框架，而且一些跨文化心理学研究的目的就在于调查、梳理和呈现幸福的民间理论。[①]质言之，心理学缺乏

---

① Pflug J. "Folk theories of happiness: a cross-cultural comparison of conceptions of happiness in Germany and South Africa". *Social Indicators Research*, 2009, 92(3): 551-563.

对幸福这个民间心理学概念的严肃分析,把一个前科学的概念几乎原封不动地引入科学的研究当中。正如希布伦(Haybron)所说的:"科学自然主义对幸福并不管用,因为对于经验研究来说,幸福这个前科学概念定义模糊而且心理学成分太多。"[1]此外,心理学通常用以解释幸福的基础概念,比如快乐,同样是有待澄清的民间心理学概念。而用一个民间心理学概念去解释另一个民间心理学概念,正是前科学时代的心灵解释的特征。所以,即便能够认为快乐是幸福的核心要素,但如果快乐本身是一个比幸福更加神秘难解的概念,那么基于快乐对幸福所做的解释也是毫无意义的。

幸福科学所依据的幸福的分类同样存在问题,而且这为其"困难问题"的解答增加了难度。把幸福分为享乐型和实现型是西方传统中占主导地位的幸福分类,但是这种分类却并不能满足幸福科学研究的需要。幸福科学假定,这两类幸福理论的共通之处在于,它们都具有快乐这一核心构成要素。以此为基础,神经科学就能够建立沟通两类幸福的桥梁。但是,实现型的幸福是否要以快乐作为核心要素是存在争议的。就享乐型的幸福而言,幸福主要是一种以快乐为标志的心理状态,但是实现型的幸福并不只是一种心理状态。对实现型幸福的理解源自亚里士多德,但把亚里士多德所用的 eudaimonia 一词不加区别地译作"幸福"是一种长期存在的误解。幸福在英语中通常指的是一种主观的心理状态,而亚里士多德的 eudaimonia 一词并不单指这样一种状态,所以不能把一种特殊的心理状态看作是 eudaimonia 的核心要素。[2]享乐型的幸福和实现型的幸福都能让人产生幸福感,但幸福感并不能等同于快乐。对于很多东方传统而言,幸福所追求的心理状态不是快乐或者积极情绪,而是表现为一种稳定和持久的平静与满足。在西方,将幸福问题带入心理学研究的威廉·詹姆斯也否认快乐等积极情绪与幸福之间具有必然联系。他说:"幸福不是积极情绪,而只是摆脱我们通常所具有的大量制约感而产生的一种消极状态。当这些制约感被消除时,所得到的这种平静及平静的对比就是幸福。"[3]相反,通常被归属于实现型的幸福的那些独特的心理状态,如人的潜能的实现状态,却没有被幸福科学注意到。所以,把快乐作为幸福的核

---

[1] Haybron D. "What do we want from a theory of happiness?". *Metaphilosophy*, 2003, 34(3): 305-329.
[2] Robinson D N. *Aristotle's Psychology*. New York: Columbia University Press, 1999: 56.
[3] James W. "To Miss France R. Morse. Nanheim, July 10. 1901." In James(Ed.). *Letters of William James*. Boston: Atlantic Monthly Press, 1920.

心构成要素，并试图在大脑层面解答两类幸福之间的关系问题，就成为一个名副其实的"困难问题"。

幸福科学研究的问题还在于其背后隐含着一个错误的自然主义原则，即科学自然主义。科学自然主义是在解释世界时采取的一种强科学主义立场，其源头可追溯至 20 世纪初逻辑实证主义对科学的过度迷信。比如，以石里克为代表人物的情感主义伦理学就认为，包括幸福在内的所有伦理学问题都应该被当作是心理学的一个组成部分。在科学自然主义看来，一切值得言说的东西，都能用科学的语言加以言说，幸福亦不例外。幸福是一种自然现象，其本质应该由科学来揭示，即"应该由关于幸福的最佳科学理论来决定幸福是什么"[1]。照此观点，关于幸福的一切理论都能在自然科学中找到根据，无论是享乐型的幸福还是实现型的幸福最终都能用科学语言予以说明。在历史上，摩尔和胡塞尔就曾分别以分析哲学和现象学的方法对伦理学研究中存在的这种"自然主义的谬误"进行过批判。在当代，弗拉纳根则从心灵哲学角度重新阐释了幸福科学研究所存在的"谬误"。他认为，在幸福科学研究中，科学自然主义表现为两个基本的形而上学假定：一是同一论假定，二是神经相关性假定。同一论假定认为，所有的心理状态事实上都是大脑状态。我们可以以第一人称或者现象学的方式进入我们心灵的表层结构，这时我们会获得独特的主观经验，比如幸福状态在我们看起来或者感觉起来是什么样子的。但是，第一人称进入的方式，不能把握我们心理状态的深层神经结构，只有非个人的、第三人称的或者技术性的方式才可以，这就是神经科学的工作。同一论认为，完整的神经科学描述能够揭示幸福状态的所有细节，包括其原因、内容、主观特性等。神经相关性假定认为，每一个心理状态都有独特的神经关联物，每一个经验所具有的主观属性都可以还原成这个经验的神经基础。正如神经科学家科赫（Koch）所认为的：任何心理事件和它的神经关联物之间必定有一种明确的对应性。[2] 弗拉纳根认为，现在即便不能断言这两种假定都是错误的，但至少可以肯定，它们无法胜任像幸福这样复杂的心理状态的解释工作。尽管对于心理状态在大脑上的实现方式存在争论，但可以肯定的是，每一个经验都

---

[1] Daniel M. "What do we want from a theory of happiness?". *Metaphilosophy*, 2003, 34 (3): 305-329.
[2] 科赫：《意识探秘：意识的神经生物学研究》，顾凡及、侯晓迪译，上海科学技术出版社 2012 年版，第 69 页。

第三章 从比较研究看心灵哲学的描述—规范问题

与大脑状态有关。在此意义上，大脑中的客观事态就是有意识的心理事件。但是，大脑中的客观事态对于产生第一人称经验即现象性而言，又是独一无二的。换言之，如果有客观的事态发生，第一人称经验就会发生。如果有第一人称经验发生，相应的客观事态就会发生。有意识的心理事件与自然界的其他物品相比，具有一个显著差异。那就是，有意识心理事件的本质，尽管是完全自然的、客观的事态，但也具有主观经验的部分。有意识生物身上的客观事态会产生专属于该生物的主观经验。对此经验的完全的第三人称的神经描述并不能把握这个经验是什么样子的。换言之，第三人称事态是第一人称经验的实现者，但第一人称经验只能为具有该经验的主体所把握。从因果解释角度也能说明第一人称经验的独特性。如果一个心理事件具有因果作用，那么，最好的解释就是这个心理事件是神经事件。所有心理事件都是大脑事件，或者至少是身体事件，而且经验的主观特性要根据神经系统与主体相联系的方式来解释。为了获得经验，每一个个体都会以独特而又恰当的神经物理学方式与其经验联系在一起。因此，第一人称视角和第三人称视角会分别把握同一个真实现象的不同方面。比如，水是H_2O，这就是对于水是什么的一种第三人称观点。水本身作为完全客观的东西没有自己的视角。但人对于自己的存在和本质具有主观的视角。人的本质虽然是事物的真实的物理构造的一部分，但却并不能被客观的视角全部描述出来，因此主观的视角必不可少。

事实上，幸福科学研究所关注的"幸福主观经验的本质问题"这一所谓的困难问题，在心灵哲学中很早就以"感受性质"（qualia）、"主观经验的质"等形式表现出来，并获得了非常充分的讨论。虽然围绕这些问题的争论仍在继续，但是可以肯定的一点是，由第一人称方式获得的这种主观的经验性质，既难以取消，也不能同一于或者还原为大脑事件。神经科学是认识心灵的重要工具，但并不是唯一的工具。第一人称视角是我们认识心灵的永远不可替代的工具。这意味着，"科学地解释一切心理现象"并不等同于"用科学去解释一切心理现象"。前者体现的是哲学自然主义的原则，后者则是唯科学主义的独断论。在自然主义立场上说明幸福，并不意味着仅仅依靠自然科学的语言就能够描述幸福的特性。幸福的科学研究不能替代对幸福的自然化说明。

在自然主义立场上说明幸福，将幸福自然化，是当前心灵哲学研究的一项重要工作。但是，在幸福真正成为神经科学的研究对象之前，幸福的哲学自然化研究一直缺乏可信的经验参照。因为在此之前，人们对幸福的所有认识都来源于第一人称的现象学报告。神经科学的幸福研究为我们提供了一种认识幸福的新的维度，使我们能从心和脑两个层面对幸福进行科学描述。因此，弗拉纳根认为，在当前，真正将幸福自然化、建立自然主义的"幸福学"的时机已经成熟。"幸福学"就其性质而言，既是系统的哲学理论，同时又与自然科学相通，既是规范性的，又以经验作为基础。因此，幸福学所提供的关于幸福的知识具有客观的参照，与以往的以形而上学为基础的幸福知识存在根本差异。幸福的经验科学研究能够揭示我们追求幸福的生物学基础，但是并不能告诉我们幸福对于处在生活世界中的人来说究竟是什么。所以，幸福不能是某一个学科的专有研究领域，而是一个公共领域。对幸福学的研究需要包括心理学、神经科学、哲学等在内的诸多学科的共同参与。

以往人们对幸福和快乐所进行的研究，主要证据都来自对主体行为的观察和主体自身的第一人称现象学报告。直到进入 21 世纪，心理学家和神经科学家才开始利用情感神经科学和积极心理学来研究积极情绪、积极心态的社会和心理学基础，以及它们与快乐之间的关系。这种研究的目的是要在经验上证明什么样的生活方式能够产生真正的幸福和快乐，换言之也就是要研究幸福的原因和条件。弗拉纳根认为，这两种研究方法各有所长，对幸福的心灵哲学研究应当把这两种研究方法结合起来，在自然主义的基础上揭示幸福的原因、构成、本质和存在方式。他把这样的研究称作幸福学。

弗拉纳根认为，能够与"幸福学"研究相适应的研究方法是他自己所谓的"神经现象学"的研究方法。神经现象学是解释心—脑活动的一种策略，它首先需要收集主体的第一人称现象学报告，然后再利用我们当前神经科学和认知心理学所拥有的知识和工具来确定大脑如何处理主体所报告的经验。对幸福学研究而言，神经现象学就是要在主体报告自己的幸福体验的同时去观察主体的大脑中发生了什么。这种研究在以前是不可想象的，但是当前脑科学研究的发展已经使神经现象学的研究方法成为可能。比如，功能性磁共振成像（fMRI）技术能够证明，大脑的左前额叶皮层与人的积极情绪之间存在显著关联。所以，弗拉纳根认为，不仅对于幸福，而且对于人类的所有心理现象而言，神经现象学都是我们当前能够选择的最好的研究方法。我们在研究有意识的心灵时，必须始终利用两种探测器。一方面，主观的或者现象学的方法可以收集第一人称信息，这些信息是关于一个经验看起来是什么样子的。我们个人可以知道并报告我们处在什么心理状态（如相信、怀疑、快乐等）当中，以及这种心理状态的内容是什么。另一方面，从客观角度看，主体的感受状态与大脑活动之间具有一定的联系。但是，弗拉纳根也承认，受到科学技术水平的限制，当前的技术手段还不足以研究第一人称报告所揭示的心理内容和原因。比如，我相信[p]，我期待[q]，我很高兴[r]。在这里，[p]、[q]、[r]都是心理状态的命题内容，但是当前并没有任何技术可以把这些内容区别开。同样，当前也没有任何技术可以揭示大脑快乐的内容是什么。所以，心理内容和心理因果性问题是当前脑科学研究面临的最大难题。

利用神经现象学的方法研究幸福有一些前提性的问题需要解决，而对这些问题的解决最能体现哲学的价值。这些问题表现为：幸福的存在方式是什么？它是一般的、普遍的还是特殊的、个别的？幸福与心灵和大脑的关系是什么？是否幸福所涉及的所有状态都"在头脑之中"？导致幸福和快乐的关键因素是什么？

幸福学研究的首要工作是对幸福概念的梳理和分类。弗拉纳根按照"幸福"一词的用法，把所有的幸福理论分为规范的和描述的两种类型（对幸福的这种分类并非心灵哲学的首创，斯马特在其《一种功利主义伦理学体系概论》中就指出，"幸福"一词主要是描述性的，但同时也是评价性的）。在规范的意义上使用"幸福"一词，主要涉及对人的生活状态的判断和评价，它旨在说明幸福应该是什么，即什么样的德行、价值、目标和实践是好的、对的。在此意义上，"幸福"被看作是"美好"、"美满"或者"道德"的同义词，说一个人生活幸福，就是对他的生活状态做出"美好""道德"之类的价值评价。在描述的意义上使用"幸福"一词，主要涉及对人的特定心理状态的描述，它旨在确定、描述、解释和预测幸福的原因、条件、构成和结果。在此意义上说一个人幸福，不是对这个人进行评价，而是对这个人所具有的特定的情绪、感觉、态度等心理状态进行描述。说一个人幸福，就是说这个人处在某种特殊的心理状态当中。幸福的规范意义涉及的是幸福的标准性问题，而幸福的描述意义涉及的则是幸福的心理标志性问题。

规范意义上的幸福具有多义性。一切幸福理论都涉及对幸福的规范的理解，有多少种不同的幸福理论，就有多少种关于幸福的规范意义。在规范意义上，不存在一般的、普遍意义的幸福，也不存在最佳的幸福理论。规范意义的幸福，实即人们对幸福得以实现的基础和条件的理解和规定,这种理解和规定受到文化传统、社会环境、经济水平等诸多因素的制约,这决定了幸福的规范意义不可能具有绝对的统一性和普适性。所以,幸福的规范意义是由对幸福的众多不同理解和规定所共同构成的一个意义的集合。质言之,规范的幸福={快乐,道德,欲望满足,积极情绪,生活富裕,人生意义……}。幸福的多义性决定了我们不能笼统地、不加区别地谈论幸福,研究幸福首先要区分不同理论和文化传统中的幸福观念,指明每个人在使用"幸福"一词时究竟意指什么。弗拉纳根认为,我们在幸福研究中,应该为幸福和快乐之类的词加上注脚或者上标,以区别它们在不同使用者那里所具有的不同意义。比如,幸福孔子和幸福伊壁鸠鲁。弗拉纳根说:"只要幸福这个概念不是以一种理论具体的方式被提出来,那么,最好的建议就是不要再讨论这个概念,至少不要在哲学和科学语境中使用幸福这个日常用语。"[1]

描述意义的"幸福"同样具有多义性,其意义是由规范意义的幸福在心理上的实现方式所决定的。比如,对于幸福伊壁鸠鲁而言,幸福感的产生有赖于"身体健康和心灵宁静"这两个条件的真实在场。描述意义上的幸福,不存在对幸福的价值评判,但是在规范的意义上,却存在对幸福的心理描述。在描述的意义上,说幸福生活是好生活,这是有歧义的,因为这样说就意味着把心理状态看作是生活好坏的唯一评价标准。人的现实生活状态如何,并不完全由心理状态决定。自以为的幸福生活,不一定就是好的生活。但是,无论基于对幸福的何种规范,当一个人实际上获得了某种规范意义上的幸福时,就必然会在心理上产生对幸福的感受和信念。所以,幸福的心理状态的呈现,可以不要求规范意义上的幸福状态同时出现,但是,在规范意义上处于幸福状态的人,必然要呈现出幸福的心理状态。幸福生活一定会有心理状态上的标志和体现,不存在没有任何心理表现的纯粹客观意义上的幸福。

幸福学对规范性与描述性之间关系的理解,是对自休谟以来所形成的、具有深远影响的是与应该区别的一次辩证。人们通常认为,休谟对是与应该的区分断然割裂了事实与价值之间的关系,或者至少是反映了经验事实与规范的幸福研究、伦理研究之间毫不相干。但帕特里夏·丘奇兰德、弗拉纳根等人都对此提出

---

[1] Flanagan O. *The Bodhisattva's Brain: Buddhism Naturalized.* Cambridge: The MIT Press, 2011: 57.

第三章 从比较研究看心灵哲学的描述—规范问题

了质疑。帕特里夏·丘奇兰德认为，人们长久以来对道德知识与事实知识的割裂，源自人们没有关于道德知识的"感官"，这就导致了关于道德知识的认识论问题，以及与之相对的本体论问题。对于经验陈述而言，人们可以找到与该陈述相对应的事实或者属性的客观构造。但对于有关道德真理的客观陈述而言，如"幸福生活应该是有道德的生活"，人们似乎找不到与之相对应的客观构造。因此，是与应该、事实与价值、描述性与规范性长久以来都是被割裂的。造成这种割裂的原因有两点：一是我们对道德知识长期具有的非认知的和怀疑主义的说明；二是人们长久以来都想把道德真理的基础置于抽象的一般原则之上，而这些原则根据的只是种种理由而非经验事实。帕特里夏·丘奇兰德认为，事实上我们具有理解和认知道德事实的器官，那就是大脑。[1]弗拉纳根则认为，休谟对是与应该的区分强调的是，道德主张，严格而论，在逻辑上并不是从关于世界如何存在的那些主张中推论出来的。这里的推论是指仅仅依靠演绎逻辑来进行。所以，休谟并不是认为经验事实与道德研究无关，而只是说经验事实就其本身而言并不足以得出规范性的结论。事实上，休谟自己也是以人类情感的经验观察为基础发展出一套复杂的道德理论的。实际上，在历史上第一次把规范性和描述性统一起来对幸福进行说明的正是亚里士多德。亚里士多德所强调的 eudaimonia 既有与个人生活的情感和第一人称评价联系在一起的主观的构成要素，如自尊自重，同时也有客观的构成要素，它们通常涉及对情感和第一人称评价的保障，如成为一个好朋友、好公民等。所以，幸福的规范性涉及生活目标以及实现目标的方法的合理确定，而这种确定所要依据的知识是经验知识。关于幸福的描述性问题与规范性问题是一致的，前者是后者的经验基础。弗拉纳根称自己的这种为规范性问题寻找经验基础的立场为"温和的经验主义"。其基本观点体现在四个方面：其一，反对把道德研究看作科学的专有领域；其二，伦理学就其本质而言是一个公共领域；其三，经验科学研究能够解释道德的生物学基础；其四，科学研究并不能说明道德对于高度文明化的现代人和其原始祖先有何不同。

根据对规范性和描述性之间关系的这种认识，弗拉纳根认为幸福学研究应该把对幸福进行认定的两类主要证据统一起来。一类证据是基于观察者的对主体行

---

[1] Churchland P M. *A Neurocomputational Perspective: The Nature of Mind and the Structure of Science*. Cambridge: The MIT Press, 1989: 303.

为的观察，另一类证据是基于主体自身的第一人称现象学报告。这两类证据各有所长，对幸福的自然化研究应当把两者结合起来，由此所产生的研究方法就是所谓的"神经现象学"的研究方法。

第三节　中国心灵哲学研究中的规范性与描述性

与西方心灵哲学相比，中国心灵哲学偏重于对规范性问题的关注，这表现为中国哲学对人心有不同于西方的独特阐发。人生境界、道德修养等规范性问题是中国心灵哲学关注的重心，在此意义上，我们也可以称中国心灵哲学为规范性的心灵哲学，称西方心灵哲学为描述性的心灵哲学。当然，这一方面只是就它们双方的偏重而言的，并非是说它们只涉及其中一个方面；另一方面是由于东西方哲学对自己所承担的"专业分工"似乎有一定的自觉认识，尤其是西方哲学近代以来在传统上似乎认为把规范性的东西与描述性的东西混为一谈是不可取的，尼采讽刺康德的道德哲学是来自"哥尼斯堡的中国学问"就是基于此种立场，休谟对是与应该的区分更是强化了这一观念。此外，规范性与描述性的关系问题能够在西方哲学的语境下明确呈现出来绝非偶然，除了西方哲学自身注重概念的明晰性、推理的缜密性等特点以外，在自然与人为、科学与伦理、实然与应然等方面广泛存在的二元对立也是有重要关系的。在面对规范性与描述性的关系问题时，西方心灵哲学的难题在于描述性（如命题、实在）何以能够推导出规范性（如道德），如果这个推导不能够完成的话，规范性的东西就要另外去寻找一个安立的基础。所以，西方哲学的路径是从描述性出发，在此基础上为规范的东西寻求解释。或者说，描述性、求真性的研究正是西方心灵哲学所专注的领域，因此一旦发现规范性的心理现象，它就努力尝试在两者之间搭建起一座桥梁，让它所理解的心灵概念能够消化规范性的心理现象。这种将规范性和描述性统一起来的要求，也体现在一些哲学家试图建立统一的能够涵盖自然科学和人文社会科学的大科学理论的努力当中。就心灵哲学而言，自然主义和自然化是哲学家搭建规范性心理现象与描述性心理现象之间桥梁的主要手段。

中国心灵哲学的情况则与西方有所不同。中国哲学的关注重心在规范性问题，而且西方哲学意义上的这种规范性与描述性的二元对立，在中国哲学中是不存在的。规范的东西就是自然的东西，规范性和描述性可以作为同一事物的不同属性体现出来。事实与价值的二元对立甚至在整个东方哲学的观念中并没有清楚地呈现。佛教唯识宗五位百法的划分中，心所有法本身就具有善、恶、无记等伦理价值的成分，它们本身就是与心相应共生而为心所有的，并不与其他的心理活动相对立。葛瑞汉（Graham）在分析道家之自然观念时也指出，中国道家是没有二元对立的思维方式的。他说："现在一切很清楚了，从西方观点来看，道家的有些看法非常奇怪。我们已经习惯用二分法来思考；或者作为一个理性者，我让自己和本性（nature）分离，研究客观事物，做出自己的选择，抵制自己像动物一样按照本能（physical force）行事；或者我赞赏浪漫主义的自发性观念，按照行动、激情和主观性的想象肆意行事。在道家那里，这一二分法并不适用。他该保持在本性之中，像动物一样自发地活动。"[1]儒家哲学更是把道德修养之类的规范性看成是"天经地义"的东西，甚至这种规范本身就是源自天，而授之于人的。就道德而言，有道才有德，得道就是道德。个人的德行与天地间的道是不可分的。有一种观点认为，就是与应该的问题来说，中国哲学中的应该已经内含在是当中了。[2]所以，中国哲学的任务主要是把本然一体的规范性和描述性剥离开来。

中国哲学的上述这些特性，已经有很多论者以不同的方式做出了说明。首先，中国哲学在描述上不但存在规范性和描述性问题，而且可以与西方哲学的此类问题相对照。纽因（Nuyen）在将塞尔哲学与中国哲学做比较时指出，中国儒家哲学比塞尔更早地关注到从"是"中推出"应该"的问题，当然也正是由于塞尔"我们才能认识到，儒家一直都说'应该'是从'是'中而来的"[3]。他利用塞尔的方法对儒家哲学中是与应该的关系进行了分析。换言之，中国哲学中有丰富的关于规范性与描述性关系的研究资源，但这些资源只有在与西方哲学的对照中才能够被挖掘出来。其次，中国哲学对规范性与描述性关系的说明，既具有与西方类

---

[1] 葛瑞汉：《道家的自然与"是"、"应该"二分法》，刘思禾译，《诸子学刊》2013年第1期，第81页。
[2] Liu J L. "The is-ought correlation in neo-confucian qi-realism: how normative facts exist in natural states of qi". *Contemporary Chinese Thought*, 2011, 43(1): 60-77.
[3] Nuyen A T. "Confucianism and the is-ought question". In Bo Mou(Ed.). *Searle's Philosophy and Chinese Philosophy.* Leiden: Brill, 2008.

似之处，又有中国哲学的独特个性，这体现在中国哲学对自然主义的理解，对描述性所要"描述"的对象认知和选择，以及中国哲学对规范性本身的理解和认知等方面。中国哲学同样具有利用自然主义策略为规范性的东西提供基础说明的传统，但中国哲学中的自然主义主要是通过一种可以被称为"气自然主义"的东西体现出来的。"气论""气实在论""气一元论"等都是这种气自然主义的通常的表述方式。刘纪璐分析了以明代新儒家罗钦顺、王廷相和王夫之为代表的气实在论，并对中国哲学中是与应该的关系进行了辨析。她认为，对中国哲学而言，主要的问题是"规范的事实何以能够存在于气这种自然状态当中"[①]。所谓规范的事实就是与规范陈述相对应的那些事态，而"规范的"一词的意思，就是遵守或者构成某种评价或者价值的标准。由此，她认为有两种规范的陈述要重点加以说明，一是诸如"P 是好的"这样的价值性陈述，二是诸如"正应该是 P"这样的规定性陈述。对于新儒家的气实在论（qi-realism）而言，存在一些规范性陈述，它们或者与关于世界所是之方式的描述性陈述相同，或者能够从这后一种陈述中产生出来。因此，规范性和价值如何从世界所是之方式中产生出来，就是她关注的重点问题。她分别从理气关系的角度和道与天地人关系的角度，分析了上述两种规范事实从气中的产生。质言之，对气的描述就是中国哲学为规范性提供说明的一种方式。

气是中国心灵哲学中的自然主义所诉诸的最主要的资源。中国哲学对气的理解一开始就具有自然主义的性质。在孟子以前，如在《诗经》和《尚书》当中，并没有将气视作人与自然之基础的意思，《孟子》中"浩然之气""平旦之气""夜气"的提法对气的理解可视作中国哲学气自然主义的开端。此后"气"这一概念不断获得新的赋义，从"元气""自然之气"到"有无之气"，再到儒释道对气的不同解释，乃至把气与理、心、良知等中国哲学的重要范畴相提并论，气的含义虽然丰富多变，围绕气而成的理论虽然既有一元论又有多元论，但是把气作为与自然紧密相关的一个范畴这一点始终是如一的。近代利玛窦等西方学者在最初接触中国哲学时，将中国哲学误解为纯粹的唯物论，其中对气的物质化的理解就是主要原因之一。事实上，气确实有与西方哲学的物质范畴相近似之处。冯

---

① Liu J L. "The is-ought correlation in neo-confucian qi-realism: how normative facts exist in natural states of qi". *Contemporary Chinese Thought*, 2011, 43(1): 60-77.

第三章　从比较研究看心灵哲学的描述—规范问题

友兰也将张横渠的理气概念与亚里士多德四因说中的形式与质料概念相对照。当前一些学者将气与西方哲学中的物质范畴对比后，主张气作为客观存在的实体，与西方哲学所说的物质之相似，是中西哲学范畴的异中之同。[1]质言之，中国哲学就是以气作为一个表示客观存在的概念的，这与西方哲学对物质概念的理解是一致的。

把气作为中国哲学自然主义的一项可资利用的资源，或者说承认气自然主义是自然主义的一种合法形式，涉及对自然主义本身的理解问题。因为按照一般的理解，西方心灵哲学中所谓的自然主义，在对心理现象进行解释和说明时，所诉诸的资源主要来自自然科学，特别是物理学。因此物质主义又是自然主义的最主要形式。但是，气自然主义所利用的气，并不是自然科学中一个现成的概念，甚至在西方一些持自然主义立场的哲学家看来，气本身就是一个民间心理学或者民间物理学的概念，气本身就是自然化的对象。那么这样一个概念如何能够作为一个自然主义的概念选项去解释和说明其他概念呢？笔者认为，对中国哲学气自然主义的这种质疑是合理的，但这种质疑却忽视了西方心灵哲学对自然主义概念的理解本身所存在的缺陷，那就是对自然主义所要诉诸的理论资源的关注压倒了对自然主义的方法和原则的关注。当今西方哲学中人人都乐于以自然主义者自居。[2]但究竟何为自然主义却众说纷纭。总的来说，西方心灵哲学为实现自己研究目标所采用的操作方法被称作"自然化"，也就是用自然主义相信和承诺的原则、方法和概念等去评判和说明那些尚未得到自然主义认可的、神秘的东西。但是自然主义这一概念在使用中被赋予了数十种不同的用法和含义，是一个具有歧义性的概念。正如美国哲学家卡茨所说的，自然主义在形态上似乎并没有一种同一的立场，而更像是各种具有自然主义倾向的本体论、认识论和方法论观点的大杂烩。按照弗拉纳根对自然主义发展历史和不同用法的梳理，"自然主义"一词最初在哲学上的使用可追溯至 17 世纪，后经休谟等人的使用而流行。为了进一步说明自然主义，弗拉纳根对超自然主义的特征进行了概括。他认为，超自然主义的特点主要表现在三个方面：①自然世界之外存在一个超自然的"存在"和"力量"；②这个超自然的"存在"和"力量"与自然世界具有因果关系；③任何已

---

[1] 张立文：《气》，中国人民大学出版社1990年版，第13页。
[2] Stalnaker R C. *Inquiry*. Cambridge: The MIT Press, 1984: 121.

知的和可信的认识方法都不可能发现或者推断出这个超自然"存在"及其因果关系的证据。所以，凡是具备上述这三个特征的都是超自然主义，也就是自然主义要反对和拒斥的对象。

按照上述对自然主义的核心意义和超自然主义特征的理解，弗拉纳根进而指出了进行自然主义研究应该注意的一些主要问题。一方面，所有的自然主义研究都共同面对一些一般性的问题。比如，自然主义是一种非常一般化的理论，无论"自然""自然法则""自然力量"还是"非自然""超自然""精神性"指的究竟是什么，都是不清楚的，仍有待进一步说明。而且把"反超自然主义"作为自然主义的核心意义，仅仅是从否定的角度说明自然主义，但是对自然主义应该还有更多正面的说明。另一方面，关于幸福、快乐的跨文化的自然主义研究中还存在一些特殊的问题。比如，东方宗教和文化对于幸福和快乐有非常丰富而独特的描述与研究，这些研究与西方当前的自然主义研究如何协调是一个必须解决的问题。弗拉纳根作为一个具有跨文化视野的自然主义者，认为当自然主义研究面对东方文化和宗教时，不能盲目地、不加区别地否定和反对。因为看似神秘的东方文化和宗教传统只要加以适当的自然化说明就能够在人生意义、幸福和快乐等诸多问题上被合理地理解和解释。而且东方的包括儒释道在内的一些文化传统本身就具有一定的反超自然主义的倾向，对这些文化传统进行全面的自然化研究是完全可能而且必要的。此外，进行跨文化的自然主义研究还应该注意把本体论的自然主义和方法论的自然主义区别开来。本体论的自然主义是一种强自然主义，它要求我们在判断"有什么东西存在"时，把超自然的实在排除在外。方法论的自然主义是一种弱的自然主义，它要求我们在解释世界时摒弃超自然的素材，但同时它对于人们相信什么东西存在并不做要求。弗拉纳根认为，方法论的自然主义是自然主义的最低限度，对宗教和东方传统文化的研究应当坚持方法论自然主义的原则，但对于本体论的自然主义则不必要求。这是因为，一方面，我们实际上并没有任何知识能够使我们断言世界上有什么、没有什么，本体论的自然主义和超自然主义同样是本体论上的帝国主义；另一方面，即便是不坚持本体论的自然主义，仍然可以在方法论上坚持自然主义。

由以上对西方心灵哲学的自然主义的分析，笔者认为对自然主义应形成如下原则性的看法，这些看法是气自然主义能够具有合法性的基础。第一，对自然主

第三章 从比较研究看心灵哲学的描述—规范问题

义的理解无论在东西方哲学任何一方的发展历史中都不是铁板一块,自然主义是一个随着人的认知水平,特别是对自然本身的认识的变化而内涵不断丰富的范畴。中国传统哲学用气作为自然主义的理论资源,产生出独具特色的气自然主义,并不是说中国哲学对自然主义的理解迥然有异于西方,而是说气就是中国哲学在自然主义的探索中所能利用到的最优质的资源。第二,自然主义在原则上是要"向超自然说不",对自然主义的这种原则上的规定应该是自然主义的本质规定性。现代西方心灵哲学在实际操作过程中,确实从自然科学中借鉴了大量有益的营养,自然科学的每一次进步,都能使自然主义者看到理论扩张的机遇和前景,甚至由此所引发的各种所谓哲学转向的呼声不绝于耳,但是我们能够用自然主义所要利用的资源来为自然主义本身赋义吗?当然不能!制造杯子所使用的材料,并不能成为杯子的意义,你当然可以说纸杯子、玻璃杯子或者陶瓷杯子,但是,我们选用何种资源来制造杯子,并不应该给杯子本身的规定性带来改变。因此,物理主义、信息论的自然主义、生物学自然主义、神经自然主义都只能是自然主义因诉诸的资源不同而采用的不同形式,并不等同于自然主义本身。事实上,西方自然主义在最近的发展中有不断弱化的趋势,这正是对自然主义所诉诸的自然科学资源在解释中所遭遇的困境的一种反思和应对。因此,我们有什么理由过分指责气自然主义所利用的气这一范畴呢?气确实不是现代西方自然主义所能接纳的一个自然主义资源的候选项,但这并不能表明气不能作为一个自然主义的资源选项。第三,气自然主义对气的独特属性的理解不仅使气自然主义能与西方心灵哲学自然主义相对照,而且使之具有一些西方自然主义所不具备的解释力。气是一个具有极大包容性的范畴。气作为细微的以及具有普遍性、贯通性和基础性的东西充塞于宇宙之中,把自然、社会、人身和人心包容无遗[1],不但涵盖了物质现象而且涵盖了精神现象,不但与知、情、意有关,而且与道德规范、人生境界有关,是能够作为规范性与描述性之桥梁的东西。张横渠所谓"太虚即气",王廷相所谓"气为造化之宗枢",王夫之所谓"气为氤氲之本体",戴东原所谓"形而上下皆为气"都一步步体现出气最为基础的本体论实在的地位。第四,气在中国哲学中的实在性地位还通过它的因果作用力体现出来。按照金在权的说法,若

---

[1] 张立文:《气》,中国人民大学出版社1990年版,第16页。

为真实者必有因果力。新儒家所谓的气就是一个具有因果作用力的范畴。"在新儒家的气实在论中，气在下述意义上具有因果力：气既是所有事物的物质的原因，又对所有变化具有因果效力。"[①]在新儒家的理气论的内在矛盾中，形而上的理如何和形而下的气统一起来，是一个需要花费大力气说明的问题。在王夫之以前，罗钦顺、王廷相等人已经为理气论的自然主义说明打下了基础，王夫之则把这种说明更加完善化。王夫之认为，理气既然是两种最基本的存在，那么它们之间的关系问题就应是一个必须要解说的重点问题。他说："天地间，只是理与气。气载理而理以秩序乎气。"[②]他试图解决自朱熹以来的理气矛盾，把朱熹的理本体论转化成具有自然主义特征的气本体论。王夫之把气的聚散变化作为万物产生和消亡的原因，他说：气自行于天地之间以化生万物。

除了使用中国哲学自身的气自然主义为规范性提供说明之外，中国哲学中的规范性问题还有另外一种自然主义的说明方式，这种方式就是利用现代西方心灵哲学自然主义资源，对中国心灵哲学中的一些规范性和描述性关系进行发挥。众所周知，中国心灵哲学因对规范性问题的偏重，而为人心增添了很多价值和伦理要素，如孟子所谓"仁义礼智"心之四端，宋明心学所谓良知。但是，中国哲学对人心中这些东西的性质的理解与西方判然有别。按照西方哲学的分类，仁义、良知这些东西既然与伦理价值有关，当然就是术语纯粹规范性的东西，但是中国哲学的看法有所不同，中国哲学通常认为这些东西是人的心灵本就具有的，是性之所然。换言之，这些东西和人心中的理智、认知等能力一样，属于可以用描述性的语言传达的那一部分心灵。在中国哲学自己的视野中，这些东西本身就是心灵的基本属性，是不需要由其他东西作支撑和解释，而能够为别的规范提供解释的东西。换言之，中国心灵哲学的语境中，这些东西本身就属于描述性的范畴。比如，孟子就用人性善的理论为孔子所谓人要行仁的要求提供了解释。孔子只说了人要行仁，为仁由己，忠恕而已，对于行仁背后之原因没有说明，这样一来，行仁就是一种对人之行为规范的要求，仁在孔子那里是作为一个规范性范畴而存在的。但孟子则进一步解释了为什么每个人都要行仁。性是人生而即有的东西，

---

① Liu J L. "The is-ought correlation in neo-confucian qi-realism: how normative facts exist in natural states of qi". *Contemporary Chinese Thought*, 2011, 43(1): 60-77.
② 王夫之：《读四书大全说》。

从"性"之一字的造字上看，性最初只与生有关，说明它是与所有事物的自然状态相关的东西，后来性字从心从生，这表明，人之本性是禀天生资源而生且与心有密切关系的东西。"'性'并不是真的表示自然本身（这个概念和'自然'的产生之间需要巨大的心理距离），而是指每个存在的（本然）natura naturans，事实上是每个事物的（本然）natura naturans，而且当然不仅仅指人的自然天性，虽然儒家经常在这个意义上使用这个词，而且限定在后者的意义上。"①因此，我们在对中国心灵哲学的探讨中，将性作为求真性心灵哲学的一个部分，并分析了性与才、智、理、气、命的关系。在中国哲学中最早通过心性说阐明规范性与描述性之关系，且对后世有极大影响的是孟子。孟子认为性就是人心中本来具有的东西，是天然的，而非派生或者通过规范性解释添加上去的。孟子说："尽其心者，知其性也，知其性则知天。"②又说："君子所性，仁义理智根于心。"③这就说明了性与心与天之间的一致关系，性是天显现于人心的东西，因此，尽心即是知性，即是知天。孟子说："恻隐之心，仁之端也；羞恶之心，义之端也；辞让之心，礼之端也；是非之心，智之端也。"④仁义礼智这四端是人的本性中具有的东西，是不受外物的干扰就能自然彰显的东西，换句话说，恻隐、羞恶、恭敬、是非都是心中天赋的内容。用现代西方心灵哲学的话说，它们是基础的实在或者属性，是不能进一步被还原的心理现象，所以对四端的说明，就是孟子对人心的一种描述性说明，这种描述性的说明是人能够行仁即做出规范性的道德行为的自然基础。孟子所做的工作实际上就是在尝试寻找道德的心理学根源。

孟子所做的工作引起了现代西方心灵哲学一些研究者的共鸣。他们认为孟子对四端的说明可以为是与应该、事实与价值、描述性与规范性之间矛盾的化解提供帮助。⑤弗拉纳根等人所倡导的神经伦理学试图寻找人心中的道德模块，他们认为这些道德模块至少能够解释一部分道德心理的形成，在他们看来，孟子的所谓四端就是历史上最早的关于道德模块的说明。他们援引孟子的主张为道德模块

---

① 鲍吾刚：《中国人的幸福观》，严蓓雯、韩雪临、吴德祖译，江苏人民出版社2009年版，第37页。
② 《孟子》。
③ 《孟子》。
④ 《孟子》。
⑤ Flanagan O. *Moral Sprouts and Natural Teleologies: 21st Century Moral Psychology Meets Classical Chinese Philosophy.* Milwaukee: Marquette University Press, 2014: 12-14.

假说提供论证，并利用神经生物的成果说明了孟子四端说的合理性。他们对孟子四端说的这种说明并非是要利用现代科学成果，为其提供一个自然化的说明，而只是把孟子四端说看成道德模块假说的一个古代版本。道德模块的中国传统形式和美国现代形式，是可以相互印证的。弗拉纳根说："传统的道德之端理论家和现代的计算神经科学家一样，都认为我们伴随有复杂动态系统的结构和功能，这些负责结构和功能产生了道德。"[①]

第四节　规范性和描述性之关系及其与自然主义之前途

中西方心灵哲学都兼具求真性和价值性、理论性和实践性、内向性和外向性等内容，但侧重点不同。双方能够相互印证，相互补充。早在20世纪初，穆尔的《人生哲学之比较研究》一文就专门对东西方的伦理思想的特点进行了分析，他在强调东西方伦理思想应当相互补充的同时，强调了东方伦理思想具有多样性和复杂性的特征，但是东方所有伦理思想的一个共同的显著特点就是具有一元论倾向。中国人强调天地人一体，具有肉体生命的个人是家族、社会乃至天下的一员，个人的自我实现就是达到庄子所谓的"天地与我并生，万物与我为一"那样一种和谐状态。[②]无独有偶，成中英对新儒家道德伦理的解释则是一种宇宙学、生态学与伦理学的"三位一体论"。他认为，所有真实世界中的事物都是作为价值、为了价值、朝向价值而产生的，这也表示实现即真实，真实即价值，价值之为价值就在于它与人的心灵有着一层特殊关系，善既是自然的呈现，也是理解自然世界的基础。[③]我们对中西心灵哲学中规范性与描述性问题的梳理和挖掘也证明了这一点。中西心灵哲学都从一个侧面推进了我们对于人心的认识，它们双方对于规范性和描述性的偏重是因历史条件、文化传统等多种因素造成的对于人类心灵认识的一种自然分工。而今在比较心灵哲学研究深入发展的情境下，这种天然形成的自然分工又有了融合和互补的趋势。西方心灵哲学中新近出现的价值转

---

① Flanagan O. *Moral Sprouts and Natural Teleologies: 21st Century Moral Psychology Meets Classical Chinese Philosophy*. Milwaukee: Marquette University Press, 2014: 23-24.
② 王淼洋、范明生编：《东西方哲学比较研究》，上海教育出版社1994年版，第540页。
③ 成中英：《合外内之道：儒家哲学论》，中国社会科学出版社2001年版，第141页。

向就是此种趋势的一个表现，而中国和印度心灵哲学研究对西方心灵哲学的跟踪、引进以及自身心灵哲学资源的重新发现、梳理和挖掘，则是此种趋势的另一个表现。

西方幸福、道德等规范性问题在以前主要是伦理学和人生哲学关注的对象，与心灵哲学和科学的研究并无交集。但是最近几年，有关于此的研究却发生了一些令人意想不到的变化。比如，幸福就完成了自己作为研究对象的一次"变身"，成为科学和心灵哲学的研究对象。一方面，一些脑科学家、心理学家利用功能性磁共振成像技术等手段在人脑当中寻找幸福和快乐的神经关联物；另一方面，一些具有自然主义倾向的心灵哲学家也打破常规，把幸福作为一种特殊的心理现象进行自然化。对幸福的心灵哲学研究呈现出一些具有跨学科性质的、新的哲学问题：脑神经科学是否能够研究幸福？如果能的话，其限度何在？心灵哲学应该如何研究幸福？弗拉纳根是最早关注这些问题并进行深入探讨的哲学家。他之所以会关注这些问题，原因在于他对心灵哲学的元哲学问题的理解发生了根本性的改变。

在传统上，心灵哲学或者被看作是对心灵本质、心身关系等问题的求真性的哲学探究，或者被看作是对人们关于心灵的常识理论即民间心理学的哲学反思。弗拉纳根认为，传统的心灵哲学在操作上都表现出对心灵哲学元哲学问题的理解缺陷。因为传统的心灵哲学或者只是从求真性的维度研究了人类的一部分心理现象，或者只是对民间心理学的一部分内容进行了反思。比如，"幸福"和"快乐"是民间心理学中常见的概念，但是传统的心灵哲学却完全没有涉及。所以，传统的心灵哲学不是完整的心灵哲学，而只是"部分的心灵哲学"或者"求真性的心灵哲学"。为此，弗拉纳根试图重新建构心灵哲学，把心灵哲学改造成一种"全面的、完整的心灵哲学"。这种"全面的、完整的心灵哲学"应该关注所有的心理现象，既重视对心灵的求真性研究，又重视对心灵的价值性研究，而且要把这两种研究结合起来，使之相互促进。

弗拉纳根重构心灵哲学的工作实际上发起了一场心灵哲学的"转向"。在当代心灵哲学中，"转向"一词并不陌生。哲学家常用"转向"来强调自己的研究对心灵哲学未来发展所具有的价值，比如"生物学转向或目的论转向"[1]"信息

---

[1] MacDonald G. "Introduction: the biological 'turn'". In MacDonald C, MacDonald G(eds). *Philosophy of Psychology*. New York: Oxford University Press, 1995.

转向"①等。与以往的这些所谓的"转向"相比，弗拉纳根虽然没有直接使用"转向"一词，但他所做的工作却是一场真正意义上的心灵哲学转向。这表现在三个方面。

第一，幸福作为一种特殊的心理现象，打破了心灵哲学对心理现象的传统分类。按照心灵哲学对心理现象的理解，心理现象不外乎命题态度和现象性经验两大类型。前者是由特定态度（如信念、愿望）和命题内容所构成的心理状态，后者则是人们对自身心理过程和心理状态进行反观自照时所获得的质的感受和体验。两者虽然具有不同的特征，但却和物理现象、身体现象截然不同。幸福作为心理现象的特殊性表现在，它既是有内容的心理状态，又是人的感受和体验，因而兼有命题态度和现象性经验的特征。追求幸福是人类心理的中心特性之一，但传统的心灵哲学研究在对人类的心理现象进行分类时却完全遗忘了幸福。所以，如果感受性质能够被看作是心灵哲学研究最近所发现的"新大陆"的话，那么，我们就没有理由不去"重新发现"幸福和快乐这样显而易见的、重要的"新大陆"，并把它们作为心灵哲学研究的对象。

第二，弗拉纳根在对传统心灵哲学研究的主要问题进行梳理和评价的基础上，重新设定了心灵哲学的所谓"困难问题"。在心灵哲学研究中，人们往往根据所要解决的问题的难易程度，划分出所谓的"困难问题"和"简单问题"。比如，当前很多人把查尔莫斯所提出的"意识的困难问题"，即意识如何可能从物质性的人脑中产生出来这一问题，看作是心灵哲学的困难问题。弗拉纳根认为，人们对当前心灵哲学困难问题的判断有误，原因在于他们不了解当前脑科学、心理学等在心灵的科学研究中所取得的进展。他认为，心灵哲学中有一个比"意识的困难问题"更令人困惑的、更难回答的问题，那就是意义在物理世界中如何可能的问题。他所说的这个"意义"不同于传统心灵哲学所关注的主要是作为符号和表征的"语义"而存在的"意义"，而是集合了多重要素的一种意义被拓展了的"意义"。比如，幸福和快乐等与人生意义有关的问题也是他的意义研究的对象之一。而回答什么是幸福、快乐的人生，什么是有意义的人生这样的问题，就比回答意识的困难问题更困难。他说："不要说去回答这个真正困难的问题，只

---

① Adams F. "The informational turn in philosophy". *Minds and Machines*, 2003, 13(4): 471-501.

第三章 从比较研究看心灵哲学的描述—规范问题

是为了要把这个问题本身交代清楚,我们就必须拓展研究中所涉及的学科领域,不仅要把所有的心灵科学和进化生物学包括在内,而且要涉及东方和西方的哲学、政治学理论、宗教历史,以及当前所谓的积极心理学。"①

第三,弗拉纳根对幸福、快乐等价值性问题的研究特点在于,他把价值性研究和求真性研究结合起来,并主要从求真性的角度去研究传统上被看作是价值性研究所独有的问题。这主要表现在两个方面:一是他坚持在自然主义立场上说明幸福、快乐等价值性问题,因为心灵哲学对幸福的求真性研究主要就表现为"将幸福自然化"。"自然化"是自然主义的操作方法,其目的是要用自然主义相信和承诺的原则、方法等去评判和说明那些尚未得到自然主义认可的、神秘的东西。"幸福""快乐"等很多与心灵的价值性研究有关的概念都是具有歧义性的、有待澄清的民间心理学概念,因此它们是自然主义所要进行的自然化的对象。二是从哲学角度为价值性的概念寻找心理机制。弗拉纳根赞同安斯康姆的观点,认为离开了心灵哲学就不可能充分说明包括幸福、快乐和道德在内的一切价值性问题。因为只有心灵哲学的求真性的研究才能说明这些价值现象的内在心理机制。比如,他借用福多的心理模块性理论,提出了"道德模块性假说",用以说明道德产生的深层的心理原因。

弗拉纳根对幸福的自然化研究是在当前自然主义发展陷入困境的情况下,为自然主义注入的一针"强心剂"。对于当前心灵哲学中自然主义的发展,很多人都会做出这样并不乐观的评价:尽管自然主义的研究成绩斐然,自然化的方案层出不穷,但对于心灵的自然化并未因此获得实质性、突破性的进展。自然主义经过之前几十年的高速发展,现在似乎开始显得"后劲不足"了。自然主义用来将心灵自然化的几种主要的理论形态都陷入了困境。弗拉纳根对此也有清醒的认识。他反对取消论和同一论的立场,认为像幸福、快乐之类的概念虽然存在不足,但至少在当前仍然是不可缺少的。比如,经过适当的澄清和限定,这些概念就可以用来指明我们所要解释的是什么东西。同时,他也不赞同还原论的做法,因为像幸福这样的东西不可还原,但确实是存在的。

面对自然主义的这种困境,很多哲学家在对自然主义进行反思的同时,也为

---

① Flanagan O. *The Really Hard Problem: Meaning in a Material World.* Cambridge: The MIT Press, 2007: xii.

自然主义未来的发展"出谋划策"。由此也产生了各种形态的自然主义的变种，比如二元论的自然主义、宗教的自然主义、自由的自然主义等。但在弗拉纳根看来，这些自然主义的变种非但不会帮助自然主义摆脱困境，反而正是自然主义陷入困境的一种表现。比如，当前最流行的、对自然主义威胁最大的当属麦金和查尔莫斯等人所倡导的二元论的自然主义。这种自然主义把心灵、意识等看作一种神秘的现象，试图把二元论与自然主义调和在一起，倡导一种自然主义的二元论或者二元论的自然主义。弗拉纳根认为，麦金式的自然主义实质上是一种新神秘主义，已经背弃了自然主义的研究纲领。

在这样的背景下，弗拉纳根不但不像一些人要求的那样对自然主义进行紧缩和限制，反而拓展了自然主义的"版图"，把幸福、快乐和人生意义等心灵的价值性问题纳入自然主义的研究视野当中，并且尝试对这些心灵哲学的"真正的困难问题"进行自然主义的说明。这是因为，如果像幸福这样真正困难的问题都能够被自然化，那么心灵哲学中其他简单的问题也一定能够被自然化。他之所以对自然主义抱有强烈的信心，一方面是因为他对自然主义本身进行了细致的梳理，把握了自然主义的实质；另一方面是因为他在对心灵进行自然化时具有更广阔的视野，利用了更多的资源。

按照弗拉纳根的梳理，自然主义在发展中被赋予了很多含义，是一个具有歧义性的概念。但是，自然主义的最初含义是指一种世界观，按照这种世界观，自然法则和自然力量是唯一能够起到支配作用的东西。而"自然主义"一词随后的各种用法和意义都是以这种初始意义为基础的。所以，弗拉纳根赞同休谟"向超自然说不！"这一自然主义的宣言，把反对超自然主义看作是"自然主义"唯一的、决定性的意义，认为"反超自然主义"就是过去4个世纪中"自然主义"共有的原则和核心。换言之，在解释世界时，自然主义的一个必要条件是承诺超自然主义的不必要性。因此，当前自然主义的一项重要任务就是要尽力清除和解构人们归属于心灵的种种神秘的、超自然的解释。这样一来，拓展自然主义的版图，对幸福和快乐进行自然化说明就是自然主义的当务之急。

弗拉纳根在对幸福和快乐进行自然化说明时，采用的是一种既跨学科又跨文化的研究方法，这使他能够利用更多的研究资源。因为幸福、快乐和意识、心理内容等问题都具有复杂的特性和多层次的研究维度。不同的文化和哲学传统在长期发展中对人类的各种心理现象以及心灵本身都做出了具有各自特性的理解和解释，这些理解和解释从各自不同的方面推进了人类关于心灵的认识。所以，心灵哲学研究除了要注重利用来自科学的研究成果之外，还要注重开发和利用非西方传统的哲学资源，这既有利于心灵哲学摆脱当前的研究困境，又能够丰富心灵哲学研究的内容和维度。所以，对幸福进行自然化，就要在坚持自然主义立场的基础上，对东西方相关的哲学思想进行解释和重构，抛弃其中带有超自然性质的、神秘主义的和迷信的思想，用现代哲学的话语重新表述其中那些能够被自然主义框架所容纳的思想。

对心理学和脑神经科学的研究，一方面要注重挖掘这些研究背后所隐含的民间心理学思想和形而上学基础，另一方面则要明确科学研究所能达到的范围和限度。科学是认识心灵的重要工具，但并不是唯一的工具。因为第一人称视角是我们认识心灵的永远不可替代的工具。这就要求我们把"科学地解释一切心理现象"和"用科学去解释一切心理现象"区分开来。前者体现的是自然主义的原则，后者则是唯科学主义的独断论。以往的自然主义陷入困境的一个重要原因就在于没有正确理解和把握自然主义的这一原则，而是用科学的知识和内容代替科学的原则和方法。比如，用物理学、生物学或者信息科学的具体知识去解释世界上的一切现象。就此而言，弗拉纳根利用神经现象学和主观实在论对心灵问题的解释，与以往的自然主义方案相比具有更大的合理性和更强的解释力。同时，这可以看作是弗拉纳根对于当前心灵哲学如何摆脱困境的一次彻底的唯物主义的尝试，那就是要在不可知论、二元论和取消论等旧有的自然主义形态之外为自然主义的发展探索新的方向。在解决规范性与描述性矛盾的过程中，西方心灵哲学自然主义由强转弱，由单纯依靠科学资源转向兼容并蓄向东方智慧寻求帮助。

相比之下，除了气论等寥寥几种理论之外，自然主义在中国心灵哲学中并不是一种充分得到重视的研究倾向。这与中国哲学的大环境是一致的。严复就曾在对照中西哲学的基础上，对中国哲学不重视自然主义的弊端进行批评，他认为，中国传统哲学与西方近代哲学的重大区别之一就是不重视自然。"求其仰观俯察，近取诸身，远取诸物，如西人所谓学于自然者，不多遘也。"[1]他认为对自然的

---

[1] 严复：《〈阳明先生集要三种〉序（第2册）》，中华书局2008年版，第237页。

不重视阻碍了中国思想的发展、文明的进步,是中国学术研究的一大弊端。要改变这种情况,就要"学于自然"。"自然何?内之身心,外之事变,精察微验,而所得或超于向者言词文字外也。"①这说明,中国哲学的自然主义如气论在解释规范性与描述性关系时,虽然有其有利的一面,而且看起来,西方心灵哲学对自然主义多有反思批评,积极从中国哲学中寻求借鉴,但这并不说明中国哲学的自然主义就是更好的自然主义形态。恰恰相反,这正说明西方自然主义发展的生机与活力。中国心灵哲学如要求有进一步的发展,就不能故步自封,而是要尽可能吸收西方自然主义之长处,如将自然科学的成果多加以引进,这一点也是中国心灵哲学实现现代化并进一步发展的必由之路。胡适早就说过:西洋近代科学思想输入中国以后,中国固有的自然主义哲学逐渐回来,这两种东西的结合就产生了今日的自然主义运动。②对于中国心灵哲学中的规范性与描述性问题而言,借用现代心灵哲学自然主义的成果,重构和解释中国心灵哲学中的相关资源,即在现代心灵哲学的语境中,在科学主义的框架下把规范性和描述性区别开来,是一项有价值的工作。在这一点上,西方哲学家如弗拉纳根所做的工作极具参考性。中国心灵哲学中并非没有自然主义的资源,缺乏的只是一个重新唤起自然主义的契机,正如胡适所言的,与西方自然主义的对照,有利于我们在一种新的自然主义的视角下重新审视中国哲学。

事实上,至少有一部分规范性问题是能够经由描述性而获得解释的。这一点尤其得到来自神经科学的大量证明。哲学家达马西奥(Damasio)也说:脑活动的目的主要是提高生存的幸福感。③帕特里夏·丘奇兰德也认为,自然选择青睐某些以自我为导向的价值,而道德价值的根源就在于人脑。她说:在一个深刻的层次上,就像自我关心这种价值一样,道德价值也根植在你的脑中。这样一种演化发展是如何出现的?基本的答案在于,你是哺乳动物,而哺乳动物拥有强大的脑网络,它可以将关心从自我扩展到他者:首先是扩展到后代,然后是配偶,然后是亲属,朋友,以致陌生人。④

---

① 严复:《〈阳明先生集要三种〉序(第2册)》,中华书局2008年版,第237页。
② 胡适:《胡适文集(第9卷)》,北京大学出版社2013年版,第1163页。
③ 达马西奥:《寻找斯宾诺莎:快乐、悲伤和感受着的脑》,孙延军译,教育科学出版社2009年版,第120页。
④ 帕特里夏·丘奇兰德:《触碰神经:我即我脑》,李恒熙译,机械工业出版社2015年版,第64页。

第三章 从比较研究看心灵哲学的描述—规范问题

同时，我们也要警惕将自然主义泛化和过度使用的问题。因为即便规范性的原则确实有其对应的神经科学基础，但并不能反过来认为神经基础对规范性的原则具有完全的解释力。神经伦理学认为，道德知识可以从认知的神经网络模型中突现出来。即便这种观点在道德哲学中能够占有一席之地，它也并不是道德哲学的全部内容。比如，在帕特里夏·丘奇兰德看来，人类的伦理行为根源于抚育后代的神经生物学机制，这表现为，原始人会把对"自我"的照顾，扩展到对家庭成员的"涉他"的照顾，并进而扩展到更大的范围内。但是，这种涉他的照顾所能扩展的范围，对个人而言总是有限度的。换言之，这种"照顾"的神经生物学机制被"设计"成是局域性的，而伦理学所倡导的"照顾"的范围则是超越局域性的。而且在道德实践中，可能还会出现违背这种生物学本能的行为。中国哲学中有"老吾老以及人之老，幼吾幼以及人之幼"的道德原则，这种原则就不是纯粹能够由神经伦理学所解释的。

在规范性和描述性的关系视野中考察自然主义，还要涉及对本体论的思考。自然主义是否能够作为本体论的检验标准？或者说，自然主义的本体论承诺是唯一值得信赖的本体论承诺吗？如果将自然主义分为方法论的自然主义和本体论的自然主义，那么在我们看来，将自然主义作为一种心灵哲学研究的操作方式是恰当的，换言之，主张和采纳方法论的自然主义东西方心灵哲学研究既有的做法，也应是未来研究应继续发扬和坚持的，但是，本体论的自然主义则是应慎重对待的。因为任何本体论的自然主义都预设了对于自然主义所要诉诸的资源的限制，这一点对于西方心灵哲学而言就意味着把自然主义的资源限制在自然科学特别是物理学的范围之内，对中国哲学而言就意味着把气看作是自然的本体。但是，有哪一种自然主义所利用的资源能够解释真实存在的一切东西呢？本体论的自然主义和超自然主义一样不可取。因为没有任何知识能够让我们断言这世界上有什么、没有什么。弗拉纳根也认为本体论自然主义是一种帝国主义的做法。这种本体论的自然主义要么陷入独断论，从而遗漏一些重要的实在，成为有缺陷的自然主义；要么陷入神秘主义，即承诺无法解释的神秘之物。在此意义上，本体论的自然主义和超自然主义是一致的，超自然主义同样不能断言世界上有什么、没有什么。所以，反对本体论自然主义并不会给超自然主义留下空间。相比之下，我们所赞同的是一种可以称作"层次本体论"的主张。这种主张认为，在"向超自然说不"这一自然主义的总的原则下,不同类型的自然主义可以选取不同的资源作为其解释的根据,因而其承诺的存在表现为上下相关的层次性。其中以自然科学作为解释资源的自然主义本体论处在更为基础的层次上,因此由此种本体论所承诺的存在更具可靠性。在此意义上,层次本体论只有更基础层次的本体论,而没有最基础层次的本体论,即不存在一个所谓的最终本体论。对于西方心灵哲学而言,物理主义本体论通常就是一个最终本体论,因此能否还原为物理存在是其判定事物是否存在的终极标准,而在层次本体论看来,物理存在只是相对处在一个更为基础的存在层次上。这样一个本体论架构的优势在于它保持了理论上的开放性,真正实现了"将一切科学"作为自然主义的解释资源的承诺。

层次本体论的另一个理论红利在于,说一种东西是一种更低层次的本体论存在,并不意味着它就具有更低层次的实在性。西德里茨(Siderits)关于民间本体论(folk ontology)的说明可以为我们所借鉴,我们以这种平常人所具有的民间本体论为例就能明白实在性并不由本体论的层级所决定。所谓民间本体论,就是我们通常用以对事物的存在做出判断时所依据的一套民间理论,它是我们在长期的日常实践中自发形成的一种非系统化的心理资源。就此而论,它和心灵哲学中常说的民间心理学就有一致性。他认为与民间本体论相对立的是所谓的最终本体论,即只承认能够离心而自立的(mind-independent reality)东西的本体论。在民间本体论中被认为存在的一些东西,在最终本体论中并没有存在地位。这又分为两种情况:第一种情况是民间本体论所承诺的东西,因为不真实而最终被本体论所排斥,如我们祖先的民间本体论所承诺的巫术、魔鬼等。第二种情况则更为复杂。在这种情况下,民间本体论所承诺的东西不被最终本体论接受,不是因为它们是错误的理论假设,而是因为对它们做出假设的那个理论在最终本体论看来是多余的。因为最终本体论只承认那些能离心而自立的实在,不考虑人的兴趣和认知的限度。民间本体论恰恰相反,要受到人的兴趣和认知限度的影响,其结果是,一个对象可能出现两次:一次作为实在在民间本体论中出现,另一次作为实在在最终本体论中出现。按照这种区分,以特定方式组合的原子在最终本体论中作为原子出现,而在民间本体论中则以锅的形象出现。因此我们可以说,锅仅仅是更低层次的存在,或者仅仅是世俗层次的存在,但其实在性并不因此而丧失。再如,日出日落是民间本体论的存在,而科学本体论则用星球运动予以解释,但日出日落并不丧失其实在性。

　　从多层次本体论的视角出发，我们还可以重新审视规范性与描述性的关系问题。通常，规范性对应着更高层次的本体论，而描述性则对应着更低、更基础层次的本体论。高层次的存在并不总能获得一个描述性的解释，但一旦它拥有了这样一个解释，就意味着我们能够说它有了一个描述性的东西作为基础。就整个层次本体论而言，规范性和描述性的角色是相互转化的，因为没有最基础的、终极本体论的存在，所有层次的本体论存在对于其下一级的本体论存在而言，都是规范性的，同时对于其上一级的存在而言，则是描述性的。就我们通常所认为的规范性的心理现象而言，比如道德和幸福，它们可以作为描述性的东西来解释人的道德行为和生活状态，也可以作为规范性的东西，从而有可能获得一个神经科学的解释。中国哲学的气自然主义同样如此，但与利用自然科学作为解释资源的自然主义相比，后者处在一个更为基础的层次上。

第四章
东西方的心灵观比较

"心灵观"（view of mind）是最近才开始在心灵与认知研究中流行的一个概念，指的是心灵哲学中这样一种研究实践或理论，即对心灵的总的构成、结构、运作、动力的最一般的研究，或关于心灵的总体的构想或观点，在形式上类似于世界观和人生观之类的概观性理论。但它在具体研究时又没有陷入空泛的议论，这主要是因为它虽具体但又没有偏离形而上学性质的展开进路，其主要工作是展开对心灵的地理学、地貌学、结构论、运动论和动力学研究。尽管概念是新造的，但心灵观的研究事实上早已有之，例如中国的儒道、印度的佛教及其他宗派等，尽管没有说过心理地理学和结构论之类的话，但确有从这些维度切入的研究，有类似的思想。正因为这样，我们这里的比较研究才有其必要性和可行性。由于心灵观研究是带有整体论性质的工作，是对心灵内部的构成、图景和运作的整体的探讨和构想，因此任何心灵观的建构都必然要触及这样的课题，即心中有没有作为认识主体、所有者、统一性或人格同一性根源的中心或自我？如果有，它究竟是什么？它与心灵的其他部分是什么关系？它们合在一起是一个什么样的构造？如果没有这个中心，它内部又是个什么样子？总之，心灵观问题与自我问题密切相关。

第四章　东西方的心灵观比较

第一节　西方心灵观比较研究回眸

心灵观比较研究已成为西方心灵哲学比较研究中有一定关注度的领域，如著名心灵哲学家、比较学者德雷福斯和汤普森在《亚洲视角：印度的心灵理论》中就做了这一工作。当然，他们没有流于宏大叙事，而是选择东西方文化中具体而有代表性的理论加以比较。他们说："在讨论亚洲的心灵观和意识理论时，我们必须一开始就明白：这个论题充满着难以应对的挑战。亚洲文化从中国到印度再到伊朗的形态如此之多，以至于除了列举这些文化的诸心理概念、注明它们的差异之外，没法用一种统一的方法来加以讨论。因此，我们不打算绘制一幅根本不扩展我们能力的地图，只准备有选择地考察印度的心灵观，尤其是重点关注佛教传统的心灵观。"[1]同样，拿过来与之比较的西方心灵观也是相对具体的理论，即现象学的心灵观。

西方心灵观比较研究的新特点是，尽管也重视通过比较研究揭示被比较各方思想的特点和实质，但更热衷于融合和理论建构，热衷于回答和解决长期莫衷一是的问题，例如包括扎哈维（Zahavi）、加拉格尔（Gallagher）、G. 斯特劳森（G. Strawson）一大批一流学者在内的哲学家都热衷于探讨怎样把东方与西方的思想结合起来，怎样让它们融合、互利互惠。他们的研究有这样的倾向，即着力挖掘长期尘封的东方尤其是佛教心灵观中的合理内核，并尝试将它们整合到西方的有关思想之中，以对有关问题做出回答。近年来，越来越多的哲学家热衷于这样的研究，即怎样把来自现象学的西方哲学思想与来自印度哲学的论自我和意识的思想结合起来。[2]热衷于对这类课题做跨文化分析研究的卓有成就者有西德里茨、汤普森、扎哈维等。例如针对自我的研究，许多西方学者认为，研究自我的关键是把自我与他人区别开来。从佛教的观点看，对自我的解构并不妨碍作为主观有意识主体的人的存在。换言之，即使否弃了人或心灵中的那

---

[1] Dreyfus G, Thompson E. "Asian perspectives: Indian theories of mind". In Zelazo P D, Moscovitch M, Thompson E (Eds.).*The Cambridge Handbook of Consciousness.* Cambridge: Cambridge University Press, 2007.
[2] Henry A, Thompson E. "Witnessing from here: self-awareness from a bodily versus embodied perspective". In Gallagher S(Ed.). *The Oxford Handbook of the Self.* Oxford: Oxford University Press, 2011.

个作为中心和主宰的我，也不会危及心灵的存在和人的正常生活。因此强调这一区别是佛教所做的有益于今日西方自我论研究的一大贡献。

　　亨利对阿尔巴哈里的无我论和佛教的无我论做了比较，认为他们的论证基本相同，如都对经验主体的构成做了分析，强调完成经验认识的人是一个复合体，即将有关材料、属性捆在一起而形成的东西。其结论是，自我是幻觉，自我论所说的自我是错误归属的结果。因此他们所认识的心灵是一个无主体的或没有中心的心灵。例如，阿尔巴哈里有这样的观点：真的不存在这样的自我，它具有所有者、执行者、控制者所具有的那些属性[1]。他们的不同在于：阿尔巴哈里强调自我是幻觉，但不否认明证性主体的经验实在性，即她在经验的纯粹主体和得到充分发展的自我之间做了区分。根据她的观点，心灵中没有自我，但成为经验的主体则不同，它的作用是例示对世界的一种无人称的觉知。[2]亨利认为，这一比较研究将主体与自我的关系问题摆到了我们面前。对于这一问题不外乎等同论与不同论两种回答。他自己的看法是，所谓主体，指的是对世界的从观点出发的觉知的例示。心灵可以没有自我，但不能没有主体。例如，对世界的带有观点的觉知已包含着一种前反思性身体自我觉知。……如果我们说的是对的，那么即使对成为一种有界自我的经验不能是无结构的，它也不会是幻觉。[3]

　　通过对包括心灵观在内的心灵哲学理论的比较研究，西方学者得到了这样的启示，不同文化对于认识统一和唯一的真理都做出了独特的、不可替代的贡献。因为不同文化中发生的认识有这样的共同性：真理是复杂的，不可能由某一文化完全把握。由此便派生了一种关于比较研究的目的和任务的新观点，即强调比较研究，至少对以自我为中心的心灵观的比较研究，应着力去探究各种心灵观的共同性。过去在研究自我论的比较时，人们一般只注意寻找它们的不同，似乎也找到了这样的不同，即西方哲学一般承诺自我的存在，进而热衷于探讨自我的基础性构造。而印度哲学则不同，它是从怀疑我和破我开始的，认为每个人的自我感觉可能是错误的，强调通过哲学的研究可克服人的无知和上述错误。西德里茨等

---

[1] Henry A, Thompson E. "Witnessing from here: self-awareness from a bodily versus embodied perspective". In Gallagher S(Ed.). *The Oxford Handbook of the Self.* Oxford: Oxford University Press, 2011.
[2] Henry A, Thompson E. "Witnessing from here: self-awareness from a bodily versus embodied perspective". In Gallagher S(Ed.). *The Oxford Handbook of the Self.* Oxford: Oxford University Press, 2011.
[3] Henry A, Thompson E. "Witnessing from here: self-awareness from a bodily versus embodied perspective". In Gallagher S(Ed.). *The Oxford Handbook of the Self.* Oxford: Oxford University Press, 2011.

第四章 东西方的心灵观比较

认为,得出这样的结论过于草率,因为两种传统有许多共同性。首先,动机中有部分的同一,其表现是,都想通过对自我的探讨来把握人的本质。其次,形而上学的基础有相同性,即它们围绕自我、无我的争论都是在形而上学的地基上进行的。最后,西方许多思想家也有近似于佛教的思想,特别是许多人受佛教的影响,一般倾向于佛教的针对实体主义的无我论和针对虚无主义的有我论。

瓦雷拉(Varela)等坚持一种具有革命意义的心灵观(详见本章第四节),即延展或宽心灵观,认为这是东西方普遍共有的财富。基于这一判断,他们不仅对东西方典型的宽心灵观,如佛教的无我论、明斯基(Minsky)的心灵社会论和新弗洛伊德主义的对象关系论,做了比较研究,而且提出,西方的宽心灵观所面临的难题可借助比较研究尤其是佛教的有关思想得到化解。

瓦雷拉等认为,西方新生的宽心灵观的基本思想不仅没有超出佛教的以无我论为特征的心灵观,包含有佛教思想的痕迹,而且佛教心灵观所蕴藏的资源还有助于解决西方相关理论所面临的一些问题。这些问题有:如果心灵世界内没有自我,那么人的心理、行为的和谐一致是如何可能的?我们的思想、情感、行为仿佛有一个自我在那里起组织、统摄作用,这又该怎样予以解释?瓦雷拉等根据佛教的有我—无我论尤其是因缘和合(缘起)学说回答了上述难题。根据佛教的看法,尽管意识流、经验过程是间断的过程,是杂乱无章的,但其内有明见性或觉照性(mindfulness)。正是这种作用让人的意识有连贯性、统一性,使人觉得意识里面仿佛有一个自我。他们说:由于有对每一片段的按部就班的警觉,人们便能将自动的因缘过程分割开来……而习惯模型分隔开的结果则是进一步的警觉,最终让人的觉知更加开放,有更多的可能空间,以至能看到经验现象的生起与消灭。[1]

他们还将佛教的心灵观与西方理性主义的心灵观做了比较。如前所述,佛教所看到的心像一切事物或外部世界一样,是川流不息的法的和合体,里面没有实体性存在,只有生生灭灭的要素。西方的理性主义者莱布尼茨、弗雷格(F. Frege)、罗素和早期维特根斯坦等都有类似的思想。瓦雷拉等说:在更理论化的层面,哲学家可以看到佛教的要素分析与由莱布尼茨、弗雷格、罗素和早期维特根斯坦所

---

[1] Varela F J, Thompson E T, Rosch E. *The Embodied Mind: Cognitive Science and Human Experience*. Cambridge:The MIT Press, 1993.

例示的西方理性主义传统的分析存在着某些相似性。[①]例如，两大传统都重视对复合体做出分析，把它们看作像社会一样的东西。这些复合体既可以是自然界中的事物，也可以是语言、心理现象。而对它们的分析不外是把它们分解为更简单的要素，直至分析为元素或原子。西方新近一般把这一看待心灵的方法和观点称作还原主义（不同于物理主义中的还原主义）。当然，两大传统也有不同，在佛教中，被分析出来的最基本元素是极微，而极微不是通常存在意义上的本体论实在。因为根据佛教，它们是体空或毕竟无。

瓦雷拉等所做比较研究的特点在于：不满足于单纯的比较，而是试图通过比较找到解决理论问题的办法。他们认为，佛教的理论有助于说明心理现象的发生和本质这样长期令人困惑的难题。他们认为，佛教不承认常识、外道的我，但又不否认有我，即有"立我"的一面。当然，它所肯定的我有特殊的指称，即指各种心理因素相互作用所形成的链条或"历史的模式"。我—自我就是一个又一个的时间断片突现形式中的历史模式。借用科学的隐喻，我们可以说，这种轨迹（缘起链）就是人的个体发生（包括学习，但不限于学习）。在这里，个体发生不能理解为从一个状态向另一状态的转化，而应理解为一个变化的过程，它以过去的结构为条件，同时又维持前后相续的时间的结构的整体性。在更大的范围上，因果链也表现为种系发生，因为它决定了我们物种累积的、整合的历史中的经历。他们还强调：佛教的有我—无我论可以与有关科学的材料整合，进而可以引出有用的结论。他们说，通过这样的分析和整合，可以完成两个任务：第一，我们明白了：一个时间点上的意识以及各个时间点上的意识的因果连贯性怎么可能用突现的语言来加以阐释，而不用假定自我或任何别的本体论实在。第二，我们弄清了：这种阐释怎么可能既从经验上加以描述，又从实用上加以定向。

当然，有些西方学者在发现了东方智慧中的为西方所不及的珍宝时又走向了另一极端，即片面夸大自己所钟爱的理论的地位和作用。例如，有的人对吠檀多派的心灵观情有独钟，甚至提出了"回到吠檀多派"的口号。这不是个别人的心血来潮，而代表着一种走向。法辛（Fasching）是其积极倡导者。他在许多论著中对吠檀多派在自我及其与心灵的关系问题上的思想做了较全面、详细的考察，

[①] Varela F J, Thompson E T, Rosch E. *The Embodied Mind: Cognitive Science and Human Experience*. Cambridge: The MIT Press, 1993: 117.

第四章　东西方的心灵观比较

最后得出结论说，这种观点抓住了经验本质中某种关键的东西[①]，不仅可与西方的现象学媲美，而且是对心灵观问题的最好的解答。根据他的解读，吠檀多派的心灵观可概括为心灵全部或全体就是意识。基于这样的认识，吠檀多派建立了关于意识的一元论，强调有意识的、被意识到的、被知觉到的都只是意识。这一"只有觉知"或"只有意识"的结论首先根源于对知觉的分析。例如商羯罗（Sankara）认为，它有知识之光作为它的本质。它的知识不依赖于任何别的东西，因此它总是为我所知，如太阳在照明时并不需要别的光。作为明证性、自明性意识的自我就是这样的光。这种意识论显然是一种根本有别于自我中心论的心灵观。法辛说：明见性意识这个概念允许对真实发生在这个过程中的东西做出比无我论更可信的描述。[②]正是在此意义上，他拒绝无我论，而赞同特定意义的有我论。之所以如此，原因在于：他认为，如果不承认我，很多问题没法予以回答。例如，如果人身上只有刹那生灭的现象，那么不能同一于这些现象的东西又是什么？那些能述说他的身体、他的思想的东西又是什么？因此只有承认人身上有一个"谁"，才有解释力。而这个"谁"又不是实体，不是一个东西，而是"经验着的意识"，所有消逝着的现象都是在其中表现自己的，这意识可以说就是我。[③]这就是说，根据法辛的解读，商羯罗所代表的不二论吠檀多派在特定意义上承认心灵内部有经验、意识、自我的区分。

经验尽管离不开自我，但这自我不同于实在论自我论所说的自我，因为它可等同于意识。而说它们等同的意思又不是说主体是由意识的许多内容构成的，我作为意识不是现象内容的堆积，毋宁说，自我就是这些经验内容在那里，就是它们的呈现。自我当然有持续性，但不能理解为一个对象在时间中的持续存在。这里的持续应根据呈现本身的状态来理解，在这里，过去的时间是由总是作为现在的现象构成的。因此主体的持续不足以证明人们所得到的关于某种对象的持续存

---

① Fasching W. "'I am of the nature of seeing': phenomenological reflections on the Indian notion of witness-consciousness". In Siderits M, Thompson E, Zahavi D(Eds.). *Self, No Self?: Pespectives from Analytical, Phenomenological, and Indian Traditions*. Oxford: Oxford University Press, 2011.
② Fasching W. "'I am of the nature of seeing': phenomenological reflections on the Indian notion of witness-consciousness". In Siderits M, Thompson E, Zahavi D(Eds.). *Self, No Self?: Pespectives from Analytical, Phenomenological, and Indian Traditions*. Oxford: Oxford University Press, 2011.
③ Fasching W. "'I am of the nature of seeing': phenomenological reflections on the Indian notion of witness-consciousness". In Siderits M, Thompson E, Zahavi D(Eds.). *Self, No Self?: Pespectives from Analytical, Phenomenological, and Indian Traditions*. Oxford: Oxford University Press, 2011.

在的经验，相反，只能说明主体是任何经验的可能性的条件。总之，作为自我的意识就是意识到经验的呈现，或将经验呈现出来。这里的经验既包括来自外的，又包括来自内的，因此全面地说，意识是作为呈现我们所碰到的一切东西的作用而存在的，就是经验的呈现、世界的呈现。在商羯罗看来，我不是这个对象，我是那使一切对象显现出来的东西。

罗姆-帕拉萨（Ram-Prasad）像法辛一样继承和发展了不二论吠檀多派的有我论，认为意识的统一呈现就是自我。他与法辛的差异主要表现在：他们有不同的论证侧重点。例如，法辛是通过论证连续的有意识的呈现表现为变动不居的经验，进而否认佛教只承认意识的刹那生灭性的观点；而罗姆-帕拉萨的侧重点在于，考察不二论对第一人称用法的分析，揭示这种分析对否认某些自我论、肯定最低限度的有统一性的意识呈现的作用。他把不二论吠檀多派所承认的自我或阿特曼称作"形式的自我"，认为这自我像康德所说的先验统觉，既不是经验内容，又不同于经验自我意识。它先于一切经验，同时是经验的必要条件。为了将印度与西方的心灵观进行比较，他还对印度六派的思想做了考释。他认为，只有找到六派的共同性，才有进行印西比较的可能性。根据他的研究，六派有共同性，其主要表现是：都承认阿特曼的真实存在。不同在于：它们对阿特曼的构成、表现形式、存在方式、本质有不同的看法。弥曼差派认为，人身上有多个阿特曼。每个阿特曼都有本体论地位，有自己的特定作用。例如它们是非物理的，是单纯的实在，同时具有意识的性质。其作用是让拥有阿特曼的存在（人或别的实在）有生命，使每个生命有其个体性。不二论吠檀多派也承认阿特曼的存在，因此相同于弥曼差派，而有别于佛教。根据该派，阿特曼可从三方面被描述或理解：第一，可称作梵天，指的是作为一切实在的普遍和单个基础的意识，它是最初的天、最初的神。第二，指的是这样的意识，即作为每一个个别存在之基础的意识。第三，指灵魂，即每一个别存在中的经验意识。三种阿特曼是同素异形体。第一个阿特曼是从隐喻上说的，后两个是它的异形体，它们有相同的构成材料，但有不同的结构和作用。另外，六派思想家一般做了如下三方面的工作：第一，都有这样的论证，即证明"我"所指的东西，就是真实的自我，即阿特曼。第二，都论证说，作为我思之不变对象的自我是"自我"这个概念的带有欺骗性的意义。第三，论证了有意识状态的特点，认为它们出现在真实的生命历程中，以与伤心、高矮等

第四章　东西方的心灵观比较

性质连在一起的方式表现出来。罗姆-帕拉萨认为，既然它们有共同性，因此就有与西方心灵观进行比较的可能性。

最近西方心灵观比较研究较常见的一种操作是将西方生成论（enactivism）与佛教的有关观点加以比较。所谓生成论是西方心灵哲学和认知科学中解决心灵与认知问题的一种新方案，其内也包含着一种富有革命意义的心灵观。它的基本观点是：人是高度的自组织系统，因此如果说心灵中有作为中心的自我的话，那么它像心灵一样是从系统里面派生出来的，即从自组织过程中突现出来的。这自我具有突现性特性，因此在本质是"虚的"（virtual），即心灵中不可能有一个像小人（儿）一样的实体的我。人们所相信的、在心灵生活中起中心作用的自我就像文本的意义一样，是随着相应关系的出现而生成的，是由人的行为使然的。可见，生成论的心灵观对立于传统和常识的心灵观。生成论有多种形式，如麦肯齐（Mackenzie）的生成论不同于瓦雷拉的生成论。瓦雷拉认为，既然自我是生成的，因此在本质上就是"虚的"。而麦肯齐则说：既然自我是突现的、被建构的，因此，它就不完全是虚拟的。另外，从思想渊源说，瓦雷拉的生成论源自佛教的还原论，即把自我还原为因缘和合，而根据佛教的理解，因缘和合故无常，无常故空，因此自我是虚的。换言之，这种生成论的无我论建立在还原论基础上。麦肯齐尽管也赞成佛教的生成论原则，但不认同其还原论方法，而赞成突现论。他说：我赞成这样的反还原论观点，即认为自我是能动的、具身的、嵌入的自为过程。[①]这个自为（self-making）突现过程根源于基本的循环过程。这些过程使经验获得了这样的特点，即生物学层面上的自产生（autopoiesis），有意识经验层面的时间化和自我指涉，主体间层面的概念和叙事建构。总之，用佛教的术语说，他的理论也把自我看作因缘性的、本质上空的东西，但又有某种特殊的真实性。

德查姆斯（deCharms）将佛教的心灵观与脑科学的心灵观做了比较。他首先承认，佛教不承认心灵世界有一个主宰性、同一不变的自我，正是这一观点让它与脑科学一致起来。他说：佛教哲学人士透过禅修和逻辑推理，企图证明"自我的无自性"……神经科学家则透过机械论的分析方式及理论模型，企图证明：不需要

[①] Mackenzie M. "Enacting the self: Buddhist and enactivist approaches to the emergence of the self". In Siderits M, Thompson E, Zahavi D(Eds.). *Self, No Self ?: Pespectives from Analytical, Phenomenological, and Indian Traditions.* Oxford: Oxford University Press, 2011.

有个小小的领航员引领着大脑的运行，也没有幽灵在操作着这部大脑机器。[1]

著名现象学家扎哈维等将佛教心灵观中最重要的第八识与现象学所说的前反思自我意识做了比较，强调现象学对作为自我的前反思意识之特点的描述近于佛教所说的第八识。在佛教中，第八识作为假我，像灯的光焰一样，非断非不断，即间断与连续的统一。现象学的看法大体一致，只是表述不同罢了。扎哈维概括说：意识是活生生在场之境域的生成。[2]

奥特克（Oetke）比较研究的特点在于：把佛教的无我论与西方哲学中的有关论点、论证关联起来加以讨论。根据他的理解，无我概念可用不同方式加以表述。这里面有争论的问题是：佛教无我论与 P. F. 斯特劳森（P. F. Strawson）所讨论过的无主（no ownership）论或无所有者论之间是什么关系？在西方，对心灵内究竟是有主还是无主，不外这样一些观点，例如，笛卡儿承认我的存在，并认为它是非物质实体；而休谟则论证说，内省知觉告诉我们的是，只有川流不息的意识状态，没法看到拥有它的主体或实体。休谟的观点可称作束论。如果说有我的话，它不过是一串知觉。如果是这样，我们就必须得出结论说：不存在笛卡儿所说的所有者或主人。各种意识状态是存在的，但不需要主体，不属于任何的东西。这就是无主论。P. F. 斯特劳森的看法是：无主论在逻辑上是行不通的。如果承认了意识状态、属性等的存在，而否认支撑它们的实在的存在，这是不可理喻的，例如，疼痛没有一个拥有疼痛的主体，就是没法理解的。这主体当然不是精神实体，也不是身体，而是人。这些思想与印度的有关思想就有可比性。一般认为，佛教坚持无主论，而佛教所否定的婆罗门教则坚持有主论或有我论，认为我是非物质的、不变的、永恒的实在，能作为各种意识的所有者（主人）而起作用。有西方学者认为，佛教与婆罗门教围绕有我无我的争论类似于休谟与笛卡儿之间的争论。奥特克的看法是：正像笛卡儿关于自我的实体的观点在逻辑上独立于无主论，同样，婆罗门教的自我是阿特曼的观点在逻辑上独立于无我论。佛教是怎样看待心灵的有主与无主、有我与无我问题的呢？可以肯定的一点是，后期佛教

---

[1] 克里斯多福·德查姆斯：《心的密码：佛教心识学与脑神经科学的对话》，郑清荣、王惠雯译，法鼓文化事业股份有限公司 2010 年版，第 265 页。
[2] 扎哈维：《主体性和自身性：对第一人称视角的探究》，蔡文菁译，上海译文出版社 2008 年版，第 89 页。

否定婆罗门教所说的阿特曼的存在。但在巴利语系佛教中，就看不到对作为主体的自我的否定。能看到的是，对作为永恒实在的、能作为人格同一性基础的阿特曼的拒绝。由此不能得出结论说：早期佛教不相信作为主体的自我。奥特克还认为，巴利语系佛教究竟是承认自我还是拒绝自我，是不清楚的。笔者认为，这样说是欠准确的，因为只要考察巴利语系佛教的阿毗达磨（摩）论就清楚了，在这里，佛教是明确否认作为主体的自我的。

奥特克等西方学者还认为，无我论主要出现在后期佛教中，如记录弥兰陀王和那先比丘的对话的《那先比丘经》就是其典型。国王问名叫那先的比丘，你叫什么名字？他说：我叫那先，不过，这个名字指的不是自我。国王感到不解，如果不存在那先这个名字所指称的自我，那么那先也不存在，因为那先不能同一于五蕴中的任何一个，甚至不能同一于五蕴的集合。那先接着讲了为什么不存在自我的道理。

塔斯克（Tuske）的看法略有不同，他说：在最著名的关于无我论的佛教文献中，我们看不到对自我的明确地拒绝，只能说自我的存在不同于它的部分的存在。因为自我所指的东西是由其要素合成的，因此是空的，而其要素如色受想行识有相对的存在性。塔斯克看到了佛教无我论的复杂性。他说：无我论不是统一的理论，而且其本身是变化发展的。后来的对有我论的某些阐释可解释为关于自我的还原论。[①]所谓还原论就是这样的理念，它认为，不存在五蕴之外的自我，必须用五蕴来解释自我。

塔斯克认识到，佛教对有我无我问题的探讨尽管很古老，但极富现代意义：佛教无我论提出了许多与西方心灵哲学、形而上学有关的问题。例如，佛教对弥曼差派不变的、实体性自我的否定使人想到了休谟对笛卡儿的否定。另外，佛教无我论提出的最有意义的问题是自由意志的地位问题。它不否认人的自由意志，但强调不能到五蕴外寻找说明的根据。因为人的自由意志与人的五蕴、习气有关。可见，佛教不用实体性主体说明人的意志的抉择，不承认意志后有一小人式的主体、自主体。人的意志是由五蕴因果地决定的。但这里又有这样的问题，即如果意志不能独立于因果作用而存在，如果没有独立于这个因果链的自主体，那么似

[①] Tuske J. "The non-self theory and problems in philosophy of mind". In Emmanuel S M(Ed.). *A Companion to Buddhist Philosophy*. Oxford: Wiley-Blackwell, 2013.

乎必须回答这样的问题,是什么让佛教主张人有自由意志?塔斯克认为,正是在这里,可以对佛教的自由意志论与西方的相关理论做出比较。西方在这里一直有相容论与非相容论之争。相容论认为,自由意志与决定论是相容的。非相容论则持相反的观点,认为一切都是被决定的,自由意志是幻觉。也就是说,非相容论是反自由主义的,相容论承认人的自由。印度的婆罗门教承认自由主义,而佛教近于非相容论。

通过比较研究,西方学者客观地承认:佛教的心灵观深深地影响了西方的有关探讨,甚至印刻在许多人的相关思想中。例如亨利认为,佛教的观点体现在阿尔巴哈里的解释之中,其解释可称作"受佛教启发的观点",而这一观点又与扎哈维所阐发的最低限度自我或前反思性自我意识理论"高度一致"。其表现是:第一,两者都拒绝了"对象—知识论"。这一理论主张:所有知识一定来自主客二分中的对象一极。……第二,根据两种观点,自我觉知的最根本形式不能被理解为任何形式的及物或指向对象的意识,而应理解为,主体在觉知世界时,通过对世界的觉知,以不言而喻的不指向对象的方式自我觉知。[①]

克里斯蒂(Christie)不仅比较了康德的自我论与佛教的有关理论,而且尝试把它们调和在一起。康德认为,自我是存在的,不过它不是实体,而是维持统觉统一性的活生生的功能。佛教对世俗的实体性自我做了解构,提出了"无我论"。克里斯蒂由于对佛教认识不到位,因而他有这样的印象,佛教否定了自我的存在,而康德赞成自我的存在,所以认为两者是矛盾的。其实,佛教不是绝对主张无我的,而康德也不是无条件地承认有我。佛教和康德的一致性在于:都不承认传统和常识所说的实体性、主宰性和常一不变性的自我。克里斯蒂还表达了自己对佛教的态度,一方面他声称欣赏佛教传统中的精神智慧,另一方面又拒绝佛教所倡导的许多形而上学和现象学理论。在比较存在主义与佛教的自我论时,他认为,存在主义有这样的看法,即自我就是使我们每个人成为我们所是的人的东西,人不只是自然的存在,而且是具有种种历史的存在。通过对话,我们成了自限定的存在,我们借助我们承诺的角色,如父亲、母亲、儿子等,来限定自身。这用存在主义的"存在先于本质"的口号加以表述十分恰当。克里斯蒂认为,这种存在

---

① Henry A, Thompson E. "Witnessing from here: self-awareness from a bodily versus embodied perspective". In Gallagher S(Ed.). *The Oxford Handbook of the Self*. Oxford: Oxford University Press, 2011: 234.

第四章 东西方的心灵观比较

主义的自我论强调的是：人身上并不存在生来就有、固定不变的自我，自我是自确定或自设定的，这与佛教关于"自我"的假设论不谋而合。因为佛教也否认自我的自在存在，如果说佛教承认"我"并运用"我"之类的语词，那不过是随世俗谛而作的方便运用。在佛教那里，"自我"在本质上无实际指称，只是一种"假施设"，或名言的假安立。

当然，西方现今的佛教心灵观比较研究是有争论的，例如对佛教自我论以及与西方有关理论的关系就有不同理解。占主导地位的观点是：佛教坚持无我论，接近于休谟等人的束论。当今较活跃的比较学者德雷福斯认为，这种解释有片面性，例如瑜伽行派既强调无我，又强调主观性，因而又赞成不同于束论的观点。根据他的解读，佛教的心灵观可这样表述：心不是实体，心中无小人式的我，心也不是一个东西，不是一种产生思想、记忆的机制，而是川流不息的变化、流动过程，是由此起彼伏的心念组成的连续体。但又可用现象学方法或第一人称方式、主观观点来把握。他说：阿毗达磨的心灵观可被理解为一种本体论上中立的路线，一致于当代许多心灵观。[1]它的任务是分析、描述心理过程的构成要素的复杂性，而不是分析心理过程的本体论基础。在描述时，用的是现象学方法。另外，这种心灵观还有强调非反省性或非反思性的特点。根据这种心灵观，即使承认人有对每一心理状态乃至要素的自我觉知或意识，这种自我意识也不能划分为主客两方面，因此不能与反省或内省认识画等号。德雷福斯认为，法称把自我认知理解为一种统觉（apperception），即这样的感觉，它能把我们的心理状态看作是我们自己的。在特定意义上可以说它是自我觉知或意识，但这种自我觉知既不是内省性的，也不是反省性的，因为它并不把内在心理状态当作对象。确切地说，它是每一心理阶段的自我说明的功能，正是它产生了关于心理状态的非主体性的觉知。[2]人是自动地知道自己的经验的，其内不能做主体和对象的划分，因为它是自知。只要研究佛教的禅定实践就可明白这一点。在佛教的禅定中，尽管既有止，又有观，既有寂，又有自明、自照，但这里是不存在主客两方面的。

---

[1] Dreyfus G. "Self and subjectivity: a middle way approach". In Siderits M, Thompson E, Zahavi D(Eds.). *Self, No Self?: Pespectives from Analytical, Phenomenological, and Indian Traditions*. Oxford: Oxford University Press, 2011.

[2] Dreyfus G. "Self and subjectivity: a middle way approach". In Siderits M, Thompson E, Zahavi D(Eds.). *Self, No Self?: Pespectives from Analytical, Phenomenological, and Indian Traditions*. Oxford: Oxford University Press, 2011.

因为它的明是自明，它的照是寂而照，照即寂。更明确地说，禅定状态不具有主客的二分性、二元性。一切认知、心理状态都不能如此划分。因为一切意识都表现为自明的、自呈现的背景，刹那生灭的心识就是在这里发生的，极像乌云在天空漂移。例如，宁玛派的大圆满就把觉知的观点看作是大光明。觉知是贯穿在心识中的明性，就像虚空渗透在实在中、明性渗透在实在中一样。这里隐含着这样的心灵观，即意识不只是有意向性的（它确实总是关于某物的），而且有现象学性质，具有自明性。意识不仅是对对象的把握，而且是那对象的显现方式向经验那对象的主观性的展开。它对对象的把握是前反思性的。因此意识最好被理解为关于各种现象性的自我觉知经验的连续性。[1]德雷福斯强调：这是一种独具一格的心灵观。不同于其他心灵观，例如，既不同于传统哲学和常识的单子性、小人式心灵观，又不同于柏奇（Burge）和麦金等人的弥散性心灵观。佛教心灵观的独特性在于：强调每一心理现象本身具有明性即有见分，以连续的刹那点或火烛上的火焰的形式存在，里面没有主客分别。

这种心灵观也体现在佛教对现象学性质的说明之中。以此为参照，有些人认为西方的有关理论陷入了小人论：要有感受性质显现，必生起一个意识，使之进入对一连串的私人、不可错、透明的实在的内观。而这些实在都是笛卡儿心灵剧院中的成员，能为经验主体清楚明白地知道。佛教对现象学特征的理解完全超越于这种小人式心灵观。在佛教看来，尽管内省与非内省模型抓住了部分心理的特点，但人的心理生活并非完全是这个样子，即有些心理生活存在着但并不显现出来，并不能被主体清楚明白地知道。德雷福斯借鉴佛教的看法形成了这样的观点：有许多意识经验是不能为人反省的，如弥散性情感、不明确的认知等。另外，意识是变化无常的、多层次的、极其复杂的流动，只能逐渐地、部分地深入进去。最后，已有感受性质学说陷入了二元论，假定了观察者和被观察者的二分。

德雷福斯还将当今最有影响的达马西奥的三重自我论与佛教做了比较，认为印度哲学中也有类似于三重划分的划分，如核心自我相当于佛教所描述和否定的这样一种自我，这种自我是基于对行为动因的追溯而构造出来的。例如，不管做

---

[1] Dreyfus G. "Self and subjectivity: a middle way approach". In Siderits M, Thompson E, Zahavi D(Eds.). *Self, No Self?: Pespectives from Analytical, Phenomenological, and Indian Traditions.* Oxford: Oxford University Press, 2011.

什么，总是有一种力量在后面做决定，发布命令。经过理论化，它就被人们看作是"我"。另外，情感一经产生，也是一种作用、力量，它也能影响乃至决定人的行动，有时还制约着人的认知。人的情感也能让人产生自我的感觉，例如我们经常有恐惧感、危机感，在这些情况下，我们显然知道，处在危险中的不是别人，而是我自己。德雷福斯认为，关于核心自我的感觉不是关于有机体的真实的表征，而是基于某些事实形成的一种理论构造。他概括说：核心自我是有机体为了有效地行动进而维持有机体的整体性而以魔法般的方式构想出来的幽灵。[1] 从起源上说，它不是自然发生的，而是在人的社会相互作用中，在人与世界的相互作用中，逐渐形成的。从比较上说，核心自我相当于藏传佛教中所说的对自我的天赋理解，它指的是心身复合体中的主宰。与延展性自我对应的是，关于自我的获得性理解。它是基于人的符号能力而构建出来的自我。

德雷福斯认为，就实质而言，三种自我，即原自我、核心自我、延展自我，都是基于描述现象学研究或民间心理学研究而提出的，它概括的是常人对自我的理解。认知科学在这里应做的科学性的工作不是追溯自我的自然起源与演变（没有这样的起源与演变），而是追溯常人的自我感觉、概念是怎样被构想出来的，因此这种研究不是对事物的研究，而是一种观念史研究。

在比较研究的基础上，德雷福斯提出了所谓的"折中方案"，即强调把佛教关于心灵的观点与当前西方关于意识的讨论结合起来，以形成对问题的正面回答。这可看作是西方比较研究中的一种新的积极的走向。当然要做结合的工作，首先要形成对佛教的全面而到位的理解。而德雷福斯坦言，这是西方比较研究的短板。于是，他提出：要以开放的胸襟对待亚洲尤其是印度的心灵哲学。要如此，当务之急是做好翻译工作，发展适于理解异域文本的概念。德雷福斯不仅注意吸收佛教思想，而且以之为判断认识对错的标准，如认为，别的自我论之所以是错误的，是因为它与佛教哲学的基本原则是矛盾的。德雷福斯的中间路线表现在，一方面，反笛卡儿主义的自我论。因为这种自我论是基于关于心灵的剧院式小人模型的，认为自我就是心灵剧院中的主人翁。这样的自我显然是"幻觉"。另一

---

[1] Dreyfus G. "Self and subjectivity: a middle way approach". In Siderits M, Thompson E, Zahavi D(Eds.). *Self, No Self?: Pespectives from Analytical, Phenomenological, and Indian Traditions*. Oxford: Oxford University Press, 2011: 138.

方面，他又对立于取消论。他强调，他承认心理现象的存在，只是对其结构图式做了不同于传统的设想。从思想渊源说，它来自对佛教的"六经注我"式的阐释。他说：由于否认意识的穿透性，因此我努力避免笛卡儿主义的极端，它断言穿透性主体能不可错地知道自己的观念、情感和情绪。由于承认第一人称观点和第三人称观点之间存在着现象学的不对称性，加之严肃地看待被显现的事实，因此要努力避免另一极端，即完全否认关于主观经验的任何观念。①

第二节　比较视野下的中国的心灵观

任何文化中的心灵观都与作为其源头和思想资源的原始灵魂观念以及逐渐积淀在大众心灵深处的以常识心灵观形式表现出来的民间心理学有着千丝万缕的联系，例如西方哲学中占主导地位的、以二元图式为特点的心灵观就与西方的民间心理学有密切的关系。中国的民间心理学是什么？对后来哲学的心灵观有何影响？我们的考释将从这里开始。

一、中国的民间心理学及其心灵观

中国确有其特殊的民间心理学。这既可通过对现存民间文化的田野调查以及对有关文献的考据和研究来揭示，也可通过考察古人创造心理语言的过程来加以发掘。我们在《人心与人生——广义心灵哲学论纲》②和《心灵的解构——心灵哲学本体论变革研究》③等论著和《中国心灵哲学论稿》中做过具体的探讨，这里不拟展示具体的研究工作，只拟概述中国民间心理学及其所隐含的心灵观的主要内容。笔者的基本观点是，中国有自己不同于西方的 FP，因此西方学者把他们从西方人心灵中挖掘出来的 FP 看作是全人类的 FP 是不妥的。

第一，大量的民族学、文化学等方面的资料表明：中国的民间心理学不仅有

---

① Dreyfus G. "Self and subjectivity: a middle way approach". In Siderits M, Thompson E, Zahavi D(Eds.). *Self, No Self?: Pespectives from Analytical, Phenomenological, and Indian Traditions*. Oxford: Oxford University Press, 2011.
② 高新民：《人心与人生——广义心灵哲学论纲》，北京大学出版社2006年版。
③ 高新民、刘占峰等：《心灵的解构——心灵哲学本体论变革研究》，中国社会科学出版社2005年版。

第四章 东西方的心灵观比较

这样的认识，即认识到了一个不同于物理世界的世界，一个与物理世界有交叉、有部分重叠或有高于关系的世界，例如同时具有心理现象性质的"胆"（胆大妄为）、"气"（心高气傲）等，而且对这些世界的构成、结构、本质特点形成了这样的认识，即世界的个别的心理样式、个例是由不同于物理实在的特殊主体，如心之类的东西完成或拥有的，这主体尽管不是物理的主体，但也有自己的活动、作用、过程、状态、事件。由于中国的 FP 看到了这一点，因此为区别起见，便用特殊的标记法将其标示出来，即在每个心理语词上置入"心"或"忄"，如"忐忑"，它们表示的现象也像物理的过程或状态一样，有上下的波动、变化，不同的是，这类现象发生在心中，或为心所完成。相信心理王国及现象有自己的主体和特定的空间、时间，这与西方的 FP 没有差别，不同在于：中国的 FP 相信的主体是多而非一，如意（意马心猿）、志（志骄意满）、神（神不附体）、精（精疲力竭）、心（心不在焉）、魂和魄（魂飞魄散）。更具特色的看法是，中国人认为，胆、肝等在特定意义上也可成为心理主体，至少可成为心物兼有的主体，如说胆大妄为、胆小如鼠、肝胆相照等。另外，由于中国 FP 没有心物二分的意识，因此还承认心理主体和物理主体之外存在着非心非物的主体，如上面说的胆、气等就是如此。

第二，中国的 FP 所认定的心、魂、魄、神等尽管有本体论地位，即不是取消论所说的虚无，但对它们的图景的构想充满着拟物论、"小人论"或"人格化"色彩，质言之，古人在创造心理语言时是根据关于物理的认识模式、关于人的存在和活动模式来设想心的，以至于把心构想成了一个小人式的存在。这就是说，中国的 FP 在这一点上与西方是相同的，即把心构想成了一个主体或一个小人式的东西，所不同的是，西方人所设想的心一般是一个统一的主体，因而以一对一的形式与身体发生关系，进而导致了西方人的心身或心物二分模式。而中国的 FP 则不同，它所设想的心是多，对所设想的人也没有做简单的心身二分，而是认为人是多元复合体，有时或有许多人甚至认为，人体是没法划分的整体性存在。

概而言之，中国的 FP 的心灵观有这样一些要点：①人除了肉体之外，还有灵魂；②灵魂是气一样的存在，极其精微；③灵魂具体表现为魂与魄；④魂与魄都可为鬼，鬼的信仰比魂魄观念早，于是先民往往根据鬼来构想魂与魄，如认为魂与魄是像云、白一样的精爽之物，可为鬼；⑤鬼是人死后的一种特殊的存在，对活人有各种不同的作用，做好事的为好鬼，做恶事的为恶鬼；⑥心中有主体作用的东西除魂魄之外，还有精、气、神、心、灵、意等，它们各司其职，相互配合，使心成了一个繁杂的统一体。

二、有我—无我问题与心的整体构想

如前所述，对心中有我—无我问题、我的构成及其与心的其他部分的关系问题的回答不同，便有大相径庭的心灵观。一般而言，自我问题是由许多子问题构成的问题域。第一，其首要的问题是：人身上除了心理和生理的元素之外，还有无一个起主宰、支托或实体作用的我或主体？第二，与此密切相关的问题是：如果说人的心理活动、过程、状态只能作为属性存在而不能作为独立的事物存在的话，那么它们后面有无一个作为它们主体或载体的我，或有无作为它们所有者的我？人、心是有主还是无主的？有主论和无主论就是围绕此问题而产生的两种对立理论。第三，如果人内有一个我，这个我究竟是什么？其性质、相状、构成、特点是什么？与人之心身的其他方面是何关系？换言之，如果日常交流中所说的"我"一词有指称，它指的究竟是什么？如何予以描述？有什么样的本体论地位？其本质是什么？第四，如果人身上有我，此我是表现为一还是表现为多？这最后的问题在西方直到弗洛伊德提出我的三层结构说（自我、本我、超我）才为人们所重视，而在印度和中国心灵哲学中则一直是受到高度关注的问题。

中国心灵哲学对作为心灵之主干的我的探讨很有特色和深度。一般认为，思维的器官是心而不是脑。例如，《史记·殷本纪》记载："纣怒曰：'吾闻圣人心有七窍。'"《黄帝内经·素问》云："心者，君主之官也，神明出焉。"《黄帝内经·灵枢》云："心者，五脏六腑之大主也，精神之所舍也。"道家道教一般认为，心理现象的主体是心神。中国化佛教坚持的是印度佛教的这样的观点，即认为阿赖耶识是心的主体或载体，但此载体恒转如瀑流，没有常性、实体性、主宰性和同一不变性。应看到的是，中国也有无主论，即认为人身上不存在一般人所说的那种主体，王阳明有对"心灵主体"的解构。有人评述说：这使中国心灵哲学整体性特征受到严重震撼。①同时，这是后心学的一个出发点。

---

① 参阅任文利：《心学的形而上学问题探本》，中州古籍出版社2005年版，第3页。

第四章 东西方的心灵观比较

在自我的其他问题上，中国心灵哲学的探讨近于佛教，主要有两方面：一是破我，二是立我。先看道学的探讨。它既破我，又立我。

破我论主要是破除常识和传统所理解的作为同一不变实体、主宰的我或心。《玄珠录》云："一本无我，合业为我。我本无心，合生为心。……空则无我、无生、无心、无识。"意为人本无同一不变的实体性自我，如果有的话，它指的不过是因缘合和的聚合体。心也是这样。

要理解破我论或无我论，必须弄清有我论。因为前者是针对后者而阐发的。有多种有我论，它们的共同之处在于：承认众因素组合的人体之内有一特殊的存在，即我，它是人以外的事物所不具有的，因此认为有我是人之为人的一个标志性特征。不同在于：对这个我究竟是什么，是一种什么样的实在，人们见仁见智。有人认为是心神或神识，有人认为是自己的思维、感觉之类的经验。《文始真经》对此观点做了这样的描述："世之人，以我思异彼思，彼思异我思，分人我者……以我痛异彼痛，彼痛异我痛……"这里所说的"世之人"，实即传统的、坚持有我论的人。《文始真经》以经验证明了有我论是不能成立的。因为枯龟无我，能据此推知很多东西。"枯龟无我，能见大知。磁石无我，能见大力。钟鼓无我，能见大音。舟车无我，能见远行。故我一身，虽有智有力有行有音，未尝有我。"人没有作为我的心，照样有智、有力，正像磁石、舟车无心而能有力、有行一样。《文始真经》认为，通常把心作为我，也是不能成立的，因为心是因缘和合的产物，不是对象，也不能归结于我。"物我交（相互作用），心生"，正像"两木摩（擦）"有"火生"一样。这些生起的东西不是由单一因素决定的。就心的特点来说，它有这样的特点：一是无时，即有超越时间的特点；二是无定域，即"心无方"。非心事物都局限于特定时空。[①]

有我论还从构成上认为，精、神就是我，或至少是我的构成。《文始真经》认为，精属水，因此像水一样可分可合。既然可分可合，它就不是不变的实体，就不是小人式存在，其内"无人"。《文始真经》云："水可析可合，精无人也。"神的特点也是无我，即不是恒一不变的实体。因为神属火，因此像火一样连续不断，其内没有不变之主体。《文始真经》云："火因膏因薪，神无我也。"万物

[①]《文始真经》。

包括牙齿、春夏等都无我。这近于佛教的"诸法无我"。总之,"以精无人,故米去壳则精存"。①人中无实体性存在,就像谷去皮而有精米存一样。"以神无我,故鬼凭物则神见。"②意为通常把精与神当作实体、我,也是不能成立的,因为它们是五行结合的产物。五行分开,精神也随之消失。例如,心为心脏之神,由于心脏像火的燃烧离不开众多条件一样,因此"神无我"。"精神,水火也,五行互生灭之,其来无首,其往无尾,则吾之精一滴无存亡尔(没有一滴的增加和减少),吾之神一欻(闪)无起灭尔,惟无我无人,无首无尾。"③由上可知,《文始真经》所理解的心灵不是小人式的或搅拌机式的东西,而是像火焰一样的状态。

《文始真经》以鼓声比喻心的构成和特点,表达了一种极富远见的心灵观。该经认为,鼓的形体像"我"的身体,鼓发出的声音像我的感觉、心神,声音消失了,"余声尚存"。身上的所谓我、心等就像鼓发出的声音,本来它们会随着身的消失而消失,但由于有余力存在,因此也会像声音的余声一样存在一定的时间。《文始真经》说:"鼓之形如我之精,鼓之声如我之神,其余声者,犹之魂魄。"④由此可见,心是一个由多因素构成的混合体,本身不是一个独存之体。

道教看到的心灵世界是由多种不同性质和作用的实在所组成的异质混合体,里面尽管没有多个我,但有许多神。其表现是,在人身内外到处都充满神,甚至每个关节、毛孔中都有神。人体内居中心的神是真神或元神,存真即存想真人所在的地方。此外,主要的神还有泥丸夫人,即脑室中央之神。它宜静,因为静则安,动则伤。神的形式还有各部分的神,等等。一切神中的根本即为元神,其特点是,无中妙有,寂然不动,可以说是无,但又能感而遂通,因此又是有。如果把这个神看作是我,那么道教承认有我。但不承认其他神是我,因为它们都是因缘和合的。

儒家在自我问题上的观点也比较辩证。它的基本观点是,人有特定意义上的我,但没有一般人所理解的那种小人式的、实体性的我。因为从体上说,人内部

---

① 《文始真经》。
② 《文始真经》。
③ 《文始真经》。
④ 《文始真经》。

找不到这样的我。《圣学宗传》云："此心中虚，实无有我，其妄立我，乃外意尔，非虚中之所有。"据说，这句话是从周文王口中说出并传下来的，但实际上是后来的圣学传人为了让圣人理论具体化、形象化，而赋予周文王的。理学主要从应然的角度做了论证，认为人如果真的能做到无我，那么就能转凡成圣。张载说："无我而后大，大成性而后圣。""圣不可知也，无心之妙，非有心所及也。"要无我，就要忘物累，"存神过化，忘物累而顺性命者乎"。①

当然，在特定意义上又可以承认人有我，例如，如果把人区别于非人的那种灵秀之气或人的其他独特性称作我，那是完全可以的。根据张载的观点，人是天地万物之秀气，即人也由气构成，只不过构成人的气更精更秀，气的组合方式更奇更妙。这种特殊性就可看作是我。邵雍认为，具备八个必要条件即为人，"八者具备，然后谓之人"。②从语言用法上说，人、我的真实意思不是说另有一个实体，而是命名时，人们约定俗成地把具有上述八个特点的实在称作我或人。所谓八是指耳、目、鼻、口、心、胆、脾、肾。心、胆、脾、肾四类器官中有四种机制，加上这四种机制所具有的功能即为八。四种机制是，心之灵曰神，胆之灵曰魄，脾之灵曰魂，肾之灵曰精。四种功能是，心之神发乎目曰视，肾之精发乎耳曰听，脾之魂发乎鼻曰臭（嗅），胆之魄发乎口则谓言。有这八方面且能发挥其作用，即为人，为我。

三、多主体论视野下的心理结构论

中国心灵哲学所理解的广义的"心"指的是一个包含多种各自独立的心理成员和主体（如前述的魂、魄、精、神、灵、狭义的心等）的松散的统一体（当然也有将其进行实质性合并、归化、统一的倾向），而且其边界是模糊的，与物的界线不是整齐划一的，因为在心物之间有非心非物或亦心亦物的现象，如浩然之气、脾气等。需进一步探讨的问题是：中国心灵哲学如何看待它们的内部关系和结构图景呢？大致来说，有四种倾向。

一是各自独立论。《黄帝内经》的表述最为充分。它说："心者，生之本，

---

① 张载：《张载集》。
② 黄宗羲：《宋元学案》。

神之处也，其华在面，其充在血脉，为阳中之太阳，通于夏气。肺者，气之本，魄之处也，其华在毛，其充在皮……""夫血之与气，异名同类……营卫者，精气也，血者，神气也。故血之与气，异名同类焉。"从这个心理地图我们可以看出，广义的心的结构不是一个点状的东西，而是一个像由许多小国组成的松散的合众国一样，里面有许多各自为政的主宰，它们既有自己的居所、领地、权力，又有自己的构成、性质、特点等，例如，魄在肺中，精在肾中，魂在肝中。这显然是一种举世无双的心灵观。根据它，心是没有固定的定域的，弥散于全身，各个心理主体都有它们的领地和物质所依。它们既有自己特定的生理作用，又有自己特定的心理功能。它们一般是平起平坐的，但如果说有一个的权力稍微大一点的话，那只能说心有这样的地位。另外，《黄帝内经》中所记述的黄帝与岐伯的一段对话也表达了大致相同的思想。"何谓德、气、生、精、神、魂、魄、心、意、志、思、智、虑？"岐伯答："天之在我者，德也，地之在我者，气也。德流气薄而生者也。故生之来谓之精；两精相搏谓之神；随神往来者谓之魂；并精而出入者谓之魄；所以任物者谓之心；心有所忆谓之意；意之所存谓之志；因志而存变谓之思；因思而远慕谓之虑；因虑而处物谓之智。"这意思是说，天赐予人的即为德，或者说，人身心中先天的而不来自后天的东西即为德；天德流布，地气磅礴，万物便化生；生命的来到即为精，阴阳两精互相撞击的威力谓之神；而用以支使事物、处理与事物的关系的东西可称作心，在心里将已认识到的观念提取出来加工的活动就是意。这里所说的意有点类似于西方人所说的心理的意向性结构及意向活动。这种意进一步发挥其指向作用、瞄准某一对象或目标即为志。由志而存心变化即为思。从这里可以看出，心理世界的确是一个包括很多成员的大家庭，其中的有些主体、样式、角色尽管有派生关系，例如，智来自虑，虑来自思，思来自志，志来自意，而意源于心，但一经产生，又都有其平起平坐的地位，有自己的独有功能。它们的不同不仅表现在作用上，还表现在有不同的定位。另外，诸心理成员与身体也不是绝对隔绝的，因为一方面，它们要居住在有关的身体部位中；另一方面，它们要发挥作用，需要有关部门提供能量，如五脏的作用就不可或缺。

二是归并论。它比较复杂，其中有的只强调：可将某一或某几种样式归并为一种样式，有些则坚持所有心理样式实质上是某一样式。例如，在精气与魂、心

第四章　东西方的心灵观比较

等的关系上，王充认为，魂、心等就是精气。这是他坚持唯物主义的气一元论的表现。王充对气的区分很细致，如认为元气中的气有精粗之分，其精微部分即精气。它是构成天、人以及精神的气。构成人的精气又有等级之分。例如，魂就由其中较精微的气所构成。"夫魂者，精气也；精气之行，与云烟等。"[①]人之所以有凡圣差别，也是由气的精的程度所决定的。圣人之所以为圣人，是因为构成他的气更精密。例如，他有殊绝之知，就是因为他有特殊的精气。"禀天精微之气，故其为有殊绝之知。"[②]有的人则把魂、神等归并为精，如唐代吴筠说："阳之精曰魂与神，阴之精曰尸与魄。"[③]在魂魄与神的关系上，魏伯阳认为，它们可以等同，如说："阳神曰魂，阴神曰魄。"阳神也可称作日魂，阴神可称作月魄，"魂之与魄，互为室宅"[④]。《道枢》认为，魂、魄、意都可看作神。归并论的最常见的形式是：从广义上理解心，把它看作包摄一切心理现象如魂魄等的大全。《左传·鲁昭公二十五年》云："心之精爽，是谓魂魄，魂魄去之，何以能久。"朱熹门人陈淳说："心也者，丽阴阳而乘其气，无间于动静，即神之所会，而为魄之主也。昼则阴伏藏而阳用事，阳主动，故神运魄随而为寤。夜则阳伏藏而阴用事，阴主静，故魄定神蛰而为寐。神之运，故虚灵知觉之体灼然呈露，如一阳复后，万物之有春意焉，而此心之于寤也，为主。神之蛰，故虚灵知觉之体沉然潜隐，悄然踪迹，如纯坤之月，万物之生性，不可窥其朕焉，而此心之于寐也，为天主。"[⑤]

　　三是主中有主论，其主要体现在王夫之的有关论述之中。他承认魂、魄、心、意有不同定位，因而是不同的心理实在，但他利用《黄帝内经》的有关思想成功解决了中国心灵观的一大难题：分立的心理功能有无统一性？《黄帝内经·灵枢》云，肝藏血，血为魂之舍，脾藏营，营为意之舍。心藏脉，脉为神之舍，肺藏气，气为魄之舍，肾藏精，精为志之舍。是则五藏皆为性情之舍，而灵明发焉，不独心也。具有心智功能的不只是心，其他四脏也能生出特定的心智功能。先人之所以特别突出心的作用，有时给人这样的感觉，只有心才是心理现象的基础，原因

[①] 王充：《论衡》。
[②] 王充：《论衡》。
[③] 吴筠：《玄纲论》。
[④] 魏伯阳：《周易参同契》。
[⑤] 陈淳：《北溪全集》。

其实是：其他四脏的心理功能都与心之神这一功能有关，或会合于神，故"独立言"。王夫之说："君子独言心者，魂为神使，意因神发，魄待神动，志受神摄，故神为四者之津会也。然亦当知，凡言心，则四者在其中，非但一心之灵而余皆不灵。"①

四是一实多名论，这主要体现在新老儒家的论述之中。荀子认为性、情、虑、知、动、智、能，表面上是反映不同心理实在的概念，实际上所描述的是相同的实在，当然它们分别从不同角度反映了同一实在的不同方面的性质与特点。荀子说："生之所以然者谓之性，性之和所生，精合感应，不事而自然谓之性；性之好恶喜怒哀乐谓之情；情然而心为之择谓之虑；心虑而能为之动谓之伪。""所以知之在人者谓之知；知有所合谓之智；所以能之在人者谓之能。"《荀子》王阳明的论述更清楚，其思想有如下要点：第一，名无穷，只一性而已。名多的表现是，性、天、帝、命、心等。其实，性一而已，自其形体也谓之天，主宰也谓之帝，流行也谓之命，赋予人也谓之性，主于身也谓之心。第二，理、性、心、意、知、物，理一而已，以其理之凝聚而言，则谓之性，以其凝聚之主宰而言，则谓之心，以其主宰之发动而言，则谓之意；以其发动之明觉而言，则谓之知；以其明觉之感应而言，则谓之物。第三，身、心、物等只是一件，因为指其充塞处言之谓之身，指其主宰处言之谓之心，指意之涉着处谓之物。第四，精、气、神、灵、良知也具有一实多名论的特点。王阳明说："天地间腽塞充满，皆气也；气之灵，皆性也。人得气以生，而灵随之。""夫良知，一也，以其妙用而言谓之神，以其流行而言谓之气，以其凝聚而言谓之精。""气即是性，性即是气，原无性气之可分也。"②王阳明弟子徐樾说："天命之谓性。知者，心之灵也。自知之主宰言心，自知之无息言诚，自知之定理言性，自知之不二言敬，自知之莫测言神，自知之浑然言天，自知之寂然言隐，自知之徧覆言费，自知之不昧言学。"③

中国心灵哲学基于对世界的整体把握，先预设了复杂的心的简易之理、简易之本或体（有道是大道至简），然后强调既应运用理性认识的方法去认识，又应

---

① 王夫之：《思问录·外篇》。
② 王守仁：《王阳明全集》。
③ 周汝登：《周汝登集》。

第四章 东西方的心灵观比较

运用非理性的方法如直觉等去把握，更要用东方人发明的且长于运用的禅定、寂照等手段去体验、证悟。于是基于对世界的理解，中国哲人形成了这样的致思、致学取向，即穷易简之理，尽天人之奥。在心灵哲学中，这也是有用的原则。基于上述取向或预设，复杂的心理现象之后有简易的道、理或体。心灵观的任务就是找到它。如此，一切万事大吉。"大道不离方寸地，工夫细密有行持。"[1]"推此心而与道合，此心即道也；体此道而与心会，此道即心也。……心外无别道，道外无别物也。"[2]

中国心灵哲学占主导地位的心灵观是宽心灵观，即不把心局限于大脑或心脏之内，有的甚至不局限于人身之内，而认为心弥散于主客之间，乃至可与世界一样大。例如，二程认为，心不是实体性东西，不是固定的性质，没有确定的空间定位，只是身体的作用的一种表现。二程说："心一也，有指体而言者（寂然不动是也），有指用而言者（感而遂通是也），惟观其所见何如耳。"[3]就其体而言，心有形体、有限量，就其用而言，心无形、无限量。由于心有这一特点，它便与性、理有密切关系，有时甚至有同义的关系。例如，理学经常说"心即理"，或"心之本体即是性，性即是理"[4]。朱熹说："天所赋为命，物所受为性。赋者命也，所赋者气也；受者性也，所受者气也。"[5]性是理之落实。而"心"是从特定的方面对万物本体的一种言说方式，其所指与性、理、体等大同小异。二程说："在天为命，在人为性，论其所主为心。"[6]朱熹说："盖主宰运用底便是心，性便是会怎地做底理。性则一定在这里，到主宰运用却在心。情只是几个路子，随这路子怎地做去底，却又是心。"[7]

由心灵观的外在主义或反实体主义、反单子主义的特点所决定，中国哲学所说的"心"或"心灵"，就不是指一个东西、一种性质，因此不是一个概念，而是一个简写的句子或命题，全写即为，心有灵性。[8]

---

[1] 白玉蟾：《大道歌》。
[2] 白玉蟾：《谢张紫阳书》。
[3] 程颢、程颐：《二程集》。
[4] 王守仁：《王阳明全集》。
[5] 黎靖德编：《朱子语类》。
[6] 程颢、程颐：《二程集》。
[7] 黎靖德编：《朱子语类》。
[8] 张君房编：《云笈七签》。

中国心灵观中占主导地位的是一元论基础上的多样性理论（多元论）。当然也有例外，如刘宗周的理论就接近于笛卡儿的实体二元论。他认为，身是实体（有物质充实之体），心为虚体（无形之物所成之像方寸一样的虚灵之体）。当然这样的看法只是个别现象，一般都持关于人的非二元的、整体的概念图式。根据这一图式，人既是内在多要素的统一，又是人与环境的统一。《礼记·礼运》云："人者，其天地之德，阴阳之交，鬼神之会，五行之秀气也。"这里的鬼即魄或形之精，神即气之精。《礼记·正义》解释说："鬼谓形体，神谓精灵。"理学、心学等也讲理与气、道与器、心与物，但不把它们作为二元对立物看待，而把它们看作是同一东西的不同方面，或者是描述同一对象的不同方式，或如牟宗三所说的，是对它的"分解的表示"。①

第三节　比较视野下的印度心灵观

正如德雷福斯和汤普森在对东西方心灵哲学进行比较研究时所说的，由于东方思想极其复杂，例如，隶属于不同文化，每种文化内又有纷繁复杂的派系，即使是就心灵观这一狭小的领域来说，它里面也是小中见大，即生发开来，里面问题重重，山回水曲。西方的对应理论也是如此。因此要进行比较，就应分解、限定，具体问题具体分析。在这里，我们要将印度的心灵观与别的文化的心灵观进行比较，也应如此。为了避免流于空泛，我们这里先考释佛教对心灵观问题的具体回答。

一、佛教无我心灵观的理解问题

当我们把佛教心灵观置于现当代西方的大背景之下考察时，我们立马有这样的印象：它有后现代取消论的特色。许多西方学者正是基于此得出了这样的结论，佛教心灵观是无我心灵观。其实，根据我们的解读，这是误读，或至少犯了以偏概全的错误。

---

① 牟宗三：《心体与性体（二）》。

第四章 东西方的心灵观比较

诚然，佛教像现当代许多心灵哲学理论一样，对世间心理学进行了颠覆性、解构性分析，但须知，它又没有像取消主义那样得出关于心理语词、心理观念、心理现象的取消论结论。它在特定意义上论证了无我论，做了破我的工作，但它又有立我的一面，因此不能简单归结为无我心灵观。

佛教不同于西方取消论心灵观的地方在于，佛教的批判只是为了清理建构心灵观的地基，并不一概否定心理现象及作为其核心的、特定意义的我，所得出的结论是：心理现象只是"体空"。所谓体空，是佛教从理体上在心理现象中所看到的本质。佛教看问题除了从理体上去看之外，还同时重视从事相上看问题。二者同样重要，且并行不悖。因为佛教对事理关系坚持的是"事理不二"的原则。基于此，佛教在强调心理现象体空的同时，又从事相上给予心理现象特殊的本体论地位，即承认它们有"妙有"的地位。根据事理不二原则，体空不碍妙有，正所谓"究竟理地，不立一法，佛事门中，不舍一法"。另外，根据佛教心灵哲学的"一心二门"（生灭心和真心，详见后文）这一总纲，由于心有生灭心和真心两方面，所以它的心灵观也有两方面。它关于真心的观点举世无双，例如，它强调真心就是真我，它有体大、相大、用大等特点。这里隐藏的心灵观是无我论心灵观一词概括不了的。即使关于生灭心的观点回答了一般哲学心灵观的种种问题，但也不能简单说是无我论心灵观。

心里面没有实体、主体，其本身也不是实体、主体。佛教的这一观点无疑开了后现代主义解构传统主体论、实体论的先河。在古印度，主体论、实体论也极盛行，例如，有外道认为，作为实体的心极微；还有外道认为，此心非一个东西，而是弥漫性实体，遍一切处；还有外道认为，"微细心，身中恒有"[1]。佛教对这些观点都持批判否定态度。佛教在这类问题上的肯定的观点是，心是由根、尘、第八识等诸因素的共同作用而形成的一种现象。佛教把想、受、思、识等称作蕴或阴足以说明这一点。"蕴"就是多因素的聚集或和合体。由于是和合体，因此是假非真。就心的全体说，心的深处是本净、寂然或真心，而真心只有在见到心无所有，或见到无心的前提下，才会出现。有经云："心无有心，则曰本净。"[2]论

---

[1]《大乘广百论释论》。
[2]《持人菩萨经》。

云："心已清净，不随尘劳，不为污染。所以者何？知除所有，心则清净。……心有所著，便为尘劳。心以解明，则致清净。"①意思是说，心有两种，即染心或妄心和净心或真心。但它们不是两个心，而是同一心的两种不同显现。当心有所著时，心便表现为染心；当心明了事物本性、不取不著时，心就表现为净心。因此，心的本性是既空无，又妙有。例如，一方面，它"犹如幻化，无有一法而可施"，"如梦所见，其相寂静"，"犹如阳焰，究竟尽灭"，"不可取得，不可睹见"。②但另一方面，此心又能布施一切众生，能发起一切正勤，"能修习一切静虑解脱三摩地"③。既然如此，它一定有有的一面。

对于一般读者来说，佛教在心之有无问题上的思想似存在着自相矛盾，因为它既说其无，又说其有。该怎样看待这个问题呢？笔者认为，要理解佛教这方面的思想，关键是坚持佛教的不定说。因为佛教在不同语境下有不同说法，即有时说有，有时说无，有时说既有又无，有时说非有非无，有时说离四句、绝百非。而且不同语境下所说的"有""无"的意义不完全一样，如有时说的是假有、假无，有时说的是真有、真无。

心既有又无。因为佛菩萨随顺世间，"权说为有，是故一切能诠所诠，俗有真无，不应固执"④。尘、根、我、六识、本识都只有相似之处，既有又无。从识与其他诸法的关系看，识是有，余法是无。从体性上说，诸法既然是无，识也是无。"识所取四种境界，谓尘、根、我及识所摄，实无体相，所取既无，能取"也是如此，因为能取是"乱识"。⑤心尽管体性空无，但能随缘变现，生出万事万物。尽管能生、能变，但又能随缘不变。如偈所云："依止妄业有世间，爱非爱果恒相续。""心有大力世界生，自在能为变化主，恶想善心更造集，过现未来生死因。"⑥

二、佛教的心理地理学

如前所述，心理地理学或地图学问题既是心灵观的重大问题，也是建构

---

① 《持人菩萨经》。
② 《大宝积经》。
③ 《大宝积经》。
④ 《大乘广百论释论》。
⑤ 《中边分别论》。
⑥ 《大乘本生心地观经》。

心灵观尤其是如实知心、认识心之本质的一个前提条件。因为要知心之真实性，建构如实的心灵观，要治心，必不可少的是了心，尽知一切心，即对所有一切心理现象有全面的认识、把握。在佛教看来，十方诸佛之所以究竟解脱，正是因为他们如实遍知一切心，获得了关于心的真理。例如，通过累世的实证亲历，通过大量的对心理的"田野调查""古生物学研究""心理地理、地质普查"，进而运用逼近心理现象本质的下述方法，即"观心心法"（即观察一切心理的心法、要诀）或"心相观法"或"观尽法"（能将一切心法观尽）[1]，尤其是用特殊的智慧内证自心，最终获得了关于心的本来面目的如实遍知。

佛教用这种类似于"人口普查"的"观尽法"捕捉到的心理现象远大于世间哲学和常识所知的范围，例如，它所知的自在真心和现象学真心（详见后文），就是如此而已。它所知的生灭心尽管就是世间一般所关心的心，但对它们的样式和构成的理解根本有别于世间，最明显的是范围极大。从价值属性上说，它们不出如下三类：一是于己于人有害的、负面的、不健康的、消极的心理现象；二是有益有利的、正面的、积极健康的心理现象；三是没有善恶两种性的、中性的心理现象，即无记心法。根据佛教大而全的本体论范畴体系，它们是五位法中的心法、心所法和部分心不相应行法。心法主要是八识心王，其中的末那识和阿赖耶识是世间完全或几乎不涉及的。心所法是指，"依止于心，系属于心，依心而转，扶助于心"[2]，即伴随诸心王而出现的派生性心理现象，主要属世间心理学所说的情绪、情感、个性心理、意欲等的范畴。就广义的行蕴而言，心所法是两种行蕴（即心相应行法、心不相应行法）之一。关于心所法的分类很多，如《佛说寂志果经》把它分为16种，有部《发智论》说有8类55心所，南传上座部《摄阿毗达磨义论》说有3类或7类共52心所，《大乘阿毗达磨集论》卷一列举55种心所，《大乘百法明门论》《成唯识论》说有6类51心所。密教《大日经》说有160种心，无上瑜伽说有80种心，南传佛教说有89种心。心不相应行法中有一些法带有心理现象的性质。"行"指的是由能量、材料、作用力的实在所做的

---

[1]《增一阿含经》。
[2]《佛说决定义经》。

"功"、所起的作用、所产生的结果。最广义的行，指的是有为法，包括无为法外的四类法（色法、心法、心所法、心不相应行法），如三法印中所说的"诸行"指的就是一切有为法。《阿毗达磨俱舍论》云："诸行即是一切有为。"范围稍小的行法是五阴中的行阴，最狭的是五位法中的心不相应行法。[1]五阴中的行法，有五类，即尘、别住、不净、清净、事。"六种思聚胜力牵果是名行尘。生老住等不相应行和合积聚名别住行……三毒等行名为不净。信等善根名为净行。如前五种，知与尘等，是名为事。"[2]这里所说的贪嗔痴"三毒"以及信等善根要么本身就是心理现象，要么与心理有关，或是心理的构成要素。即使是心不相应行法中，有些要么属心理现象，要么与之有关，如无想定、灭尽定就是一种心理状态，而名身、句身、文身等则与心有关，是心理活动的产物。

三、阿赖耶识、末那识与心的底层图景

阿赖耶识可以说是生灭心的核心、根基或主体，因此是佛教心灵观的重中之重。之所以说它是主体，是因为阿赖耶识中有阿陀那识这一功能柱。正是在此意义上，阿赖耶识有它功能上的另一命名，即阿陀那识。根据佛教的看法，阿陀那识既是实体，又是主体。分散的器官之所以表现为统一体，人之所以以聚合体形式存在，是因为里面有此识把诸身根、其余诸心识组合在一起，成为它们的依止或依托。是故应说："阿陀那识为依止，为建立。"[3]同时，心意识的统一，生命的流转，也是以之为轴心的。由于有它，才有"六识身转"。阿陀那识说的只是第八识的三个功能之一（另两个是藏识、异熟识），即执持根身和种子，"以能执持诸法种子，及能执受色根依处，亦能执取结生相续，故说此识名阿陀那"[4]。根据《楞严经》的说法，阿陀那识有这样几个特点。第一，此识本是如来藏。只有一点不同，它有生灭性，是不生不灭与生灭的和合，进而成了含藏、执持识，因此严格地说，它亲依如来藏。第二，从体上说，它是真本，即菩提妙元清净体。从真妄上说，它真妄和合、其体全真，但掺杂了无明习气之妄。因此不能孤立地

---

[1]《阿毗达磨俱舍论》。
[2]《决定藏论》。
[3]《解深密经》。
[4]《成唯识论》。

说它真，否则，就容易让人迷妄为真；也不能说它就是妄，因为这样说容易让人迷真为妄。第三，从作用上说，它执持一切染净种子及心身世界，不令散失，是生死本。第四，从它与识藏（能藏）的关系看，圆瑛法师说："此识即如来藏，受无明熏，转如来藏，而成识藏。"①第五，从相状和认知上说，其体渊深，微细难知，二乘不能知其源，等觉未能窥其际。唯佛能知。若不具足相应条件，佛不向人演说。此即"我常不开演"②。第六，从与生死的关系看，它是生死转换的枢纽，它能受习气熏染，或受熏种子，同时又能引生诸趣，因此如暴流恒转不息。圆瑛法师说："习气即无明种子，展转熏变，妄上加妄，渐起诸结，而成生死暴流。"③第七，从它与身体的关系看，尽管它摄持根身，但也有对根身依赖的一面，即总是住于某一根身之中，在其中运行，"虽无分别，依身运行"④。

另外，阿赖耶识也是别的一切心理现象生起的总根源，例如眼识之出现，除依于根与境（色）的作用外，还离不开内心深处的识。不仅如此，正像康德所说的先验自我意识能伴随一切认识，而没有哪种认识能永远伴随先验自我意识一样，阿赖耶识也是这样，能伴随一切心理现象，即"俱随行"，而不能相反。⑤

末那识是以阿赖耶识为基础的决定众生之所以有如此这般现实的心理的一个枢纽，尤其是人的自我感、自我意识的根源，因此是佛教自我理论的论题，也是理解佛教心灵观的关键。佛教自我理论的特点是，先搁置有我无我、我是什么之类的形而上学问题，直接从这样的认识论、现象学问题入手，即人们的自我信念、自我感是什么，是怎样形成的。这一解决自我问题的方法论路径已成了当代西方自我研究的共识。

佛教认为，有这样的现象学事实，即每个现实的人都有我痴、我见、我慢、我爱。所谓我痴、我见，即一般常人的貌似天经地义的观点和惯性思维：除肉体存在之外，还有我存在。我是人的主体、中心，因此一切以我为转移。对于这个我的构成、性质、作用、特点等，人们还有大致相同的看法，即认为它有同一性、单一性、主宰性、恒常性等特点。有此自我意识或自我感是事实。佛教不否认这

---

① 《大佛顶首楞严经讲义（下）》。
② 《楞严经》。
③ 《大佛顶首楞严经讲义（下）》。
④ 《大乘密严经》。
⑤ 《解深密经》。

一点，但认为，由此断定自我的存在则是错误的。因为有观念，不一定有观念所关于的对象，例如，许多人有关于上帝的观念，但上帝不一定是存在的。另外，深入分析人们的自我感的起源，也有助于弄清自我究竟存在与否。佛教关于末那识的理论要做的正是这一工作。

佛教认为，人们的自我感及其伴随的我痴、我见、我慢、我爱四烦恼都根源于末那识，因此末那识是佛教在心灵的深掘中所找到的一个有助于说明常人的我执、我慢、自我意识等现象的深层心理。末那识尽管也可称作"意"，此"意"尽管也是一种思量作用，但显然不同于作为第六识的意识，这是因为，第一，它的对象只有一个，即恒缘第八识的见分为我。第二，它的思量根本不同于第六识的思量，因为后者是间断的，而前者一刻也不中断，故经论在概括它的特点时常说"恒审思量"。第三，它尽管是意识的一种形式或"分位"，但它比一般的第六识要深、要细，例如远离粗浅的自我意识，故一般人事实上都有此识，但却不知有它。是故，可把它看作是表层心理之后的一种深层心理。第四，就依止和根本特点而言，它是依止于第八识而相续转起的，是以思量为其体性和行相的，恒把第八识执着为自我。这些足以说明，常人尽管客观上有这样那样的自我意识、自我信念、自我感，但其后并没有人们所相信的那个常一不变的自我。自我只是在无明驱使下错误执着第八识而形成的一个幻觉。它在认识上是错误的，在实践上害人不浅，最严重的是让人沉沦苦海。

既然佛教否认了常识（其实也包括佛教以外的大多数哲学理论）的自我论，因此自然也否认了它们的心灵观。常识心灵观用西方现今常用的一个词即"小人理论"来表述是十分恰当的。根据这种心灵观，每个人的心理世界犹如一个人，自我外的各种心理样式犹如人的头、手、足等，而自我则是人中的小人，是所有主，是主体，是动因，拥有且操控一切。佛教通过对末那识的剥蒜头式或挖井式的解析，有力地解构了这种自我观，相应地，它必然也会建构自己的心灵观。这主要体现在它对阿赖耶识及其体、相、用的论述之中。从字面上说，阿赖耶识有着落处、依处、窟宅、家、藏、根本识等意，是佛教在向深层心理、微观意识深掘中所发现的一种心理现象。

阿赖耶识在表面上类似于常识心灵观所说的"小人"，其实根本不同。只要明白佛教对其相状和特点的揭示，就能明白这一点。其相状可描述为"恒转"，或有"转相"，即总处在生生灭灭的转变之中，始终相续不断，而没有一时停顿。

可见佛教所看到的心是像水流一样的东西，而非围绕"我"这一中心所组建起来的静态结构。

"非一非常"这个概念极为重要，其准确地把阿赖耶识的自相及特点揭示出来了，同时又把佛教关于心之主体和基质的思想与世间心灵哲学的实我论、断灭论区别开来了。根据实我论，有情身上有一个独立于五蕴和合的身体的实体性的、起主宰作用的、能维持有情之同一性的精神实体或我。而根据断灭论，有情身上完全没有我或心灵。佛教的观点介于两者之间，承认有情身上有我，但这个我非一、非常，即不是实体性、常一不变的存在，它生生灭灭，变动不居，同时，它又非异、非无常，即有其相对的常性，就像流水一样，后水与前水不是同一个水。古希腊哲学家说人不能两次踏进同一条河流，但前后相续的水毕竟有其相对的同一性，不同于分别装于不同地方的水。

佛教尽管力主无我，但在特定意义上又立我。这个我有两种：一是真心（详见后文），二是阿赖耶识。后者的特点是非断非常，恒转如暴流。由于它能作诸识之依、诸身根之基，因此似有人们常识观念中的"我"的作用，外道正是这样看的。其实不然。阿赖耶识像别法一样，也是因缘和合而生的，无常、体空。"微妙一相，本来寂静。"[①]说阿赖耶识因缘和合，主要表现在：佛教一直强调它是生灭与不生灭的和合；说它有生灭，是因为它是像流水一样的幻法；说它不生不灭，是因为它是由真心在一念无明妄动时转化出来的。是故它之内也有真心之清净体性。基于这一认识，佛教表达了一种介于恒常论与断灭论的辩证的心灵观。根据这一观点，心以及作为其核心、基础的阿赖耶识是"非断、非常、恒转"的。

四、佛教的心理结构论

佛教不仅像精神分析学一样承认有深层次的心理现象，而且走得更远，挖掘到了无意识后的更深的心理，真可谓穷边达底。由此所决定，佛教的心理结构分析面临的任务就比一般心灵哲学更繁重。佛教对心理现象的结构分析既有对作为整体的心的结构分析，又有对作为部分的心的结构分析，还有对作为个例的心的结构分析。这里择主要的略作考释。

---

① 《大乘密严经》。

先看佛教对作为个例的心的结构分析。从历时性角度看，任何一个心理现象尤其是认知性心理必然要经历下述依次继起的五种心理：①率尔心（始对外境所起之心）；②寻求心（欲知之心）；③决定心（决断之心）；④染净心；⑤等流心（前后念念相续，无有间断，可引出后续之心）。就善心来说，它们由萌芽至成就要经历八个阶段或八种心，即种子心、芽种心、疮种心、叶种心、敷华心、成果心、受用种子心、婴童心。从历时性角度的另一描述是，前后接续的心理现象具有等无间性。这是佛教的心理结构学说中最有个性而又最有学理价值的思想，值得世间心灵哲学思考。所谓等无间性是指，在前的心对于其后紧接着的后续的心是等无间缘。历时性分析像共时性分析一样也可以进至微观世界。例如，从微观角度分析一念心的历时性过程就能如愿。《楞严经》说一念有九十刹那、一刹那有九百生灭。《仁王般若经·观尝品》说一念有九十刹那，一刹那经九百生灭。大量论典对一念的历时性结构做了不同的重构，有的分为九阶段（即九轮），有的分为五轮。所谓轮即轮子。识的运行像轮子转动一样，要经历自己的过程和阶段。僧伽婆罗译的《解脱道论》卷十、窥基著的《成唯识论掌中枢要》中论述的九轮分别是：有分心、转向心、五识见心、领受心、分别心或推度心、确定心、速行心、彼所缘心、有分心。

从共时性角度看，心有三方面：能量，即能测度、量知对象之能力或主体；所量，即被测度、量知的对象；量果，即经量知而形成的结果。另一常见的描述是把心看作是由见分、相分、自证分、证自证分四方面构成的现象学实在。这种描述是对活生生的、显现出来而非静止的心的描述，极具合理性。相分即所量，见分为能量，自证分为量果。见分是识的能识知的功能，或对相分的了别、把握。见分的对象是相分，自证分所照的对象是见分，证自证分的对象则是自证分。

佛教常见的一种结构描述是把心看作是一种像由染水、净水构成的水一样的结构。例如，唯识宗对心体结构、真心与妄心的关系的看法与《楞伽经》等经如出一辙，它们都把心看作类似于水的东西，妄心似沉渣、污秽，它们不离真心，真心如清水。但清水不是浊水外的水，将污秽清除，即清水。心也是这样，将妄心清除，即显真心。

佛教心理结构论最简单明了的表述是"一心二门"。门有相互区别和贯通的意思。这里的二即指生灭和真心。所谓生灭心，也可称作妄心，即世间心理学

第四章 东西方的心灵观比较

所关注的表层的心理现象。它也有多名，如攀缘心、缘虑心、生灭心、覆障心等。真心已如上述。从关系上说，真心与生灭心不是两个心，而是同一个心，是同一个心的两个方面。这两个方面的关系可做多角度的描述。第一，它们是覆障和被覆障的关系。妄心就像镜面上的灰尘，真心就像无尘的镜面，只要将尘埃清除干净，镜面就会显其本来面目。第二，真心与妄心就像净水与污水的关系。第三，真心与妄心是常与无常、不动不变与有动有变的关系。凡心总会随缘变动，生生灭灭，川流不息，但不管如何变，变动心、无常心后的心体则是不动不变的，坚如金刚。第四，真心如虚空，妄心如其中飞扬的尘埃。如果证得心如虚空、一切法平等的境界，即为真心现前。如果妄心当道，真心则退隐，但不等于无，只是不为行者所知。①真心妄心实即一心，当心不动，即真心，当心一动，真心便为妄心。第五，真心与妄心是一心二门的关系。自《大乘起信论》提出"一心二门"说之后，佛教中就盛行着由此角度说明真心与妄心关系的传统。经过历代大德的努力，这一说明模式越来越完善。根据这一模式，真心或真如心与妄心或生灭心本来就是一心，世上本来只有一心，但它有两个方面（门）。"如来藏一总源心，含其二义。一约体绝相门，谓一心性非染净等差别诸相。……二随缘起灭门。"②即真心随缘变现出有生灭性的诸法。尽管能随缘变现，但它本身随缘不变。

难能可贵的是，佛教在 2000 多年前就从现象学视角展开了对心理现象特别是经验意识的本质结构的分析。其基本观点近于西方现象学的看法，扎哈维等新现象学家对此大加赞赏。根据这种分析，表现为经验流的意识尽管也可析出对象、内容、觉知、意向性和明见性等要素，其实它们是不能分开的，而表现为整体的流动。根据唯识大师法称的"行相说"，认知不可能赤手空拳地把握它的对象，而必须经过行相。而行相是对象留下来的映像或印记。行相不是意识之外的东西。不仅外在对象将自己呈现于意识之中是在行相下完成的，而且意识在知觉它的对象时接受的也是行相。因此行相就是意识中的对对象的表征，同时也是观看这个表征的意识。这种分析所包含的意思是，知觉内在地具有自反性。觉知接受的是对象的行相，并通过接纳它而显现那个行相。例如在显现外在事物的过程中，认

---

① 《最胜问菩萨十住除垢断结经》。
② 《大乘起信论略述》。

知显现自身。在陈那和法称看来，意识的内在的自反特征并不是它的超验和纯粹本质的结果，而是因为它是由对内在的表征的注视所构成的。一方面，意识有向外指向的特征（意向性），可称作客观的行相。这一特征是心理状态在外在对象影响下所接受的行相。另一方面，我们有关于我们自己心理状态的内在知识。这就是主观的方面，即足以让我们觉知到客观方面，形成关于对象的表征的特征。这两方面不能分开而存在。准确地说，每种心理状态都由两方面构成，因此必然是自反的（在觉知它的对象时觉知它本身）。

法称的观点近似于西方哲学家这样的观点，如强调意识就是自我意识，同时具有意向性和明见性或自反性，但又有不同。法称认为，意识就是以一种非二元的方式对自身的觉知，这种方式并不包含对意识做出独立的觉知。认知的人只是直接知道：他完成认知时无须一种对这种认知的独立知觉的介入。法称还认识到，心理状态有两种功能，即它既把握外在对象（所缘），又注视自身。认知不能还原为直接观察的过程，而包括着对内在表征的受持。然而这种注视不是这个词通常意义上的理解，因为一个心理过程的两方面是不可分离的。注视是对心理状态的"亲密"接触，即直接经验本身，正是通过它，我们在知觉事物时同时知觉到了我们的心理状态。

五、佛教的心理动力学

佛教的心理动力学主要体现在密宗的气论中。要知气论，又要从三身中的细身入手。就三身的关系而言，它们显然是不同的，这主要表现在，从第一身到第三身的粗细程度是不同的。第一身是宏观可见之身，由四大构成，第二身越来越细，到第三身，完全超越形象，是形上之身，主要表现为气、脉、明点。

密教的心理动力学主要体现在它独有的、至今仍在闪光的心气不二论之中。这既是理论，又是实践操作方法。陈健民说，它被"建立成一套圆满和善巧的心气修持系统"。"心气固对立，但亦互依互融。心与气者实一物之两面，因此心调则气调，气调则心亦调，心粗则企犷，心细则息微，心柔顺则气亦畅通，气充沛则心必爽朗。"[1]《地藏十析》云，气外驰，心亦外驰，故心者说为气。[2]

---
[1] 张澄基：《佛学今诠（下）》，慧炬出版社1990年版，第413页。
[2] 转引自陈健民：《曲肱斋全集（第四册）》，中国社会科学出版社2002年版，第213页。

第四章　东西方的心灵观比较

气，有时被称作风或息，指的是在人全身流动的物质性能量。对于它的住动、作用、有力、无力、趋入、认持情形、自性，《甚深内义》做了这样的概括："此下述风之自性，及其住动之情形"①，众生之所表现为时间流中的生命延续，换言之，之所以有时间延续性，是因为气与语结合。陈健民说："盖一切有情由气息须臾相集乃成时间。"②就与心的关系而言，它是心的物质基础。心与气的关系类似于骑手与马的关系。心感知、注意事物，离不开气的流动。此流动实即消耗、转化能量。同时，气还是维持呼吸、肢体运动、排泄、分泌、食物消化、血液循环的基础。气充满全身，聚集于脑、心及骨髓中，运行于经脉内。在不修行的人身上，气是自发地运行的，而修行者的修行其实是有意识控制气的运行。气的作用至关重要，因为生命的一切时、处都离不开气，从生命入胎始，就如此。之所以于一切处有作用，是因为气充满全身。具体而言，中脉中的命气，有为八识提供依持的作用。此即"能依八识住其中"。意为八识为所依，命气为能依。这种作用持续于人的一生之中，临死之时才离去。另外，人之所以有第七识及我执，也与命气有关，或者说，由此而产生、表现出来。因为若无命气，执我及分别，亦不出生。第七识若不住命气，便会致人昏迷、疯癫。人之所以有智慧，所造业之所以不失，也得益于气的摄持。如颂云："业与智慧混合住，其气有如虚空然。"③气与寿命息息相关："入气多则长寿，出气多则短命。"④气的本质像别的一切事物一样是无常的。"无常者，是时间迁流，息息不停之谓。而气则通时间而言，同时也是时间的准则。……无常二字，建立在气上，如人生一气不来，就无常了。"⑤

密教的心气不二论包含如下要点：第一，心以气为所依，为动力源泉，如心能指向体内、体外的事物，是离不开气的，心能发挥对身、物的作用，也是靠气完成的，故心即气。第二，气与心是对应的。第三，在凡夫和圣者身上，它们有合一之关系，但表现方式根本不同。凡夫的心气是不二的，有什么心，必伴有什

---

① 转引自陈健民：《曲肱斋全集（第四册）》，中国社会科学出版社2002年版，第195页。
② 陈健民：《曲肱斋全集（第四册）》，中国社会科学出版社2002年版，第196页。
③ 陈健民：《曲肱斋全集（第四册）》，中国社会科学出版社2002年版，第198页。
④ 陈健民：《曲肱斋全集（第一册）》，中国社会科学出版社2002年版，第285页。
⑤ 陈健民：《曲肱斋全集（第一册）》，中国社会科学出版社2002年版，第284页。

么气。如有嗔心，便有怒气，心散乱，气便像马一样四处奔走。[①]在修行人尤其是在圣者身上，心与气的不二关系的表现方式是大不相同的。例如在凡夫身上，二者的不二是自发的，而在行者身上则是自觉调适的结果，调适的目的是要减轻乃至熄灭负面心理，保护发扬健康积极心理。第四，心气的关系还在于：它们是不可分离的。心是得解脱还是轮回六道，都与气不相分离。《金刚鬘》云："风之善行到彼岸，风亦能令趋轮回，能断轮回亦属彼。"总之，气既能离断轮回，也能使人堕入轮回。心气是可以相互转化的。例如，"本来无我，妄执贪知，妄加分别，生起贪爱，则为贪气。不了知前六识，依于取舍，乃起嗔气"[②]。八识为一切行气，"说为三界之行气"[③]。

密教的心气不二论的最重要的心灵哲学意义在于：它为我们说明精神、意识如何可能具有反作用以及如何发挥对物质的反作用提供了思想资料。一般都承认，意识等精神现象本身不是物质，没有物质性能量，如仅据此，便会得出它们没有对身体及外界反作用的结论。但事实上，它们这方面的作用极其巨大，乃至不可思议。问题是这种反作用如何可能呢？这一直是心灵哲学家尤其是唯物主义者的一个难题。宗喀巴依据佛教基本原理所做的解释是：尽管"识非有身，彼无自力趣境之往来功能"，但由于它与气结合在一起，"与风俱转，则有趣境之功能"。[④]风之所以如此，是因为它本身包括微细物质及能量。"彼风无色者，意谓无如粗界之色，非谓全无细界之五色光明。"[⑤]由于风有这些元素，因此不仅能帮助识往来于诸对象之间，形成认识，而且"能动摇身等"。"身等"包括身体和外部世界。之所以如此，"亦是由具风故乃能尔。彼若无风，则不能动"[⑥]。

这里有一个问题，即气对粗心、细心有作用，但气是否只为贪道所独有？换言之，气对最细心、得解脱道的行者，是否还有作用呢？对此，密教内部有不同看法。有的论者持否定看法，以为至解脱道，则不必用气。陈健民根据心气不二论指出：解脱道照样有气的作用。"道位或可不如贪道之偏重气功，然其因位之气，

[①] 陈健民：《曲肱斋全集（第三册）》，中国社会科学出版社2002年版，第259页。
[②] 转引自陈健民：《曲肱斋全集（第四册）》，中国社会科学出版社2002年版，第215页。
[③] 转引自陈健民：《曲肱斋全集（第四册）》，中国社会科学出版社2002年版，第215页。
[④] 宗喀巴：《宗喀巴大师集（第四卷）》，民族出版社2001年版，第271页。
[⑤] 宗喀巴：《宗喀巴大师集（第四卷）》，民族出版社2001年版，第272页。
[⑥] 宗喀巴：《宗喀巴大师集（第四卷）》，民族出版社2001年版，第272页。

理如上述，原无二致。果位之光明，则大手印亦不可遗气独立而得明体也。故大手印、大圆满称为无生心气无二，贪道事业手印则称大乐心气无二。"[①]

第四节 西方心灵哲学心灵观的新探索

西方现当代对心灵观进行探讨的特点在于：围绕潜藏在一般人心灵中的心灵观（即民间心理学）展开了激烈的争论，涌现出大量崭新的理论，真可谓百花齐放、百家争鸣。我们先来考察FP。

一、民间心理学与"权威的"心灵观

最近西方心灵与认知研究的一项重要成果是在常人的心理生活中发现了起着经常性关键作用的FP。它隐藏在人的FP实践即对他人的行为做出解释和预言的实践后面，是使预言和解释得以可能的根据和资源，代表的是常人对心灵的总的看法。以前一般认为，它是常人的心灵理论，是错误的心理地理学、结构论和动力学，即常人的心灵观。新的一种看法是，它是人的认知结构的组成部分，无所谓错误、不错误。在西方心灵哲学家看来，它是所有人共有的。根据我们对东西方FP及其心灵观的研究，西方心灵哲学所发现和论及的FP只是他们从西方人的文化心理结构中抽象出来的东西，而不具有全人类性。因为我们在中国和印度的文化心理结构中分别发现了内容和性质有很大不同的FP。

西方的FP主要表现为一种小人理论，不同于中国FP的特点在于，它是以灵肉或心物二分为模型的。第一，西方的FP实即人们的常识心理观或心理概念模式，如认为信念等心理状态、事件是一种实在，像物理事物一样存在着，只是看不见、摸不着，没有形体性；第二，信念等像外物一样有存在的空间，那就是在"心灵里面"，这个"里面"像外部空间一样是非充实的，里面有心理的事件，它们要么是并列的，要么是先后继起的，相互之间可以互为因果，相互作用；第三，心理事件从属于因果律，由外部刺激所引起，进而又可引起人的行为；第四，

[①] 陈健民：《曲肱斋全集（第三册）》，中国社会科学出版社2002年版，第262页。

信念概念具有指向性，是"关于"某种事物的；第五，心理的主人就是自我，它是主体，因为有作为、有活动、有变化和作用，就一定有其主体。但是由于人们没有关于这种活动主体的直接认识，因此只能凭借想象、推理来设想它。而设想的参照也只能是已有的那一点知识，即关于外部世界的存在方式、结构、关系的本体论、结构论、地形学、地貌学以及非常贫乏的物理知识。根据这些知识，人们首先排除了身体，接着使出浑身解数，构想出了关于灵魂这样的一幅拟人化、拟物化的结构图景：灵魂是不可捉摸的人的影像，像气、雾、阴影一样，是人的生命的原则，是人的过去、现在的意识、意志的主体，能离开肉体从一个地方到另一个地方，梦中那能飞檐走壁、出入阴宅地府的东西正好就是灵魂，在肉体死亡之后，它转移到另一个东西之上，它还能进入人的肉体、动植物的躯体之中。很显然，除了无形体之外，它就是一个小人，就是一个物体。不难看出，西方人的 FP 所代表的这幅心理图景是一幅关于人的概念图式，至少是常识世界的组成部分或基础。

　　西方 FP 的"理论升华"就是如赖尔（Ryle）所说的作为"权威的学说"的二元论。说来十分奇怪，在哲学中，公开打出二元论旗帜的尽管只是少数人，但是大多数反二元论的哲学家，或在许多问题上都坚持唯物主义因而承认自己是唯物主义哲学家的人，其实并没有真正摆脱二元论的纠缠，在看待人及其心灵时，其实仍是二元论的。正是在这个意义上，赖尔、维特根斯坦和蒯因（W. Quine）等人认为，二元论是自古以来的"权威的学说"。赖尔说："有一种关于心的本质和位置的学说，它在理论家乃至普通人中非常流行，可以称其为权威的学说。"[①]当然，二元论在现当代西方有东山再起之势，对此，笔者在《心灵与身体——心灵哲学中的新二元论探微》一书中做了详细考释，可参阅。[②]新二元论的特点是，一方面对它的话语体系中的问题做掘进性探索，另一方面针对批评、颠覆性论证做回应和辩护，包括对它坚持的小人式的心灵观做辩护和进一步阐发。这里略述一二。科赫在《意识探秘：意识的神经生物学研究》一书中强调：说自我是小人（中译者将 homunculus 译为"微型人"，一般则译为"小人"）十分恰当，"有

---

① 吉尔伯特·赖尔：《心的概念》，刘建荣译，上海译文出版社 1988 年版，第 5 页。
② 高新民：《心灵与身体——心灵哲学中的新二元论探微》，商务印书馆 2012 年版。

非常吸引人之处",而且不是空穴来风,因为一方面,人们有关于我或小人的真实体验;另一方面,"在额叶内的某处,会存在一个在各方面都非常类似'小人'①的神经网络。这样的小人是无意识的,它接收大量来自后皮层的感觉输入……做决策,并将决策传到相应的运动处理单元"。②它的作用是"监视"后皮层。现当代二元论旗手哈特不仅承认人有独立的心灵,还强调它可以离体。这心灵不仅组织了自己的特殊世界,而且有自己的动力学,因为心灵有自己的"心理能量"。以视觉为例,我们"必须设想视觉经验所获得的'心理能量'……也存在于空间之中"③。这就是说,无体的心灵同样也存在于空间之中,只是没有固定的位置,就存在于它发生作用的地方,如眼睛看到对象、射出了光线时,心灵就存在于光线射出的地方。

二、外在主义、4E 理论的宽心灵观

当代心灵哲学最重要的一个成果是,看到了身体、行为、外在对象和环境因素等所谓情境因素对心的形成和构成的必不可少的作用,诞生了外在主义、4E 理论等崭新的心灵理论。在心灵观上,它们掀起了一场革命性的转向,即从单子主义心灵观、小人心灵观转向了延展心灵观或宽心灵观。这里先来看柏奇的反个体主义的宽心灵观。

柏奇的心灵观直接对立于上述"权威的"小人式的心灵观。通过对心理内容的独具慧眼的研究,他看到了心理现象的这样的本质特点,即是由外在的社会和自然因素而个体化的,渗透着社会的因素,例如渗透着人们共同建立起来的交流原则、心理归属的准则等,因此得出结论说:人类的心灵是在人与外在世界打交道的过程中建立起来的、渗透着社会性和关系性的实在,而不是一种纯个体主义的东西。④正是在此意义上,柏奇不厌其烦地强调:他的反个体主义不是一种知识论,也不是语言学中的一种纯粹的意义理论,不是心理学中的一种纯意识论,

---

① 据原文改动。——笔者注。
② 科赫:《意识探秘:意识的神经生物学研究》,顾凡及、侯晓迪译,上海科学技术出版社 2012 年版,第 416 页。
③ Hart W D. *The Engines of Soul*. Cambridge: Cambridge University Press, 1988:152.
④ Burge T. "Individualism and the mental". In Heil J (Ed.). *Philosophy of Mind*. Oxford: Oxford University Press, 2004.

而是一种形而上学的理论。可以毫不夸张地说，它是一种全新的形而上学心灵观。因为传统的心灵观，不管是常识的，还是科学的，不管是二元论的，还是一元论的，都几乎异口同声地断言，心灵如果存在的话，一定是一种单子性的东西、内在性的东西，至少是内在于大脑中的机能或属性。而柏奇则认为，心灵是非单子性的、非个体性的，更不可能是实体性的。心灵一旦现实地出现，不论是作为内容、表征，还是作为属性或机能，作为活动和过程，它一定以非单子性的、跨主体的、关系性的、弥散性的方式存在，它不内在于头脑之内，而弥漫在主客之间。显然，这种观点在以前是任何人都无法想象的。如果心灵是弥散性的、没有边界的现象，不是一个单个的实在，那么该怎样看待它事实上的自主性、主体性？它有没有中心、自我之类的结构？柏奇不否认心的自主性，不否认其内有作为主体的自我。他认为，他理解的自我是保存有许多先天资源的个体。它有自己的储藏结构，这结构比心理学所说的作为自我中心的心理结构更复杂。它拥有人发挥统一作用的先天条件、资源，如命题形式、命题交互联系等。他说："这些结构是作为我、思想者、推理者之构成要素的统一性资源。"[1]有这种结构的个体就是自我，就是能做出自我评价的推理者。

4E 理论的心灵观与上述观点可谓不谋而合。所谓 4E，即 4 个以 e 开头的英文单词：具身性（embodiment）、镶嵌性（embedment）、行然性（enactment）和延展性（extendedness）。这 4 个概念代表的是一种思考心灵的新的方式，也可以说是一场概念革命。其基本精神是，试图超出心灵的单子性疆界，冲出单子性心灵的"象牙塔"，而为心灵建立新的栖所。根据这一方案，过去的心灵理论的特点是：狭隘、封闭。4E 理论则不同，由于都突出头脑之外的情境因素对认知形成和构成的作用，因此也被称作认知科学的情境化运动。由于它们强调头脑之外的因素即情境因素对心的形成和构成的作用，将心的定位扩展至头脑之外，因此是一种反传统的心灵观。当然四种理论分别有不同的侧重，如具身论强调全部身体对心灵形成和构成的作用，延展论强调身体以外的环境的作用，生成论或行然论强调行为的作用，镶嵌论强调的是心嵌入了心以外的有关因素。

这里重点剖析一下克拉克的延展心灵观。在 1997 年的《在那里》一书中，

---

[1] Burge T. *Cognition Through Understanding*. Oxford: Oxford University Press, 2013: 36.

克拉克明确提出，要将身体、大脑与世界整合在一起。在后来的大量论著中，他进一步论证说：人的状况部分是由人用工具、人工产品和文化实践构造复杂环境的能力所决定的，而工具、文化实践等又自动地让我们的能力得到增强和提升。这就是说，我们的认知与我们的身体、行为以及环境是密不可分、相互塑造的。认知由非认知的东西所决定，而环境等非认知的东西又有由认知决定的一面，质言之，环境是由认知创造的。后来，由于查尔莫斯的加入，他们的认知理论增添了更多的形而上学意趣，甚至演绎出了一种独特的心灵观。例如，它自觉思考这样的心灵观和世界观问题：心灵终止于哪里？世界开始于哪里？他们通过研究具有高度复杂相互联系的系统而得出的就是一种反传统的宽心灵观结论。其要点是，心灵不局限于头脑之内，而是超越于皮肤。心所认识的、与之发生关系的东西都是心的组成部分，甚至我现在手上拿的手机也是我的心灵的部分。[1]这是因为心灵在发生作用时离不开外部世界的有关部分。其关键词是延展（extension），意为心既在大脑中，又延伸至大脑之外。

三、最低限度自我与心灵的新图景

新生代现象学家扎哈维、加拉格尔等人曾明确在西方心灵哲学中打出了不同于分析性心灵哲学但又与之融合的"现象学的心灵哲学"的旗帜，并有以此为题的导论性著作行世。在心灵观问题上，他们不承认心灵中有小人式的、实体性的自我或主宰，但又不绝对否认里面有起主体、所有者、自反性作用的自我。另外，他们反对说心内有层次差别、有主客的对立，反对把意向性和自我意识分别归于心内的不同机构，而强调每个正在发生的意识同时有意向性和第一人称所与性或明见性的本质特点。这个作为经验所有者或经历者的自我又是谁呢？或者说，是什么呢？扎哈维认为，这个我可称作经验的核心自我。这种自我不能独立于经验而存在，也不能简单还原为经验的总和或经验间的联系。因此一种对于自我的翔实描述方式，就是将其描述为变化的经验中普遍存在的第一人称所与性维度。[2]

---

[1] Clark A, Chalmers D. "The extended mind". In Chalmers D (Ed.). *Philosophy of Mind: Classical and Contemporary Readings.* Oxford: Oxford University Press, 2002.
[2] Zahavi D."Unity of consciousness and the problem of self". In Gallagher S(Ed.). *The Oxford Handbook of the Self.* Oxford: Oxford University Press, 2011.

扎哈维强调，在自我觉知中并不存在能觉知的主体和被觉知的经验，只有一个因素，即经验存在着，经验向自身呈现。他说：自我是作为我的大量意向行为中的第一人称所与性的不变维度而显示出来的。[1]它不是一个东西，甚至不是与经验分离的性质，不是与世界隔绝的性质，但又是"最低限度的""最起码的""最小的"。这样表述，无疑表明他碰到了一个本体论的窘境，即自我有本体论地位，不是无，但已有的本体论又没有现成的范畴能表述它。他说："最低限度自我权且可定义为，各种变化着的经验中的遍行的第一人称所与性。"[2]经验的特点在于：一方面呈现对象（世界），另一方面又自呈现，又有主观的观点，经验除了关于主体之外，还关于别的某物。这显然是一种避免了小人论的新心灵观。根据这种图式，主体或自我不是经验之外的东西，它与经验尽管有关系，但不是外在的关系，不是站在意识流之外或之上的关系，而是它的结构的必然的组成部分。

他们的心灵观也试图揭示意识的结构，认为前反思自我意识的微观结构就是意识的时间结构。在特定意义上可以说，自我就是自我意识，当然是前反思性的自我意识，即那个在意识生活中明确地意识到对象和意识到意识本身的东西就是自我。因此自我的主要秘密就在意识中。它有它的微观结构，具言之，前反思自我意识的微观结构就是意识的时间结构。扎哈维等强调，对内时间意识结构的分析实际上是对意识、前反思自我意识微观结构的分析。它之所以被称作内时间意识，是因为它属于行为本身最内在的结构，是前反思自我意识，而前反思自我意识就是意识的基本构成。自我不能理解为所有人都分有的普遍原则。确切说，它是一个具有个别特征和个别变化、发展的个体。这个个体表现有某些基本的结构，如内时间性结构、意向性结构等。但应注意，这些结构又不是活生生经验流之外独立存在的东西。相反，经验的基本结构只在这种流中表现自己。[3] 有理由说，前反思自我意识这种微妙的构造是现象学心灵观的标杆。它让现象学既超越于常识和传统的心灵观，又让它有别于取消论、怀疑论和无政府主义的心灵观。

丹顿（Dainton）的"简单心灵观"在本质上是现象学的，但有自己的发展，

---

[1] Zahavi D，Parnas J. "Phenomenal consciousness and self-awareness". In Gallagher S, Shear J(Eds.). *Models of the Self*. Exeter: Imprint Academic, 1999.
[2] Zahavi D. "Is the self a social construct". *Inquiry*, 2009, 52(6): 563.
[3] Gallagher S, Zahavi D. *The Phenomenological Mind: An Introduction to Philosophy of Mind and Cognitive Science*. London: Routledge, 2008: 9.

这表现在，他强调这种心灵观所看到的心灵是简单的。[1]这种心灵观是相对于传统的二阶心灵观而言的。如果说后者是复杂的，那么前者就是简单的。后者认为，觉知是意识的共时性、统一性的基础，甚至是自我的基础。根据这一模型，意识或心灵中有两个层次的东西，一是正在发生与某物有关的心理过程，二是对它的觉知。根据简单心灵观，现象内容是内在有意识的事项。要把它转化为经验，用不着再增加觉知之类的东西。觉知是多余的。因此，他在用奥卡姆剃刀剪除了觉知之后，便使经验或意识的构成得到了简化。它有两个要点：第一，自我即经验本身[2]；第二，意识或经验以言说的方式自构成（self-constituting）。这意思不是说，自我只是经验的集合，而是说："成为自我感觉起来所是的东西，完全可以根据意识内容的现象特征来加以说明，附加的觉知或把握层次是多此一举的。"[3]

四、无政府主义的心灵观

这种心灵观的特点是，不认为心灵可以超越头脑或弥散于身体之外，承认它有复杂的构成，但不认为里面有居于中心和统治地位的主体。即使承认其中有主体或自我，但要么认为它没有绝对的主宰作用，要么认为它本身是变化的或不止一个。这一心灵观有不同的表现形式。

先看叙事论心灵观。叙事研究在西方学界已吸引了广泛的注意。作为一个研究课题，它不仅是叙事学的主题，而且成了社会学、心理学、认知心理学、心理分析、文学等的课题。许多人基于叙事研究的成果阐述了所谓的叙事自我论及其心灵观。其基本观点是："我们的生活像故事一样。"即使其内部有许多理论形式，也有这样一个共识，即"自我在形式上是故事"。[4]其开创者是丹尼特，之后在哲学和心理学中受到了许多人的论证。关于叙事自我的绵延的、分布式的模型最清楚地体现了无政府主义心灵观的特点。它所说的自我没有一般人所理解的自我那类的统一性功能，也不像丹尼特所说的有一个抽象中心，更不是没有存在地位的、完全虚构的东西。它有特殊的存在地位，但又不是一个点式的或单子性、

---

[1] Dainton B. *The Phenomenal Self*. Oxford: Oxford University Press, 2008: 187.
[2] Dainton B. *The Phenomenal Self*. Oxford: Oxford University Press, 2008: 47.
[3] Dainton B. *The Phenomenal Self*. Oxford: Oxford University Press, 2008: 47.
[4] Schechtman M. "The narrative self". In Gallagher S (Ed.). *The Oxford Handbook of the Self*. Oxford: Oxford University Press, 2011.

小人性的东西，而是一个绵延的、去中心的、分布式的自我。这种自我是关于自我的故事的总和，包括可以在人的生活中得到表述的所有矛盾、冲突、一致、斗争、隐信息等。它的心灵图景也是一个分布式的、没有中心的结构，如图4-1所示。

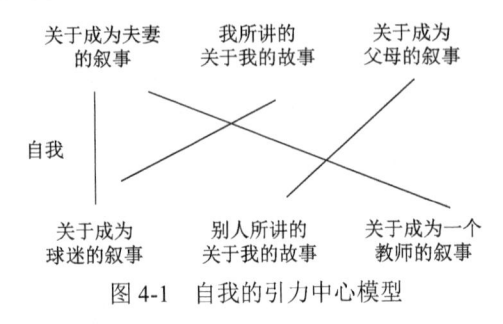

图 4-1　自我的引力中心模型

根据这一模型，人可以且必然会像其他自我模型所说的那样，围绕自己编造和讲述许多故事，进行各种形式的叙事，如关于成为夫妻、父母、球迷等的叙事，但如图4-1所示，这些故事所围绕的自我不是一个统一的实在，而是一个没有中心的、分布式的甚至混沌的状态。如果说它们是围绕自我而编造和叙述的，那么这里的自我不是统一的，可能是这样的情况，即一个故事是围绕这个我而建立的，另一故事是围绕另一个我而建立的，甚至两个故事围绕的自我有交叉，等等。这些我不是整齐划一的，也没规律可循，但它们不完全是虚构的。

再看联结主义。它的工程学上的目的是建构人工神经网络模型。要如此，无疑必须对人类心智的地理学、地貌学、结构论、运动论、动力学做出形式描述和理论建模，即必须形成作为它的基础的心灵观。然后在此基础上建构人工神经网络。按照这一思路，联结主义试图根据实际的生物大脑结构建模抽象的人工神经网络，因此它也被称作人工神经网络学派。其心灵观的基本观点是：心灵不像通常所设想的那样，有一个小人式的心或主体或自我在心中主动积极地进行"来料加工"，如同搅拌机加工混凝土一般。在人们说有心理发生的背后，真实的情况是，大量的神经元被激活了，形成了一定的联结模式，如果说里面有加工发生的话，那也只有平行分布式的加工。里面既没主体，也没操作手，有的只是神经元的激活和联结。

"心灵社会"这一代表着一种具有革命意义的心灵观的概念最先是由明斯基等人所提出的。它隐含的心灵观接近于前述的联结主义心灵观和别的无我论心灵观。其基本主张是：心灵或认知是一种拼合结构。①具言之，心灵由许多自主体所构成，里面没有绝对居于中心和统治地位的自我或自主体，只有各自为政的自主体。每个自主体的能力都受环境的限制，因为每个自主体都有个体性，都只在局部世界起作用，或只能解决特定的问题。由所完成的任务所决定，在其特定范围内起作用的自主体又会组成更大的系统或"代理"，这些代理由更大的任务所决定，又会结合为更高阶的系统。正是以这样的方式，作为一种小社会的心灵便出现了。应看到的是，这种心灵模型尽管受到观察大脑的启发，用了"社会"这样的比喻词，但并不是大脑或社会的模型。准确说，它是基于对神经细节的抽象而形成的关于认知结构的模型。在这里，自主体和代理不是实在或物质过程，它们只是抽象的过程或功能。

五、心灵是有内嵌等级的系统

这是一种由法因贝格（Feinberg）创立的、以神经科学为基础而建立起来的心灵观。他根据神经科学强调：大脑中不存在一个中心位置。也没有这样的地方，大脑的无限多样性在这里结合在一起形成了统一的自我。②由于有这样的认识，他认为，如果有自我和心灵存在的话，它们一定表现为一种等级系统。对此，有两种设想：一是把它设想为像金字塔一样的系统。根据这一观点，对自我之形成有作用的许多大脑部分构成了这个系统的基础，就像金字塔的基底一样。这些部分结合、组织在一起，进而导致高一层次的出现。在其顶部，统一的自我突现出来。这是他不赞成的设想。二是他自己的设想。他强调：大脑不像金字塔，而像一个活的有机体。在这里，所有活的东西按层次、等级组织在一起，但这等级系统没有像金字塔那样的顶部和底部。因为活的事物代表的就是各个内嵌的等级。在一个活的事物的内嵌等级中，所有的部分都对那有机体的生活和活动发挥着作用。在自我的内嵌等级中，活的大脑的许多部分又对自我的产生和存在功不可没。

这种心灵观不仅承认自我在内嵌等级系统中的存在，而且赋予它以特定的作用。其表现是，人的认识和人格的统一性都是由它完成的。但它既不是物理的实

---

① Minsky M. *The Society of Mind*. New York: Simon and Schuster, 1986: 4-7.
② Feinberg T. *Altered Egoes*. Oxford: Oxford University Press, 2001: 8.

在，也不是生来就有的心灵实在，而是人在意义的生成过程中由低阶系统突现出来的。例如，在通过视觉知觉对象时，人会形成关于对象的不同层次的意义。这些意义经过整合，会形成具有更大统一性的意义，直至最高的意义，这种意义就是人的自我感。法因贝格说："正是意义让心灵整合在一起，最后形成关于自我的'内在的我（I）'。"[1]要说明自我的统一性及其作用，必须到大脑中去寻找根源。他通过分析正常和异常心理得出的结论是：既然大脑受损伤之后，自我的统一性便解体了，那么可以说，心理的统一性依赖于大脑的物理的整体性。在大脑的整体性中，脑胼胝体的功劳是不可低估的，因为它是维持心理的统一性的居主导地位的结构。他自认为，如此建构起来的自我论有三个关键词：①突现，他赞成金在权等人对突现的界定，认为它指的是事物的复杂性达到一定程度之后产生出的新的、不可预言的属性或特征；②约束，指等级性系统中，高阶突现属性对低阶事物、属性所施加的控制、限制作用，它与突现的方向是相反的；③不可还原性，意思是，突现系统所造就的整体属性不可能由它的构成部分的属性来解释。

法因贝格认为，有这样两种突现的等级系统：第一，非内嵌的等级系统。斯佩里认为，突现心理现象的是非内嵌的等级系统。之所以是非内嵌的，是因为该等级系统的连续的层次相互作用时，每个层次在物理上都独立于它的高一级和低一级的层次。意为每个高级层次突现出来后，都有其独立性，而不是内嵌于别的层次之中的。第二，内嵌或构成性等级系统。它之所以是内嵌的，是因为低级层次中的因素为了产生整体的突现特性，会结合到高级层次之中，或镶嵌于高级层次之内。因此这种等级系统与前一系统的区别是由等级系统中的不同层次的关系决定的。如果每个层次独立，高级的层次中不包含低级层次中的因素，那么就是非内嵌的。它有明确的顶部和底部，等级系统是由顶部控制的。反之，即为内嵌。这种系统没有顶部和底部，其控制或约束作用具体化于整个系统之内。例如，所有有机体都属于这一类等级系统。在其内，低阶因素，如细胞，结合在一起就会形成像器官这样的高阶的要素。由此所决定，高阶实在都由低阶因素所构成。即使这种系统中的高阶层次表现的突现特性不会出现在低阶层次之中，低阶层次中

---

[1] Feinberg T. *Altered Egoes*. Oxford: Oxford University Press, 2001: 131-132.

的所有实在也都对生命和整个有机体的运作有其作用。法因贝格强调,他的突现论心灵观也承认等级结构,但不是非内嵌的,而是内嵌的。

六、心灵观建构中的异端

应承认的是,西方的心灵观建构也有异端思潮,如取消主义、怀疑论和解释主义。取消主义的观点比较简单,主张相信有信念之类的心理状态、造出"信念"之类的语词本来就是历史的误会,再要去建构什么心灵的结构图景,那当然是多此一举。这里主要考察后两种理论。怀疑论主要以阿尔巴哈里的无我心灵观为典型。

大多数心灵观都主张自我是心理世界的主人。近来,受东方思想的影响,许多人认识到,相信心中有一个通常所说的小人式的我既无逻辑根据,也无法找到科学上的证明。但他们又不否认心灵有自己的地理学和结构论,于是便出现了无我论的心灵观。例如,阿尔巴哈里依据来自神经科学尤其是佛教的文献,当然又借鉴了现象学的思想,论证了一种反二元论的但又承认心灵有其中心、主体的心灵观。有两个要点:第一,传统和常识心灵观所说的那个统一的、寻求幸福的、连续存在的、本体论上特殊的有意识主体,那个经验的所有者、思想的思想者、行动的自主体,是幻觉。第二,人的心理生活是有序的、统一的,其根源是它内部有一种特殊的意识,它具有过去赋予自我的那三个特征,即统一性、连续性和不变性。[①]从比较上说,这一理论尽管对意识的像流水一样的本质和结构的看法有近于现象学和佛教的地方,但其不同也是显而易见的,例如,它连特定意义的自我或主体也不承认,强调自我是幻觉。

解释主义的思想比较曲折,它不一概否定心理现象,但对如何建构心灵观持有谨慎而独出心裁的见解。它的矛头直接对准传统哲学的以实在论为特征的心灵观,强调人们在解释人的行为时所说的信念等心理状态,并不是实在的反映,而只是把信念等投射于他人身上了。D. 戴维森(D. Davidson)认为,表述信念之类的心理语言,是人们为了解释的需要而构造出来,然后强加或归属于人的。对信念等所做的归属,类似于把经纬线归属于地球。从实质上看,这种解构性的心灵观是一种本体论上的一元论、概念上的二元论,D. 戴维森把它称作"异常一

[①] Albahari M. *Analytical Buddhism: The Two-Tiered Illusion of Self*. New York: Palgrave Macmillan, 2006: 3.

元论"。它只承认一种实在,如人只有一个大脑,大脑中只发生了一种事件,但可用两种语言即心理语言和物理语言来描述。当用心理语言予以描述时,这事件即为心理事件,当用物理语言予以描述时,即表现为物理事件。但两种语言又有异常性。其原因在于:诉诸人做事的理由(如信念等)对行为的解释,具有整体论特征,同时依据的是合理性和准确性/连贯性这样的规范标准,因此截取的是事件中带有宏大特征的东西,根本不同于用物理语言描述时从实在中截取的东西,这样一来,就没有办法用任何系统的方法把心理学所说的信念等事件、状态、功能等与各种大脑状态关联起来,没办法把前者还原为后者。如果解释主义是对的,那么类型同一论、还原物理主义、功能主义就都是错的。解释主义有时也说心中有自我,但须知,这里的自我不是真实的存在,而是人们为解释人的行为而强加或归属于人的,就像地球上没有引力中心,我们为了解释的需要因而说它有这引力中心一样。丹尼特说:"我们的故事是编出来的,但在多数情况下,不是我们编故事,而是故事编我们。我们人的意识、我们的故事性自我正是它们的产物,而不是它们的源泉。"[①]同样,说人有信念、愿望之类,说人在心里想了什么、做了什么,都不过是一种工具主义的解释,换言之,意向立场上的信念、愿望的归属只具有工具的意义,并非是对大脑内部真实状态的描述。

第五节 我们的比较研究与初步思考

如前所述,心灵观比较研究是西方心灵哲学家做得较多,且较成熟的一项工作。他们不仅明确提出了"心灵观比较研究"的口号和纲领,而且做了扎实而细致的工作,德雷福斯和汤普森在《亚洲视角:印度的心灵理论》中就是如此。2008年在哥伦比亚大学举办过比较哲学研究会,议题是探讨佛教和西方哲学中的自我理论、意识理论及其比较。其中最重要的事件是佛教心灵观与现象学心灵观的对话。出席会议的有麦肯齐、德雷福斯、汤普森等一大批较活跃的比较学者。

应客观承认的是,西方心灵观的探讨尽管时间不长,但已取得了丰硕的成果,

---

① Dennett D. *Consciousness Explained.* Boston: Little, Brown and Company, 1991: 418.

第四章　东西方的心灵观比较

值得认真总结和思考。其研究中尽管存在着极端化倾向，但也包含有构建新的心灵观时值得批判吸收的积极思想，如强调心的复杂性离不开它所依的其他因素的复杂性，看到了心的构成论、地理学、结构论、运动学和动力学复杂性与身体、所依环境的复杂性密不可分，主张抛弃过去对心的单子主义、线性理解。另外，新的探讨还有这样的成果，即认识到心之所以有它特定的地理学、地图学、结构论、动力学，在很大程度上是由新近天赋研究所发现的"天赋心灵"或原初心性所决定的，因为原初心性有决定后来一切可能和不可能的范围与程度的作用。

西方心灵观研究还有这样的体认，即如果从心理学角度而非从神经生理学、解剖学角度去描述和构想心，那么心一定有其层次或深浅结构。这样的成果曾体现在弗洛伊德的理论（意识—前意识—潜意识）、詹姆斯的理论［物理自我、心理自我、灵性（spiritual）］之中。当代心灵哲学家麦金不仅强调心有意识、无意识这样的结构层次，而且大胆提出，其后还有隐结构、隐自我、泛心原等。

西方心灵观比较研究的新特点是，尽管也重视通过比较研究揭示被比较各方的思想特点和实质，着力探寻被比较方思想的同与异，但新的倾向更热衷于融合和理论建构，热衷于回答和解决长期莫衷一是的问题，热衷于"求真"。该领域的比较学者都有这样的认同，即比较研究的最突出作用或意义是可以帮助"发现真"，即通过比较，找到隐藏在各种哲学中的"真的方面"。因为各民族的哲学都是心、生命的显现、流露，里面无一例外有真的方面。日本热衷于比较元问题研究的学者中村元说：通过与不同性质的思想的质疑和辩驳，可以从中揭示出新的东西。[1]印度学者罗摩克里希纳·劳说："不管是东方，还是西方，不管是科学还是非科学，都包含有真理的颗粒。"[2]而比较研究正是发现这些颗粒的必要途径。另外，每种文化都从特定侧面、角度为人类奉献了自己的真理，因此，只要探讨各种传统和文化，找到它们对真理的局部贡献，就是在朝着找到全部真理的方向迈进。已有的对心灵观的比较研究也是这样。它们对于人们进一步认识心的范围、本体论地位、地理学、地貌学、结构论、运动论和动力学都发挥了其他研究方式难以替代的作用。

西方心灵观比较研究还有这样的倾向，即着力挖掘长期尘封的东方尤其是佛

---

[1] 中村元：《比较思想论》，吴震译，浙江人民出版社 1987 年版，第 1 页。
[2] Rao K R. *Consciousness Studies: Cross-Cultural Perspectives*. Jefferson: McFarland, 2002.

教心灵观中的合理内核，并尝试将它们整合到西方的有关思想之中，以对有关问题做出创造性回答。特别是在研究其中的自我问题时，西方最新的比较研究中明显可看到西方自我论的一种新的倾向，即"发思佛之幽情"、回归佛教、唯佛教是从的倾向。通过对包括心灵观在内的心灵哲学理论的比较研究，西方学者得到了这样的启示，各种心灵观不仅有差异性，而且有共同性。而过去人们一般只注意寻找它们的不同。就对求真的意义而言，寻找共同性则显得更为重要，因此许多人更重视求同性研究。

根据我们的比较研究，中国的心灵观有近于明斯基等人的心灵社会论或联结主义心灵观的地方，也有自身特点和优势。根据西方的这类观点，人的认知不是由一个中心性的、唯一的主体完成的，里面也没有这样的中心或主宰，而是由众多"自组织的、分布性的网络"共同完成的。[1]例如，联结主义的分布式网络理论强调：人的心灵中不存在唯一的、中心性的、主宰性的自主体或自我。如前所述，在西方，坚持无中心的心灵观有这样的难题，一直未得到令人满意的解答，即如果心灵的任何作用不是由一个因素而是由众多子系统式小人协力完成的，那么人们通常所说的"我"或主体有什么用呢？是否还应承认人有我？另外，如果心内部没有中心，那么如何解释人的人格同一性和人的认识、意识的事实上的统一性？对于这些问题，中国的心灵观都有较好的、值得重视的回答。例如，一方面通过强调心性中有保证关于统一性的资源，另一方面通过赋予各子系统或多个中心特定、专有的功能作用，通过说明各子系统的配合，来予以说明。

通过比较，我们还能发现，西方学者不仅承认东方思想可与西方对话、交流，而且主动放下"架子"向东方学习。热衷神经哲学和比较研究的德查姆斯承认：佛教心灵哲学与西方心灵科学可以"对话""互补"。他说："西方心灵科学家与佛教学者正在开始形成对话"[2]，因为两者"能够有所互补"，甚至可形成"结盟体"。这特别表现在认知神经科学中。不仅如此，他还承认，由于佛教中有关意识哲学的详细解释，能成为这类研究的范型之一[3]，因此可补神经科学之不足，

---

[1] Minsky M. *The Society of Mind.* New York: Simon and Schuster, 1986: 123.
[2] 德查姆斯：《心的密码：佛教心识学与脑神经科学的对话》，郑清荣、王惠雯译，法鼓文化事业股份有限公司2010年版，第8页。
[3] 德查姆斯：《心的密码：佛教心识学与脑神经科学的对话》，郑清荣、王惠雯译，法鼓文化事业股份有限公司2010年版，第260页。

第四章 东西方的心灵观比较

可帮助它建立更合理的心灵观。这主要表现在，神经科学几乎忽视了主体在意识觉知中的作用，而西藏佛教强调了解主体概念、主体在经验中所扮演的角色，将有助于提供作为研究的例子。[①]"西藏佛教看待'心'的方法，正好可以补充西方脑科学的传统看法。西藏佛教的学者们对于意识的无数'描述性'了解，透过止观修学所获得的观点，提出心的'复杂'面向，并完成了某种组织框架……这些对脑神经科学来说，可说是完全缺乏的。"[②]

在比较的元问题研究中，历来有这样的争论，即比较研究的目的、任务究竟应该是求同，还是求异？常见的回答不外乎两种对立的观点加上第三种折中的观点。有的人认为，应是求大同，而德查姆斯则认为，在求同与求异两者之中，求异更重要。他说，发现它们的差异性"会比发现这两者的相似之处，更加有趣而且更实用"[③]。比较语言学家梅耶的看法是，两类工作都有其必要性，意义各不相同。梅耶说："比较工作有两种不同的方式，一种是从比较中揭示普遍的规律，一种是从比较中找出历史的情况。这两种类型的比较都是正当的，又是完全不同的。"[④]也就是说前一比较的目的是发现共同性，找出普遍规律，而后一比较的任务是认识被比较双方的历史真实，尤其是它们的个性特点。笔者赞成这一看法，但又认为，相对于发现真理、进行理论探讨本身这一根本目的而言，求同比求异更重要、更必需。因为真理往往包含在不同文化共通的思想之中。而要找到这种共通的思想，非比较研究莫属。基于这样的认识，我们这里可以基于我们的比较研究做一点这样的工作。

从中印西三方关于心灵观的探讨中，我们不难发现这样一个共同的倾向（在西方有发展、加强的走势），即在揭示心的依赖条件时，在构想心的图景时，有放大的倾向，在西方，其极端的表现是，不仅强调具身性、行然性、镶嵌性，而且强调延展性、社会性，有的甚至由强调心依赖于自然环境和社会环境，过渡到

[①] 德查姆斯：《心的密码：佛教心识学与脑神经科学的对话》，郑清荣、王惠雯译，法鼓文化事业股份有限公司 2010 年版，第 261 页。
[②] 德查姆斯：《心的密码：佛教心识学与脑神经科学的对话》，郑清荣、王惠雯译，法鼓文化事业股份有限公司 2010 年版，第 264 页。
[③] 德查姆斯：《心的密码：佛教心识学与脑神经科学的对话》，郑清荣、王惠雯译，法鼓文化事业股份有限公司 2010 年版，第 41 页。
[④] 梅耶：《历史语言学中的比较方法（节选）》，载胡明扬主编：《西方语言学名著选读》，中国人民大学出版社 1988 年版。

把它们作为心的组成部分。笔者当然反对把心所依赖的一切看作是心的构成的观点，因为这就像说儿子因为依赖于父母因而包含父母一样荒唐。但笔者同时认为，由于各种文化都看到了心的复杂性离不开它所依的复杂性，同时表现在它的构成、地理、结构、运动、动力的复杂性之上，因此我们应该抛弃过去对心的单子主义、线性理解。就像中国心灵哲学所认识到的那样，心不仅根源于它的特定的性，而且包含这一初始质材，并以之为初始条件、出发点。心之所以有它特定的地理学、地图学、结构论、动力学，在很大程度上是由这原初的性所决定的，因为它有决定后来一切可能和不可能的范围与程度的作用。西方新近的原初主义现在也有相同的体认。西方的4E理论和对话自我论尽管有其不适当放大心的构成的片面性，但强调这些过去不太重视的因素对心的生成的作用有其合理性，包含有真理的颗粒。

另一共同成果是，在心的"定位"问题上，有大致相近的看法。例如，东西方的多数心灵观都认为，心尽管有其真实的本体论地位，但并不固定存在于大脑或身体的某个地方，更不会存在于笛卡儿所说的松果腺或某个器官或细胞中。用联结主义和宽心灵观的话说，它分布式地存在于广泛的区域，或弥散于身体的广泛区域乃至主客之间；用中国心灵观的话说，不同的心理现象甚至可能与不同的脏腑器官有关。根据多数人的观点，心灵中如果说有作为主体的自我的话，那么它不是围绕一个中心组织起来的、与环境分离的东西，而是一个没有中心或去中心的实在，因为自我延扩到了大脑之外，自我是一个充满多种因素的复杂统一体。用脑科学家、诺贝尔奖获得者埃德尔曼的话说，如果心有中心的话，那么这个中心一定是动态中心。

再一共同的成就是认识到，如果从心理学角度而非从神经生理学、解剖学角度去描述和构想心，那么心一定有其层次或深浅结构。佛教早就在这方面有重要而独特的建树，如认识到在浅表的六识及其所伴随的心所法之后，不仅有末那识、阿赖耶识、第九识甚至第十识，还有根本无明和最深、最根本的真心。它们比西方人所说的无意识心理还要深很多。西方这方面的成果主要体现在弗洛伊德的理论（意识—前意识—潜意识）、詹姆斯的理论（物理自我、心理自我、灵性）和麦金的理论（意识、无意识、隐结构、隐自我、泛心原等）之中，当然最近又有许多新的进展，例如，对作为心灵之核心结构的自我的认识就从一个侧面反映了这一点。一种带有综合性的倾向是认为，如果说有自我的话，它一定是一个系统，如著名热心心灵研究的脑科学家达马西奥认为，它有三重自我，即原始自我、核心自我、延展自我。莫林（Morin）的描述更复杂，认为它包括第一性原初性（primary）自我、核心自我、反思性（reflective）自我、延展（extended）自我、循环性（recursive）自我等。他强调，由于这个自我模型包含了别的自我模型，因此有这个模型就够了。根据这种整合的模型，最高形式的意识或自我，可称作自我觉知（awareness）。它有两个维度，即时间和自我信息的复杂性。此外，自我觉知层面还有三个附加变量，即自我聚焦的频率、相关于自我的信息的量（可获取性）、自我知识的准确性。正是它们构成了自我觉知。

心灵的本质特点是有意识或在意识，至少有意识心理是如此。心之所以如此独特，不同于别的一切实在或现象，主要是因为它有意识。特别是意识中最高级、最重要的方面，西方人把它称作纯意识或纯明见性，中国和印度哲学把它称作明性、照性、灵明不昧。因此要建构科学的心灵观，一个重要任务就是对意识做如实的研究。由这样的认识所决定，西方心灵哲学中研究最多、最深、最热门的就是意识。近来对意识层次问题的研究也很多，这里略述一二。先看贾森·布朗的四层次意识模型。[①]根据这一模型，意识从高到低可这样描述：

元自我意识
自我意识：私人的；公共的
意识
无意识

根据贾森·布朗的看法，最低层次的心理是感知运动认知，类似于无梦睡眠或昏迷的深度无意识。无意识的另一形式是边缘无意识，或有光的无意识，如做梦，这里有心理活动，但没有对内或外的信息的加工。第二个层次是意识，在这里有对外来信息的加工。它形成了在世界中的知觉，行为进到了符号层次。这些表明人有对自我的意识，或有对内在内容的客体化。第三个层次是自我意识，第四个层次是元自我意识（晓得自己的意识经验）。人在认识自己和环境时会得到

---

① Brown J W. "Consciousness and pathology language". In Rieber R W(Ed.). *Neuropsychology of Language: Essays in Honor of Eric Lenneberg.* London: Plenum Press, 1976.

这样的"元（meta）自我觉知"，即知道自己在不同时间（自我历史）是同一个人，自己是自己思想和行动的作者（自主体），自己不同于环境和他人。

意识的五层次说为奈瑟尔（Neisser）所倡导，1997 年得到了利里（Leary）、巴特莫尔（Buttermore）的重新论证。[①]意识的五个层次分别是：第一，生态学自我。在这里，进行着对能说明自我的信息（如视觉、听觉、运动线索）的加工。这种加工让人直接觉知到与身体运动有关的自我。第二，人际的自我，即有对自己此时此地的社会关系以及自己在其中的角色的意识。有了这种自我，人就能与他人发生关系，并与别人协作。换言之，基本的社会自我觉知出现了。第三，延展的自我。人在这一阶段有真正的自我意识，因为它能产生关于自己过去和未来的思想，即能认识到过去和未来的自己的同一。第四，私人的自我，能对关于自己的私人信息（如思想、情感、意图等）进行加工。第五，自我概念，由关于自己的抽象符号表征（如角色、同一性、个性特征、人格气质、自己生平）所构成。

东西方的心灵观比较研究，让我们看到了一个解决问题、发现真理的出路，那就是超越西方中心主义，以平等的心态对待一切文化，挖掘和大胆利用其中所蕴藏的积极思想成果，特别是佛教中的成果，并把它们与认知科学和神经科学的成果结合起来，最终建立真正吸收了一切文明成果的理论。例如，瓦雷拉、汤普森和麦肯齐等著名比较心灵哲学家首先在深入研究佛教无我论心灵观的基础上，对其中隐含的思想所具有的求真、解决长期难以解决的问题的积极意义做了充分的肯定和开发，并整合进自己所创立的新的以生成论为标志的心灵观之中。瓦雷拉说：佛教关于自我的空性概念是一把金子般的链条，正是它"把我们对自我的理解与对心理功能的外在、科学理解统一起来"[②]。麦肯齐说："瓦雷拉的说明和佛教之间的共鸣是显而易见的。当然，瓦雷拉吸收了佛教的许多观点，实践了佛教的阐释，以辩护他关于自我虚拟性的说明。"[③]由于佛教的资源太丰富，凭一个人的力量是难以穷尽的，于是，许多论者选择一门深入的方法，即选择某个宗派或人物的思想加以重点突破，例如，瓦雷拉等就以中观派的思想为理论基础，麦肯

---

① Leary M R, Buttermore N R. "The evolution of the human self". *Journal of the Theory of Social Behaviour*, 2003, 33 (4): 365-404.
② Varela F. *Ethical Know-How: Action, Wisdom, and Cognition.* Palo Alto: Stanford University Press, 1999: 36.
③ Mackenzie M. "Enacting the self: Buddhist and enactivist approaches to the emergence of the self". In Siderits M, Thompson E, Zahavi D(Eds.). *Self, No Self ?: Pespectives from Analytical, Phenomenological, and Indian Traditions.* Oxford: Oxford University Press, 2011: 257.

齐则以著名西藏中观派哲学家宗喀巴的以无我论为特点的心灵观为建构自己理论的主要根据。在探讨自我这一心灵观的核心问题时，他吸收了宗喀巴大师的下述思想：自我依赖于五蕴，但不能还原为五蕴。这实际上是佛教一贯倡导的"非即非离"的思想，意为自我非五蕴（不即），又不离五蕴（不离）。在说明自我与五蕴的非离（依赖）关系时，他用比喻的方法说：它们的关系"就像火焰与火的相互依赖关系一样"。正像火让火焰不停地闪亮一样，自我表现自身则依赖于构成五蕴的各种心理、物理事件。[1]当然在建构他们的理论时，他们又大量利用有关科学的成果，并做了创造性的综合和提升。例如，麦肯齐就把从佛教中吸收的思想与有关科学关于自主系统的理论结合起来。他说："只要坚持生成论方案和关于它的自主系统观点，那么就能找到介于关于人的实体主义和还原主义的中间路线。"[2]瓦雷拉也是这样，认为根据关于人的生成论观点，其内只有相互联系、结合为整体的部分或要素，而看不到这种自我的踪影，因此自我有空的一面。如果说有自我的话，也只有以突现属性表现出来的自我。这种自我是从人的有机的、内生的神经生物动力学中，从它嵌入自然和社会文化环境的过程中，突现出来的。因此我们是通过大脑与身体、语言、世界的相互作用而创造出、再创造出自我的。[3]

从心灵观的比较研究中，我们还能得到这样的启示，即建构科学的心灵观，当务之急是做祛魅工作。因为常识和传统占主导地位的心灵观，包括潜藏在许多科学家和哲学家心中根深蒂固、天经地义的心灵观，或如赖尔所说的"权威的学说"，是一种根本错误的心理地理学、地貌学、结构论、动力学。例如，常识的或民间的心理学乃至传统哲学和科学由于未批判地审视原始的灵魂观念，把人之内存在的一个居于中心和主导地位的心或我作为毋庸置疑的预设接受过来，进而按设想物理实在的方式类推出心的空间（如常说的"心里""心内""内心深处"）、

---

[1] Mackenzie M. "Enacting the self: Buddhist and enactivist approaches to the emergence of the self". In Siderits M, Thompson E, Zahavi D(Eds.). *Self, No Self?: Pespectives from Analytical, Phenomenological, and Indian Traditions*. Oxford: Oxford University Press, 2011: 264.
[2] Mackenzie M. "Enacting the self: Buddhist and enactivist approaches to the emergence of the self". In Siderits M, Thompson E, Zahavi D(Eds.). *Self, No Self?: Pespectives from Analytical, Phenomenological, and Indian Traditions*. Oxford: Oxford University Press, 2011: 255.
[3] Mackenzie M. "Enacting the self: Buddhist and enactivist approaches to the emergence of the self". In Siderits M, Thompson E, Zahavi D(Eds.). *Self, No Self?: Pespectives from Analytical, Phenomenological, and Indian Traditions*. Oxford: Oxford University Press, 2011: 256.

心的时间以及心的运作方式，认为心能将外来的材料加以转化，然后像搅拌机一样将它们结合在一起，此即综合，或像切割机一样对之划分，此即分析。其他的说法，如心的比较、抽象、推演、回忆、追溯、兴奋、愤怒等都带有拟人或拟物的色彩，至少是隐喻，而非科学的精确的概念。它们让人想到的是有一个小人式的心在其空间中做某种事情。这样设想心在以前是"不得已而为之"。在今天看来，这类以类比和隐喻为基础、根据物体和人体运作模式设想心灵及其意向性的方式，以及由之而来的关于心理图景的构想，肯定是错误的，是必须予以解构的。而解构的方法首要的一环就是做语言分析。因为这幅图景是借语言的帮助而建构出来的。"解铃还须系铃人。"也就是说，这里首先值得探讨的是心灵的语言发生学，而不是心灵的自然或生物发生学。因为一开始就进行后一种探讨，等于承诺了这样一个理论预设：心灵作为实在是存在的。而真正科学的研究是要查明、考察：常识和传统观点所设想的那种心理现象是否真的存在？如果存在，以什么形式存在？而要找到这些问题的答案，从逻辑上说，首先应运用发生学的方法，研究有关意向习语及观念如"意图""意向""意识"等是怎样在语言中起源和演化的。我们知道，"灵魂"之类的词语是原始人为了解释的需要凭想象、类推虚构出来的，它们表达的概念并无真实的所指，诚如恩格斯所说的，它们像一切宗教一样，其根源在于蒙昧时代的愚昧无知的观念。[①]如果他们知道思维和感觉也是身体的活动，那么他们就不会造出这些语词。后来逐渐派生出来的心理动词（如"想""愉快"）、心理名词（如知、情、意）以及形容词、副词（如城府很深、心潮澎湃）等，基于已确立的那种实体化、小人化的灵魂观念，加上与已知物体及其属性的比附、类比，最终都成了想象的心理世界及其活动的隐喻式的表达式。意向习语所说的"在心灵深处""在心灵面前"等尽管可能确有其指，但头脑中并不真的存在着心理空间；说"心""意识"在主动积极地"思考"，那也都是比喻的说法，头脑内并无一个作为活动主体的心存在。既然如此，我们在重构科学的心理图景时，就不能不加清理、批判地使用已有的心理术语。

[①] 马克思、恩格斯：《马克思恩格斯选集（第4卷）》，中共中央马克思恩格斯列宁斯大林著作编译局编译，人民出版社2012年版，第230页。

此外，我们之所以要重视意向习语的语言发生学探究，原因还在于：心理语言不同于物理语言，不是按实在→认识→语词的认识论路线发生的，而是基于隐喻、类推、拟人化的自然观等杜撰出来的。因此作为心灵哲学出发点的问题应转换为语言哲学的问题：心理习语的意义是什么？有无所指？如果有，指的是什么？换言之，应像 D. 戴维森等人所倡导的那样，首先应研究人类将意向状态"归属"于人的实践。

心灵观比较研究给我们的方法论上的启示是，应从过去以隐喻、类推为特点的间接方法过渡到像无创伤大脑观察方法那样的直接方法。如前所述，由于心灵作为对象的特殊性，如它既是主体又是对象，作为对象，它隐藏太深，不仅难以用科学的手段直接予以观察，就是借助现象学的方法它也有躲避的特点，如当你想对当下发生的心理活动进行观察时，它便已成了过去，消失得无踪影，因此直到今天，占主导地位的认识心灵的方法仍是拟人化、拟物化、隐喻和类推之类的方法。古代、近代所形成的心灵认识足以说明这一点，如"流射说"、"影像说"、"回忆说""蜡块说""白板说"和"大理石花纹说"等都是上述方法的体现。神学家认识心灵的主要参照系是神学，所以他们不是用"心灵或世界本身的术语来理解心灵或世界，而是把心灵或世界仅仅看作是认识不可见的上苍的线索"[①]。因而他们的心灵图景充满着浓厚的宗教神学色彩，例如，认为心灵是上帝在尘世、在肉体的代理人（奥古斯丁）；是与身体分离的形式，是上帝的肖像（托马斯·阿奎那）；是来自上帝的神圣的内部光芒（阿威罗伊）；等等。

近代科学革命从根本上改变了人类的知识图景，进而对心灵认识方式有一定的冲击，如人们开始通过"牛顿派的眼睛窥视人类的心灵"。其表现是，思想家开始运用机械装置、生理过程等来对心灵图景与过程做出解释，如卡巴尼斯认为思想就像肝脏分泌胆汁、唾液腺分泌唾液一样，是由大脑分泌出来的。[②]拉美特利提出"人是机器"，心灵是脑子里"用来思维的肌肉"或组织，是"整个人体机器的一个主要的机括"。海克尔（Haceker）则把人的心灵结构形象地称为"电

[①] 托马斯·哈代·黎黑：《心理学史》，李维译，浙江教育出版社 1998 年版，第 142 页。
[②] 托马斯·哈代·黎黑：《心理学史》，李维译，浙江教育出版社 1998 年版，第 175 页。

报系统",神经是导线,肌肉和感官是它所属的地方分局,心身的相互作用就是作为总局的灵魂通过神经即导线的中介环节与作为地方分局的身体各部分的相互联系。①

现代心灵研究是在否定传统形而上学,尤其是笛卡儿实体二元论的基础上产生和发展起来的,但其具体发展历程却相当复杂和曲折。19世纪末,科学心理学采取内省加实验的方法,极大地推动了对心灵的认识。可是,20世纪初兴起的行为主义却给心灵研究以重创。行为主义者抛弃内省,拒斥意识。在他们看来,心理行为不过是肌肉的颤动,有机体就像一只"空箱",内部根本不存在联络刺激和反应的中介机制。20世纪40年代以后,随着实证主义的意义理论和行为主义的衰落以及认知心理学的兴起,内部心理过程及状态重新进入科学和哲学研究的视野。心灵哲学家或者运用语言分析的方法,通过对各种心理词汇细致、烦琐的分析,弄清其意义、细微差别和具体用法,从而消除了在心灵研究中的模糊认识;或者受计算机科学发展的启示,在人机功能类比的基础上构建了新的心理模型,通过搜集人在行为过程中对自己心理过程的报告,对心理活动的规律进行了研究。

从人类心灵的探索历程来看,几千年来,尽管人类设想心理世界的参照系几经变革,但对心灵的解释模式却万变不离其宗,即都是站在大脑外部,根据某种有形可见的东西及其结构功能去设想心理世界,去研究"人类外显认知活动的规律"。②人们通常把心理状态、事件看作一种存在于心灵"空间"中的、像物理事物一样存在着的实在,这实际上是根据外部世界所建构起来的隐喻、类比式的模拟图。由此所得到的对心灵的认识只能是一种"雾里看花""盲人摸象"式的认识,带有很强的模糊性、片面性和隐喻性。因此,尽管类比、隐喻的方法在科学上是普遍而又实用的,但是,如果我们把对心灵的类比、隐喻等同于心理过程本身,则是十分有害的。正如塞尔在评论用计算机模拟心灵时所说的:"一旦你把这种比喻当作本意来理解,一旦你使用计算机遵守规则的比喻去说明最初作为这个比喻基础的心理学意义上遵守规则现象时,混乱就产生了。"③我们知道,

---

① 高新民:《人身的宇宙之谜——西方心身学说发展概论》,华中师范大学出版社1989年版,第229页。
② 沈政:《未来的认知神经科学能否给意识以新的解释》,载21世纪100个科学难题编写组:《21世纪100个科学难题》,吉林人民出版社1998年版,第469页。
③ 约翰·塞尔:《心、脑与科学》,杨音莱译,上海译文出版社1991年版,第38页。

第四章 东西方的心灵观比较

人的全部心理现象都是由在脑中进行的过程产生的,它们是脑的特征。那么,我们能否超越类比、隐喻等间接方法,把大脑"黑箱"打开,通过直接研究大脑内部的神经机制来揭露心灵的总的结构和秘密呢?回答是肯定的。早在古代,佛教就做了有益的探索,如设法进入特定的心理状态,运用"内自证法"和"观心尽法"等来直接把捉心灵,现当代的联结主义、神经现象学、神经认知科学等更是做了大量创造性的探索。例如,诺贝尔生理学或医学奖获得者克里克在《惊人的假说——灵魂的科学探索》中强调,他不赞成功能主义和行为主义的观点,也不倾向于数学家、物理学家或哲学家的论调,而是要从科学的角度来思考意识问题。他认为,要了解脑,就必须了解神经元,特别是巨大数目的神经元是如何并行地一起工作的。因此,直接打开"黑箱"去研究神经细胞的响应是研究意识的最好方法。只有"从神经元的角度考虑问题,考察它们的内部成分以及它们之间复杂的、出人意料的相互作用的方式,这才是问题的实质","只有当我们最终真正地理解了脑的工作原理时",才能对思维等"作出近于高层次的解释"。[1]在揭示心灵的运作机制时,既应研究决定系统行为的部分的相互作用或整体的性质,又应关注部分本身的行为。他说:"复杂系统可以通过它各个部分的行为及其相互作用加以解释。"[2]他倡导的方法论转化主要是强调,要对心灵展开直接的研究,例如,在人们说自己有意识时,研究者借助相应的科学手段和方法去观察他们的大脑做了什么,即寻找意识的"神经关联"。他认为意识的表达不是定位于某一特定的神经元,它可能涉及脑中相互作用的若干分离的部分,"在任意时刻意识将会与瞬间的神经元集合的特定活动类型相对应"[3]。对心灵的直接观察尽管现在难以完全做到,即使做了也难以取得预期的效果,但它是建构科学心灵观的最终出路。

从心灵观的比较研究中,我们似乎看到了解决传统心灵哲学难题的一线希望、一道光亮。一方面,我们觉得,过去的许多探讨和解答的确有这样那样的问

---

[1] 弗朗西斯·克里克:《惊人的假说——灵魂的科学探索》,汪云九、齐翔林、吴新年等译,湖南科学技术出版社2004年版,第263页。
[2] 弗朗西斯·克里克:《惊人的假说——灵魂的科学探索》,汪云九、齐翔林、吴新年等译,湖南科学技术出版社2004年版,第8页。
[3] 弗朗西斯·克里克:《惊人的假说——灵魂的科学探索》,汪云九、齐翔林、吴新年等译,湖南科学技术出版社2004年版,第212页。

题，至少在某一或某些方面存在着错误，不然不会有令我们难堪的困境：我们在这一领域投入最多，成果也蔚为壮观，但实质性的进展却不多，特别是如上所述，我们对心的认识仍停留在盲人摸象的边缘。另一方面，通过比较研究，我们似乎知道下一步最好的步骤是什么。那就是，当务之急是要弄清心的本体论地位，特别是它的本体论身份、存在方式、表现方式，或者说真正弄清心理语言指称的究竟是什么（尽管语言转向后的一些研究在这方面做了一些工作，但似乎没有抓住要领和要害）。如果这些问题没有弄清楚，那么要解决心灵观的其他问题，如地形、地貌、结构、动力等问题，就会因为地基有问题而陷入"劳民伤财"的窘境。对于这一前提性的问题，过去也有不自觉的涉及或探讨。基于比较研究，可大致概括为这样一些方式。第一是 FP 和传统二元论建立于类推和隐喻基础上的猜想，如按身体存在和运动的方式，或按小人的存在和运动的方式，去设想心是什么样子。由于心的这种本体论的样子是想象或类推出来的，因此不管后面的探讨如何多、如何深入，都不可能有实际的意义。第二是自然主义的方式。根据这一思路，心是非基础的属性，因此自然主义的主要工作就是对之进行自然化，以说明心与科学所知道的基础属性的关系。这一思路所关心的心有客观性，的确是自在的，但可惜是一种潜在的东西，而非现实表现出来的心。因此不管它的自然化多么细致和深入，都与人的实际心理生活没有太大关系。第三是还原论以及时下认知神经科学所热衷的路径。它在部分与整体、要素与复合体的关系问题上走向了这样的极端，即只承认部分的实在性，强调除了构成整体的部分、要素有存在地位以外，整体是虚幻的。例如，桌子还原于它的构成部分之后，再无独立存在的桌子。根据这个方案，心的本体论身份是元素性的东西。第四是现象学的路径。它关注的心是现实显现出来的心。第五是中国哲学所看到的与人的生活联系在一起的心，即现实发生、进行着的心。这种心无疑有本体论地位，其存在方式十分独特，显然根本有别于自然主义所关注的心。由此所决定，它的地形、地貌、结构、运动、动力等也一定十分特别。总之，我们要想在心灵观的探讨中冲出迷雾，就必须弄清我们要予以探讨的心是什么样子的，是以什么方式存在和表现自己的。其表现方式不同，其心灵观的其他方面的答案也一定不同。在这些方式中，只有第一种方式是虚幻的，是人为构想出来的，因此没有进一步的心灵观的问题，而其他几种方式都有其真实性，都有相应的心灵观问题值得进一步探讨。就此而言，

第四章　东西方的心灵观比较

我们不可能建构适于一切存在样式的心灵观，只能具体问题采用具体方式。另外，在所有这些方式中，只有最后一种方式是最常见、最值得进一步探讨的。而问题恰恰在于，这在过去是我们研究中的一个薄弱环节乃至空白。如果我们今后能在这里有所作为，那么其功绩显然应归功于中国。

第五章
灵明性、五遍行与意向性：心理标准理论比较

心与非心肯定存在着不同，这不同的地方究竟是什么？是什么把心与非心区别开来？亚当斯（F. Adams）等说："在有心的生物系统与无心的生物系统之间存在着自然的分界。如果这不是幻觉，那么就能找到造成这种区别的东西。"[1]这就是心理的标准或标志性特征，正是它或它们，使所有心理现象个例成了一个类别，同时使所有心理现象与别的现象区别开来。很显然，这是一个与心是什么的问题（本质问题）密切联系在一起的问题。因为找到了心理的标志性特征，等于既找到了心理的共同本质，又找到了只为心所具有、别的非心所没有的独有的本质特点。这个问题的现实的重要性在于：它既是重要的理论问题，又是重要的工程技术学实践问题。就后者来说，如不解决这一问题，人工智能就没有前进的方向。因为关于心理标准的理论是人工智能的基础性、前提性的理论。对它的回答不同，人工智能构建的具体的方向、思路、工程技术实践就不同。

东西方心灵哲学都十分重视对心理标准问题的探讨，当然动机、角度、方法和结论等方面存在着明显的差别。西方哲学尤其是 19 世纪以来的心灵哲学自觉而明确地提出了这一问题，甚至已将它建设成了一个独立的研究领域，这在今日的心灵与认知研究中表现得最为突出。而在东方则不同，心理的标准问题没能成

---

[1] Adams F, Beighley S. "The mark of the mental". In Garvey J(Ed.). *The Continuum Companion to Philosophy of Mind*. London: Continuum International Publishing Group, 2011.

为一个独立的研究领域，尽管其内不乏这方面的丰富的思想，但它们是间接地表达出来的，即隐含在有关的思想之中。

第一节 中国哲学的心理标准探索

中国的心理标准探索及理论主要体现在它论述心的构成、结构和本质的理论之中。先看关于"性"的理论中所涉及的对心理标准问题的探讨。

一、心理标准研究的心性论进路

"性"是中国心灵哲学独有的课题。从词源上可以看到，它指的是心一生成时所具有的东西。由此不难看出，如果说心有其不同于非心的本质构成及特点的话，那么它生成时就铸就了这种区别，因为它所禀赋的东西不同于非心所禀赋的东西。从比较研究的角度说，这既是中国心理标准探讨的特点之表现，也开创了心理标准研究的一个独有的进路。在中国哲学中，许多人都有从这个角度揭示心与非心区别的尝试，如明代心学家汪俊说："虚灵应物者心也，其所以为心者，即性也。性者心之实，心者性之地也。"[①]意思是，心与性相辅相成，心是性的依存之地，而性是心的实质，即决定心之为心的根本、初始条件和资源。例如，心之所以有虚灵应物这一为心所独有的作用和标志性特征，其决定因素是心有其独有的性。不难看出，心性论不仅包含有显明的心理标准理论，而且从内在本质的角度揭示了心的外在标志的内在根由，因此可看作是深层次的、发生学意义的心理标准论。

"性"字的词源学和词义学可以帮我们从一个侧面去认识它所指的东西的本质及特点。由于"性"所指的对象抽象，隐藏在看不见的甚深处，因此是文字中出现得相对较晚的一个会意字。首见于金文，作"生"，指性命。至晚周时，"生"加上了"心"的偏旁，合为"性"。此组合将该字的所指和盘托出了，即心在生成时的所禀。因为当人们将眼光转向人及别的动物的"生"时，人们发现，人的

[①] 黄宗羲：《明儒学案》。

生除了与所禀的天地之气有关以外,还与心密不可分,正所谓:人身之生,在于心。于是,后来"生"便加上了"心"这一偏旁。这个合成字反映了古人对人之本性及其产生根源的认识,旨在表明:人之本性是禀天生资源而生且与心有密切关系的东西。至《左传》《国语》,"性"逐步上升为哲学概念,泛指事物内先天形成、作为后来一切变化发展初始条件和根据的本性,如孟子认为,性是"天之降才",荀子认为,性是人与物的"本始材朴",《周易》认为,性是人与物的天命的"成性"。

由于"性"有不同的指称,因此中国哲学对性的研究便形成不同的领域和理论。从大的方面说,不外两大走向:一是只关注人之性或心之性,二是关注一切事物的性。前一研究属于心灵哲学,涉及对天赋和心理标准等问题的回答,而后一研究属于一般的形而上学。牟宗三先生对儒家的研究有相近的看法,但表述不同。他说:"综观中国正宗儒家对于性的规定,大体可分两路:(一)《中庸》、《周易》所代表的一路,中心在'天命之谓性'一语。(二)孟子所代表的一路,中心思想为'仁义内在',即心说性。"[①]前者是"宇宙论的进路",后者是内在心性论进路或"道德的进路"。[②]为了更好地理解中国哲学所说的心性,这里我们不妨先来考察泛化或一般形而上学意义的性。

概括而言,"性"在后来的泛化运用中,不局限于人,而广泛用于一切事物,即用以指称它们从一开始就注定具有的内在的本性。《尚书》和《诗经》中都出现了"性"字,前者出现了两次,后者出现了三次,如说殷纣王荒淫无度,"不虞天性"[③]。这里的天性即自然界、上天的性情、法则。除此之外,《尚书》也用"性"指人的性情,如说"节性"。《诗经》中所说的"性"指人的性命。《左传》中所说的"性",一指天地之性,即天地之常性或道,如说"则(效法)天之明,因地之性";二指人性,这性既有恶性,如小人的食色之性,又有善性,如圣人的德行。《周易》认为,"性"即"成性","成之者,性也"。意为性是事物形成时被自然赋予的性质。有此性,事物形成后就以此为规律、准则而运行,因此事物能各循其道,"各正性命"。既然如此,要认识世界,按规律办事,

---

① 牟宗三:《中国哲学的特质》,吉林出版集团有限责任公司2010年版,第61页。
② 牟宗三:《中国哲学的特质》,吉林出版集团有限责任公司2010年版,第61页。
③ 《尚书》。

就必须认识这个性,是故《周易》提出了"穷理尽性以至于命"的口号。从此,"穷理尽性"便成了中国心灵哲学的一个奋斗目标。既然性是本性,是体、是道,因此认识世界的主要任务就是"穷理尽性"。

告子等认为,性与生密不可分,只要有产生的事物,就都有性。当然,这种性是自然而有的,指的是禀受先天资质的"生"。有生便有命,告子曰:"生之谓性。"《说文系传·通论》说:"性者,生也,既生有禀,曰性。"意为禀受了先天资质或有气禀的生即为性。徐复观认为,这是早在春秋时就赋予"性"的新义。他说:最可注意的,是作本性、本质解的性字之出现,这是性字的新义。①

朱熹对作为万物共性的性的论述最为全面和深入。首先,他强调,万物同禀一理以为性,同受天地之气以为形,因此一定都有其性。质言之,有物即有性,"天下无无性之物。盖有此物,则有此性,无此物,则无此性"②。性是一物之独有,是决定该物生起、变化的根据和道理。事物成为什么样式,都取决于性。故说:"成之者性。"③性不是空洞的东西,而有其天然的禀赋,如人之性具仁义礼智四天然禀性。其次,由于气的清浊、昏明、厚薄等不尽相同,理的通蔽开塞不尽相同,因此每个事物都有自己的个性。就本原而言,万物同据一理,因此其性理是同一的。但就已形成的现实的万物来说,由于结合时,气的清浊不尽相同,其气大致相同,因此性理差别很大。同表现在:"同此二五之气,故气相近。以其昏明开塞之甚远,故理绝不同。"④他还认为,万物都有仁义礼智之性,只因各物的气不一样,因此这些性的通蔽开塞各不相同。"在人则蔽塞有可通之理,至于禽兽,亦是此性,只被他形体所拘,生得蔽隔之甚,无可通处。至于虎狼之仁,豺獭之祭,蜂蚁之义,却只通这些子,譬如一隙之光。"⑤简言之,各物所得之于天理的性是一样的,但其形体各不相同,致使这些性的显现通道各不相同,如有的通,因此易显,有的完全堵塞,无通之可能。"人物之生,天赋之以此理,未尝不同,但人物之禀受自有异耳。……各自随器量不同,故理亦随以异。"⑥人

---

① 徐复观:《中国人性论史·先秦篇》,九州出版社2013年版,第53页。
② 黎靖德编:《朱子语类》。
③ 黎靖德编:《朱子语类》。
④ 黎靖德编:《朱子语类》。
⑤ 黎靖德编:《朱子语类》。
⑥ 黎靖德编:《朱子语类》。

之所以为人，是由人的性的"粹然"所决定的，"人之仁义礼智之粹然者，物则无也"①。人物之性的差别根源还在于："人之性论明暗，物之性只是偏塞。"②意为人的性有明暗的差别，物的性没有明暗之别，只有偏塞之别。由于有明暗，因此即使是暗，或表现不明，也能使之由暗转明。而偏塞之性则没有使之通达的可能性。

这里已涉及了人的心性与物性乃至全宇宙的一般的性的区别。根据这类思想，心性尽管与一般的性有同、通的一面，是其子类，但由于它与人结合时之所禀有其特殊性，因此人之性、心之性就成为一种有自己独特内涵的性。在朱熹看来，其最明显的特点是，人之性粹然，由于有这一特点，因此人性便有通、显的一面，有明暗转化的可能性。朱熹为了突出心性的特点，还把它放在与命、气质、情的关系中做了形象的说明。他说："命，便是告劄之类；性，便是合当做底职事，如主簿销注，县尉巡捕；心，便是官人；气质，便是官人所习尚，或宽或猛；情，便是当厅处断事，如县尉捉得贼。情便是发用处，性只是仁义礼智。"③意思是，一个人的心就像一个县衙，县衙中有许多部门、职事，心也是这样，性、命等都有其地位。性就是心的理，就是其运行要遵行的规章制度、程序，像县衙内掌治安捕盗之事的县尉。当然这里的性有其具体的内容和作用，不是纯抽象的东西。准确说，心之性是抽象与具体的统一，如里面同时有一般的天命之性和具体的气质之性。

在道教、道家哲学中，"性"一方面可指称妙本、真性、道性或万物的无为体性，《三论元旨》云："妙本者，则自然之奥也。夫自然者，无为之性，不假他因，故曰自然。"从作用上说，性无生而无所不生。另一方面也可指人心中的道性。这里的道性有其特定所指，即指得道之所由，或可能性根据、资源。宋文明说："得道之所由，由有道性，如木中之火，石中之玉，道性之体，冥默难见。"④这种道性不是什么事物都能拥有的，只有有心识的动物才有，无心识或无含识（不含有心识）的草木水石无道性，只有物性，因而无所谓得道、不得道的问题。他说：

---

① 黎靖德编：《朱子语类》。
② 黎靖德编：《朱子语类》。
③ 黎靖德编：《朱子语类》。
④ 宋文明：《道德义渊》。

"有识所以异于无识者,以其心识明暗,能有取舍,非如水石,虽有本性,而不能取舍者也。"①很显然,这种道性论类似于佛教的佛性论,关心的是道性与人性的关系问题,尤其是人的道性如何起源、包含什么样的资源、本质特点、作用、现实化条件等问题。

中国哲学不仅对心性本身做了深度解剖,而且把它放到与理、气、才、命、智的关系中加以探讨。正是在这种探讨中,中国哲学对心的本质、标志性特点的看法展示出来了。

就性与道、理的关系来说,儒家的基本观点是,它们是一实多名的关系。说它们表示的是一实,意思是说,它们的指称都处在与世界相同的存在层次,即都属于体、属于本。相对于语言而言,都有超言说的特点,即它们都不可言传,不能用通常方式去认知。子贡曰:"夫子之文章,可得而闻(了解)也。夫子之言性与天道,不可得而闻也。"②但为了教化,又不得不说。而要识要说,就一定有角度的差别,例如,每个试图述说的概念在表述同一实时,又都有其侧重点,都只能分别反映同一实的不同侧面和特点。周敦颐认为,"性"指的是,刚善刚恶,柔亦如之,中焉止矣。"理"说的是,厥彰、厥微,匪灵弗莹。③道家、道教承认性与道、理的本质上的相近,但认为它们之间存在着微妙的差异。根据庄子的看法,这主要表现在:道是产生自然的自然,而性是被产生的自然的先天的本质构成,是事物后来一切发展变化的种子、内在可能性根据。庄子说:"道者,德之钦也;生(产生、化生)者,德之光(道之德的体现,化生即为天地之德)也;性者,生之质也(所生的东西的本质,生而即有的质)。"④

性与命的关系比较复杂。这是因为,命是有歧义性的概念。"命"的一种用法指自然必然性,此即由自然规律决定的命。它也可理解为天命,其性不可改变。葛洪说:"所禀有自然之命,所尚有不易之性。"⑤"命"还可指宿命之命,即由超自然力量或意志决定的命。与心灵哲学有关的气和命分别是指,作为构成形体之元素的气,作为自然必然性的命,这种命如道家道教所说,其实也是气。朱

---

① 宋文明:《道德义渊》。
②《论语》。
③ 周敦颐:《周敦颐集》。
④《庄子》。
⑤ 葛洪:《抱朴子内篇》。

熹说:"如'天命谓性'之'命',是言所禀之理也。'性也有命焉'之'命',是言所以禀之分有多寡厚薄之不同也。"①"天命谓性"与"死生有命"中的"命"也不一样,后者是"带气言之",前者是"纯乎理言之"。②也就是说,如果把命理解为所禀之理,那么这种命就是性。在它们的关系问题上,戴震的看法比较全面。他说:"性,言乎本天地之化,分而为品物者也。"意为性根源于天地,分化后则是不同事物的属性。"限于所分曰命;成其气类曰性。"命即自然规律的强制,由强制而成的气类,如人、物,即是性。由性所决定,各有自己的形质,其好的、优秀的即为心,表现于貌色声中,即为才,"征于貌色声曰才"。③总之,命、性、才、心,都是由自然力量促成的自然现象。道教一般认为,由于命有两种,因此性与命的关系也有两种情况:一是天命,即天所命,由自然所规定的必然性、规律性。"穷理尽性以至于命"的命就是这种命。此命由道性所决定,故可说:"命为性之极。"此命不可改变,如天决定某人是人就是人,是兽就是兽。二是人之命,即人的形、身方面,性命双修要修的命就是人身中的形气。④如果把命理解为生命之命,那么可以说,性就是命。《道枢》云:"命者居于二肾之中,元海之内,所出真元之气,于是其中有真水焉,本生于心,流于肾,化而为精。"从根源上说,这种命是作为本体的真一在人身上的具体化,而性也是真一在人身上的体现,因此性、命、气等可理解为同一本体的不同表现形态。《道枢》说:"真一者何谓也?天之阳,地之阴也,物之气,人之性也,身之祖,命之宗也。"

再看性与才的关系。从用法上说,"才"有两种所指:一指构成事物的材料、素材;二指才能、能力、人才。就后一意义的才而言,从其适用领域又可分为:①认知、思维方面的才,即才思、才学、才识、才悟;②语言表达方面的才,即辩才,如说"何晏以才辩显于贵戚之间"⑤;③经世治国的政治才能,如"干世才略""经国之才"等;④艺术、武术方面的才能,如"文武才俊""有才艺"。从高低上分,至少有上中下诸等。在魏晋玄学中,刘劭的才性关系论最为重要。他认为,才性是外在表现与内在性理的关系,因此是同一的。有什么样的理,便

---

① 黎靖德编:《朱子语类》。
② 黎靖德编:《朱子语类》。
③ 安正辉选注:《戴震哲学著作选注》,中华书局1979年版,第5页。
④ 宋文明:《道德义渊》。
⑤ 转引自刘义庆:《世说新语》。

有什么样的才。他说:"质于理合,合而有明,明足见理,理足成家。是故质性平淡,思心玄微,能通自然,道理之家也。质性警彻,权略机捷,能理烦速,事理之家也。质性和平,能论礼教,辨其得失,义礼之家也。质性机解,推情原意,能适其变,情理之家也。"[①]性的表征、表现有九个方面,或必从九个方面表现出来,故有"九征"之说。九征分别是神、精、筋、骨、气、色、仪、容、言,"性之所尽,九质之征也"[②]。

中国哲学的心理标准论主要包含在它的心性论中。其特点在于,一是从心的发生学上揭示了心的这样的特点,即它之所以为心,是因为它有别的非心所没有的特殊的性。换言之,心的独特性首先表现在它有不同于别的事物的原初的性或心。二是像探矿学一样,试图在心中找到它最深、最根本、最核心的东西,亦即区别于非心的深层本质。这个东西就是性。

中国哲学专门把心性作为一个对象来加以探讨肇始于儒家,而孔子又是其当之无愧的祖师。之所以说孔子的心性论是中国心性论的源头,主要是因为他把性与天道、性与仁关联起来了。如果孔子所说的天道或天命是指道德的超越性,那么就不难理解孔子为什么把性与天道关联在一起。徐复观说:性与天命的联结,即是在血气心知的具体的性里面,体认出它有超越血气心知的性质。这是在具体生命中所开辟出的内在的人格世界的无限性的显现。[③]在孔子那里,性就是人天生就有的道德本性。正是基于这一认识,孟子的人性论才能够开始对性做具体的开发和挖掘。在孔子那里,仁有两种状态:一是潜在的,这是每个人天生就有的,但只以种子形式存在。此种仁即人性。"孔子既认定仁乃内在于每个人的生命之内,则孔子虽未明说仁即是人性,但……他实际是认为性是善的。"[④]后来的孟子把这一点明确表达出来了。他说:"仁,人心也。"[⑤]这实等于说:"仁,人性也。"[⑥]二是现实的,这是只有君子才能完全表现出来的仁。总之,仁在孔子那里就是道义。孔子曰:"成性存,存道义之门。"[⑦]孔子之后,早期儒

---

① 刘劭:《人物志》。
② 刘劭:《人物志》。
③ 徐复观:《中国人性论史·先秦篇》,九州出版社2013年版,第81页。
④ 徐复观:《中国人性论史·先秦篇》,九州出版社2013年版,第90页。
⑤ 《孟子》。
⑥ 徐复观:《中国人性论史·先秦篇》,九州出版社2013年版,第92页。
⑦ 转引自陈致虚:《上阳子金丹大要》。

家论心性的思想大致有三派：一是从曾子、子思到孟子，他们提出了尽心、知性、知天的认识路线，并由心所证验的善端以言性善；二是以《周易》为中心的一派，后与道家关系紧密，它也坚持性善论，但以阴阳言天命；三是以礼的传承为中心的一派，以荀子为其顶点。如果根据对性的善恶的不同看法分，则可分为五派。章炳麟说："儒者言性有五家，无善无不善，是告子也。善，是孟子也。恶，是孙卿也。善恶混，是杨子也。善恶以人异，殊上中下，是漆雕开、世硕、公孙尼、王充也。"[1]这里择主要的略加分析。

孟子继承了孔子的基本思想，认为心之性即人心共同具有的道德本原。它足以把人与非人、心与非心区别开来，是人之所以然。其内容主要是道和义。孟子说："心之所同然者何也？谓理也，义也。"[2]此义、理不是现实性的东西，而是生时被先天赋予的"端倪"，即种子一样的东西，具体表现为仁义礼智四端。当然孟子所说的"性"的范围除指四端之德行之外，也指人的欲望、认知上的天然之性。这类性与动物既同又不同。所谓同表现在：人、动物的口都有对美味的嗜欲。"口之于味，有同耆也。"各种感官都有其对应的感知对象，这也是人兽共同的，如目之于色、耳之于声等。但由于人与兽的这类性在对象、内容、作用等方面有不同，因此，"犬马之与我不同类"[3]。孟子不仅明确提出了性善论，而且强调性与心的下述关系，即"仁义礼智根于心"。牟宗三认为，孟子思想的纲领在于：仁义内在，性由心显。荀子也承认性是自然赋予人的本性，所不同的是，他认为此性是本恶的。他说："凡人有所一同，饥而欲食，寒而欲暖，劳而欲息，好利而恶害，是人之所生而有也，是无待而然者也，是禹桀之所同也。"[4]不仅如此，人的诸器官先天就有其特定功能，如五官有其认知功能，这也是生而就有的本性。"目辨白黑美恶，耳辨声音清浊，口辨酸咸甘苦，鼻辨芬芳腥臊，骨体肤理辨寒暑疾养，是又人之所常生而有也，是无待而然者也。"[5]

朱熹的心性论全面而清楚地表达了儒家在心的深层本质特征问题上的看法。他认为，心是体与用、静与动的统一体。而性则是心的体、理。如果说理是太极，

---

[1] 章炳麟：《国故论衡》，上海古籍出版社2006年版，第113页。
[2] 《孟子》。
[3] 《孟子》。
[4] 《荀子》。
[5] 《荀子》。

第五章　灵明性、五遍行与意向性：心理标准理论比较

那么也可说："心之理是太极，心之动静是阴阳。"①性也可称作明德。在凡圣心中，此明德是一样的，在凡不增，在圣不减。之所以在凡夫身上看不到，是因为它被染欲等覆盖住了，因而只以潜在的形式存在。这类似于莱布尼茨所说的真理的种子，它们以大理石花纹的形式存在。只要条件具备，可能性即能转化为现实性。朱熹说："人皆有此明德，但为物欲之所昏蔽，故暗塞尔。"②如果说情是心的已发，即现实表现出的实际心情，那么性则是心的"未发"，即以天赋原则的形式存在。从认识上说，性不可见、不可言。情是可见可言的。因为发者情也，其本则是性。他还认为，心有两个特殊标记，一是灵，二是性。而这两者中，性是实，是本。他说："灵底是心，实底是性。灵便是那知觉底。如向父母则有那孝出来，向君则有那忠出来，这便是性。如知道事亲要孝，事君要忠，这便是心。"③"主宰、运用底便是心，性便是会恁地做底理。"④心是执行系统，其作用的根本之处是灵明，而性则像程序、条理一样制约着心的运作。以庄稼为例，它们的种子是性，种子决定了一植物长成什么样子。现实的庄稼即为心。包裹的是心，发出不同的是性。性与心的区别还表现在：性是心的静的一面，而心有动有静。朱熹对张栻下述思想的肯定也表达了自己的上述倾向："自性之有动谓之情，而心则贯乎动静而主乎性情者也。……心之所以为之主者，固无乎不在矣。"⑤心与性的差异还表现在：性决定了人与人的同一性，而心与气、形一道决定了人的个体性、人与人的差异性。心与性又有相互依赖、不可分割的关系。这首先表现在："心以性为体，心将性做馅子模样。盖心之所以具是理者，以有性故也。""心与性，似一而二，似二而一。"⑥不可分离还表现在："此两个说著一个，则一个随到，元不可相离，亦自难分别。舍心无以见性，舍性又无以见心。"⑦性之所以是心的根本性的深层标志，是因为它是心的"馅子"。这个比喻恰到好处地体现了中国心灵哲学注重从内而非外揭示心的标志的特点。朱熹的这些思想代表的是中国哲学在心的标准问题上的占主导地位的思想。根据

---

① 黎靖德编：《朱子语类》。
② 黎靖德编：《朱子语类》。
③ 黎靖德编：《朱子语类》。
④ 黎靖德编：《朱子语类》。
⑤ 朱熹：《答吴晦叔》。
⑥ 黎靖德编：《朱子语类》。
⑦ 黎靖德编：《朱子语类》

这一标准论，心的内在的深层的、让它与非心区别开来的本质特点是心的独有的性，而心的外显的、功能上的标志性特点则是心的灵明不昧的作用。

刘宗周的"独体"说也有相近的思想。他认为，心有自己的本体，此体可称作"独体"，"天命之谓性，此独体也"①。独体其实就是性体、心体。其心性说的基本主张是：心即性。"须知性只是气质之性，而义理者气质之本然，乃所以为性也；心只是人心，而道者人之所当然，乃所以为心也。人心、道心只是一心，气质、义理，只是一性，识得心一性一，则工夫亦一。"②这里的说法表面上与前面的略有不同，其实在精神实质上是一致的。只是这里把性分成了气质之性和义理之性。所谓义理之性就是更根本的、纯善的人性，与道、体处在同样的层次，或就是道体，是决定气质之性的东西，亦可称作"天地之性""天命之性""本然之性""理性"。如果说心的气质之性从构成、结构上让心区别于非心的话，那么由于义理之性是决定气质之性的东西，因此其是使心区别于非心的根本之所在。

庄子对性的界定是："性者，生之质也。"③即产生出来的东西生而有之的质性、质素。《列子》对心性较重视。其《杨朱》说的性是道德之根性，亦即人高于非人的生而即有的特性。"杨朱曰：人肖天地之类，怀五常之性，有生之最灵者也。"④《列子》其他地方也述及性，这些性主要是低级的性，如欲望、"无厌之性"，"苦，犯性者也；逸乐，顺性者也"，以及更低级的生理本能。《淮南子》认为，性在生命中，实即在心中，因此尽其心可知其性。"能原其心者（把心追溯到本原处），必不亏其性；能全其性者，必不惑于道。"⑤这与孟子尽心知性知天的命题如出一辙。自唐代以后，道教同样开始重视对心性问题的探讨。而道教之所以重视心性问题，是因为它看到了心性在修道中的根本性作用。成玄英说："理身之道，先理其心。心之理也，必在乎道。得道则心理，失道则心乱。心理则谦让，心乱则交争。""道果所极，皆起于炼心。"⑥金丹派南宗的张伯端认为，性是心中的所藏，心是性的载体。"心者，神（性）之舍也。"⑦而性就是真

---

① 刘宗周：《刘宗周全集》。
② 刘宗周：《刘宗周全集》。
③ 《庄子》。
④ 《列子·杨朱》。
⑤ 刘安：《淮南子》。
⑥ 杜光庭：《道德真经广圣义》。
⑦ 张伯端：《青华秘文》。

心。当然，这是有多种说法的：第一，性即神，"神者，性之别名也"；第二，性指人的先天之神，如张伯端认为先天之性即"元性"，"神者，元性也"，"元神乃先天之性也"①；第三，性即道德修养功夫和心理的稳定状态。

尽管中国哲学有不同的心性论，但它们中一般包含有这样的思想，即心之性既是心的原初的东西，又是心之为心、心区别于非心的本质特点。

不仅如此，有的人还更进一步探讨了心性之为心本、为心的标志性特征的所以然。例如张载在论述性时，以气来释性。所谓气有体用两面，体即气的虚静、本然状态，换言之，气的本体是太虚。"太虚者，气之体。"②太虚之用即气的聚散变化。此气即质料性的气。太虚相当于德谟克利特所说的虚空，质料性的气相当于原子。物质之质有阴阳、刚柔、缓速、清浊等差异。就一般的性的起源和本质而言，它由气所决定、所使然。张载说："合虚与气，有性之名。"③此性包括心性和物性。它们的作用在于：决定了一事物与别的事物的差别。事实之所以相互区别，是因为它们各有自己的性。因此性就是将事物区别开来的内在的根据。"凡物莫不有是性，由通蔽开塞，所以有人物之别，由蔽有厚薄，故有智愚之别。"④作为最一般之性的道、万物的天地之性是无意识的。他说："率性之谓道则无意也，性何尝有意？"⑤性本身不是心理，是无意识的，但作为体性的性可成为心理的基础。例如感觉、情感就是如此。"感者性之神，性者感之体。""感皆出于性，性之流也。"⑥性只是心的基础，如果没有别的因素起作用，就不会有心出现，即只有性与知觉结合时，才会有心出现，故可说，"合性与知觉，有心之名"⑦。从性与心的关系说，心根源于性，性与知觉结合便有了心。性像神一样是气所固有的东西，张载说："凡可状，皆有也；凡有，皆象也；凡象，皆气也。气之性，本虚而神，则神与性乃气所固有。"⑧"其成就者性也"⑨有两种性：一是天地之性，二是气质之性。天地之性是由于禀赋了太虚本体之气而成

---

① 张伯端：《青华秘文》。
② 张载：《张载集》。
③ 张载：《张载集》。
④ 张载：《张载集》。
⑤ 张载：《张载集》。
⑥ 张载：《张载集》。
⑦ 张载：《张载集》。
⑧ 张载：《张载集》。
⑨ 张载：《张载集》。

的性，气质之性是禀赋了构成人身的具体的聚散之气的性。所谓气质指的是变化，气之质即变化。"变化气质。"①"气有刚柔、缓速、清浊之气也，质，才也。气质是一物，若草木之生亦可言气质。"②人的气质，形式多样，如美恶、贵贱、寿夭。气质尽管有其"定分"，但"学即能移"③，这种性是事物表现出的浅表的性质特点。同理，心之所以不同于非心，主要是由它特定的性所决定的。

二、从精、气、神、灵看心的独有标志

中国哲学的心理标准理论除了上述重视从发生学和内在深层本质的角度加以揭示之外，还有这样的特点，即强调把心与非心区别开来的标志性特征是多。它们的每一个都是心的必要条件。但它们单个地看，又可成为别的事物的特征。换言之，非心事物可以具有其中的某一特征，但不可能同时具有心所具有的那些特征，只有心才同时有这些特征。

中国心灵哲学所说的"精"有时是心的同义词，有时指的是心中的、以动力资源形式表现出来的根由，有时指的是心的精微的特点。后一意义上的精实际上是心的摹状词，即描述心的特点、相状的词。《上阳子金丹大要》云："精实一身之根本，未有木无根而能久乎。"意为精在人身上的地位类似于根在树木中的地位，若根上有问题，树的生命就不能长久，若人的精不充足或枯竭，人身就有种种毛病或性命难保。《黄帝内经》说得更明白："夫精者，身之本也。"当然，精不限于人身，而有广泛的存在性。也就是说，它的广义用法是指广泛存在于心物中的精妙力量、性质和状态。这种力量之所以被看作心理王国中的成员，是因为它具有只有心才有的这样的特性，即明性或觉知性。至少有许多论者承认：有精必有明，必有力量。即使不是全部精是这样，至少有一部分是这样。《淮南子》云："心之精者，可以神化（神妙地变化），而不可以导（教导、引导）人。目之精者，可以消泽（看到无形），而不可以昭记（教诫）。"

从词义学上说，"精"是相对于粗而言的，有精微、精妙、精华的意思，是一切事物内最珍贵、最微妙者，或精华性存在或力量。《管子》云："一气能变曰精。"

---

① 张载：《张载集》。
② 张载：《张载集》。
③ 张载：《张载集》。

第五章　灵明性、五遍行与意向性：心理标准理论比较

意为专一之气所形成的变化即为精。庄子认为，区分粗与精的标准是：是否可言说。可言说者为粗，只能意会者为精。精是微妙之实在。"可以言论者，物之粗也；可以意致者，物之精也。""夫精者，小之微也。"[①]据此，庄子把道和人的精神都称作精。

可见，古人发明精的概念是想说明物之起源、变化的原因。《周易》云："精气为物，游魂为变。"根据这一后来受到广泛讨论的命题，世界有两类现象：一是事物的作用、变化，它们是形而上的；二是形而下者，即有形有象之物理存在。精也在这个范畴之内，只是它是其中隐匿的、靠近形上的东西，正所谓精者，物质凝聚、紧密之谓。《公羊传·庄公十年》云："觕者曰侵，精者曰伐。"所谓觕，即粗，而精是粗的否定或反面。张载认为，精是事物内部的微观实在或力量。事物及其构成元素之中均有精，如人体之内有精，阴阳五行中有精。"阴阳之精互藏其宅，则各得其所安。""木金者，土之华实也，其性有水火之杂。……金之为物，得火之精于土之燥，得水之精于土之濡，故水火相待而不相害。"[②]

《老子》曰："窈兮冥兮，其中有精，其精甚真。"这一规定开辟了精的另一种解释途径，即把它看作是无形的实在。道教认为，精的体性是空，是无我，其内没有常一不变的实体。《文始真经注》曰："精属水，水无人也，精亦无人也，合乎至精，则历历孤明，不与万法为侣也。"

把精解释为有心理作用的实在或主体的人也很多，如根据戴震的看法，精即"精爽"。它是人与动物共有的特性。既然是精爽，因此就一定有相应的心理功能，如精爽能对对象做出反映。当然精爽有巨细、高低之别，低的只能认识事物的表面性质、特点，且难免错误。他说：凡血气之属（人与动物），皆有精爽。其心之精爽，巨细不同，如火光之照物。火光有大有小，其照有远有近。精爽也是这样，所得到的认识也是如此。动物只有精爽，而人异于禽兽处在于：不仅有精爽，还有神明，人和动物"虽同有精爽，而人能进于神明也"[③]。另外，他还认识到，精爽是可改进、发展的，乃至过渡到神明。"今谓心之精爽，学以扩充之，进于神明。"[④]

---

① 《庄子》。
② 张载：《张载集》。
③ 安正辉选注：《戴震哲学著作选注》，中华书局1979年版，第74页。
④ 安正辉选注：《戴震哲学著作选注》，中华书局1979年版，第75页。

"精"的具体用法和解释还有很多，如有的人把它理解为具体化于人身之中的道。这种意义的精不同于精血之精，因为这种"精通于天"，即为"主精"[1]，也可称作至精，而"至精为神"。其作用极为神奇，如让它显现即有无穷之妙用。《淮南子》云："刑罚不足以移风……惟神化为贵。至精为神。……至精之像，弗招而自来，不麾而自往；窈窈冥冥，不知为之者谁。"

还有一些人把精同时理解为物质的和精神的能量、力量。物质的能量或精，如血气等。心理性的精则是心理的感知、思维活动、作用的基础，由于它至精至微，因此人只知其用，而不知它本身究竟是什么。充其量，人只能通过它的作用推知它的存在。基于此可以说，精到什么地方，什么地方便有奇妙的作用发生，如来到或"泄于"眼，则有视的作用。"精泄于目，则其视明；在于耳，则其听聪；留于口，则其言当；集于心，则其虑通。"[2]由此可以说，精即使不是这些作用的主体，至少是使这些作用发生的重要条件，例如，它存在于心中，便让心发挥思虑通达的作用。

在有些人的用法中，"精"有时指心绝对专一而没有任何杂念的状态，其意思近于"精一""精诚"，如《淮南子》云："至精之所动，若春气之生，秋气之杀。""老母行歌而动申喜，精之至也。""精"有时也指反道之本的状态，如《淮南子》云："偃其聪明，而抱其太素，以利害为尘垢，以死生为昼夜。……则至德，天地之精。"还可指心理学所说的心，如说"精通于灵府"。《上阳子金丹大要》则提出，精即美好的或对立于丑恶的东西，如说："精者，极好之称。美者言精，恶者言粗。夫物皆然。凡人唯精最贵。"

也有这样的倾向，即把它降格为物理王国中的成员，如认为它不过是精液，而精液是人体中的以液体形式出现的精华，可称作"玉体金浆"。其有六种形式，即精、泪、唾液、涕、汗、溺。这超出了本书的范围，不拟多述。

综上所述，不同用法的"精"指的是心的不同侧面的标志性特征。由于它们只是心的必要条件，而非充分条件，因此不具备这些条件就不能为心，当然，具备了也并不一定为心。特别值得注意的是，中国哲学在论述精与心的关系的时候隐含着这样一个有多重意义的宝贵思想，即现实地显现出来的、在运转和起作用的心一定

---

[1] 刘安：《淮南子》。
[2] 刘安：《淮南子》。

第五章　灵明性、五遍行与意向性：心理标准理论比较

有自己的能量之源或"心理力"，一定有其精，一定以精的形式存在，只是它极其微妙，看不见摸不着，但它们不仅有本体论地位和作用，就像物理的电子信号等微观实在一样，是心的构成上的特点，而且是心现实存在和有作用的一个必要条件。这不仅以中国的方式回答了心的标准问题，即心一定有自己的独特的能量形式、作用力，一定表现为精，而且解决了古今中外都没有很好解决的心理因果性难题。

再来看"气"。应承认，"气"在大多数语境中是被当作物理语言使用的，但也有例外，即有时被当作心理语词使用，甚至有时还有表示心理主体、主宰的意义。这有三种情况：第一，有时被当作兼有心物双重意义的词使用，如浩然之气；第二，有时被用来表示中国心灵哲学所发现的特殊的心理样式，如骨气、气节、胆气、气魄、脾气、怒气、火气、怨气等；第三，有时被用来指称心理的根源、主宰、主体，如后面将阐述的，《上阳子金丹大要》主张，不仅人的心身都源于气，由气所构成，而且人对外面对象（如色、声等）的知觉都离不开气，没有气就没有知觉。在此意义上，气也有心理主体的意义。

"气"是中国文字中最早出现的文字之一，如甲骨文中有此字：㇌。《说文解字》云："气，云气也，象形。"《说文解字部首订》云："气之形与云同，但析言之，则山川初出者为气，升于天者为云。合观之，则气乃云之散蔓，云乃气之浓敛。"可见，"气"一词在造字之初指的是云气之类的较抽象的实在。随着对气的样式、个例认识的拓展，气的抽象性质逐渐提高，以至在先秦，人们已认识到气是事物的普遍性构成因素。这表现在"气"成了许多词的组成部分，如气候、气交、气令、气象、气运、节气、暑气、温气、寒气、大气、秋气、天气、地气、雾气、脾气、心气等。概括说，有这样一些用法：一是引申，以表示絪缊聚散形成万物的气，如经过对不同形态的气（如云气、水气、烟气、风气）等的抽象，人们提出了"精气""元气"等更抽象的气范畴；二是表示人的嘘吸的气息；三是表示人的血气；四是表示万物的共同的更微观的构成元素。我们这里关注的是作为哲学范畴的气，即作为构成万物之本原的气。

对气的本质，不同的人有不同的看法。陆流概括说：它是"横贯有无、体符自然、顺透生灭、融主形神、超越时空之自在'物'"[①]，是"实体存在与虚体

[①] 陆流：《气道》。

存在的中介性的虚中有实、实中有虚的媒介体",是虚体与实体、物质与精神、生生与死灭的桥梁,更是时间与空间、有恒与变化、万有与一无的桥梁。只有如此理解,才能把握这个世界的一切存在。①笔者认为,尽管不是所有的用法都包含这个指称和含义,但至少有一种用法是这个样子。正是因为气同时有心物的意义,或能作为心物的桥梁,或能表现为兼有心物二重性的存在,因此它才能被纳入心灵哲学的探讨视野。不仅如此,中国哲学有时还将气当作心的自然化的基础,即根据气来解释心的存在和作用,如认为心之所以有知觉之类的作用,之所以能产生对身体和外部世界的作用,皆因心气不离,以气为它的动力之源。因此可以说,气是心的一个必要条件。

"神"像"精"一样也是一个极富歧义性的语词,其中有些意义表述的是心的标志性特征。就词性而言,在很多情况下,它是作形容词使用的,指的是事物的玄妙、变化、神奇、难以测知的特点。《淮南子》云:"其生物也,莫见其所养而物长,其杀物也,莫见其所丧而物亡,此之谓神明。"有时,它也常常作为名词被使用,如说"五藏神""气和而生,津液相成,神乃自生"。有时与"明"连在一起组成合成词,如说人体各部分都有神明、心之神明等。该词最常见的意义是指神妙难测的作用。《周易》有言:"阴阳不测谓之神。"这里说的是事物的内在动力和外在极致表现。由于神有如此的作用,《周易》:"阴阳不测之谓神。""神无方而易无体。"这说的是,天地间的不可测知的变化皆阴阳所为,故说阴阳的变化莫测即为神。周敦颐说:"大顺大化,不见其迹,莫知其然之谓神。""动而无动,静而无静,神也。"相对于物而言,物就无神性。②二程说:"'惟神也,故不疾而速,不行而至'。神无速,亦无至。""'穷神知化',化之妙者神也。""气外无神,神外无气。"③可见,神不是独立的实在,而是气及其组合体中表现出来的力量、化之妙。"天者,理也。神者,妙万物而为言者也。"④总之,"神是极妙之语"⑤。在人身上,神既指身体各部位的最佳状态,如面有其神,又指整体的最佳状况。另外,心理的状态

---

① 陆流:《气道》。
② 周敦颐:《周敦颐集》。
③ 程颢、程颐:《二程集》。
④ 程颢、程颐:《二程集》。
⑤ 程颢、程颐:《二程集》。

第五章 灵明性、五遍行与意向性：心理标准理论比较

也是神的表现，如意、志、忆等。当然，"神"有时指的是宗教神学意义的神，如具有超自然力量的人格神、用来解释难解现象的理性神。在大自然中，除了人格化的神之外，还有像规律、法则一样的神，"天神者，妙万物而言，依形而生"①。我们这里关心的只是中国心灵哲学中与心有关的"神"。

就形容的对象而言，"神"既可用来形容道，也可用来形容心和物。当用来形容心时，说的正是心的特点。在这种语境下，它有时指的是一些因素巧妙结合在一起所具有的能或能力、能动性。因为这种能也具有变化莫测的特点，因此可以说人的能力"至神"，但这种神又离不开心，离不开具体的行为，即总是通过或巧或拙的行为表现出来，故说："能虽至神，不离巧拙。"②根据这种理解，心理的状态也是神的表现，如意、志、忆等。有时也被用来形容心、魂、魄、精神这些心理主体的神奇作用。《淮南子》说："魂魄处其宅，而精神守其根，死生无变于己，故曰至神。""神"的另一用法是指心中的一种至高至圣的主体性实在。它既能神妙变化，又能作为认知和道德主体起作用。有时作名词用时，专指人心，如说"神识""心神"。中国心灵哲学一直所关注的形神关系（心身关系的一种特例）中所说的神就是这个意义的神。有时，神仅指心的最高级功能。这里的心是作为心理活动主体的心脏，如说："夫心者五藏之主也，所以制使四肢，流行血气，驰骋于是非之境，而出入于百事之门户者也。"③而神是它的能主宰一切的作用，如神能决定思想和行动。"故神制，则形从，形胜则神穷。"④"故心者，形之主也，神者心之宝也。"⑤陈撄宁先生对这种意义的心神关系做了恰到好处的区分：心与其作为功能的神结合在一起是脏腑的主宰，而心是这个主宰中静的方面，神是其动的方面。他说："人身脏腑所以能有功用者，皆神为之宰也。心与神共为一物，其静谓之心，其动谓之神。"⑥

具有心灵哲学意义的神是居住在心中的神，它是诸神中起着协调或统摄作用的神，近于弗洛伊德所说的自我。这个神的特点是无形，因此被称作形之上神。

---

① 陈致虚：《上阳子金丹大要》。
② 牛道淳：《文始真经注》。
③ 刘安：《淮南子》。
④ 刘安：《淮南子》。
⑤ 刘安：《淮南子》。
⑥ 陈撄宁：《陈撄宁仙学精要（上）》，胡海牙、武国忠编，宗教文化出版社2008年版，第17页。

它有一定主宰作用，是一身之灵，因此又是太一真神或真君。由于它能像谷子一样滋养他物，因此也可称作谷神。它的宫殿是泥丸。因此泥丸即元神之府，像天谷。"天谷者，泥丸之宫也，上赤下玄，左青右白，其中有黄焉，斯元神之府也，谷神真一之至灵者也。"①当然，在泥丸中还住着别的神，如九真之神，分居东、西、南、北、东南、西南、东北、西北、中部之宫，分管四正四隅及中央。中部即泥丸的中央方圆一寸之处，是中部之宫，里面住的是这个总管全身的神，故被称作"一部之神"。道教修炼时，思神、存想所要思或想的就是这个神，即要观想此神，修好了就能延年延寿。

神的最高的作用就是神明。《黄帝内经》说："心者，君主之官也，神明出焉。"神明，即最高智慧。从体上说，这种智慧于道彻底通达、明白，或道于心前彻底显现，因此心通彻明亮。从用上说，神明有这样一些特点，如在认知上，无不通达，无不知晓；在道德上进入人生最高境界，像圣人一样完美无缺；在心境上，心静、心像虚空、心平、心不杂乱。"故心不忧乐，德之至也。通而不变，静之至也。嗜欲不载，虚之至也。无所好憎，平之至也。不与物散，粹之至也。能此五者，则通于神明。"②其中，最重要的是有大智慧，正所谓"神者智之渊"，意即智根源于神。同时，智慧的高低取决于神的清净程度，如"渊清则智明"③。明是智的表现，最高的智就是神明。《鹖冠子》云："法之在此者谓之近，其出化彼谓之远，近而至故谓之神，远而反故谓之明。"简言之，神明即一种大智慧。神明也可这样分开来理解，如知道、明道为神，知器谓之明。《鹖冠子》之解释者陆佃说："明之在道为神，神之在器者为明。"

神除了表现为高级的智慧作用之外，还有较低级的认知作用，其表现之一是，负责人的日常的认知，如视听言动，邵雍云："尽之于心，神得而知之。人之聪明犹不可欺，况神之聪明乎！"④由于神有认知作用，因此可成为梦的一个根源。道教认为，神散必梦，"神凝者，想梦自消"，因此"古之真人，其觉自忘，其寝不梦"。⑤梦的内容也可证明这一点，因为梦的内容与神在白天的所遇有关，

---

① 曾慥编：《道枢》。
② 刘安：《淮南子》。
③ 刘安：《淮南子》。
④ 黄宗羲：《宋元学案》。
⑤ 《列子》。

与气的状态有关。"昼想夜梦，神形所遇。""阴气壮则梦涉大水而恐惧；阳气壮则梦涉大火而燔焫（火性猛烈则燔焫）；阴阳俱壮则梦生杀；甚饱则梦与，甚饥则梦取。"[①]表现之二是负责圣人的认知。这种认知是一种直契一切事物虚无本质的过程。当然这不是一般人能做到的，因为只有真的进入心的本然的寂静状态时，才能明见事物的虚无本质。在这种寂静状态中，也有观照的作用发生。这种观的特点是："吾湛湛乎其定，四器（耳目鼻舌）可谓空也。圣人于是知空之不空也，色之不色也，而得智慧于斯焉。"此时的神是不神之神，"能于定之中而明不神之神、不性之性，则神而化，性而真，与天地等其久。"[②]

怎样看待神的本质呢？它究竟是什么？是独立的实体还是别的什么？对于这些问题，中国心灵哲学都有讨论和回答。总的观点是，尽管神无形无相，有难知、难测的妙用，但中国心灵哲学并没有像西方的二元论那样把它当作独立的实体，而把它看作是高阶现象，或随附性现象。如果说神有主体的地位的话，那也只能是一种高阶的主体，因为它是以基础性的条件、关系如气的聚合为前提的。根据一般的看法，它是在有关条件具备时发生的。离开了其基础条件，就没有这个高阶现象。《黄帝内经》说："生神之理，可著于竹帛，不可传于子孙。"既然如此，就可通过构筑相应的条件而让其产生，至少元神之外的许多神是这样。中国医学认为，通过求道、守道，就能让神产生出来，因此医理就是"生神"之理。这些说明，元神之外的多数神是依于条件的高阶现象。

中国哲学从心灵哲学角度对神的论述无疑有回答心理标准问题的意义，只是它用了中国特有的象征式的方式。根据有关的思考，心之所以不同于非心，是因为它有不为其他事物所具有的作用及方式，即神或神妙，用今日哲学的话说，即有特殊的能动性、不可预测性、神秘莫测的变化性和创造性。例如，心能超越时空，与过去、未来发生关系，与身体没法进入的空间发生关系，甚至与不存在的东西发生关系，如思考方的圆、创作虚构对象等。神是心的能主宰一切的作用，如神能决定思想和行动。"故神制，则形从，形胜则神穷。"[③]"故心者，形之

[①] 高守元辑：《冲虚至德真经四解》。
[②] 曾慥编：《道枢》。
[③] 刘安：《淮南子》。

主也，神者，心之宝也。"[①]质言之，看一对象是不是心，可从它是否有神妙的能动作用这个角度加以观察。

"灵"与"精神"除了有表述心理王国中具有主体性地位的实在的意义之外，还有表述心的特点与条件的意义。正是这方面的意义，使中国对灵的说明有时具有心理标准理论的意义。作名词用的"灵"指的是一种有主体性作用的实在，如《大戴礼记》说："阳之精气曰神，阴之精气曰灵，神灵者，品物之本也。"意思是，精气有两种：一是由属阳之精气构成的神，即我们前面所说的有难测难知作用的那个神；二是表现为阴性精气的灵，它也有同神一样的灵明之性，如也能"品物"，即有认知事物的作用。神和灵都是能品物的主体（本）。"灵"作为名词有时指能照、灵明之觉。这种明和觉的特性就是心区别于非心的特性。当然有两种明性：一是真心的本明之性，二是妄心的低层次的反省特性。前者一般出现在禅定实践中。《玄机直讲》云："始将双目微闭，垂帘观照……万念俱泯，一灵独存。"在这种心理状态中，一切都停止了，只有灵知和元性存在。北宋以后，道教心性论受禅宗等中国化佛教宗派的影响，也把心分为妄心和照心两种，强调妄心应灭而照心不灭。这里所说的灵知就相当于照心，它也近于中国佛教所说的"灵光独耀"中的从真心上截取的本明的、能自照的灵光。用西方心灵哲学的话说，这里的灵知相当于西方常说的自我意识中的一种形式，即不依赖于主体—客体二分、无须通过反省或反思作用的前反思性自我意识。其特点是，当人们认识外物时，或当人们有心理活动、状态发生时，由于人们有这种本明的觉性或照性，因此在人们能知道心理作用的对象时，还能清楚地知道心本身的一切。这种灵性或照性在高级禅定中一定会出现。因为行者修行到一定境界，必然出现这样的心理状态，在这里，心寂然不动，但又灵明不昧，明明白白，这就是通常所说的寂而常照、照而常寂的状态。其中不同于一般心理现象的特殊之处是，出现了一种能反观自照，但又不假主客二分的灵明之觉性。由于它不来自一般的心理主体，而依赖于其内的特殊的能力，因此也可把它看作是一种主体。当然这里由于没有主客二分，因此是一种特种形式的或特殊意义的主体。

中国佛教以外的关于灵性、灵光的看法也许达不到佛教的高度，但可以肯定

---

① 刘安：《淮南子》。

第五章　灵明性、五遍行与意向性：心理标准理论比较

的是，它们看到了自然界中有一种不同于心、神的精微的实在与能量，可称作精或精灵。《橐龠子》云："天有其精，地有其灵，若人得之，可以长生，在天成象，在地成形。形象禀气，气生精灵，不可去形取象，不可去象取形。"何谓地精、地灵？"天精者，宝也，地灵者，宝也。"它像金、宝一样。"天无宝而日月不大明，地无宝而山岳不恒静，人无宝而形神不常全。"就宝的来源而言，"阴阳结气，天地覆载。春以暄之、仁之，夏以暑之、礼之，秋以凉之、义之，冬以寒之、智之，变化若此而遂成焉"。总之，这种宝是事物有其奇妙作用的根源。人有品物或神识的能力，也一定有其宝。人之宝就是骨髓、神、灵。"以骨为金，以髓为玉，以神为精，以灵为识。"就此而言，有识的作用的灵又近于心或神。这些宝遍存于每个人身上，因此这些宝都完好地保存着。但圣人显现了它，凡愚身上则没有，这是因为圣人无欲，愚凡多欲。多欲便使"宝丧焉"。心有欲，其宝将尽。天地无欲，其宝常存。[①]

卢辩对《大戴礼记·曾子天圆》所说的"阳之精气曰神，阴之精气曰灵。神灵者，品物之本也"做了这样的注解：阴阳之精气，生之本也。神即魂，灵即魄。上升于天为神、魂，下降于地为魄、鬼。这样的解释有简化心理王国主体复杂性的好处，但不一定符合文本的原意。因为如果灵性指的是心理的自明的觉照性，那么显然就不能把它等同于魄。

"灵"还常作形容词用，指的是"灵活""灵敏"等作用。用于描述心时，强调的是心识的不可思议的功能，如"六灵"说的就是眼耳鼻舌身意六识的灵明之性。"守六灵者，眼耳鼻舌身意，亦谓之六识。""灵"也可指其他器官的作用，如说"五神（五脏之神）清，则百节灵"[②]。当把"灵"与"心"连用时，有两种意义，一指有灵明作用的心，二指心是灵明的。这里的"灵"就是形容词，可理解为谓词"是灵明的"。这表述的特性是中国哲学所发现的心所具有的标志性特点，即心有灵的特点。尽管有的非心事物也有灵的性质，但心之灵的程度是他物所不可比的。心之所以灵于万物，是因为它具有非心事物所不具有的至精至灵的作用。理学家邵雍说："人之所以能灵于万物者，谓其目能收万物之色，耳

[①]《橐龠子》。
[②] 张君房编：《云笈七签》。

能收万物之声。……声色气味，万物之体也；耳目口鼻，万人之用也。……是知人也者，物之至者也。"①人不过是一物，不同于他物的地方在于：人比他物更灵罢了。②

当然，灵有时被等同于神，就心有灵明的作用而言，心有时也被称作灵，或心灵。道教说的要"常思灵宝"，指的就是这种有灵明作用的心理实在，它既可称作神，又可称作心灵。《云笈七签》云："灵者神也，宝者精也。但常爱气惜精，握固闭口，吞气吞液，液化为精，精化为气，气化为神，神复化为液，液复化为精，精复化为气，气复化为神，如是七返七还，九转九易。"

再看精神。从词源学上说，把精与神连用进而组成"精神"这一概念，是庄子的首创。徐复观先生说："在庄子之前，精字神字，已很流行。但把精字神字，连在一起而成立'精神'一词，则起于庄子。这一词之出现，是文化史上的一件大事。"③如《庄子》说："独与天地精神往来。""精神生于道，形本生于精。"

"精神"一词出现后，其用法、所指并不统一：一是指精华、精灵。二是指心理现象。在后一用法中，又有多种情况，如有时可用来表示所有一切心理现象。这种意义的精神可等同于心理现象。有时，它也可用来作为表示心理主体的符号。《云笈七签》云："气整冲至，精神笃之为志；气循准常，精神守之为性；气会机指，精神适之为情；气密隐模，精神运之为意；气合里遇，精神澄之为怀；气因事结，精神系之为忧；气美偶触，精神降之为勇；气耸驰御，精神崇之为愿；气仁垂注，精神钟之为念；念深为矜；矜深为悯；悯深为慈；慈深为悲；悲深为啼；啼深为号；皆肝府之气起也。"这段话的心灵哲学意义非常丰富和深刻，例如，它既说明了气、肝等物质性实在和力量对于精神之产生和存在的基础意义，它们至少是其存在和作用的一个条件，如"肝者，精神首运之路"，如寤寐怡然而独笑，就是由于肝气呈飘浮状态；同时，它还说明志、怀、情、勇、念等心理作用、状态都是精神在特定条件下的所为。三是更宽泛意义的"精神"，如道家认为它既是心理生活的主体，同时是生命之根。《老子河上公注》云："人生含和气，抱精神，故柔弱。""人所以生者，为有精神。"《老子想尔注》云："古

---
① 邵雍：《皇极经世·观物内篇》。
② 黄宗羲：《宋元学案》。
③ 徐复观：《中国人性论史·先秦篇》，九州出版社2013年版，第353页。

第五章　灵明性、五遍行与意向性：心理标准理论比较

仙士实精以生，今人失精以死，大信也。……所以精者，道之别气也，入人身中为根本。"这种精神也是心的一个特点，因为只要有心，只要心存在着、活着，就一定充满着有不同程度的精神。心力旺的人，则精力充沛，人死了，则无所谓精神。通常所说的形容词"很精神""有精神"指的就是心的这样的特点。

中国哲学有时所说的"精神"接近于西方人所说的作为心理的标志性特点的意向、意指作用，如陆九渊说："收拾精神，自作主宰。"意为把精神收摄向内，使自己成为自己的主人。如果任其向外驰求，人就做不了主，就是凡夫一个。他说："人精神在外，至死也劳攘，须收拾作主宰，收得精神在内时，当恻隐即恻隐，当羞恶即羞恶。"①人应"自立"，"正坐拱手，收拾精神，自作主宰。自作主宰，万物皆备于我，有何欠阙！"②

有的人对精神的构成及其本质的分析表达了一种近于西方外在主义的思想，而外在主义则是关于心的本质特点的一种崭新的观点。传统的观点认为，心是单子性的实在，因为它是存在中的至精至微至灵者，外在主义坚持的是宽心灵观，即认为心不是一个东西，而是弥散于主客之间，因此是宽的。只存在于头脑中，即为窄的。中国哲学也有近于宽心灵观的思想，如认为精神不是单子性实在而是弥散性实在。例如它来自天，或其构成同于天，而天的构成的特点是：充满的是"精轻者"。这显然不同于地的构成。后者由"浊重者"所构成。有浊重，就有形、有确定的位置，就是可以区分开来的单个事物。而天的构成是混沌的，没法区分开彼与此、这一个与那一个，因为"属天清而散"，因此天及其构成就一定是弥散性现象。精神也是如此。故说"精神者，天之分"，即来自天上的清轻精气，分有其成分，分有其弥散的特点。它不同于形体、骨骸，因为"骨骸者，地之分"。总之，精神不是单子性存在。如若是单子性存在，即为地性事物，"属地浊而聚"。精神尽管分布性地存在着，但又无形，"精神离形，各归其真"。③

总之，精、气、神、灵、精神，特别是它们作为形容词的所指，尽管也可为非心的事物所具有，但一方面，它们表现在心之上，在程度上乃至在质上是

---

① 陆九渊：《陆九渊集》。
② 陆九渊：《陆九渊集》。
③ 《列子》。

根本有别于非心事物所表现的同类的性质的；另一方面，只有心才可能全部具有这些特点或条件，因此由它们的共具和高层次的表现所决定，心便与非心判然有别。质言之，根据中国一般的心理标准论，判断一现象是不是心理现象，一要看它是否有性这一初始的、内在深层的"馅子"（朱熹语），二要从外的方面看它是否有精微、弥散、形而上的存在方式和相状，是否有神、灵这样的作用方式和特点。

第二节　佛教的心理标准理论

心理现象的标准问题与心理现象的范围及分类问题是密切联系、相互纠缠的问题，尤其是范围和标准问题之间似乎还存在着"问题循环"。就单个问题而言，每个问题本身十分复杂，幽隐难解。例如，就心理现象的标准问题来说，西方传统的占主导地位的观点是布伦塔诺所提出的"意向性标准"。根据这个标准，只有具有意向性（指向性、关于性、有心理内容）的现象，才可说是心理现象。这一观点在当今受到了尖锐挑战。有人认为，应把"感受性质"或现象学性质作为心理的另一个标志。有人认为，可同时把意向性和感受性质当作标准。只要一种现象符合其中一个标准，或同时符合两个标准，就可被看作是心理现象。佛教对上述问题都有以特定方式表现出来的探讨，我们这里不拟介入"循环问题"，将先考察佛教关于心理范围的思想，然后再来阐释它基于它所发现的最为广泛的心理样式对心理标准所做的探讨，最后讨论佛教在这些问题上的理论贡献。

一、心理现象的范围问题

我们在探讨佛教的心理标准理论时之所以从这个问题出发，是因为对范围的看法不同，对标准的看法必定有别。佛教之所以有极其独特的心理标准论，是因为它对心理的样式、范围的看法极其特殊，最突出的是，它看到的范围是现今我们所知的最为广泛的，如不仅生活在欲界的人和动物有心理，而且生活在色界和无色界的众生还有其特殊的心理，不仅凡夫有凡夫的心理，而且圣人还有凡夫所没有的心理。另外，它还用发展的眼光看问题，强调心理现象本身具有变化性、生成性的特点，例如随着修行的深入，随着由凡向圣的转化，随着成圣的心理过程的进步，会陆续派生出许多以前所没有的心理现象，因此心理现象的范围不是固定不变的，如今后还会有以前所没有的心理样式出现。

佛教关注的心的范围大于世间心灵哲学关注的范围，其表现之一是，佛教不仅像一般心灵哲学那样承认，人和高等物身上会出现心理现象，而且认为他们之外的许多生命体都有心理现象。世间心灵哲学充其量只关注人及高等动物的心，而佛教心灵哲学除了承认低等动植物有心之外，还广泛论及三界范围内的心。佛教心灵哲学认为，除欲界众生有心之外，色界的天、无色界的圣者都有心。无色界的众生尽管没有有形体的色身，但也有一种特殊的心，甚至特殊的身，如意生身，更重要的是，超越三界的圣人也有其心，这心主要表现为无漏心以及带有现象学性质的真心。"无色既无通（神通），即唯是定力"，由定力所变。因为神通力离不开色身，由"先加行思维方乃得生，故心引起变化事等，定力但是任运生故"。"无色现色，但定所生"，也就是说无色界也可有所变身器，不过它们是无形质的，而且"内身多续，少分间断"。[①]

具体而言，欲界即充满欲望（食欲、淫欲、睡眠欲）、为欲望所支配、充满着有形物质的世界，或者说是有欲望的众生居住的世界，其中居住的众生包括地狱、饿鬼、畜生（所有有情识的动物、生物）、人、阿修罗、天人（四天王天、三十三天、夜摩天、兜率天、化乐天、他化自在天）。欲界众生的心就是一般心理学所说的知情意等心理过程以及性格、气质等个性心理。

色界是在六欲天之上的、无欲望仅有色形的众生所居住的世界，由四禅天而成，可分为十七天。这里的众生没有欲望，但有物质性身体。他们的心理尽管少了欲望，但欲望以外的心理还是有的。另外，相对于欲界众生，他们的心理又有多的一面，即有伴随修禅定而出现的各种善心、不善心和既不善又不恶的无记心。

无色界是既无欲望又无色形差别的世界。此界众生无色形区别，无欲望，但有别的心理，如"心等相续，但依胜定"。所谓胜定主要指修厌离物质的四无色定（空无边处定、识无边处定、无所有处定、非想非非想处定）。这里的众生无色，故无色依。其所依的是命根和众同分。所谓众同分是指，像命根一样，有一体，

[①]《成唯识论述记》。

遍与一切身份为依，有同界、同生、同趣等意。命根与众同分不仅是无色界众生的依止，而且它们还"相依而转"。它们之所以能超越色相，是因为它们有禅定，如四无色定。①它们尽管没有欲望，但有特定的心、心所法。这些心理都与定有关，因此范围与前两界众生相比，既有增加（由于有定及相伴随的心，因此有前两界众生所没有的心），又大大减少，即没有前两界众生的那些染污之心。当然仍有微细无明烦恼之类。这一世界简单得多，只有定、命、众同分和有关的心、心所法。故论云："同分及命、心等同依"，"无色虽无有身，心等定依同分及命"。②

从共性上说，三界都有贪嗔痴，但形式不同，如欲界的贪是欲贪，即欲占有色、食等。色界、无色界无欲，因此它们的贪不表现为欲贪。色界众生的贪尽管不是占有欲，但仍有贪性，即仍是色身的贪，而无色界众生的贪则表现为无色贪。论云：在欲界，"身中所有贪名欲贪。此所随增，名欲界系。色界十八处，无色界四处，有情所有贪，名色、无色贪"③。可见，三界之中，不只是人和动物有心理，而且其他的众生都是表现心理现象的主体或载体。就拿欲界天人的心理来说，它们的快乐比人的多，但仍有贪、嗔、嫉、恼等苦。色界、无色界的天人没有这些苦恼，但仍会死，于投生处时没有自在，仍有堕入恶趣之苦，如福报受尽时就是如此。在欲界、色界，心识与根、根所依密不可分，如六识依于六根，但无色界众生的心识是纯粹的，不依于物质性器官，只依于前面据说的命根和众同分。三界之心的差别还在于：其中的众生的心量有大小差别，如无色界不仅有心，而且其心广大，"欲界心名为小心，色界等心名为大心"④。

佛教心灵哲学关注的心理范围大的第二个表现是，承认在死亡进行时，以及在死亡发生后与下一期生命开始之间的所谓中阴阶段，仍有神识存在。这也就是说，心理现象不只是发生在活着的躯体上，而且在死亡的尸体上、在无躯体的情况下，也可有心理现象出现，如论云："死生位非是在定，亦非无心。"⑤神识在中阴阶段离体而存在，在下一期生命发生时，由于过去业力的作用，去往相应的载体，

---

① 《俱舍论疏》。
② 《俱舍论疏》。
③ 《俱舍论疏》。
④ 《瑜伽论记》。
⑤ 《俱舍论疏》。

例如受闻报（耳识造业所受的恶报）的人，在临终时，神识会离开身体，"降注乘流，愈沉愈下，入无间狱"[①]。经云："亡者神识，降注乘流，入无间狱。"[②]受思报（意识造业所受的恶报）的人也要入无间狱，但路径不同，如神识离开身体，先飘至上空，"被吹上空，旋落乘风，堕无间狱"[③]。从历时性过程看，众生的生命尽管是由生起到转灭、再生再转灭的循环往复的过程，但其心理和意识既有灭的方面，如许多念头刹那生灭，又有不灭的方面，这就是神识或阿赖耶识。由于有它的支撑、摄持，众生的心理才能像流水一样川流不息。这个过程也是一个循环往复的过程，如一期生命的意识可分为十四个阶段，经过中阴之后，随着新的一期生命的开始，心识又开始它的新的循环。觉音说：89种心"依十四种行相而转起"。它们分别是：①结生；②有分；③转向；④见；⑤闻；⑥嗅；⑦尝；⑧触；⑨领受；⑩推度；⑪确定；⑫速行；⑬彼所缘；⑭死。[④]

佛教心灵哲学关注的心理现象范围大的第三个表现是，强调三界之外还有心理现象。因为世界除了三界之外，还有出世间、出出世间这样的世界。按三种世间的说法，三界只能算是充满苦难的世间（有时空等特性的众生生存的居所），除此之外还有出世间，即脱离苦和苦的根源、具有无漏智慧功德的二乘众生所属的世间，以及出出世间，即八地至佛地的成佛或快成佛的人所属的世间。后两个世间的众生尽管没有一般凡夫俗子所具有的那些以染污、虚妄为特征的心理现象，如贪嗔痴疑慢、知情意等，但他们新获得了一些心理现象，这些现象以清净、无染污、真实为特征。随着向佛的接近，隐藏在一切妄心后的真心会逐渐显现出来，到佛位则完全显现。一旦如此，佛唯有真心，而无别的心理。而在凡俗众生身上，真心完全隐匿，从不为人觉知。

佛教心灵哲学关注的心理现象范围大的第四个表现是，佛教承认有些世间心灵哲学不认可的这样心理，如无色质、无形碍的纯精神，即神鬼精灵。它们一般表现为神鬼（岳渎城隍、魑、魅、魍、魉）、精灵（山、海、风、精等）、祠庙土地等。《楞严经》这样描述它们的生起及根源："由因世界，罔象轮回，影颠倒故，

---

① 圆瑛法师：《大佛顶首楞严经讲义（下）》，明旸法师校，宗教文化出版社2012年版，第672页。
② 圆瑛法师：《大佛顶首楞严经讲义（下）》，明旸法师校，宗教文化出版社2012年版，第672页。
③ 圆瑛法师：《大佛顶首楞严经讲义（下）》，明旸法师校，宗教文化出版社2012年版。
④ 《清净道论》。

和合忆成，八万四千，潜结乱想，如是故有想相羯南，流转国土，神鬼精灵，其类充塞。"圆瑛法师解释说，这类事物的特点是："但有想心，而无实色……缘想不息，故成轮回性。……谬执影像，邪妄失真，与法身实相相背。……忆即爱念忆想，然后托阴，故名和合忆成，即业也。"①如是故有生起和流转。

最后，由于佛教看待心理现象早就用上了现象学的视角和观点，因此看到了自然、素朴观点所没有看到的大量带有现象学性质的心理现象。它们是自在世界所没有的，是人在进入与世界、人、别的心理现象的关系时所派生出、突现出的心理现象。大致说有两大类：一是带有现象学性质的妄心，这相当于今日西方心灵哲学所重视的以感受性质、现象学经验表现出来的心理现象，例如人当下经验到的疼痛、痛苦、烦恼等；二是带有现象学性质的真心，即在禅修等心理操作中出现的不同程度的真心显现。

二、心与非心的区分是整体论性质的事业

大多数心灵哲学家承认，心是不同于非心的，但对于如何确定区分它们的标准，则众说纷纭。例如有两种极端的看法：一是所谓的沙文主义标准，其特点是只承认人类有心理现象，因而反对者认为这犯了人类沙文主义错误；二是所谓的自由主义标准，认为只要一自主体有接受和加工信息的能力，就可认为他（它）有心。根据这一标准，老鼠夹子也有心理。其错误显然是把标准无原则地放宽了。佛教的看法十分特殊。

由于佛教有有言之教和无言之教两种表现，看问题有体与用、理与事两个维度，因此佛教对心理标准问题的回答就自然有两方面。一方面，从理体上说，佛所证的真理、法性、实际，所看到的整个世界一如一体、平等，没有心与非心的差别，因此自然无所谓区分标准可言，如经云："现证是法自性，彼法性相不可言说。"②"施设文字，皆为魔业，乃至佛语，犹为魔业。"③"若于菩提胜义谛中，即不能说。何以故？彼胜义谛，非语言、非诠表，亦非文字积集所行，尚非

---

① 圆瑛法师：《大佛顶首楞严经讲义（下）》，明旸法师校，宗教文化出版社2012年版。
② 《大集大虚空藏菩萨所问经》。
③ 《大集大虚空藏菩萨所问经》。

第五章 灵明性、五遍行与意向性：心理标准理论比较

心、心所法而可能转，况复文字有所行邪（耶）？"①因为言说即分别，即与真实背道而驰。因为当行者处在那种现证"实相"的状态时，如果有言说，或想加以述说，那么此想此说都属分别，都是妄心。而一旦有这些东西，就等于离开了那种状态。此外，一对象要具有"可说性"，其前提条件是必须有性质、有相状、有质料和信息，而圣者所现证的那种状态是没有这些东西的，加之那状态是一种极为复杂的，甚至带有现象学性质的状态，它一如一体，无有对待，因此是不可言说的。虚云和尚说得好："佛明三界（宇宙）本无一法（事物）建立，皆是真心起妄，生万种法"，言空与有、真与妄、菩提与烦恼等，都"不过吾人随意立之假名"。②但另一方面，佛出于大悲心，为救度众生，又不得不说，于是便有了有言之教。经云："为不可思议一切众生大悲转故……于无文字、无语言、无记说、无诠表法中，为他众生及补特伽罗，假以文字，建立宣说。"③如此建立的宣说，即在有言之教中。从事上看问题，才有心与非言的区别，才有标准需要讨论。在这个层面，佛教强调：心与非心是不能混同的，它们之间有明确的界限。这界限是什么呢？

佛教对心理标准的看法介于上述沙文主义和自由主义两极端之间，即既不宽又不严，认为心理现象有两大类：一是真心，二是妄心或众生能知觉到的处在生生灭灭中的表层的心。不管什么心，所有一切心理共有的第一个最一般的、不同于非心的特点是具有明性或觉性。所谓明是指有情在有心理现象时，不仅知道它发生了，而且只要愿意，就能明白其发生的过程、相状、性质、特点等。这种明有两种情况：一是真心的"自明""本明"，此明与真心的寂然的特点一如一体、无二无别，如一般常说的，真心寂而常照（明），照而常寂。圆瑛法师说："心以灵知不昧为性，有觉照之用。"④寂然不动的真心之所以是心，是因为它也有明或知的特点。只是它是一种极为特殊的明或知，即不依赖心的动变的知，可称作良知或灵知。祖源禅师说得好："真心灵知，以寂照为心。"其特点是，无知而知，知而无知。二是妄心的明或知，即依赖于心动的明，这种明离不开能（主）

---

① 《佛说海意菩萨所问净印法门经》。
② 净慧主编：《虚云和尚全集（第1册）》，中州古籍出版社2009年版，第180-181页。
③ 《佛说海意菩萨所问净印法门经》。
④ 圆瑛法师：《大佛顶首楞严经讲义（上）》，明旸法师校，宗教文化出版社2012年版，第127页。

与所（客）的关系，即只要有此种明发生，就必然有能明与所明。这就是《楞严经》所说的妄能与妄所。这种明实即世间哲学所说的经验自我意识或反省，其特点一是能明与所明的二分，二是有心念的动变，如一心理活动发生了，与此同时让注意力关注此活动，进而便有对第一个活动的明了或觉知。这种明了的活动是第一个活动（妄心）之上的又一妄念。而第一种明，即真心的明，则不同，它超越能所，不依赖于心念的动变，不是又一个妄念，可称作"妙明"。一旦想从外面去明，有明的念头生起时，便是"因明立所"，进而因所妄立，而有妄能之立。这就是说，由于心有二门（任何一心都有二门），即有两种显现方式，要么表现为真心，要么表现为妄心，因此它们的标志性特点尽管都是明，但明的方式是不一样的，于是便分别有两种区分心的标准和方式。只要具备两种明中的一种，就可看作是心，否则就是非心。例如，如果有本明的特点，寂而常照、灵明不昧，就可说有此特点的事物是真心，如果是依于心动的明，有此明了或觉知特点的心便是妄心。

　　由于大多数心理都是以妄心的形式表现出来的，因此佛教讨论得较多的是妄心的区分方法。佛教认为，判断一种心是不是妄心，除了上述区分标志之外，还有很多辅助性的区分方法。

　　心的第一个标志性特征是具有特定的整体论特征。例如，世界上不可能有孤立的心理现象发生，在一个人身上，不可能只出现一种心识，而不同时伴有别的随附性的心所法（情感、情绪、意愿、信念等）之发生。这就是说，心、心所法是和合而起、相辅相成的，或说"和合而成，故名相应"，意为不可能有孤立的心理现象发生，就像束芦（一捆茅芦）"要多共束方能得住"一样，单根不能站立。心、心所法也是这样，"要多相依，方能行世"[1]。质言之，一个人不可能只出现一种心理现象。有一心生，必有别的心同时生起。任何一种心理都是作为一心理网络或系统中的一个有机要素而出现的，离开了它的系统，它便不复存在。这是心不同于非心的一个特点。"此心若依、若缘、若时起，彼心共俱心数法等聚生。"[2]意为若某心在某时依某些缘出现了，与此心相应，一定还有别的许多心一同发生了。心、心所法之所以是整体论事件，是因为它们一定互为因缘。心

---

[1]《阿毗达磨大毗婆沙论》。
[2]《阿毗昙心论》。

的特点不仅表现在：它是在心理世界中发生的、以别的心为条件的整体论事件，而且是心身世界乃至心物世界中的更大的整体论事件。因为心、心所法与地水火风等"大种"之间也有因缘关系，例如大种可成为心、心所法的因缘、增上缘，同时大种也可成为心、心所法的因，即异熟因。没有这些因缘，便不会有心理现象的发生。因此要判断一现象是否属于心理现象，必须从整体上、从关系上去判断。

　　心的第二个标志性特征是，辗转相因，即前心是后心因，"后心是前心因，所以者何？如水流时，后水能逼前水驶流"[1]。是故，前后二心不俱生。"众生一一心，次第生，不得有二。"[2]就像羊圈中只有一个小门，众多羊必须一个接一个出来。这当然是从现象学角度说的。对于内觉知或意识而言，只能有心念的接续出现，而不可能有两个心念同时出现。用现代心理学的话说，心具有"意识流"特点，如不具有此特点，就不是心理现象。这至少是判断具有现象学性质的心理现象的一个辅助性标准。

　　心的第三个标志性特征是，始终是一个像流水一样的过程。一念心的历时性结构有五个相互衔接的环节，此即"五心轮"说。所谓轮即轮子。识的运行像轮子转动一样，要经历自己的过程和阶段。这五心轮分别是：率尔心（即根境相遇突然形成的感觉）、寻求心（意识主动对所触境做出了别、审察）、决定心（通过了别形成确定的认识）、染净心（确定认识形成后产生的有染净属性的心念或决断）、等流心（同类相续的心，认识一经形成就储存起来，以后有相应刺激，就会生起同类的认识）。

　　心的第四个标志性特征是，等无间，即相续很紧，绵绵密密，无有间断。当然这是大部分世俗心的特点。[3]

　　心的第五个标志性特征是，心"犹如猕猴，舍一取一"，念念贪着、攀缘，只要处在清醒状态，没有一刻安宁的，不是想这，就是想那，总要攀附在一个东西上。这说的当然是妄心的特点。"心不专定，心亦如是，前想、后想所不同者。以方便

---

[1]《阿毗昙毗婆沙论》。
[2]《阿毗昙毗婆沙论》。
[3]《阿毗昙毗婆沙论》。

法不可摸则（测），心回转疾，是故，诸比丘，凡夫之人不能观察心意。"①

心的第六个标志性特征是，心有随转的特点，即随别法的作用而生、住、转，同时又作为因影响别法。例如心与心随转，心与非心随转。因此可以说，心为"随转法"。②

心的第七个标志性特征是，心不同于有质碍性、占有空间的身体和外物，无形无相。如智顗大师所说："不见色质"，但又不能因其无色质而断言其是无，必须"适言其有"。③这是佛教与现代量子力学相近似的本体论观点。这种本体论对立于以有形体特性或以广延性为判断存在与否的标准的本体论，而认为无形之物也有存在地位。佛教还认为，心对身有一定的依赖性，但不能由此得出结论说，一切心都离不开身，必依身而转，而只能说在有色形的有情众生身上有如此现象，在无色有情身上则不存心对身体的依赖性，因为他们没有色身，但照样有心。他们的心依赖的是"命根、众同分"。其实，色界、欲界众生的心也有对命根、共因及心不相应行法的依赖，只是因为他们的心主要依身而转，才说心依身转。这样说并不意味着心只依身转。例如，眼识从表面上看依于眼根，但同时还以"无间灭意"为所依。另外，还有更微观的、看不见的所依，如眼根依赖于地水火风等大种所构成的身根，而身根又依大种命根、众同分。由于有命根，才有生、老、住、无常等行法。这些行法也是眼识必不可少的条件。意识的所依也是如此。

从心与身的关系来说，妄心有依于四大、六根的一面，在特定意义上甚至可以说，妄心实即四大、六根的组合模式，经云："六根四大，中外合成，妄有缘气，于中积聚，似有缘相，假名为心……此虚妄心，若无六尘，则不能有，四大分解，无尘可得。"④《菩萨璎珞经》指出：心识尽管无形质，是人身上的无形事物，因此根本有别于四大合成之身体，但两者又有关联。识、神、寿，"此三句义，常存不变"，既有为，又无为，既有，又空；体性无为、空，表象是有；因此"在空为空，在形为形，在有为有，在相为相"。⑤就作为现象的识来说，

---

① 《增一阿含经》。
② 《阿毗达磨俱舍论》。
③ 《法华经义记》。
④ 《大方广圆觉修多罗了义经》。
⑤ 《菩萨璎珞经》。

它是有为法。故说:"识从有为,不从无为。"就其体性来说,它是无为法,故可说:"识从无为。"①

心的第八个标志性特征是"遍行"。所谓遍行的特征就是我们所说的一切心理现象中普遍的特性,当然也是非心事物不具有的东西。从字面上说,"遍行"即遍在于、遍行于八识心王法之中。作为心所法,遍行心所法像别的心所法一样,也是为心王所拥有的,是伴随心王而发生的,因此是心王的随附性现象。还要注意的是,遍行心所法,不仅遍行于心王,而且遍行于别的一切心所法,因此是一切心理现象中共同的、"遍行的"或普遍的特征。这样说的根据在于:心所法必然伴随心王而发生,既然如此,心王有遍行的特征,伴随它们的心所法也一定如此,因此遍行心所法也可理解为遍行于一切心所法之中。玛欣德说:遍行心就是遍一切心,一切心就是所有的心、任何的心,即89种心。遍的意思是全部都有。大乘一般说有五个遍行,即作意、触、受、想、思。上座部主张有七个,即在这五遍行之上增加了一境性和名命根。用现代心灵哲学的术语说,作意、触、想有与意向性一致的内容,也有佛教独立发现的东西。受也是如此,它近于西方心灵哲学所说的"意识"或感受性质。

心是世界上最为复杂的现象,因为它们的生、住、异、灭依赖的因素最为复杂,是众多的因素共同作用的产物。以眼识为例,它"缘眼、缘色、缘明(照明、光亮)、缘思维,以此四缘生识"②。这四缘说的当然只是主要条件,因为如前所述,任何心意识的产生都是整体论事件。意识的产生是三缘合力的结果,即意根、法尘和思维在众缘具足的情况下共同作用的产物。从共时性结构看,意识有同时显现的四个部分,如相分、见分、自证分、证自证分。从历时性结构看,任何一个独立的心念一定由前后相续的五个心所构成,它们分别是:率尔心、寻求心(主动去分别)、决定心、染净心、等流心。由此所决定,就出现了这样一个较稳妥但又较难操作的判断心与非心的标准或方法,即根据心所依的复杂的条件、因素去判断它。质言之,简单的现象都可排除在心理现象的范围之外。

总之,根据佛教关于心理标准的理论,只要抓住心的"明性"这一根本特点,

---

① 《菩萨璎珞经》。
② 《舍利弗阿毗昙论》。

再辅之以上述附带的标准，就能建立说明心与非心之区分的标准体系，就能把心与非心区别开来。因此心与非心的区分也是一种整体论性质的工作。

第三节 西方的心理标准探索

西方的心理标准探索的特点在于既有悠久而持续的历史，又有十分发达的当下，而东方中印两种文化中除了骄人的历史表现之外在现在则很难看到正面的、原创性的探讨。另外，它在西方既被当作重要的理论问题来对待，又被当作重要的实践问题来外置。就后者来说，许多论者强调：如不解决这一问题，人工智能就没有前进的方向。因为关于心理标准的理论是人工智能的基础性、前提性的理论。其内容不同，人工智能的具体的方向、思路、工程技术就不同。[①]

在现当代西方心灵哲学中，心理标准问题同样是一个聚讼纷纭的问题。许多人认为，心的标准因人而异，有的人还持悲观主义态度，如金在权认为，不可能形成关于心灵的统一的概念，进而就没法找到它的区分标准。因为它多种多样，即心理现象有不同的样式，既然如此，就没法在它们中找到共同的属性。例如，由于什么共同的属性，让感觉状态和意向状态都被称作是心理的？再如，我们的疼痛和信念有什么共同之处，由于它，它们被归属为心理现象这个类别？换言之，不同心理状态的同一性根源是什么？金在权强调，我们至今没有找到关于这一问题的令人满意的答案。他说：我们尽管习惯上把一些事物、一些状态称作心理的，但我们并没有找到关于心理的统一的概念。它具有多样性，"而缺乏统一性"。[②]找不到统一概念或标准的原因在于：感受性质和意向状态这两类心理现象之间没有共同的东西，因此他对寻找统一的心理标准持悲观主义立场。

麻烦还在于：当今心灵哲学中盛行的延展心灵观、4E 理论、外在主义及其宽心灵观，加剧了标准问题的难度和复杂性。因为心灵如果像延展论、外在论所主

---

① 参阅 Adams F, Beighley S. "The mark of the mental". In Garvey J(Ed.). *The Continuum Companion to Philosophy of Mind.* London: Continuum International Publishing Group, 2011.
② Kim J. *The Philosophy of Mind.* Boulder: West View Press, 2006: 26-27.

第五章　灵明性、五遍行与意向性：心理标准理论比较

张的那样，具有延展性，不在头脑中，那么过去关于心灵的局域性理论就都要重新予以思考，过去基于心存在于大脑之内的天经地义的原则所设想的各种标准就都不攻自破了。一种观点认为，尽管人们对心的看法发生了根本性变化，但标准问题不是不可追问、不可探讨的。

要探讨心理标准问题，首先无疑要对问题做清晰而准确的梳理。而要如此，又必须找到问题的出发点。这出发点只能是这样的事实，即心与非心肯定或事实上存在着不同。任何正常的人在面对任何一个现象时都可轻而易举地判断它是不是心理现象。心理标准理论要探讨的恰恰是，这不同究竟是什么？是什么把心与非心区别开来？如果心与非心的区别不是幻觉，那么能找到把它们区别开来的东西吗？这些显然是与心是什么的问题（本质问题）连在一起的问题。[1]如果能，它们是一还是多？换言之，有没有所有心理共有的、非心理现象所没有的属性？如果有，这属性是一还是多？如果对第一个问题做了肯定回答，即为乐观主义；做否定回答，即为悲观主义。如果对第二个问题说一，即为"单一属性论"；如果强调把心与非心区别开来、为心所共有的属性是多或一组属性，则为"多属性论"。最后，有一种理论，可称作"单一系统论"。它认为，有一组属性是所有心灵必有的，但是作为心灵系统的组成部分的某一个状态或某一心理样式不一定具有这些属性。因为该状态可能由于对整个系统的属性有因果作用而成了这个心灵系统的组成部分。[2]这最后一种观点是西方新出现的、最有前途的理论。如前所述，佛教有近似的观点。就此而言，佛教的确有其超前性。

一、单一属性论

单一属性论的最典型的形式是布伦塔诺的意向性理论。在他看来，心理现象既然自成一类，就应能找到所有心理现象共同的、独有的标志。这标志是唯一的，由于它，这些现象就成了心理的。在他看来，意向性就是所有心理现象共有而非心理现象所没有的属性，因此它就是心理的标准。他的标准探讨也是从心理现象的范围入手的。在他看来，过去的心理学关注的范围相对狭小，如遗漏了呈现于

---

[1] Adams F, Beighley S. "The mark of the mental". In Garvey J(Ed.). *The Continuum Companion to Philosophy of Mind.* London: Continuum International Publishing Group, 2011.
[2] Kim J. *The Philosophy of Mind.* Boulder: West View Press, 2006: 56.

心中的物理现象。他说:"心理现象的概念必须相应地扩展而非收缩,因为除了那些我们在前面明确定义了的心理现象以外,现在的心理现象概念至少还须包括在想象中呈现出来的物理现象。此外,所有那些呈现于感觉中的现象也不应完全被排斥在感觉理论之外。"①他同时注意到:在确定心理现象的范围时,有一个前提性的问题即心理现象的独有特征问题必须予以回答。那就是,心理现象的标志是什么?与物理现象的区别何在?很明显,这里触及了我们所说的"标准或本质与范围循环问题"。在他看来,要弄清心理的范围有多大,必须首先弄清判断心与非心的标准,是故他进到了心理标准这一研究领域。但问题是,怎样才能弄清标准?答案肯定是,必须先把心的样式、个例、范围弄清楚。但布伦塔诺没有意识到这里的麻烦,因而直接闯进了标准研究领域。他在提出自己的标准之前,先考察了以前的标准理论,认为传统的观点是:心的特点是不占有空间位置,没有广延性,例如"快乐可没有长宽高,它根本不具有广延性","同样,我们也不能说某种意志行为,某一欲望或信念具有空间三维性。所以,可以说所有隶属于主体领域的东西都具有一种性质,那就是非广延性"。②还有的人走向了另一极端,认为不存在把心理现象与物理现象区别开来的统一标准,因此相应地没有关于一切心理现象的统一的、普遍适用的定义。

布伦塔诺不赞成上述观点,但又认为,心理现象与物理现象之间是有界限的,只是人们没有找到而已。他说:迄今,关于这两个领域的界限有许多不同的看法,而且界限的划分也不完全明确。这就使得我们越发有必要对二者加以严格的区别。③由于两者的区别没有分清,于是便导致了概念上的混乱不堪,进而导致了许多不必要的、没有价值的争论。要想进至或"产生明晰性"④,就要真正找到心理现象的独特标志。怎样才能实现这一目标呢?

布伦塔诺认为,揭示心理现象独特本质的方法只能是:先列举明白无误、谁

---

① 布伦塔诺:《心理现象与物理现象的区别》,陈维纲、林园文译,载倪梁康主编:《面对实事本身》,东方出版社2000年版,第63页。
② 布伦塔诺:《心理现象与物理现象的区别》,陈维纲、林园文译,载倪梁康主编:《面对实事本身》,东方出版社2000年版,第47页。
③ 布伦塔诺:《心理现象与物理现象的区别》,陈维纲、林园文译,载倪梁康主编:《面对实事本身》,东方出版社2000年版,第37页。
④ 布伦塔诺:《心理现象与物理现象的区别》,陈维纲、林园文译,载倪梁康主编:《面对实事本身》,东方出版社2000年版,第38页。

第五章　灵明性、五遍行与意向性：心理标准理论比较　　　　　　　　　　　　201

都会承认的心理现象、物理现象的"实例"，然后从中分析和抽象。他说：每一呈现在感觉中和想象中的表象都是心理现象的一个实例。此外，每一判断，每一回忆，每一期望……每一疑虑，都是一种心理现象。而且每一种感情，包括欣喜……惊奇、轻蔑等等，也都是这样的一种现象。至于物理现象，其"实例"有："我所看到的一种颜色、一种形状和一种景观……我所感觉到热、冷和气味。"①接着，布伦塔诺便着手揭示其本质特征。他认为，心理现象之所以不同于物理现象，是因为它不是一个东西，而是关于某东西、某活动的表象，或关于表象的表象。他说："我在这里再次所指的表象不是被表象的东西，而是对这种东西的表象。这种表象不仅构成判断的基础，而且构成欲求和每一其他心理活动的基础。我们不能判断任何东西，除非这些被判断、被欲求、被希望或被害怕的东西事先被表象出来。"②

　　什么是表象呢？表象是被感知的外物在心中的呈现。布伦塔诺说：上面列举的每一种东西都具有相同的特点，那就是它们的呈现，而呈现状态即我们所说的被表象状态……只要某东西呈现于意识中，不管它是被恨也好，被爱也好……那么，它就处于被表象的状态中。③因此，"被表象"与"呈现"是同义的。总之，在布伦塔诺看来，心理现象的共同特点在于：它们以表象为基础，或者说总是与某种心中的呈现有关的过程或活动，都预设了表象。因此，心理现象这词不仅指称表象，而且指称立足于表象之上的现象。④他还说：心理现象可"定义为表象以及建立在表象基础上的现象"⑤。这一思想对后来的胡塞尔说明意向性的本质有重要的启迪作用。胡塞尔在《逻辑研究》一书中经常述及上述观点。

　　值得注意的是，布伦塔诺尽管承认心理现象有许多特征，如无广延，具有意识的统一性，为内知觉所知，等等，但他认为，心理现象区别于物理现象的根本

---

① 布伦塔诺：《心理现象与物理现象的区别》，陈维纲、林园文译，载倪梁康主编：《面对实事本身》，东方出版社 2000 年版，第 39 页。
② 布伦塔诺：《心理现象与物理现象的区别》，陈维纲、林园文译，载倪梁康主编：《面对实事本身》，东方出版社 2000 年版，第 40 页。
③ 布伦塔诺：《心理现象与物理现象的区别》，陈维纲、林园文译，载倪梁康主编：《面对实事本身》，东方出版社 2000 年版，第 41 页。
④ 布伦塔诺：《心理现象与物理现象的区别》，陈维纲、林园文译，载倪梁康主编：《面对实事本身》，东方出版社 2000 年版。
⑤ 布伦塔诺：《心理现象与物理现象的区别》，陈维纲、林园文译，载倪梁康主编：《面对实事本身》，东方出版社 2000 年版，第 60 页。

的、独有的特征只有一个。当然在表述这个特征时，他的表述方式经常变换，如除了说"表象"之外，还经常说"内在的对象性或对象的内在存在性""对内容的指涉""对对象的指向""内在的客体性""意向性"等。内在的对象性，即指心理现象一旦发生，总有其内在的对象显现于心中。他说：这种意向性的内在是为心理现象所专有的，没有任何物理现象能表现出类似的性质。所以我们完全能够为心理现象下这样一个定义，即它们都意向性地把对象包容于自身之中。[①]他还说：对象的意向性的内存在乃是心理现象的普遍的、独具的特征，正是它把心理现象与物理现象区分开来。所有心理现象的一个进一步的普遍特性乃是：它们只在内意识中被知觉，与此相反，物理现象只有通过外知觉而被知觉。[②]而内知觉有内在的对象性、直接性、不可错误性和自明性等特点。由此说来，心理现象是一种能被真正知觉到的现象，我们还可以进一步说，它们也是唯一一种既能意向性地存在又能实际地存在的现象。[③]

布伦塔诺说得最多的是意向性。他不承认无意识，因此在他那里，心理现象都是有意识的心理现象，而心理现象同时有两个特点：一是指向某对象，二是有呈现性，意即所有心理现象都是"自呈现的"，亦即能被觉知到。而能被觉知或意识到实质上是心理状态能指向自身。因此，可被意识实即意向性的一种特殊形式。这样一来，心理现象便只有一个特征，即意向性。他说：每一种心理现象的特征，就是中世纪经院哲学家称之为对内容的指向、对对象（我们不应把对象理解为实在）的指向或者内在的对象性的那种东西，尽管这些术语并不是完全清楚明白的。每种心理现象都包含把自身之内的某东西作为对象，尽管方式各不相同。在表象中，有某种东西被表象了；在判断中，有某种东西被肯定了或被否定了……在愿望中，有某东西被期望，等等。意向的这种内在存在性是心理现象独有的特征。任何物理现象都没有表现出类似的特征。因此，我们可以这样给心理现象下定义，即心理现象是那种在自身中以意向的方式涉及对象的现象。[④]

---

① 布伦塔诺：《心理现象与物理现象的区别》，陈维纲、林园文译，载倪梁康主编：《面对实事本身》，东方出版社 2000 年版，第 50 页。
② 布伦塔诺：《心理现象与物理现象的区别》，陈维纲、林园文译，载倪梁康主编：《面对实事本身》，东方出版社 2000 年版，第 52 页。
③ 布伦塔诺：《心理现象与物理现象的区别》，陈维纲、林园文译，载倪梁康主编：《面对实事本身》，东方出版社 2000 年版，第 54 页。
④ Brentano F. *Psychology form on Empirical Standpoint.* Oxford: Routledge, 1995: 89.

第五章 灵明性、五遍行与意向性：心理标准理论比较

根据上述关于意向性的经典论述，结合布伦塔诺的其他论述，我们不难发现其关于意向性的下述思想：第一，心理现象是一种不同于物理现象的独特的现象，而意向性是把心理现象与非心理现象区别开来的标准。有理由说，探讨心理现象的独有特征，布伦塔诺不是第一人。但他是第一个把意向性当作心理现象区别于物理现象的根本标志的人。根据这一思路，对心理现象、意识的研究便有了方向，那就是进一步研究意向性。这无疑是心理的科学和哲学研究中的一种新的转向。第二，意向性是一种属性。作为属性，意向性不是依赖于"不灭的心灵实体"的东西，因为他否定有这种实体。第三，意向性是心理活动或状态对一定对象的指向性。也就是说，任何心理活动都不是纯粹的活动，总涉及、指向着一定对象。这种对对象的指向构成了心理现象的独特本质。第四，意识所指向的对象不是外在的实在，而是内在存在的对象，不具有外在的客观性，只具有内在的客观性。第五，意向对象有存在和非存在之别，前者有对应的实在的对象，后者无对应实在，如被想到的方的圆等。它们的共同点在于，都有对意识的依赖性。尽管布伦塔诺承认有些意向对象之后还可能有自在的、作为现象的超验原因的外部事物（形而上学的假设、物理学所要研究的），但认为这是意向性研究之外的东西。第六，意向性也可指向意识活动自身。也就是说，意识可以以自身为意向的对象。

当代论证过这一标准的人还有很多，如福多、德雷斯基（Dretske）等。纽厄尔、西蒙也坚持单一标准论，但认为这标准只能是认知标准，即物理符号系统对心智既是充分的，又是必要的。具言之，一种现象是不是心理或认知现象，主要看它里面有没有符号以及对符号的加工或转换。有符号及其加工过程，是心智或认知的既必要又充分的条件。反之，没有的话，即非心理现象。这一观点其实是各种计算主义对心理标准的共同看法。

罗蒂也讨论过单一属性论，但主要是为了批判。他认为，心所具有的作为其区分标志的单一属性不是意向性，而是心的不可错性（incorrigibility）。[1]这里的不可错性指的是人对自己心理状态的报告的这样的特点，即它比行为之类的其他根据更可靠。简言之，关于思想、感觉的第一人称的自我报告具有不可错性。他说："使一实在成为心的东西不是它是否能成为解释行为的某物。……使一实在

---

[1] Rorty R. "Incorrigibility as the mark of the mental". *The Journal of Philosophy*, 1970, (12): 399-422.

或属性成为心理现象的唯一的东西就是，关于它的存在或发生的某些报告有不可错的特殊地位。"①这种标准理论是建立在他对同一论的拒绝之上的。根据阿姆斯特朗等人的同一论，心就是脑，心理状态就是大脑状态，正像水就是 H_2O 一样。罗蒂认为，同一论否认心与物的概念区别是完全错误的。因为心与物作为范畴是有逻辑上或概念上的差异的，例如它们是不同类的陈述、断言、报告方式。物理报告有这样的属性，即能被推翻，而心理报告不能被推翻，不能由第三人称的物理行为报告来矫正。但值得注意的是，罗蒂由此引出的结论是这样的取消论或"消失观"：如果这是它们的标志，那么心理事件最终会"消失"，即使人的生活仍会像现在一样继续。②

二、多属性论

与之相反的观点可称作"多属性论"。它认为，把心与非心区别开来的东西，心所共有的属性，是多。例如塞尔认为，把心与物区别开来的不是单一的属性，而是一系列的属性。因此他否认单一属性论，倾向于系统观。最明显的是，他提出了"背景论"。他说："意指、理解、解释、信念、愿望和经验等意向现象只有在一组背景能力中才有其功能作用。这些能力本身不是有意向的。……所有表征，不管是不是语言、思想或经验中的，都只有基于一系列非表征能力才能完成表征。"③为心理现象所具有的属性主要有：它们是从大脑的神经化学属性中产生出来的，有许多结构性属性，如不同的感受形式、统一性、主观感受性等。他之所以否认意向性是心的标准，是因为他认为许多感觉状态是心理状态，但没有意向性。在决定一事件是心理事件的多因素中，意识最为重要，即它是把心与非心区别开来的关键的东西。因为有意识的意向状态肯定有意识，无意识的也是这样，因为它们至少潜在地是有意识的，即有可能为意识所通达。④

罗森塔尔（Rosenthal）为揭示心理的标准，构建了一幅所谓的"新图画"。其特点是强调：由于心理现象没有统一性，因此找不到统一的、单一的标准，只

---

① Rorty R. "Incorrigibility as the mark of the mental". *The Journal of Philosophy*, 1970, (12): 414.
② Rorty R. "Incorrigibility as the mark of the mental". *The Journal of Philosophy*, 1970, (12): 414.
③ Searle J. *The Rediscovery of Mind.* Cambridge: The MIT Press, 1992: 175.
④ Searle J. *The Rediscovery of Mind.* Cambridge: The MIT Press, 1992: 155.

能具体情况具体分析，或为不同类的心理现象确立不同的标准。例如，心理现象可分为命题态度和非命题态度，它们分别有自己的标准。由于其强调不止一个标准，因此也可算作多属性论。在他为破除意识的神秘性而提出的新策略中，他吸收弗洛伊德以及当代哲学中的有关成果，对传统的意识与心理关系的理论进行了系统的清算，为两者的关系绘制了一幅新的图画。在这幅图画中，他首先肯定了人们对于心理和意识的直觉，即心理和意识是我们每一个经历了这类现象的人可以体验到的、直觉到的经验事实。但是如果根据两者的表面联系，认为它们是不可分割的，则又是错误的。在他看来，心理状态并不必然是有意识的，意识不是心理状态的根本标志，不是使一种状态成为心理状态的决定因素。因为许多心理状态如信念、愿望、期待、不同的情感以及有争议的身体感觉等，在我们不知道它们、没有注意到它们时，它们也存在于我们内部。那么是什么使一种状态成为心理状态的呢？他认为是感受性和意向性两种性质中的一种。也就是说，这两种性质是心理状态的根本标志[①]。如果一种状态具备其中一种性质或同时具备这两种性质，那么便可称为心理状态，反之则不是心理状态。这样一来，意识在心理状态中处于什么地位呢？他认为意识只是一部分心理状态的外在特征。也就是说，有些心理状态是有意识的。他说：意识是许多心理状态的一个特征。但是……意识对于一种状态成为一种心理状态并不是必要的。意识对有些心理状态是关键的，仅仅是因为它是我们知道自己心理状态的基础。[②]对于我们知道别人的无意识的心理状态（如思想、情感）来说，它就不是关键的了。我们只能通过观察而知道它们。

三、单一系统论

这是一种带有折中性质但又有复杂内容的理论，一方面有多因素论的色彩，如认为，有一组属性是所有心灵组成的系统必有的；另一方面又强调，作为心灵系统的组成部分的某一个状态不一定具有这些属性的每一个。为了回答具体的状

[①] Rosenthal D. "Two concepts of consciousness". In Rosenthal D(Ed.). *The Nature of Mind*. Oxford: Oxford University Press, 1991.
[②] Rosenthal D. "Two concepts of consciousness". In Rosenthal D(Ed.). *The Nature of Mind*. Oxford: Oxford University Press, 1991.

态是不是心理状态这一问题，又提出了这样的判据，即只要一状态对整个心灵系统的属性有因果作用，那么就可认为它是心灵系统的组成部分，进而可判断其为心理状态。[①]其倡导者主要有亚当斯等人。

亚当斯等说："心理系统中的每一心理状态不一定具有别的核心心理状态所具有的一个单一属性。有些心理状态对一系统具有一个或多个心理属性有贡献，正是这些属性，它们尽管不具有核心属性，但却使该系统成了心理系统。"[②]在这里，他们做了这样的区分，即标准问题有两方面：一是判断一系统是不是心理的标准，二是判断一系统中的某个现象是不是心理的标准。前者主要应看，该系统是否具有一系列的心理属性。这就是说，把作为系统的心与非心区别开来的是一系列的属性，而非某单个的属性。他们认为，存在着一系列的核心属性，它们是某物得以成为心理系统的充分且必要的条件。这个属性系列包括：第一，心理系统具有非派生的意义。所谓"非派生"指的是此内容不来自别的心理状态。只要是内在的结构，就一定会获得对有机体有意义的内容。因此有机体凭自身就能解释世界。正是这一特点，把心灵与计算机区别开来。后者只有派生的内容，因为它们加工的内容是由设计人员或工程师授予的。这内容只对人才有意义，对机器本身并没有意义。总之，是否能形成非派生的内容是区别心与非心的根本性标准。第二，心理系统具有能到达二阶意向性的状态。第三，心理系统能做出错误表征。第四，心理系统能表现出能由系统的表征内容来解释的意向基础行为，如感受状态可根据质的感受来解释行为，概念状态可通过语义内容来解释行为。[③]

构成心灵系统的状态的判断方法略有不同。要判断一状态是不是心理状态，有两种判断方法：一是看它们是否具有上述属性；二是即使没有上述属性，只要对一系统成为心理系统有作用，那么也可认定其为心理状态。这就是说，判断一状态是不是心理的，主要不应看它是否具有别的核心心理状态所具有的属性，而应看它在一系统成为心理系统的过程中有无作用。质言之，心之为心，主要在于

---

① Adams F, Beighley S. "The mark of the mental". In Garvey J(Ed.). *The Continuum Companion to Philosophy of Mind*. London: Continuum International Publishing Group, 2011.
② Adams F, Beighley S. "The mark of the mental". In Garvey J(Ed.). *The Continuum Companion to Philosophy of Mind*. London: Continuum International Publishing Group, 2011.
③ Adams F, Beighley S. "The mark of the mental". In Garvey J(Ed.). *The Continuum Companion to Philosophy of Mind*. London: Continuum International Publishing Group, 2011.

它有其特定的作用。例如，它让有机体追踪环境中的变化，并对不同变化做出不同的反应。心之所以有追踪变化的作用，是因为它能加工信息，而这又离不开内外感受机制组成的网络。人的心有高级的信息加工能力，例如上升到了意义或语义性的层次，能让内在状态意指某物，就像关于烟的思想意指的是烟一样。就此而言，心的一个必要条件是达到了意义层次。阿米巴之所以没有心，是因为它不具有这个条件。[1]

从比较上看，亚当斯等的思想有相同于福多、德雷斯基等人思想的地方，如他们也承认心理系统不同于非心系统。但到达这一结论的途径不同。他们认为，这种不同，或把心与非心区别开来的东西就是心有意指能力。纯感觉系统也不例外。他们说："自然界出现的纯感觉系统之所以能做有利于它们的事情，是因为它们感觉到了什么东西。如果它们这样做了，那么这些系统就有概念，以及有需要、愿望，有满足它们的手段。"[2]因此可以说，感受系统与有概念的意向系统是连在一起的。当然，感受系统只有初级的意向性，其表现是，能进行简单的信息加工，即使所有 Fs 是 Gs，但它们只知道 t 是 F，却不知道 t 是 G。具有概念的系统则有高级的意向性，能对信息做精确区分和加工。

四、宽心灵观及其心理标准探索

宽心灵观现在已成了一种思潮、运动，有的人准确把它称作"情境化运动"。因为它一反过去将心灵封闭于头脑之内的窄心灵观，强调头脑之外的身体、外部世界中的情境对心的生成和构成也都有不可或缺的作用。它有许多不同的走向或理论形态，如各种形式的内容外在主义、4E 理论，特别是其中的延展心灵观，等等。这里我们重点关注罗兰兹（Rowlands）所阐发的延展心灵观。

如前所述，延展心灵观所面对的标准问题无疑更加棘手。因为要承认心灵的延展性，就必然要对传统哲学所制定的心灵标准做出回应。如果坚持传统的标准，那么就必然否认延展心灵是心理现象，如果坚持认为它们是心理现象，那么就必

---

[1] Adams F, Beighley S. "The mark of the mental". In Garvey J(Ed.). *The Continuum Companion to Philosophy of Mind*. London: Continuum International Publishing Group, 2011.
[2] Adams F, Beighley S. "The mark of the mental". In Garvey J(Ed.). *The Continuum Companion to Philosophy of Mind*. London: Continuum International Publishing Group, 2011.

须重新建立标准。罗兰兹选择了为心灵建立新标准这一方案。

他首先强调，坚持延展心灵观是心灵科学的一种新变化。其"新"的表现是：它提出了关于心灵的新的概念图式。这新的概念图式根本有别于传统的图式。根据传统的看法，心灵及其所包含的具体的心理现象都存在于大脑之中。经典认知科学也坚持这一概念框架，认为心理过程及计算过程，是由大脑所实现的。由于这样的认知科学并未从根本上超越笛卡儿主义，因此可称作笛卡儿主义的认知科学。[①]心灵科学的新还表现在其技术术语上，如具身、镶嵌、延展、生成或行然（enacted）。[②]有人把它们统称作关于心灵的4E图式。[③]就其关心的问题而言，它们不问心从哪里开始，终止于何处，而试图回答心是什么这样的问题，特别是心理过程、状态是什么。从本质上说，它们是"非笛卡儿主义的"，即对立于一切主张心灵与大脑有关的笛卡儿主义。罗兰兹说："认知任务一般不是只需要在头脑中完成的或由大脑所完成的事情。"[④]质言之，认知任务是与环境有关的任务，其完成也离不开环境。环境携带着与需要我们完成的任务有关的信息。运用这种结构，或以正确方式作用于它，我们进而就能在完成任务时得到和运用这种信息。[⑤]他的新心灵观的主要观点还有：①外在结构携带着完成认知任务所需的信息，这类信息出现在这些结构中；②只要以适当方式运用这些结构，我就能对它们包含的信息做出转化；③如此得到和利用的信息就是只需要我们分辨的信息，而不是需要我构成或储存的信息；④对信息的分辨比储存或构成信息更加廉价；⑤作用于外部结构的行为因而就是认知的组成部分。[⑥]

罗兰兹认为，要解决这里的标准问题，首先要回答标准的元问题，如在确定标准时，为心提供的是必要条件还是充分条件？换言之，这标准是心的充分条件还是必要条件？标准的标准是什么？是充分条件，而非必要条件？在他看来，使一现象成为认知或心理现象的充分条件才是判断它的标准，而充分条件是这样

---

① Rowlands M. *The New Science of Mind.* Cambridge: The MIT Press, 2010: 2.
② 之所以译为"行然"，是因为该概念强调的是，心理过程不仅由中枢过程所构成，而且包括有机体所做的事情，即它们在某种程度上是由有机体作用于世界的方式以及世界反作用于有机体的方式所促成的。
③ Rowlands M. *The New Science of Mind.* Cambridge: The MIT Press, 2010: 3.
④ Rowlands M. *The New Science of Mind.* Cambridge: The MIT Press, 2010: 16.
⑤ Rowlands M. *The New Science of Mind.* Cambridge: The MIT Press, 2010: 16.
⑥ Rowlands M. *The New Science of Mind.* Cambridge: The MIT Press, 2010: 18.

的，它能说明一个过程何时开始作为认知的标准。能起这种作用的标准，就能对一过程被看作是认知过程提供充分条件。[1]从反面说，一标准也可对一过程何时不被看作认知提供说明。可见，以充分条件作为标准比以必要条件作为标准要苛刻得多，换言之，作为必要条件的标准要宽松得多。他所说的认知有两种，一是大写的C的认知（cognition），指的是知觉之后的认知过程、现象；二是小写的c，指的是包括知觉在内的一切认知现象。

罗兰兹追求的不是作为必要条件的标准，而是作为充分条件的标准。因为在他看来，寻求一对象、一过程的区分标准，就是寻求这对象、这过程得以成立的充分条件。具言之，一过程具备了这些条件，那么就属于认知或心理过程。他说："如果一过程符合这些条件，那么这过程作为认知就是足够的。"[2]充分条件合在一起就成了标准。[3]他的看法是，使一过程P成为认知过程的充分条件有多种：①P包含有信息加工，即对携带信息的结构做出了处理和转换；②这种信息加工有这样严格的功能，即要么可为那主体所利用，要么可为随后的加工过程所利用；③这信息是由产生的方式而成为可用的，如由产生的方式而在P的主体中、在表征状态的主体中被利用；④P是属于有那种表征状态的主体的过程。罗兰兹说："一过程满足这四个条件，就属认知过程。"[4]

罗兰兹还认识到，在回答标准问题时，还必然要面对宽心灵观所碰到的所有者问题、膨胀（bloat）问题（即"本体论人口爆炸问题"，它增加了心理世界中的成员）。对于所有者问题，他的回应是：上述第四个条件可回答这个问题。根据他的标准理论，认知一定有其主体或所有者，否则就不是认知过程。如果一过程要有资格作为认知过程，它就必须从属于一主体，或为其所拥有。不存在无主体的认知过程。[5]什么是主体呢？他说：这里的"主体"是宽泛的，既包括个体，又包括群体。当然，这又不是任意的，不是什么事物都能成为主体。他说："并不是任何形式的主体都能拥有认知过程，这里的主体一定是能认知的主体。"[6]质言之，罗兰兹所谓的"认知主体"就是满足四个认知条件的有机体。至于膨胀问

---

[1] Rowlands M. *The New Science of Mind*. Cambridge: The MIT Press, 2010: 108.
[2] Rowlands M. *The New Science of Mind*. Cambridge: The MIT Press, 2010: 109.
[3] Rowlands M. *The New Science of Mind*. Cambridge: The MIT Press, 2010: 109.
[4] Rowlands M. *The New Science of Mind*. Cambridge: The MIT Press, 2010: 110-111.
[5] Rowlands M. *The New Science of Mind*. Cambridge: The MIT Press, 2010: 135.
[6] Rowlands M. *The New Science of Mind*. Cambridge: The MIT Press, 2010: 135.

题，罗兰兹认为，这是克拉克和查尔莫斯的延展理论所碰到的问题，而不是他的理论的问题。因为根据克拉克等人的理论，某人的认知延伸到了他的笔记本电脑，因此他的笔记本电脑及其所包含的信息也成了认知，例如当笔记本电脑与他的中枢过程结合在一起时，就成了他的信念的子集。①罗兰兹自认为，他不会受这个问题的威胁，因为他否认笔记本电脑中的东西属于信念。

第四节 比较、"循环问题"与思考

通过对三种文化的心理标准理论的比较研究，我们不难发现，它们都有自己的特色和理论建树，因此可以互补，可以成为进一步探讨的基础和资源。

中国哲学的心理标准理论最宝贵的地方在于：强调要揭示心不同于非心的标志或特征，既应从心理的构成、外在表现和所起的功能作用等方面加以探讨，更应关注内在的特别是心的初始的东西。而这又是基于这样一个极有见地的形而上学原则或预设：包括心在内的一切事物的共同性和差异性，在它们生成时，在由大自然塑造出来的那一刹那，就被铸就了、铁定了。因为每个事物在那一刻都被赋予了一种像种子或种子集合一样的东西。这就是"性"。它既决定了拥有它的事物后来的可能发展变化甚至不可能的范围，决定了该事物与别的事物的共同性，也决定了该事物与别的事物的不同。这种形而上学的"性"论为探寻心与非心相区别的标准指明了前进方向，铺平了康庄大道。这是因为，心像其他任何事物一样也有其生，而有生就一定有其禀气而有的性，有其不同于别的事物的初始的东西。如果真的找到了这性，那当然等于找到了心与非心相区别的东西，至少找到了一种条件或标志。按照这样的逻辑，中国心灵哲学便开辟了一条独有的探寻心理标准的路径。说来十分有趣的是，中国形而上学的性论是从心性论这个个例中经上升提炼而成的。因为古人最先是从心中看到里面有一个作为后来发展变化基础、作为它的独特性的根源的性，是从心中明白那个具有普适性的道理的。"性"字的词源学和词义学说明了这一点。

中国哲学从初始条件和内在根由对心理标准的探讨，给我们的最大启示是，

---

① Rowlands M. *The New Science of Mind*. Cambridge: The MIT Press, 2010: 136.

要找到心的独有的、客观存在的标志性特点,不应忘记它生成的那一刹那,以及它最内在、最根本的东西。人出生后,心理都是有规律地发展的。这充分说明心在形成之初都被赋予了特定的东西,此即原初心理。

佛教和西方的许多论者如布伦塔诺等都认识到,心理标准的探讨以对心理范围及其所包括的心理样式的全面而准确的认识为前提条件。因为对范围的认识不同,对标准的认识自然大相径庭。佛教看到的心理现象的范围及样式远大于世间心灵哲学的认识,因此其揭示的标准与后者相比就有极大的不同。由于有这样的体认,因此他们在探讨标准之前都花大力气研究心理现象的范围与样式。当然具体进路又不尽相同,佛教借助其基于禅定的地毯式的观心方法、描述现象学方法对心理现象的样式做了全面的扫描,找到了生灭心的几乎一切样式,并从价值角度对它们做了分类,如有的归纳为89种,有的归纳为120或者160种,等等。布伦塔诺用的方法不同,他用的是抽取典型样本的方法。他认为,由于心理的样式太多,因此揭示心理现象独特本质的方法只能是:先列举明白无误、谁都会承认的心理现象的"实例",然后从中分析和抽象心的本质特点。

东西方心灵哲学还有这样的共识,即要使对心理标准的探讨不偏离正确的航道,不仅要对心理样式及范围有足够全面而充分的认识,而且要弄清它们有无统一性,即诸多个别心理样式有没有共性,有没有共同本质,或者说,个体或整体的心理世界是不是一个统一体。如果有统一性,就有望形成统一标准,如果没有,就必须改变揭示和概括心理标准的方法。一般而言,东方心灵哲学尽管承认心理世界有不同乃至异质的样式、成员,中国哲学甚至认为里面有不同的主体,如魂、魄、神、精、灵等,但由于强调它们有共同乃至唯一的体或本,如佛教强调它们都根源于真心和阿赖耶识,中国认为它们根源于性或理,因此都相信心有统一性。既然如此,就能找到统一的标准,如中国认为心之所以为心,是因为它有不同于物性的心性。佛教认为,心的最根本的标志是明性。西方的看法则比较复杂。如前所述,有人认为有统一性,因此得出结论说,所有心理样式都具有一个只为它们具有而不为非心所具有的属性。这就是单一属性论的观点。有人认为,心没有统一性,如命题态度就不同于躯体感觉之类的心理状态,因此它们的标志性特征就不一样,如前者是意向性,而后者是感受性质。系统观的看法更烦琐,即认为作为整体或系统的心理与它里面的个别的心理状态的标志性特征是完全不一样的。而金在权等人则由此走向了怀疑论，认为由于诸心理样式没有统一性、共同性，因此没有希望找到统一的心理标准。

令人惭愧、不安同时有压力的是，中国在过去尽管没有自觉的心理标准的探讨，但在探讨广泛的心灵观特别是心理结构论和发生学的过程中，触及了这一问题，并做了十分有个性和建树的耕耘，不仅提出了有见地的理论，而且开创了揭示心的标准的心性论进路。这一超前的理论贡献在今天仍有现实的理论意义，仍是我们揭示心的本质和标准时不可偏废的方法和资源。但可惜的是，现代以降，中国在这一领域几乎看不到有价值的发声，而西方自布伦塔诺之后在该领域有令我们汗颜的理论自觉和建树，特别是宽心灵观和单一系统论等的探讨将有关研究推向了一个新的高度。

从比较研究中我们不难发现，心理标准问题探讨有两大难题十分重要而又亟待化解，不然就没法进一步往前深入：一是心理样式究竟有多少，范围究竟有多大；二是它们有无统一性。

在切入第一个问题时，我们必然会碰到"范围—标准循环问题"这一兼有心灵哲学和形而上学双重性质的问题。布伦塔诺已踩上了这个"地雷"，当然他没有自觉地做进一步的形而上学探讨，只是认为，要研究心理现象，首先要知道心与非心的区别，而要如此，又必须知道心的范围。他的论述到这一步都是正确的，但未能提出并进一步探讨这样的问题：怎样才能弄清心的范围？其方法论程序是什么？进一步思考下去就会陷入循环，即要如此，必须弄清心的标准或本质。布伦塔诺没有认识到这里的麻烦，只是武断地提出：通过考察典型的心理样式或个例可找到心理的标准。笔者认为，要想让这一领域的探讨取得真正的进展，必须不回避这里的问题特别是麻烦。回避是解决不了问题的。这里必然碰到这样的范围与标准的循环问题，要找到心理现象的标志性特征，或找到心区别于非心的标准，要抽象出这样的标志，首先必须有关于心理现象的大量样本，有关于心理范围的认识，即对心理个例、样式及其性质做尽可能全面的描述现象学研究，尽量不遗漏心理样式和个例尤其是典型样式，否则在抽象心的一般本质和揭示心理的标志性特点时就会犯以偏概全的错误。而要如此，我们除了要面临许多技术的问题之外，还将没法摆脱这样的循环，即要寻求一类现象的本质或标志性特征，必须确定该本质所寄存的那类现象，或者说在把一种现象拿来分析、抽象时，必须先确定它是否属于待研究的那类现象，即在把它纳入心理的范围而作为其中的样本或个例时，我们首先要判断它是不是心理现象。要如此，又必须知道判断的标准。而要揭示标准，又必须考察个例及范围。总之，要抽象出本质，必须先确定待抽象的现象，而要确定现象样本，又必须先有关于本质的认识。如此递进，以致无穷。这一循环普遍存在于一切种类的本质、标准探究之中，也可将其称作"本质—范围循环"。

笔者认为，本质循环是一个真正的哲学难题，每个试图认识一类现象的本质或标准的人必须警觉，必须和哲学工作者一道，站在哲学的高度加以思考。这里应予以注意的是：本质认识是否可能？如果可能，又是如何可能的？把握本质的一般的、可行而正确的程序是什么？笔者不敢妄称已解决了这些问题，这里提供的只是一些初步的思考。

很显然，第一个问题是一个事实问题。如果客观上人类已经得到了关于某一类现象的共同本质的认识，哪怕是其中某一方面、尚不完善、尚待发展的认识，那么就可以断言：本质认识在事实上是可能的。迄今，人类已经得到了关于许多事物（尤其是自然事物、人造事物）如原子、分子、计算机、细胞、各种社会形态等的本质的认识，其中许多是比较完善的。人类能根据有关认识取得实践上的成功就足以说明这一点。现在的问题是：本质认识是如何可能的？笔者的初步见解是：本质认识既不是先天的，又不是后天一次经验认识的产物；既不是认识之前的某种臆断或先入之见，又不是基于一个或几个事例的简单抽象，而是由许多环节构成的、循环往复的复杂认识过程。其中主要的环节有：通过意义活动找出"心理"一词的原本所指，分析这些所指的构成要素、特征、功能作用，揭示、刻画它的"典型表象"，接着据此搜索样本，扩大考察的范围，直至搜集到一切可以搜集的样本，然后"从个别到一般"，抽象出这些样本所包含的共同本质，最后是同化反例或基于反例对抽象的结论重构或加以修正、发展。

跳出本质循环，建立认识本质的科学的认识论和方法论，首先是要确定出发点。笔者认为，就心理的标准和本质而言，这第一步应是对"心理"一词做出词源学和语义学的分析，亦即胡塞尔所说的意义活动。其目的是找出该词最初的所指和意义，即语义学家所说的"语义涵盖面"①（semantic coverage），弄清它指称什么、不指称什么。诚然，要揭示心理的本质，当然要有抽象本质所需的尽可能多的样本，而确定样本的形式和范围肯定不能以先入为主的"本质设定"为标准，而必须有新的标准。这种标准只能通过对"心理"一词的词源和语义分析而取得。正如缪勒所说的：一个词的词源意义，在心理上和历史上总是极其重要的。因为它指出了某种观念由此出发的确切起点。②这是因为，一方面，这里认识的目标尽管指向的是心理现象的本质，但是现象并不是自明的，而且受到了各种偏见尤其是语言之歧义性的干扰和遮蔽，例如不同的人由于对"心理"一词的理解不同，因此所说的对象及其范围也一定各不相同，而这种不同又决定了不可能抽象到共同的真实的本质。另一方面，没有概念的统一性，不知道语词为什么被创立，创立时主要想意指什么，我们就不可能谈论同一的事物，就不知道知觉对象作为"某物"的规定性，从而也就不知道该不该把它放在待考察的样本之中。最后，正如著名语言学家索绪尔所说的："语言并不同社会大众商量"，"人们在什么时候把名称分派给事物"③，这实际上是一种"契约"，是后来的人必须学习和遵守的规则。进行词源学、语义学的分析，其重要任务就是要澄清"心理"一词运用的有关规则。如果得到了澄清，那么便有助于清除假问题和防止无谓的争论。

我们这里将省去具体分析的步骤和细节，直接表明我们的态度。笔者认为，要冲出上述循环，消除有关麻烦，第一步是通过语言分析，澄清"心"一词的基本词义和指称，进而建立关于心的本质和标志性特征的理论预设。第二步是据此去搜罗心的尽可能多的个例和样式，并在这个过程中修正、检验前面关于心的理论预设，建立进一步的理论预设。第三步是再根据新的理论预设去做样本、范围研究，尽可能全面地找到心的个例，特别是样式。这样式是心的主要的表现形式，也可看作是心的不太严格的子类。这种研究包括了布伦塔诺所说的研究心的典型的样本。笔者认为，经过前面的试错性认识，我们可以在对心的基本认识的基础上，努力完成这样的任务，即尽可能全面地认识心的样式和范围。只有有了这样

---

① Nilsen D L, Nilsen A P. *Semantic Theory: A Linguistic Perspective.* Boston: Newbury House Publishers, 1975: 55-89.
② 缪勒：《宗教的起源与发展》，金泽译，上海人民出版社1989年版，第7页。
③ 索绪尔：《普通语言学教程》，高名凯译，商务印书馆1980年版，第100-101页。

的认识，我们对标准和本质的认识才有比较扎实和可靠的基础。因此这一步极为重要。大致说，可从如下方面开展工作：一是运用描述现象学方法或类似于地理大发现的方法，对共时存在的一切心理样式及其性质，进行心理个例的"普查"，尽可能全面弄清心的表现形式，乃至建立关于一切心理个例的库存清单，至少查明典型的心理样式。二是对表层心理后的深层心理做进一步的勘探和挖掘。根据麦金等人的研究和佛教心灵哲学的认识，无意识心理还不是心理世界的底层，其后还有隐结构和更深的自我等，如有七识、八识、九识、十识，有识精和真心，等等。三是关注长期尘封的东方心灵哲学宝藏。随着心灵认识的深入和比较心灵哲学研究的推进，包括西方学者在内的许多有识之士都认识到，仅靠西方心灵哲学是不足以解决心灵哲学的全部问题的。就心理个例和范围的描述性研究来说，东方心灵哲学在这一领域确实做了大量足以弥补西方之不足的工作。它关注的心理范围之大、涉及的个例之多都超过了西方。这不难理解，因为东方心灵哲学不仅有像西方一样的对心之体、心之本质的探讨，而且特别热心从价值角度探讨"治心"问题，而要如此，就一定会如实考察人身上现实表现出来的各种心理状态，并比较它们对人的利害，以供人们在治心时选择。为此，佛教关注和考察过的心理现象号称有84 000种之多，仅欲望就有750种，其中有许多是不曾为西方人所知的，如无为心、戒心、定心等。中国心灵哲学在这方面也有不凡的表现，例如，它对心、性、情、志、才、精、气、神、魂、魄等的挖掘和探讨就极有特色。尽管它对其所做的解释、对其本质的揭示以及由此而建立的心理图景还值得研究，但所造出的这些词绝不是无病呻吟，而有其真实的且不能为其他心理语言所涵盖的所指。质言之，东方文化在这方面做了大量有价值的、远超西方的工作，因此我们要推进这一研究，就应下大力气挖掘其中的积极成果，然后在综合西方心灵哲学成果和现代有关科技成果的基础上，进行心理世界的人口普查，或心理地质学、探矿学研究，直至建立全面而科学的心理地理学、地图学。

心理标准问题研究不可回避的另一关键问题是，心有无统一性？笔者的看法是，如果心理现象只有差异性，只表现为没有连贯性、统一性的千差万别的心理样式，那么就只能像一些哲学家、神经科学家那样在心理标准问题上陷入悲观主义。在心有无统一性的问题上，尽管笔者承认心理样式的多样性和心理性质的差异性乃至异质性，但并不认为心理只有这一特点。

就作为矛盾统一体或作为多种多样的心理样式之矛盾集合的心区别于非心的本质特点来说，我们尽管反对简单地说"心是功能""心是精神实体"等，不赞成以是否具有形体性、广延性作为心与非心区分的标准（因为有许多非心的物理事物也有这类特性），但笔者认为，只要对心理样式、个例做出扎实的研究，是可以找到心理区别于非心理的独有的本质特点的。这就是：使所有一切心理自成一类并区别于非心的东西是一个本质性特点和几个辅助性特点。所谓本质性特点即所有一切心理都具有自主的明性，或觉知性。所谓自主是指主体能主动地加以控制和调节的性质，明性是指人在有心理现象时，或在经历每一心理事件时，不仅知道它发生了，而且只要愿意，就能明白、明了其发生的过程、相状、性质、特点等。关于它的具体内容以及辅助性的标准，我们在本丛书的《心灵哲学的当代建构》①中做了具体阐释，这里从略。

怎样看待西方人所看重的意向性这一标准呢？我们知道，中世纪哲学家提出、布伦塔诺具体展开和阐释的这一心理标准尽管在现在出现了一些争论，但在最低限度上，即使是批评者一般也不否认它是部分心理现象独有的特征，因此可看作是一种局部的标准。笔者认为，只要深入研究下去，对心的每种个例和样式的内在本质做出探讨，就能发现许多心理现象的确具有意向性。但笔者同时又认为，意向性只是心的浅表的特征，因此不是把心与非心区别开来的真正的标准。就此而言，一些人对它的非议是有道理的。在笔者看来，一切心理现象里面都有这样的根本性的本质，即以生物和文化进化所积淀的"前结构"为基础的、主观主动的、有意识的关联性或关联作用。这种性质表面上看类似于西方人所说的意向性或关于性（aboutness），其实有很大乃至根本的不同。因为笔者所强调的这一性质既是基于对心的深掘而找到的，也受到了中国心灵哲学对"性"的探索的启发。从个体发生学上说，每个人来到这个世界（初生）时被自然授予的东西（性或前结构），不仅实有（当然是倾向、禀赋或知识能力的种子，不是先验论所说的现成的知识或能力），而且决定了我们后天可能和不可能的范围及程度，甚至决定了我们每个人与他人的区别，决定了我们作为人与非人的区别。基于这种前

---

① 参阅高新民、刘占峰、宋荣：《心灵哲学的当代建构》，科学出版社 2019 年版。

结构，我们的每种心理现象便具有把自己与其他心理现象、非心理现象关联起来的性质。这种性质是其他生命也具有的，但人由先天和后天的作用所决定，人的关联于他物的作用带有主动、主观和有意识的特点。这里的"主观"是当代西方心灵哲学所说的主观，即人总是带着观点去看问题、去行动，没有观点，连简单的感觉都不会发生。由于有这些特点，人心的关联性便成了迄今最高级的关联性。河狸用尾巴溅水、蜜蜂所表演的"蜂舞"都不是纯粹内在封闭的活动，而是也有一定程度的关于性，如它们分别"关联着"这里有危险和这里有花源之类的外在事态。人类不仅有这种关联性，而且更加高级、复杂和奇妙。例如，人类身上的某些状态对自身之外的事态的关联相对于"烟意味着火"来说，有自关联的特点，即不是像后者那样基于人的解释才有其关联性，而是自己主动地、自觉地进行着自己的关联。更神奇的是，人类的关联性作为一种关系属性还有其他任何关系属性所不具有的特点，如心理状态可以处在与不存在的东西的关系之中，而任何物理的东西是不可能有这种关系的。例如，某人可以想象有独角兽，而任何物理的事物都不可能与独角兽发生关系。此外，人的心理状态可以处在与不曾发生、不会发生以及已逝或尚未发生的东西的关联关系之中。物理关系只能存在于真实的东西之间。总之，人心的关联性特点是人的能超出活动本身而关联于某种别的东西的超越性特点。

综上所述，作为整体的、矛盾统一体的心除了有样式多样性、性质差异性的特点之外，还有其共同的本质，那就是所有心理现象都有其觉知性或能为主体自己认识的自知性，都有对物质实在的不同形式、程度的依赖性，都是同与异、生与灭、连续与非连续、变与不变的矛盾统一。正是它们，把心与非心区别开来。

第六章
二分图式的遮蔽与超越：人的概念图式比较研究

为了把握复杂的整体，人们通常要对之做出划分。对作为整体的世界和人的认识莫不如此，相应地，必然会形成关于人的概念图式和关于世界的图景。其实，这样的认识早在原始思维中就已开始了。由思维方式和具体认识上的差异等方面的原因所决定，东西方对这一问题的认识存在着极大的差异。例如佛教，如梁启超先生所说，"对于心理之观察分析，渊渊入微，以较今欧美人所论述，彼盖仅涉其樊而未窥其奥也"[①]。佛教对人和世界的认识主要表现为超二分的图式。当然，在古印度，也有坚持二分图式的学派。在古代中国，则主要表现为一元论基础上的多分论。在西方，尽管也存在着反二分图式的强大势力，尤其是在现当代，以一元论为基础的物理主义或唯物主义大行其道，但自古以来，占主导地位的却是二分图式。钱穆先生早就有相近的看法，但他把二分图式称作二元对立图式或二元论。钱穆先生认为，西方哲学不仅在灵与肉、感性与理性、物质世界与精神世界、主与客的关系问题上表现为二元论，而且坚持二元的伦理观（善—理性、恶—欲望、精神人格—肉体人格）。他说："大抵西方人对世界始终不脱二元论的骨子。"[②]这至少是西方占主导地位的思想，甚至是西方思想的出发点、前提。

---

① 梁启超：《说大毗婆沙》，《梁启超全集（第十三册）》，北京出版社1999年版。
② 钱穆：《灵魂与心》，广西师范大学出版社2004年版，第4-6页。

即使有的人也追求心物的统一性，但那是"在对立下求统一"，即先分开了，然后再去建立统一。在追究其根源时，他说：这种二元世界观，实从二元的人生观而来。①西方很多著名哲学家也有这样的判释，如赖尔说：有一种关于心的本质和位置的学说，它在理论家乃至普通人中非常流行，可以称其为权威的学说。大多数哲学家、心理学家和教士都赞同它的主要观点。这种主要观点是：每个人都有一个躯体和一个心灵。②罗蒂也表达了类似的看法，认为在面对人时，包括哲学家在内的大多数人由于继承了笛卡儿的遗产，都会"毫不踌躇"地做出心、物二分的划分。无论是在普通人群中，还是在哲学家群体中，甚至是在坚持激进物理主义的哲学家中，都常可以听到这样的叮嘱：既要注意身体健康，又要注意心理健康。因此可以说"笛卡儿的直观仍然存在着"③。值得强调的是，这种直观不是一般地存在着，而是极为广泛地、神不知鬼不觉地存在着，大多数人都心照不宣地、潜移默化地接受了它，并运用着它。在哲学家的思想中，它常表现为二分概念图式，在非哲学家心中，它常表现为民间心理学或常识心理学。有意思的是，许多哲学家在心底明明承诺了它，然而却又以物理主义者自居，甚至对之极尽批判之能事。

笔者尽管也认为西方占主导地位的是二分图式，但不赞成说它是二元论，因为二元论和二分图式有很大区别。根据笔者对二元论的研究，严格意义或标准的二元论不仅坚持心身或心物的二分，而且有对它们本原、本体论和本质问题的断定，即认为它们既有各自独立的本体论地位，同时又有各自不同的本原和本质。而二分图式只有本体论上的主张，即认为它们都有其本体论地位，是两类不同的存在，有的有关于它们的不同本质的主张，但不一定主张它们各有自己的本原。由此所决定，坚持一元论的物理主义也可能赞成二分图式。④当然，如果在非严格意义上，或如我们后面将讨论的在"松绑的"意义上使用"二元论"一词，那么把它与二分图式画等号，那也未尝不可，只是需要做出说明和限定。为了不造成不必要的混乱，在本章，我们将把它们区别看待。

---

① 钱穆：《灵魂与心》，广西师范大学出版社2004年版，第1页。
② 赖尔：《心的概念》，刘建荣译，上海译文出版社1988年版，第5页。
③ 罗蒂：《哲学与自然之镜》，李幼蒸译，生活·读书·新知三联书店1987年版，第14-15页。
④ 参阅高新民：《心灵与身体——心灵哲学中的新二元论探微》，商务印书馆2012年版，导言和第一章。

第一节　中国哲学的一元论—多元论基础上的心身关系论

如果说西方在人和世界的划分问题上坚持的是二分图式的话，那么中国哲学坚持的则是有别于西方的超二分图式。其中的原因尽管难分难辨，但有一点却十分明显，那就是这都与它们各自所源自的民间心理学有关。根据西方对民间心理学的最新研究，一般常人和大多数科学家、哲学家心底都潜藏着民间心理学这样的资源或解释、预言框架。[①]而西方人的民间心理学在本质上是二分图式。即使是坚持物理主义的许多哲学家，心底也都没有完全超越这种图式。也就是说，西方心灵哲学在人和世界的整体把握上尽管也有超二元论的思想，但占主导地位的，尤其是潜藏在人的文化心理结构中的却是二元论幽灵。相比较而言，如前所述，中国的民间心理学和心灵哲学则相反，其中尽管也有二分图式，但占主导地位的却是一元论基础上的多元主义。张学智认为，中国对心身问题的主流观点是一元整体观。"中国古代思想一开始就把二者设想成体用合一的、神秘相应的、以意带气的、混沌不分的，倾向于现象地、一元地而不是截然两分地论说身与心。"[②]

笔者赞成上述观点，但同时又认为，中国心灵哲学在观察人和世界时既坚持一元透视，又坚持多元观照，因此坚持的是一种一元论基础上的多元主义。这种图式的复杂性还在于，它尽管反对把人分为心与身两方面或两个世界，但它又有对心身关系问题的探讨。这样说似乎陷入了矛盾，其实不然。因为它在承认心的构成的多样性、多元性的同时，又认为心与身是这多元构成中的关键因素，因此又将探讨聚焦于两者的关系之上，既重视西方人也注意到的事实性关系，又着力探讨西方人所没有关注的"应然关系"，进而形成了许多各具特色的心身关系理论。

一、人体的多元透析

在中国的常识心理学和心灵哲学中，人们在描述人时尽管也常常心身或形神

[①] 参阅高新民、刘占峰等：《心灵的解构——心灵哲学本体论变革研究》，中国社会科学出版社2005年版，第12-47页。
[②] 张学智：《心学论集》，中国社会科学出版社2006年版，第7页。

第六章 二分图式的遮蔽与超越：人的概念图式比较研究

并举，这表面上是在对人的构成进行概括或分类，是将人分为心与身这样两个世界，但至少在心灵哲学中，这只能理解为列举，即只是将人体的复杂构成的两个主要方面挑出来说了，并不等于是对人之构成的周延的划分。因为无论是在中国化佛教中，还是在道学（包括道家、道教等）、儒学中，占主导地位的倾向是认为，人是多元复合体，由包括心身在内的多个部分、多元因素所构成，而非简单的心身合一体。

在考察道学的人体构成理论时，我们将以《黄帝内经》等经典为主，兼及其他有关论著。《黄帝内经》的多元人体观的主要表现是：以五脏为基础，在内联系六腑、经脉、五体、五华、五窍、五志，在外联系五方、五时、五色、五畜、五音、五气等，从而组成一个以心神为中心的多元复合体，如说："天食（供给）人以五气（五脏之气），地食人以五味。五气入鼻，藏于心肺，上使五色修明（明润），音声能彰（洪亮）。五味入口，藏于肠胃，味有所藏，以养五气，气和而生（生化机能），津液相成，神乃自生。"[①]从本原上说，人尽管像世界万物一样源于、形成于、构成于气，但气展开则为多，而并非只有心身两方面。因为人像万事万物一样通过阴阳五行组成一个包含多元构成的统一整体，说复杂一点，它的有独立地位的成分数不胜数，如"精、气、津液，四支九窍，五脏十六部（手足十二经脉，二跻脉，一督脉，一任脉），三百六十五节（全身的关节）"[②]，等等。就主要的来说，至少有这四方面，即精、气、神、形，有的还说有血、魂、魄、心等。

神是气的功能的极致表现。《黄帝内经》在讨论古人为何长寿时说：古人之所以长寿，是因为古人能让身内诸成分平衡、和谐，如"法于阴阳"，"知道"，"食饮有节，起居有常，不妄作劳，故能形与神俱"，能避"虚邪内贼风"。另外，由于能做到"恬淡虚无"，因而"真气从之，精神内守"，"志闲而少欲，心安而不惧，形劳而不倦"，今人之所以相反，之所以多病、早夭，则是因为不能存真、养精，如"竭其精""耗其真"。[③]此处的精即指气中的精华或精气，"真"即真气。可见，人的复杂构成是心与身两范畴概括不了的，因为人身中有

[①]《黄帝内经》。
[②]《黄帝内经》。
[③]《黄帝内经》。

特定构成和功能作用的成分是多元的，如形、气（有阴、阳、粗细、邪正之分，最可贵的是精气、真气）、精神、神、心、志、欲等。

精与神不同，精即精微之气，神即神明、灵性。它们与心身有关，但又不能完全归并进去。例如，有的人脸上表现出的神采奕奕、神气十足，尽管依赖于心身这些较低层次的实在及其合力作用，是它们名副其实的突现成就，但一经现实出现，就有其独特的、不可还原的本体论地位和作用，因而就没法归并为心身中的任何一个。《黄帝内经》云："呼吸精气，独立守神，肌肉若一。""积精全神"或聚精会神，也说明了它们的区别。

神、气、血、形、志这些人身上的主要构成之所以有独立性，不能合并，是因为它们的每一种都有两种状态：一是余或充分；二是不足，如"神有余、有不足，气有余、有不足"[①]。它们的独立性还表现在它们各有自己的特殊定位，如"心藏神，肺藏气，肝藏血，脾藏肉，肾藏志，而此成形（由上和合，便成人形）"[②]。除此之外，还有作为支架的骨髓和联络它们的经络。"志意通，内连骨髓，而成身形五脏。五脏之道，皆出于经隧，以行血气。"[③]经络这种构成是中国哲人在人身上的独到发现。它尽管看不见、摸不着，但又不是无，因为没有它，血气的运行就无法予以解释。就归属言，它显然非心非身，亦心亦身。有些经络是有心理功能的，如可传递感知信息。经络都是脉，脉有经脉和络脉两种，经脉有十二，络脉有三百六十五。就生理作用言，经络是气血运行和沟通脏腑内外的通道，如邪气既可由之传入脏腑，也可由之传出。人之所以有病，其中一个原因是经络不通，因此治疗的一个途径，是调整经络，使之通畅。例如十二经脉的作用主要是联通，"内属于腑脏，外络于肢节"[④]，经水皆汇于海。

《道枢》不仅坚持和论证了人非心身合一体而为多元复杂系统的观点，而且对其多元构成做了更精细、更具体的表述。《道枢》云："夫身之中有三万六千精光之神焉，一万二千魂魄之君焉。泥丸之中有长生不死之大君焉，二仪、四象、八卦、九宫。"此外，还有五脏六腑，以及骨、髓等物质性构成。就身体中的不

---

① 《黄帝内经》。
② 《黄帝内经》。
③ 《黄帝内经》。
④ 《黄帝内经》。

第六章　二分图式的遮蔽与超越：人的概念图式比较研究　　223

为一般人所知的构件来说，其中有三元，即上元，人之首，或"首以上属"；中元，首之下、脐之上的部分；下元，脐下腰上。就心理一方来说，最明显的是强调，应把心与意区分看待，因为"心者，君也，意者，臣也，气者，民也"。这种区分在印度哲学中也能看得到。

人体中除了有形可见的存在之外，还有许多精微的存在。而它们精微到一定程度就将成为心性事物。"身之中盖有三万六千神，千二百形影，万二千精光，五脏六腑一十四神，左三魂，右七魄。"它们不离不泄，人便有完整、健康人生，反之，就麻烦缠身。因此养生的关键是："宜常念念，勿使离于身。"形而上的存在中最重要的是精气神，因此它们是人身三宝。当然有时只说气神二宝，如《道枢》云："人之大宝者，神气也。"神、精较抽象，但确实存在。因为它们在人的形体上有其表现，如"面者神之庭""心悲则面焦矣""精者体之神也，明者身之宝也，劳多则精散矣"。①

就广义的"心"所指称的实在来说，它们本身都是超心物二分的。其中所指的首要的一个是心脏，它可归于身体的范畴，但它所指的能发挥神明作用的东西，尤其是最深层的无形无相、寂然不动、明明白白的真心则既超出了心的范围，也超出了身的范畴。"心接乎心气，与心之火相合，于是太极而生液。"②根据《黄庭经》，泥丸百节皆有神，如包括脑在内的一切部位、关节皆有神。脑神即精根，被称作泥丸。发、眼、鼻、耳、舌、齿、面、心、肝、脾、腑、肾等都有神。神的作用妙不可言，乃至在要死时，只要念神，便可做到"复生"。此即"垂绝念神死复生"。③

阴阳也是人身上存在的、有点形而上味道的实在。它们是两种相反的性质、力量。"积阳为天，积阴为地，阴静阳躁，阳生阴长，阳杀阴藏。阳化气，阴成形。""阴阳者，天地之道也，万物之纲纪，变化之父母，生杀之本始，神明之府也。"④

再看黄庭及其内景。黄庭也是一种既作为生理组织，又作为心理器官的东西。黄即中央之色，庭者，四方之中。外面的中是天中、人中、地中，内面的中是脑

---

① 曾慥编：《道枢》。
② 曾慥编：《道枢》。
③ 张君房编：《云笈七签》。
④ 《黄帝内经·素问·阴阳应象大论》。

中、心中、脾中。"黄庭内"指的是心。其内有景。景即象，外象有日月等之象，内象即血肉、筋骨、藏府之象。内景即身内的脏腑之境。心居身内，存观一体之象色，故曰内景也。黄庭的重要性在于："东华之所秘也，诚学仙之要妙，羽化之根本。"①道教认为，黄庭以虚无为主，十三神皆身中之内景。这里涉及一种特殊的本体论存在。根据中国心灵哲学的类似于笛卡儿的逻辑，有形之物是不可能产生心理作用的，尤其是不会有神明之类的作用。笛卡儿认为，心的作用是由精神实体完成的。而中国心灵哲学则以寂然不动、中空或中虚的"中"来解释，认为人之所以有神明之类的奇妙作用，是因为存在着中空或中间虚无的东西。这正是道教设想黄庭及其功能作用的逻辑。

二、比较视野下的中国心身关系论

如前所述，中国心灵哲学在坚持超二分图式的前提下，对人体多元构成中的心身关系问题做出了独到的探讨。其不同于西方的首要特点在于：西方的心身关系理论以心物二分为前提，占主导地位的思想是二元论；而中国心灵哲学尽管也有二元论的成分，但它始终处于边缘，占主导地位的思想倾向是一元论基础上的多元主义。此外，中国心灵哲学坚持整体论人体观，因此在具体说明心身关系时，不仅承认心与身有线性关系，而且看到它们的非线性关系。

中国心灵哲学尽管认为，人体是以理气为基础的多元复合体，但仍关心心身问题，即从人体的多元存在者中仅抽出心身或形神这两个主要的方面，探讨它们的本质与关系。这正像一个房间里同时有多个人存在时，我们可以只挑出两个人来思考他们的关系一样。同时这种认识也有其必然性、必要性。因为形神及其关系问题是生命之本、长寿之根。也就是说，在人体之上，在人的多重构成因素的关系中，心身关系是最重要的关系，是决定人的生命、生存状态的"牛鼻子"。司马谈说："凡人所生者神也，所托者形也。神大用则竭，形大劳则敝，形神离则死。死者不可复生，离者不可复反，故圣人重之。由是观之，神者生之本也，形者生之具也。"②在道教道家中，形神问题堪称牛鼻子，抓住此问题，就可使

---

① 张君房编：《云笈七签》。
② 司马迁：《史记·太史公自序》。

一切迎刃而解，万事通达。《西升经》云："知一万事毕，则神形也。"形神重要的机理在于：它们是人的两个组成部分。其状态、关系决定了人的生存状态和人格境界。没有神，人就会死去，而形又是生命、神识的基础。若守形存神，使之进入最佳关系状态，如形全神全，那么人就"可齐天地之寿，共日月而齐明"[①]。

中国心灵哲学关心的心身关系问题的另一特点是，它有实然和应然两方面。实然的关系问题要回答的是，它们事实上有何关系。这是东西方共同的形而上学问题。应然的关系问题要回答的是：它们之间应该具有什么样的关系才对人有益无害？这是东方哲学独有的问题。如前所述，中国心灵哲学有价值性动机，而应然问题的探讨正是这一动机在心身问题研究中的表现。例如道家、道教认为，做人的理想是飞升成仙，去凡成圣，而要如此，就应该让心身关系成为合一的关系。因为心身合一，神气混融，情性成片，谓之丹成，喻为圣胎，即达到了修炼的最高境界。

儒家的心身关系学说有两大类：一是关于心身的事实性关系的理论。它要回答的是：心与身究竟是二元并列的关系，还是相互依赖的关系？如果相互依赖，是心依于身，还是身依于心？是身为主，还是心为主？如果心是依赖性存在，那么它是只依于身，还是依于众多因素？心与身之间能否相互作用？如果能，是怎样相互作用的？二是关于心身的应然关系问题的理论。先看前一方面的探讨。

在这类问题上，儒家内部的看法是不完全一致的，当然有共同的思想倾向，如不像西方二元论那样认为它们是异质关系，而强调它们都以气、理为基础，因而有同质性，较有影响的是形体神用说，即认为心以形为基础、为本体，是形的一种用或属性。理学坚持认为，心身之间有不相离的关系。张载说："理不能离气以为理，心不能离身以为心。若气质必待变化，是心亦须变化也。"[②]朱熹有时也认为，心以形为基础。他说："但欲生此物，必须有气，然后此物有以聚而成质。"[③]有了此质构成的形，心的种种作用才有可能表现。气是构成万物的材料。心尽管不是气，但离不开气，因为心是气构成的物的功能。例如，属于心的特性的知觉，就是理与气结合的结果。有知觉便有灵性。而灵性直接依赖于气。

---

① 吴筠：《宗玄集》。
② 黄宗羲：《宋元学案》。
③ 朱熹：《玉山讲义》。

"心之知觉，又是那气之虚灵底。""理与气合，便能知觉。"①刘宗周云："盈天地间，一气而已矣。气聚而有形，形载而有质，质具而有体，体列而有官，官呈而性著焉。"②"一性也，自理而言，则曰仁义礼智；自气而言，则曰喜怒哀乐。"③洪垣认为，身是心意的前提，他说："设无此身，何意之有？为其有身也，故人己形而好恶之意起焉，是己与人流通之关键也。"④

王夫之认为，心之所以有不可思议的作用，是由身体的构成所决定的。他说："是故人之生也，气以成形，形以载气；此交彻乎形气之中，绵密而充实。所以成、所以载者，有理焉，谓之'存存'。"⑤

中国哲学中自古就有整体论、系统论思维。基于这种思维方法，必然得出这样的结论，神不只是形的用，而且是多因素统一体的用。例如，心神之用离不开脑、气、性，以及包括心脏在内的五脏等的存在和作用。康有为说："心灵之智，能辨其是非；心力之勇，能除其缠缚；心神之定，能坚其守持。若是者，皆在于思。思之文，上从脑，下从心，脑与心合为思。"⑥古人其实也有类似的看法。例如从文字学上说，"思"，古文作"恖"，"囟"即为脑，"心"即五脏的心，上有脑，下有心，两者合作方有思或意。

当然，中国哲学中也有与形质神用论对立的二元论，如"心形异质论"。它认为，心的本质是无形，而身的本质恰恰是有形，因此两者根本不同。还有人更进一步，认为心的无形是因为它有自己的特殊来源或本原。这样便陷入了标准的二元论。所谓标准的二元论是这样的观点，即不仅承认心身有性质的不同，有各自独立的本体论地位，而且有各自独立的本原。在西方，柏拉图、笛卡儿坚持的就是这类二元论。中国心灵哲学中也有这样的二元论倾向，其基本内容包括：第一，心是无形无相的，而身有形有相。第二，心身在整个生命中有各自不同的功能，最重要的是它们的位置不同。形之位在外，神之位在内，气贯通于二者之间。二程为了说明心不同于身的特点，有时主张心无形、无寓所，从而有二元论倾向。

---

① 黎靖德编：《朱子语类》。
② 刘宗周：《刘宗周全集》。
③ 刘宗周：《刘宗周全集》。
④ 黄宗羲：《明儒学案》。
⑤ 王夫之：《尚书引义》。
⑥ 康有为：《孟子微》。

第六章 二分图式的遮蔽与超越：人的概念图式比较研究

他们说："以心无形体也，自操舍言之耳。"[①]"心兮本虚，应物无迹。"[②]但心又是绝对真实的存在。它有无定位或寓所？答曰："莫知其乡，何为而求所寓？有寓，非所以言心也，惟敬以操之而已。"[③]"神无所在，无所不在。"它们的质上的差别还在于："形可分，神不可分。"[④]

与形质神用论对立的还有心主形从论。它认为，不是心依于形，而是心主于形。董仲舒像道教身国同构论一样认为，人就是一个小国家，心如君为一国之主一样，它是身之主。"君者，民之心也，民者，君之体也。心之所好，体必安之；君之所好，民必从之。"[⑤]意为心像君王一样，是连贯统率身体各种实在、力量的核心。根据天的构成，也可说明心的这种地位。董仲舒说："人有三百六十节，偶天之数也（与天地之数相吻合）；形体骨肉，偶地之厚也。上有耳目聪明，日月之象也；体有空（孔）窍理脉，川谷之象也；心有哀乐喜怒，神气之类也（与大地神气同类）。"[⑥]黄宗羲认为，在心与身的关系中，心是身中的"大者"。"心是形色之大者，而耳目口鼻其支也。"[⑦]就心与思、知、灵的关系而言，它们不同，但又有主从关系，如"心以思为体，思以知为体，知以虚灵为体"[⑧]。

中国心灵哲学也有自己的交感论或心身相互作用论。它认为，心与身可以相互作用，如身体决定心灵，心灵决定身体。不仅如此，它还较好地解决了西方交感论一直难以解决的一个问题，即心既然无形，没有自己的能量，因此怎么可能发生对身体的因果作用呢？它的回答是：心与身都是借气或以气为桥梁发挥对对方的作用的。朱熹认为，身之动由心所决定，"岂不相关？自是心使他动"[⑨]。心驱使身之运动，必通过气这一中介。就像挥扇是气所使然一样。心之所思，耳之所听，目之所视，手之所持，足之所履，都离不开气的作用。而"气中自有个灵底物事"[⑩]。薛敬之也认为，气是心物相互作用之中介。因为气有能量、材料，因

[①] 程颢、程颐：《二程集》。
[②] 程颢、程颐：《二程集》。
[③] 程颢、程颐：《二程集》。
[④] 周汝登：《周汝登集》。
[⑤] 阎丽：《董子春秋繁露译注》，黑龙江人民出版社2003年版，第189页。
[⑥] 阎丽：《董子春秋繁露译注》，黑龙江人民出版社2003年版，第228页。
[⑦] 黄宗羲：《孟子师说》。
[⑧] 黄宗羲：《孟子师说》。
[⑨] 黎靖德编：《朱子语类》。
[⑩] 黎靖德编：《朱子语类》。

而能产生真实之作用。"心乘气以管摄万物,而自为气之主,犹天地乘气以生养万物,而亦自为气之主。"①心尽管能指挥气,但心又不是气。"一身皆是气,唯心无气。随气而为浮沉出入者,是心也。"②

　　心学在心身关系问题上尽管有多种声音,例如有的思想在特定语境下,强调心依赖于身;有的思想强调心身异质不同,但主导性的思想则可称作一实多名论,即认为人身上存在一实,但可从不同角度予以描述,这样便有心、意、神、形、气等不同名称。也可把这种理论看作是一种现象学思想。在西方近代,它的典型形态是斯宾诺莎的心身两面论;在现当代,则表现为双重语言论和解释主义。由于语言分析哲学在英美占主导地位,因此伴随语言学转向而诞生的这一理论便极有市场。它认为,人身上或世界上只有一种实在,用心理语言描述即表现为心理现象,用物理语言描述即表现为物理现象。王阳明的思想可被理解为,物或身显然是现象学意义的物。因为物就是意之着处,或被意识到的东西,或心投射的东西。他说:"心外无物。如吾心发一念孝亲,即孝亲便是物。"③"夫物理不外于吾心,外吾心而求物理,无物理矣;遗物理而求吾心,吾心又何物邪?"④心物是不可分的,离物无心,离心无物。王阳明的一实多名论主要体现在这段话中:"心者身之主,意者心之发,知者意之体,物者意之用。"⑤王阳明也有自己的"元"论,此元论即以一心为元的一元论。这元也就是"一实多名"中所说的实。他说:"元者,始也,无始则无以为终。故书元年者,正始也。大哉乾元,天之始也。至哉坤元,地之始也。成位乎其中,则有人元焉。故天下之元在于王,一国之元在于君,君之元在于心。'元'也者,在天为生物之仁,而在人则为心。"仁即心之本体,因此心为万物全体之元。⑥

　　范缜的神灭论或形质神用论是中国心身问题研究中最接近于西方功能主义的理论。它是在中国心灵哲学关于神是否灭亡的讨论中诞生的。佛教传入中国后,在中国民间和知识界都产生了潜移默化的影响。其关于形神问题的思想也

---

① 黄宗羲:《明儒学案》。
② 黄宗羲:《明儒学案》。
③ 王守仁:《王阳明全集》。
④ 王守仁:《王阳明全集》。
⑤ 王守仁:《王阳明全集》。
⑥ 王守仁:《王阳明全集》。

第六章　二分图式的遮蔽与超越：人的概念图式比较研究

为许多人所接受，例如佛教的神识不灭的思想就是这样。到了南北朝，无神论哲学家范缜旗帜鲜明地站到了它的对立面，对它做了尖锐批判，从而导致了围绕神是否必灭的激烈争论。范缜的否定性理论可称作神灭论，其理论基础是形质神用说，主张形存则神存，形谢则神灭。范缜说："形者无知之称，神者有知之名。"形者神之质，神者形之用。"神之于质，犹利之于刃，形之于用，犹刃之于利。利之名非刃也，刃之名非利也。然而舍利无刃，舍刃无利。未闻刃没而利存，岂容形亡而神在？"[①]

道家、道教对心身关系问题的探讨也是从事实和应然两个角度展开的。先看前一方面的思想。为叙述方便，我们将像有的学者所倡导的那样将道家道教合称为道学。

心身相依论是道学心身关系理论的主要形式，其基本观点是，心离不开身，同样，在一定条件下，身又离不开心。心之所以离不开身，是因为不存在独立的、与身隔绝的心，如"凡有血气，皆有争心"[②]。"血气者，人之神，不可不谨养。"[③]许多心理现象都是在血气构成的身体进入特定状态时产生的，例如怒、悲、恐等就是如此。"血有余则怒"[④]，"心气虚则悲"[⑤]，血"不足则恐"[⑥]。思、知以及心理的宁静、止寂等，则主要是由气所决定的。"精也者，气之精者也。气，道乃生，生乃思，思乃知，知乃止矣。"[⑦]反过来，有些身体状况又是由心的状况决定的，如气盛、胸胀就是由怒引起的，"怒则气盛而胸张"[⑧]。道教在论述心对身的依赖性的过程中也表达了具身性思想，如认为精神离不开精、气之类的物质性力量。《黄帝内经》云："五脏者，中之守也。"五脏的作用是藏精气而守于内。守得好，精神充盈，身体强壮；反之，则生病。人的精神也离不开头。"头者，精明之府（即精神的寓所），头倾（下垂）视深（眼胞内陷），精神将夺（被剥夺、衰败）。"[⑨]

---

① 范缜：《神灭论》。
② 《左传》。
③ 《黄帝内经》。
④ 《黄帝内经》。
⑤ 《黄帝内经》。
⑥ 《黄帝内经》。
⑦ 《管子》。
⑧ 《黄帝内经》。
⑨ 《黄帝内经》。

道学的另一心身关系论是神主形从论。它强调："神者形之主也，形者神之舍也。形中之精以生气，气以生神者也。液中生气，气中生液。"①我们知道，形中有五行阴阳。《道枢》云："水之化为液，液之化为血，血之化为津，阴得阳而生者也。阴阳爽其宜，则涕也、泪也、涎也、汗也，横出而阴失其生矣。气之化为精，精之化为珠，珠之化为汞，汞之化为砂，阳得阴而成者也。"阴阳爽其宜则疾、老，乃至死。阴不得阳不生，阳不得阴不成。形体由九窍（两眼、两耳、两鼻、口、前阴与后阴）等部门组成，各有其职责、官能。"心之在体，君之位也。"②

强调神的地位和作用，是中国心灵哲学的一大特点。这与中国心灵哲学"地理新发现"有关。因为它在人身上看到了一种既有主宰、认知作用同时又是生命的决定因素的东西。唐代吴筠说："神去，则身死者矣。"③要想神不离人，关键是让主人安静。"主人安静，神则居之。"④《太平经》云："人不守神，身死亡；万物不守神，即损伤。"

应承认，道教中有时或有的人、有的派别也有二元论的思想因素。例如有的强调，形和神都有先天与后天之别，它们各有自己的来源和存在方式。就形来说，先天之形，即真形，或自然之法身，可通过修炼而证得。后天之形，即外在的体形，由父母精血所成。神亦有先天后天之别，先天之神即元神，后天之神为识神。元神和识神在后天的形体形成的时候，同时入母胎中，合二而一，同居于心。

道学对心身的应然关系，即它们应该保持什么样的关系，在修炼中应如何协调、处理心身之间的关系，做了大量有益于人强身健体、延年益寿乃至去凡成圣的探讨和论述，留下了宝贵的精神财富。

根据先秦道家的"俱空论"，人应该让心身进入的关系是，让它们空无化或俱空、俱寂。先秦道家认为，下述心身关系对人是有害的，例如，神为形所役使，神跟着形走，形神俱变，不安宁，等等。这是应予避免的心身关系。最好的、值得进入的心身关系形式是：形同槁木，心若死亡，不让心驰神往。庄子认为，

---

① 曾慥编：《道枢》。
② 《管子》。
③ 吴筠：《形神可固论》。
④ 吴筠：《形神可固论》。

收摄私心，令其平等，专一志度，令无放逸，汝之精神自来舍止。[①]简言之，对人有利的心身关系是俱空。这种关系是可以人为地建立起来的，如以理观照就能如愿。"有形者，身也；无形者，心也。汝言心与身悉存，我以理观照，尽见是空也。"[②]要实现人生的长生久视的目标，人最好做到无我。而无我其实也是一种心身关系，即让心身俱无。老子说："吾所以有大患者，为吾有身，及吾无身，吾有何患？"身为大患，身者祸患之源，因此不应"贵身"，贵身即贵大患。[③]

最常见的心身应然性理论可称作"固神论"，内丹派对之有重要建树。它认为，精气神是人身上最宝贵的东西，甚至是命根，是"神明为之纲纪"[④]。既然如此，就要予以善待，就要处理好形神、神气的关系。其基本原则是"固神""全神"。《云笈七签》云："神由形住，形以神留。神苟外迁，形亦难保。"既然如此，养生的关键就是对精气神要守、藏、固，不让其泄漏。

贞顺论或和谐论强调的是：神形都应贞洁、清静，并和顺，无冲突。因为和、顺为生命旺盛、永恒的最好条件。"生之为命也，资乎形神，气之所和也，本乎脏腑，形神贞顺，则生全而享寿，脏腑清休，则气泰而无病。"[⑤]

三、人体内的超二分的错综复杂关系

中外哲学在考虑心与身的关系时，有这样一种看法，即认为心与身都是以一个东西或一个点式的、单子性实在发生相互关系的。如果说这是一种"线性"的关系的话，那么中国心灵哲学在揭示心身关系时，除了承认心身之间有线性关系之外，还强调它们的非线性关系，如认为它们每一方由于是多元组合体，是包含有不同结构、位置和功能作用的子系统，因此它们之间不存在规则的、一对一的关系，而只有一对多、多对一、多对多且经常变化的错综复杂的关系。用西方心灵哲学的术语说，心身之间的关系不存在一对一、类型对类型的关系，只有复杂

---

① 《庄子·知北游疏》。
② 《庄子·天地疏》。
③ 杜光庭：《道德真经广圣义》。
④ 《黄帝内经》。
⑤ 张君房编：《云笈七签》。

个例对复杂个例的关系。例如,《黄帝内经》从养生角度讨论了心神等与身体的相关部门的多对多关系:"怵惕思虑者,则伤神,神伤则恐惧,流淫而不止。"这说的是负面的心理对身体有关部分的复杂的有害关系。类似的情形还有,"喜乐者,神惮散而不藏。愁忧者,气闭塞而不行。盛怒者,迷惑而不治。恐惧者,神荡惮而不收"。反过来,诸身体部分对诸心理样式也有影响,这种影响关系也是多对多的关系。经云:"脾愁忧不解,则伤意","肝悲哀动中,则伤魂","肺喜乐无极,则伤魄","肾盛怒而不止,则伤志"。概括说,心与身的多对多关系主要表现在意对脾、魂对肝、魄对肺、神对心脏、志对肾、心对方寸等的关系之上,以及个别的心理状态对特定的身体系统的关系之上。

中国哲学对心理现象的特殊定位也足以说明它对人体内复杂的、多对多的关系的体认。中国哲学所说的广义的心是一松散的乃至异质的联盟,如除了有纯心理的心(神、明、志、意)之外,还有非心理的心,如心脏,同时还有中性的心,即既有心性,又有物性的心,如浩然之气、胆量等。另外,还有没法归入心身范畴的心,如真心、包天地万物于一身的广大心,等等。既然心有如此超二分的复杂性,因此其定位肯定不能像西方心灵哲学一直所认为的那样,将它们局限于大脑之中。中国心灵哲学占主导地位的观点是强调:不同的心理样式有不同的位置,有的则没有明确、固定的位置,有的则弥散于多个部位,如情绪既与大脑、心脏有关,同时又与其他脏器、身体部位有关。《黄庭经》云:"上有魂灵下关元。"意为魂在上,即在五脏的上部,如在肝中,而魄在肺中,灵即胎灵,在脾中,关元即脐,在下部。"左为少阳右太阴,后有密户前生门。"[1]密户即肾,其功能是藏精,当密守,不使泄漏,生门即命门。"出日入月呼吸存。"[2] "灵台盘固永不衰,中池内神服赤珠。"[3]灵台即心,让其守静、守一,体则安,不衰竭,胆为中池。

更复杂的是,中国心灵哲学已认识到任何一种心理样式都是具有整体论性质的现象,因此它们更不是简单的关系,而是一对多的关系,即是由包括形体器官在内的诸多因素组成的整体所决定的。惊、恐等心理显然是这样,温、恭等更复

---

[1] 《黄庭经》。
[2] 《黄庭经》。
[3] 张君房编:《云笈七签》。

杂的性格、气质更是这样。《云笈七签》云："精神御气于肝，气清而为温恭慈仁。深念之远，其体恭而安，其视治而正，气浮而为喜，适感会之悦；气烦而为戏，欢笑剧之极；气激而为啼，号哀泣之至，由是有乐极则悲；悲极则乐，亦复为忧。"

根据西方心灵哲学家的看法，心的产生和存在只与大脑有关系，而中国心灵哲学则强调不完全是这样，因为脾等器官也是精神的决定因素。《云笈七签》云："精神御气于脾，气清而为公正弘畅，吟咏闲远之思，其貌则和而舒，其视则平而亮；气浮而为轻委，于物不虑之误；气烦而为宽慢，骄纵豪诞忽忘之失；气激而为矜扰，怨恚嫌恨忿怼距塞之违。"心脏对于情绪的作用表现在，精神御气于心，有清、浮、烦、激等状态，相应地，便有不同的情绪心理发生。御气于肺、肾，可以此类推。[①]

最为突出的是，中国哲人认为心脏也应包括在思之"所依"的范围之内。"所依"或心的依处是佛教说明心理定位所用的一个概念。佛教也有类似于中国心灵哲学的观点，如主张心脏为思维之官。vatthu 意为地基、处所，hadaya 指心。佛教认为，心法、心所法有对色法或物质的依赖性。因此所依处必定是某种物质的构成。不过佛教不认为心依于脑，而认为依于心脏。当然这只限于欲界和色界众生的心。而无色界的梵天人和无想有情天的心则是纯精神性的，不依于任何物质。《清净道论》认为，心理活动所依的是心脑膜所泵的血。一般经论认为，心脏是心的所依处。其实，西方古代也有类似的思想。例如说"心痛"指的是心脏所受的痛（伤心），"铭记于心"也是记于心脏（learn it by heart）。

四、心身的本原追问与一元论人体观

心灵哲学的一个重要问题是，心身是发源于共同的本原，还是各有自己的本原？这是导致一元论和二元论分化的一个关键问题。西方二元论中有这样一种彻底的形式，它认为，心身不仅是异质的，各有独立的本体论地位，而且有各自独立的本原，即心来自纯心的本原，身来自物质本原，因此彻底的二元论同时也是二本论，而对立于关于世界的物质统一论（唯物主义）和精神统一论（唯心主义）。我们之

[①] 张君房编：《云笈七签》。

所以主张中国心灵哲学不仅是超二分的，而且是超二元的，根据之一是：其中尽管不乏二本论、三本论等（如道教中的神秘主义倾向等），但儒释道中占主导地位的倾向是坚持一本原论，即认为世界只有一个本原，那就是气，世间所有一切都源于气，由气所构成。就此而言，中国哲学的"气"是完全符合西方传统的"本原"标准的。所谓本原有三个条件或标志：第一，能作为本原的，必须是始基，即一切由之发生的东西；第二，本原既指由之派生的东西，又指万物的归属，或消灭时要复归的东西；第三，它是一切的主宰或"头"。符合这三条的即为本原。中国哲学所说的气是当之无愧的本原。就人和世界来说，不管是把他（它）们看作是由多样性要素构成的实在，还是看作主要由心身或心物所构成的，他（它）们都以气为本原。即使有的学派强调道、理的本原地位，这也没有冲突，因为一般认为，道、理、气是不二的关系，因为道和理都是气的道、理，即气的本质构成，用科技的术语说，道、理是气固有的程序、算法，有什么样的气，由其道、理所决定，它就必然以特定的形式表现出来，必然在碰到什么样的条件时做出什么样的变化。

  道学尤其是其中的道教尽管夹杂着神秘主义的本原论，但占主导地位的是典型的气一元论，即以气为一切万物的本原。《云笈七签》云："人以元气为本，本化为精，精变为形。"人体的构成不外乎百关九节，它们都是源于气、由气所构成的，如九节——掌、腕、臂、肘、肩项、腰、腿、胫踝、脑，都由气构成，然后"合为形质"。心理性的心、魂、魄、神等要么由气所构成，如魂由阳气构成，魄由阴气构成，要么依存于气，是气之精明。从万物的发生顺序来说，最先存在的是气，然后依次有形、质。气即太初，形即太始，质即太素。"太初者，气之始也。""太始者，形之始也。"①"自一而生形，虽有形而未有质，是曰太始。""太素者，太始变而成形，形而有质，而未成体，是曰太素。太素，质之始而未成体者也。"②

  由于气的进一步具体化，即表现为阴阳二气和金木水火土五行，因此也可说万物的本原是阴阳五行。五行由阴阳二气而成，五行在天为五星，在地为五岳，在人为五脏，即心肝脾肺肾。五行还可表现为人的五色（青赤白黑黄）、五音（角

---

① 《冲虚至德真经》。
② 张善渊：《万法通论》。

第六章 二分图式的遮蔽与超越：人的概念图式比较研究

徵商羽宫）、五味（酸苦辛咸甘）、五德（仁义礼智信）。①

既然一切都由气构成，为什么有的最贵最灵，有的则相反，如人为何为万物中最灵最贵？道教的回答是：气有灵与不灵、精与不精之分。人之所以如此，是因为人所禀的气最贵最灵，阴阳五行的搭配优胜于其他事物。《云笈七签》云："人生于天地之间，禀二气之和，冠万物之首，居最灵之位，总五行之英，参于三才，与天地并德。……天地构精，阴阳布化。"

基于气和道这样的本原，中国心灵哲学建立了自己的以一元论为基础的整体的人体观。《云笈七签》云："人类受形于圣路，保和于气母，阴阳交配，随行所成。骨肉以精血为根，灵识以元气为本，故有浅深、愚智、祸福不同。"道教对灵识或神识的本体论承诺并不违背气一元论，更不违背中国式自然主义。因为灵识的产生和作用也服从于气之理、气之性，或服从理性。《道枢》云："观夫灵识者，本乎理性。性通则妙万物而无穷，故曰成性众妙。"总之，灵识以元气为本，服从于特定意义的"理性"。人之形的直接来源尽管是父母之精血，但其终极根源仍是元气，因此人的包括形神在内的一切都本于元气。《道枢》云："人之形禀父母精血而为元气所化者也。""骨肉者以精血为根焉，灵识者以元气为本焉。性者命之本也。神者气之子也，气者神之母也。子母者不可斯须而离也。"如果说有本原的一元的话，那么此一元应为气。

再看儒家的观点。荀子关于人与水火、草木的同异的论述，既表达了儒家的气一元论，又说明了事物之特殊性的特殊成因。根据他的观点，水火、草木、禽兽、人之所以有同一性是因为它们都源于气，由气所构成。不同在于，高级的存在总有多于低级存在的因素，如草木在有气的同时还有生命，而水火无生命。人之所以高于水火、草木、禽兽，是因为既有气，又有生、知，更有义理。荀子说："水火有气而无生，草木有生而无知，禽兽有知而无义，人有气、有生、有知，亦且有义。"② 义其实也是一种心，即道德之心。早在《尚书》中，古人就认识到了这种心，如强调：无论是臣民还是君主都应心怀大德，敬德保民。而义、知等高层次的东西尽管不是气，但它们是由气所构成的东西所表现出来的特性，因

---

① 张君房编：《云笈七签》。
② 《荀子》。

此从根本上说，一切都以气为基础。命、生等亦复如是。

　　对中国心灵哲学做了杰出贡献的理学和心学也基本上坚持了关于人和世界的气一元论。朱熹说："阴阳是气，五行是质。有这质，所以做得物事出来。五行虽是质，他又有五行之气做这物事，方得。然却是阴阳二气截做这五个，不是阴阳外别有五行。"[①]意为尽管五行是质，但从本原上说，仍来自阴阳二气，因为五行不过是气的重新组合（截成）的结果。即使是世上最高级、最尊贵的心灵也源于气。王阳明说："气之灵，皆性也，人得气以生而灵随之。"[②] 张栻说："人者，天地之精，五行之秀，其所以为人者，大体固无以异也。"[③] 人禀二气之正，非人禀的是繁气、烦气。

　　最难根据气做一体化说明的，莫过于高级的心理现象，如佛教的"意生身"。所谓意生身是由意识而成就的、只具有意识的身体。例如，修行到一定程度的圣者就不再有五蕴和合之身，而只有纯意识。另外还有一重意思，即菩萨为救度众生可以只依意志的力量，而无须精血，就可随意受生，示现生命之体。王夫之根据阴阳二气对之做了说明，认为之所以有此现象发生，是因为有离开阴的纯阳，而纯阳仍不过是一种气。他说："阳无时而不在，阴有时而消。"此即"浮寄其孤阳之明，销归其已成之实，殄人物之所生，而别有其生。玄谓之'刀圭入口'，释谓之'意生身'"[④]。

　　概而言之，中国心灵哲学在人的结构图景问题上，占主导地位的思想是否定、超越心身二分、二元图式，坚持一元论基础上的多元主义。所谓多元主义即主张：人体中的一切尽管都源于气，以气为本原，但由于其内存在着位置不同、结构有别、功能各异的组成部分，因此人体内有界限分明的子系统。这些子系统的关系，有些表现为平层的并列关系，如五脏与泥丸、灵台、心、神、志、意等，有些则表现为纵向的层次关系，如神明相对于突现它的生理构造和心理构造而言就是两个不同的层次，荀子所说的气、形、质、生、知、义就表现为不同阶次的存在。

---

① 黎靖德编：《朱子语类》。
② 王守仁：《王阳明全集》。
③ 张栻：《孟子说》。
④ 王夫之：《周易外传》。

第二节　印度的心物二分图式之超越与心身关系论

今日心灵哲学中方兴未艾的民间心理学研究的一个有意义的结果是：引发和推进了对二元论尤其是潜藏在大多数人无意识世界中的心物二分图式的批判性反思。参与此研究的人尽管有一些人仍倾向于二元论，但主旋律是批判、解构、超越。印度古代的哲学-宗教派别中尽管有些倾向于二分图式，但占主导地位的是对它的解构和超越，例如佛教就是如此。本节的任务是，在跨文化研究的视野下，考察古印度对人和世界的整体观照与划分，然后重点探讨佛教对二分图式的超越，论述它关于心理现象之本体论地位和心身关系的理论。

一、心物二分图式之解构与超越

根据当代心灵哲学的一种观点，将人分成心身两部分，或将全部世界的现象概括为心理现象和物理现象两大类，表面上合理合法，其实是有严重的问题的，至少有逻辑问题，是到了该严肃反思和认真清算的时候了。这种二分的依据或根据究竟是什么？把世界区分为心物两个子类真的符合逻辑吗？按其他的标准或根据对世界所做的分类都不难理解，例如，根据是否具有人性可把世界分为人的世界和非人的世界，根据时间可把世界分为史前和史后的世界，根据空间关系可把世界分为太阳系和太阳系以外的世界，等等，它们的被分类后的子类及性质等都是清楚和稳定的。而心物二分的区分则是令人费解的。正是看到了这一点，许多分析哲学家对之做出了批判性的反思。例如赖尔在《心的概念》一书中就是如此。他一针见血地指出：常见的心物二分包含着"范畴错误"。在分析心理概念和陈述时，赖尔强调的是类似句法分析的逻辑分析，即不考虑陈述的经验内容，不考察陈述与实在的关系，而只分析句子本身的逻辑句法，其目的是确定心理概念的逻辑地理学，亦即使用这些概念的命题的逻辑。一个概念的逻辑类型就是逻辑上合理应用它的一套方法。如果弄错了类型，把类当作自身所属的成员，或把适用于一类的范畴错误地用在另一类上，那么就犯了所谓的"范畴错误"。所谓的"范畴错误"，就是把属于一种范畴的事实用适合描述属于另一范畴的事实的说法表达出来，或者说就是把"概念放进本来不包括它们的逻辑类型中去"。例如，一个小孩观看一个师参加的阅兵式，等到别人告诉他已看过了各个营之后，他就问什么时候能看到师。这里的范畴错误就是把"师""营"这两个概念放进了本来不应包括它们的范畴类型中去了，即它们不是属于并列关系的一类范畴，而是属于包含关系。放在一起并列起来，就是范畴错误的一种表现。把心与物并列起来也是一个范畴错误。

我们知道，佛教心灵哲学有两大部分：一是破邪法或摧邪法，二是立正法。前者在某种意义上更重要、更根本，因此佛教"以破、立为宗……摧凡、小之异执"，凡即凡夫及其观点，小即小乘。[1]为何要破？道理很简单，不破不立。"欲显正宗，先除邪执。"[2]执我（心）、法（物）实有，承认它们是并列的、独立的存在，这种心物二分图式正是佛教所要破除的邪法中的一个内容。佛教破除所用的方法既有接近于现当代心灵哲学的地方，也有其独立不共的内容。

佛教在这里的思想是极其复杂和深奥的。原因在于：佛教在这里仍贯彻了它的"不定说"或"差别说"。众所周知，佛教有二谛（真与俗），而二谛中又有不同的层次，即有"四重二谛"。从世俗谛上说，佛教承认心有本体论地位，至少有"假有""妙有"的一面，有时还将它与身、物（色）并列使用（但这不等于它赞成二元论，详见后文）。从胜义谛说，佛教对这些问题的看法又根本不同。而胜义谛又有两大类：一类是可言说或依言的胜义谛，另一类是不可言说或离言的胜义谛。先看后者。

从离言的胜义谛来说，佛教的基本观点是，一切离言绝相，不可得、不可说，整个世界绝对平等，一如一体，不可说一元，同样也不可说二元、三元、多元。说之即乖。心也是如此，"心者，非真妄、有无之所辨，岂文言句义之能述乎？"[3]若有言说，都是权说、方便说、游戏说。"千途异说"，都是"随顺机宜"。一旦听者悟得所说之实，所有言说都应像人由船筏渡过河之后，不能再把船筏带在身上一样。[4]所谓的真谛也是如此，二分、三分等更是如此。从究竟理地上说，佛

---

[1]《宗镜录》。
[2]《宗镜录》。
[3]《永明智觉禅师唯心诀》。
[4]《永明智觉禅师唯心诀》。

第六章 二分图式的遮蔽与超越：人的概念图式比较研究

教一谛也不立，哪有立二谛、三谛。同理，一元不立，更如何立二元、多元。如果说世界上有本原性存在，那么根据佛教的观点，也不可能是二元论所说的两个本原，而只能是一个本原，即要么是识，要么是心。正是由于强调这一点，所以佛教要么可归结为唯识论，要么可归结为唯心论。而这都是对立于心物二元图式的。

从表面上看，佛教陷入了二元论，西方许多学者都是如此解读的，其主要根据是，他们看到佛教不仅承认四大和合的物质的存在，更强调识或心的根本性，例如，唯识宗说唯识无境，多数宗派都主张三界无别法，唯是一心造。笔者认为，佛教强调色法的妙有，或强调唯识或唯心，并不像常见的唯心论、唯物论那样，要么把心识，要么把物质看作绝对真实的存在。佛教强调唯识无境，不是最终目的或结论，而是为着论证空有不二或毕竟空的中道义，毋宁说，强调唯识是论证整个世界毕竟空无的一种方式。不仅妄识、乱识是空，而且作为乱识之体的真心也是不可得的，也是空的。既然如此，哪有什么二分、三分？窥基通过对"成唯识"几个字的解释说明了这一点。所谓"成"有这样的意思："成乃能成之称，以成立为功，唯识所成之名。""识谓能了，诠五法故。"①"唯"有多义，如除了"识诠五有，唯简二空"之外，"唯"还有简持义、决定义等。②

在依言的胜义谛上，佛教也可以说是唯心论，当然是"异类"的，这表现在：佛教所说的"唯""心"都有特殊的意义。"唯"是暂时的、权宜的、有条件的唯，当某种论证目的达到时，就不会再唯这个唯。"心"就更特殊了，如前所述，它非有无之能辩，而且它的意义是不定的。如果说心有深浅、净染之别，那么佛教当然更重视深心、净心。吕澂先生说："全体佛学均建立在心性本净一义上。"全体佛法无不以如来藏为"心要"。"如来藏者心也，是心何心耶？即众生平常之心，非于此外有一特殊心也。"③真心不是心之外的心，而就是众生心本身。一旦如实证得了真心，此真心即无心。

佛教在建构关于存在或有的范畴体系时，有时尽管也有二分法的思想，但不是心物二分。其最常见的一种分类是根据法或存在着的事物是否有造作、有作为、有变动，把法分为有为法和无为法。有为法中可分为三（不是二），即心法（包

---

① 《成唯识论掌中枢要》。
② 《成唯识论掌中枢要》。
③ 吕澂：《吕澂佛学论著选（第1册）》，齐鲁书社1991年版，第257页。

括心王、心所)、色法(物质)、非色非心的不相应行法。"此之三种,同名有为。"①无为法主要是指虚空、真如、择灭无为、非择灭无为等法。另一种相近的分类法是根据法是否有染污,是否清净,把法分为有漏法和无漏法。其他的二分法还有很多,它们比心物二分好,因为它们都是周延的,因此合乎逻辑。首先,色法与非色法的二分,这种分类"能摄一切法",可帮人全面了解诸法。若分心物,或把法分为心法、色法,则会遗漏无为法。其次,可见法与不可见法的二分。最后,有对法与无对法的二分,等等。

对一切存在最全面、最细致的分类是"五位百法"。根据这一分类,世界万物可分为一百小类、五大类。这种分类的根据是"同分"基础上的"别分"。所谓同分,即指一类事物中所包含的共同的成分(性质、构成因素、相状等)。同分有两种:第一,无差别、等同的同一性。第二,有差别同分,例如诸有情在界、地、趣、生、种姓、男女、学、无学等方面各不相同,但里面又有同一性,此即"各别同分"②。"别分"是指诸法在相、性、生起、住、灭等方面的特殊性。根据一切法的相、生、住、灭等大的方面的不同,可把它们分为五大类,即色、心、心所、心不相应行、无为。佛教关于世界的分类还有很多,恕不一一罗列。

佛教的超二元模式的最重的表现是强调欲界有情众生中有本体论地位的存在者不止心、身两方面,还有很多。例如,就身以外的无形存在者来说,至少还有心、神、寿。"无形者,识也、神也、寿也,此三句义常存不变,在空为空,在形为形,在有为有,在相为相,在无相为无相。无形之识,空性自然,斯乃名曰无形自然。"③识、神、寿三者是自然的存在样式,其特点之一是本身无形;其特点之二是依赖于有关的条件,此条件既可以是有形、有相、有为的东西,也可以是无形、无相、无为的东西。《成唯识论》也认为,有生命众生的必要条件是心、命、寿,或寿、暖、识。其中的暖、寿、命很难说是纯物理的现象。《中阿含经》云:"意者依寿,依寿住。"《佛般泥洹经》卷上云:"命随心,寿随命,三者相随。"《成唯识论》云:"寿暖识三,更互依持,得相续住。"如果对人做心物二分,将会把它们排斥在外。正是据此,佛教反对对人或世界做心物二分。

---

① 《大乘义章》。
② 《阿毗达磨俱舍论》。
③ 《菩萨璎珞本业经》。

传统心物二分图式的最大问题是，其区分标准用新的观点看，是有严重问题的。例如，一般是根据是否占有空间，是否有广延性或形体性而把世界上的事物区分为心物两类的，但问题是世界上存在着不具有形体性的物质或色法。本章第三节我们在讨论佛教对心的本质的看法时会涉及这一点，因此留待下文一并予以考释。

二、佛教的心身关系论

相对于其他一切形态的心身关系论而言，佛教的心身关系论是独立、不共的。首先，心身关系并不是有情众生或生命体身上普遍具有的关系，例如，无色界众生和人类中修行达到相当境界的人就没有一般人所具有的那种有形有显的质碍之身。同理，心物二分也不适用于全部世界，因为无色界、出世间、佛国净土就是如此。其次，即使承认一些特殊的存在者有特定意义的身，如意生身、法身（与物质性身体不可同日而语），但由于身、心在凡夫与圣者身上的存在形态不一样，因此佛教所说的心身关系自然有两种，一是圣者的清净的心身关系，二是凡夫身上的染污性心身关系。《无所有菩萨经》云：如理如法地信解、观佛，可"得胜身心、得妙身心、得净身心"[①]。这说明心身关系不止世间心灵哲学所说的那一种。当然我们这里只讨论凡夫的心身关系，因为圣者的心身关系在本章第一节已有述及。这种关系较简单，即清净身与清净心的关系。说有清净身和清净心只是方便言说，它们实际上是一体的，如佛的法身就是真心。

值得注意的是，佛教讨论的作为有为法的心身及其关系，与世间心灵哲学关注的有根本的不同。首先，这种不同表现在，佛教的讨论是建立在对心身二元图式的解构与超越之上的，也就是说，这种讨论不以心身二分为前提。其次，佛教不同于一般世间哲学的地方还在于：佛教并不认为心身可概括人身上的一切，即不承认这种划分是周延的、合乎逻辑的。佛教之所以予以讨论，主要是随顺世情，而随顺的目的最终是破世人的虚妄执着。最后，佛教涉及的心身关系不是凡夫身上的关系的全部，而只是从同时存在的多种因素中抽出的两个因素的关系。如此单独予以分析，而不及其余，是必要和合理的。总之，佛教有特殊的心身关系学

[①]《无所有菩萨经》。

说，它不具有二元论的意趣。

佛教关于心身关系的理论有随顺世情和超越二分的特点。一方面，它从权巧方便的角度，随顺世情，承认心身或物心二分，如经常说"色（物质）心""名（心）色"；另一方面，在论述五阴时，强调五阴由心身二分"开出"，即色受想行识五阴是对色心二分中的心的进一步区分的产物，如将心进一步分解便有后四阴。应注意的是，佛教在这里即使承认心身二分，也与二元论的二分根本不同，因为佛教乃至东方的许多哲学和宗教体系说有二分是建立在关于人体的多分的基础上的，且一般不承认心身之间有逻辑上的对立关系，更不认为它们各源于自己的独立本原。因此它们从根本上超越和突破了世间和外道的心身二分法。当然，佛教在这方面又有其不共的地方。其表现是多方面的。第一，佛教关于人和世界的全面的分类主要体现在五位百法、两重世界（佛国净土、三界）区分等范畴体系之中。第二，佛教认为，世界是多，在有些世界，并不存在心物或心身二分的事实根据，例如，在无色界和佛国净土就只有纯精神，即使有身，也只是意生身，因此没有出现通常所说的心身关系。第三，佛教的真心与妄心理论表明：如果要追溯本原，只能找到一个，而不会找到二元论所说的两个，要么是真心，要么是妄心，"唯识无境"说的就是这个道理。第四，佛教的丰富而发达的现象学理论也是对立于二元论的。

佛教即使承认心身二分，也并不像二元论那样认为它们是二元并列的关系，而是具有多重复杂的关系。这种复杂性是由人的复杂的构成所决定的。佛教的三相说（或三性或三自性说）、三心说和三身说及其相互关系足以说明这一点。心从时间上说，有过去心、未来心和现在心三种；从共时态角度说有起事心、依根本心和根本心三种。就身来说，圣人有现实的三身，即法身、报身和应身，而一般凡夫潜在地拥有三身，如凡圣共有一法身，只是凡夫没有证得它而已。另外，"一切凡夫为三相"[①]，而这三相不属于心身的任何一方面。此三相是："一者遍计所执相，二者依他起相，三者成就相。"[②]思维分别相即通常所说的遍计所执性。通常认为，它是存在的实相或实性，其实是虚妄的，是分别计度的产物。依

[①] 《金光明最胜王经》。
[②] 《金光明最胜王经》。

第六章　二分图式的遮蔽与超越：人的概念图式比较研究

他起相或性即因缘和合相，每个人表现出来的表面上的实有相，其实是依因依缘故有的，因此是依他的，而无自相或自性。成就相指的是表面的性相后存在着的真实的体性，正是它随缘变现出了表面的性相。但这本性毕竟无。这三相与三身、三心的关系是，人若能解三相、灭三相、净三相，就能灭三心，让三身现实显现，果如此，即为圣贤。如果灭起事心，即得化身，如果灭依根本心，便得应身或化身，如果灭根本心，便至法身。否则，就让自己的心成妄心，即具体表现为前述三心。有三心，即为凡夫。经云："如是诸相不能解故，不能灭故，不能净故，是故不得至于三身。"[①]不达三身就必有三心。

说有色法、心法，是随顺世情而说的，而非真实之论，因为佛教坚持的是"无性"原则。所谓无性即一切色法和心法在本质上是以空无为其体性的。当然，在特定意义上佛教又承认"有性"。"有性者，建立施设假名自性，久远已来，世间计著，一切忆想虚妄根本，所谓是色，是受想行识，眼耳鼻舌身意，地水火风，色声香味触法，乃至涅槃，如是世间假名有自性法，是名为有。"[②]既然是有，它们之间就会发生关系，例如就可讨论心身之间的关系，当然还可讨论其他的关系。

标准的心灵哲学关心的心身关系问题，源于这样的困惑，即心与身在事实上是不同的，这种不同根源于什么？是什么把心与身区别开来？换言之，如果心与身是两种不同的存在，它们各自的本质规定性或标志性特征是什么？两者的区分标准是什么？一种比较流行的看法是，心与身的不同，主要体现在一个无形或无广延，不占有空间；另一个则相反。西方的笛卡儿主义的观点最有代表性，认为心的本质特点是能思而不占有空间，身的本质特点是占有空间而不能思。这种看法符合古典物理学的观点，但不能得到现代物理学的支持，因为量子力学等在研究中发现，世界上有许多东西存在着并有作用，但并不是有形的事物，如能量场等。佛教也有类似的看法。佛教认为，尽管外显的粗重色身是有形有相的，的确有别于无形的心灵，但问题是，色身的形式多种多样，从大的可见的方面说，至少有两种：一种是指有色碍、形质的肉身；另一种是指诸法聚集而成的复合体。

[①]《合部金光明经》。
[②]《菩萨地持经》。

另外，有的色有显无形（如颜色、事物的影子等），有的色有形无显，有的色有形有显，还有的色无显无形（如微尘）。①按《宗镜录》的说法，色的形式有：极略色、极迥色、受所引色、定果色和人们普遍计执的粗重有形之色。既然如此，佛教就不可能把是否有形看作是区分心身的标准，而只会根据对色的本质和形式的分析得出这样的结论：就色身中存在着有形色而言，色身与心有不同的一面，但就色身中存在着无形色而言，心与身之间又存在着同一性，正是因为有这种同一性，心与身之间才有相互派生和相互作用的关系。最近十来年，美国著名心灵哲学家麦金为了说明非物质的心如何可能从物质性的身体中产生这一所谓的"意识的困难问题"或"产生问题"，在借鉴改造大爆炸宇宙学成果的基础上提出：从大爆炸中诞生的物质由于继承了此前的非空间性，因此在具有空间性的同时，也具有非空间性。正是因为有这样的二重性，物质才能派生出意识。这与佛教有关观点的共同之处在于：承认物质中存在着无形性或非空间性。佛教认为，心不同于非心的地方在于：前者具有明见性。对此，我们在第五章有分析，这里从略。

在心身两者的关系问题上，佛教尽管承认心身是两种不同的存在，一个主要表现为有形，另一个则是无形的，但认为它们之间有依赖关系。"身"一词本身表明了这一点，因为它有基础、依托的意思。经云："心以依之，故曰为身。"②佛教还认为，心直接所依的物，或专门负责心理运行的物被称作"有"。"有"即意界和意识界依止的"特相"。这特相保持了意界和意识界的"味"，其作用是让意识等心理现起。就定位而言，它在心脏中，依止血液而存。就构成来说，由四大种的保持等的作用所资助，由时节及心和食所支持，由寿所守护，恰好为意界、意识界及与它们相应的诸法的所依处。③另外，心有执持诸色法的作用。例如，外物和人自己的色身之所以存在于自己的认识面前，之所以是有，这离不开心的作用。论云："诸色法为心、心所之所执持。"④前者是后者的对象，没有后者的执持就没有前者。它们还有"同安危"或同起同灭、同增同损的关系。"同安危者，由心、心所任持力故，其色不断、不坏、不烂，即由如是所执受色，或

---

① 《阿毗达磨识身足论》。
② 《持人菩萨经》。
③ 《清净道论》。
④ 《瑜伽师地论》。

第六章 二分图式的遮蔽与超越：人的概念图式比较研究

时衰损，或时摄益，其心、心所亦随损益。"①

由上可知，心与身的依赖关系是有条件的。在欲界、色界，心有对身的依赖性，在无色界和佛国净土，心可以不依于身，例如圣者的意生身或变易身就是纯由意识所成就的身，完全没有形体性、质碍性。即使是妄心，也有这样的情况，即有些识依于身，有些不这样，如有色界中，心依身转，而无色界的心与身无关。

佛教当然还承认：在有心身的有情众生身上，心身可以协调一致。例如佛教认为，它们首先是大小一致的。"身形广大者"，如色究竟天，"心亦广大"，"身形狭小者，如蚊蚁"，"心亦狭小"。其次是速度是一致的，如马鹿猫猩等，行动捷速，心生灭也快，蚯蚓等行动迟缓，其心生灭亦迟缓。最后是行住坐卧的样式与心也一致。有的生命的威仪轻躁，变化极快，其心性的表现是：觉慧漂转如波上日，有的则敦重，犹如山岳，其觉慧的特点是沉静，如密室灯。②

佛教也承认心身之间的相互作用，例如认为身体有病、不舒服，会"恼乱其心"，使其"不得专一"。如果风、气息不调顺，会令身体阻滞，进而"妨于修禅，得大苦恼，心意散乱，识不安隐，不能观法。以身苦故，不能念法"③。根据佛教的一般因果学说，也可推出这个结论。心为一切法之因缘，当然是身体这种法的因缘，但另外，心又离不开身体的作用。例如，眼识等六识就依于六根，同时，心会随着身体内诸法的增长而增长。"一切内法增长，心亦增长。"④

心灵如何发挥对身体的作用？它既然无形无相，无材料，无物质能量的储存，它怎么可能成为有作用的主体？这是所有承认心灵是无形之物的理论都共同的、难以回答的问题。佛教对此有自己的看法。从事相上说，心对身的确有反作用，如让其动作、造业。但佛教认为，由于心身都是因缘和合之法，内面没有我、没有作者，没有像小人一样的我，既然如此，心如何能驱使身，使其有作为呢？佛教对此问题以及常见的哲学难题做了巧妙的回答，颇值得我们思考。佛教的解答是：由于心不是单一体，而是和合体，既然是和合体，因此里面只要有一个因素运动变化，此和合体就会动起来。而只要如此，它就能产生作用。论云："自有

---

① 《瑜伽师地论》。
② 《阿毗达磨大毗婆沙论》。
③ 《正法念处经》。
④ 《正法念处经》。

动，方能动他。"①可见，心理的作用根源是它自身的动。有动就有作用，进而通过风，就可产生对身体以及外部世界的作用，如让身体有作为。论云："心及心法唯能生风，风与身合，方能造业。"②概言之，心身相互作用的机理及过程是：心有动，进而有风，这些是引起身体运动的根源。这当然是顺世谛而说。"风界势力能生动作，谓由风界诸行流转，于异处生相续不绝，依世俗理，说名动作。"③但若依此推理，说其后有作者，则行不通。

佛教心身关系理论的特点还在于：分析心身关系的目的是，让人们看清它们的体空的本质，进而不迷念、攀缘它们，直至厌离断除它们，例如，看清眼的空的本质，就不会再去追逐身色。"眼以空者，不知求色"，耳鼻舌身等亦复如是，心意识也是如此。因此停歇下来，住无所住，即道，当下得大自在。④质言之，讨论、研究色心就是为了抛弃色心。之所以要抛弃，是因为色心影幻，色心犹如火宅，让人受苦无尽。诸识的根也是众苦的一个根源，例如它们与烦恼、不解脱有关，换言之，有根就不能得涅槃，诸根（除三根之外）断方名涅槃。⑤

三、其他宗派的心身关系论举要

印度佛教外的其他宗派在人、世界的划分问题上的看法不完全一致，例如，既有坚持二元论的，也有其反面。对此，学界的看法没有太大的争论，但对占主导地位的倾向是什么，则各执一词。印度比较学者罗摩克里希纳·劳认为，古印度哲学由于与西方文化有共同的渊源，因此与西方哲学的共同性较多，如重视语言问题，长于语言分析，关注心灵内容（如注重分析命题态度），重视心灵的认知功能，重视因明（逻辑）。在关于人和世界的总的看法上，它也与西方大体相同，即占主导地位的倾向是心物二分。⑥笔者不赞成这一看法，认为有的宗派尽管坚持的是比较严格的二元论，但印度思想的主要倾向是超二分图式。

印度的超二分图式的表现是多方面的。首先，它有关于世界的统一性的认识，

---

① 《大乘广百论释论》。
② 《大乘广百论释论》。
③ 《大乘广百论释论》。
④ 《大净法门经》。
⑤ 《法苑珠林》。
⑥ Rao K R. *Consciousness Studies: Cross-Cultural Perspectives*. Jefferson: McFarland, 2002:194.

第六章 二分图式的遮蔽与超越：人的概念图式比较研究

例如除佛教等少数派别之外，一般都承认梵的统摄性、基础性的地位，认为包括人在内的一切都渊源于、派生于它。如果说印度思想也重视对整个世界做出区分的话，那么它不同于西方。如钱穆先生所说，西方是先将人和世界劈成两半，然后再来求统一。印度则不同，先至少是相信或预设世界统一于梵，然后为了进一步整体把握，再来对之做出区分。而且所做的划分不一定是二分。作为后来印度思想之渊源的《奥义书》有这样一个核心概念，即"我"（atman），一般音译为阿特曼。这也是后来各派讨论和争执的一个话题。它有两种指称：一是指人我，即在每个人的肢体、生命中作为主宰和中心起作用的东西，也可称作"小我"。另一所指是梵，即宇宙大我。它是世界万物的主宰。《奥义书》说："梵是所有这一切，出生、解体和呼吸都出自它。""由思想构成，以气息为身体，以光为形貌，以真理为意念，以空为自我，包含一切行动，一切愿望，一切香，一切味，涵盖这一切，不说话，不旁骛。"在小我大我关系问题上，《奥义书》一般持梵我同一或梵我一如的观点，认为两者在本质上同一，梵是一切小我的本质。当然，由于小我之无明，小我便与大我相分离。一旦消除无明，两者便又能同一。当然，对于人我，不同派别有不同的看法，大致两大倾向：一是佛教外的胜论、数论等，它们坚持自《奥义书》以来的传统看法，认为人的中心即自我，它常住、整一，有主宰力量。这个我与作为宇宙灵魂的梵天有相即的关系，有同一本质。二是佛教的观点，它不承认有这样的我。

其次，印度思想一般不承认一个统一的心理世界，这也区别于西方。例如西方一般承认心理世界的统一性，占主导地位的二元论认为这是因为其内有统一精神实体或常一不变、能作主宰的自我。最明显的是，认为心灵和意识在本质上没有区别，意识充其量是心灵的一个方面或特点。而印度的许多宗派都不承认这种统一性，最明显的是把心与意识区别开来了，认为存在着没有意向性的纯意识。不仅如此，其还很重视研究到达纯意识的方法、途径。因为这种境界是解脱的境界。其之所以把意识看作超越于心灵和物理性事物的东西，原因在于：其把意识看作是有精神性根源的自主的原则，把意识当作是自在的、有独立能力的实在，意识不仅有认识世界的能力，而且有改变世界的作用。就意识与物理事物的关系来说，西方有自然主义倾向的哲学家往往强调，意识离不开中枢过程，而印度文化基于对禅定等过程中出现的特异心灵现象的认识，一般认为，意识可以独立于大脑，反对根据物理学、生理学说明意识。当代研究禅定的西方学者也看到了禅定经验中包含纯意识的客观事实，如说：在这里，心灵抛弃了分别和攀缘，据说烦恼的根源被铲除了。在这里，意识不再有对心理或物理干扰的意识，而仅仅只意识到意识自身，"大量研究已形成了一致的结论，它支持这样的假说，即禅定真的导致意识状态的改变"。[1]

印度的超二分图式主要体现在它的发达的本体论范畴体系之上，而后者又体现在它的发达的句义论探讨中。所谓"句"即语句、言词，"义"即语词之所指。因此对句义的探讨既是对范畴所指对象的探讨，即对存在种类和形式的分类，又是对范畴与所指关系的探讨，因此是对世界做整体把握的尝试。这与亚里士多德强调语词形式或范畴与存在的种类一样多的思想有异曲同工之妙。印度不同于西方的地方在于：在这里，不是某一本体论范畴体系长期定于一尊，而是百花齐放、百家争鸣。例如有的宗派力主四句义，有的主张六句义，有的主张七句义乃至十句义。尽管有二句义或二分，但一方面，它不是唯一的，更谈不上是像西方那样占统治地位的；另一方面，这里的二分不一定是心物或心身二分。

以十句义为例，它是作为六大正统派哲学之一的胜论派的定型的范畴理论。它认为，表示实在的语词或范畴共有十大类：①实，它又有地、水、风、火、我等9个子类，汤用彤先生解释说，"实者仅为诸法本体，其所显现则为德业。德谓属性，业犹动作"[2]，诸实的存在等级是不一样的，这与亚里士多德强调存在的程度有基本和偶然或第一性和第二性之别是一致的；②德，有24种；③业，有5种——取、舍、屈、申、行；④同，指的是有性、存在性和普遍性，"与一切实德业句义和合，一切根所取，于实德业有诠智因"[3]；⑤异，指的是特殊性；⑥和合，即内属；⑦有能，即可能；⑧无能；⑨俱分，即亦同亦异；⑩无说，即非存在，它有很多形式，如未生无、已灭无、更互无、毕竟无、不会无五种。可见，在对世界、人的整体把握与划分或本体论的范畴化过程中，古印度像古希腊一样也有建立范畴体系或建构今日所说的形式本体论的尝试。这一工作从逻辑上

---

[1] Fontana D. "Meditation". In Velmans M, Schneider S (Eds.). *The Blackwell Companion to Consciousness*. Oxford:Blackwell, 2007.
[2] 汤用彤：《印度哲学史略》，上海古籍出版社2006年版，第104页。
[3] 姚卫群编译：《古印度六派哲学经典》，商务印书馆2003年版，第361页。

第六章 二分图式的遮蔽与超越：人的概念图式比较研究

来说，就是专门探讨存在量词，对所有一切能表述世界的谓词做出分类，由此切入对世界上存在或不存在什么这一问题的回答。

古印度除了从句义的角度切入本体论范畴体系建构之外，更常见的一种形式是围绕着"法"这一核心范畴而展开的。"法"的原文为dharma，词根义为"维持""护持""轨持"。"法"在因明学中，有谓词、宾词之意。这与古希腊哲学所说的"存在"或"是"是基本一致的。作为名词的"法"就是最广泛的本体论范畴，"有"与"无"、存在与不存在可尽摄其中。其共同思想有：第一，古印度发明和阐释的"法"不仅表明古印度有对整个世界做最全面、最广泛把握的努力和尝试，而且取得了西方所不及的成功，如其大一统的"大"是西方所望尘莫及的，因为它至少包含了不比存在范围小的非存在。第二，在这样的统一体之下，一般不对之做心物的划分，因为如此划分会遗漏太多。总之，提出并探讨"法"这一能涵摄一切（包括"有"与"无"）的最广泛的范畴，可看作是印度哲学本体论范畴体系建构和整体划分的一大特点。它为印度的超二分图式之建立和发展奠定了牢固基础。

这里可简要考释一下吠檀多派的有关思想。它是印度古往今来诸流派中居主导地位的学派，也是婆罗门教正统派哲学的主要代表。该派内又有许多派别，其中一派是不二论吠檀多派，又被称作"幻论"。这里的不二，意即无二，主张世界是绝对一元的，因此其也被称为不二论。这显然是最为典型的超二分图式或对二元论的最为明确的超越。如果该派思想真的是印度思想的主流，那么超二分图式则是印度在世界和人的整体把握与划分上的主流思想。它认为，梵与作为纯意识的自我是同一的，而物质世界是不真实的，是无知或幻觉的产物。天帝只有从经验的观点看，才是真实的。还有许多派别，有的反对不二论，而主张多元存在，如认为天帝也是存在的，这样便导致了有神论。适任不二论继承了不二论的基本思想，但又试图为个体灵魂和外在物质找到存在地位，如认为天帝是最高存在，而个体灵魂和各种形式的物质则是天帝的身体。不管哪种形式，都有超二分图式而主张多元论的特点。

对不二论吠檀多派而言，如果说有阿特曼或自我的话，它指的不是具有个别意识的自我，不是一个东西，不是作为常一不变实在的阿特曼，不是作为所有者、支撑者的我，而就是意识本身，它所做的事情是，把自己当作是个别的。换言之，自我就是觉知，或其内在本质是觉知。而觉知即非二元的明了（seeing），即恒常的明、看，即清清楚楚、永不间断的明见、明证（witnessing）。这种明不是某个主体的行动。这就是说，该派不否认人有真我，但认为它不是超经验的东西，而就是经验或意识本身。根据商羯罗所支持的不二论吠檀多派的观点，自我就是经验的对象……即关于某物的经验，它不只在经验中作为某物显现，而且它要么存在于经验的里面，要么在它之上。根据这种观点，经验不是对主体发生的，而是作为主体而出现的。该派还对经验和心灵做了区分，如认为，经验就是意识，而它不同于心灵，因为意识是自我的本质，心灵指的是变化着的心理状态。可见，这里的经验或意识有特定的含义，指的是心理现象中恒常的东西，而非刹那生灭的经验。确切地说，意识就是持续的东西，正是在这里，川流不息的经验得以表现自身。就认知作用而言，意识是经验的自明性，或经验的经验、照亮。经验有两种：一是经验本身，二是意识或自我。在这里，不二论吠檀多派有近于佛教的地方，如认为经验有自照、自明的本性。当然这种自明性不是个别心理状态的特点，而是意识本身的特点。意识像光一样，是所有事物有可见性的条件，因而为了显现出来，不需要别的光来照亮，也不需要二阶觉照，不需要做主客体二分。它有知识之光作为它的本质。它的知识不依赖于任何别的东西。因此它总是为我所知的。就像太阳在照明时不需要别的光一样。作为明证性、自明性意识的自我就是这样的光。这自我就是阿特曼，而阿特曼在本质上既不是可知的，也不是不可知的。既然光在本质上是无法区分的，那么正像太阳中没有白天和黑夜一样，因此阿特曼中也不能做出可知和不可知的区分。即使光是一种照明的东西，它也不会照自己。既然它本身没法做出能照和所照的区别，那么阿特曼绝不会作为二阶存在看向自己。很显然，这种自我论表达了这样的心灵观，即心灵中没有主宰，没有执行者，没有起支撑作用的东西，也不能做主客划分、阶次划分。因为经验、意识就像光一样，光可照亮他物，在这个层面上，光有能照和被照的不同。但在光内部，则不能做这样的划分，它是通体透明的。一有光明，它全体就都是明亮的，内部没有能照和所照。质言之，当一个人不再去在世界上寻找自己时，他才算是真实地认识了自己。

当然，应承认弥曼差派特别是前弥曼差派的哲学带有明显的二元论色彩，但不一定是心物二分。普拉帕格拉认为，灵魂或我具有如下性质：①是行为者和感受者；②是某种完全不同于自身感官和意识的东西；③在一切认识中显现出来；④是常住的；⑤是无所不在的；⑥有许多个，当然在一个身体中只有一个。枯马立拉说："这个我是某种不同于身体、感官和意识的东西，它是常住的、不灭的，是行动的真实作者。"[①]弥曼差派的作为本体论范畴体系的句义说尽管承认二分，但不是心物二分，而是肯定与否定的二分，其实质是超二分的多元论思想。它认为，事物要么表现为存在的或有的方面，或在认识中被肯定的东西；要么表现为无或非存在，或在认识中被否定的东西。[②]枯马立拉说：所有的句义可分为两个方面：有或肯定（的方面），无或否定（的方面）。后者有四种：未无生、已灭无、毕竟无和更互无。肯定的句义亦有四种，即实、德、业、同。实有十一种：地、水、火、风、空、时、方、我、意、黑暗以及声。[③]与句义说密切联系在一起的是它的"声常住论"。它认为，个别事物是可以消亡的，甚至变为空无，但许多人视之为非存在的言语、概念以及作为它们载体的声音却可以独立存在，甚至绝对、永恒地存在。换言之，语言、声音、概念表示的东西可以不存在，但声音一定是存在的、常住的。

数论派是古印度明确主张二元论的派别。其二元论根源于它的因果学说。根据它的因果学说，一方面，原因和结果无论是从质还是从量上来说，都不是同一个东西，即是有区别的；另一方面，它们之间又有同一性，其表现是，结果在产生之前就存在于原因之中，当然是以潜在形式存在的。以这一因果学说为基础，它引申出了一种别具一格的、以物质的原质或物质性与精神性自我或人的对立为特征的二元论，认为世界及其万物都可被看作结果，而作为结果一定有其类别上相同的原因，原因后一定有根本的原因。这根本原因只有两个：一个是自性，即处在潜在、未显状态的原初物质状态或原质。原质是普遍的物质基质，自我之外的一切现象都从它突现出来，并由之进化。另一个根本原因是"神我"。它不同于自性的地方在于：它不是物质的，而是精神的，是有意识的或能觉知的。自我也可理解为有意识的在场，正是这种在场见证了自然的转化，当然，自我并不参与其中。即使自我可见证从多样世界的种种变化而来的各种经验，但它本身是被

---

① 姚卫群编译：《古印度六派哲学经典》，商务印书馆2003年版，第416-417页。
② 参阅姚卫群编译：《古印度六派哲学经典》，商务印书馆2003年版，第432页。
③ 参阅姚卫群编译：《古印度六派哲学经典》，商务印书馆2003年版，第424-425页。

动的，即它本身不变化，没有创造和转变作用。其作用在于：自性在转变为万物时离不开神我的"观照"。只有在它的观照之下，转变才会发生。很显然，这是一种接近于西方笛卡儿式的标准的、严格的二元论，因为它不仅承认世界有两种本体论存在，而且认为有两种本原。但同时应看到的是，数论派对整个世界尽管坚持了二元论，但对人的划分并没有完全贯彻这种二分，例如它认为，人除了有身体和自我之外，还有心灵。自我尽管为心灵所包含，但两者又是不同的。例如，当心理活动发生时，自我是纯粹的到场，或纯粹的明证性。这种纯粹的明证性，由于没有受物质世界的多样性的污染，因此对心理活动的出现是不够的，因为心理活动具有表征性或语义性，它需要的不止是被动的反映。心理活动是对对象的把握，这种活动离不开对对象的能动的介入，离不开概念和观念的形成，而概念、观念的形成是世界的有目的行为所不可缺少的。然而，自我不能说明这样的活动，因为它没有任何变化，因而是被动的。因此要说明我们的认识活动，必须承认智性（buddhi）或理智的存在与作用。它指的是对对象做出区分和经验对象的能力。这种能力提供了前反思的、前主观的基础，被决定的心理状态正是从这个基础产生出来的；它也是所有前基本倾向的源头所在，而正是这些倾向导致了这些经验。从其根源来说，这个理智是从原初物质中突现出来的，因此是能动的，不同于非物质的、被动的自我。自我被认为是一道光，因为它被动地照亮对象，从而使理智对这些对象的分辨成为可能。

尽管笔者认为，印度哲学中占主导地位的是超二分图式，但如上考察数论派时所看到的那样，二元论的存在也是不容否认的，不仅如此，它的二元论还有许多后现代的色彩，例如，它里面不仅有近于西方新二元论的观点，而且有近于西方二元论的新论证。我们知道，西方新二元论的一个重要论证是对心灵的怪人论证。它说的是在可能世界有这样一个人，他在一切物理方面，乃至在微观层面完全同一于我们。如果像物理主义所说的那样，心依赖于物理的东西，那么他也应该有心理现象。然而他偏偏没有。这足以证明：心可能脱离身而存在。这一论证在古印度正理派中表现为死尸论证（dead body argument）。正理派对唯物主义的批判也有近于今日的感受性质论证、第一人称论证、隐私论证的地方，有的还有类似于内格尔（Nagel）的蝙蝠论证的地方。例如正理派认为：意识在类别上不同于身体，因此不能为躯体感知，但意识的状态、经验又是可感知的，因为人有对它们的意识。既然如此,就一定有有意识的实体。经验等是这实体的性质,这显然类似于今日的感受性质论证。

第三节 西方以二分图式为基础的心身关系论

如前所述,二分图式比二元论特别是严格的二元论弱,这特别表现在,它对心物两方面是否有各自的本原保持沉默。从比较角度说,西方在对人、世界做整体把握和划分时坚持的至少是二分图式,赖尔等人甚至认为是二元论。赖尔断言:这一"权威的学说""幽灵"广泛存在于包括哲学家、科学家、教士在内的所有人的心中,是名副其实的"大众心理学""常识心理学"。笔者认为,这一观点尽管失之偏颇,例如取消主义、强类型同一论等就是例外,但也有其合理性。笔者认为,尽管不能说二元论是西方人的普遍的世界观、人身观,但二分图式有较高的普遍性。马尔帕斯(Malpas)说:"存在着这样一种共同的哲学倾向(而且也许是现时代常识思维中变得神圣化了的倾向),即认为信念和别的态度所组成的王国,与由物体和事件所组成的世界是截然不同的。"[①]这种二分法有许多表现形式,如主观与客观、概念图式与经验内容、语言与世界、心与身、内与外、私人的与公共的、知识的与心理的,等等。在哲学中,尽管物理主义在西方占主导地位,表面上超越了严格的二元论,但并没有超越二分图式,有的甚至以自然主义二元论的形式表现出来。在这里,我们拟先考察西方的民间心理学,以说明包括许多科学家、学者在内的一般人心底潜藏的是心物二分图式,接着考察二元论的东山再起,进而探讨其后的深层次心理学、认识论根源,以证明二分图式在西方的地位和作用,最后考察物理主义,以说明它与二分图式、二元论的内在隐秘联系。

一、民间心理学及其二分图式

在笔者看来,二元论尽管疑惑重重,但却成了西方一般人天经地义、心照不宣的世界观,甚至在许多情况下深藏不露,埋伏在包括许多物理主义者在内的有学识的人的心底,还有许多物理主义者自以为是二元论的掘墓人,但其实在本质

[①] Malpas J E. *Donald Davidson and the Mirror of Meaning*. Cambridge: Cambridge University Press, 1992.

上并未真正摆脱二元论，这是因为二元论者像常人一样基本上都有对民间心理学的"恋母"情结，或者说，通过文化基因，不知不觉地借文化遗传乃至生物遗传获得了民间心理学。这种常识的心理观、人学和世界观作为一种常识、直觉或天经地义、不言而喻的范式和概念图式，潜移默化于他们的心底，并不知不觉地显现于他们对人和世界的解释之中，将他们引入二元论的航道，至少让他们坚持关于人和世界的二分图式。有理由说，民间心理学是二元论得以产生和存在的一个极为特殊的心理学根源。其实，这一论断的适用范围远不止于此。心灵哲学和认知科学的最新研究告诉我们：包括科学家在内的大多数人都是天生的民间心理学专家。不论年老年幼，只要他们能对自己和他人的行为做出解释和预言，就表明他们的这方面的知识和能力已由潜在变成现实。而他们据以观察人的民间心理学在本质上是一种二元论的图式，至少是心物二分图式。值得强调的是，根据我们对民间心理学的研究，现今西方学者从人们的解释和预言实践中所挖掘、抽象出的民间心理学并不是全人类的东西，而只是西方人的常识心身观、心物观，因为例如，中国就有中国自己的民间心理学[1]，其他文化可类推。

笔者认为，从西方人的实践和心底里挖掘出的 FP 代表的是西方人对人的心理结构图景、运动学、动力学、原因论的基本看法。它有这样一些原则或貌似天经地义的信条：信念、愿望等心理事件、过程和状态构成了人的内部世界，它们与物理事件、过程和状态一样是一种实在，只是看不见、摸不着，没有形体性。质言之，人和世界都有心和物两部分。心理事件存在于心理空间之中，心理空间与物理空间一样具有深浅等空间特性和先后等时间特性。从其功能作用来看，心灵可以对外界刺激信息和内部观念、思想进行加工，信念、愿望、思想等可以发生相互作用，信念、愿望等心理状态是行动的原因和动力。从认识论上看，正如塞尔所说的，我们对心理的认识是通过一种特殊的内眼来察知我们的意识状态的。我们"向内审视"，也就是把具有"观察"能力的内眼转向内部来观察我们自身的意识状态。[2]

FP 不仅是西方二元论的无意识的心理学根源，而且作为一种文化基因在西方

---

[1] 参阅本丛书《中国心灵哲学论稿》对应章节。
[2] 约翰·塞尔：《心灵、语言和社会》，李步楼译，上海译文出版社 2001 年版，第 69-70 页。

的常识文化心理结构中扎根开花,成为西方人看待自己及与世界关系的固定图式,甚至经过长期的演化,神不知、鬼不觉地内化于哲学、心理学等具体科学之中,经过一定的改铸和理论化后便成了有关科学的内容,成为许多哲学、心理学理论的基础与本体论承诺。就整个西方哲学史而言,即使是那些试图颠覆二元论的唯物主义者,从根本上讲最终也没能摆脱二元论,究其根源,是因为他们的骨子里深藏着 FP 的幽灵。例如,18 世纪法国唯物主义者尽管承认心灵是大脑的一部分,承认思维是物质的属性,但在理解、描述心灵和思维的相状时,仍然是通过拟人、拟物的方式描述心灵的,并承认心灵有内外、深浅等空间的维度,尤其是在说明心的作用时,又把原来同一于物质的心独立了出来,认为它有自己的作用力,能独立自主地对身体、外物发生作用。这与前述的民间心理学并无二致。事实上,这也是大多数唯物主义的"通病"和"痼疾"。更有意思的是,尽管当代英美哲学舞台上的主角是各种形式的物理主义或自然主义,但除少数极端唯物主义者之外,现当代大多数哲学家、心理学家的心底回荡的仍是 FP 的幽灵,他们关于人的理解中仍包含着一种"本体论裂隙"。这也无可厚非,因为哲学家、科学家都是人,都是普通大众的一分子。作为人,他们必然与其他生物一样要从父母那里继承自然的基因,同时也必然会从我们的文化母体中继承各种文化基因,而民间心理学就是人类文化基因的重要组成部分。就心灵哲学而言,除个例之外,大多数理论都自称是唯物主义、物理主义或自然主义,但事实上他们在骨子里并没有完全抛弃 FP,尤其是在说明人的自主性、独特性、能动性、反作用时更是如此。

二、二元论的"中兴"及其内在机理

西方的二元论有隐和显两方面,隐即隐藏于哲学家和常人心中的二元论,显即以理论形态表现出的西方古今的二元论。它的建构和遮蔽早在原始思维中就发生了。由于不知道想象、思维、感觉等同时也是身体或人脑的活动这一"遮蔽",原始人人为地建构出了一个与身并列的世界,走上了将人和世界截然二分的不归之路。现当代西方二元论的建构尽管包含更多的去蔽的成分,但由于民间心理学情结的作用,人们并没有从根本上超越把心作为另一个我的那种原始的观念,如坚持认为，人的躯体处在空间之中，受机械律的约束；从认识论上说，躯体的过程和状态可以由外在观察者来考察；而心却不在空间之中，心的活动也不受机械律的约束。[1]这样一来，人心的活动是不能为他人直接认识的，只能由他自己观察。因此一个人的生活史是双重的，一种生活史的内容是发生在他体内的……另一种生活史的内容则是发生在他心内的……前一种历史是公开的，后一种历史是私下的。前者包括的事件属于物理的世界，后者包括的事件属于心理的世界。[2]不仅如此，从因果关系上说，常识和传统哲学还认为世界上存在着两种因果系列或两类原因、作用：一是物理的原因、作用，二是心理的原因、作用。

19世纪以降，由于有关自然科学迅猛发展，以及分析哲学对有关心理语言的彻底的清理和分析，还可能是由于行为主义以及维特根斯坦等人的逻辑行为主义的影响，加上自然化运动的拓展和深入，二元论的虚假本质日益暴露出来，因而不断受到重创。许多哲学家甚至高兴地认为，大多数心理语言的所指基本上被弄清楚了，它们不过是描述大脑细胞行为的另一种方式而已。像埃德尔曼这样的脑科学家则信心十足地宣称，人脑内根本就不存在传统哲学和常识心理学所说的那种作为主宰、中心、似"小人"一样的心，因为内面所存在的不过是神经元及其连接模式，充其量有所谓的、由物理子系统组成的"动态核心"。[3]在大量颠覆性论证的重磅攻击之下，20世纪60年代之前的200多年间，二元论在与唯物主义的抗衡中，的确呈衰落之势，尤其是在20世纪的前几十年中，公开倡导二元论的有较大影响的人，除了波普尔和艾克尔斯等之外，的确难找。然而，富有喜剧意味的是，随着感受性质的发现及其在心灵哲学中作为争论焦点之形成，随着对意向性和别的心理现象的研究的深入，特别是随着唯物主义、自然主义的局限性、片面性不断被揭露，二元论不仅似死灰复燃，而且大有卷土重来之势。仅就心灵哲学而言，二元论无论是从形式上说还是从内容上说都堪称今非昔比。以前的2000多年的二元论在内容上几乎没有大的变化，变化的是论证的形式。而新二元论则不同，它们的内容越来越丰富、复杂和深刻，不仅有极强的思辨色彩，而且深深打上了现当代科学和逻辑学大发展、大变革的印记，因而带有较强的"科

---

[1] 吉尔伯特·赖尔：《心的概念》，刘建荣译，上海译文出版社1988年版，第5-6页。
[2] 吉尔伯特·赖尔：《心的概念》，刘建荣译，上海译文出版社1988年版，第6页。
[3] 埃德尔曼、托诺尼：《意识的宇宙》，顾凡及译，上海科学技术出版社2004年版，第二、第四部分。

学性"和逻辑性。尤为突出的是，每种二元论在内容上都打上了时代的创新烙印。就二元论的理论形态而言，除了原有的形式之外，还出现了许多新的形式。对它的多种多样的分类就足以证明这一点。例如，鲁滨孙把它分为捆绑式和实体性二元论两种形式，还有人根据激进程度把它分为强、中、弱、混合型等不同的形式。强二元论坚持心身不仅有独立的本体论地位，而且各有自己的本原，因此心身是"二元"（"二原"或"二源"）。弱二元论一般只承认强二元论的第一个原则，同时又主张心来自物，并依赖于、决定于物。而介于强弱之间的二元论常常在两者之间保持必要的张力。混合型的二元论则在二元论与唯物主义之间摇摆，表现出让两者相互靠拢、借鉴、融合的倾向。还有一种分类根据被二分的对象，将二元论分为实体二元论、属性二元论、认识或概念或解释二元论与谓词二元论。这种分类最为常见。也有人按对笛卡儿主义的态度，将二元论分为笛卡儿主义式的二元论和非笛卡儿主义式的二元论。笔者则按二元论到达自己结论的途径或方式，将它分为如下类别：笛卡儿式二元论、非笛卡儿式二元论、神秘主义的二元论、泛心论的二元论、感受性质的二元论、意向性的二元论、神经科学的二元论、量子力学的二元论、突现论的二元论、自然主义的二元论等。①

新二元论最大的变化、最醒目的特征是"论证的创新"，即要么重构、拓展传统的论证，要么提出新的论证。概括说，最引人注目的论证有以下几种。第一，本体论论证：①如果世界上真的不存在无形体或无广延的东西，那么二元论主张无形体心灵之存在是没有本体论上的根据和道理的；②如果世界上真的存在着无形体的东西，那么二元论就有可能是正确的，唯物主义根据原有的关于有形存在的本体论对二元论的反驳就不能成立；③量子力学等科学已证明，世界上存在着无形体的东西，如波函数、概率场、光等；④因此二元论有可能是正确的，唯物主义的驳难不能成立。第二，基于思想实验的论证，如"知识论证""蝙蝠论证"和查尔莫斯的"怪人论证"等。第三，经验鸿沟论证（the experience gap argument）或认识论论证。第四，基于心理现象特殊性的论证。第五，语义学论证或基于索引性语词的论证。"这里"、"那里"和"我"都属索引性语词，其意义复杂而具有统一性，因而具有不可还原性。例如，"我"如果能还原为

---

① 高新民：《心灵与身体——心灵哲学中的新二元论探微》，商务印书馆2012年版，第44-45页。

其所指中的某一个东西，如身体或身体的某一部分，那么就有理由说，"我"指的就是肉体或肉体的一部分，但问题是没有这样的还原的可能性，"我"指的东西包括肉体，而同时又比它多得多。另外，肉体中的东西并非都是"我"一词的所指，如其中川流不息的变化就是如此。第六，模态论证。如此等等。

西方新二元论的一个重大变化是，放宽二元论标准，或为它松绑，让它包含更多的理论，甚至有意靠拢物理主义、自然主义，以至二元论与物理主义的界限变得模糊不清。这特别表现在属性二元论、谓词二元论和自然主义二元论等之中。它们的共同特点是，不再把存在心物两个独立本原作为二元论的必要条件，认为承认两个本原只是柏拉图和笛卡儿式的实体二元论或严格的二元论的标志，进而强调只要承认心与身各有自己的本体论地位和本质属性，即为二元论。这样一来，许多物理主义形态也被包括进了二元论阵营。

属性二元论只承认一个实体，即物质或物理的基础，但认为其中的部分物质实体，如人的身体，可同时表现出心理和物理属性，它们的本原相同，但本质和本体论地位不同。

谓词二元论认为，有两种谓词，即物理学谓词和心理学谓词。它们有不同的意义和指称，因此是二的。这只是一种语言二元论，没有本体论承诺。当然有的人认为，由它可引申出本体论上的二元论结论，如鲁滨孙就是如此。他吸收谓词二元论的"成果"，超越它的本体论承诺的中立性，而过渡到了实体二元论结论之上。他认为，对两种谓词的指称和意义的探讨，不能到此为止，而应进一步探讨：如果它们的意义和指称有不同，那么就应寻找这种不同的实在论上的原因。在他看来，意义的不同基于实在上的不同。这之所以对物理主义构成了威胁，是因为特殊科学的这种不可还原性一般有这样的意义，即心灵不是那些科学所处理的物理王国的组成部分。[①]他对谓词二元论深掘所得出的结论是：物理主义必须正视这样的事实，仅有物理学语言或谓词，不可能对世界做全面的描述。换言之，如果不借助非物理学谓词，我们对世界的描述不仅是不全面的，更重要的是，我们将寸步难行。这是因为，世界上还存在着非物理的、高阶的属性。两种谓词的意义之所以不同，是因为每种谓词所依赖的观点是不同的。例如，物理学谓词是

---

① Robinson H, "Dualism". In Stich S P, Warfield T A (Eds.). *The Blackwell Guide to Philosophy of Mind*. Oxford: Blackwell, 2003.

第六章　二分图式的遮蔽与超越：人的概念图式比较研究

基于对对象的外在观察而使用的，描述的是外在的、公共的东西，而心理学谓词报告的内容中含有主观的观点所起的作用，既然如此，它们报告的东西与物理学谓词报告的东西就存在着不同。总之，从两种谓词的不同可得出存在着两种实在的本体论结论。

自然主义二元论是当今十分有影响和奇妙性质的二元论形式，因为它把看似水火不相容的自然主义（实质上是物理主义）与二元论统一在一起了。其倡导者包括查尔莫斯和麦金等著名心灵哲学旗手。自然主义认为，意识是一种自然现象，是由基本的功能组织所决定的东西。尽管前者依赖于后者，但前者又不是后者，即意识不是功能组织本身，而是其上的一种新的属性。要理解这一点，关键是把决定关系与等同或同一关系区别开来。说某事物由另一事物所决定，并不等于把它们当作同一个东西。正像说儿子由父母的遗传基因所决定但不能把儿子与父母等同起来一样。决定关系恰恰意味着由决定关系所关联在一起的两个东西不是同一个东西。如果是同一个，就不存在一个决定另一个的关系。不难看出，查尔莫斯的二元论的确是新的，是自然主义的，因为他把意识看作是依赖于、决定于物理实在尤其是功能组织的东西。这是他一致于物理主义而有别于传统二元论的地方。但另外，他又强调：意识有自己的独立存在地位，因此他又有明显的二元论和反物理主义倾向。这种二元论的确是新型的，因为它完成了对传统二元论的许多超越，如在承认意识是基本属性的同时，又承认意识有依赖于物理实在的一面，同时，还把意识结构与大脑结构的同型关系、意识与功能组织的协变关系概括成心理物理规律。就此而言，把这种二元论称作"良性二元论"或"自然主义的二元论"的确是十分恰当的。麦金的心灵哲学的基本立场既是二元论的，又是自然主义的。说其是二元论，主要根据是：他像一般二元论一样承诺了心灵的独立存在地位。但他又强调：他的理论以自然主义为前提，或者说是交织着自然主义的二元论。因为即使要说明意识怎样从物质中产生出来这一困难问题，也用不着通过虚构去设想一种有解释力的东西，只需诉诸头脑中的自然力量就行了。他认为，尽管我们可以获得我们所获得的那些科学成就，但总还是有心灵无法超越的界限。如果没有这样的界限，那么心灵就成了神秘的实在，而不是自然的生物的产物。这里所说的界限即自然的界限，意即神秘心灵、意识不管多么复杂，不管拥有多么难解的非空间性，不管怎样由前空间宇宙突现而来，它们仍属自然界中的存在，而不可能超越这个界限。

二元论当然有许多错误，其中最突出的就是赖尔所说的"范畴错误"，即把"心"这一没有资格与身、物并列的范畴与它们并列在一起了，这至少是不符合逻辑的。比二元论弱的心物二分图式也犯了这一错误。

三、物理主义及其二元论"幽灵"

笔者赞成赖尔的判断，即二元论（至少是二分图式）的幽灵不仅深埋于常人的心底，而且隐藏在包括物理主义在内的广泛的学说中。本部分将对物理主义的深层构造和秘密做深度解剖。

毫无疑问，物理主义或唯物主义[①]是"现时代占统治地位的世界观"[②]。西方（主要是英美，下同）的现代物理主义兴起于20世纪30年代前后。它最先表现为科学哲学的方法论，即逻辑经验主义的作为一种语言哲学或语义学的物理主义，认为一切别的科学都可还原为、统一于物理学。纽拉特、卡尔纳普等认为，物理主义是关于意义的理论，而非关于世界本质、本体论的理论，它关心的是科学间的关系、语言的意义问题，强调一切有意义的陈述一定同义于某个物理陈述。一命题有无意义，要看它是否可还原为物理陈述，或者是否能表述物理实在。可形式化表述如下：物理主义在W是真的，当且仅当对于每一在W中例示的属性而言，存在着某种物理属性G，它在W中被例示，以至表述F的规范谓词同义于表述G的规范物理谓词。后来，随着心灵哲学的强势发展，发展出了一种新型的作为一种形而上学或本体论的物理主义，即心灵哲学的物理主义。我们这里关心的就是它。

这种物理主义的"标准的观点"可用这样一个基本的形而上学命题加以表述，即一切都是物理的。换言之，除了物理的存在之外，什么也没有。对此，可这样加以阐释：

[①] 一般不加以区别，我们这里沿用这一做法，当然也有人强调它们的区别，如唯物主义主张物质是根本的、基础的东西。如果说有心理的东西，那也是由于有物质的属性和物质的时空分布。心是由物质派生出来的。物理主义则不同，认为这个世界除物质之外还有别的真实存在，如力场、光量子、弯曲空间、弦、波函数等。它们在通常的意义上并不被认为是物质的。

[②] 参阅 Gillett C, Loewer B(Eds.). *Physicalism and Its Discontents*. Cambridge: Cambridge University Press, 2001: 3.

（1）物理主义是真实的。——基本命题。

（2）物理主义概述了隐含在自然科学中的世界图景。——解释命题。

（3）相信包含在自然科学中的世界图景是最合理的，不管这个图景碰巧是什么样子。——认识论命题。

（4）物理主义与许多常识假定是有冲突的。——冲突命题。

（5）解决这些冲突的方式是，对日常假定做出解释，以便让它们一致于物理主义。——化解冲突命题。

物理主义之所以强势发展、深入人心，尤其是得到了多数心灵哲学家的认同和呵护，主要原因是，人们长期接受的科学教育内化成了这样的"完全性"信念或原则，即物理学具有完全性，一切结果都根源于物理的原因，只有物理的东西才有原因作用，才能引起或产生别的东西。简言之，世界完完全全是物理的。这个原则主要得益于物理科学的发展。在19世纪以前，还有许多人认为，物理事物以外的东西也可产生特定的作用，而随着后来物理科学的发展，人们逐渐认识到，只有物理的东西才能发挥作用。

以此为前提进行推论，自然就有物理主义作为其结论：如果一切物理结果根源于物理原因，那么所有物理结果、所有有物理作用的东西就都是物理的。这就是物理主义的因果论证。其论证的前提是物理学的完全性原则，即所有物理作用都完全由在先的物理事物所决定。①这个命题本身不是物理主义，因为物理主义对非物理的东西有所断定，如说一切都是物理的，"一切"中就包含非物理的，而"物理学完全性原则"并没有对"非物理"做出断定，它纯粹是关于物理王国的命题。要由此引出物理主义结论，还需一些中间论证环节，如应这样推论：如果物理学的完全性原则是对的，如果所有物理作用都根源于物理原因，那么有物理作用的一切就一定是物理的。换言之，如果完全性原则是对的，那么非物理的东西就没有引起物理结果的可能，进而能引起物理结果的就只能是物理事物。根据这个原则和逻辑，心理现象要有其对别的事物的因果作用，必须同一于物理事物，否则要么是副现象，要么不存在。这正是等同论的逻辑。可这样表述它的推论：

---

① Papineau D. "The rise of physicalism". In Gillett C, Loewer B(Eds.). *Physicalism and Its Discontents*. Cambridge: Cambridge University Press, 2001.

前提1（物理学的完全性）：由规律所使然，所有物理作用都由在先的物理事物所决定。

前提2（因果作用）：所有心理现象都有对物理事物的作用。

前提3（不存在超决定的现象）：心理原因的物理作用并不是超决定的。

因此结论是：心理现象一定同一于物理现象。[①]

物理主义的主张再简单不过，即"一切都是物理的"。但它面临的、需回答的问题繁多而艰难。例如，"一切"是一个全称量词，这里的"一切"指什么？包括什么，不包括什么？"物理的"是什么意思？"是"是什么意思？最为麻烦的是，物理主义同时想一致于两种直觉，即一是科学的直觉，它通过贯彻完全性原则做到了这一点；二是常识的直觉，即相信心、我、心理现象等都有其存在地位。因为每个人似乎都有这样的直觉，除了身体之外还有不同于身体的心理生活，"我"的所指不是某个具体的心理事件、物理事件，如此等等。这种直觉其实也是这样的直觉，即每个人除了有身之外，还有心。很显然，这就是西方常识心理学的心身或心物二分图式。一般的物理主义都不否认并想说明这种直觉，因此除少数物理主义形式（如取消论、极端的解释主义等）之外，一般都预设了心物二分图式。这就是我们所说的物理主义的二元论幽灵或情结。由此所决定，它们便有这样的问题需要回答：如何用物理的东西来说明心理现象？如果说后者是非基本属性，前者是基本属性，那么两者的关系究竟是什么？正是这一问题导致了五花八门的物理主义形态。每种形态之所以不同于别的形态，是因为它"发现"了心与物的一种特殊关系，如类型同一论就认为它们的关系就是等同关系，随附物理主义则认为，它们的关系是随附关系，余可类推。我们先看物理主义对前面一些问题的解答。

有的学者认为，"一切"是没有限制的，泛指全部世界中有本体论地位的每一事物，包括属性、个例、抽象存在、具体存在、动植物等。这便形成了物理主义中的第一种观点：物理主义是真的，当且仅当所有一切（不管什么）都是物理的。如果是这样，物理主义必须承认数字（如2、3等）也是物理的，因为数字

[①] Crane T. "The mental causation debate". *Proceedings of the Aristotelian Society*, 1995, 69: 211-254.

无疑包括在"一切"之中。这样一来,物理主义的真假就取决于数字是不是物理的。"只有当数字 2 是物理的时候,物理主义才是真的。"[1]但很显然,物理主义一般不会说数字是物理的。鉴于这一点,物理主义可能对"一切"做出限定,如说:一切指的是具体的存在物。这便是物理主义中的又一种观点。相应地,物理主义的真假应这样限定:"物理主义是真的,当且仅当一切具体的、个别的事物是物理的。"[2]这个命题也有问题。与第一个命题相反(它太强),这第二个命题又太弱,因为它没有把"灵魂"之类的东西排除出去,即"一切"包括了灵魂这样的具体个别。因为二元论一般把灵魂规定为一种形式的个别、一种实体,而实体是可独立存在的。鉴于这一问题,物理主义会调整说:物理主义是真的,当且仅当一切属性是物理的。据分析,这也有问题。因为二元论会说,人的某些属性可以是非物理的。有鉴于此,物理主义会进一步限定说:物理主义是真的,当且仅当一切被例示的属性是物理的。据分析,这也有问题,于是分别还有其他一些限制:物理主义是真的,当且仅当一切被例示的基本属性是物理的;或者是,物理主义是真的,当且仅当一切被例示的属性要么是物理的,要么与被例示的物理属性有某种具体关系 R。

"物理的"无疑是物理主义的核心概念。能否给出令人满意的界定,是决定物理主义是否成功的关键。在定义和解释"物理的"时,物理主义也是困难重重、举步维艰,其中最麻烦的是"亨普尔难题"(Hempel's dilemma)。一种观点认为,这里的"物理的"是它的日常用法,指的是非心理的。有人认为,"物理的"指的是相对于虚构的、数字化的东西而言的东西。还有人认为,在经典力学中,"物理的"指有时空规定性的东西,即有形体、有广延、有质料的东西。正是基于这样的看法,人们形成了这样的存在标准:只有物理的东西才是存在的,而物理的即在时空中存在的。因此是否有形体性就是判断事物是否存在的标准。很显然,这样的对"物理的"理解是狭隘的,因为据此,中微子、光子都不是物理的,都没有存在地位。还有一种方法,即把"物理的"与幽灵、奇异的现象加以比较,通过强调这些东西不是物理的,来说明什么是物理的。在定义"物理的"时,有的哲学家先确定"物理的"事物原型的、典型的例子,然后据以外推。能成为这

---

[1] Stoljar D. *Physicalism*. London: Routledge, 2010: 29.
[2] Stoljar D. *Physicalism*. London: Routledge, 2010: 31.

样的例子的东西有石头、树木等。基于这样的程序，人们便得到了关于"物理的"这样的一般结论："物理的"是自然类型术语。物理主义最流行的、似乎最有根据的理解是："物理的"即物理学告诉我们的一切东西，或物理学所认识的一切现象。其问题是，必然陷入亨普尔难题。因为这里的物理学有两种可能：一是已有的物理学，二是未来的物理学。由于有两种物理学，因此有两种"物理的"。而它们都是成问题的。根据前者，"物理的"可能是错误的；根据后者，由于它还没有出现，因此这种"物理的"是不可理解的。既然我们不知道未来物理学会是什么样子，因此我们也就不知道物理主义是不是真的。换言之，在根据物理学定义"物理的"或物理属性时，不管如何定义，都会陷入两难。可这样表述：

H_1: 如果物理属性根据定义就是由已有或流行的物理理论的谓词所表述的属性，那么物理主义就是错误的。

H_2: 如果物理属性根据定义是由理想的物理理论的谓词所表述的属性，那么我们不知道物理主义说了什么。

H_3: 要么事实是这样的，即物理属性根据定义是由流行的物理理论谓词所表述的属性；要么事实是这样的，即物理属性根据定义是由理想的物理理论谓词所表述的属性。

H_C: 物理主义要么是错误的，要么我们不知道它说了什么。[①]

"一切都是物理的"中的"是"也是物理主义争论中的一个艰涩的课题。由于它涉及大量元本体论的问题，如它是存在谓词还是没有本体论承诺的中立量词等，加之我们对心身关系的分析要涉及它的意义问题，因此这里从略。下面，我们重点考察一下物理主义对心理直觉或心身二分图式的说明。

如前所述，一般的物理主义不否认常识关于心理的直觉，承认心是不同于基础物理属性的非基础属性，即承认了心的独特的本体论地位。既然如此，它就必须说明，它与身到底是什么关系。给出的关系不同，所形成的物理主义形态就不同。

一种曾风靡一时的方案是根据"等同"对心身关系的说明，由此成就的就是

---

① Stoljar D. *Physicalism*. London: Routledge, 2010: 97-98.

物理主义的等同论或同一论。20世纪50~60年代,斯马特等发起了从语义学物理主义(它也是一种同一论)向类型同一论的转向。"类型同一"是相对于"个例同一"的。前者强调的是,心理状态与物理状态之间的同一关系是一种强硬同一,即每一类型的心理状态、事件必然同一于每一类型的物理状态和事件。也就是说,如果两个东西 x 和 y 是(严格)同一的,那么 x 就是 y,x 和 y 是自身相同的事物和属性。反过来,如果 x 与 y 具有共同的属性,那么它们就是同一个东西。由此可见,类型同一论强调的心理状态、事件和物理状态、事件之间具有某种合规律性的联系,两者是一一对应的、绝对的、必然的。个例是相对于类型而言的,指的是一类事物中的个别事物。以桌子为例,桌子是一个类型,个别的桌子就是其中的个例。所有桌子都是用木头做的,而所有木头只用于做桌子,那么桌子类型中的每个具体的桌子就同一于木头类型的个别木头,反之亦然,这样我们就可以说桌子类型同一于木头类型,这就是典型的类型同一论。但桌子显然不能等同于木头做的桌子,因此类型同一论不能成立。个例同一论认为,在现实世界中,桌子不一定是由木头做成的,还可以用其他的材料如玻璃、大理石等做成,即桌子是可多样实现的。同理,某一心理状态是由一物理过程实现的,但在不同的人身上、同一个人在不同的时间地点实现它的不一定始终就是那个物理过程,就像计算机的同一个软件可在不同型号的计算机上运行(实现)一样。

有人主张用"还原"来说明心身的关系。须知,"还原"是一个被滥用了的词。[①]一般认为有四种用法:第一,本体论的还原,即论证领域 A 和 B 在本体论上是同一的,如论证 B 是由与 A 有相同基本相互作用的基本实在构成的。第二,认识论还原,它关心两个问题:①描述 B 所必需的概念能否根据概念 A 来重新定义(以外延等值的方式);②决定 B 的规律能否从 A 的规律中推导出来。第三,解释还原,它关心的问题是,对于 B 中的每一事件或过程来说,是否有一属于 A 的机制,足以解释 B 中的那些事件或过程。第四,方法论还原,上述还原之外的一切还原。心灵哲学中所说的还原主要是第三种,例如,将心理属性还原为物理属性,就是用后者来说明前者。从领域来说,还原有时发生在同一个领域,如连续的理论还原处理的就是相同领域的问题,如把古典力学还原为相对论。另

---

① 参阅 Beckermann A, Flohr H, Kim J(Eds.). *Emergence or Reduction? Essays on the Prospects of Nonreductive Physicalism*. Berlin: de Gruyter, 1992: 290.

外，还原还可发生在不同领域，目的是弄清不同层次内的对象的关系，例如将生物学还原为化学、物理学等。从与"同一"的关系上说，有人把它看作是"同一"的同义词，有人则坚决反对，如帕皮诺（Papineau）就是这样。比克尔（Bickle）认为，还原论与类型同一论有密切关联，或者说前者是后者的一个基础，因为后者认为，专门的心理类型同一于专门的神经生物类型，这种关联根源于它们有这样的共同看法，即还原关系产生或保证了心物的本体论的类型同一关系。[1]有人认为，还原就是用基础属性说明高阶属性。它不同于等同或同一，因为同一有这样的意思，即它指的是一种对称的关系，因此可互相解释，而还原是非对称性的。还原关系只存在于基础属性和高阶属性之间，从解释上说只能根据前者解释后者，不能相反。从大的方面来说，它把多层次的属性区分为两层，即基础层次和非基础层次。根据这种还原论，人身上的心与身也属于这样的二分。因此这种理论尽管超越于本原上的二元论，但没有超越属性二元论，更没有超越二分图式。当然，也有这样的还原论，它强调，还原是同层次的说明关系。例如有两属性，即F（气体的温度）和G（分子的平均功能），它们是同一的，可对之做这样的还原分析，即首先对F做出分析，然后证明它来自这样的基本自然规律，即所有具有属性G的对象都能符合这个分析。如果是这样，就可用还原关系说明同一关系。例如"F=G"这一属性同一陈述是真的，当且仅当根据G对F的还原说明能被给予。有的人认为，同一是不容许进一步分析的，只要确认F和G表示的是同一个属性就够了，用不着做什么分析，能做的工作就是，去分辨两属性是不是一个属性。

再看根据实现（realization）对心身关系的阐明。这种阐明一般表现为功能主义。"实现"这个关键词指的也是一种关系，即实现的基础与被实现的东西的关系。也可说，实现的意思是让某事或某属性产生，让其为真，在日常用法中，也可指愿望、目的、计划的实现。从哲学上说，实现是一种关系属性，因为实现的发生，一定以实现者与被实现的东西为前提条件，例如，如果一程序被一硬件运行或执行了，那么它们就构成了实现关系。这种关系可看作是"构成关系"，例如被实现的属性之出现就在于：在某种情况下存在着将其实现出来的一切东西。某状态之所以实现，首先是因为有它们的实现者。它的另一关键词是属性，指的

---

[1] Bickle J. "A brief history of neuroscience's actual influences on mind-brain reductionism". In Gozzano S, Hill C S(Eds.). *New Perspectives on Type Identity*. Cambridge: Cambridge University Press, 2012.

第六章 二分图式的遮蔽与超越：人的概念图式比较研究

是事物表现出的特点、作用，如刹车系统的能制动的功能属性。它强调属性有物理的实现，即通过微观物理过程加以实现。属性的形式有功能属性、突现属性、虚假属性等。可见，实现论也以二分图式为前提。一般而言，实现有两种方式：一种实现方式是，实现和被实现的东西发生在同一主体或事物之中，即实现的属性和被实现的另一属性其实都在同一事物中，可称作"相同主体的属性实现"。另一种实现方式是，实现属性所依的事物与被实现属性所依的事物不是同一事物。在这里，实现的东西和被实现的东西都是属性的例示。根据实现论，任何被实现的东西都具有"可多样实现"的特点，即一种属性或作用可由不同的东西来实现，同一个东西在不同条件下可实现同一种作用。以疼痛为例。疼痛可能是由人体 C 纤维的激活实现的，但它在其他物种（如章鱼和爬行动物）中的实现方式可能是极为不同的。心理现象也是这样。有的人明确提出并论证了实现主义（realizationism），如休梅克（Shoemake）和梅尔尼克（Melnyk）等就是如此。后者认为，它对一切都是物理的这一物理主义原则做了更好的论证和发展，因此是物理主义的一个版本，甚至是对物理主义的最佳阐释。[1]从与心理功能主义的关系看，它从四方面推进了后者，并将其普遍化：第一，不仅是心理属性，而且是基本物理学中提到的所有属性，甚至包括民间物理学所说的属性，都后天同一于功能属性。第二，所有这些属性都是在物理上得到实现的，即是由物理学所说的属性实现的。第三，它在功能属性概念之上增加了功能对象和功能事件概念。说功能对象存在不过是说存在着一种或另一种起着某种作用的对象，说发生了某种功能事件，不过是说发生了起着某种作用的事件。由于这些补充，实现主义就能主张：不仅基本物理学所说的所有属性，而且它没有提到的所有事件和对象都是功能性的，只要发生了，就是从物理上实现的。第四，实现主义承认功能性事物（如属性、对象、事件等）可以根据既非因果又非计算的别的类型的有关作用来描述。[2]总之，实现主义的基本观点"可表述为这样一句口号：一切事物（thing），要么是基本物理学所承认的事物，要么是由这些事物所实现的"[3]。如果将"事

---

[1] Melnyk A. *A Physicalist Manifesto: Thoroughly Modern Materialism*. Cambridge: Cambridge University Press, 2003: 6.
[2] Melnyk A. *A Physicalist Manifesto: Thoroughly Modern Materialism*. Cambridge: Cambridge University Press, 2003: 6-8.
[3] Melnyk A. *A Physicalist Manifesto: Thoroughly Modern Materialism*. Cambridge: Cambridge University Press, 2003: 6-9.

物"概念加以展开，如让它指一切存在于过去、现在、将来的实在的个例，从外延上说，让它包含下述三个本体论范畴，即属性（包括关系）、对象类别、事件，那么就可对实现主义的基本原则做这样的展开：所有实在的属性例示、个别对象和事件要么都是基本物理学所认可的事物，要么是由这些事物所实现的。如果人们强调对象、属性、事件之外还应包括这样的本体论存在，如状态、过程、事态、条件等，那么对它们也可用上述原则来加以说明。①

坚持心与物的关系是随附关系的理论，即随附论的物理主义。许多人认为，这种解释既有解释力，又最方便、最合适，因此在新近所有的说明中最受欢迎。从字面上说，随附性（supervenience）指的是在某物或某事之后或之上发生的。在哲学上，作为属性的随附属性指的是在基础属性之上所产生的，并对之有依赖性和被决定性的属性，作为关系指的是，非基础属性依赖于、决定于但又不能还原于基础属性的关系。很显然，随附论也预设了二分图式。在倡导者看来，创立这一理论的目的主要是想弥补"实现"概念的不足。在金在权看来，功能主义尽管把实现作为最基本概念来看待，但并没有对实现关系做进一步说明，如对它根源于什么、它对传统心身问题的解决有何意义等，并没有做出具体说明。另外，随附性概念还是适应后还原物理主义的需要而发展起来的，它能满足后还原主义者发展物理主义的某些需要。因为它赋予物理实在及其规律以决定性的地位，进而既为功能主义提供了物理主义辩护，同时又让他们有可能摆脱物理还原主义的麻烦，另外，还能保护心理现象的自主性，例如，由于承认心理属性有多样的被随附的物理基础，功能主义就能较好说明心理的可多样实现性。威特默（Witmer）说："强调随附性的一个更好的理由在于：它为谈论充分性提供了方便的、起码的方法。"②因为说属性 A 随附于属性 B，就等于说，对于它的属性 B，每一个别都有一个完全的状态，对于它的属性 A 的完全状态来说，是充分的。以心物属性为例，心物随附性指的是：心理属性或事态依赖于物理或身体的属性。换言之，一旦它的物理属性确定下来了，它的心理属性也随之得到了确定。如果两事物，如两个有机体或两个人，有相同的物理属性，那么它（他）们一定有相同的心理

---

① Melnyk A. *A Physicalist Manifesto: Thoroughly Modern Materialism*. Cambridge: Cambridge University Press, 2003: 6-9.
② Witmer D G. "Sufficiency claims and physicalism". In Gillett C, Loewer B(Eds.). *Physicalism and Its Discontents*. Cambridge: Cambridge University Press, 2001.

第六章　二分图式的遮蔽与超越：人的概念图式比较研究　　269

属性。质言之，在有机体身上，没有物理属性的例示就没有心理属性的例示。它表达的是这样的物理主义观点，物理属性拥有优于心理属性的第一性的本体论地位，物理学是一切科学中最基本的、涵盖面最广的科学。就随附论与还原主义的关系而言，它最初的创立动机是要避免还原主义。金在权说："许多哲学家，尤其是那些基于这样或那样理由想放弃用物理主义还原心理现象的人，探讨心身随附性就是为了抛弃还原主义的形而上学命题。"[①]它之所以在20世纪70年代以后兴盛，就是为了对抗还原主义思想。这种背景下出现的随附论不仅帮助了非还原物理主义，而且为人们把基础属性与高阶属性区别开来，提供了条件。然而，随附论在后来出现了一种能够包容还原论的形式，至少金在权的随附论是这样的。应看到，随附论尽管看到了心理对物理的依赖性，但夸大了这种依赖关系，因为物理属性毕竟只是心的必要条件，而非充分条件，因此尽管没有物理属性一定不会有心理属性，但问题是，有物理属性不一定会有心理属性，死人有同活人一样的大脑构造，但显然没有意识。狼孩有和健全人一样的大脑，但没有相同的理智性心理。

　　突现论尽管可以成为二元论的工具，但也可为物理主义所用。根据突现论的物理主义，心与身的确是两种不同的东西，但它们又不是截然二分的，而具有突现关系，即心是大脑的复杂动力系统的突现特性。"突现"一词的确有自己的新的、其他词表达不了的特殊的所指，就此而言，可把它看作是人类对世界的认识网络上的一个新的纽结。当然，人们由于看问题的角度不同，因此对与该词对应的实在现象的本质及特点便有不同的看法。大致说来，有这样一些倾向：一是把突现属性看作是与组合不同的非组合的属性。例如，苹果的甜味和堆在一起的10个苹果是两种客观存在的事实或现象或性质，其共同之处在于：两者都是诸因素在结合过程中产生出来的东西。不同在于：在作为突现性质的甜味中是看不出构成它的要素的影子的，换言之，甜味是不能还原为它的要素的，是一种不能根据部分来解释和预言的东西，而10个苹果要么是要素或作用力之和，要么是它们的差。二是从新与旧的角度来区分突现和非突现性质。三是从非还原和还原角度来区分。四是根据不可预言或不可定推和可预言或可定推角度来区分。根据克兰

---

① 转引自 Witmer D G. "Sufficiency claims and physicalism". In Gillett C, Loewer B(Eds.). *Physicalism and Its Discontents*. Cambridge: Cambridge University Press, 2001.

(Crane)对突现的理解,从前述四个方面理解突现,都会碰到反例,都无法自圆其说,只有从因果关系角度来加以理解,即看到突现属性是从整体中产生出来但同时又具有自己的向下因果作用的属性,看到它是非物理的事实,才能对之做出令人满意的阐释。这就是说,突现论否认、超越了物理主义的原则,即否认非物理事实和规律必须根据物理事实和规律来解释,而强调存在着形而上学的事实、规律。就心理因果作用问题来说,突现论认为,心理属性有因果力,这是不能用它们的物理的基础来解释的。它不同于非还原物理主义,因为后者明确主张,心理的因果力能够且只能用物理属性和规律来解释。总之,根据克兰的看法,突现论有两个要点:第一,承诺心理属性有自己的因果力;第二,强调心身关系具有不可解释性。[①]总之,不管怎样基于物理主义阐释突现,都没法避免心物二分图式和所谓的本体论裂隙。二元论的突现论就更不用说了。

构成物理主义认为,心与身的关系是构成关系,也就是说,心是不同于身的东西,因为心由身所构成。根据对构成关系的元研究,有构成关系就没有同一关系,例如泥塑由泥团构成。泥团是构成泥塑的东西,从时间上说,泥团先于泥塑,在泥塑解体之后,它还可以再回归泥土,继续它的存在。这说明泥团和泥塑不会同时存在。因为这些泥土成了泥塑之后就不再是泥土了。而泥塑解体,变成泥土,就没有了泥塑,只有泥土。这也说明,构成材料与被构成的事物没有同一关系。有两种构成理论:一是贝克(Baker)的构成论,它既说明了人与其身体的构成关系,又试图建立关于一切构成关系的普遍理论。[②]二是佩雷博姆(D. Pereboom)的构成论。他对构成关系有两个定义。其中之一是:x 从物质上构成了 y,当且仅当,(a)y 在 t 时由 x 构成,并且与 x 在物质上重合。(b)必然地,如果 x 存在,且在 t 时在 D 中存在,那么 y 在 t 时存在,并在 t 时由 x 构成,与 x 在物质上重合。(c)有这样的可能,y 在 t 时存在,但有这样的情况,即 y 不由 D 中的 t 时的 x 构成,且在物质上不重合。在第二个定义中,条件(b)和(c)并未述及 x 在 D 中。赞成述及 D 的理由是:他吸收了贝克这样的观点,即在许多情况下,F 构成 G 只会出现在某些情况下,即只会出现在有适当关系特征的情

---

① Crane T. "The significance of emergence". In Gillett C, Loewer B(eds.). *Physicalism and Its Discontents.* Cambridge: Cambridge University Press, 2001.
② Baker L. *Persons and Bodies: A Constitution View.* Cambridge: Cambridge University Press, 2000.

况下。①如贝克所述,正是由于某些法律上的规定,一张纸才会成为一张结婚证;正是由于分子的某种排列,某物才构成了一根冰淇淋;正是由于特定的进化历史,一些特定的细胞才组成了心脏。②同样,根据功能主义的心性说明,一神经事件构成了一心理过程,仅仅是因为它对感性输入、行为输出和别的心理过程发挥了特定的因果作用。③佩雷博姆认为,他关于物质构成的理论没有这样的要求,即一事项必须同一于从物质上构成它的那些材料。例如一方面可坚持说,泥塑以泥团为其物质构成,但同时又可说,泥塑并不同一于泥团。同理,一个人由身体构成,但人并不同一于他的身体。这就是说,构成关系不同于等同关系。就心与身的关系而言,贝克认为,心理过程由神经过程所构成,但并不同一于神经过程。在她看来,其不同还在于:构成关系具有非对称性,而同一关系具有对称性。根据(a),y由x从物质上构成,并与x在物质上重合,这意味着,被构成的东西是由构成它的东西所构成的,而高阶(如心理)事项不可能构成低阶(如物理)事项,即只能是高阶事项由低阶事项构成,而不能是相反。贝克说:"构成关系是非对称的。"④由于她强调这一点,因此就能避免这样不合理的主张,即心理的东西构成了物理的东西。另外,她的构成论的特点还在于:强调构成指的是完全的构成,例如说一物理过程的x集合构成了一心理过程y,就是说y不由非物理过程所构成。贝克把构成关系看作一种不可进一步分析的原始关系,这意味着,她的构成论既反对同一论,又反对还原论。因为构成关系是原始的,不可能分析为构成因素。构成论的问题是,它不排斥非物理主义或二元论,因此没有完全反映物理主义的要求。因为一个人既可以相信心理过程由物理过程所构成,又可以说心理过程的心理属性并不完全依赖于纯物理的特征,还可说,使心理个例有其心理地位的是它的不可还原的主观的、非物理的特征。

副现象论的前提是赞成心物二分,但对两者的因果关系发表了不同于一般物理主义的看法。由于有这样的特点,它便有两可的归属,即既可看作是二元论,又可看作是物理主义。事实也是这样,不同的人阐发的副现象论就有事实上不同的归属。副现象论的种类有:第一,从本体论前提看,有二元论副现象论和非还

---

① Pereboom D. *Consciousness and the Prospects of Physicalism*. New York: Oxford University Press, 2011: 140.
② Baker L. *Persons and Bodies: A Constitution View*. Cambridge: Cambridge University Press, 2000: 14.
③ Baker L. *Persons and Bodies: A Constitution View*. Cambridge: Cambridge University Press, 2000: 14.
④ Baker L. *Persons and Bodies: A Constitution View*. Cambridge: Cambridge University Press, 2000: 138.

原物理主义的副现象论。第二，从因果关系的主体看，有属性副现象论与事件副现象论。副现象论的基本观点是，心理现象不同于物理现象，但前者以后者为原因，而后者对前者没有因果作用，就像树在阳光下有产生影子的作用，但影子对树没有作用一样。尽管内部有这样的差别，但副现象论以心物二分为前提则是普遍的事实。

第四节　回顾、思考与创新

究竟该怎样看待心物或心身关系？能否像西方的 FP 和二元论那样，把它们看作是并列的实在，甚至看作是对整个世界或整个人的周延的划分？换言之，世界、人是否由这两部分构成？关于世界、人的二分图式是否合理，是否应予坚持？这是心灵哲学在发展中新提出的、争论极为激烈的问题。另一新的倾向是，人们除了继续从科学和心灵哲学角度予以探讨之外，还新增了比较研究的维度。本节的任务是先简要回顾中外特别是西方在该领域的比较研究，然后在前面具体比较研究的基础上，就一些较重要的、有突破希望的问题阐发笔者的一孔之见。

一、本章比较研究之回眸

如前所述，中外学界已从比较研究的角度对二分图式和心身关系论做了大量的研究。例如钱穆先生慧眼独具，看到中西方在这一问题上的差异：中国哲学的主流是反二分，而西方是先将心物区分开来、对立起来，然后再来求它们的统一。庞景仁先生在其博士论文中，驾轻就熟地用新兴的科学比较研究方法，对法国的马勒伯朗士和中国理学巨匠朱熹的有关思想做了开创性的比较研究。

印度学者罗摩克里希纳·劳的比较研究也值得一提。关于中国心灵哲学在上述问题上的思想特点，他通过比较提出了如下看法，即认为中国不同于西方，反对还原论，如不用非心的和基础的东西解释心灵，而重视向内的观点，但又有别于印度，这表现在：用更加人性论的，至少是心性的、向内的观点看待心灵。就此而言，中国传统介于西方和印度之间。它既不像西方那样强调向外，又不像印度那样强调向内。根据他的梳理，中国心灵哲学的重心在人本身，不对人做简单

第六章　二分图式的遮蔽与超越：人的概念图式比较研究　　273

的心物二分，而力图从整体上把握人，认为道就是理想化的人性，这既避免了西方的理性主义，又避免了印度的神秘主义。[①]当然他有一些失之偏颇的看法，如基于自己对冯友兰《中国哲学史》的解读，认为中国探讨心灵时没有涉及形而上学和认识论问题；心与物的关系问题偶然被论及，但从没有关于它的逻辑结论，因为绕来绕去，对它的思考最终都回到了人性问题上；中国的贡献只表现在对社会政治哲学做出了不可替代的探讨之上。[②]罗摩克里希纳·劳对佛教的思想有误解，认为古印度哲学与西方文化有共同的渊源，因此与西方哲学的共同性较多，如重视语言问题、长于语言分析、倾向于心物二分，佛教也是如此。这显然只抓住了佛教的某些表面上的思想，而误读了佛教在此问题上的超二分的实质。其根据，我们有前面已有交代。基于这样的误判，罗摩克里希纳·劳认为，由于佛教传入中国引起了中国概念图式的变化，因此相应地把印度的二分图式带到了中国。比如，他认为在佛教中，理性或理智与情感或情绪之间存在着根本的对立，内在的观念世界平行于外部对象世界，甚至可替代外部世界，对不朽的论证隐藏着这样的思想，即二元论和心优于、超越于物的思想，这些思想都随着佛教的传入变成了中国人的思想。这些说法也显然是不合实际的。另外，他也对印度和西方的有关思想做了比较研究，其中有这样一种值得关注和思考的思想，即当代西方的意识理论和心身学说有向印度靠拢的一面，如维尔曼斯（Velmans）就是如此。罗摩克里希纳·劳认为，后者的思想十分接近于瑜伽派的理论。瑜伽派的理论有如下要点：①物质和意识是主宰宇宙的基本原则；②意识根本不同于物质，不可还原为物质的样式；③每个意识都是独特的，在与心身复合体发生关系时，都有特殊的经验；④意识通过心灵这个工具照亮物质宇宙；⑤意识不同于心灵，心不同于脑；⑥心与脑、意识，可以相互作用，主体与客体的分化根源于心与脑、感觉系统的相互作用；⑦意识本身没有形式、形象，在人身上，意识通过照亮心中的物质而获得了物质对象的形式；⑧通过接近意识，心灵现实化于宇宙之中；⑨意识本身具有无差别的主观性，经验的主观性来自心与意识的联系；⑩意识本身没有内容，意向性是心灵的特点，而非意识的特点；⑪有两种认知方式，一是无须感觉介入的认知，二是以感觉为中介的认知。维尔曼斯的理论尽管在个别问

[①] Rao K R. *Consciousness Studies: Cross-Cultural Perspectives*. Jefferson:McFarland, 2002: 193.
[②] Rao K R. *Consciousness Studies: Cross-Cultural Perspectives*. Jefferson:McFarland, 2002: 194.

题上有不同，但在主要方面惊人相似，其表现是他也承认：①宇宙中存在着物质（包括人的身体）和意识（包括经验），物质和意识是宇宙的组成部分；②意识有神经关联物，在大脑中，还有伴随意识发生的过程，但意识和身体状态在本体论上是各自独立的，没有同一性，意识不同于大脑，两者不能还原；③我们每个人都有关于更大宇宙的有意识的观点；④我们是这样一种过程的组成部分，通过这一过程，宇宙看到了自己，并创造了主客的区分；⑤意识、大脑、心灵是有区别的概念，心灵包括意识和某些大脑状态；⑥意识与物质在心灵中交织在一起；⑦物质给予意识以形式；⑧通过意识，物质宇宙得到了实现；⑨意识使现象性觉知有了主观性，意识使被知觉对象、事件和过程成了主观上真实的东西；⑩意向性是意识的特点，意识总是关于某物的意识；⑪有两种基本的认知方式，一是亲知或直接认知，二是通过描述间接加以认知。①

著名比较学者格里菲斯对佛教与西方有关思想的比较研究很深入，也很有个性，但所得结论值得商榷。例如，他承认佛教基于禅定提出了五位百法的理论（它在本质上由于不承认二分而承认五分，因而不同于西方的二元论），认为五位百法的范畴体系源于一种特殊把握世界的途径。他说："有根据说，它根源于某种形式的内观性、分析性禅定实践。"②例如，禅定实践者将他们接触的整体的日常经验分解为它的部分，进而设法予以分辨，最终便有对人和世界的五分。他还认为，禅定中出现的经验既不是物理现象，又不同于一般的心理现象。他敏锐地、创造性地指出：对禅定的研究实际上是对一种特殊的、经过人为精心改变的意识状态的研究，因此同时有重要解脱论和心灵哲学意义，因为研究禅定必然要涉及这样的哲学问题：第一，解脱的本质问题，秘密宗教实践的终极目的问题。第二，心与身的关系问题。要解释禅定必然涉及其内在机制，而这又必然涉及心身关系问题。③但他又认为，佛教在心物问题上坚持的是二元论，只是这种二元论既非笛卡儿式的二元论，又非属性二元论。而是功能二元论。④

---

① Rao K R. *Consciousness Studies: Cross-Cultural Perspectives*. Jefferson:McFarland, 2002.
② Griffiths P J. *On Being Mindless: Buddhist Meditation and the Mind-Body Problem*. La Salle: Open Court Publishing Company, 1986: 54.
③ Griffiths P J. *On Being Mindless: Buddhist Meditation and the Mind-Body Problem*. La Salle: Open Court Publishing Company, 1986: xiii.
④ Griffiths P J. *On Being Mindless: Buddhist Meditation and the Mind-Body Problem*. La Salle: Open Court Publishing Company, 1986: 57.

第六章 二分图式的遮蔽与超越：人的概念图式比较研究

伊曼纽尔（Emmanuel）所著的《佛教哲学指要》是"布莱克维尔哲学指要"大型丛书中的一本，涉及佛教研究中的广泛的课题。其中的"佛教的心灵哲学"这一部分为海耶斯（Hayes）所写。在这里，他得出了同格里菲斯一样的错误结论，即认为佛教的基本心灵哲学原则是心身二元论。海耶斯说："心可以与身体相分离，因此才能在此世与此身体相关联，在彼世与彼身体相关联。换言之，没有某种形式的二元论，预设轮回转世的大多数佛教理论就会陷入矛盾。"[①]"佛教的一切事业要取得成功，离不开正知正见，而正知正见首先包含对心身二元论的信仰。"[②]当然作者也承认，二元论不是佛教的唯一观点，因为有些研究者还相信，物理世界只是意识中的观念。而这种理论又可称作唯心（mind-only）一元论。如果说后一判断有一定的合理性的话，那么前一判断则只是抓住了佛教的表面现象，而未接近佛教的精神实质。因为根据本章第二节的分析，佛教在本质上是超二分图式、反二元论的。

斯托尔茨（Stoltz）通过比较研究发现，藏传佛教的噶当派建立了关于认知的复杂的类型学，这是后来藏传佛教关于心灵和知识的理论基础。在说明心灵时，该派认为心灵是多元复合体。根据这一思想，离开了其中任一要件，心都不会出现。这些要素中最关键的有两个：一是能缘，二是所缘。佛教特别强调对象性，认为心总是与对象有关的，总有其对象性，或总是关涉着某对象。而这一看法非常接近于西方的意向性理论和最近的延展心灵观。[③]它有超二分的思想。

美国著名汉学家、比较学家陈汉生也对东西方在心身问题上的观点做了比较研究。在说明东西方心身研究的不同时，他首先看到的是它们在动机和目的上的不同。例如，西方人探讨这里的问题是为了求真，旨在理解意识是什么；而印度不仅有理论的动机，而且有强烈的实践、解脱、生命关怀的动机，如关心这种研究对治疗心理疾病的作用。这就是说，建立关于意识、心身的理论，是要治疗疾病，传播心理整合、调治的方法。古代印度心理学和心灵哲学事实上已建立了系统的技术，以求让人的意识得到升华。从具体结论上看，西方人的基本观点是：①心灵和意识在本质上没有区别，充其量，意识是心灵的一个方面或特点；②重

---

① Emmanuel S M (Ed.). *A Companion to Buddhist Philosophy*. Oxford: Wiley-Blackwell, 2013: 395.
② Emmanuel S M (Ed.). *A Companion to Buddhist Philosophy*. Oxford: Wiley-Blackwell, 2013: 395.
③ Emmanuel S M (Ed.). *A Companion to Buddhist Philosophy*. Oxford: Wiley-Blackwell, 2013: 406.

视意向性、内容,认为意向性是心灵的标志性特征。另外强调心身的根本不同。东方,尤其是印度的基本看法是:①把心与意识区别开来;②认为存在着没有意向性的纯意识,当然,由于多数心理现象有意向性,因此可以笼统说意向性是心的一个特征;③注意研究到达纯意识的方法、途径;④不仅关注意识、心的表象,更注重它后面的本体世界。东方思想的特点是:重内,强调人有独立、内在的经验,因此重视对心的心理学分析,而不注意对心的物理学、生理学说明。占主导地位的方法是以内省为基础的第一人称方法。而西方人看重的是意识的对象,重视对之做科学说明,所用方法是第三人称方法。东方重视心身的融合,而西方强调二元对立。另外,西方一般只关心正常的心理现象,即使关注异常的,也只是自然界中的异常。而东方同时重视异常,在关注异常时,特别重视超自然的心理现象,如心灵致动、超常知觉等,同时还关注神秘的心理现象,如出神、神秘经验。双方在语言哲学上也有重大的差异。西方强调语义三角关系,即实在、观念、语言的关系,而中国书面语言有象形、会意等特点,因此一般被看作是实在事物的再现。这就是说,中国的语言在表述事实时不会求助中介性的观念。[①]

二、比较研究视野下的方法论思考

笔者认为,尽管这一比较研究领域成绩斐然,但要做的工作仍然很多,即使有的课题,西方人做得很多,出现了一些有价值的成果,如佛教与西方的比较,但里面有待且急需开拓的空间还很大,特别是一些结论还有待基于新的研究加以修正。比如,有些人认为,在对人和整个世界的整体把握上,佛教坚持的是近于西方的二元论。这种看法是只见树木不见森林、缺乏对佛教全面而到位把握的表现。我们的解读在本章第二节已有交代,这里不再重复。

笔者认为,在对中印西关于人和世界的划分的思想做比较研究时,也应有全面的观点,因为每种文化的声音并不是统一的,人们都在调动自己的创造性思维,穷尽各种可能方案,寻找关于问题的答案。例如在西方,正如我们在本章第三节的考察所表明的那样,尽管心物二分图式占主导地位,但超二分图式仍有一定的

[①] 陈汉生:《中国古代的语言和逻辑》,周云之、张清宇、崔清田等译,社会科学文献出版社1998年版,第58页。

市场。在分析哲学中，解释主义和取消主义都从特定的方面对二分图式做出了巧妙而有力的批判与否定，特别是新生的4E运动或心身研究的情境化倾向，强调具身、镶嵌、行为、外部环境等对心的形成和构成的作用，都有力地解构了传统和常识的二分图式，表达了关于人、世界划分的新思想。特别是在现象学的心灵哲学中，占统治地位的始终是超二分图式。在中国和印度，情况大体相同，只是主次思想有所颠倒，例如在这些文化中，占主导地位的思想是超二分图式。另外，尽管在同一问题上存在着思想的不一致，但为了求得在有关问题上的正确思想，我们不妨将各种文化中占主导地位的思想抽出来加以比较。基于这样的认识，笔者认为，在关于人和世界的整体把握和划分问题上，东方占主导地位的思想是反对心物二分。当然，具体看法又同中有异，如中国坚持的是一元论基础上的多元主义。从语言表述的角度说，诚实命名和运用的语言都有实在的所指。例如表示生理现象的语词手、头、足，以及表示心理的语词，如性、情、心、虑、伪、事、行、知、智、能，都有真实的所指。既然如此，就不能简单说人是心身合一体，而一定是多元复合体，即由耳、鼻、口、舌、身、知、能、情、欲、虑、心、智所构成的集合性存在。它们大都"生而然"，"精合感应"，并列存在。以性与情、欲为例，它们就不能归并，因为情是性之质，如喜、怒、哀、乐、好、恶六情就是性之质，而欲是情之应（与情相应的需要）。但是它们又是一体的，因为其中有些是直接源于气的，而有些是气在与别的因素结成为关系之网时表现出的不同层级的高阶现象。在印度，超二分图式尽管是居主导地位的，但表达方式是大不相同的，如不二论吠檀多派的基本观点可概括为：只有觉知或纯意识（awareness only）。这有两层含义：首先，被看到的一切在本质上都是纯意识，就其本性而言，纯意识是不二的，即没有差别，尤其没有主客、能所差别。主客二分的观念是无知的产物。其次，所有显现出来的东西不过是梵以不同形式表现出来的样式。即使可以说有被觉知的对象，但由于被觉知的对象就在觉知之中，因此对象就是觉知，与觉知没有区别。基于这些论证可得出的结论是：一切都是意识，只有意识。佛教的超二分的表现则更复杂。例如，其表现之一是，将视野拓展至色界、无色界，看到了存在着不与形体对应的心。而世间哲学所说的心是与有形物质相对应的心。佛教在论述欲界、色界之有情的构成时，随顺世俗谛承认他们有色心两个大组成部分。但佛教承认的有情不止这些，因为佛教还承认无色界存在着有情生命。他们有心，有生命，但没有由质碍性物质构成的形体。当然，也可以说他们有特殊的身体，这表现在：构成身体的是光性的东西。他们也有行为，会造业，但他们成就的是无漏身语业。总之，无色界无有诸色。即使可方便说他们也有色，但此色非四大和合之色。如果是这样，将生命体分为心和身显然就是不妥的。再一表现是，佛教认为存在着意生身，即纯意识的存在。

　　东西方的心身关系论无论是动机、出发点，还是具体内容，都存在着根本的差别。首先，就出发点而言，西方由于主要坚持心身二分，因此进一步探讨它们的关系是顺理成章的。而在东方则不一样，这是一个需要在做出必要清理之后才能予以探讨的问题。例如，在东方一些特殊的心身关系论看来，有些生命可以没有身体，因此就没有心身关系问题需要探讨。另外，在不二论吠檀多派的关于人和世界的理论中，这个问题也没有意义。即使是佛教和中国哲学中事实上出现了心身关系理论，它们与西方也不可同日而语。因为西方的许多心身关系理论是以承认心身是对人的周延的划分为前提的，且冒着犯逻辑错误即赖尔所说的"范畴错误"（把本不能并列的心身并列在一起）的风险，来探讨它们的关系，来建立关于它们关系的各种理论，如同一论、构成论、随附论等。而东方则不同，它们一般是在承认对人和世界可做多重区分的前提下，从中抽出心身二者，来探讨它们的关系的。其次，它们的探讨一般不会犯"范畴错误"，因为它们一般不认为，心和身是两个具有同等自然和逻辑地位的实在。它们的关系形式多种多样，有时是实体与属性的关系，有时是居所与其内包含的东西的关系，有时是作用和作用的行使者的关系，等等。最后，东方探讨心身关系除了服从于求知、求真的动机之外，还有解脱论、心身健康的追求。至于结论，与西方的差异就更大了。

　　在探讨比较研究的元问题时，早已有学者认识到，比较研究不仅有帮我们更好地认识被比较项的本质特点的作用，还有理论探讨、解决问题、求真的作用，用日本比较学者中村元的话说，有"揭示出新的东西"的作用。[①]因为与异域思想的接触、碰撞、比较，对本土思想的发展，对解决有关的理论问题，会产生巨大的作用，因此比较研究是认识发展的一个杠杆。例如伏尔泰、莱布尼茨之所以能创立他们远远超越前人的哲学，在很大程度上都得益于他们对东方思想的关

---

① 中村元：《比较思想论》，吴震译，浙江人民出版社1987年版，第1页。

注、比较。曾任印度副总统、在国际哲学界有较高地位（被聘为牛津大学教授）的印度学者拉达克里希南认为，比较研究有这样的目的或作用，即消除界限意识，让人类心中共同的东西展现出来，让人"感受到既不是印度的也不是欧洲的，而是发自人类心灵的亲切召唤"[①]。夏威夷大学的穆尔（Moore）在《人生哲学比较研究》（*Comparative Philosophies of Life*）中指出：东西方哲学可以互补，一方所欠缺或不够重视的思想观念可由另一方来补充。只有将它们汇聚在一起，才能达到综合，只有通过综合，才能让哲学成为"世界哲学"或全体性（total）哲学，而这样的哲学才有真正的哲学性质，才是真正的哲学。[②]事实也是这样，西方后起的心灵哲学在许多方面都可拿来为我们所用，可补东方之不足，同样，西方之不足，也可由东方思想来弥补。例如，在人和世界的整体把握和划分问题上，在心身关系问题上，西方之所以长期步履艰难、进展甚微，其根本原因是：先错误地把人和世界劈成心和物两半，然后再来探讨它们的关系或统一。西方学者现代的自我批判也足以说明这一点，如赖尔所说的，从古至今的"权威学说"犯了不可饶恕的"范畴错误"。在这个领域，东方的结论尽管还需要进一步探讨和完善，尤其是需要根据新的科学和哲学成果来去伪存真，但它找到和一直坚持的方向则是正确的。一方面，我们不能人为地、简单地按二分逻辑将人和世界划分为心与物两个部分，而应像东方思想那样，根据事实对人和世界做不同角度的多重划分，即使要二分，也不能做心物二分，而只能做有为和无为之类的二分。另一方面，如果说有一个心理世界和有一个物理世界的话，在探求它们的统一性时，也应坚持实事求是的原则，根据事实允许的程度说明它们的统一性，而不能把事先设想的理想的统一性强加于它们。综合东西方在这个问题上的认识成果，笔者认为，心和身的统一性都有其各自特殊的统一性，即包含异质性的松散的统一性，而非像过去所设想的那样，是由一个小人式的实体或主宰维持、控制的统一性。

笔者认为，心有无统一性、有无共同本质不能一概而论，要依具体的条件和语境而定。说它们没有统一性，是就不同心理样式的比较来说的，意在强调各种心理样式在表现形式、存在程度和作用方式等方面的区别，是要纠以往理论只强

[①] 转引自中村元：《比较思想论》，吴震译，浙江人民出版社1987年版，第74页。
[②] 转引自中村元：《比较思想论》，吴震译，浙江人民出版社1987年版，第141-142页。

调其单一性和统一性之偏。强调它们具有异质性，也是有其条件和量度的限制的。这里的质是指具体样式或子类的部分的质，而非全体的质。就其全体来说，心理现象具有边界模糊而内核清晰的特点，尽管从某些方面看，它们有差异性或异质性，但变换角度则又能看到它们的共同性。正像我们在分析一个矛盾统一体时，既可以而且必须强调它的部分质上的区别（对立），又可以而且必须承认矛盾双方的同一性一样，说心理现象内部既有特定意义的异质性又有统一性和共同本质，这既不违反逻辑，也符合客观实际。心理现象的统一性的根基在于，其内有前面所说的自我或"变动着的不变者"（埃德尔曼等称为"动态中心"，即由许多神经元群为完成特定认知任务而形成的有特定认知功能并变化着的主体）。由于有这样的中心、主体或自我，人身上才会有矛盾统一性的种种表现，如人格同一性、意义理解的统一性、认识的统一性等。但同时必须看到，心并不是一个单一体或单子性实在，而是由形式多样、性质各异的心理样式和个例构成的矛盾统一体，各种心理样式之间只有表面的、松散的统一性。不同心理样式有不同的本质，例如，有的是大脑的机能或属性，有的是心理产物，还有的是大脑活动；有的是物理的，有的是物理的派生物，有的是非物理的；有的位于大脑之内，有的是具身的和延展的；有的很常见，有的尚未被发现，而且随着生命的进化还会生成新的心理样式。可见，心不仅有静态的多样性，而且有动态的生成性、开放性。笔者赞成贝内特等人的看法，他们说：追问"心灵是什么"完全是一种误导，因为心灵不是某种东西，"在我们习惯上说到心灵时，我们说的实际上是各种人类特有的能力及其运用，以及人类的特征品质"[①]。

这里值得我们探讨的是，为什么在西方占主导地位的是心物二分图式以及先二分然后再去求统一的惯性思维，在最近十来年还出现了二元论的"中兴"，而在东方却不同，例如在中国占主导地位的是一元论基础上的多分论？在西方，二分图式的长盛不衰，固然与问题本身的复杂性以及唯物主义不能提供令人满意的解答有关，但根本的原因应从别的方面去寻找。首先，笔者认为，应到心理语言的创制和运用中去寻找，即要研究心理语言的发生学。所谓心理语言是指描述、表征心理活动、过程、状态和属性的语言，如"相信""愿望""心灵""意识"

---

① 贝内特、哈克：《神经科学的哲学基础》，张立等译，浙江大学出版社2008年版，第108页。

"想"等。它们中的大多数后来也成了科学心理学的专门术语。我们这里所说的语言发生学指的是专门研究人类语言包括口语和文字历史起源及生成过程的学问,是发生学运用于语言研究的结晶。之所以要进行心理语言发生学的研究,根本的原因在于:有关语词的创制、运用,尤其是人们对它们的所指的理解和构想,冥冥之中为二元论的形成和发展做出了看不见摸不着然而又不可磨灭的贡献。西方包括哲学家和科学家在内的一般人,心底之所以潜藏着二元论的幽灵,之所以为民间心理学笼罩而没有自觉,也与语言的运用有千丝万缕的联系。换言之,造成这种结果的根源在于:他们在创造和使用有关语言的过程中,对我们的灵魂观念、心灵本体论、结构论、地形学、地貌学的深层基础及其形成发生过程缺乏必要的批判反思,即使有人做了反思,哪怕是很有影响力的人物做了这种反思,但历史的惯性作用如此之大,常识的不容置疑、天经地义的外观如此迷惑人,以至于那些批判、反思并未引起人们的足够注意。从语言与思想起源、互动的实际历史过程来看,大量研究已表明,语言尤其是远古时代的语言是一种重要的文化化石,其内隐藏着大量极其珍贵的文化信息,因此人类最初的语言以及后来经过派生、复合、新造的语言,不仅是研究语言本身起源、演变的不可多得的资料,而且也是认识创造和使用语言的人的生活方式、生产实践活动、认知能力与方式、思想观念,乃至世界观、心灵观的活化石。

维特根斯坦通过对"思维"与"撕碎"两词的用法分析,从个体发生学的角度深刻地揭示了常人的心灵观念产生的过程及实质,一针见血地指出了二元论产生的语言学根源。在他看来,常识和哲学二元论关于有独立存在的思维、心灵的观念,实际上是基于"思维"与"撕碎"在语法上的类似性而产生的,两词都有相同的用法、相同的语法作用,而"撕碎"指的是一种活动,即手将纸弄碎的活动。这活动有主体和过程,最后有撕碎的结果:纸碎了,这是人们能直接看到的。基于此,人们就可设想和推测"思维"要表示、指称的东西。经过推测,就有了一幅栩栩如生的心灵图画或一种观念:"思维"指的也是一个活动过程,但不是身体的活动过程,而是某种非物质主体即心灵的活动过程,它也有结果,那就是经过思维所形成的思想或想法。其他的心理活动和结构图景,以及对心灵的其他看法也是基于语言的这种作用而形成的。在维特根斯坦看来,传统的、常识二元论的心灵观念不是真实认识过程的结果,不是实在的"反映",而是基于类推等作用而构想出来的。

美国普林斯顿大学哲学和心理学教授杰恩斯（Jaynes）对心理语言的分析与维特根斯坦等人有很大的不同，因为他采取的是后一条分析路线，用他自己的话来说，他的研究是对心理语言的"古生物学研究"，而且得出了许多新奇的结论。经过别出心裁的研究，他得出了一个令人震惊的结论：意识不是自然进化的产物，而是"起源于人类作出隐喻和类推的语言能力"[1]。也就是说，灵魂等概念不是实在或属性的真实认识过程中的产物，而是由语言的运用所创造的，或者说是古人在语言扩展其使用对象与范围的过程中杜撰、虚构出来的。在心灵观念形成的过程中，在对人和世界的二重化过程中，隐喻的作用最大。他说：主观的有意识的心灵是我们称为真实世界的东西的一种类似物。它是由一种语汇或词汇域建构起来的，此域的术语都是关于物理世界的行为的隐喻或对应词。[2]

通过对古希腊的史诗《伊利亚特》I.3 中的语言分析，杰恩斯发现，许多词在最初指的是具体的身体行为，到后来才慢慢变成了指示有意识功能的词。例如 noos，也就是后来的希腊文中的 nous，指的是有意识的心灵。在《伊利亚特》中可译为知觉或认知器官，如说宙斯"用他的 noos 注视着奥德修斯"。后来经过隐喻的作用，它变成了一个有多重含义的心理语词。[3]

不仅心理语言是由隐喻在物理语言的基础上繁殖出来的，就是它们所表示的实在也是如此。杰恩斯认为，人们所设想的意识构成要素、结构、过程、结果、特征等，都是由隐喻从有关物理对象的对应的方面类推出来的，或者说人们赋予意识的那些特征都是隐喻创造出来的。这些特征主要有：第一，空间化，即有心理空间，如我们可用"在……内""在……外""在……上""在……下""在……旁边"等方位介词来描述心理事件。其他带有空间性质的副词、形容词也都能用来描述心理事件。心灵的这种抽象的、独特的空间性就是由隐喻创造、授予的。例如，喻媒"看"使人联想到物理世界中观看的行为，进而使人想到空间，当此

---

[1] 杰恩斯：《关于心灵起源的四个假说》，载高新民、储昭华主编：《心灵哲学》，商务印书馆 2002 年版，第 466 页。
[2] 杰恩斯：《关于心灵起源的四个假说》，载高新民、储昭华主编：《心灵哲学》，商务印书馆 2002 年版，第 466 页。
[3] 杰恩斯认为，他的分析参阅了 Bruno Snell. *The Discovery of Mind*. Cambridge: Harvard University Press, 1955.

空间与这种由推论而来的、被称为被喻的心理事件统一在一起时,该空间便成了一种联想物。这样一来,我们周围世界的空间属性就转化成了一种心灵的属性。第二,选择性。人们不可能看到一事物的全部或整体,只能选取某一或某些方面。这也是物理行为的类似物。第三,"我"——意识起作用的主体,如我们常说"意识纵横驰骋""心像脱缰的野马""我的心不能自主"等。第四,意识的主体还可以是宾格的"我"(me)。第五,叙事化,意识主体的活动、作用过程带有过程性、情节性,可以写出关于"我"的心理生活的完整的过程。意识流小说,文艺作品中关于心理的描述,足以证明这一点。

杰恩斯的上述看法尽管有片面性和极端化倾向,但对我们认识西方二元论的起源及实质却是有助益的。例如,从中我们可以得出这样的启示:二元论所主张的有独立起源和本体论地位的"心灵"等词即使有其对应之实,即不是空穴来风,二元论对它们的构想也一定犯了某种错误,如在构想这所谓的内部实在的图景时,由于是以对已知的人或外物的构造和运动方式这样的图式为参照系或模型的,因此对心做了错误的构想,如把心设想成为一个在他的"心里"空间中做这做那的"主体"或"我"或"小人"。总之,西方二元论对心的认识的问题不在于它承认了心的存在,而在于它对心做了错误的构想,即把心人格化或拟物化了,亦即对心的地理学、形态学、结构论、运动论和动力学图景做了想当然的构想。

笔者认为,二分图式在西方的盛行还与西方人对 FP 的"恋母"情结有关。因此这里我们拟在重构二元论的心路历程和一般逻辑考量的基础上,借鉴精神分析学分析恋母情结的方法对二元论的民间心理学情结做一尝试性探讨。如前所述,不同民族有不同的 FP,而不同的 FP 对各民族关于人和世界的整体把握与划分又有无形的影响。笔者认为,西方的 FP 是西方的二元论和二分图式得以产生和存在的一个极为特殊的心理学根源。而西方的 FP 又是原始灵魂观念在西方人的心中留下的惯性作用和思维定式。

相比较而言,中国对人、世界的整体把握和划分之所以表现为超二分图式,之所以是一元论基础上的多分论,在很大程度上也与它的 FP 有内在的关联。关于这一点,我们在本章第一节已做了考察,不拟重复。这里有必要探讨的是,中国为什么不像西方那样先二分然后再去求统一,而是先有一元的、统一的观照,然后再来做不同的多重划分？中国一有哲学思维，哲学家就对"一"情有独钟，或有关于"一"的信念或预设。庄子相信：万物是多，但来自一，此一是无，或有无的统一。他说："万物出乎无有，有不能以有为有，必出乎无有，而无一无有。圣人藏乎是。"[①]有即万有或万物，都有生、死、出、入的变化。而它们变化时，是无形无象的，即出于无有，入于无有。由于出和入都无形象，所以此出处入处就是天道的门，而天门即无有。万物不能来自有，只能来自无有。这里的"一"是动词，指"统一"，意即无有是有无的统一，圣人就安心于此无有之上，或以之为寄托。另外，中国哲人还有这样的信念，即尽管现实世界复杂多样，但它的理、体至易至简，即只能是一。《毛诗正义》云："穷易简之理，尽乾坤之奥，必圣人乃能耳。"

基于上述语言和心理分析以及比较研究，我们不难看到西方的物理主义为什么也没有超越二分图式，甚至没有摆脱二元论幽灵。如前所述，西方的物理主义根源于两个预设或直觉：一是物理完全性直觉，二是心身不可偏废直觉。前一直觉属于民间物理学，而后一直觉恰恰是民间心理学的基本原则。物理主义之所以深陷二元论的泥潭，主要原因之一是接受了 FP 的直觉，而这里的正确态度恰恰在于：应对之做出冷静的研究和批判。

三、基于比较研究的心身关系新论

如前所述，比较研究可以帮助我们发现真理，特别是有助于更好地探寻关于问题的答案。试以心身关系问题为例，通过比较研究，我们似乎看到了这样一个前进的方向，即一方面不把心身关系看作是唯一的关系，而把它看作是从多重因素中挑选出来的一种二因素关系；另一方面又不把心与身的关系问题看作是两个并列的、有相同逻辑地位的范畴的关系问题（以避免"范畴错误"），而把它看作是异质范畴的关系问题。另外，如果心和身每一方面都是异质的、多重的复合体，如客观上存在着心性多样性，那么在探讨它们的关系时，就要抛弃过去的那种线性的、一对一的思维方式。还应注意的是，由于不同的哲学对心与身的本质、构成有不同的理解，因此它们所面对的心身关系问题是不一样的。例如，对于莱

---

① 《庄子》。

布尼茨等认为心灵是单纯不可分的实体的哲学家来说，心身关系问题是两个独立存在者的关系问题；而对于持等同论或"双重语言论"的哲学家来说，心身之间无关系可言，因为心理语言和物理语言指的是同一的实在或过程，再追问它们有何关系就像追问"《理想国》的作者"与"柏拉图"两词所指的人是何关系一样荒唐可笑。对于坚持心理现象的宿主、所有者是整体的人而不是大脑或身体的人来说，一切讨论心身有何关系的理论都犯了部分论错误。所谓部分论错误即把本该归属于整体的性质偏偏归属于其中的部分。根据这种批判，过去的哲学、包括今天用大脑来说明心理的神经科学都犯了二元论错误。贝内特等人说：尽管当代认知神经科学在20世纪取得了非凡的实验成就，但它仍继续在笛卡儿的影响下运作。[1]这主要表现在：它尽管不赞成心身二元论，但却陷入了脑体二元论。与笛卡儿主义一样，它认为人的心理属性的主体是脑-身体中的一个东西，设想心理状态、事件、过程在人体某个部分发生、进行，在解释知觉、自主行为等问题时，保留了笛卡儿主义的心理学逻辑结构。[2]从语言哲学角度说，这种二元论对心理语言做了错误的归属，即把"思维"等心理谓词归于作为人之一部分的大脑。贝内特等批评说：当前认知神经科学的一个最重要的概念错误是，它将只能归于作为整体的动物才有意义的属性归于脑。[3]这是又一种形式的二元论：脑体二元论。之所以是二元论，是因为它保留了与实体二元论一样的逻辑构造。

通过比较研究和其他研究，我们有理由说，诚实运用的心理语言和物理语言都有其真实的所指，即世界上的确有与这两种语言相对应的两类存在，它们都有不可否认的本体论地位。但同时又应看到，它们的本体论地位是完全不一样的，即存在的方式和程度有很大的差别。因为根据我们所看到的心性多样论的事实，以及我们在本书其他章节所论述的观察心的不同方式、心的不同的显现方式，如当人处在静止状态时，正常的人肯定有心，但这时的心表现为潜在的可能性或属性或模块，如能思的属性、作为大规模集成的自我模块，等等，而当人的心现实地起作用时，它则表现为如同宽心灵观所说的弥散性现象、延展性现象，而非单

---

[1] 贝内特、哈克：《神经科学的哲学基础》，张立等译，浙江大学出版社2008年版，第113页。
[2] 贝内特、哈克：《神经科学的哲学基础》，张立等译，浙江大学出版社2008年版，第114-115页。
[3] 贝内特、哈克：《神经科学的哲学基础》，张立等译，浙江大学出版社2008年版，第113页。

子性实在或属性。此时，心就不是大脑及其属性那样的一阶存在或马克思主义哲学所说的第一性的存在，而表现为二阶（第二性）或高阶存在。随着关系的复杂化，还可突现出更高阶次的心理现象。

如东方哲学所强调的，尽管不能对人做心身的二分，但可以将人这个复杂统一体中所包含的这两个因素提取出来，讨论它们之间的关系，例如我们至少可以说，心与身之间有函数与自变量、高阶现象与低阶现象的关系。质言之，讨论它们的关系是合理和必要的。

在心身关系问题上，笔者的看法有两个方面，即否定和肯定的观点。

首先，笔者认为，一切形式的心身二元论对人和世界的心身或心物二分都是完全没有道理的，同时的确包含着"范畴错误"这样的逻辑错误。我们之所以认为它有问题，是因为心物二分作为对全部存在的一种分类方法，心物两个概念加在一起除了必须穷尽世界上的一切之外，还必须有以两个独立存在表现出来的"对立关系"，必须有时间和空间上的并列关系，每类对象必须有基于明确的界限而占有的稳定的位置。一方面，人们已发现了许多既非心又非物的现象，例如，中国哲学所说的精气神，佛教所说的最细身、明点，等等。另一方面，心与物（或身）之间尽管有对立关系，但马克思主义哲学早已澄清：这种对立关系只有两种可能，一是绝对的对立，二是相对的对立。有充分的根据说，心物只有在认识论的范围内，才有绝对的二分关系，如从这个角度可把意识看作主体或能思、能认识者，把意识之外的东西当作客体或被认识者。即便如此，这种二分也是非常不确定、不稳固的，因为意识本身也可成为被认识者。超出认识论的范围，进到本体论，心与物尽管也有对立的关系，但其对立只能是相对的，即不是两个相互排斥的独立存在者之间的绝对的对立关系。因为从彻底的唯物主义乃至从新物理学的观点看，"物"是无所不包的最大范畴，不可能存在着与之并列的范畴。心如果是存在的，也只能包含于"物"下，只能以物质的派生性形式或高阶存在的形式出现。因此列宁在许多论著中反复强调，意识和物质的区分只有在认识论中才有绝对的意义，超出了这个范围，它们的对立便是"相对的"。[①]换言之，如果

---

① 列宁：《列宁选集（第二卷）》，中共中央马克思恩格斯列宁斯大林著作编译局编译，人民出版社2012年版，第108-109页。

第六章 二分图式的遮蔽与超越：人的概念图式比较研究

在这些界限之外，把物质和精神即物理的东西和心理的东西的对立当做绝对的对立，那就是极大的错误。[1]二元论犯的正是这个错误。在物质之外，在每一个人所熟悉的"物理的"外部世界之外，不可能有任何东西存在。[2]我们前面讲的阶次、构成、实现等道理，也充分说明，心与身这对范畴不能用来对人或世界进行划分。因为心是高阶的，而身是低阶的，它们不是同一个层次的概念。"高阶"（higher-order）指在与别的对象的关系中所发生的对象。此对象原本不存在，但当别的对象出现并发生关系时，便有它的出现和存在，例如，四条腿与桌面会合在一起有一个新的存在发生，即桌子。"大于"是在有小的对象存在时的高阶对象。自变量和函数这对范畴也足以说明高阶对象的特点。函数是相对于自变量而言的，它所具有的性质特点相对于自变量来说总是部分的、不完全的。这对范畴其实是"上层层次"与"基础层次"这对范畴的一个特例。上一层次的现象、性质相对于基础层次的现象、性质而言就是函数。高阶对象也是这样，它依赖于低阶对象，没有低阶的对象就没有高阶的对象，正像没有自变量不可能有函数一样。在心理世界，观念、经验组成的复合体也不同于组成它的要素，因此也是新的心理学实在。当人们碰到关于复合体的观念、关于关系的观念时，人们实际上是以知觉性观念的方式碰到了实在。这就是说，在人心中，也有两种实在：一是作为组成部分的东西，如有一个观念、有一个判断；二是作为整体的复合体和关系。基于这些分析，辅之以前面分析过的西方人所说的构成论和实现论的材料，我们有理由说，将心与身并列在一起，看作是对人和世界的划分，是不合逻辑的，犯了范畴错误。质言之，不能对人做心与身的二重划分，心身二分是没有道理的。

其次，二元论以外的心身关系理论尽管有对二元论的超越，但由于没有看到心性多样性这一客观事实，而把心理解为单子性存在或一个单一的东西，因此在说明心物或心身关系时以为心身之间只有单一的关系，找到了这种关系，探讨便大功告成。简言之，它们都犯有这样或那样的简单化错误。例如，把只适用于一种心理样式与身体的关系泛化到一切心理样式之上，或作为全部心身的关系。已

---

[1] 转引自列宁：《列宁选集（第二卷）》，中共中央马克思恩格斯列宁斯大林著作编译局编译，人民出版社2012年版，第865页。
[2] 列宁：《列宁选集（第二卷）》，中共中央马克思恩格斯列宁斯大林著作编译局编译，人民出版社2012年版，第236页。

找到心身关系的形式足以说明这一点。例如，二元论所说的心与身的并列、平行关系，同一论所说的同一或等同关系，其他理论所说的实现关系、还原关系、突现关系、随附关系、附带关系（副现象论）、指称相同关系（双重语言论）、一物两面关系（两面论）、解释关系（解释主义），等等，其根源都在于把心简单地看作是单一体或一个东西。既然是单一体，那么这里的关系探讨就是要说明这单一体与作为另一统一体的身的关系问题。

当然，否认心物二分图式并不等于否定心物之间存在着关系，并不意味着要放弃心身关系探讨和理论建构。因为即使承认世界上只有物质存在，心理只是由身体的物理过程产生的东西，或认为它们之间没有并列关系，但不管怎么说，它们之间也仍存在着某些关系，例如没有并列关系也是一种关系，更不用说还存在着其他许多待探讨的更为复杂、隐秘的关系。由于心不是能与身体并列的现象，同时，其内有复杂的乃至异质的构成因素，不是单纯的存在，不是单一体，因而心与身的关系便极为复杂，至少不会或很少表现为一个东西对另一个东西的关系。既然如此，在心身关系的探讨中，就应尽可能避免简单化倾向以及抽象空洞的议论，而努力践行具体情况具体分析的原则，既要研究具体的心理样式、个例及其与身体的关系，又要关注作为矛盾统一体的心与身的关系。概括地说，至少有下述四类关系：一是作为集合的心与作为集合的身的关系，二是作为集合的心与身体内的诸构成要素的关系，三是心的诸多具体样式与身的诸多构成部分的关系，四是心的诸多样式与作为整体的身体的关系。我们在本丛书的《心灵哲学的当代建构》中正面阐述了我们在这类问题上的思考和观点，因此这里从略。

第七章
"心包万物"、"四分心"与意向性：意向性理论比较

"意向性"（intentionality）概念自从在古希腊被隐喻式地提出后，就一直是哲学关注的一个重要课题。柏拉图在《克拉底鲁篇》中提出：思想、信念就像弓箭一样，对准的是某种东西。这无疑是后来的意向性概念的真正发端，而且比较形象、准确地体现了意向性的特征、过程和本质。因为后来中世纪学者所创立的"意向的"一词，其本义或原义就是"瞄准、射箭"。托马斯正式从哲学上规定了"意向性"，认为它有三方面的内涵：一是意动层面的内涵，它似乎能说明人们为什么会做出行动。他认为，其根源是人有某种意向（意愿、对所渴望对象的追求）。所意欲的对象最初是以意向的方式存在的。二是认知意义上的内涵，它指的是对象转化为精神中的存在方式，即意向的方式。三是本体论的意义，即认为存在除了别的方式之外，还有意向的存在方式，或内在的存在方式。这些看法与其说是对意向性做了规定和说明，倒不如说是为后来的研究提出了问题，划定了研究领域，因为他的三重规定中隐含的问题现在都是意向性研究的三大难题。布伦塔诺的意向性研究既具有总结的意义，又开启了现代心灵哲学的意向性研究。后来直至今日的心灵哲学的意向性研究正是这一思路的拓展和深化。认识越向前发展，问题便越多，越复杂。一方面，它是当今研究多、热门的研究领域；另一方面，它除了要继续回答传统的问题之外，还碰到了许多更为棘手的问题，如"宽窄问题"、"自然化问题"和"副现象难题"等。

由于中国和印度哲学中都包含有极有个性的意向性思想，因此出于认识各自思想的特点的需要，以及为了在更宽的视野下更好地推进对问题的认识，西方已开辟了意向性比较研究的新领域。由于这是一个刚起步的研究，加之对三方的意向性理论的解读尚有极大的拓展空间，因此我们有可能且有必要做出我们的比较研究，以为这一领域的建设和发展做出我们的奉献。

第一节 跨文化背景下的中国哲学的意向性理论

在切入此论题时，我们首先没法回避的问题是：中国心灵哲学是否有意向性理论？或是否有对西方人关注的意向性问题的思考与解答？这在以前似乎是需要长篇大论才能回答清楚的问题，而现在已无须再费太多笔墨。因为在西方学界，已经诞生了用比较标准的意向性研究框架所完成的对中国意向性思想的研究成果。例如，美国心灵哲学家保尔在《中国六世纪的心识哲学——真谛的〈转识论〉》一书中以南北朝时的真谛及其著作《转识论》为个案，论述了中国6世纪流行于中国化佛教中的心灵哲学。从保尔的这一成果中，我们能清楚地看到，以真谛为代表的6世纪的中国心灵哲学对意向性、意义问题做了较具现代意义的探讨。其研究涉及的子问题有：语言如何影响认知、世界，语言与实相、真的关系，语言与指称、意义的关系，名与实、名与法的关系，名与义的起源问题，怎样摆脱语言的限制，含义（sense）与所指的关系问题，等等。保尔还论述了真谛及瑜伽行派对意向性研究的贡献，认为真谛对含义与指称做了初步区分，看到了分析语言对认识心灵的作用。真谛认识到，心灵与对象的统一，根源于人的意指行为，同时，他看到了整个心灵系统具有意向性。这些思想的作用是，让人们把注意力转向对构成系统自身及所有成分的关注。[1]类似的思想当然还广泛存在于其他诞生于中国文化土壤的思想家的文本之中。总之，中国心灵哲学包含有意向性思想是不容再耗费时间争论的事实。需要进一步探讨的是，怎样还原、重构中国的意向性认识的历史，怎样总结概括中国在这方面所做出的理论贡献，它们相对于其他

---

[1] 蒂安娜·保尔：《中国六世纪的心识哲学——真谛的〈转识论〉》，秦瑜、庞玮译，上海古籍出版社2011年版，第三、第四章。

第七章 "心包万物"、"四分心"与意向性：意向性理论比较

文化的意向性研究而言有何特点，等等。这里受篇幅限制，只能就后一类问题做一些抛砖引玉的探讨。

一、"日之大小"与内容"宽窄"问题

中国心灵哲学一般不否认意向性或心理内容有本体论地位，因此没有出现西方那样的围绕这一问题的激烈争论，在解释心理内容的共同性、个体性时一般持近于西方的外在主义立场。

我们知道，心理内容研究的核心问题之一是心理内容的共同性和个体性的根源与条件问题。一般都不否认，心理状态之间既有共同性，又有相互区别之处，质言之，任何心理状态类型或个例都有自身不同于别的类型或个例的独特之处，即个体性。现在的问题是：这种个体性的条件或原因是什么？也可以这样表述：心理内容是什么样的属性？怎样对它们做出区分？换言之，是否应根据它们所随附的内在物理属性而将心理状态个体化？还可以这样来表述：心理状态是怎样被决定的，或由什么所决定的？一状态怎样与别的状态区别开来？一状态的独特的决定因素是什么？它们应当像自然事物的个体性那样根据决定它们的因果关系来个体化吗？例如，"相信水是湿的"这一信念应根据相信者之外的因素如环境中的水的存在来个体化吗？对此，主要有三种回答：一是个体主义或内在主义。二是外在主义或反个体主义或情境主义。外在主义认为，心理内容是关系属性，即心理内容不在头脑中，而由其对象、环境所决定。此即外在主义所说的"宽内容"。其激进的观点主张：没有外在对象就没有相应的内容，如一个体生存于没有水的世界，就不可能有关于水的概念。内在主义认为，心理内容是非关系属性，即心理内容从根本上说是大脑或神经系统本身所具有的属性，此即内在主义所说的"窄内容"。三是主张心理内容既可表现为宽内容，又可表现为窄内容，此即内容二元论的观点。这里又有两种情况：首先是认为人心中有两种内容，即有的是宽的，有的是窄的；其次是认为，任何内容都有两方面，即既有宽的性质或因素，又有窄的性质或因素。

中国的外在主义认为，一个心理内容之所以不同于另一个内容，如相信明天要下雨的信念不同于相信明天天晴的信念，与心本身无关，因为人的心性是同一

的，此即"性一也"。不同主要是根源于主体与对象的关系，如它们的差别是由心理主体所处的环境、所进行的活动决定的，是由于心流行的地方超出了心本身，进到了对象之中，而对象有刚柔、昏明的不同。故可说："流行之方有刚柔昏明。"[①]例如有三个人，分别处在三个不同的地方，即密室中、帷幕下、开阔的地方，让他们看同一个对象，他们所形成的心理会有很大差别。这些看法是比较典型的外在主义思想。它强调的是，要说明任一心理的个别性的根源，必须诉诸外在对象或心所反映的内容。

无独有偶，中国心灵哲学也有类似于普特南（Putnam）所提出的关于外在主义的"孪生地球论证"。所不同的是，这里用的例子不是地球，而是日。例如理学认为，日无大小，但居住在不同地方（如住在茅屋内和广庭之下）的人所看到的日就不一样。这种有大有小的认识显然不是由心之内的东西所决定的，而是由认识者所处的环境决定的。《宋元学案》云："日之全体未尝有小大，只为随其所居而大小不同尔。"张载的外在主义倾向更明显，如说："人本无心，因物为心。"[②]意为没有外物就没有心。不同的人及其心之所以不同，是因为所对的物各不相同。这与普特南所说的"思想不在大脑中"何其相似！同样，心所以万殊者，感外物为不一。王蘋说："人心本无思虑，多是记忆既往与未来事。乃知事未尝累心，心自累于事耳。"《宋元学案》

王阳明不仅强调心理内容的个体性根源是外在环境及其对象，而且形成了近于西方外在主义的宽心灵观，如说："心不是一块血肉，凡知觉处便是心，如耳目之知视听，手足之知痛痒，此知觉便是心。"[③]"这视听言动皆是汝心，汝心之视发窍于目，汝心之听发窍于耳，汝心之言发窍于口，汝心之动发窍于四肢。"[④]这就是说，心不是一个点式或单子式的东西，而是一个弥散于人体有关部位乃至外部世界的"宽"现象。人心之所以不是大脑，不是血肉，道理还在于："如今已死的人那一团血肉还在，缘何不能视听言动？"[⑤]

应承认，中国心灵哲学也有内在主义思想，例如，以"性"解释人的心理就

---

① 黄宗羲：《宋元学案》。
② 张载：《张载集》。
③ 王守仁：《王阳明全集》。
④ 王守仁：《王阳明全集》。
⑤ 王守仁：《王阳明全集》。

是用人身上的非关系因素说明心理的共同性和个体性。另外，用人的血气解释心知也是内在主义的表现。朱熹说："动物有血气，故能知。"[①]

在内容的个体性说明中，中国也诞生了介于外在主义和内在主义之间的折中理论，如内容二因素论之类，它强调：一个内容的个别性要么同时是由内外两种因素共同决定的，要么同时有两种内容，一是纯由外在环境决定的内容，二是纯由内在因素决定的内容。例如庄子尽管在许多地方强调"去知"，但这不意味着庄子绝对否定一切知识。根据他的充满着辩证色彩的知识观，知有不同种类，一种是分解性知识，即常人所拥有的知识，这种知识是要去的。除此之外还有一种知，它是以不知为特点的统一的观照，也是最高、最胜、最盛的知，这种知是对第一种知的否定。他说："以其知之所知，以养其知之所不知……是知之盛也。"[②]前一知识尽管应抛弃，但就其形成而言，它们是由接触外物而形成的，若无外物，无相应的接触活动，其存在就不可能。还有一种知与感知无关，而纯由思虑所决定，即完全是人想出来的。他说："知者，接也；知者，谟也。"[③]"谟"即谋划、思虑。知有两种，一是通过接触外物而知，二是通过内虑于心或通过谋而知。这就是说，人的心理内容是复杂的，有些是由外在因素决定的，此即外在主义，有些是由心本身的活动决定的，此即内在主义。因此这种理论有点接近于西方的内容二因素论。

二、"大心"、"心包万物"与无封界心灵观

西方的意向性研究不仅有深化意义、内容研究的意义，而且对研究心灵本质、构成即对心灵观的发展也有重要作用，其表现之一是导致了新的心灵观的诞生。众所周知，传统和常识的关于心灵的理解中包含着两个重要隐喻，一是心灵有不可错的眼睛，有自我认识的优越的、权威的通道，二是认为心灵具有自主机制。而这两个隐喻又包含着这样的心灵观，即认为心灵是一个单子式的、个体性的、实体性的存在，它有自己的活动主体、活动的时间和空间，因此可以形象地称作人中的"小人"。柏奇基于自己所倡导的外在主义提出了一种崭新得有点离奇的心灵观。他认为，人类的心灵是在人与外在世界打交道的过程中建立起来的、渗

---

① 黎靖德编：《朱子语类》。
② 《庄子》。
③ 《庄子》。

透着社会性和关系性的实在，而不是一种纯个体主义的东西。[①]质言之，心灵是非单子性的、非个体性的，更不可能是实体性的。心灵一旦现实地出现，不论是作为内容、表征，还是作为属性或机能，抑或作为活动和过程，它一定以非单子性的、跨主体的、关系性的、弥散性的方式存在，它不内在于头脑之内，而弥漫在主客之间。

由此看来，外在主义提出的有意义的问题是，人心是否有界限或限量？其实，这一问题早就由中国心灵哲学提出来了。二程认为，就心囿于人体来说，它有限量。"论心之形，则安得无限量？"[②]其用亦如此，因人形有限量，气有限量，因此其用亦有限量。若就心能尽心知性、通于道而言，人心又无限量。"天下更无性外之物，若云有限量，除是性外有物始得。"[③]这就是说，心既有限量，局限于人体之内，又无限量，即超出人身的界限，甚至与虚空齐，直至无限。例如圣人之心无限量，因为它通道、达道。"耳目能视听而不能远者，气有限也。心无远近。"[④]

大心也可称作境界形态（vision form）。它不同于实在形态，指的是，你自己的修行达到某一个层次或水平，你就根据你的层次或水平看世界——你看到的世界是根据你自己主体的升降而有升降，这就叫作境界形态。[⑤]这种心境实即一种精神境界，即由多种因素构成的有机整体，既包括加工改造过的外部形象，又包括心的认知、价值、观念、性格、情感、意志的能力作用。理学不仅强调有超越躯体界限的大心，而且对"大心"做了自然化。例如，有的人在解释张载的"大心"说时认为，心是有形之物，只是很小，即方寸之大。"心处身中，才方寸耳，而能弥六合（前后左右上下）而无外者，由其虚窍，为气之橐籥（yuè）而最灵也。"[⑥]心尽管很小，但由于汇聚了最灵之气，因此能扩充成无外之大心。气凝聚于身，"而身之气又朝宗于心，故此人人各具之一心，实具天地万物之全气。气全而理即全，非谓我一人之心仅为分得之家当也。……由一心以措天地万物，则无

---

① Burge T. "Individualism and the mental". In Heil J (Ed.). *Philosophy of Mind*. Oxford: Oxford University Press, 2004: 477.
② 程颢、程颐：《二程集》。
③ 程颢、程颐：《二程集》。
④ 程颢、程颐：《二程集》。
⑤ 牟宗三：《四因说演讲录》，上海古籍出版社 1998 年版，第 73 页。
⑥ 黄宗羲：《宋元学案》。

第七章 "心包万物"、"四分心"与意向性：意向性理论比较

不贯"①。

王阳明不仅强调心理内容的个体性根源是外在环境及其对象，而且形成了近于西方外在主义的宽心灵观，强调心不是一个点式或单子式的东西，而是一个弥散于人体有关部位乃至外部世界的"宽"现象。王阳明的宽心灵观还看到：耳目口鼻是心的组成部分，当然心又不能等同于它们，不能等同于肉团心。这里包含有西方人今天所强调的具身性（心具体化于身之中）思想。"具身性"是西方心灵哲学和认知科学思考心的构成的新的方向、方式，其特点是，将心灵从心灵空间（心里）的象牙塔中解救出来，承认它居住在广泛的区域。其本质接近于柏奇等人的外在主义宽心灵观。"具身性"范式认为，心具有 4E 的特点：心是具身的（embodied）、镶嵌的（embedded）、行然的或生成的（enacted，心离不开行，由之所促成）、延展的（extended）。传统心灵观的特点是：承认心理活动有主体、主宰，心理现象有中心。其实质是单子主义、实体主义、中心主义。王阳明认为，心要有其作用，必须表现于身，如"汝心之视发窍于目""汝心之言发窍于口""汝心之动发窍于四肢，若无汝心，便无耳目口鼻"。②但纯粹的耳目口鼻又不是心。"汝心亦不专是那一团血肉，若是那一团血肉，如今已死的人那一团血肉还在，缘何不能视听言动？所谓汝心却是那能视听言动的，这个便是性。"③如果在关于心的外在主义框架下看问题，那么他的"心无分于内外"这一命题就颇值得玩味。有理由说这是宽心理观的中国式的也是最准确的表述。阳明心学在清代的代表人物黄宗羲也坚持这一路线，如认为要认识心物各自的特殊性必须到关系中去寻找根源。任何个别心理、物理现象都是复杂关系的产物。他说："盈天地皆心也，变化不测，不能不万殊。"④

王夫之也有宽心灵观。就心的定位来说，他反对"部分论"，强调心离不开全部身体，甚至离不开五官对外物的感知。他说："一人之身，居要者心也。而心之神明，散寄于五藏，待感于五官，肝、脾、肺、肾、魂魄、志思之藏也，一藏失理而心之灵已损矣。无目而心不辨色，无耳而心不知声，无手足而心无能指

---

① 黄宗羲：《宋元学案》。
② 王守仁：《王阳明全集》。
③ 王守仁：《王阳明全集》。
④ 黄宗羲：《明儒学案》。

使，一官失用而心之灵已废矣。"①他的宽心灵观的另一表现是：不仅相信心包含性、情、才、大体、小体，而且相信心包含万物，"函物者心之量，存诸中者心之德……圣人则与万物同忧"②。

中国宽心灵观不同于柏奇等人的宽心灵观的地方在于：不仅认为心包万物，而且由于强调身在心中，因此有整体论或反部分论倾向。西方一般只承认心在身中。而中国宽心灵观坚持更为广泛的整体论，如认为身在心中。魏源说："人知心在身中，不知身在心中也。'万物皆备于我矣'，是以神动则气动，气动则声动，以神召气，以母召子，不疾而速，不呼而至。"③

三、意向对象与"非存在"问题

西方意向性研究的又一前沿、焦点问题是意向对象的"形而上学问题"。这里所谓的意向对象即心理状态所指向的东西。由于它们一旦被指向了，就进入了意识之中，因而布伦塔诺把它们称作"心内存在的对象"或"内对象"。意向对象有两种：一是被指向的真实存在的对象；二是被指向的不存在的对象，如被我想到的方的圆。这里最有意义也最困难的问题是非存在意向对象有无本体论地位的问题，如被想到的"金山""方的圆"等是否存在、怎样存在（如果存在的话）之类的问题。为了突出这类问题的哲学性质与特点，关心这一论题的论者常把它们称作"意向性的形而上学问题"。

这类问题及其研究在英美分析哲学中经历了曲折的演变。现当代关于非存在意向对象的形而上学问题的研究肇始于 19 世纪末的迈农（Meinong）。现当代的研究主要是围绕他的思想而展开的。在 20 世纪 30~50 年代，由于维特根斯坦，尤其是蒯因的否定性论证，这一研究一度陷入停顿。到了 60 年代以后，由于逻辑学对意向谓词的关注及其所取得的成果，以及可能世界语义学的诞生和发展，这一研究又开始兴盛起来。尽管大多数主流哲学家对非存在论仍持否定观点，但仍有一些人"挖空心思"予以论证。

中国心灵哲学不仅认识到了意向对象不同于自在存在的对象，而且把它看作

---

① 王夫之：《尚书引义》。
② 王夫之：《尚书引义》。
③ 魏源：《魏源集》。

第七章 "心包万物"、"四分心"与意向性：意向性理论比较

是一种心理样式，如认识到心里想到的东西就是心的样式。朱熹说："此心至灵，细入毫芒纤芥之间，便知便觉。……古初去今是几千万年，若此念才发，便到那里；下面方来，又不知是几千万年，若此念才发，便也到那里。"[①]心灵中出现的过去久远的事和未来没发生的事显然都是典型的非存在意向对象。

王阳明认识到，意向对象可以是一切事物。他说：如意用于事亲即事亲为一物，意用于治民即治民为一物，意用于读书即读书为一物，意用于听讼即听讼为一物。[②]意识若指向眼前手中的笔，此笔便是意向对象。总之，只要意识有其所在，落脚于一个东西，此东西即为意识的对象。陈来说："意之所在指意向对象、意识对象。"[③]当然，王阳明关心的主要是与人事有关的意向活动和对象。他认识到，在意向活动中，其体是知，其对象是物。意、知、体的关系是：知者意之体，物者意之用。陈来说："'意之所在便是物'显然是一个接近于现象学的命题，而他的心物理论也同现象学的意向性理论颇有相同之处。"[④]

王阳明关于意向对象的思想的特点在于：试图从现象学角度去理解心的本质。他认识到：离开了心，无世界可言，同理，离开了心所显现的世界，心也不存在。因此相对于人的认识来说，心不是自在的实在，而是现象学实在。王阳明表述这一思想的一段话十分"现代"，与现象学的心灵理论惊人一致。他说："天地鬼神万物，离却我的灵明，便没有天地鬼神万物了。我的灵明，离却天地鬼神万物，亦没有我的灵明。如此便是一气流通的，如何与他间隔得？"这里所谓的灵明是就心的特性、作用而言心的。他说：心"只是一个灵明"。[⑤]这种关于意向对象的思想显然是一种现象学。当然它不绝对否认自在的存在。它要强调的是：事物在成为意识的对象时，不同于它自在的、"寂"的状态，因此意识的对象是全新的实在。

王夫之尽管没有用"意向性"一词，但对心理现象的这样的特点的概括显然符合"意向性"一词的要求。他认为心有一举念而收千里之境的特点。这特点说的不外乎是内在的对象性或对象的内存在。他说："风雷无形而有象，心无象而

---

① 黎靖德编：《朱子语类》。
② 王守仁：《王阳明全集》。
③ 陈来：《有无之境：王阳明哲学的精神》，生活·读书·新知三联书店2009年版。
④ 陈来：《有无之境：王阳明哲学的精神》，生活·读书·新知三联书店2009年版。
⑤ 王守仁：《王阳明全集》。

有觉，故一举念而千里之境事现于俄顷，速于风雷矣。"①意向对象之所以是心理样式，是因为它是心造的，换言之，心所指的境是心性的，正如梁启超所说的："境者心造也。"②

中国哲学也探讨了非存在的意向对象，并有积极建树，如牟宗三认为，即使被相信的东西不存在，作为内在的心理事实也是千真万确的。他说："如我相信上帝存在，这个上帝对于我就是一种存在，这种存在对于我就是一个内在的真，一个自我的真。"③

道学所说的"道"，其最好的表述方式应是"无"。老子用"无"来表述他通过玄览所发现的道有重要的形而上学意义，表明他超越于一般常人和哲学家，自觉意识到了一个重要的认识对象，即与"有"相对的"无"或"没有"，这也就是我们这里所说的非存在的意向对象。这里的"非存在"不是绝对的不存在，而是相对于常识的以有形可见为存在标准的本体论而言的非存在。正如任继愈先生所说的那样，他这里要思考的"无"，不再是一个具体的"没有"（如原始人打猎时所发现的此处没有老虎等），也不是一个低层次的抽象的无，而是最高层次的概念的"无"。任先生从认识史的角度对老子的"无"范畴的理论价值做了阐发，指出：无论是个体，还是种系，人的认识的过程"总是由具体事物开始，由微细到宏大"。对事物的认识也是这样，刚开始只能认识一个个有形事物，尔后才有可能认识抽象的事物，在认识抽象对象时，先有对"有"的认识，然后到了较高的阶段才有对"没有"的认识。把"没有"抽象到概念的高度，作为认识的客体对待，达到这个认识水平，只有具有先进文化的民族，才有这个可能。……老子提出了"无"，是一次飞跃。④从发生学上说，"无"的概念是在"没有"这一概念的无数次重复的基础上提出的。因为"没有"只是一次性的客观描述。例如，原始人在树林中打猎，未碰到山羊，就会说"没有"，重复了无数次后，把所有的具体的"没有"加以抽象概括，才有"无"。老子对无的提炼和阐述无疑是他对人类认识史所做的一个重大贡献。

---

① 王夫之：《张子正蒙注》。
② 梁启超：《自由书》，《梁启超全集（第二册）》，北京出版社1999年版，第361页。
③ 牟宗三：《中国哲学的特质》，吉林出版集团有限责任公司2010年版，第12页。
④ 任继愈：《老子绎读》，北京图书馆出版社2006年版，第5页。

四、"意""志"范畴中的意向性思想

中国意向性研究还体现在对"意"和"志"的探讨之中。先看前一方面。中国心灵哲学所说的"意"有多种所指:一是指与心、魂、魄等并列的心理主体;二是觉知意义的意,或感受性质意义的意;三是意向性意义的意;等等。这里我们只关注第三种意义的意。

先看儒家对意的论述。有意思的是,心学中已出现了"意向"概念。例如刘宗周说:"人有生以来,有知觉便有意向。"[1]此意向即作为主宰的意的定向作用。在心中,意如舵手,心如船舟。当然,应承认,儒家关于"意"的用法并不统一。例如心学所说的意有三义:一是近于作意,二是意向性,三是"诚意"中的作为意识、心意的意。王畿说:"意者,动静之端,寂感之机。"[2]王阳明认为,意指的是让念头生起的意动。"凡应物起念处皆谓之意,意则有是有非。"[3]此外,还有意欲、意想、意识到、作意之意。"欲食之心即是意,即是行之始矣。"[4]心学也重视并探讨了西方人所关注的两种意向性,即认知中的意向性和意动的意向性,当然更多的是讨论作为意动的意向性,认为其形式有发愿、立志、转个念头。罗汝芳说:把圣学当作一个"物事",不如"轻轻快快转个念头",如将念头转向对自心的审问。[5]发愿就是发誓愿,决意要做什么。周汝登说:"发愿处,便是工夫。"[6]立志,即把自己的志向指向某一对象,以此为奋斗目标,最高的志就是"必为圣人之志"[7]。

作为意动的意向有两种:一种是由经验性心理主体所发动的意,如心的主意、对各种可能行为方式的选择、确定下一步行动方案等;另一种即本心基于良知对是非的"自裁自化",它是本心之妙用,是本心的自然表现,可称作"独"。阳明心学传人泰州学派代表人物王栋说:"独即意之别名。""以其寂然不动之处,单单有个不虑而知之灵体,自作主张,自裁生化,故举而名之曰独。"《明儒学

---

[1] 刘宗周:《刘宗周全集》。
[2] 周汝登:《周汝登集》。
[3] 王守仁:《王阳明全集》。
[4] 王守仁:《王阳明全集》。
[5] 黄宗羲:《明儒学案》。
[6] 周汝登:《周汝登集》。
[7] 周汝登:《周汝登集》。

案》这种意在儒家的"慎独"学说中论述得比较清楚。《中庸》是这样界定"慎独"的:"道也者,不可须臾离也;可离,非道也。是故君子,戒慎乎其所不睹,恐惧乎其所不闻……故君子慎其独也。"这就是说,君子也同时有欲望和天性,其特殊的操作不是人为压制欲望,而是在欲望起作用时以性作为欲望的主人。要如此,就要慎独。所谓独是只有自己独自知道的意念、欲望之初动。质言之,独是意动之意向,慎是在面对此初动时的省察工夫。审查其是出于性,还是出于欲望,出于性的即合乎道的,但出于性的有两种情况:一是纯粹由性所决定的行为,二是在性的统帅下的、出于欲望的行为。徐复观先生说:"出于性的,并非即是否定生理的欲望,而只是使欲望从属于性;从属于性的欲望也是道。"①

中国哲学所说的"意"的意向性意义,还体现在这个字的词源上。李经纶说:"意非心之发也,心之发则情也。意从立、从曰、从心。"②意思是,意不是心的所发、已发,因为心一发,即是情,而非意。意只是心的这样的性质,即做出决定要指向什么,如想立什么、想说什么。质言之,心之决定立、决定曰(起作用),即为意。"心立欲为之意,而非为之意。"③意思是,意只是心的想萌动,而不是已动。已动就进到了心的具体的行为。这就是说,在心学中,意指的是心的发动、肇始,这也有西人所说的"意向性"的意味。

在重视语言和逻辑的墨家哲学中,"意"则有"意象"和"意图"的意义。陈汉生说:"在新墨家理论中,有时把'意'理解为'意图',有时则理解为'意象'。"④前者近于西方人所说的"意动"的意向,后者则指具有经验性而非逻辑性的内容,逻辑内容是由概念所表述的内容,而经验性内容是介于当下生动直观和逻辑内容的内容。而内容也是一种意向性。经云:"意楹,非意木也,意是楹之木也。意指之也也,非意人也。意获也,乃意禽也。"⑤意为在意想中出现的一根柱子,就是一种心理内容,作为内容的特点在于,它不是直接的感知,而是心中的间接呈现,但作为呈现,它又不是概念性内容,如不是抽象的木的概念,

---

① 徐复观:《中国人性论史·先秦卷》,九州出版社2013年版。
② 黄宗羲:《明儒学案》。
③ 黄宗羲:《明儒学案》。
④ 陈汉生:《中国古代的语言和逻辑》,周云之、张清宇、崔清田等译,社会科学文献出版社1998年版,第161页。
⑤《墨子·大取》。

第七章 "心包万物"、"四分心"与意向性：意向性理论比较

而是关于木质的东西的意象。同理，意想中出现的猎获物既不是感官前的猎物，又不是作为概念的禽类，而是关于猎获物的意象。陈汉生说："如果我们思考一根柱子，那么这个意象虽然是木质东西的意象，但不是木头本身的意象。"[①]

作为意向性的意是可以自然化的，这主要表现在，意可用气来说明。例如意有念这样的样式。所谓念即西方心灵哲学所说的表征、再现，如已储存的心理在意识面前呈现出来或当下呈现出来的心理。刘宗周从词源学上说："今心为念。"[②]这种作为意向性的高级心理之所以能出现，是因为有气的余力或剩余的能量存在。他说："盖心之余气也。余气也者，动气也，动而远乎天，故念起念灭。"[③]"心之官则思……而心为之动，则思为物化，一点精明之气，不能自主，遂为憧憧往来之思矣。"[④]

再看道学的意向性探索。道家认为，作为意向性的意是心的深层机制。这有点类似于胡塞尔将意向性作为意识的结构的看法。例如《文始真经》认为：思维的主体表面上看是心，但最终主体其实是意。"思者心也，所以思之者是意，非心。"这就是说，心是直接的思考者，而意则是决定如何思的机制、程序和指令。在见道的过程中，意的作用至关重要，因此意为心主、道主。因为意调和了，停住不动，才能见道。"若意能一日节之，然如常息者，其气即永固。"[⑤]如此让意停下来，凝固安然，便是顺天意。因为天意即道体无为。否则是"逆天意"[⑥]。"道体虚无，自然乃无为也，无为者乃心不动也，不动也者，内心不起，外境不入，内外安静，则神定气和。""精意专念，玄之又玄，道之极秘矣。""若能存念，其神以守元气，气亦成神，神亦成气。"[⑦]

中国意向性研究开辟了一个新的领域，那就是中国哲学不仅对心之意向作用做了较全面的梳理，而且对它在做人、成圣中的作用，对它与人的生存状态的关系做了独到的探究。一般认为，人做得如何，是圣人还是凡夫，人生活得如何，

[①] 陈汉生：《中国古代的语言和逻辑》，周云之、张清宇、崔清田等译，社会科学文献出版社1998年版，第138页。
[②] 黄宗羲：《明儒学案》。
[③] 黄宗羲：《明儒学案》。
[④] 黄宗羲：《明儒学案》。
[⑤] 张君房编：《云笈七签》。
[⑥] 张君房编：《云笈七签》。
[⑦] 张君房编：《云笈七签》。

是在天堂享福还是在地狱受罪，主要取决于人心"位于""安于""寄托于"何处，即取决于人心的意向、指向，取决于"心使"。如果让心在任何情况下都指向、安顿于道，"虚其心"，"贵食母"①，"休"于"虚静恬淡寂漠（寞）无为者"②，或者像孟子所说的那样，把心的指向性放在养"大心"、扩充心、尽心之上，那么就会成为快乐无比、人格高尚的圣人、大人。

中国对作为意动的意向性研究主要体现在对"志"的探讨之中。志也是一种意向性形式，指的是对想得到的东西的追求、定向。从字的词源和构造上看，"志"从"士"从"心"，指的是心想做的事、心的指向。就它与心、意的关系看，"心者，一身之主宰，意者，心之所发，情者，心之所动，志者，心之所之"③。就性质而言，"志公而意私，志刚而意柔，志阳而意阴"④。之所以是公，因为"志是公然主张要做的事"，而意在其后面，在内里谋划，故是"私""隐"，"是私地潜行间发处"⑤。

中国心灵哲学重视"志"的研究，是出于强烈的实践动机，即为了解决如何做人、如何治身或治心的问题，以及如何将成圣落实于行动。因此关于志的哲学首先是行动哲学。而要解决行动的问题，自然要追问"志"或西方人所说的"自由意志"。西方的行动哲学必然要涉及自由意志问题，也说明了志的问题对心灵哲学的必然性。

就志与意的关系而言，王阳明认为，意让意念生起，进而让心进入意识流状态，有动有变，游移不定并有是非判断，而志尽管也是本心生起的念动，但其特点是，有固定不移的指向对象，具有专一、持久、不变、坚毅的品格，其引发的行为也有不变、不为外界转变的特点。"志苟坚定，则非笑诋毁不足动摇，反皆为砥砺切磋之地矣。"⑥可见，王阳明所说的"志"是今日所说意志中的一种，即指向高尚对象的坚忍不拔的意志。从志与知的关系看，两者有互为条件、相互作用的关系，如知什么、知多少都与志有关，"善念发而知之，而充之；恶念发

---

① 《老子》。
② 《庄子》。
③ 黎靖德编：《朱子语类》。
④ 黎靖德编：《朱子语类》。
⑤ 黎靖德编：《朱子语类》。
⑥ 王守仁：《王阳明全集》。

而知之，而遏之。知与充与遏者，志也"①。意思是，志既可使向上的认知得到充实发展，也能阻止由恶念而引发的认知。就此而言，志对于知、思虑等理性活动有决定性作用，因此可把志看作是知的种子。"夫志犹种也，学问思辨而笃行之，是耕耨灌溉以求于有秋也。志之弗端，是荑稗也。"②当然，知对志也有反作用，如知的多少、好坏可影响志的方向和坚毅程度。基于正确的、有益的知识可形成高尚的志向。例如有关于良知之知，就会有成圣之志。"既知至善之在吾心而不假于外求，则志有定向，而无支离决裂、错杂纷纭之患矣。"③

五、言意之辩与意向性研究的语言学维度

今日西方的意向性研究已与传统的语言意义研究合流了。中国心灵哲学也重视对意义问题的研究，如言意之辩就是其表现之一。这个论辩是围绕"圣人之意"而展开的，所关心的问题尽管没有涉及"意义"的意义、意义的本体论地位等形而上学问题，但从特定角度切入了对意义哲学的一些重要问题的研究。例如，什么是圣人之意？与所指是何关系？理解圣人之意的条件和方法是什么？等等。

许多人主张："意"有独立的存在地位，如嵇康的"得意忘言"说就持此论。他用比喻的方式说，就像钓鱼的人得鱼忘筌一样，人得到的意是一种独立性的、抽象的实在，其表现是，"心（意）不系于所言"④。

再就言意之辩中经常争论的言、象、意关系来说，"象"指卦象及象征其义的物象，例如，乾卦之象作"☰"，义为刚健，可用马象之；坤卦之象作"☷"，义为柔顺，又以牛象之。很显然，意义不同于象，是"象外之义"，正如存在着言外之意一样。

言意之辩还涉及了语言与思想是否可分离的问题。这里有不同的看法：一是不可分论，如《墨经》说：执所言而意得见，心之辩也。二是可分论，如孔子说："书不尽言，言不尽意。"⑤庄子说："筌（捕鱼工具）者所以在鱼，得鱼而忘筌。

---

① 王守仁：《王阳明全集》。
② 王守仁：《王阳明全集》。
③ 王守仁：《王阳明全集》。
④ 嵇康：《声无哀乐论》。
⑤《周易》。

蹄（捕兔的工具）者所以在兔，得兔而忘蹄。言者所以在意，得意而忘言。"[1]

魏晋时期，何晏、王弼发展了言不尽意说。这一意义论包含有"抽象意义论"的思想。"意"有无自己不同于所指的存在地位？有无抽象存在？庄子说："语之所贵者，意也，意有所随（所指），意之所随者，不可以言传也。"[2]言尽意论者也承认"意"的独立性，例如，魏晋的欧阳建对立于言不尽意论，提出了"言尽意论"。他认为，有三个东西不可混同：一是言或名；二是物，即语言的外在所指；三是"理"或意。他说："古今务于正名，圣贤不能去言，其故何也？诚以理得于心，非言不畅；物定于彼，非名不辨。言不畅志，则无以相接；名不辨物，则鉴识不显。"[3]这里的"理""志"就是不同于语言之所指的抽象存在。

老子、魏晋玄学中还包含有弗雷格关于含义与意义之区分的思想雏形。根据王弼的看法，老子所谓的"道、玄、深、大、微、远之言"，它们的所指都是那个至大无外、无处不在的道或无，但又"各有其义"，"未尽其极者也"。[4]

美国哲学家保尔通过自己的研究，在瑜伽行派中得到了这样的发现，即该派已认识到语言有意向性，例如语言一经说出，就有它的关于性或意向性，即指向了某种意识的对象或被意指的对象（object intended），意向对象即所指。即使这对象没有实际的对应物，如人们有意说出的"空花"，尽管世界上不存在空花，但作为意识到的对象的空花，则是被意指的对象。保尔说："语言从根本上来看是意向性的……而不论那些对象实际上存在与否。"[5]陈朝的印度译经师、佛学家真谛的看法也是如此，如他的"《转识论》中称，要实现交流这一目的，人们无需任何真理观和客观存在的所指。只要有意指对象以及对意指对象达成的共识，人们就可以进行交流"[6]。例如，尽管神灵不存在，但由于人们有对其观念的某些共识，因此能相互谈论神灵。

保尔认为，中国佛教有意向性理论，但它与语言理论联系在一起，因此保尔

---

[1]《庄子》。
[2]《庄子》。
[3] 欧阳建：《言尽意论》。
[4] 王弼：《老子指略》。
[5] 蒂安娜·保尔：《中国六世纪的心识哲学——真谛的〈转识论〉》，秦瑜、庞玮译，上海古籍出版社 2011 年版。
[6] 蒂安娜·保尔：《中国六世纪的心识哲学——真谛的〈转识论〉》，秦瑜、庞玮译，上海古籍出版社 2011 年版，第 63 页。

采取了这样的研究路径,即通过考察中国佛教的语言理论来揭示它的意向理论及意义理论。她说:瑜伽行派的语言观重点关注语言的交流功能,尤其是语词形成的随意性,语言指称的意向性,以及语言对态度和行为的影响。[①]她还以真谛为个案,探讨佛教心灵哲学的特点及内容,认识到佛教也有像西方一样的倾向,即通过研究语言来研究意向性。她说:"真谛对语言的分析重点在于'意向性'这一观念。"[②]还应说明的是,这不是保尔的独创,而是西方在佛教心灵哲学和语言哲学研究中的一种有代表性的倾向。当然,保尔在这一领域的建树比较突出。

第二节 跨文化背景下的佛教意向性理论

这里将以印度佛教为个案,探讨印度对意向性问题的研究。就国际学界已有的比较研究来看,一般人都承认印度特别是佛教有自己的丰富而深刻的意向性思想。由于有这样的共识,事实上已经诞生了大量根据标准的西方心灵哲学解读框架重构佛教意向性理论的成果。笔者认为,它的研究尽管主要受着鲜明的解脱论动机的驱使,但由于它附带有形而上学和科学的动机,因此不仅从意向性研究的角度探讨了西方心灵哲学自 19 世纪末以来就一直在关注的心理现象的标准或独有特征问题,而且在解决它必须解决的大量理论问题的同时客观上涉及了西方当代意向性研究的许多前沿问题。

一、"遍行心所法"与心理的标志性特征

佛教对心理现象的标准问题做了大量极有深度的探讨,其表现如下。

第一,根据它的不同层次的"众同分"或共性理论提出,心理现象的特征有不同层次:一是所有一切心理现象共有的特征,此即"遍行"心所法(详见下文);二是次级的、只为一类心理现象中的所有个例共有的特性。

---

① 蒂安娜·保尔:《中国六世纪的心识哲学——真谛的〈转识论〉》,秦瑜、庞玮译,上海古籍出版社 2011 年版,第 59 页。
② 蒂安娜·保尔:《中国六世纪的心识哲学——真谛的〈转识论〉》,秦瑜、庞玮译,上海古籍出版社 2011 年版,第 78 页。

第二，佛教心灵哲学的许多范畴，都有刻画心理现象之标志性特征的意义，例如与第六识相对的"尘"或"法"（显现在意识面前的关于外物的影像、心像）有西方人所说的"心理表征"的意义。这显然是心理现象所具有的特征，因为非心的事物不可能有此作用。有些非心事物能显示一些内容，如电脑的显示屏上可显示图像或符号，但它们不可能有对被显示符号的意识，更不可能完成"有意识呈现"这样的过程。另外，定学中常说的"守一不移""安心于法性""内住心""外住心"等都有意向性的意义。而"摄心""治心"则包含有调控、利用意向性的意义，如此等等。

第三，佛教发现的所有心理现象的、区别于非心理现象的共同特征不止一个、两个，而有多个。这是它不同于西方心灵哲学的一个特点。当然，对于这个"多"，不同的宗派说法不完全相同。例如，大乘一般有五个，即遍行心所法中所列举的作意、触、受、想、思。上座部主张有七个，即在前五遍行之上增加了一境性和命根。用现代心灵哲学的术语说，作意、触、想有与意向性一致的内容，也有佛教独立发现的东西。受也是如此，它近似于西方心灵哲学所说的"意识"或感受性质。这里，我们拟做重点剖析，以充分展示佛教"遍行心所法"理论中所表达的关于心理现象普遍特征的思想。

所谓"遍行"即指所有一切心理现象共有但又不为非心理现象具有的东西。一个特性是不是遍行，是有标准的。从定量的角度说，只有符合下述四个标准的东西才可被称作"遍行"：第一，遍行于一切性。所谓一切性是指善性、恶性和不善不恶的无记性。一切心理现象总会表现为三性中的某一性。第二，遍行于一切地。一切地指三界（欲界、色界、无色界）九地（欲界一地，即五趣地；色界四地，即离生喜乐地、定生喜乐地、离喜妙乐地、舍念清净地；无色界四地，即空无边处地、识无边处地、无所有处地、非想非非想处地）。第三，遍行于一切时。一切时指心理现象发生的时间，不外乎过去、现在、将来，从长短来说，不外乎这样几种情况，即永恒、持续一段时间、一瞬间。第四，一切俱，意为一遍行心所发生时，必定与其他的遍行心所俱时而起。大乘佛教认为，符合上述条件的心理特征只有五个，上座部则认为有七个。下面把两派的观点综合在一起，分别略作考释。

第一种遍行是作意。其字面意思为警觉，指的是诸心理现象的这样一种独特作用或特征，即接触到了对象，突然生起了对它的注意，并将心投注其上，开始做出观察、把握。可从性和业两个方面予以描述。性即事物本身具有的品性、造作。作意的性是：警觉进而能生起种种心理现象。业指的是有情所做出的、能连带引起一定后果的行动。作意的业是引心趣向境相，警觉策动其他心所，引导它们趣向对象。这里尽管没有出现"意向性"一词，但说的事实上是西方人所说的意向性的品性和作用，例如，将心之"箭"投射于要予以注意的对象之上，引心趣向境相。

第二种遍行是触。触指的是心、心所法接触到所缘之境，形成感触。它以接触所缘境为性，以受、想、思等心所法所依为业。用意向性的术语说，触实际上是心关联于、关涉对象，具有对所缘境的"关于性"，因此也有西方人所说的"意向性"的意义。从所依赖的条件来说，触离不开根、境、识（了别作用）三种因素的和合作用，是三者结合在一起时产生的一种心理现象。由于八识分别有自己的根、境、识，因此当它们结合在一起时，都会产生相应的触。

第三种遍行是受。西方心灵哲学在探寻一切心理现象的普遍特征时碰到了严重的障碍，例如，过去一直认为意向性这样的特征是区分心与非心的标准，但一些新的研究说明：一方面，有一部分心理现象，如躯体感觉、无名烦恼、情感体验没有意向性，至少没有命题态度所具有的、能表现为命题或心理语句的内容，但谁都不否认它们是心理现象；另一方面，在非心理的现象中，有些则具有意向性，如自然语言、大自然中的某些形象（山峰碰巧形成的似人头的形象、云彩的图像等）至少有派生的意向性。因此，如果硬要把意向性作为心理现象的特征，那么充其量它只能是部分心理现象的特征。这当然是有争论的。现今出现了这样一种新的倾向，即不去寻找所有心理现象的普遍特征，因为这太宏大，难以实现，转而研究作为其子类的心理现象或部分心理现象的共有特征。西方心灵哲学正在着力研究的"感受性质"就是这样一种特征。一般认为，感受性质是躯体感觉、情绪体验等非命题态度的共有特征，至少是部分心理的一种独有的特征。佛教心灵哲学尽管没有使用感受性质这个词，但有相近的词，如受、感受、意识等，所关心的问题和所提出的思想与现代心灵哲学有可比之处。佛教的独特地方在于：不把受看作是局部心理现象的子类共性或"有差别同分"，而把它看作是所有一切心理现象的特征，即心理在一切时、一切处、一切地、一切俱所具有的特征，乃至在接近圣位的心理中也会有受的出现。受这种遍行心所以觉受为其特点、相状。"受"的梵语有痛、觉等义，指的是领纳感，即领纳顺境、违境和非顺非违境之触而出现的心理状态，是与触紧密连在一起的遍行心所法。因为有对境相的接触，心便有受生起。之所以是遍行，是因为一切心理，不管是心王，还是心所，只要起作用，就一定有相应的受发生，即使是纯粹理性思维活动也是如此。总之，受以领纳为性，触为近因，以生起爱欲为业。因为有受，就会进一步产生趋利避害的欲求。佛教对受的研究是真正的心灵哲学性质的研究，这表现在：它观察、研究的维度既全面，又带有高屋建瓴的特点。例如，它对受的分析：第一，受集。集是指引起受产生的原因系列或集合。研究受的集，就是挖掘受的因果，如把受放在十二因缘链中加以考察，以弄清它的来龙去脉。其基本结论是，受由无明、六入、取等而有，进一步又会产生有、生、老、病、死、烦、悲、恼、苦。第二，受味，即研究受的感受性质，研究它在体验面前的"滋味"、现象学特点。第三，受患，即研究受对于受的持有者的作用，尤其是负面的有害的作用。第四，受灭，即研究受之灭除的可能性及其根据，弄清受灭时的标志、境界、状态等。第五，受灭的方法。第六，受的归属或受所依存的载体问题。对此有不同看法，例如，有论师认为，受只能是心的感受，或说是"心分位差别"；有的人坚持认为，除心受外还有身受。

  第四种遍行是想。这里的想不同于日常生活和一般心理学所说的思想，而是有其特定的所指。此词译自梵文，本是合成词，前部有一切之义，后部有知的意思。这里的"一切"指的是发生在心中的观念、印象、概念。可准确用今日西方心灵哲学的"表征"来表述。"想"指的是回想、忆想心内已有的一切表征、表象。中文的"想"的字面意义足以说明这一点。"想"也是合成词，上面是"相"，即心相、心理表征，下面的"心"指的是能让心相出现的地方。因此想所指的是让心相出现在心中这样的心理特点。很显然，它是一切心理活动的普遍特征，因为不管是感知，还是随后发生的理性思维活动，都离不开把心相呈现出来这样的过程。它以缘境、让种种心相呈现出来为性，以施设、安立名言或概念为业。不难看出，佛教的作为遍行的"想"十分接近于西方心灵哲学的"心理表征"，而心理表征同时又是意向性的本质特征。

  第五种遍行是思，指的是一切心理活动中普遍共有的一种以思虑为特征的行为或造作。"思"译自梵语,有思考、考察、思虑的意思,不能与想混同。因为思是关于心相的思考,是对它们的加工、整合。思以让心造作为性,以驱使心、心所,指挥身口意作善恶诸业为业。具言之,思的特点在于:将各种有善恶性质的境相、心相提取到意识面前,对之做出处理,从而产生有善恶性质的心理行为。从外延来说,既包括认知性的加工活动,又包括决定身体行为的意志作用,即同时包括康德所说的理论理性作用和实践理性作用。

上座部除承认一切心理具有上述五种独有标志性特征之外,还增加了两种遍行心所,即命根和一境性。一境性指的是心理这样的特点,即心只取一个目标的状态,把心固定于所缘,其特性是不散乱。正如休谟和康德等西方哲学家所说的,心在把握对象时,是一个接一个地予以把握的,因此心面前呈现出来的观念是纷至沓来的。就此而言,心是意识流,或一串观念。它之所以是心的标志性特点,是因为所有非心的东西一次能同时容受很多东西,如一个杯子里能同时容纳很多东西。而意识面前一次只能出现一个对象。心的一境性有两种情况:一是所有心理活动中的一境性,这是自动地、无意识地完成的;二是禅定中的有意识的心一境性。禅定的目的就是要消灭散乱心,让心纯一清净。是故旧译把禅定译为"一心"。

二、"攀缘""似尘"与意向性探索的独特维度

佛教文本中尽管没有出现"意向性"一词,但有相近的词。例如,形式接近或意义相同的词有"攀缘""外住心""内住心""安心于……""作意""将心投注于……""引心趣境"等。它们无疑都从特定的方面表现了"意向性"一词所说的心的这样的特点,即心像猴子一样的不安分的本性,只要人清醒时,就一刻也不安分,总在那里攀附,如想、思、忧、信、疑等,而这些活动又总是关于活动之外的什么东西的。用佛教的话说就是,心老是喜欢攀缘,总是杂念纷纷。另外,西方意向性研究在向纵深推进时所发现的意向现象,如心理表征、心理内容、心理命题,佛教其实也涉及了,如前面说到的作为遍行的"想"(心中有相呈现)、作为第六识之对象的"法尘"、作为语言含义的"似尘"[①]等。最重要

[①] 西方哲学家保尔在研究佛教意向性、意义理论时发现:佛教已有近于弗雷格的思想,如认识到语言的所指是外部实在,而语言的含义则是意向对象或"似尘"。参阅保尔《中国六世纪的心识哲学——真谛的〈转识论〉》,秦瑜、庞玮译,上海古籍出版社2011年版,第63页。

的是，佛教不仅提出和回答了意向性研究中必然要触及的本体论问题、决定因素问题（内容宽窄问题）、自然化问题、因果作用问题、形而上学问题等，而且有自己的独立品质，那就是通过探讨意向性的起源及其机理，揭示了意向性的危害作用，进而找到了调控意向性直至灭除意向性的方法和途径。

佛教论述意向性像论述其他现象一样，有两个维度：一是随顺世情，从世俗谛上切入；二是从胜义谛角度揭示其本质。就后一方面的观点来说，佛教认为，意向性作为妄心的普遍特性，也是因缘和合而生的，无常变化，生生灭灭，没有恒常不变的体性。从否定方面说，佛教不承认妄心的这个特性像二元论所说的那样是实体性自我或精神实体的作用。总之，它毕竟空寂，不可得、不可说，但它又不停地攀缘，逐境而指向这、指向那。从根源上说，意向性不是从来就有的，而是在无明的驱动下，随着第八识的见分的产生而出现的。从作用上说，它是众生流转生死的根源。因为有意向性其实就是有分别性。从世俗谛上说，佛教确有意向实在论倾向，即不仅承认意向性有假有、妙有的本体论地位，而且认为，它作为心之共同的、区别于非心的特性，普遍存在于一切心理现象之中。当然，这样说只是权宜、方便之说，因为一旦把意向性的来龙去脉、庐山真面目揭示清楚了，佛教就会鼓励人们离弃它、超越它。原因在于：佛教认为意向性是众生沉沦苦海的根源之一，是分别心的内在根源，只有断除人的这一喜欢攀缘的习气，人才能离苦得乐、去凡成圣。而要如此，就应学会"摄心""治心"，不让它逐境、趣境，根尘不偶，关闭心意，如"制心一处，更莫异缘"①，直至完全断除此攀缘或心猿意马的习气。

要破，首先必须立，要解构，首先必须重构。佛教为了解构妄心及其攀缘性或意向性，预备性的工作是重构，如"依世俗道理建立诸心差别转义"②，当然也依胜义的道理，对各种心理现象做描述性研究，对它们进行分类，揭示它们的共性和个性等。就意向性而言，佛教做了这样的工作，如用大量事例证明意向性的"遍行于"一切心理现象的特点，进而从一个侧面证明了它的作为假有的本体论地位。它在六识和各种心所法中的普遍存在自不待言，因为六识的感知、了别、

---

① 《千手千眼观世音菩萨广大圆满无碍大悲心陀罗尼经》。
② 《瑜伽师地论》。

第七章 "心包万物"、"四分心"与意向性：意向性理论比较

思量总是关于某对象的，同理，贪、嗔、忧等也一定如此。就事相而言，六根都有其对应的境或尘，正是由于它们作为所缘缘，才有六识的生起。但严格说，"所有尘者，唯是似尘，都无实事，如人梦中所见色等，非有似有"[①]。所谓似尘其实是呈现在心中的表象或意向对象或心理表征。由于不是实，故是"似"，但此似尘一定是所指向的对象，故又确实是"尘"。第七识尽管不攀缘外法，但也有其意向性，即恒审执着于第八识，以为它是众生不变的、主宰性的我。第八识也有意向性，因为它有似依处，如依在前的本识。它尽管没有通常所说的尘，但迷真法，此迷所显的法即为尘。八识的生起过程也能说明其有意向性。《大乘义章》云："真与无明，共为本识。"即本识由真心与无明、不生灭与生灭和合而有。第八识所缘的境有三种，即种子、五根身和器世界（即有情的所依处）。前两法是内境，后一法是外境。这内境和外境都是第八识现行时，依亲因缘和业增上的力，变现出来的东西，如在内变作种子和根身，在外变现为器世界。

既然第七识和第八识也有意向性，那么其余六识以及各心所法也是如此，因为它们都有好攀缘的特性，不攀缘，就不是心。这被攀附的缘或境有两种，即亲所缘和疏所缘。当然，具体到每种心识，其所缘的境是各不相同的，因为每种心识都有其独有的对象，用现代心理学的话说，每种感性认识只对自己能反应的适宜刺激敏感，例如眼只能见色，不能闻声。余可类推。

除《楞严经》所说的作为诸法体性的大定之外，一般的禅定也有其意向性。因为禅定的要求是"一心"或"心一境性""守一不移"。此"守一"，即一种特殊的意向性，一心一意地指向一个对象，不令其动摇。而其所守的"一"，有多种形式，如数字、呼吸、某境相、佛像、佛号等。它们就是西方人所说的"心理表征"。用佛教的话说，此表征即"内化心境"。

佛心有无意向性呢？自在真心有无意向性呢？就凡心意义上的意向性而言，佛心、真心是没有这种意向性的，因为佛心的特点是没有能所或主客分别、绝对如如不动的状态，而一般意向性是以心动、投注、攀缘为特点的。佛心实即无心，即无一般意义的妄心，寂而常照，照而常寂，因此不可能有指向或攀缘活动的发生。但在特定意义上，又可说佛心以及回归佛心的心理运作或禅定中存在着意向

[①]《大乘义章》。

性，例如，就其有觉性、有照明而言，可以说它们有特殊的意向性。这里的照或明或觉是自照、自明、自觉，不假能所的分别，而且是体寂之明，即不离寂然、凝然之明。这有点意向性的味道，但又极为特别。因为它有行、有指、有意，但行无所行，指无所指，意无所意。如经云："光明照彻一切世界，如夜暗中而然大火……于顺于违，心无垢浊，如清净池，处众无畏，犹如师子，智慧深广无量无边，无能至底，能生一切功德。"①

佛教尽管承认心理及其意向性特点，并随顺世情对之做出重构，但不能由此得出结论说，佛教像一般的意向实在论一样，绝对肯定其有本体论地位。因为佛教在这个问题上的态度极为辩证。一方面，它承认意向性有假有或妙有的地位，但另一方面，它又强调意向性是体空的。例如，意向性的作用足以证明它的假有的存在地位。但若从本质上看问题，又必须承认意向性是因缘和合的，因此不是实有。

三、"四分"与意向性结构分析

存在且有用的东西，一定有其构成要素及其结构。佛教为了从根本上断除妄心及其意向性，随顺世情从共时态和历时态两方面对意向性的构成及结构进行了描述性重构。共时态结构的重构主要体现在佛教的四分学说之中。所谓四分，即把有意向特性的任何一个心理事件区分为这样四种构成：相分、见分、自证分、证自证分。应承认，佛教内部对此问题是有争论的。概括说，"安惠立唯一分，难陀立二分，陈那立三分，护法立四分"②。四分说是"正义"，即被认为是正统的、标准的、正确的看法。这也是西方当前最为关注的课题。

根据这一理论，所谓意向性、攀缘，其实是让有关的境相显现在心中。这显现出来的东西尽管不是外在对象本身，但由于它是代表，心通过它可关联于外在对象，因此至少是"似尘"，是心相。

能识知此相分的东西即见分。它有广狭之分。狭义的见分主要是指五根和自证分、证自证分以外的认识能力及活动。识的了别作用，根源于第八识的见分。

---

① 《守护国界主陀罗尼经》。
② 《成唯识论述记》。

第七章 "心包万物"、"四分心"与意向性：意向性理论比较

《成唯识论述记》云："此了别体即是第八识之见分"[①]。见分能取的只是相分或所缘。见分有五类：①证见名见，三根本智的见分属此类；②照烛名见，这是根心的作用；③能缘名见，四分中除相分外的三分都属这种见分，此即广义的见分，包括狭义见分、自证分、证自证分；④念解名见；⑤推度名见。

对见分及其结果的把握是自证分。它指的是心识中这样的作用或行相，即能亲自证知见分，证明见分缘相分是真实不虚的。其作用就是证知见分的作用及其结果，如观察现在能见色或闻声的心等而自知其作用。立自证分的道理就像在用尺子度量某事物时一样，这里有三个事物：一是作为尺的能量，二是作为所量的被测量事物，三是量果。"心等量境，类亦应然，故立三种。若无自证分，相见二分无所依事。"[②]

清楚意识到全部过程尤其是自证分，则是证自证分。证自证分是识体这样的能力及活动，它能亲证第三自证分，证明自证分对见分的观照是真实不虚的。也可以说，它是"更于前自证分的返照作用"[③]。

从四分的关系上说，自证分指的是自己认识自己的作用，自己有对相分的鉴照，当下能自了，当下有意识，故可称"自体分""见分以为自用"。根据"有相唯识说"，见分、自证分、证自证分为识之体，相分为其用。此外，这四分还有这样的关系，"相、见名外"，因为所见的是外相，所缘的是外物，"三、四名内，证自体故"。[④]也就是说，前二分是外层的，因为相分在外，而见分缘外；后二分是内在的，因为它们都只缘内在的东西，自证分是其体。

严格地说，见分和相分等构成因素只是八识心王的行相。所谓行相是指心识在起作用、运转过程中表现出的相状，或它们的构成要素。也可以说是"心、心所自体相"。"于所缘相分之上有了别有，即行相故。"[⑤]意为对所缘进行了别，知其有种种相状，这样的过程即行相。不仅心有见相二分，而且一切心、心所都是如此。由于其他心法，如情、意、信等以及被归入心所法的大量心法，也都有一定的了别和被了别的构成成分，因此在宽泛的意义上也可说它们有同心王一样

---

① 《成唯识论述记》。
② 《成唯识论述记》。
③ 井上玄真：《唯识三十颂讲话》。
④ 《成唯识论述记》。
⑤ 《成唯识论述记》。

的行相。《成唯识论述记》云"心、心所必有二相"①，即见分和相分。另外，见分是能量，相分是所量，不是只有八识才有量的作用，所有心所法也是如此。故可说，心王、心所在量境之时，其行相有见分和相分等不同方面。佛心、清净真心有无此四分呢？回答是肯定的。当然，这里没有这样的能所关系，即把妄心当作能，把真心当作所。

从心灵哲学的角度来说，对心识的四分划分是佛教对心识自在构成、行相的深度解剖的产物，因此有深远的学理意义。例如，四分说对于化解西方内在主义和外在主义围绕内容宽窄问题所进行的争论就有积极的启发意义。从认识论上说，有许多复杂的认识乃至心理现象，如果不诉诸像四分法这样的关于心识的多重构成论，就不能对之做出令人满意的解释。例如，不同心识在面对、识知同一对象时，有时有不同的印象。再者，同一认识主体在不同时空中面对同一对象，有时也有这种情况。如果认识由对象所决定且仅仅只是对象的反映，那么为什么会出现这样的情况呢？就此而言，四分说超越于外在主义。另外，有时有相反的情况，即心识随对象变化而变化。就此而言，内在主义是片面的。而如果诉诸像四分法这样的多因素论，则不存在什么障碍。根据四分法，任何关于对象的认识既与对象（所量）的特点有关，又受认知主体（能量）及其状态的影响，同时也受认知过程的制约，是多因素共同作用的结果。只要其中一个因素有微妙变化，认知结果就会随之变化。特别是，人对对象的认识，不仅摄取了对象中的东西，对对象做了转变，而且通过对主体及其内在资源（如种子）的转变，将对象没有的因素加到认识之中，因此认识就不是对象的简单的反映，而包含有复杂的内容和形式的转化。

一般的经论把心的意向性过程概括为五个阶段，或者说，按心在知觉外境时依次产生的心理，把一个完成了的心从始至终的过程分为五阶段，即为五心。这个过程实即西方人在描述意向过程时所说的把对象弄到手的过程，或从心灵之箭射出到射中目标的过程。具言之：①率尔心，率尔即突然，如眼对外境，突然出现的心念，此心率然任运而起，因此没有善恶等性质；②寻求心，即认识活动发生后接着生起的推寻、觅求、分别、知解之心；③决定心，已得到了对对象的确

---

① 《成唯识论述记》。

定的认识，此认识有善恶性质；④染净心，对外境的认识掺杂着好恶等情感，因此染净混杂；⑤等流心，由于已生起的心有善恶、染净的分别，进而各类心会随其类别而相续流转。①就此五心与八识的关系来说，至少前六识都有五心，即每一识都会经历这五个阶段。第七、第八识可能具有其中的部分阶段。例如，第七识缘境恒定即始终缘第八识，"任运微细唯有后三"，即有决定心、染净心、等流心。之所以无前两心，是因为它的所缘境恒一。第八识无染净心和寻求心。五心尽管是识的五个阶段，但中间没有间断性，甚至可以说"唯一刹那"，即川流不息的五心只发生在一个没有间断的时间点上，"一刹那五识生已，从此无间必意识生，故五识率尔唯一刹那"②。

四、内容的个体化与因果性问题

佛教的意向性理论也涉及了当今西方心灵哲学中内在主义和外在主义所争论的内容宽窄问题，即心理内容究竟是由内在因素决定的非关系属性（窄内容），还是由外在所指、环境所决定的关系属性（宽内容）？心理内容在不在头脑之内？做肯定回答的即内在主义，反之，即外在主义，同时兼容两种理论的即内容二因素论。佛教的观点接近于第三种，即既承认外在主义的合理性，又肯定内在主义的基本原则。在西方，还有这样的问题，即如果承认有宽内容，那么就有怎么可能说明心的事实的因果作用的难题，即副现象论威胁问题。佛教承诺了宽内容，是否也有这类难题？

佛教承认外部世界的义、境、实在、环境对内容之形成有不可否认的作用。这是其意义理论包含有外在主义成分的表现。其句义论足以表现这一点。句即言语符号，义即名称的所指或所诠指之物。表示所指的词有多种，如外境。对于实在论者来说，外境是客观、自在、真实的存在，对于唯识论者来说，识中所显现的外境是虚妄构想之物，是遍计所执的、依他而起的东西。再如"义"。有的经论将外境称作"义"，即名言句子所诠表的所指。"所取"也是表示符号之所指的词。

---

① 《大乘法苑义林章》。
② 《大乘法苑义林章》。

佛教的意义或内容理论不否认内在因素对内容的一定的决定作用。《摄大乘论本》云："诸义现前分明显现而非是有，云何可知？如世尊言，若诸菩萨成就四法，能随悟入一切唯识都无有义，一者成就相违识相智。"①即懂得这样的道理，即使是同一义或对象，如水，四种有情见之，其意义、内容根本不同，如天人视之为妙净地，饿鬼见时视作脓血，鱼见是窟宅。之所以有这些不同，是因为见者的心识各不相同。因此意义有由内在心理所决定的一面。这一论证在形式上极似普特南的"孪生地球论证"。但两个论证的结论相反，后者证明的是外在主义，而前者证明的是内在主义。根据后者，假设有这样的孪生地球人，他们在分子水平上是完全一样的。所不同的是，孪生地球人1生活在孪生地球1上，那里的水由XYZ构成；孪生地球人2生活在孪生地球2之上，那里的水由H_2O构成。他们指称水的词都是"水"。当他们用"水"一词表达自己的思想时，意义在表面上是一致的，其实所指之义完全不同。而这种不同根源于所指的不同，因此意义不在头脑之中，而由外在所指所决定。这就是外在主义的意义理论。佛教的结论则是内在主义，即认为它们的不同有依于内在心理的一面。再看能帮人悟入唯识论的第二法是，"成就无所缘识现可得智"②。这种智的特点是能认识到这样的道理，识可缘"无"，如过去、未来，梦中的境缘、影缘，它们不是实有、实境，但人们可产生关于它们的认识，并可创立语词以述说它们。这些语词也可有其意义。这说明，识之所缘尽管似外境显现，但外境可以是不存在的，就像梦中的景象似有，但实非有。由此也可得出这样的结论，即心理内容和语言的意义有由内心所决定的一面，因为识所缘的境可以不由外在实在所决定，而由内在心的作用所决定。"三者成就应离功用无颠倒智。"③这种智的反面是凡夫的颠倒智，如外境不真实，却视之为真实。无颠倒智能如实看到，外境是心识的虚妄分别，没有客观的真实性，因为它们随心识变化而变化。由此可引申的结论也是肯定内心在意义生成中的作用。第四种能成就三种胜智随转妙智，其道理与上面是一样的。

义随心转，但义是有还是无呢？这是类似于西方意义理论中的本体论问题。它要回答的是，意义或心理内容有无本体论地位，在世界上是否存在。印度唯识

---

① 《摄大乘论本》。
② 《摄大乘论本》。
③ 《摄大乘论本》。

第七章 "心包万物"、"四分心"与意向性：意向性理论比较

宗对此有三种不同的回答：第一种是"无相唯识"说。它认为凡夫的心识都是乱识，所显现的义或境皆源于遍计所执、虚乱分别，因此是虚无。这又有两种情况：一是难陀的看法，认为所见的义、境是无，但见却是有；二是安慧的激进的看法，认为所见之义和能见之心识都是无。第二种是"有相唯识"说。它认为心识在生起时，便是能变，即能转变，让似外境显现，或让见分、相分生起。在这里，不仅颠倒执着之识是有，而且其转变的见、相二分，也有假有的一面。第三种是"俱相唯识"说。它既重视识之转变相（见分），又重视识之显现相，前者非无，即是有相，后者非有，即是无相，可见它兼容了有相与无相，故被称作"俱相"。

西方意向性研究还有这样一个前沿和焦点问题，即意向性只是一种心理作用，本身并无材料、能量，果如此，它如何可能发挥对身体、外物的作用呢？尤其是它如何可能把注意投向对象进而把它们领纳于心中作为心相来观照呢？这一问题可简称为意向性的因果作用问题。为了回答这类问题，西方心灵哲学开辟了"心灵自然化"这一研究领域。西方有学者认为，佛教也有类似的尝试，如断言真谛的《转识论》有现代心灵哲学、认知心理学的意趣，其表现是：《转识论》提出了对认知功能的一种"系统的"解读，即一连串强化某种行为和观念模式的刺激—反应图式。这种心灵观……极富魅力。……《转识论》中展现的意识流转过程假设了一个潜意识"清算所"（阿赖耶识）的存在，它以某种有点类似电脑的运作方式储存、整理和编制心理状态。[①]就意向性或意义理论而言，真谛"以现象学的方式来研究心灵哲学，即从最基本的意识层面一步步地向语义话语层面的分析来推进"。其论题有这样的心理基础：语言引发心理态势和情感，情感扭曲知觉，冥想不仅是一种修行实践，也是疗救扭曲之途。[②]这种意义理论不仅揭示了意义的起源，而且肯定了意义对于人的巨大的因果作用。

佛教密宗对此问题的探讨较多、较深入。我们知道，佛教主要是把"气"作为说明那些有待解释的对象的解释项，即把它看作是对包括意向性在内的心理现象做出终极解释的"自然化基础"。而心与气不相分离，此即心气不二论的基本

---

① 蒂安娜·保尔：《中国六世纪的心识哲学——真谛的〈转识论〉》，秦瑜、庞玮译，上海古籍出版社2011年版。
② 蒂安娜·保尔：《中国六世纪的心识哲学——真谛的〈转识论〉》，秦瑜、庞玮译，上海古籍出版社2011年版。

观点。既然如此，气是能量的一个源头，进而有因果作用就没有疑义，相应地，心如何有因果作用的问题也得到了顺理成章的说明。由于我们在本丛书其他书目中对此有专门考释，故这里不予重复。

五、意向性的伏断问题

这是西方的意向性理论所未涉及的问题。因为它出于求真的需要，只关心所谓的事实问题，而不关心意向性的价值问题，即对其拥有者的利害问题，因此自然不会探讨佛教所关心的伏断问题。而这恰恰是佛教意向性理论的一个独有维度，甚至是侧重点。它试图弄清的是，如何调控意向性，最终如何伏断意向性。其必要性自不待言。因为有意向性，众生必有攀缘、分别、颠倒，有这些就必然沉沦苦海、无有出期。问题是，意向性作为人的品性，作为千百年来已经固定下来的习性，其调控、断除有无可能性呢？

回答是肯定的。道理很简单，有生便必有灭。只要弄清其生起的过程及根源，就知其伏断的原理和方法。如前所述，意向性的根源是无明驱使下的一念妄动。此一念妄动，导致了后来的生死流转及种种烦恼。"若起一念，贪嗔痴等一切烦恼与心相合者，名为生死烦恼。若除此心，即得清净。诸佛常赞是法，名为解脱。譬如净水必无垢秽，以尘坌故令水浑浊。性本元净，以客尘烦恼浑心令浊，真性不现，若欲令不乱浊者"，只要一念不生"摄心不动"就行了。①在佛教而言，佛成功地伏断了一般凡夫所具有的那种以能所二分为前提的意向性。佛是彻证无上菩提之人，而菩提的特点在于：无取无舍。"至于彼岸名为取舍。如来深入第一义谛，不见此岸，不见彼岸，以一切法无彼此故，是故菩提无有取舍。"②总之，佛心无分别，无攀缘，因此无意向性，"其心广大，等若虚空"，"心等虚空，无有休歇"。"心等虚空，性如法界。""性自离念，离念无物，心等虚空，即证圣智，如如圣性，二俱澄寂，空同无体，性体虚静。"③

佛进入这种心境的方法或断除意向性的方法其实很简单，那就是始终安心于法性。"一切法者，是最胜义，若能安心一切法处，名为胜义。如是胜义难

---

① 《苏婆呼童子请问经》。
② 《守护国界主陀罗尼经》。
③ 《大乘瑜伽金刚性海曼殊室利千臂千钵大教王经》。

可证知,难证知者即是涅槃。是涅槃中,无有一法而可得者,不可得故,无有言说。"[1]也可以说,制心一处,守护其心,可令心念不生,断除向外奔逸驰求之性。

伏断意向性,当然绝非易事。只能一步步来。在刚开始,学会摄心,学会调适意向性,尽量让它少往外跑,少攀缘,就不错了。怎样操作呢?阿难针对众生心乱难定,向佛请问"摄心之事":"今欲摄心,云何降伏?"佛的回答是:首先是要持律仪。其次是要忏悔。最后,要"心无散乱,一向专心,行三昧法,昼夜精勤,心无厌舍,求大涅槃清净胜果"[2]。

六、"意义"的意义与意向性的语义学进路

如前所述,意向性、表征、意义、心理内容等问题往深处追溯,即会进至相同的根基,异流而同源,因此这些研究在今日西方心灵哲学中有合流的趋势。从入门方便来说,研究者是可以分别从自己喜爱和擅长的角度切入的,如要么从意向性理论切入,要么从语义学角度切入,等等,而随便从哪个角度切入进去,结果都会殊途同归,即落脚于对心理内容的认识。佛教也有从语义学或语言哲学的意义论角度切入意向性研究的尝试。这已为许多西方哲学史家所关注。他们对此做了大量卓有成效的研究。

美国哲学家保尔认为,佛教的意向性理论与语言理论联系在一起,或者说,也有像西方一样的倾向,即通过研究语言来研究意向性。因此保尔采取了这样的研究路径,即通过考察佛教的语言理论来揭示它的意向理论及意义理论。应看到的是,这不是保尔的独创,而是西方在佛教心灵哲学和语言哲学研究中的一种有代表性的倾向。当然,保尔在这一领域的建树比较突出。

笔者认为,佛教不仅重视意义问题,而且在全面深入探讨的基础上,建立了有一定超前性的意义理论。这不仅得到了学界的认可,而且在其成为西方佛学研究中的一个独立的子领域的同时,诞生了大量基于新的解读框架的新成果。

意义理论有一个元哲学问题,即"意义"的意义究竟是什么?在西方语言哲学和语义学中,出现了许多以"'意义'的意义"为题的论著,足以说明上述问

---

[1]《大法炬陀罗尼经》。
[2]《都摄一切咒王陀罗尼经》。

题的重要。佛教要解决意义的种种问题，尤其是要解决佛教解释学关于佛教文本的意义问题，当然也没法回避上述问题。在佛经中，与"意义"有关的词有很多，如"意""义""意义""真""实""第一义""顶义""微言大义"等。佛教在说明它们的意义时，不是直接宣陈或颁布自己的观点，而是用了颇接近于西方语言哲学意义理论的一种方法，即通过分析语词的用法去揭示它们的意义。当然必须承认，佛教中没有出现"语言的意义在于用法"这样的表述。但有理由说，佛教实际上一直遵循着这样的原则。

"义"译自梵语 artha、巴利语 attha。这两个词可音译为阿他、阿陀。它的用法很多，大致来说，在不同语境中分别有真实、作用、意思、道理、意义、价值、利益等意。从统计上说，佛教中所说的义或意义在大多数情况下指的是实际或理法。《大宝积经》云："理不可说，是名为义。"《解深密经》云："由十种相，了知于义。"意为事物以十种相表现出来，这十相就是十义。它们分别是，尽所有性（所有种类）、如所有性（真如）、能取义（身内诸法，如心等）、所取义（外法）、建立义（器世间中的事物，如田地）、受用义（诸有情，能摄受诸事物）、颠倒义（无常计常）、无倒义（对治颠倒）、杂染义（三界中的杂染，如烦恼杂染、业杂染、生杂染）、清净义。佛教所说的"意义"最重要的一种用法是指作用、价值、有用性或利益。以龙树菩萨对空的分析为例。在他看来，解空有三个关键，那就是要正确理解空本身、空因缘和空义。《中论·观四谛品》云："汝今实不能，知空、空因缘，及知于空义，是故自生恼。"这就是说，要在解空时不自生烦恼，一要知"云何是空相"，即要知空之本身；二要知"以何因缘说空"，说空有何根据，为何要说空；三要知"空义"，这里的"义"就指作用、意义。知空义，就是要知道：解空、认识空有何作用。

佛经中除了这些用法之外，最常见的是在言语、文本能表达的意思、意趣、旨归等意义上予以使用。"义"作为佛教文本的意义，通常又有这样一些用法：第一种用法是言说、文字的字面意义，如佛经中常说的一字一句具无量义，此处的义即文字意义。这种义的样式很多，如《阿差末菩萨经》所说，义有近义、远义、正义、清义、深义、浅义之别。[①]义的第二种用法是指"度世之法"，它与

---

① 《阿差末菩萨经》。

识相对。如经云："入于世法，是谓识著。度世之法，乃谓为义。"[①]义的第三种用法是指经典、文本的可言说的旨趣。菩萨有一任务即到经典中取义。"若于经典，致入道果，是谓取义。""若于诸经，了了分别清净章句，是谓取义。"[②]第四种用法指作为总持、作为诸经唯一主旨的义。

从动机上说，佛教关注和探讨意义问题既有相同于世间哲学的地方，又有其不同之处。相同表现在：佛教对意义的探讨也是要回答意义本身所缠绕的种种形而上学和语言哲学问题。例如，意义是什么？意义与符号、指称是什么关系？意义根源于什么？有无本体论地位？如果有，其本体论地位是什么？等等。佛教意义理论的独特动机在于：它同时具有解脱论或人生哲学的动机，即同时是为了解决众生如何离苦得乐、如何转凡成圣的问题而探讨意义问题的。由这种双重动机所决定，佛教的意义理论便始终有两个维度，即同时从哲学意义理论和解脱论的角度切入对意义问题的探讨。前一维度的表现十分明显，后一维度则主要表现在：佛教在重视对无量义探索的同时，更重视对此无量义中贯穿的一义性的追究。因为这个一义与众生的生存状态及其质量息息相关。这个义就是佛陀所发现的唯一的真实或谛理，是一切法或事物的本或实相或实性。佛陀发现、亲证了它，因此离苦得乐、转凡成圣，凡夫之所以为凡夫，沉沦苦海，就是因为迷失了它。就此而言，这个"义"不仅是无量义中的顶义，而且是人生哲学的"要义"或"法义"或"第一义"。它既是万物之本体，又是解脱之基础或解脱本身。潜在即为诸法谛理，证得即为圣者的一种心灵状态或一种极为特殊的现象学状态。进至此状态，万物向心显现的是一味真心，平等无二，情识、有为、无为皆融合为一。如果真正体悟此法义，那么等于既体悟了佛法真义，又顿得彻底解脱。[③]

第三节　跨文化背景下的西方当代意向性理论

相对于东方的意向性研究而言，西方的意向性研究当然有它的不共的特点。

---

① 《阿差末菩萨经》。
② 《阿差末菩萨经》。
③ 《楞伽经》。

例如就动机而言，它也有双重动机，只是它的表现有明显不同，即它除了有突出的科学和形而上学动机之外，还有强烈的工程技术学或应用上的动机，这主要表现在：它有服务于人工智能和计算机科学的一面。另外，东方的意向性研究发达于古代，而西方的研究则主要兴盛于现当代。有这样的共识，即在当今的英美心灵哲学中，研究最多、最热门的领域是3C，即3个以c开头的词所表述的问题域：意识（consciousness）、内容（content）、心理因果性（causality）。由此足见内容或意向性问题的重要性。由于现当代的西方意向性理论是西方这个领域的成就的总结，因此我们这里的比较研究主要以它作为被比较项中的一方。还必须承认的是，它相对于东方，的确有发达和新颖的特点。例如随着探讨的深入，西方又开辟了许多新的方向，并在这些方面，构造出了相对固定的问题域，从而使意向性真正成了一个蔚为壮观的研究领域。还值得一提的是，许多论者把意向性研究与心灵乃至心物的整体把握结合起来，进而在意向性理论的基础上提出了新的心灵观，即新的关于心与世界关系的观点。与此相应，他们所关注的意向性问题便带有我们所说的哲学基本问题的性质，至少有靠拢的一面，如该领域有这样的前沿问题：意向性是基本属性还是非基本属性，有意向属性的心灵是单子式存在还是同时兼有心物成分的弥散性存在，等等。围绕这些问题正进行着空前激烈的争论。著名认知科学家皮利辛（Pylyshyn）等说："在交叉科学性质的认知科学中，几乎没有什么问题像'意义''意向性'或行为解释中的'心理状态的语义内容'这些常见概念那样受到如此激烈的争论。"[1]

一、意向性研究的现象学进路

西方的意向性研究既存着现象学传统和分析传统的清晰分野，最近又表现出了合流的趋势。就分流而言，它们在价值取向、问题、方法、结论等方面大相径庭，甚至所用的词汇、所提出的背景假定、所做的探讨及所提出的方案均判然有别。我们先来考察现象学进路。

现象学的意向性研究的重心在于对意向性本身进行活体解剖，以说明意识如

---

[1] Pylyshyn Z W, Demopoulos W(Eds.). *Meaning and Cognitive Structure*. Norwood: Ablex Publishing Corporation, 1986: Preface, vii.

何能超越自身而认识对象。由于它反对自然主义,因此其研究意向性的进路、过程和程序完全有别于分析传统。分析传统的意向性理论关心的是意向性的派生性的本体论地位,因此重在揭示它所以如此的条件、根据和实现机制,进而探讨它的个体性和同一性的根源与条件,探讨它作为属性是关系属性还是非关系属性。另外,这一传统把意向性看作是人类智能的根本标志,有强烈的经验科学和应用动机,因此常从认知科学、人工智能的角度思考意向性问题,试图由此出发为人工智能的真正突破找到出路。而现象学传统的意向性研究则不同,它把意向性看作是第一性的本体论事实,而不管它与物理过程的关系,对它如何被物理的东西实现毫无兴趣,因此其侧重点在于:对意向性本身做现象学描述,如描述它的特征、结构和作用;对意向的东西做出概括和分类;等等。

作为现象学主要代表人物的胡塞尔的意向性学说是在《逻辑研究》这一奠定了他的哲学之路的巨著中提出的。根据他的看法,说意识指向超越对象和说意向性在于有内在对象之间是有差别的。例如,内在对象在每一个现象中都只有一个可能的被给予方式,但超越对象却有无限多的被给予方式。对于内在对象来说,显现和显现物是无法区分的,而超越对象则只有通过一个显现才能被意识到,这个事物存在着,它自身可以划分为展示和被展示之物、映射和被映射之物。对超越对象的显现可以从两方面展开分析:一是从意向相关项这一侧进行分析;二是从意向活动这一侧进行分析。胡塞尔强调,从意向活动的角度来反思地观察体验及其实项内涵,那么我们也可以说:一个超越对象,例如一个事物,之所以被构造出来,只是因为一个内在内涵作为基础被构造出来。之所以有这种构造,是因为意识有"立义"这一功效。它也可称作"超越的统觉"。正是它"赋予感性素材"以"纯内在内涵"。通过它们,一个超越对象便作为原本映射着的对象或展示着的对象而被意识到。

在建构自己的意向性概念时,胡塞尔兼收并蓄,把先前人们赋予它的许多特性囊括进来。例如承认柏拉图以来这样的形象规定:"意向"这个表达是在瞄向的形象中表象出行为的特性。他还承认它的较窄的用法:与瞄向的活动形象相符的是作为相关物的射中的活动(发射与击中)。[1]很显然,这正是"意向性"一

---

[1] 胡塞尔:《逻辑研究(第二卷)》,倪梁康译,上海译文出版社2006年版,第445页。

词的词源，即它来自"射击"这样的动词，柏拉图就是据此而提出他的意向性概念的。同时，胡塞尔还承认它的较宽的概念：充实。他说：充实也是行为，即也是"意向"。①

在胡塞尔那里，超越性、意向性、意义是相互关联的问题，因为意向性就是"对"（of）……的意识，这里的"对"就是一种关系属性，即一物关联于、指向另一物的属性，通过一种向外的运动，到达它之外的某物，因此意向性就是一种自我超越性。他说："经验活动的一切意向作用……都是哑默地进行的"，尽管如此，其作用必不可少，例如各种数字、各种断定的事态、各种价值、各种目的、各项工作，都因那些被隐藏起来的意向作用而得以呈现出来，它们将逐项地被建立起来。②

现象学的意向性研究在当代有显著的发展，其表现之一是，欧洲大陆的新生代现象学家如扎哈维等对之做了有力的阐释与发展；表现之二是，在英美分析哲学语境下，一些分析哲学家对现象学意向性理论做了以融合为特色的发展。先看前一方面。

新现象学家由于关注和熟悉分析传统心灵哲学的进展，很多讨论是在对话的语境中进行的，因此对意向性的探讨与老一代的探讨相比，就发生了一些重要变化，例如，他们的探讨尽管仍有现象学的关切和维度，但他们同时也关注和探讨分析哲学家提出的意向性问题（主要是与心理符号有关的语义性或内容问题）。例如，分析哲学家认为，意向性是命题态度的特点，而命题态度是与经验不同的另一类心理现象。新现象学家则认为，意向性与经验密不可分。离开了经验，无所谓意向性。反之亦然，因为意向性是意识的根本方面——意识就是对某物的意识，有意识一定有意向性。加拉格尔等说："意向性指的是意识的指向性（directedness）、关涉性（of-ness）、关于性（aboutness），即与这样的事实有关，当一个人知觉、判断、感觉或思想时，他的心理状态总在关涉某物或关于某物。"③从字面意义来说，它有两重意义或两种形式：一指目的性，如一个人做某事时，他心里总有其

---

① 胡塞尔：《逻辑研究（第二卷）》，倪梁康译，上海译文出版社2006年版，第446页。
② 胡塞尔：《笛卡尔式的沉思》，张廷国译，中国城市出版社2002年版，第209页。
③ Gallagher S, Zahavi D.*The Phenomenological Mind: An Introduction to Philosophy of Mind and Cognitive Science*.London: Routledge, 2008: 109.

目的，总朝向某物。这是现象学所说的意向性的一种形式。二指意识的专门的超出自身的特点，就像将箭射出去一样。既然如此，它就必然是一切经验的普遍的结构或特点。

新现象学家认为，现象学解决意向性问题的方案不同于分析的方案。根据加拉格尔等人的概括，后者不外乎这样一些尝试：第一，语言哲学的方案，通过分析描述心理现象的句子的逻辑属性来说明意识的意向性，如齐硕姆（Chisholm）、塞尔等就是如此操作的。第二，意向性的自然化，多数分析哲学家都热衷于这一工作。第三，新近的一种倾向，由斯特劳森、克兰等倡导，他们强调：在意向性研究中必须重视第一人称观点，认为详尽描述意向性的结构是意识的哲学研究不可或缺的部分。而现象学方案根本反对前两种方案，有近于第三种方案的地方，它认为，意向性是意识的决定性特征，是意识的基本结构，但也有重大差别，这主要表现在现象学方案十分重视对意向性的深层结构、意指对象何以可能的内在根据做深入的探讨。另外，现象学方案在对意识的意向性结构做描述性分析的同时，还试图澄清心与世界的关系，但不关心心与脑的关系。关于心与世界的关系，现象学方案的基本观点是，心灵有关涉世界的特点。其不赞成这样的观点：意识是独立于世界之外的主观的方面，世界是意识之外的、需要它去反映的东西。

新现象学在阐释胡塞尔所说的内时间意识结构（原印象—滞留—前摄）时，把它论证成意向性的结构、前反思自我意识的结构。胡塞尔认为，此结构有三个方面的有机构成：第一，原印象。它指向的是对象的严格限定的"现在一刻"。这印象不会孤立出现，它是这样的抽象构成，即本身没有向我们提出关于时间对象的知觉。第二，滞留（retention）。它伴随着原印象。它提供给我们的是关于对象的刚过去的部分的意识，进而它也让原初印象获得了指向过去的时间情境。第三，前摄（protention）。它指的是意识以不太确定的方式指向对象的即将发生的方面。基于此，原初印象就有指向未来的时间情境的可能。例如在听一个谈话时，即使声音已过去，但仍有一种意向的方面保持了该句子的词语意义。加拉格尔等认为，任何类型的经验，不管是知觉还是记忆、思考、想象等，都有共同的时间结构，因此经验的任何时刻都包含着对经验过去时刻的保留性指涉，一种对已出现的东西的当下的开发性，另外还包含着前展的作用，它预言的是经验未来的时刻。总之，意识是活着的呈现领域的产生，这个领域具体的完全的结构是由意识的原印象—滞留—前摄结构所决定的。[①]这结构之所以被称作内时间意识，是因为它属于行为本身最内在的结构，即前反思自我意识，而前反思自我意识就是意识和意向性的基本构成。

一些分析哲学家在"现象学转向"的旗帜下也对现象学表现出了浓厚的兴趣，从特定的视角，以独到的方法对之做出了有个性的发展，使分析哲学的意向性研究表现出开放的、多元化的特色。主要有两种倾向：一是"我注六经"的态度，其任务是客观阐释现象学的意向性理论；二是改造发展现象学的意向性理论，例如马巴赫（Marbach）等人就是如此。

马巴赫认为，英美认知科学、心灵哲学在研究心理现象时，忽视了现象学的视角，而这是不利的，因此他倡导来一场现象学转向，即从现象学角度来研究意识。这样研究意识也就是按其自身的本质或纯粹性来予以研究，主观地或反思性地来予以研究。但应注意，这又不等于使现象学判断只有私人的有效性。之所以能如此，关键在于现象学语言是主体间可理解的工具。[②]我们知道，现当代意向性研究中有一种十分明显的倾向，即根据心理表征来解释意向性，按这一方案，意向性的研究其实就是心理表征的研究。马巴赫不否认心理表征对于说明意向性的作用，但认为，英美流行的据以解释意向性的心理表征理论，不管是认知科学中的，还是心灵哲学中的，都是错误的。其错误的主要表现就是在揭示心理表征的过程中，缺乏主观的、纯粹精神性的，亦即现象学的观点和视角。在他看来，要完成根据心理表征说明意向性的任务，必须真正实行"主观的"或"现象学的转向"。马巴赫的表征理论与英美流行的表征理论相比，有十分醒目的特征。因为它强调心理加工依赖于对主观经验的描述性、反思性的现象学分析，它是这样的有意识活动，即有意向地与活动、意识交织在一起的活动，而意识总是作为以这样或那样的方式对某物的意识而起作用的。也就是说，现象学的表征理论在分析表征时，始终离不开意识这样的关系和视域。马巴赫认为，从事心理活动，如知觉某物、记忆某物等都是意识，因为知觉到某物就是意识到某物。首先，在这个活动过程中，与意识有关的是"表面的觉知"（surface awareness）。其特点是

---

① 参阅 Gallagher S, Zahavi D. *The Phenomenological Mind: An Introduction to Philosophy of Mind and Cognitive Science*. London: Routledge, 2008: 78.
② Marbach E. *Mental Representation and Consciousness*. Dordrecht: Kluwer Academic Publishers, 1993: 19.

伴随意识活动,无须通过反思,如我在知觉某物时,我直接有这样的觉知,即我在知觉某物。另外,这种觉知是内在的。在这个层面上,意识是潜在地发挥作用的。其次,现象学的表征理论的核心内容是蕴涵、变形以及作为其基础的先验自我等范畴。最后,流行的表征理论或认知主义都承认心理媒介,即承认表征有心理符号或标记。马巴赫强调:心理媒介并不是必要的,例如以直观的方式表征对象、指称对象就不需要任何心理表征媒介[1]。

二、意向性理论的分析哲学进路

当代分析的心灵哲学对意向性问题重视的程度绝不亚于胡塞尔的现象学,但它的提问方式和解决问题的过程及结论与后者相比存在着重大差别。例如,它正在争论这样一个问题:意向性是不是一切心理现象共同、独有的本质特征。因为有的观点认为,它充其量只是部分心理现象的特征。另外,当代分析哲学的意向性研究主要关注的是命题态度,因此其范围有所收缩,但深度却大大加深了。当然也有一些人仍坚持布伦塔诺的观点,把意向性作为心理现象的普遍特性,不过又强调,作为经验的意向性或内容是以非命题、非概念的形式表现出来的。这里的问题和观点,不管是哪一种,都是现象学传统中所没有的。在分析传统中,不仅意义研究有统一的趋向,即建立能说明一切形式的意义(如人生意义、语言意义、政治意义、经济意义、价值意义等)的统一的意义理论,而且出现了这样的现象,即把意向性、内容、表征、语义性、意义等看作在本质上没有区别的心理属性或特征,进而作为一种统一的对象来研究。从过程上说,现当代分析哲学的意向性研究经常发生现象学传统所没有的"转向"。例如,一是由原来的非分析的传统向语言分析的转向,亦即语言学转向;二是从语言分析到认知分析的转向。新的转向也可理解为一场革命,它将原来分析哲学的语言学转向转变为认知转向,将原来所认为的语言先于思想的命题转换为思想先于语言。新的认知转向是对语言转向的否定。它开始于格赖斯(Grice),其计划有两部分:一是从意向状态的语义性引出语言的语义性;二是试图说明人类交流的实质。这一理论被称为"以意向为基础的语义学"。最后,分析传统的意向性研究主要是从物理主义和自然主义前提出发来解决由内容

---

[1] Marbach E. *Mental Representation and Consciousness*. Dordrecht: Kluwer Academic Publishers, 1993.

的"关于性"所引出的难题的。

（一）意向性的本体论地位与本质特征问题

分析哲学家在研究意向性的过程中，都有自己的本体论预设，而预设不同，后面的进程和结论自然有别。所谓本体论预设实际上是对下述意向性问题的解答：意向性在自然界有没有本体论地位？世界上有没有意向性这样的属性存在？对此，不外乎三种回答：第一种本体论预设是意向实在论。这是现当代心灵哲学中占主导地位的倾向。它肯定意向性在自然界有存在地位。有这种本体论承诺又会面临进一步的本体论问题：如果有这种东西存在，它会以什么形式存在呢？对此有许多选择：首先，唯心主义和二元论主张，意向性是一种精神性的存在，要么是本原性的，要么以依赖于精神实体的属性的形式存在，在当代，尼科尔森（Nicholson）对之做了有力的辩护。其次，类型同一论认为，意向性不仅有存在地位，而且它们不是物理事物派生的属性，而是其原始的、第一性的属性。当然，它们在特定的意义上就是物理属性。持个例同一论和随附论的人认为，意向性是派生的、次级的，因而是需要进一步说明的属性，要么个例同一于物理属性，要么随附于物理属性。第二种本体论预设是意向怀疑论或取消论，它强调：常识心理学和传统哲学所说的意义、意向性是不存在的，因为人脑中真实存在的只是神经元及其活动、过程和连接模式。持这一立场的人在意向性研究中尽管要少做好多事情，但其观点仍很有影响，因为它常常是其他心灵哲学家讨论意向性问题的出发点。第三种本体论预设既反对意向取消论，又不赞成意向实在论，而试图走出一条中间的道路。其特点是在"实在""存在"等本体论概念上大做文章，认为可以承认意向性有实在性，但这里所说的"实在"不是自然的实在，这里所说的"存在"也不能理解为物理事物及属性所具有的那种存在，而是一种极其特殊的"实在"或"存在"，如相对于概念图式而言的实在，或者说工具性的存在，或者说抽象的存在。

塞恩思伯里（Sainsbury）和泰伊（Tye）对思想内容和概念的存在方式的讨论可看作是上述第三种倾向的一个新的发展。[①]他们认为，思想由概念构成，因

---

① Sainsbury R M, Tye M. *Seven Puzzles of Thought and How to Solve Them*. Oxford: Oxford University Press, 2012: 111.

此如果我们能知道思想是什么，那么也有办法知道概念是什么；反之亦然。他们说："思想是能被评价为或真或假的抽象事物，能被相信或被怀疑，处在逻辑关系之中，能为不同的思想者所共有，能用语言的直陈句加以表示。"[1]简言之，思想是以抽象方式的形式存在的。概念也是这样。但必须看到，它们又是不同于别的抽象实在的特殊的抽象实在。例如，数作为抽象实在具有永恒性，而概念是非永恒的，即具有历史性，可产生，可消灭。像婚姻、职业等一样，有其起点和终点，因此不是恒久性的。

（二）内容的宽窄问题：外在主义与内在主义

如果承认意向性有本体论地位，那么还必须进一步回答这样一系列的问题：意向性究竟是什么？有何本质与独有特征？与其他实在、属性、特征是什么关系？很显然，这里的问题仍带有本体论的性质，当然更进了一步。不过，在切入和回答这些问题的时候，人们所用的方式是不一样的，例如很多人是通过提出和回答下述问题而接近上述形而上学问题的，即心理内容的共同性和个体性的根源和条件问题。一般都不否认，心理状态之间既有共同性，又有相互区别之处，即有个体性。现在的问题是：这种个体性的条件或原因是什么？也可以这样表述：心理内容是什么样的属性？是否应根据它们所随附的内在物理属性而将心理状态个体化？此即个体化问题。最近，泰伊等人基于新的研究对这里的问题做了新的挖掘和梳理，认为里面隐藏着七大难题。第一，在古代，暮星与晨星被看作是两个星球，后来，人们才发现，它们是同一天体。古人有这样的思想，即暮星是暮星，但没有暮星是晨星的思想。如果一个人有这样两个思想，它们的不同是由什么造成的？怎样说明它们的差异？其麻烦在于：两个概念表征的是相同的对象，但由之构成的思想，例如暮星是暮星，暮星是晨星，为什么有不同？其不同根源于什么？不同是怎样形成的？所有由指称相同的概念构成的不同的思想都有这个问题。第二，普特南提出的"孪生地球难题"：地球人与孪生地球人有两个符号上相同的"水"概念，但为什么这两个概念的内容是不同的，例如一个指地球水，一个指孪生地球水？换言之，地球人与孪生地球人在有相同的内在属性、

---

[1] Sainsbury R M, Tye M. *Seven Puzzles of Thought and How to Solve Them*. Oxford: Oxford University Press, 2012: 63.

状态的前提下为什么会有不同内容的思想？第三，保罗（Paul）在知道了 Cats 是 Chats 时，得到了一个新发现，有一个新的思想。但是"Cats 是 Chats"这一思想其实正好是"Cats 是 Cats"。如果是这样，那么保罗有没有什么新思想？第四，皮特（Peter）相信帕德雷夫斯基（Padereuski）有音乐天赋。皮特完全是个有理性的人。他同时相信帕德雷夫斯基没有音乐天赋。这些信念是矛盾的。但一个有理性的人为什么会有矛盾的信念？第五，人们能用两个陈述句来表达某种形式的思想，他们可能知道其中一个为真，但可能不知道另一个也为真，这是为什么？第六，人们可能有这样的思想：祝融星不存在，或圣诞老人只是圣诞节的一个符号。在这里，祝融星和圣诞老人两个概念什么也不指，或什么也没有表征，问题是：真实的思想为什么会包含空洞的概念？人们为什么会以不存在的东西为思想对象？为什么会与之发生关系？第七，人们都能以自己为思想对象，如想到自己就是自己。这样的思想究竟是什么？思考主体自己的特殊方式会让思想有特殊的免错性吗？

目前的争论焦点在于：意向性究竟是一种"宽"（wide）属性还是"窄"（narrow）属性，常用的术语是"宽内容""宽意义""宽意向性""宽状态""宽特征""宽表征"，以及"窄意向性""窄内容"，等等。要理解这里的"宽"与"窄"，必须从状态或属性的种类与特征说起。对于世界上的状态或属性可以有很多分类方式，例如从关系的角度看，不外乎关系属性和非关系属性两种。前者是由其持有者与所处的共时性和历时性条件的关系性质所决定的，因而要说明它，就要诉诸它与环境以及其中的其他事物之间的关系。后者是其持有者不以他物为条件而独自具有的属性，对之进行说明无须求助于外在的事物和属性。由此可以说，上述意义上的关系性属性或特征或状态就是"宽的"，而反之，则是"窄的"。现在的问题是：意向性或心理内容是哪一种属性呢？它存在于大脑之外还是大脑之内？

围绕上述问题，意向性领域内正上演着个体主义与反个体主义的激烈论战。反个体主义有时又被称作外在主义。它的内部十分复杂，普特南倡导的是非社会的外在主义。他认为，语词的所指是后天确定的，即它们有这样的内在本质，这本质必须通过科学方法从后天加以把握。因为物理世界的特征决定了人的思想的内容。尽管两个人的心理结构相同，但如果外部对象不同，那么其思想、语言的意义则可能不同。在此基础上，普特南明确提出：意义不在头脑之内。柏奇是当今英美意向性研究领域内最有成就和最有争议的人物。他认为，社会环境和语言共同体是内容最重要的决定因素。他说:"如果我们不与经验的或社会的世界相互作用,我们就不可能有我们所具有的那些思想。"[1]他的标新立异之处还在于:他在他的宽内容概念的基础上,阐发了一种反传统的心灵观。根据传统的看法,心灵是一个单子式的、个体性的、实体性的存在。在柏奇看来,既然心理现象是由外在的社会和自然因素而个体化的,渗透着内外复杂的因素,因此其一旦现实地出现,不论是作为内容、表征,还是作为属性或机能,抑或作为活动和过程,就一定会以非单子性的、非点状的、跨主体的、关系性的、弥散性的方式存在,它不内在于头脑之内,而弥漫在主客之间。

当今的个体主义是在反击反个体主义进攻中发展起来的。其旗手主要是福多。根据个体主义在与反个体主义论战中的激进程度可把个体主义分为三种形式:①激进的内在主义——任何与心理学有关的内容都是窄内容,用不着,也不存在外延和外延条件;②比较激进的内在主义——不主张省略外延等概念,但认为,外延条件本身是窄的,因为它是由主体的内在特征决定的;③非激进的立场——认为至少有一些概念有宽内容。福多的个体主义开始比较激进,后逐渐转向温和。在与外在主义的论战中,他自认为,他与外在主义的差别主要表现在三方面:第一,两种有同样因果历史即有同样窄内容而有不同宽内容的心理状态不具有两种不同的因果力,它们是同一种因果力,因此根据它们对行为的解释不是两种不同的因果解释;第二,这两种心理状态不构成两个自然类别;第三,提出并论证了"窄内容"概念。他说:它"是这样的某种东西,即从思想到真值条件的映射。由于思想的这个内容,你便知道该思想在其之下为真的条件"[2]。也就是说,你有某种内容,就是有了一种条件或标准,据此你能判断,那个思想指的是什么、适用于什么、怎样运用才是真的。

在个体主义与反个体主义的相互对峙、唇枪舌战中,有些人站在中立的立场冷静观察,多方位思考,形成了新的、介于两极端之间的带有调和色彩的理论。当然形式不尽相同。有的把双方中合理的因素抽取出来,加以适当的重组,从而提出了兼收并蓄的二因素论和内容二元论;有的抓住其中一极,加以改造、修改,

---

[1] Burge T. "Wherein is language social?" In Anderson C A, Owens J(Eds.). *Propositional Attitudes: The Role of Content in Logic, Language, and Mind*. Stanford: CSLI Publications, 1990.
[2] Fodor J A. "A modal argument for narrow content". In MacDonald C, MacDonald G(Eds.). *Philosophy of Psychology*. Oxford: Blackwell, 1995.

使之靠近对立一极，从而形成了所谓的修正主义。麦金和泰伊等人论证的起源主义也是较典型的中间路线或修正主义。其基本观点是，内容，比如说原子概念，既不应根据外在环境来个体化，也不应根据内在属性来个体化，而应根据它们的历史起源来加以个体化。因为不同概念有不同的起源，因此不可内在地加以区别。很显然，起源主义带有解释主义的性质。因为它承认对命题态度是归属的结果，并对这种归属做了起源主义的说明。[①]

（三）意向性的自然化问题

现代分析性心灵哲学所涉及的意向性自然化问题是由它坚持的自然主义前提所决定的。我们知道，分析性心灵哲学的主流是自然主义，而自然主义一般坚持物理主义的意向实在论，既承诺意向性有本体论地位，又认为它是非基本属性。如果是这样，自然主义者就必须进一步说明：一系统的哪些基本属性能够表现出意向属性？它们为什么有这些特点？又是怎样表现出这些特点的？要回答这些问题，它又必须诉诸非意向术语，否则就背离了自然主义。而一旦这样做了，就是在对意向性进行自然化。根据这一方案，如果有办法说明意向性与基本属性确有某种依存或派生关系，如果能为它提供充分或充要的自然主义条件，如说明它同一于基本属性，或说明它随附于基本属性，或由基本属性所实现，从范畴上说，如果能用自然科学概念解释意向概念，说明它在物理主义世界观中有其地位，那么就应承认意向性有本体论地位，就没有理由抛弃意向概念。如果上述操作和工程就是意向性的自然化，那么当今的自然主义者都坚信他们能将意向性自然化。福多说："严肃的意向心理学一定预设了内容的自然化。心理学家没有权利假设意向状态的存在，除非他们能为某种存在于意向状态中的东西提供自然主义的充分条件。"[②]

福多借鉴信息语义学的某些思想阐述了自己的因果协变理论，其目的是用非意向性的术语来说明意向属性实现的条件，只是这里的条件不是充要条件，而是充分条件。概括地说，使意向性得以实现的充分条件不外乎三个：①信息条件；②意义的因果历史条件，也就是说，意义既有因果条件，又有历史条件；③非对

---

① Sainsbury R M, Tye M. *Seven Puzzles of Thought and How to Solve Them*. Oxford: Oxford University Press, 2012: Preface.
② Fodor J A. *The Elm and the Expert: Mentalese and Its Semantics*. Cambridge: The MIT Press, 1995: 5.

第七章 "心包万物"、"四分心"与意向性：意向性理论比较

称性的因果依赖性。德雷斯基是当今意向性自然化研究中最有影响的哲学家之一，他所提出的信息语义学影响深远。其策略就是诉诸信息及相关概念说明意向性。他自认为，他的整个工程可看作是自然主义的一种实践，因为根据他的说明，意向性的基础是信息，而信息是完全自然客观的东西。他的基本观点是：个体命题态度的意向性或语义属性来自个体心灵与他的环境之间的信息关系。没有信息关系，就没有语义属性。他说："一信号携带什么信息就是它关于另一状态能'告诉'我们的东西。"①

目的论语义学是当今意向性自然化运动中的又一尝试，其倡导者很多，如米利肯（Millikan）和博格丹等。在他们看来，目的或功能是说明意向性的最合适的自然基础。所谓目的不是旧目的论所说的主观的东西，而是被设计或选择好了的、被编程或固定在一定结构中的程序与机制。这里的功能指专有功能。在米利肯看来，专有功能与再生的、被复制的个体有关。一个体要获得一种专有功能，必须来自一个已生存下来的族系，这是因为，把它区别开来的特征与作为这些特征之"功能"的后果之间存在着相互关系。这些特征是因为再生而被选择出来的。因此一事物的特有功能与它由于设计或根据目的而做的事情是一致的，它们的关系不是偶然的，而是带有规范性（normativity）。在这里，她所说的"设计"是一种隐喻，指的是自然界客观存在的选择、塑造、决定力量。这里的规范性不是偶然的，但又不同于自然必然性、因果性。因为带有这种性质的关系之所以成立，一方面依赖于它出现之前有多种可能性，另一方面又依赖于大自然所做的选择。理解了目的或专有功能，就不难说明意向性。米利肯说："就'意向性'一词的最广泛的、可能的意义来说，任何具有专有功能的构造都可以表现意向性。……意向性从根本上说就是专有性或规范性。有意向的东西'据设计'处在与别的某事项的某种关系之中。"②因此意向性一点也不神秘，它像"心脏的泵血"等一样都属专门功能的范畴，而这类范畴不能根据当前的结构和倾向来分析，最终只能根据长期和短期的进化史来定义。这是因为，撒开进化史的分析，即使把有意向性的东西的结构、构成成分彻底搞清楚了，也无济于事。

意向性的自然化方式还有很多，如功能作用语义学试图用当今认知科学和计

---

① Dretske F. *Knowledge and the Flow of Information*. Cambridge: The MIT Press, 1981: 44.
② Millikan R. *Language, Thought, and Other Biological Categories*. Cambridge: The MIT Press, 1984.

算机科学中十分流行的"功能作用"来说明意向性，如此等等。

意向性的自然化尽管是当今心灵哲学的主流之声，但泼冷水、唱反调的仍大有人在。塞尔就是一例。他承认，如果放宽对"自然的""物理的"理解，那么可以认为，意向性是一种自然的甚或物理的属性，当然是一种高层次的、类似于表现型的东西。但既然意向性本身就在自然之内，属自然现象中的现象，因此就用不着常见的那类自然化。还有人更进了一步，公开站在自然主义的对立面，一方面试图颠覆自然主义，另一方面论证非自然主义。这样的人尽管不是多数，但又绝非个别，其中也不乏重量级的哲学家，如麦卡洛克（McCulloch）等。

（四）意向性的"形而上学问题"

严格地讲，前面所探讨的问题无疑都是名副其实的形而上学问题。而这里所说的"形而上学问题"，之所以被打上引号，是因为它有特定的所指，即指中世纪哲学家、逻辑学家和现代的布伦塔诺所说的那种"非存在的内在对象"（如"金山""方的圆"等）是否存在、怎样存在（如果存在的话）之类的问题。为了突出这类问题的哲学性质与特点，关心这一论题的论者不约而同地把它们称作"意向性的形而上学问题"。

这类问题由来已久。早在中世纪，许多哲学家和逻辑学家就做过探讨，在现代，明确把它们带进人们视野的，是欧洲大陆的"世纪转折时期（由19到20世纪）的四位意向性理论家"，即布伦塔诺、胡塞尔、马里（Mally）和迈农。非存在的形而上学问题之所以成为现当代心灵哲学家驰骋的疆场，虽与迈农有渊源关系，但真正的发起人却是罗素（他开始支持，后来又否定非存在论）。新的研究的特点是：许多人深入迈农主义的思想深处，利用有关成果所促发及生成的新的理解前结构，对之做出了新的解释，有的人甚至提出了"严格的解释"，有的人强调在解释中"创新"，以补充和完善迈农主义，直至提出非存在论的新的理论形态。还有一些人，重新回过头来反思否定的观点，发现其中并不是无懈可击的，由此深入进去，也收到了"发展"迈农主义的效果。

（五）意向性的因果相关性问题

如果对于意向性或心理内容的本体论地位问题给出了肯定的回答，那么在进一步讨论它与行为的关系时就会面临两类问题：一是意向性领域内的具体问题，如心理内容对身体的行为、对外部世界的事变有无作用？如果有，其作用的过程、条件和机制是什么？二是在解答它们的过程中必然要碰到的这样一系列更棘手的形而上学问题：什么是因果关系、因果解释？两事件之间要具有因果相关性，其前提条件是什么？布洛克（Block）明确地提出了内容的因果相关性问题。他强调：作为原因的事件同时具有许多属性，并非每一属性都对结果的产生发挥了原因的作用。例如我相信地球很危险，因此离开了地球。在这里，信念是原因事件，其中有许多属性，例如有信念内容，表述内容的字词有符号，信念有物理实现，等等。在这里，只有信念的物理实现才有因果相关性，而信念内容则没有。因为它不符合因果相关性的条件。在布洛克看来，只有当两事件之间具有法则学关系时，才能说它们之间有因果关系。而法则学关系显然不等于逻辑关系。所谓逻辑关系是指一事件先于另一事件且前者对后者在逻辑上充分的关系，如药物的催眠性对实际的入睡。他认为，两事件有这种关系，还不能看作是因果关系。例如，某人喝了一杯并不含有催眠作用的水，但别人告诉他这是催眠剂，于是他入睡了。在布洛克看来，两事件要成为因果关系必须具有内在的、法则学上的关联性，即一个事件合规律地且通过内在的机制实际地引起了另一个。心理内容尽管与行为有逻辑上的先后关系，但不具有法则学关系，因此对行为没有因果相关性。

C. 麦克唐纳（C. MacDonald）和 G. 麦克唐纳（G. MacDonald）提出了一种有别于福多同时又发展了 D. 戴维森的见解的观点，他们认为，内容有因果相关性，但不一定要有规律性。这主要表现在：他们试图根据"共例示"来说明心理属性的因果效力。他们认为，有些事件的出现并不是单一属性例示的结果，而是多种属性共同例示的结果，在这些属性中，有些具有法则学特征，因此具有直接的因果效力；有些没有，但借助那些有法则学特征的属性也能获得因果效力。心理内容的因果效力就是以这种形式表现出来的，它可以与物理属性一同例示，使一个事件出现。例如想喝酒作为一个事件，就绝不可能是一个纯粹的心理属性的例示，它必然同时是某些物理属性的例示。后者有法则学特征，有直接的因果效力，因此可导致去找酒喝这样的行动事件的发生。

三、意向性研究的合流之势

这里所叙述的意向性研究显然是西方特别是英美哲学所独有的，在其他文化中找不到可比项。

在过去，不仅意义、语义性、意向性、表征和心理内容等是不同学科的专门研究对象，而且即使是像意义这样的对象，同时还是语言学、哲学、心理学和解释学等不同学科的不同对象。随着心灵哲学、认知科学和语言哲学等向纵深的发展，与上述意义、意向性研究的"分流"同步的是，有关领域内出现了一种"合流"的走向，其表现有多方面。其一是，有关学科在对意义等做分门别类的研究的同时，又从各自的视角把它们作为没有区别的统一的对象加以探讨，把"意义"、"内容"、"表征"、"关于性"和"意向性"等当作没有实质差别的概念加以理解。其二是，分析传统的意向性理论与现象学传统的意向性理论在各自独立发展的同时，最近又出现了靠拢乃至融合的趋势。其三是，在更高的层面对各种意义进行统一观照，以揭示最一般意义的"意义"和本质。

意义研究合流的一个表现是，以前分属不同学科的不同问题，如意义问题、意向性问题、表征问题等，现在被看作是同一个问题。我们知道，意义问题以前主要是语言学和语言哲学中的课题，心理内容是心理学和认识论的对象，表征是认知科学和计算机科学中的对象，而意向性是哲学谈论较多的话题。但在最近30年，它们几乎与意向性研究合而为一了，最明显的例证是，许多论者在使用这些概念时常用"或"把它们连在一起，作为同义词加以看待。问题的这种变化绝不是表面上的用语或概念上的变化，而是既意味着人们对研究对象内在本质及其关系的认识的深化，又反映着有关学科的发展轨迹以及在发展过程中所取得的成果，更体现了学科内在关系的变化，例如在分化基础上的一体化、整体化倾向。下面，我们将通过分析有关概念内涵的趋同乃至同一来说明有关学科的这种一体化走势。

不可否认的是，不同领域的学者对"意义"、"内容"、"表征"、"关于性"和"意向性"等概念的关系的看法是不完全一致的。笔者认为，上述概念从细微的方面看，的确是有区别的，但只要我们进到它们的内核，就可看出它们没有实质的区别。因为根据关于心理的表征理论和关于心理的计算理论，以心理表征为加工媒介的心理状态就是命题态度,而命题态度是有机体与心理表征或心灵语言的心理语句的关系。因此有心理态度、有表征也就是有心理语句。而心理语句有句法和语义两种属性。句法属性是指心理语句像自然语言的句子一样也是由字词等符号按照一定的规则构造而成的,有其特定的物理关系和形式结构。语义属性是指心理语句也有意义、指称和真值条件。由此看来,"心理内容""意义""心理语义性""心理表征"等范畴的出现绝不是玩弄文字游戏,而是反映出心灵哲学在向心灵深掘的过程中发现了传统意向性研究所未注意到的现象和问题。这些范畴在含义上有微妙的差异,在观照命题态度时的侧重点和切入点不同,但都窥探到了心理现象的某种更深层的奥秘和特点。

众所周知,意义的形式多种多样,范围极其广泛,如自然意义、符号意义、人生意义、道德意义、政治意义等。既然如此,要想找到各种意义的共同本质,进而为其找到统一的理解、建立一种统一的理论似乎是根本不可能的。事实也是这样,此前的意义研究一般只局限于某一领域的意义,充其量进到了元理论的层面,以探讨某类意义的"意义"。到目前为止,意义理论关注的意义主要是语言及符号的意义。即使是在这样一个狭小的、严格限定的领域,其探索者也都被搅得晕头转向,因此很少有人敢奢望进到各种形式的意义的最高层面,探索所有意义的"意义",直至建立关于意义的一般性理论。

然而,敢于尝试、敢于创新的人总是会出现的。20世纪末在意义研究中终于出现了这样的人。他们就是肖普(Shope)和斯坦佩(Stampe)等人。肖普的目的就是要建立关于意义的统一理论(united theory of meaning)。他说:"现在的探讨并不完全局限于一个或另一个标准的领域,如心理分析的哲学、心灵哲学、语言哲学或认知科学的哲学研究等。确切地说,它试图表达关于'有意义'(meaningfulness)的一种统一的观点,它涵盖了这样一些题目,例如,语言表达式和习惯符号的有意义,弗洛伊德关于各种心理现象和行为例示的有意义的观点,人做某事的意义,艺术作品的意义,甚至生产所具有的意义。"[①]

在肖普看来,已有的意义理论有两大问题:一是只关心某种形式、某一局部的意义;二是忽视了意义研究中的一个重要的方面,即"有意义"。这两个问题

---

① Shope R K. *The Nature of Meaningfulness: Representing, Powers, and Meaning.* Oxford: Rowman & Littlefield, 1999: xi.

就是他试图建立的关于意义的统一理论要解决的问题。对第一个问题的解答,确立了他的意义理论的主要任务、内容和基本特征,而对第二个问题的解答,则构成了他的意义理论的切入点、基本思路和方法。

他对两者的"统一"说明表现何在呢？很简单，那就是把意义统一于"有意义"，根据后者对前者做出说明。在他看来，要解释关于意义的根本问题，出路在于分析"有意义"。他说：一般地说明有意义对于解决关于意义的各种各样的特殊难题具有重要价值。[①]"有意义"的问题是什么样的问题呢？怎样才能解决"有意义"的问题？他的回答既简单，又复杂。所谓简单，就是他认为，可根据关于"表示"的理论来说明有意义。因为要说明各种形式的意义，必须知道更一般的"有意义"。而说明有意义，不外乎说明有意义是如何可能的、根源于什么、由什么所决定，亦即为它的成立提供充分条件。因此有意义的问题实即如何说明其构成、如何揭示其充分条件的问题。而要解决这些问题，关键是要弄清有意义事物的一个更根本的属性，即表示（representing）。因为一事物有意义，实即它能表示它之外的某事物，或具有表示的力量和性质。所谓复杂，主要是因为"表示"是一种复杂的现象，另外，根据"表示"来说明各种形式的意义也是一项相当烦琐的工作。在他看来，要理解表示，必须把它与能表示的事物放在一起来理解。他认为，它们是一对很重要的概念。后者指有意义的载体，而前者是它的一种属性或作用，即能表示的事物所具有的能表示某种意义的属性。由于有这种属性，该载体才会在特定的环境下，当相应条件得到满足时，向外界显现出具体的意义。

寻求意义的统一理解，是科学发展的整合趋势在意义研究中的反映，因而有其必然性。既然如此，肖普对意义统一理论的建构就不是他一时的心血来潮，他的理论也不是一花独放。早在他之前，格赖斯就做出了自己的尝试。例如他试图找到各种意义后面的统一性。为此，他把视角指向一切意义，并把它们分为非自然的意义（语词的意义）和自然的意义（如树的环数的意义）两种，认为，根据某种对结果概念的解释，如果 x 意指 h，那么它作为 h 这一事实就是 x 的结果。斯托尔纳克（Stalnaker）认为，有表示能力的事物指示的是：情况就是这样，如

[①] Shope R K. *The Nature of Meaningfulness: Representing, Powers, and Meaning*. Oxford: Rowman & Littlefield, 1999.

温度计指示温度是 80℃。在他看来，所谓"指示"实即能指示的事物与所表示的东西之间的一种关系，其发展的高级形式就是意向关系。[①]

第四节　回顾、方法论思考与出路探寻

意向性的比较研究是西方新兴心灵哲学做得较多、较成功的一个领域。例如，西德里茨是西方当今较活跃的心灵哲学比较研究专家，他发挥自己长于佛教的优势，在广泛的心灵哲学论题上，对佛教与西方的关系做了大量有建树的探讨，如认为，佛教在心灵问题上的纲领可与当前最新的计算主义或"技术物理主义"一致。[②]阿诺德不仅从内容的宽窄这一新近出现的研究视角对佛教与西方内在主义或福多的方法论的唯我论做了发人深思的比较研究，而且提出，当代认知科学、心灵哲学可与佛教哲学在这一领域展开有效的对话。根据他的解读，佛教对自证分或自反觉知的论述就表达了一种内在主义的意向性理论。因为佛教认为，意识的直接内容是心理表征，不可能触及外部事物，意即人在思维时不可能直接思考外部对象。自证分就是人心的这样的能力，即对意识面前出现的东西的不可错的、直接的、非推论的认知。它知道的内容完全是个体主义或内在主义的。内容的个体性和共同性与外物无关，完全由内在因素所决定。唯识宗的唯识无境、心外无物也足以说明这一点。因此人们要理解意识及其内容，一定要将外部世界悬搁起来。这一思想与心灵哲学的内在主义尤其是福多的方法论唯我论十分接近。[③]这当然只能是一家之言。如我们在前面所考释的，佛教尽管有内在主义倾向，但远非如此简单，因为它同时还有外在主义的表现。

阿诺德的比较研究值得关注的特点是，细密、深入，对被比较双方有具体而独到的研究和认知。他看到，根据方法论的唯我论，要对心理内容做完全科学的

---

① Shope R K. *The Nature of Meaningfulness: Representing, Powers, and Meaning.* Oxford: Rowman & Littlefield, 1999: 25.
② Arnold D. "Svasamvitti as methodological solipsism: 'narrow content' and the problem of intentionality in buddhist philosophy of mind". In D'Amato M, Garfield J L, Tillemans T J (Eds.). *Pointing at the Moon.* Oxford: Oxford University Press, 2007.
③ Arnold D. "Svasamvitti as methodological solipsism: 'narrow content' and the problem of intentionality in buddhist philosophy of mind". In D'Amato M, Garfield J L, Tillemans T J (Eds.). *Pointing at the Moon.* Oxford: Oxford University Press, 2007.

解释，只能借头脑之内的东西。阿诺德在这里所做的工作是，将福多的方法论唯我论与佛教的"自证分"或自我觉知、自反意识统觉学说加以比较。[①]根据法称等人的看法，自证分即心识能觉知自己的见分及其作用或亲知自己所觉知的内容的一种因素，从根本上说与世界上的事物怎样存在完全没有关系，前者不依赖于后者。这意味着他们承诺了一种关于心理内容是什么的内在主义说明，即强调应根据主体本身来解释心理状态的内容。这就是说，他们像福多一样承认了"内容是窄的"这一原则。

很显然，内在主义的解释是因果解释中的一种，即构成上的局域性因果解释。因为一方面，要说明心理现象的形成，以及相同和不同的特点，必须根据头脑内的原因来解释；另一方面，要解释人的行为，也必须根据发生于发脑中的东西。因为只有局域性现象才有名副其实的因果效力。质言之，要解释人的行为及其所引起的世界变化，必须承认心理内容是窄的。[②]作为一种解释，内在主义实际上是根据近端原因（靠近心理内容的、在心内或头脑中的东西）对意识的内容或意向性所做的解释。福多的内在主义的目的是从取消主义枪口下拯救民间心理学所说的命题态度。所用的方法就是在物理主义基础上对命题态度进行自然化，结论是：命题态度也有其本体论地位。如果是这样，它们在人的行为的产生中也一定有因果作用。因此福多的自然化能否成功，还取决于他能否证明命题态度的内容有因果作用。通过大量探索，他认为内在主义可以帮他的忙，因为只有窄内容才具有因果作用。阿诺德概括说："有因果效力的内容必定是'窄的'。"换言之，宽内容不具有局域性特征，不符合原因的标准，因此不能作为原因出现和起作用。而窄内容则不同，它随附于大脑，就在大脑之内，因此可作为原因起作用。佛教的观点也是这样的，认为我们经验到某物是什么颜色只能根据经验本身或内在于认知本身的某物，特别是根据关于某物的纯粹的显现事实来解释，而不能借助外物来解释。我们能肯定的东西是，它以这种方式显现，因此这一定是更一般地理

---

① Arnold D. "Svasamvitti as methodological solipsism: 'narrow content' and the problem of intentionality in buddhist philosophy of mind". In D'Amato M, Garfield J L, Tillemans T J (Eds.). *Pointing at the Moon*. Oxford: Oxford University Press, 2007.
② Arnold D. "Svasamvitti as methodological solipsism: 'narrow content' and the problem of intentionality in buddhist philosophy of mind". In D'Amato M, Garfield J L, Tillemans T J (Eds.). *Pointing at the Moon*. Oxford: Oxford University Press, 2007.

第七章 "心包万物"、"四分心"与意向性：意向性理论比较

解心理内容所必须依据的基础。①

这里无疑有这样的问题，即意识的意向性是否只应根据这种近端原因来解释。事实上，心理内容、意向性像所有别的有存在地位的现象一样，一定是包括近端原因在内的广泛的因素共同作用的结果。就此而言，内在主义犯了一点论的错误。在笔者看来，佛教并没有犯这个错误，因为尽管它强调内在东西对于内容的作用，但并不否认外在因素如所缘、相分的作用。就此而言，简单地把佛教归结为内在主义或只看到它们的一致是失之偏颇的。

阿诺德尽管承认佛教的自证分学说与福多方法论唯我论有不同，如说它们有同、有不同，但他看到的不是上述不同，而是这样的不同，即认为佛教的内容理论的前提是反物理主义，而福多坚持的是物理主义或计算物理主义。其实，这样概括佛教也是欠准确的，因为如笔者在有的地方曾强调过的，佛教依二谛说法，坚持的是具体情况具体分析的"不定说"。

要理解自证分，必须理解量。量在佛教中是一个兼具认识论、逻辑学和心灵哲学意义的概念，指的是这样的心理现象或认知，即可靠的、无欺诳的证知，是认知活动的真实的结果，有现量和比量等不同形式，都可看作知识之标准。陈那最先在阐释量论时阐发了关于自证分的学说。他认为，量作为结果真实无欺，这个结果就是自证分，或者说量本身构成了自证分，而这种自证分就是自我觉知。这里所说的自证、自我觉知近乎布伦塔诺所说的意向性。所谓意向性就是内存在的对象被知觉到了，或呈现于心中，被人意识到了，或被内知觉到了。这是绝对真实的内知觉。由于这里知觉的是心内呈现的东西，因此是心的自我觉知或自反意识。它除了有一个专门的对象（心理表征、心相、似尘）之外，还有一个能区分、分辨的作用过程，即内知觉的直接的、不可错的自我明见性。对于所有形式的关于对象的知识来说，内知觉只有这种明见的特点。因此当我们说心理现象是通过内知觉而把握的东西时，我们所说的不过是这些知觉直接就是自明的。与内知觉相比，外知觉只有通过间接证明才能被认定为真实的。而内知觉，只要发生了，就一定是真实的。因此可以说，心理现象是知觉所关于的现象。

---

① Arnold D. "Svasamvitti as methodological solipsism: 'narrow content' and the problem of intentionality in buddhist philosophy of mind". In D'Amato M, Garfield J L, Tillemans T J (Eds.). *Pointing at the Moon*. Oxford: Oxford University Press, 2007.

在阿诺德看来，西方人所说的内知觉近于佛教所说的自证分，即对心理事件的出现及内容的直接的、免错的觉知，它的对象就是当下显现给人的东西。因此意向内容和这些认知的现象学特征之间是有同一性的。它不同于外知觉，因为在思考世界上的外部事态时，在以特定方式去表征时，人可能犯错误，但对于那显现在内知觉面前的东西是不会犯错误的。也就是说，只要觉知到了显现在意识面前的东西，这觉知就一定是真实不虚的。佛教之所以肯定现量真实无欺，也是基于这样的特有的现象学分析。阿诺德说："基于相同的理由，陈那表达了相似的意思，即值得认作知识标准（作为量）的唯一的东西不过是，任何知觉显现给我的方式。更明确地说，陈那看作标准的是这样的概念上更基本的事实，即认知以一种或另一种方式显现出来。"[①]

通过对陈那等人在说明心理内容的决定因素时表达的思想的具体解读，阿诺德得出结论说，他们坚持的是与福多相近的内在主义精神，如认为心理内容是由头脑中的因素所决定的，因此是"窄的"。据此，阿诺德对外在主义观点提出了批评，强调即使可以承认有外部对象存在并出现在认知中了，它对内容也没有决定作用。因为认知对象完全是根据觉知来判断的。在这里，外在对象是不可能进入心灵而影响内容的，在心灵中起作用的东西是心内的东西。因为人不可能有关于自在存在对象的经验。一切经验都是主观的东西。在这里，陈那等人用了近于当代西方心灵哲学的某些表达式，如说经验一定以表征或"方面"的介入为中介。我们能知道的事物只能是显现给我们的东西，而非"自在"存在的事物。因此外部对象对心理内容没有决定作用，外在主义是错误的。[②]

在这里，佛教的观点不同于康德的现象主义。因为佛教说的只是认知的直接的、非概念的行为，而没有像康德那样说，我们把事物经验为从概念上构成的东西。佛教认为，我们只是把事物经验为从现象上被表征的东西。对此当然可以有不同的理解，因为有这样的问题，强调我们仅根据觉知来经验事物究竟是什么意

---

① Arnold D. "Svasamvitti as methodological solipsism: 'narrow content' and the problem of intentionality in buddhist philosophy of mind". In D'Amato M, Garfield J L, Tillemans T J (Eds.). *Pointing at the Moon*. Oxford: Oxford University Press, 2007.
② Arnold D. "Svasamvitti as methodological solipsism: 'narrow content' and the problem of intentionality in buddhist philosophy of mind". In D'Amato M, Garfield J L, Tillemans T J (Eds.). *Pointing at the Moon*. Oxford: Oxford University Press, 2007.

思？阿诺德的理解是：这里的意思近于福多所说的"窄内容"。①

阿诺德还挖掘了自证分学说中所包含的语义学思想。如前所述，佛教的自证分指的是一种非概念、非推论性的自觉知性、明证性。从作用上说，自证分在说明语言理解的过程中发挥着重要作用。在法称看来，用语言进行表达的行为应理解为这样的行为，它涉及的只是主体内发生的表征，或者说，它只是表达窄内容。而窄内容又是由头脑内在的属性决定的。法称有这样的"析除"思想，即认为在说明语言的内容时，应排除人们所说的真实存在的共相。这就是说，应把共相从语词指称中排除出去。具言之，根据法称的语义学，语言所指称的东西都是个别，而且是具有现象学性质的个别，即显现在意识面前的个别。也可以说，话语所关于的东西是引起了话语的可从现象学上加以比较的诸认知。相应地，要理解说者说话的意义，就要做出推论，即对说者通过话语想表达的意图做出推论。在这里，意图是话语的原因，话语是结果。根据法称的看法，人在理解他人话语时所做的事情不外乎是，根据作为结果的特定语言事项推出说者的作为它的原因的意图。在做了这番解读的基础上，阿诺德从比较上强调：这里的意图就是西方哲学所说的具体个别的"含义"或窄内容，或主体内当下发生的表征，而非共相。这里既包含对西方长期聚讼纷纭的"含义"的独特解答（不把它理解为抽象实在，而理解为内在个别的意图），又从一个侧面进一步论证了内在主义。是故，阿诺德得出结论说：法称的这种以窄内容为基础的语义学十分接近于福多的方法论唯我论。因为法称所说的出现在思想中的东西就是福多所说的有对行为的因果效力的表征，它的内容不用诉诸真值、指称这样的语义学属性来解释，只需根据头脑内的东西来解释。②

在法称等人那里，语言意义由说者的意图所决定，因此说者是话语之意义理解的最终权威。而说者的意图又是由自证分所决定的，只有它能对意图做最终解释。总之，说者的话语所关于的仅仅只是构成说者自己心理状态的窄内容。

从上面的考察我们不难看到这样的事实，即三种文化特别是现当代的西方心

---

① Arnold D. "Svasamvitti as methodological solipsism: 'narrow content' and the problem of intentionality in buddhist philosophy of mind". In D'Amato M, Garfield J L, Tillemans T J (Eds.). *Pointing at the Moon*. Oxford: Oxford University Press, 2007.
② Arnold D. "Svasamvitti as methodological solipsism: 'narrow content' and the problem of intentionality in buddhist philosophy of mind". In D'Amato M, Garfield J L, Tillemans T J (Eds.). *Pointing at the Moon*. Oxford: Oxford University Press, 2007.

灵哲学都极为重视对意向性的研究。其内在原因在于：意向性是人的心理乃至整个人的最独特、最本质的方面，是其真正的中枢，因此是揭开心理乃至生命之奥秘的钥匙。道理很简单，语言之所以有指示、表示它之外事物的作用，人之所以有人的心理及智能，之所以能认识外在的超越之物，之所以有主观见之于客观的实践特性，一个重要的根据就是人能主动地、有意识地把一种状态与另一种状态关联起来，能发生关系作用，甚至能与不存在的东西发生关系。这种作用恰好就是意向性。

当然，比较研究又让我们看到，各种文化的意向性研究不仅在动机、方法、路径上有重要区别，而且具体的看法也有明显不同。例如，西方的意向性研究尽管在形式上也有理论和实践双重动机，但它的实践动机主要是工程技术学上的，即着力探讨如何建模意向性，以便让机器表现出像人类智能那样的有语义性的智能，或让机器不再仅仅是句法机，而同时成为语义机。另外，西方意向性研究中所关注的心尽管仅仅只是"小我肉体之心之一种机能"[①]，而且对意向性的"用"的开发的确比不上中国哲学，如不太注重从文化、人生、境界等方面去开发利用它，只是到了最近才有人注意到了心的弥散性或无封闭性特点，但是，西方哲学对意向性之"体"（本质、结构、机制、条件）的探讨又有其殊胜之处。例如，他们在疑惑、惊诧的过程中提出了我们不太重视的一系列本体论、形而上学问题。不仅如此，他们还调动一切有用的因素和资源，动用一切可以动用的手段和方法对之展开全面系统的研究，例如，胡塞尔对之做了深入透彻的"活体解剖"，从而建立了自己的博大精深的现象学。随着认识向纵深的推进和向广度的拓展，意向性已成了哲学本体论、认识论、伦理学、认知科学、人工智能、计算机科学和语言哲学等学科共同关注的一个蔚为壮观的研究领域。其内部既有分门别类的深掘，又有分工之上的合作、横向的整合，乃至多学科的统一或合流。最明显的是，意向性、心理内容、表征、意义，这些原来分别为不同学科专门研究的问题，现在合而为一，变成了一个几乎没有区别的问题。人们不仅试图建立关于各种意义的统一的意义理论，而且试图建立关于意义、意向性、内容的统一理论。

最值得注意的是，西方的意向性研究最终都落脚到了"意义"这一现代西方

[①] 钱穆：《灵魂与心》，广西师范大学出版社2004年版，第18页。

第七章 "心包万物"、"四分心"与意向性：意向性理论比较　　345

哲学头疼同时着迷的问题之上，如在更高的层面对各种意义进行统一观照，以揭示最一般意义的"意义"和本质，至少部分如此。有人风趣地说，20世纪以来的西方哲学家都患有意义痴迷症。心灵哲学家和认知科学家也不例外。认知科学和心灵哲学之所以关注意义问题，是因为这些学科如果不解决这些问题，那么其基础会受到威胁。因为心灵哲学和认知科学的任务是要解释行为，而要如此，仅诉诸大脑状态似乎不行，还必须求助于人们所知道的东西。这便涉及了语义问题。还有人认为，传统哲学的意义问题仅靠哲学是不可能解决的，而认知科学在这方面则大有可为。[1]由这些所决定，意义问题便成了心灵哲学和认知科学的问题，相应地，心灵哲学家也建立了自己的意义理论，它既可被称作意向性理论，也可被称作意义理论或语义学理论，如德雷斯基、米利肯和福多等分别提出了自己的"信息语义学"、"目的论语义学"和"因果性心理语义学"等。福多等人甚至认为，在一定的意义上可以说语义性比意向性更根本。

当前一些研究者顺应意向性研究的"合流"走向，尝试在更高的层面上理解"意义"的意义。例如，肖普和斯坦佩等人所建立的关于意义的统一理论就是一种有益的尝试。他们提出，有了关于表示的一般理论，就有可能解决关于意义的各种问题。[2]例如，常见符号的意义、自然现象的意义、弗洛伊德所说的梦和精神病症状的意义、生命的意义都可根据表示理论得到说明。不管是什么意义，都可看作是一种有表示力的事物或状态所表示的东西。

西方意向性研究的特点还在于：英美的分析哲学传统和大陆的现象学传统在这里上演着对峙和融合的变奏曲。现在，融合的呼声越来越高。因为有这样的认识，即要说明心理内容，就必须根据不同的内容形式选择不同的说明方式。例如，对于信息内容和概念内容就可以用英美常见的自然化方法来分析、说明；而对于经验内容则只能用现象学方法来分析。因为根据外在对象、根据表述经验的概念或语词的分析都无法接近这种经验。而对于同时具有两种特点的表征内容则应同时运用自然化的分析方法和现象学的方法，因为每种方法在有它的优越性的同时

---

[1] Pylyshyn Z W, Demopoulos W(Eds.). *Meaning and Cognitive Structure*. Norwood: Ablex Publishing Corporation, 1986: vii.
[2] Pylyshyn Z W, Demopoulos W(Eds.). *Meaning and Cognitive Structure*. Norwood: Ablex Publishing Corporation, 1986.

又都有它的局限性。例如，分析方法适合于把握表征内容的概念和信息方面，但对现象学特征于事无补；同样，现象学方法在把握表征内容的现象特征时必不可少，但在把握概念内容时不一定能比得上分析的方法。因为后者能基于作为意向结构之表现的语言结构的分析，较好地揭示意向结构及其本质。

中国哲学也注意到并认真研究过意向性这一神奇现象，当然，没有像西方那样自觉、明确地提出和思考带有实证科学和形而上学性质的问题。从动机上说，它有学理的动机，但更多的是服从于解脱论或人生观方面的动机，其表现是，它在研究意向性时更关心意向性在做人、成圣中的作用，由此切入，它对意向性与人的生存状态的关系做了独到的探究。荀子说："心平愉，则色不及佣而可以养目……蔬食菜羹而可以养口，粗布之衣，粗紃之履而可以养体。"①意思是说，人如果不为物所役，不是只知往外驰骋，而是安于平愉，那么即使处在物质条件很差的情境之下，也能心安理得，快乐无比。反之，如果为物役使，让心系于财色名食睡，那么便会"心忧恐则口衔刍豢而不知其味，耳听钟鼓而不知其声……故向万物之美而盛忧，兼万物之利而盛害，如此者，其求物也，养生也？"②《管子·内业》也说："执一不失，能君万物。君子使物，不为物使。""是故圣人与时变而不化，从物而不移。……定心在中，耳目聪明，四肢坚固。"③中国佛教由于对印度佛教和中国文化的精髓兼收并蓄，因此对此的认识更加深刻和透彻。它认识到：心既是体、宗，又是用，或者说，西方不离方寸，一念心净，则佛土净，是圣是凡就取决于当下一念心，取决于心之所住。因此至圣、求解脱的根本问题是处理心的所住，是"善巧安心"。一念心生，向外驰求、攀缘，念念着相，即指向有相之物，便堕凡夫，反之一念不生，安心于法相，念而无念，指而无指，"应无所住而生其心"，永远心平行直，即入涅槃。

中国哲学在研究意向性时对心灵观问题发表了超前的看法。西方大多数哲学家所理解的心的确是"小我肉体之心之一种机能"④，且不太注重从文化、人生、境界等方面去开发利用它。中国则不同，如钱穆先生曾用自己独特的但不太"标

---

① 《荀子》。
② 《荀子》。
③ 《管子》。
④ 钱穆：《灵魂与心》，广西师范大学出版社2004年版，第18页。

第七章 "心包万物"、"四分心"与意向性：意向性理论比较

准"的意向习语对中国文化重视心之意向特征这一点做了十分精彩的概述。他说：人心能超出个体小我之隔膜与封蔽而相通，此为人兽之分别点。此种着重在心一边的看法，其实只为中国人的观念。①（并非如此）西方科学里的心理学……是无灵魂的心理学。……当然研究不到人心之真实境界。……对人心的认识实嫌不够。中国人所谓心并不专指肉体心，并不封蔽在各各小我之内，而实存于人与人之间，哀乐相关，痛痒相切，中国人此种心为道心……为文化心。"所谓人心者，乃指人类大群一种无隔阂，无封界，无彼我的共通心。"相对而言，西方人所说的人心只是"小我肉体之心之一种机能"。②从时间上讲，人心在特定意义上有超时间性，如圣人永远存在于他人心里③，"此种心，已不是专限于肉体的生物心，而渐已演进形成为彼我古今共同沟通的一种文化心"④。例如，人心能超越自身，指向过去，"心存百代"，指向未来，遥想万世。从空间上说，心能超越小我，把整个宇宙装于一心之中。另外，心与心可以互相渗透，如"可以越出此躯体而共通完成一大心"，"他心喜乐，己心亦喜乐"。⑤心还能以文字为媒介，"感受异地数百千里外，异时数百千年外他人之心以为心。数百千里外他心之忧喜郁乐，数百千年前他心之忧喜郁乐，可以同为此时此地吾心之忧喜郁乐"，"此始为吾心之真生活真生命所在"。⑥

过去，我们一般认为，东方特别是中国对语言及其意义问题相对冷漠，根据新的考察，这一图景需要修改。例如西方学者保尔认为，梁朝真谛的《三无性论》提出了两个与语言指称有关的问题，其中一个是，为万物命名是不是了解世界的关键？用语言描述外部事物是否提供了关于事物的标准知识？真谛的看法是：命名是随意的活动，语言并不能提供关于事物的准确知识，这种知识只能由智慧的了悟来提供。"名言所显诸法自性即似尘识分……如所显现是相实无。"⑦印度佛教更是如此。例如瑜伽行派认为，名称与所指之间没有反映与被反映的关系，因为这种

---

① 钱穆：《灵魂与心》，广西师范大学出版社2004年版，第18页。
② 钱穆：《灵魂与心》，广西师范大学出版社2004年版，第18—21页。
③ 钱穆：《灵魂与心》，广西师范大学出版社2004年版，第18—21页。
④ 钱穆：《灵魂与心》，广西师范大学出版社2004年版，第20—21页。
⑤ 钱穆：《灵魂与心》，广西师范大学出版社2004年版，第89页。
⑥ 钱穆：《灵魂与心》，广西师范大学出版社2004年版，第90页。
⑦ 蒂安娜·保尔：《中国六世纪的心识哲学——真谛的〈转识论〉》，秦瑜、庞玮译，上海古籍出版社2011年版，第60页。

对应是"任意的"。①"含义或意义就是由语言共同体对所指对象的这些功能性特征达成的共识。"②在这一点上,古老的佛教有近于现代逻辑学家和哲学家弗雷格的思想,即都认为,语言的含义表述的不是实际的所指,而是近于抽象实在的东西。佛教还认识到,名称并不指谓客观世界,因为对象、共识、交流都建立在语言使用者(个体或群体)的意向之上。真谛对此提出了这样一些论证:首先,如果如反对者所说的那样,名称和所指必有关联,那么会得出这样的结论,即命名在前,关于对象的认知在后。事实肯定不是这样。其次,如果名称意谓的是真实对象,那么没有听说某名称的人,就不可能理解此意指对象,而事实并非如此。最后,因为在没有听闻名称时,我们也能理解被意指对象,因此名称意指的不是真实对象。③

佛教还有与西方今日心灵哲学近似的思想,如强调:理解语言结构及其意向性是理解心识及其意向性的有效途径,因为两者大致相同。"依存于语言的心识活动为我们提供了一条理解心识结构的可能途径。"④之所以要根据前者说明后者,是因为后者难解,前者易解。在交流这个层次上,人们更容易觉察到心识……作为语言对象的制造者所起的作用。⑤真谛正是通过对语言进行原初性的批判反思,从而引导他的读者去理解心识的比较性或分别性,以及理解支撑我们对世间之物进行名分别和感知分别的心识结构的统一性和意向性。⑥

西方意向性研究中有一古老而常新的领域,即"意向性的形而上学问题"。它有特定的含义,指对作为非存在的意向对象的研究。围绕这类问题,西方从中世纪开始,就一直不停地在研究、在争论,今日的心灵哲学更是如鱼得水。佛教中也有关心这一领域的表现,如对无句义的研究就是其中的一个表现。"无句"即表述了不实际存在对象的语句。尤其是,佛教表述本无或毕竟空的语句更是如

---

① 蒂安娜・保尔:《中国六世纪的心识哲学——真谛的〈转识论〉》,秦瑜、庞玮译,上海古籍出版社2011年版,第60-61页。
② 蒂安娜・保尔:《中国六世纪的心识哲学——真谛的〈转识论〉》,秦瑜、庞玮译,上海古籍出版社2011年版,第61页。
③ 蒂安娜・保尔:《中国六世纪的心识哲学——真谛的〈转识论〉》,秦瑜、庞玮译,上海古籍出版社2011年版,第64页。
④ 蒂安娜・保尔:《中国六世纪的心识哲学——真谛的〈转识论〉》,秦瑜、庞玮译,上海古籍出版社2011年版,第75页。
⑤ 蒂安娜・保尔:《中国六世纪的心识哲学——真谛的〈转识论〉》,秦瑜、庞玮译,上海古籍出版社2011年版,第75页。
⑥ 蒂安娜・保尔:《中国六世纪的心识哲学——真谛的〈转识论〉》,秦瑜、庞玮译,上海古籍出版社2011年版,第76页。

此。佛教承认，它们也是有意义的。经云："无句义是菩萨句义。何以故……菩提不生，萨埵非有，句于其中，理不可得故，无句义是菩萨句义。"[①]中国在这一领域也做出了值得称道的贡献。正是因为看到了这一点，我们才经常说：中国在这一领域也出现了令人不安的"李约瑟难题"。

通过对东西方意向性理论的考察，我们可以得出这样的结论，即这一研究课题值得进一步向纵深推进。因为对它的研究既是探讨心的结构和本质的必需，又可从一个侧面帮我们进一步认识人的本质，因而同时具有人学的意义。只要从意向性角度去观察人和非人，那么我们就可看到，意向性特别是指向非存在对象的意向性正好是人身上最独特、最神奇的特性。正是因为有这种特性，我们人类才成了能走出自身、与他物发生各种联系的一种具有弥散性、扩散性、渗透性而非彻底封闭孤立的特殊存在；也正是由于享有它，我们人类至少在目前还用不着担心被电脑表现出的人工智能所超越，除非未来某一天电脑也具有本原性的意向性，但这几乎是不可能的。因为人的意向性作为一种关系属性有其他任何事物表现出的关系属性所不具有的这样的特点，即它可以处在与不存在的东西的意向关系之中，而任何物理的东西则不可能有这种关系，人的意向状态可以处在与不曾发生、不会发生以及已逝、尚未发生的东西的意向关系之中，而物理关系只能存在于真实的东西之间。既然如此，接下来等着我们探讨的自然是：人为什么有这种特性？是什么使他表现出这种特性？这样的研究将同时把我们对心和人的本质结构的认识引向更深更广的境界。

笔者认为，要推进意向性研究，当务之急不是创立什么新的理论，而是祛魅。因为从比较研究中可以发现，尽管各种文化的意向性研究都为人类认识意向性的庐山真面目做出了自己的贡献，但不可否认的是，认识发展到今天仍有这样的尴尬：意向性像意识一样是所有心灵哲学对象中研究得最多、成果最丰硕的一个对象，但认识上的实质性进展却并不多。这里面一定有我们现在尚未弄清楚的障碍、难题，麻烦也可能出在指导我们研究的观点、观念、概念图式、方法论之上，还有可能是什么神秘的东西在里面作祟。可以肯定的是，尽管不同文化的民间心理学在内容上各不相同，但它们常用的设想心灵的类比、隐喻方式以及从物理世界移植

---

① 《大般若波罗蜜多经》。

过来的认识心的概念图式（如拟物心灵观、小人论）则普遍存在于各种文化之中，潜移默化地存在于人们心中，神不知鬼不觉地影响着人们对意向性的认识和构想。由此所决定，意向性研究中许多在表面上天经地义的原则，许多关于人的观念、关于心及意向性的先见和提法，其实是错误的。更麻烦的是，大多数人并不以为然。例如在西方，常识的或民间的心理学乃至传统哲学和科学由于未批判地审视原始的灵魂观念，把人之内存在着一个居于中心和主导地位的心或我作为毋庸置疑的预设接受过来，进而按设想物理实在的方式类推出心的空间（如常说的"心里"或"心内""内心深处"）、心的时间以及心的运作方式，按外物的作用模式设想意向作用，如以为里面一定有一个发挥意向作用的同一不变的意向主体，此外还有一个被作用的意向对象。意识发挥意向作用就如同将外来的材料加以转化，然后像搅拌机一样将它们结合在一起，此即综合，或像切割机一样对之划分，此即分析。

纵观古今中外的意向性研究，我们不难发现，自然主义和现象学都是这个领域最重要、最活跃的生力军。这种现象的出现绝非偶然，而有其内在的必然性和机理。笔者认为，它们之所以长盛不衰，是因为它们在意向性揭秘中分别扮演着不可替代的角色。既然如此，接下来要做的就是，一方面加强对它们的研究，另一方面设法把它们结合起来。

我们之所以需要自然主义，一是因为，要完成上述祛魅的任务，离开了自然主义是寸步难行的。二是因为，要揭示意向习语的真实所指及其相关项，要澄清这里的概念使用的混乱或乱象，也得诉诸自然主义。一方面，我们常说的某些人所具有的那种号召力、威慑力、感染力、凝聚力等肯定是存在的，正是在此意义上，我们承认"意向性""意义""内容"有独特的本体论地位。它们尽管是常识心理学的术语，其指称是模糊的、不明确的，有时还有误指的问题，甚至其所指中夹杂着使用者加进去的观念、构想、前科学的概念图式，但一旦人们在用这类语词做诚实的描述、报告和解释时，它们肯定陈述了某种真实发生的东西。另一方面，要避免过去对这些概念的拟物化或拟人化理解，只有求助于自然主义，而要建立关于它们的形态学、地形学、结构论、动力学，更是如此。因为只有自然主义才能在澄清有关概念的真实所指的基础上，对所指的真实构成、相状、结构、本来面目做出符合实际的揭示和刻画。这种刻画尽管可能遗漏现象学的或第一人称所与的东西，但可让我们的描述摆脱过去常见的想象的、类比的、隐喻的

第七章 "心包万物"、"四分心"与意向性：意向性理论比较

构想，不断逼近事物的真实。人工智能取得的成就足以证明这一点。它模拟的人类思维尽管有某些遗漏，但由于它抓住了思维真实存在的形式转换方面，因此它的许多系统不仅可以近似地像人类思维那样起作用，而且在逻辑推理、信息储存等方面远远超过了人类。如果让人工系统去模拟民间心理学和传统二元论所构想的"小人"图景或"搅拌机模型"，那么不会有人工智能这回事。最后，意向性问题本身的澄清也必须诉诸自然主义，至少应有保留地或批判地这样做。可以肯定，不同人所说的意向性问题肯定有其不同，而且意向性问题本身，或作为它的替换形式（以便让它变得清楚明白、具有可操作性）的意义问题、内容问题、表征问题等，都有不明晰性，有让人摸不着头脑的感觉。要澄清这里的概念和问题，无疑应像诺贝尔奖获得者克里克所说的那样，在人们说自己有意向性、有意义指称时，借助相关科学理论及技术，考察头脑中究竟发生了什么，而不是拟人化地去设想里面的图景。也就是说，这里应追问的是，在人们说自己借助意向性关联于外物时，说自己头脑内有内容或意义呈现出来时，其内的真实的构成、过程和机制是什么。只有这样的探讨才能让我们逼近对问题的解答，而不是探讨越多，解答越渺茫，所坠的五里云雾越严重。

现象学的视角同样是不可或缺的。这是因为，任何心理现象除了可从第三人称角度予以观察，从而有第三人称的存在方式之外，还可从第一人称的、现象学的角度去观察，从而以一种独特的、现象学的方式存在。两种观察中显现的心理都有自己的存在地位，都是世界上的存在者，都是科学和哲学认识应该而且必须予以关注和探讨的对象。当然，它们的存在的方式、特点是不同的，其复杂性的程度也不一样，尽管有一定的对应关系。第三人称的或通常所说的客观的观察方式中显现的心理内容或意向性，尽管有其自在的客观性，例如，内容在大脑中的分布式的储存，内容在加工时的神经过程，与被试报告自己想到某个概念时对应的脑电图波形，等等，但它们相对于第一人称观察面前显现的东西来说，简单得多，且常常以潜在的属性、静态的结构、僵死的实在的形式表现出来。因为根据人们通常所说的客观主义，对世界包括对主观经验的完全客观的描述是可能的。其实客观主义的断言是关于理论的，或关于知道和表征世界的方法的，而不是关于世界本身的，因为它强调的是，在认识世界时不能让主观的东西渗透进来，否则就不客观。传统的物理主义坚持的即这一原则。如果客观主义错了，那么坚持

客观主义的物理主义诸形态也是错的。以客观主义为基础的物理主义对主观经验是不可能做出全面的描述和正确的分析的。因为主观经验是一种奇特的对象，在这里，你越是客观，你离它就越远，若用主观的方法，你反倒会很客观。所谓"客观的"即指用第三人称的方式或"他者"的眼光看问题。换言之，在把握对象时不进入主观状态、不让主观的因素起作用或加入认识之中，或不带观点、成见看问题或没有自己立场、视角的方法即为客观的。在这样做时，它至少将现象学的东西忽略或搁置在一边，做了人为的分割和取舍。它表面上采取了客观的观点，因为它排除了一同发生的主观的东西。这在特定意义上恰恰是非客观的，因为它人为排除了客观显现出来的东西。用内格尔的话说，采取"本然的观点"就是客观的。从比较关系上说，"客观的"与真实的（real）或真的（true）不可同日而语，因为前者指的不是世界本身的特点，而是认识、理论、理解、描述的特点。如果一种理论一致于实在，即为客观的。而后者指的恰恰是实在本身存在着的特点。同样，"客观的"也不能像通常那样等同于"独立于或不依赖于心灵的"。因为它们有根本区别，后者强调的仍是实在本身的特点。理论或知识的"客观性"究竟指什么呢？其首先指的是，这种知识是不偏不倚的，即不偏向于某个人。由于它是关于公共的对象的，且又没有受到认识者个人观点、特点的影响，因此它对所有的人都是一样的。对物理属性和人的心理属性，我们都可以形成客观的理论。假如T是一类经验状态，我们就可形成关于它的客观理论，其必要条件是不能进入这类状态的任何个例之中，即不能根据个人的经验去把握它。因为进入了经验状态就背离了客观性原则。

  我们不否认在认识中追求客观性的必要性和合理性，也承认客观方法可以描述整个世界，如能描述世界上一切事物的一切属性。但同时又应看到：客观方法有其局限性，客观主义有时行不通，在有些领域得到的客观的知识并不就是真实的、有用的知识。例如在认识人的主观经验的世界时，完全坚持客观主义，或仅用客观的方法，就是远远不够的，它们充其量只能把握这个世界的物理的基础，而完全没法描述和把握主观的东西，即对主观属性不能做完全、完善的描述和把握。因为事情的复杂性在于，有这样的一些属性，当它们被拥有时，它们上面存在着感觉起来之所是的东西，而这恰恰是客观方法没法完全描述的属性。客观方法可以描述它们物理上的必要条件，但其主观方面只有通过主观的方法来描述和把握。换言之，世界尽管都是物理的，但由基础物理属性派生出来的某些经验属性和状态则不适于用客观方法来描述。这就是说，世界有这样的方面，它们抵制客观的方法，只能通过进入主观的状态，才能完全把握它们。

由此看来，现象学的观察有其必然性，不用它，就会遗漏实在中真实存在的东西。当然，准确地说，从现象学视角看到的东西，例如同样是想到某个概念，思考方的圆，与从第三人称角度看到的相比，就有既少又多的特点。其少的一面表现在，从现象学视角不可能看到其后的神经基质和原子分子结构；其多的一面则表现在，这个概念在显现出来时，既离不开主观的观点，又包含有体验的因素以及最近兴起的认知现象学所说的感性和非感性（即认知性）的现象学性质。如此显现出来的内容或意向性不仅有其本体论地位，而且也有其特定的客观性。因为如果不从这个角度去观察，那么我们在认识它们时就会有遗漏，而这恰恰违背了认识的客观性原则。概言之，人不仅有主观的观点，有主观性，而且人的有些属性甚至有些物理属性还有主观的方面（aspect）。主观的方面指的是属性在进入特定的现象学关系时所表现出来的只能为有此经验的人才能接近和把握的东西。它是一种现象学性质的东西，但它又不是非物理的，因为它以物理事物为基础，或者说是物理属性在进入某种关系时表现出来的东西。随着主观观察的介入，对象必然不再是自在的东西，因为它们为对象之所是做了自己的奉献。不过，主观观点和方法的介入，也有客观的意义，因为正是通过它们，我们才知道了主观状态的性质和本来面目，尤其是认识到作为主观状态之基础的物理状态。主观方法的特殊性在于：它们是带着观点来把握对象的。正是由于有关于那些状态的观点，我们才有关于我们所知世界的内容更为丰满的看法。这些观点是主观的，直接与我们把自己看作"自主体"（agent）、看作能思存在的概念相关。

那些只对主体经验敞开的特征、状态有无本体论地位呢？回答是肯定的，因为它们本身是物理的，至少依赖于狭义的基本的物理的东西，只是它们只对主观的方式敞开，不能为客观的方法所接近。在用主观方式把握它们时，既要有对它们的亲历，同时还要动用主体固有的"主观的观点"。玛丽的知识之所以是新的，是因为这些知识的对象相对于她以前的物理学知识来说是新的。可见，新知识所对应的对象——新属性——是有其特殊的本体论地位的。这新属性与物理属性是何关系呢？这新属性属于物理属性，只是它有这样的特殊性，即在主观的观点面前所显示的带有现象学性质的东西。

总之，同一的心理内容在用两种方式观察时，就表现为两种同样有自己本体论地位的东西。既然如此，我们要想根据自然主义对心理内容或意向性做如实的理解，那么我们必须同时尊重两种观察，尤其是第一人称观察中显现的东西，因为它们不仅真实存在，而且是鲜活的存在，而非僵死的存在，是真正意义上的、完整的意向性，而非被肢解、被删节的意向性。

东西方的意向性研究尽管只是心灵全部活体解剖中的"细小叙事"，但由于它涉及心灵的深层结构和本质特征，因此对心灵观的建构具有重要的意义，有的人甚至直接在自己的意向性理论的基础上建构出了相应的心灵观。这在中国和印度都很常见，在当今西方则更为突出，如柏奇等人在外在主义的基础上就建构出了一种所谓的宽心灵观。根据这种宽心灵观，柏奇既不赞同内在主义把心理内容、意义封闭于大脑之内的观点，同时又反对普特南那样的意义外在主义。在他看来，意义既在头脑之内，又在头脑之外，质言之，它弥漫、渗透在主客之间。我们在前面的考察中看到，这样的宽心灵观在古代中国和印度早已诞生，并有丰满的、不一样的论证。笔者认为，这种心灵观是有其合理性的，适用于说明显现出来的、活生生的心理态度，如既适用于说明活生生的感受性质，又适用于说明有现象学性质的或有认知性感受性质的命题态度，因为如我们在有的地方曾论述过的，由于我们观察心的方式各不相同，因此心的存在方式便彼此有别。如果我们采用第一人称的观点观察当下正发生的心理事件，不管它属于感觉、知觉、情绪之类的东西，还是信念之类的命题态度，都一定是活生生的、复杂的、充满复杂构成的高阶实在，至少有佛教所说的见分、相分、自证分、证自证分等因素。既然如此，它就不可能是点式的存在，尽管有对神经基质的依赖性，以其为它的构成的一维，但它不可能局限于大脑中的某一点，而一定充满着弥散性，甚至就有此经验的人自己而言，它一定是宽的，或像中国人所说，是大心、道心、文化心。如果我们想对心做神经科学的研究，我们必须先用现象学方法弄清这种心的构成、存在方式、显现方式及特点，以此为出发点。不然，我们就不会有真正的科学研究。当然，我们同时要看到的是，这样的宽心理现象毕竟只是具有心性多样性的心理世界的一种，而非全部。例如，人的各种没有现实起作用的能力（思维能力、记忆能力、创新能力等）就显然不是这样的宽心理，因而不适合做宽心灵观或外在主义说明。进化、自然选择在我们人身上留下的大量心理模块显然也是这样，天赋论所说的原初心理、种子等也是如此。

意向性理论的比较研究对于人工智能等具体科学和工程技术部门探讨智能尤其是意向性的建模具有重要的启示意义。人工智能（AI）研究的终极目标是要像大自然造出人类智能一样，通过我们人的手造出类似于甚至超越于人类智能的智能。要如此，当然首先要弄清楚人类智能的构成要素、内外标志、内在结构、本质特点以及成立条件、根据和起源演变过程等。而要完成上述任务，除了要有科学的具体实证研究之外，哲学的介入也必不可少，例如像人类智能的起源演变之类问题的解决有哲学参与和没有它的参与，其结果是不一样的。如果有它的介入，那么有关科学大概会如虎添翼。其次，对人类智能本质特点的综合的、高层次的把握还是非哲学莫属的。最后，哲学在许多问题上的提问和解答方式也有其独特和殊胜之处，因此在这一领域的研究中有其不可替代的作用。事实上，哲学已有的意向性研究成果已暴露了人工智能研究中的许多根本性的错误，如"中文屋论证"等有力地证明了已有的人工智能存在着"意向性缺失难题"，即充其量只是句法机，而真正的智能既是句法机，更是语义机。根据哲学的解析，人的意向性有派生或仿佛的意向性与固有的意向性之别，而在固有的意向性中还有程度上的差别。所谓派生的意向性是指某些事物所具有的这样的属性，即它们能超越自身，把自己与外物关联起来，也就是有关于他物的关于性、指向性，但这种对于他物的关联作用不是计算器自己完成的，而是依赖于人的解释，或依赖于人对计算器上显示的数字的"赋义"。人的固有的意向性是生物所具有的意向性中最高级的形式。它除了具有一般的意向性的关联性、指向性、目的性、因果作用、语义内容等特征之外，还有三方面的独特之处。第一，人的意向性是主动的、自主的，即由有意向性的系统自己产生出来的，不需他力的作用。尽管这种主动性也为其他动物所有，但由于人的主动性、自主性根据人的动力系统中的理性与非理性欲望或弗洛伊德所说的自我、超我、本我的矛盾运动，因此有别于其他任何事物的主动性、自主性。第二，人有元意向性或元表征能力，即能将意向指向意向本身，形成关于意向的意向性，或关于表征本身的表征。而这一特征又根源于它的第三个更为重要的特征，即人有高度发达的、用清晰的表征来向自己显示、说明的意识能力。其他动物也有意识能力，但人的意识在清晰程度、实现方式、内容等方面根本有别于其他动物的意识。由于有这种意识，人对符号的加工、变换就具有无与伦比的特殊性，即在进行符号加工时，借助意识的作用，将意义加在符号之上，或为之赋义，使之与语义捆绑在一起，因而具有语义性。有时，它边加工就边知道，即当下就晓得被加工的符号所关于的对象。也就是说，它直接处理的是符号，但同时想到的却是符号所代表的东西。这是人的意向性、语义性最重要的特征，也是有关人工系统相比之下仍显欠缺的东西。不错，许多人工系统，尤其是有高度感知能力、反应能力、避障及完成复杂动作能力的机器人在模拟人的意向性的部分特征如关于性、主动性等方面已取得了显著的成绩，甚至在表面上也具有上面说的有意识的语义性特征，但细心分析则会发现，两者仍存在着根本性的差距。因此哲学的意向性研究及成果的实践价值、工程技术学意义值得我们关注和挖掘。这也为哲学的意向性研究指明了一个前进方向，即要关注工程技术问题，力争把它们有机结合起来。

AI 的许多领域的专家不仅认识到了重视心灵哲学成果（特别是其中的意向性和意识方面的研究成果）的必要性和重要性，而且在提炼、消化这些成果的基础上开始了对人类意向性的建模。其突出的表现就是布拉特曼（Bratman）所建构的信念、欲望、目标（BDI）模型。这其实是一个以 D. 戴维森意向性理论为基础的模型，已得到了许多人的认可，有些人甚至将其作为自己工程学实践的理论基础。至少有这样的可喜现象，即这一带有心灵哲学印记的模型已受到了广泛的关注和热烈的讨论。但是必须指出的是，当下的心灵哲学理论良莠不齐，如果一不留神，选择了一种成问题的或根本错误的理论，以之为建模的理论基础，那无疑会犯方向性的错误，一失足而成千古恨。基于对意向性理论的比较研究我们可以看到，这一模型的特点在于：通过简化、形式化，较清晰地揭示了人类自主体的结构。布拉特曼的 BDI 模型尽管是今日有关领域讨论得最多的理论之一，已成了许多工程实践的理论基础，但应看到，这一模型至少有两大问题：第一，它的理论基础是常识或民间心理学，而这种心理学在本质上是一种关于心理现象的错误的地形学、地貌学、结构论和动力学。不加批判地利用这种资源，将把 AI 的理论建构和工程实践引入歧途。第二，布拉特曼对 D. 戴维森意向理论的解读存在着误读的问题，而这又是他误用常识心理学的一个根源。D. 戴维森的心灵哲学在本质上是解释主义，而它又是一种巧妙的取消主义。这是布拉特曼没有解读出来的东西。

第七章 "心包万物"、"四分心"与意向性：意向性理论比较

总之，在笔者看来，要利用心灵哲学的成果，一方面，要有对有关成果的准确理解；另一方面，要认识到心灵哲学的"祛魅"或"去神秘化"的新的走向，即对常识心理学和传统心灵哲学的批判性反思、解构与清污。这样的心灵哲学尽管直接的动机是发展心灵哲学，但对 AI 研究无疑有间接的不可低估的意义。因为这实际上是在为 AI 研究清理地基，以便让其建立在可靠的哲学基础之上。因此要利用心灵哲学的成果，就应关注这种带有祛魅性质的心灵哲学。

如前所述，从比较上看，中国的意向性研究中存在着"李约瑟难题"，即我们古代有较发达的意向性研究及成果，它们即使与当今西方的意向性理论相比也不逊色，至少有其特点，为人类这一领域的认识奉献了许多真理的颗粒，但我们在后来掉队了，而且与西方的距离越来越大，在相当长的时间，很难看到原创性的研究。站在关于意向性研究的世界主义的立场看问题，意向性的广泛问题，如哲学史的问题、比较研究问题、原创问题，无疑都应成为我国哲学研究的课题。因为意向性问题不仅是哲学的一个必不可少的研究领域，而且对它的解答在很大程度上制约着其他有关哲学问题的进一步探讨。例如，要进一步说明实践何以有那样的能动作用，要化解历史上长期困扰人们的怀疑论难题，要说明主体何以能超越主观世界而把握外在异质的客体，等等，都有必要进一步研究意向性。另外，从实践价值上说，意向性研究对人工智能、计算机科学的发展有重要的作用，对人解决做人的问题、提高幸福感、生存质量，直至人类的彻底解放等都有不可低估的意义。这是东方的意向性研究给我们的最重要而宝贵的启示。

第八章
比较心灵哲学视野中的冥想研究

西文中的"冥想"(meditation)一词既有其独特的词源，又有其专门的所指和词义。就后者而言，东方文献之中没有一个唯一的词能与之严格对应。西文"冥想"一词来自拉丁文，意思是"思考"或者"仔细考虑"。在中世纪，这个词被用来描述对与精神性的主题相关的东西的一种持续不断的思考，随后它就开始泛指对某一特定主题的论述。例如笛卡儿的《第一哲学沉思集》就是在此种意义上使用"冥想"一词的。现代西方人对冥想的理解主要继承了"冥想"一词这样的一个方面，即这样一种心理上专注的活动通常是由一个人独自进行的。值得一提的是，现代西方一些学者出于科学研究的目的，试图对冥想进行一个更为规范的、合理的界定，他们从多种维度对冥想的科学界定进行了尝试，这些尝试直接把关于冥想的标准性问题的讨论提上了议事日程。

一个有意思的现象是，东方文化传统中并没有一个单独术语与西文的"冥想"一词相对应，在东方文化传统中能够与冥想对应的是一组松散但又相互关联的概念。在印度的《奥义书》当中，能与西文"冥想"对应的主要是一种心理技能，它包括了静坐、摄心和调息三个部分。在《瑜伽经》当中所使用的"静虑"一词与西方冥想的意思最为接近。早期佛教文本中出现有 bhavana，意思是修行，专指心理上的发展和专注，以及 jhana，意思是禅，是从 bhavana 发展而来的，主要指专注的阶段。随后，从梵文 dhyana 一词又演化出了中文的"禅"以及日文的

"禅"（zen）。在藏传佛教中，能够与冥想相对应的，是藏语词汇 sgom，意思是"使熟悉"，这个词义明确传递出藏传佛教赋予该词的意思，那就是把 sgom 视作一种训练过程，通过这种训练可以使得心灵习惯性地处在某种有利的心理态度、状态和存在方式当中。例如藏传佛教学者亚历山大·伯晋（Alexander Berzin）就把冥想定义为：不断地进行生起和保持一种有益心理状态的实践，以形成一种习惯。因此，我们有理由认为，东方传统对冥想有持续的关注和深刻的理解，不但创造出了种类繁多的冥想技术方法，而且这些技术方法还具有较为清晰的延续和传承脉络。

但是近代以降，东方人对冥想的研究，尤其是借助严肃的科学方法和哲学方法对冥想的分析和研究却远远滞后于西方，不但在冥想的心理学、脑科学和神经科学的研究中被西方遥遥领先，甚至对东方文化传统中各种冥想资源的挖掘也被西方捷足先登。就冥想的科学研究而言，西方不但起步早，通过对冥想的实验观察积累了大量个案研究数据，而且积极探索和制定适合科学研究程序的冥想规范和技术指标。就哲学研究而言，西方对冥想的研究早已突破了传统心理学和哲学的限制，向更加精细化和具体化的方向发展，现代西方心灵哲学把冥想作为一个重要的研究课题就是其表现。心灵哲学的冥想研究，不但区分了关于冥想的解释学、现象学、认识论和本体论问题，而且涉及了与冥想相关的求真性问题和价值性问题，不但尝试挖掘和利用东西方不同文化传统中的冥想资源来解决心灵哲学中的难题，如意识问题、自我知识问题，而且主动提出倡议，要求不同文化传统和学科背景的学者共同参与，以推进关于冥想的认识。因此，冥想在当前不但是西方心灵哲学研究最为热衷、寄望最高的研究课题之一，而且是最有利于展开东西方心灵哲学对话交流、最有望取得突破性成果的课题。还值得强调的是，对冥想的研究也有助于提高关于心灵的神经科学研究的质量，因为以有一定冥想经验的人为被试，使被研究的心理现象有易于控制、可准确清晰报告的好处。

第一节 冥想研究的历史回顾与现实扫描

在西方，冥想曾被作为神秘的、异教的东西而遭到拒斥。直到心理学介入对冥想的研究之后，禅修之类的冥想才被作为神秘体验（如自我诱导式的冥想）勉强获得西方人的承认，但它仍被看作是冥想实践者对外在世界的一种逃避，本身并无积极的作用可言。20世纪，随着东方的禅修方法和实践大量传入西方，西方人对冥想的观念大为改变，围绕着冥想的神秘性开始逐渐去除。哲学家和科学家开始积极看待和正面评价各类冥想。美国哲学家保罗·萨格尔（Paul Sagal）认为，冥想并非不可思议，它与神秘力量无关，而且最终将会成为我们日常生活的一种重要的实践。[①]对冥想态度的转变，导致冥想逐渐成为心理学、哲学和科学的研究对象，研究者对待冥想的看法也随之改变。

一、冥想研究的历史回顾

将冥想作为宗教经验加以研究发端于美国哲学家和宗教心理学家威廉·詹姆斯，他在《宗教经验之种种：人性之研究》一书中指出，冥想这种私人的宗教经验的根底和中心都在于神秘的意识状态。威廉·詹姆斯本人并没有冥想实践，也未亲身体验过相关的神秘状态，但他明确表示对这种意识状态采取"客观并接受的态度"，还利用来自他人的二手知识对这种意识状态进行了分析。

首先，他对"神秘的意识状态"这个词的意思以及神秘状态与其他状态之间的区别进行了辨析。在他看来，人的所有意识状态中之所以能够被区别出一类特殊的状态，并被冠以"神秘主义的"、"神秘的"和"神秘类"的称呼，是因为这类意识状态具有四个特征。这四个特征中，前两个最为重要，是核心特征，后两个是补充性的。

一是超言说性（ineffability），也就是否认言说能够将这种意识状态的内容传达出去。他说："经历神秘心态的人一开头就说它不可言传，不能用言语将它的内容做适当的报告。因此，人必须直接经验它的性质；本人不能够告诉别人或传达给别人。"[②]就这种意识状态的性质而言，它更像是感情状态而不是理智状态。他认为，感情状态与理智状态相比，有一种特殊的性质，那就是感情状态的性质和价值必须由一个人亲身体验才能够获得。正如一个人必须自己恋爱过，才

[①] 克拉克：《东方启蒙：东西方思想的遭遇》，于闽梅、曾祥波译，上海人民出版社2011年版，第234-236页。
[②] 威廉·詹姆斯：《宗教经验之种种：人性之研究》，唐钺译，商务印书馆2017年版，第379页。

第八章 比较心灵哲学视野中的冥想研究

能够明白恋人的心态,而没有恋爱过的人无论如何也不能够依靠他人的经验来了解恋爱的心态。

二是有知悟的性质(noetic quality),即具有澄明(illumination)、启示(revelation)之类的性质的知识状态。在他看来,神秘类的意识状态尽管有与感情状态相似的一面,但"在有这种经验的人看来,似乎也是知识状态"[1]。质言之,这种神秘心理状态既有感情状态的因素,又有知识状态的成分,既是超乎言说的,又蕴含着重要的意义和价值,是对言说和理智都无法企及的某种甚深甚奥之理的彻悟。

三是暂现性(transiency),意思是这种神秘的意识状态在时间上不能持续太久,只能暂时显现。就他的观察而言,半小时或者至多一两个小时就是这种意识状态持续的极限,这段时间过去之后,人的意识又会回到通常的状态当中去。

四是被动性(passivity),意思是这种神秘的意识状态并不受它的经验者自己的意志的控制和把握,而是在现象上看起来像是被自身之外的某种力量把握了。尽管通过有目的的准备活动和规范的操作方法,一个人能够很容易地使自己进入神秘的意识状态当中去,但是一旦这种意识状态产生,这个人就由主动变为被动了,丧失了对自我意志的把握。

威廉·詹姆斯对印度瑜伽和佛教禅定的意识状态进行了分析。他认为,瑜伽是印度自古以来对神秘的证悟所进行的训练,其意思是个人与神圣之实验的会合。其目的是通过持久的训练和联系,使人脱离低级本性的蒙昧而进入所谓的三摩地(samadhi)的状态当中,由此可以见到任何本能和理性所不知道的事实。

印度佛教的禅(dhyana)的实践目的同样在于进入这样一种三摩地的状态当中,但他们进入此状态的过程状态叫作禅,其实质是一种高级凝神(contemplation)状态。威廉·詹姆斯认为这种高级凝神状态有由低到高的四个阶段。在这四个阶段中,禅定实践者通过将心集中于一点,逐步排除欲望、判断等心理状态和感受,最终达到一种完满的意识状态。第一阶排除了欲望,但不排除识别和判断,因此还是一种理智的心理状态。第二阶排除了理智,但还保留有一种统一的满意的感受。第三阶满意感互换排除,但保留有漠不关心、记忆和自我意识。第四阶段漠

---

[1] 威廉·詹姆斯:《宗教经验之种种:人性之研究》,唐钺译,商务印书馆2017年版,第379页。

不关心、记忆和自我意识达到一种完满状态。

威廉·詹姆斯在对东西方宗教中的冥想案例进行分析之后，对神秘意识状态的权威性问题进行了探讨（神秘意识状态的目的是达到所谓的人神会合。一些人认为，宗教经验是全部宗教现象的基础、核心和出发点，而其他的宗教现象，如宗教观念、宗教行为、宗教制度等只是宗教经验的个人表现）。

对冥想经验的科学研究肇始于20世纪50年代[①]，迄今相关的研究成果已有上千种之多。最近一二十年，随着脑电图等技术的运用，禅修与有关于意识的研究被联系到一起，特定的意识状态可以由禅修产生，并表现为一种活跃性比较低的波动——φ波动。[②]因此，有学者认为，诸如此类的这些研究正把东方禅修方面的知识与20世纪精密的生物学医学技术数据汇集到一起。[③]

尽管如此，人们对于与冥想相关的神经生物学过程及其对大脑可能具有的长期影响仍然知之甚少。卢茨（Lutz）、邓恩（Dunne）和R. 戴维森（R. Davidson）于2007年发表的《冥想与意识的神经科学》一文，对神经科学冥想研究的已有成果进行了初步的梳理和分析，并在梳理已有研究成果的基础上，尝试对作为科学研究对象的冥想进行较为细致的规范和界定。他们对冥想的界定强调，区分不同文化传统对于理解和研究冥想至关重要。

他们认为，在"冥想"一词的一般用法中，它指涉的是一类行为，而非一种行为，因此，冥想并不是一个适合科学研究直接使用的具有精确性的词汇。面对这一问题，他们探讨了两种可以利用的解决方案：一是忽略不同类型冥想之间的个体差异，对其表现出的共性进行一般的研究。这就类似于把不同类型的运动都仅仅当作是"运动"去研究，忽略不同运动性质之间的个体差异性。二是从不同类型的冥想形式当中选取一种最具代表性的形式进行专门研究，并通过对此种冥想实践的深入研究找到新的发现和突破。但是，对于一种冥想实践进行专门研究的困难在于，这些研究需要冥想实践者对其冥想技术和状态有一个较为细致的描述，而现实中很多冥想实践者所能够提供的关于自身冥想技术和状态的描述却往

[①] 也有一种观点认为，西方对冥想的科学研究始于19世纪末期。
[②] 克拉克：《东方启蒙：东西方思想的遭遇》，于闽梅、曾祥波译，上海人民出版社2011年版，第235-236页。
[③] Crook J, Fontana D (Eds.). *Space in Mind: East-West Psychology and Contemporary Buddhism.* Shaftesbury: Element, 1990: 13.

往都伴随有形而上学的或者神学的因素。这些因素对于冥想的神经科学研究而言是不能容忍的。所以，对于冥想的科学研究而言，他们认为，关键的一步就是"把关于冥想的知识的那些高度精细化和可验证的部分与这些知识的形而上学和神学背景区别开来"[①]。

此外，他们还依据冥想对长期修炼者大脑和身体的潜在影响，分析了脑神经科学研究冥想的科学动机，明确肯定了研究冥想对于意识神经科学可能具有的贡献。

最近十年，研究者开始注意到由冥想所导致的意识状态的变化及其对纯意识体验的呈现。在东方，很早就有人注意到意识状态变化这一现象的存在，并通过禅修等专门的实践操作方法来对此加以利用。禅修即思维修，是通过某种操作使人进入特定意识状态的一种手段。首先是在20世纪七八十年代，西方也有学者曾注意到意识状态变化这一现象。里安古（Riencourt）指出，意识状态变化在当时的西方尚被看作是无法解释的东西。[②]塔尔特（Tart）[③]更是明确批评了西方哲学的意识研究，他认为，西方的意识研究路径过于狭窄，未能真正了解意识的丰富性。他还认为，东方哲学和心理学有助于我们理解意识状态的变化。同时他也强调，东方的东西只能被看作西方人研究方法的向导，而不能"全盘东化"地加以接受，因为即使最伟大的精神向导也必须适应被引导者的文化。

二、冥想科学及其理论难题

当前，冥想这一通常被认为带有宗教和神秘主义色彩的主题，在哲学家和科学家的持续关注下完成了它的华丽转身，一跃而成为严肃的科学和哲学研究的对象，甚至诞生了专门的一个科学门类即冥想研究或者冥想科学（contemplative science），它不但是当前比较热门的一个新兴学科，而且给当前的科学研究范式和实践带来了一些挑战。这同以往很多研究者对待神秘主义和冥想的态度形成鲜明对比，这些研究者往往受到传统观念的影响，一听到神秘主义或者冥想就对之不屑一顾，甚至唯恐避之不及，丝毫不会去下功夫对之进行严肃的探究，不知道

[①] Lutz A, Dunne J D, Davidson R J. "Meditation and the neuroscience of consciousness: an introduction". In Zelazo P, Moscovitch M, Thompson E (Eds.). *The Cambridge Handbook of Consciousness*. Cambridge: Cambridge University Press, 2007: an introduction.
[②] Riencourt A. *The Eye of Shiva: Eastern Mysticism and Science*. New York: Morrow, 1981: 158.
[③] Tart C. *Transpersonal Psychologies*. New York: Harper and Row, 1975: 3.

冥想在神秘主义的外衣下，确实有值得哲学和科学认真对待的成分。所以，对待神秘主义的正确态度是，我们不能在倒神秘主义的"洗澡水"时，把其中的"婴儿"也一同倒掉。

首先，冥想研究对当前科学范式的挑战表现为它明确指出了科学研究对体验的遗漏（neglect of experience）。众所周知，我们的第一人称经验是我们通达世界的主要方式，它不能够与别人直接分享。但是这样一种经验是我们每个人在现实生活中都能够明确感受到的。比如，每个人要想获得品尝巧克力的经验，就必须亲自品尝一下巧克力，因为这种品尝巧克力的经验是别人无论如何解释都不能够直接传达的。但是，科学研究却遗漏了这种经验。正如查尔莫斯在20世纪末所指出的，科学家甚至不能用当前意识研究中主要的方法来解释现象性经验（感受性质）。[①]

科学研究对待第一人称经验的主要方法是将它与第三人称的研究结论相对照，但在此过程中，科学研究往往并不能够做到公平地看待第一人称经验和第三人称方法的结论，而是更偏信后者。这就可能导致这样荒谬的状况，比如患者一直说腹痛，但是医生说患者不可能腹痛，因为对患者腹部的X光检查看不出任何问题。以往的科学研究对待冥想的态度同样如此，因为第三人称方法对于冥想无能为力，所以研究者干脆否认冥想状态中的主观经验及其相关事项的存在地位，斥其为故弄玄虚的神秘主义或者应予矫治的变态心理。

冥想在科学面前的遭遇与内省研究方法的遭遇具有类似性，但事实上，无论是内省还是冥想在东西方文化传统中都曾是人们对意识和心灵进行研究的重要方式。科学研究抛弃内省方法的主要原因在于：内省方法无法保证稳定性和规则性，易于出现错误。但是当前很多哲学家和科学家都认为，冥想能够为这一问题的解决提供契机。冥想不同于一般的内省。冥想可以通过技术手段提供这样一种稳定性，因此受过训练的冥想者能够参与到各式各样的心理学和神经科学实验当中，发挥其价值，而这些实验全都依赖被试对于心理事件的准确描述。

其次，冥想研究给传统科学研究带来的挑战还表现在，它为科学研究中的主

[①] Schmidt S. "Meditation-neuroscientific approaches and philosophical implications". In Schmidt S, Walach H (Eds.). *Studies in Neuroscience, Consciousness and Spirituality*.Dordrecht: Springer International Publishing, 2014: 2.

客体关系带来了变化。很多研究者为了能够对第一人称经验具有更清晰的认识和把握，自己也开始主动进行冥想实践，这些人中既有瓦雷拉、巴尔斯（Baars）这样的著名科学家，也包括梅青格尔（Metzinger）、帕特里夏·丘奇兰德这样的著名哲学家。甚至有人认为，冥想科学主要就是由那些进行冥想的科学家倡导和推进的，而如果没有自己的第一人称经验，就完全不能够胜任这项工作。[①]

再次，冥想研究给标准的科学范式带来的第三个挑战是，科学研究必须重新审视其与哲学研究等之间的关系。冥想状态和冥想经验具有个体性的问题。这表现在，冥想存在巨大的个体差异性，这给科学研究中冥想经验的相互对照造成了困难。比如东西方文化中普遍存在各种类型的冥想操作，这些冥想方法各异，差异极大，对冥想进行科学研究需要对冥想进行分类、甄别和规范等一整套系统工作，这项工作并不是神经科学、心理学或者某一个科学领域能够单独完成的任务，而是需要多种学科的研究者在跨文化的背景下共同参与进来。

最后，冥想研究还对科学和哲学研究中的一些流行观点造成了挑战。例如，冥想研究对纯意识状态的揭示，就对功能主义、同一论、副现象论等流行观点构成了挑战。弗曼（Forman）据此认为，应当在先验基础上对意识进行说明。因为一个人在没有觉知和思维时，意识照样能够存在。纯意识事件的存在就说明，意识不能够被简单定义为一种觉知的副现象或者是觉知这一功能的主宰者，而应该被看作是一个独立存在的东西，一种能够与其他心理现象相区别的独特的心理现象。以往人们在研究意识时，通常把所谓的绑定功能看作是理解意识的一条出路，冥想研究对纯意识事件的揭示则对此提出了质疑。所谓绑定问题（bending problem），就是指人们如何将知觉和思维联结在一起的问题，它最初可以追溯到康德对休谟的"联结主义"（associationism）的批评。当前，心理学、神经科学和心灵哲学都将绑定问题作为一个重要的课题予以关注。但是，罗伯特·弗曼则认为，即便我们理解了如何与知觉绑定在一起，也不一定就能够理解意识现象本身，因为根据纯意识事件的神秘主义说明，意识不只是一种绑定功能，它可能更加基础。所谓绑定，只是由意识所完成的，或者为意识而完成的，并不能够产生

[①] Schmidt S. "Meditation-neuroscientific approaches and philosophical implications". In Schmidt S, Walach H (Eds.). *Studies in Neuroscience, Consciousness and Spirituality*.Dordrecht: Springer International Publishing, 2014.

出意识。西方人之所以试图通过解决绑定问题来理解意识，是因为文化传统的影响。在罗伯特·弗曼看来，西方人世界观的形成，受到了犹太教—基督教历史、新教—资本主义历史和科学史的深刻影响，倾向于从积极的、男性化的、意向性的方面去界定意识。因此，西方人观念中的意识，总包含有意向性，以之为基本结构或特性，有对对象的指向性，而东方传统则倾向于将意识定义为觉知（awareness）本身。

此外，冥想研究不但提出了上述这些问题，而且把很多我们以往未曾注意到的、被心灵科学和心灵哲学遗漏的心理现象呈现在我们面前，这些心理现象如果不加以区别就将成为心灵科学和哲学研究的障碍，因此一项重要的工作就是根据冥想研究的成果对意识及其相关词汇进一步进行细化和区分，甚至对一些新发现的心理现象进行命名。比如要从概念上把觉察（aware）和觉察的功能行为区别开来。罗伯特·弗曼就对此进行过一些初步的尝试。比如，他主张用"觉知"和"意识"来表示意识在其自身之内觉知，即便没有意向内容也能够持续存在的这个方面的特性。用"意识到"（consciousness of）和"觉知到"（awareness of）来表达我们有意向地觉知到某物时所获得的那种经验特性。用"纯意识"（pure consciousness）和"纯觉知"（pure awareness）来表达无意向内容的觉知。

有挑战同样也有机遇。冥想研究有可能成为东西方文化在对话中各自发挥其特长、产生良好效果的一个典范。因为神经科学作为一种描述性研究，本身并不能揭示如何达至一种繁荣幸福的生活，而哲学对幸福生活的研究则主要局限于伦理的范围之内。冥想研究则有可能实现科学研究与哲学研究目的的统一。

第二节　冥想及其心理状态的标准性与确证性

与其他心理现象和心理活动相比，冥想在本体论上是一个易引发争议的概念。这是因为，尽管在古今中外的文献记载中有大量关于冥想实践和冥想状态的记载，尽管很多冥想实践者能够站出来为其提供证明，甚至科学研究也早已把冥想作为其研究的对象，但对于哲学的形而上的思考而言，要想查明、澄清冥想及其伴随的心理状态的本体论地位，仍然有大量工作要做。

第一项工作是关于冥想的解释学问题。这表现在，冥想及其体验完全是一种经验性的东西，它的形成方式、构成要素、操作技术和实践价值等必然受到它所处的不同文化传统等因素的影响，这样一来，不同文化传统的冥想之间就难以产生相同的体验，甚至同一文化传统下的同一种冥想实践也可能因为冥想实践者个体性的差异而产生差别。例如，中国、日本和印度各自的禅修、冥想之间及其与基督教的冥想之间都存在差异。藏传佛教的冥想在方法上也存在很大差异。甚至同一传统中同一技术的不同实践者产生的结果也会不同，因为它与个人能力、理解程度、知识背景等有关。那么，有什么理由把如此众多的存在巨大差异的东西统统归为冥想呢？冥想是否真的如此特殊，能作为产生独特意识体验的东西，与其他的活动如打高尔夫球区别开来？

解决这一问题的一种有效方法是：找到冥想的标志性特征，为冥想确立一个通用的判定标准，这就是所谓的冥想的标准性问题。法辛认为冥想形式众多，很难概括出它们的一般特性，但是有些特性在不同类型的冥想中体现得比较突出。比如，所有的冥想都旨在让心灵平静下来，它们都采用各种各样的方式让心灵从与各种对象打交道的意向活动当中撤退回来。这并不意味着心灵在冥想状态当中一定要是无对象或者无内容的。关键之处在于，冥想中的人要试着抑制心灵在一般情况下都被内容填充着或者不停地与内容纠缠的那种存在方式。所以，在冥想当中把注意力集中在一个对象上，不是为了研究这个对象，而是要借此把心灵固定下来。也有些冥想完全不是要抑制心理活动，而是要随波逐流，坚持丝毫不做选择地观察经过心灵的任何事物。但这在原理上是一样的，也是从心理活动上撤退回来的一种方式。所以，冥想就是试图让心灵什么都不做。[①]

希尔（Shear）在对纯意识体验的研究中采用的就是这一方法，即指出纯意识体验的定义性的特征就是它完全没有经验性的内容。如此一来，凡是没有经验内容的内在心理状态都属于纯意识体验的范畴，而不管这种体验具体是由何种类型的冥想实践所引发的。

对于冥想而言，确立这样一个识别标准无疑要做大量的工作。当前，一些从事冥想科学研究的研究者，基于科学研究的迫切需要，已经就此做出了初步的探

---

① Fasching W. "Consciousness, self-consciousness, and meditation". *Phenom Cogn Sci*, 2008, 7(4): 463-483.

索。比如，施密特（Schmidt）面对冥想科学研究中存在的种种问题，试图在大量样本分析的基础上建立起一种关于冥想的分类系统。施密特建立冥想分类系统的初衷是解决冥想科学研究中遇到的种种问题，期望这种做法能够完全以描述性的方法描述一种给定的冥想实践。他采用的这种描述性方法有两点需要注意：其一，这些描述性的语言参照的是广义的行为描述，且包括心理能力；其二，这些描述的参照框架应在西方科学，尤其是心理学的范围之内。质言之，在这样一个体系中对于冥想的描述应该是完全由科学术语构成的，"这反过来就意味着应该抛弃传统哲学体系或精神体系及其各自的术语"[1]。施密特的做法在当前的冥想科学研究当中具有代表性，对于冥想的自然主义研究范式而言，它也确实是一种值得重视的研究方法。一旦能够制定出关于冥想的一套技术性指标，那么冥想的标准也就建立起来了。

施密特认为，确立冥想的标准主要就是把冥想作为一种技术性指标来考察，以弄清满足哪些条件的技术性操作才能够称作"冥想"。他对已有的关于冥想的技术性指标进行了梳理和考察。当前较为流行的关于冥想的技术性指标，一般在总体上涉及五个条件：①它使用了一种特定的技术，对此种技术的操作有明确规定；②这项特定技术在操作过程中会使得某些地方的肌肉得到放松；③应当有必要的逻辑放松，这里的逻辑放松是指，冥想者在实践过程中不会产生任何的分析、判断或期望等心理活动；④冥想者会达到一种自我诱导的状态；⑤这种自我诱导状态是通过自我关注或者自我聚焦技术来实现的，这种技术即所谓的"铸心锚"。

问题在于这些条件是否能够成立，即是否能够作为一切冥想实践的标志性特征。有人认为，应该更详细地列举冥想的各种条件，然后从这些条件中进行筛选和区分，在把握冥想的核心标准的同时，把冥想的核心标准和非核心标准区别开来。其中，核心标准包括：①一种得到明确界定的技术手段；②逻辑放松；③自我诱导状态。非核心指标有五个，包括：①冥想过程中的某种身心放松状态；②利用了自我关注技术或者"铸心锚"；③意识改变状态或者神秘体验；④具有宗教的、精神的或者哲学的背景；⑤能够在心理上产生平静的经验。

---

[1] Schmidt S. "Meditation-neuroscientific approaches and philosophical implications". In Schmidt S, Walach H (Eds.). *Studies in Neuroscience, Consciousness and Spirituality.* Dordrecht: Springer International Publishing, 2014.

第八章　比较心灵哲学视野中的冥想研究

施密特认为，以往这些标准都是存在问题的，这些问题集中表现在三个方面。第一个问题是，第三人称研究方法在面对与内在经验有关的心理技术时普遍存在的问题，即第三人称方法并不能够全面无遗漏地把这些心理技术描述出来。第二个问题表现为，定义不能满足标准的特异性问题。质言之，如果试图把冥想的所有技术特性都考虑进来，那么"冥想"一词的意思将混乱不堪。第三个问题是，这些标准没有体现出对冥想实践者意图达到的结果和其初始目的之间的有效区分。比如，一个人故意喝醉酒也可能满足上述的这些标准。有鉴于此，施密特认为有三条原则需要注意：其一，不能划定一条明确的界线来区分冥想实践与其他的技术手段。其二，不能将所有类型的冥想实践都划入需要考察和界定的冥想的范围之中，这就像为了研究划船用不着去界定"运动"这个词一样。其三，比给出统一的冥想定义更为重要的是找到一种方法来区分和描述不同类型的冥想形式，以及尽可能详细地描述某一种冥想实践所涉及的细节。

施密特初步确定了四个描述性的术语：注意管控、动机、态度和实践背景。当然，他承认这只是初步探索，并不完整。首先，注意管控。关于明显的注意管控既能够从第一人称视角进入，又能够从第三人称视角进入。注意表现和注意能力都能够通过第三人称方法进行评估，但对于冥想的分类系统而言，第一人称自身的报告和经验也必不可少。其次，动机。冥想实践的动机对于理解冥想过程至关重要。有研究表明，冥想者最初的目标与其实践的结果之间具有紧密的相关性。再次，态度。冥想是一种有目的的行为，其实践之初常常采用某种特定的态度，冥想实践的结果也会对实践者的态度产生影响。因此，态度是冥想描述中必不可少的构成要件。最后，实践背景。实践背景被认为通常也会对冥想实践产生影响，如坐姿、眼睛是否闭合、是否有背景音乐等，这些内容作为一些条件性要素通常更易评估。

即便确认了冥想及其相关心理状态的一些标志性特征，如无内容的意识状态，仍然还有一个重要的问题有待解决，那就是，如何能够确定这些纯意识体验的报告具有客观上的对应物，而不止是主题报告的层面。这就涉及冥想的现象学问题，它表现在：一个经过充分的现象学训练的人是否有可能体会到别人无法体会到的经验并进而将之描述出来？冥想及其相关体验的特征，如无内容的体验从逻辑上看是值得怀疑的，因为一个人怎样才能够描述出一个没有任何内容的主观体验，而且这个体验可能是别人在通常情况下永远无法获得的体验。也就是说，这些主体报告还需要进一步的客观证据，如对其神经关联物的报告。解决这一问题的唯一方法就是依靠对冥想主体的实际研究。当前研究已经确认，这些体验报告伴随有大量生理关联物。质言之，有理由认为，这些体验报告确实反映了一些客观的现象，即与文化传统和信仰无关的心理—物理状态。但是，这些研究充其量只能够说明这些体验具有现象学的意义，而不具有本体论的意义。比如，对于自我研究而言，它充其量只能够影响到关于自我构成的理论（实体和非实体、机制、类比、隐喻等），而不会影响到关于自我的二元论和非二元论的争论。

第三节　冥想、"纯意识"与意识的难问题

当前围绕意识的哲学研究而生发的诸多问题中，著名哲学家查尔莫斯和麦金所提出的"意识困难问题"，不但是心灵哲学中当之无愧的前沿和焦点问题，而且也是名副其实的哲学难题。在对"意识困难问题"持续深入的探索和解答中，纯意识体验这一独特的意识形式，引发了意识科学、心灵哲学和现象学领域的一些研究者的浓厚兴趣。这些研究者把纯意识体验作为人的所有意识体验中最简单的一种形式，并对之寄予厚望：认为纯意识体验有助于我们直窥意识现象之本来面目，最终破解意识困难问题。如果说感受性质、意识的经验特性等主观体验曾被比喻为是当代心灵哲学研究所发现的"新大陆"，那么纯意识体验就堪称意识研究在这块新大陆上发现的"活化石"。关注并研究纯意识体验，成为当前西方心灵哲学意识困难问题研究的一种新的动态，并大有取后者而代之之势。退一步讲，即便当前还不能断言意识困难问题会完全转化为关于纯意识体验的问题，但是意识困难问题的解答无疑增添了一种值得关注的新方案。

一、意识的困难问题及其解答思路

把纯意识体验与意识问题的研究结合在一起并不由现代西方心灵哲学首创。印度的《奥义书》当中涉及纯意识问题，并把它与意识联系在一起。《奥义书》中认为意识并不是单一的状态，而是有四种状态，分别是睡眠、做梦、清醒和纯

意识。但是，在严肃的心灵哲学和科学研究当中，意识的丰富性却一直没有引起足够的重视，尤其是纯意识一直被遗忘。这或许正是意识的困难问题如此困难的原因之一。

意识的困难问题是相对于意识的简单问题而言的。哲学家查尔莫斯等人注意到意识的主观体验特性，对关于意识的问题从难易程度上进行分类，提出了心灵哲学中广受关注的意识的困难问题。就用法而言，"意识"一词有时是指辨别刺激、报告信息或者控制行为的能力，这些问题尽管重要、尽管还有很多疑问没有解决，但它们是难题（puzzle），而不是谜题（mystery），因此被归为意识的容易问题（easy problem）。总体而言，我们要理解一个物理系统如何获得这样的意识是不难的。意识的难问题是关于经验/体验（experience）的问题。

当前在对意识问题的看法上，有两种截然相反的主张：一种主张认为所谓的意识问题根本不存在。因为意识问题并没有什么特殊之处，和其他一切科学问题一样，只要通过耐心的实证工作就能够解决意识问题。意识问题是由人们对于体验真正是什么的误解而引起的。另一种主张则认为，所谓意识的难问题，就是主观体验这样一种非物质的东西如何从大脑的物理过程中产生出来这一问题。其支持者查尔莫斯、麦金、塞尔等人确信，即使大脑的全部功能作用都被弄清楚之后，意识现象也仍然没有得到完全解释，因为还有一些重要的东西被遗漏了，比如感受性质、心理的主观内容和主观体验本身。

哲学家苏珊·布莱克摩尔（Susan Blackmore）对上述争论进行了梳理，她认为，对意识的困难问题是否存在的争论，其核心问题可以表述为：意识究竟是不是与其所依赖的脑加工过程相分离的某个额外的东西？[1]哲学家就此问题分裂成相互对立的两个阵营：一是以丹尼特和丘奇兰德夫妇为代表的A队，其主张是，了解了大脑的加工过程和功能作用，就了解了整个意识现象。二是以查尔莫斯、塞尔、麦金等为代表的B队，他们认为，A队的工作全部完成之后，却把意识本身这样一个重要的东西给遗漏了。哲学家围绕意识问题的争论至此陷入小儿吵架式的僵局当中，争吵的一方坚持认为有体验遗漏，有难问题存在，另一方则坚持

---

[1] 布莱克摩尔：《对话意识：学界翘楚对脑、自由意志以及人性的思考》，李恒威、徐怡译，浙江大学出版社2016年版，第8页。

认为没有体验遗漏，没有难问题存在。

鉴于意识的困难问题的重要性和难度，正确而全面地表示意识的困难问题至关重要，通过这一表述我们也能了解意识的困难问题与纯意识之间的关系。意识问题当前主要说的是所谓意识的难问题。我们对意识的研究之所以混乱、充满误解和悖论，一个重要原因就是对意识问题的表述存在问题。查尔莫斯曾多次对意识的困难问题进行过表述，这些表述主要涉及三个层面。就人称而言，意识的困难问题是与第一人称视角相关的问题。在意识研究中存在着第一人称和第三人称的对立。科学对意识的研究就是一种第三人称视角。我们每个人从自己内部来看意识像是什么样子的时候，采用的就是第一人称视角。那么，在主张有意识的困难问题的人看来，第三人称的意识研究尽管客观，但却不全面，因为它显然遗漏了第一人称视角把握到的一些主观的东西。困难问题之所以困难，是因为这类问题的出现是以第一人称的观察为前提条件的。没有对心理现象的第一人称观察，就不可能出现意识的困难问题。而由于第一人称观察之出现是必然的，因此困难问题之出现也有其客观必然性。如果把意识看作数据的话，我们既能够获得第三人称的客观数据，也能够获得第一人称的主观数据，两者同样真实存在。如果从信息层面来看，我们也可以把意识问题看作一个信息问题。在意识体验和作为其基础而存在的大脑的物理过程中具有同样的信息状态。因此，信息就有了两个基本的方面：物理的方面和体验的方面。这两种视角、两种数据、两种信息之间存在着一个巨大的鸿沟。[①]意识科学的目的就是想要理解第一人称，科学地处理主观数据、主观信息，建立一个统一连贯的理论。

哲学家通常认为，总体上看，要解决意识问题只有两种方法，一是修改自然界的概念，二是修改意识概念。查尔莫斯就持这种见解，并且主张对自然界的概念进行修改，以使它能够容纳对意识的解释。对自然界的概念进行修改，或许是解决意识的困难问题的一项重要工作，但是，如果在不改变对意识概念的理解的前提下，意识的困难问题仍然是无望解决的。尤其是，在当前我们对自然概念的理解没有发生重大改变的条件下，设想在物理实在最深奥的地方存在着一种最原始的、本原性的心灵，一种泛心原，会被批评为"一种新的神秘主义"。

---

① Chalmers D. "The puzzle of conscious experience". *Scientific American*, 1995, 273(6): 80-86.

与此同时，在解答意识的困难问题时，还有另外一种声音，那就是我们应该继续深化对意识本身的理解。伯纳德·巴尔斯对此进行了有益的尝试。他认为提出问题的方式决定了回答问题的方式，一个问题能否以正确的方式被提出来，决定了这个问题能否得到正确的回答。他说：在我看来，如果你确实想回答一些问题，那么你首先必须要做的事情就是要以一个可回答的方式来提出这些问题。[1]对意识提出问题，关键是"要以一种可以回答的方式提出问题"，一个可回答的问题，应该立足于意识研究的现实，而不是假定。这就涉及对意识研究的阶段定位。在巴尔斯看来，我们对意识的科学研究总体上仍然处于起步阶段，我们现在对意识的研究阶段大致相当于本杰明·富兰克林对电的研究。换言之，我们应该立足于现实提出一些可以被解决的问题。巴尔斯从意识研究的现有成果的成功案例中获得启示，认为类似于"无意识表征和有意识表征"这两种意识有何区别这样的问题，就是一个可以回答的问题，而这一问题之所以能够获得回答，关键在于它预先把意识当作一个变量来看待。而这一点，是以前的关于意识的研究，无论是从第一人称视角出发的研究，还是从第三人称视角出发的研究，都未曾想到过的。就历史经验来看，他认为威廉·詹姆斯提出的"双眼竞争"实验就是通过把意识当作一个变量看待，从而提出一个可以回答的问题的典范。巴尔斯主张应当把纯意识状态与意识问题的研究结合起来，他认为纯意识就是没有内容的意识，达到纯意识的有效方法之一就是冥想。

冥想之所以在当前成为心灵科学和心灵哲学中广受关注的一个热门话题，一个重要的原因就在于科学家基于对已有研究案例的分析，相信冥想等神秘体验的研究有可能为意识研究带来启示，甚至有望为所谓意识的困难问题的最终解决带来转机。有哲学家认为，从生物学、宗教学等学科的研究中，我们能够获得一条非常有益的方法论原则：要理解复杂事物，应借助其简单形式。[2]因为生物学家对复杂的基因现象的研究是从具有最简单基因形式的细菌入手的；弗洛伊德对宗教生活这一复杂现象的研究，也是从最简单的宗教形式图腾入手的。所以，面对

---

[1] 布莱克摩尔：《对话意识：学界翘楚对脑、自由意志以及人性的思考》，李恒威、徐怡译，浙江大学出版社2016年版，第14页。

[2] Shear J."A developmental-ecological perspective on Strawson's 'The Self'". In Gallagher S, Shear J(Eds.).*Models of the Self.* Charlottesville: Imprint Academic, 1999.

意识这一复杂现象，我们也应该选择其最简单的表现形式，即把冥想中获得的"神秘体验"作为起点。罗伯特·弗曼认为，神秘主义对意识研究而言，尽管听起来显得异乎寻常，但却有可能为意识研究带来有益的启示。因为神秘体验可能正代表着人类意识的一种最简单的表现形式。

二、冥想的纯意识状态的现象学特性与心理机制

冥想能够导致某种有特殊的、具有研究价值的意识状态产生出来，研究者对这种特殊意识状态的称谓不尽相同，对其特点的把握也各有侧重，但相同的一点是承认这种特殊的意识状态没有内容、没有意向，但却可以被察觉到并报告出来。弗拉纳根称之为"纯意识形式"，罗伯特·弗曼称之为"纯意识事件"，希尔称之为"纯意识体验"，等等，尽管称谓不同，但实质上指的是一回事，即对冥想所导致的那种特殊的意识状态的描述。为方便起见，我们在下文中将其统称为冥想的纯意识状态。

看起来神秘莫测的冥想及其神秘体验，为什么会被认为是一种最简单的意识形式呢？冥想的心灵哲学研究所做的一项重要工作，就是对这种神秘体验的现象学特性及其形成的心理机制进行分析。

（一）罗伯特·弗曼的纯意识事件与深层体验

在罗伯特·弗曼看来，我们的心灵是由思维、情感、感觉、欲望、信念等一系列要素共同构成的一个复杂而庞大的集合体，而意识对此集合体中的要素总是或多或少有所观照。现在，要理解意识本身，就要尽可能地清除这些内在的干扰。问题在于，这些心理要素与我们的意识本身似乎形影不离地粘连在一起，如何将它们分离开来呢？冥想为此提供了帮助。冥想尽管看起来神秘，但如果我们去除其神秘的面纱，仅仅关注冥想所采用的操作技术本身的话，我们就会发现，冥想实际上就是利用一个心理子程序（mental subroutine），系统地减少人的心理活动。在冥想中，思维过程变慢，心理内容不断减少。最终，冥想活动的结果是导致一种彻底的内在的平静，似乎思维的内容和自由的思维本身之间出现了一条鸿沟。这时，没有任何心理内容的出现，只有完整的意识本身显现出来。罗伯特·弗曼

把这样一种关于意识本身的经验,称作纯意识事件。他认为,纯意识事件并非个例,不是某一种文化中偶然出现的单一现象,而是不同地区、不同文化共有的一种可以用理性予以解释的现象。质言之,纯意识事件就是一种可以觉察到的、无内容的(非意向的)意识。

除了能够带来上述这种纯意识状态之外,一些研究者认为,冥想还能够导致深层体验(advanced experience),他们对这些深层体验产生的心理机制进行了分析。在很多文化传统当中,经常的、持久的冥想,使得冥想者往往宣称能够经验到一些通常人们难以见到的、独特的经验状态,即深层体验,也就是一般人们所谓的"觉悟"(enlightenment)。这些深层体验的典型特征在于认识结构的彻底转换,即自我与其觉知对象之间的经验关系发生了深刻改变。弗曼认为,有证据表明这种认识结构的变化是可以永久存在的,而不像威廉·詹姆斯在其《宗教经验之种种:人性之研究》当中所说的那样只是暂时存在的。

罗伯特·弗曼对冥想导致的深层体验中认识论结构的这种长期转换所采用的方式进行了分析。他认为,这种转换通常采用两种飞跃的形式:第一种形式是一种永久的内心平静的体验,即便在思维和行动时,这种体验仍然能够持续存在。当处于这种体验中时,主体会在觉知到自身这种觉知的同时,还会对思维、感觉和行动有所意识。罗伯特·弗曼称其为二元的神秘状态(DMS),因为这种体验在现象上是二元的,一方面是觉知这种高层次的认识活动,另一方面则是对思维和对象的意识。实际上,他所说的这种二元神秘状态也就是禅宗所谓的"觉照"。第二种形式的转换是对关于对象的觉知本身的一种知觉上的统一,即对于自身、对象和其他人这样一个类似物理统一体的东西的一种当下的感受。西方学者从多种途径注意到过这种类似的经验状态,并将其称作"外在的神秘主义"或者"自然的神秘主义"。例如斯坦斯(Stance)就用"外在的神秘主义"来表示向外觉察时,外在于世界中的神秘体验。策那(Zaehner)则用"自然的神秘主义"来表示如禅(zen)和道(taoism)这样内在的神秘体验。弗曼将所有这些统称为"统一的神秘状态"。他通过对冥想所导致的神秘体验的研究得出如下结论:其一,觉知本身和感觉、知觉、思维的功能过程之间应做出更明确的区分,不能混为一谈或者相互粘连。其二,觉知并不是由觉知或者大脑的物理过程构成的,意识和大脑之间既有联系又有区别。其三,觉知具有非定域的(non-localized)、类似空间的特性，它更像是一个场，这个场超越任何个人和实体的限制。

（二）希尔对纯意识体验的说明

希尔认为，尽管不同文化传统中用不同术语来命名"纯意识体验"，并在各自不同的形而上学视角下对之进行了不同的解释，但是我们仍然能够发现，不同文化传统对这种体验的标志性特征有一个共同的描述，那就是"它们没有任何经验的内容"[①]。

和其他对冥想研究感兴趣的研究者一样，希尔也注意到这种纯意识体验在描述上所面临的困难。既然它没有任何经验内容，我们又如何能够言说这种体验呢？来自不同文化传统的大量记载都强调，这种纯意识体验没有任何可以识别的感觉、知觉、意象、思维等方面的特征，甚至没有任何可以与之相关的时空特性。对于这样一种特殊的现象学对象，我们常常采用的一些关于心理现象的提问方式，显得无能为力。比如，我们不能问这种体验像是什么样子的，因为它可能什么都不像。冥想的主体明明知道或者记得有这样一种体验，但这种体验本身又是一个无，它无内容、无形式、无结构、无任何能够填充它的东西。所以，人们就用各种不同的术语来描述它的这种独特的性质。例如有时它被称作是"纯意识"，因为既然有了这样一种体验，那就一定是有意识在场的；有时它又被称作是"纯有"（pure being），因为除了能肯定它是有的，是存在的之外，就再也没有任何正面的东西能够用以言说它了；有时它也会被称作"纯无"，因为它完全没有任何内容。

希尔对东西方文化中能够产生纯意识体验的大量样本进行了考察，这些样本包括中国人的禅（chan）、日本人的禅（zen）、古代印度的《曼都卡奥义书》，以及现代的吠檀多和欧洲中世纪基督教的神秘主义。尽管这些传统都宣称只有按照其规定程序执行才能够进入其预期的体验状态，但实际上其操作思路具有高度的一致性，且不难理解。那就是，想方设法让一个人的注意力从所有觉知的内容上撤回来，甚至包括对所采用的手段本身的觉知也要撤回来，这样一来，当所有的现象对象都从主体的觉知中消失时，主体自身仍然会保持清醒，这时留下来的

---

① Shear J."A developmental-ecological perspective on Strawson's 'The Self'". In Gallagher S, Shear J(Eds.). *Models of the Self*. Charlottesville: Imprint Academic, 1999.

就只有觉知或者意识本身了。通过这样的操作，我们可以发现两点：其一，主体描述了一个完全没有任何现象内容的体验；其二，主体会把这个体验与他们认为真实存在的一个潜在的自我联系在一起。

（三）弗拉纳根对纯意识经验的说明

著名哲学家弗拉纳根之所以会介入对冥想的研究，是由于他对当前心灵哲学的研究现状感到忧虑，切身体会到了西方心灵哲学所谓的"走不出之苦""求出路而不得之苦"。他不满足于现代西方心灵哲学"理论多""产量大"的表象，冷静地对心灵哲学发展的整体背景进行了分析。在他看来，西方哲学家和科学家普遍对新笛卡儿式的心灵观念感到忧虑，这表现在，尽管很少有人支持实体二元论的观点，但属性二元论在人们的观念中占有相当分量。这种观点实质上是承认心灵或者心理属性构成了一种"不同于物理的"本体论类型，也就是一种非物质的（immaterial）本体论类型，但它尽管是非物质的，却又有能力进行物质和能量的转换。而对于从事心灵哲学和心灵科学的研究者而言，其最大的愿望就在于能够"将主观体验自然化"，也可以说是"将意识自然化"。弗拉纳根说：如果意识能够明智地被看作是宇宙自然构造的一个组成部分，那么我们就能够免于设想本体论上可疑的实体或者属性，而且心灵科学就有希望理解心灵和心理因果性，继续前进。[1]

但是，心灵科学当前的发展状况并不乐观。整体上看，心灵科学的研究还很初级，尚且无法揭示最简单的意识形式如何实现。心灵科学的研究者普遍认为，在最低限度上，每一个有意识的心理事件都有其神经关联物，无意识的心理事件同样如此。正如柯克所说的："任何心理事件与其神经关联物之间都必有一种明显的对应。"[2]也就是说，主观体验状态的任何改变都必然与神经状态中的改变关联在一起，但反之则不然。从事心灵科学的研究者认为，无论如何我们都应该坚持这种最低限度的"意识的神经关联物"的观点。这里所说的心理事件、主观状态与其神经关联物或神经状态之间的关系问题，在心灵哲学中意义重大。哲学

---

[1] Flanagan O. *The Bodhisattva's Brain: Buddhism Naturalized*. Cambridge: The MIT Press, 2011: 84.
[2] Koch C. *The Quest for Consciousness: A Neurobiological Approach*. Englewood: Roberts and Company Publishers, 2004: 15.

家金在权对此的认识是：这两个层面之间的关系问题就是哲学家所熟悉的随附性关系问题。如果回到心灵科学的语境，我们可以说，心灵科学的主要任务就是要解决两个问题：其一，为什么能说意识等心理现象不是副现象，也就是说，完全在神经上实现的有意识心理事件作为体验，是具有因果作用的；其二，如何提供一个能够跨过解释鸿沟的理论，这个理论能够说明为什么一系列神经元的行为能够成为某个特殊感受的基础。

随附性问题是现代西方心灵哲学中最令哲学家头疼的问题之一，而冥想研究似乎能够为这一问题的解决提供出路。有一种观点认为，佛教冥想能够体验到一种所谓的纯意识形式，而这种纯意识形式并没有神经关联物的存在。这就是所谓的"纯明见意识"（pure luminous consciousness）。这意味着，承认纯明见意识，就是承认有一部分心灵是非物质的，同时它也否定了最低限度的"意识的神经关联物"的观点。

弗拉纳根认为，佛教之所以会承认纯意识形式的存在，这与其内在的信念有关。因为佛教主张，如果人能够认识到佛性，那么人身上就要有一种纯粹的潜在的东西，这种潜在的东西不是物质，不能与物质的东西如大脑相关，而只能存在于心灵当中，这就是佛教承认"纯粹光明识"的内在动因。弗拉纳根指出，这种基于体验而产生的纯意识，最多只能够在现象学的意义上被接受，至于佛教解释这种体验的那些内在信念只能算是一种附加说明，并无证明上的效力。

三、用冥想解决意识的困难问题

用冥想解决意识的困难问题，并不意味要让冥想去承担解决意识的困难问题的全部工作，而只是说在解决意识的困难问题的哲学和科学研究当中应该有冥想的一席之地。意识的困难问题因其本身的复杂性，需要在东西方文化传统对照交流的前提下，综合利用分析哲学、现象学和神经科学等多学科的方法。基于当前研究者已经完成的工作及我们对冥想本身的理解，笔者认为至少有以下结论应该成为解决意识的困难问题的基础性条件。

第一，由冥想所导致的纯意识状态，不只具有现象学的意义，而且有其相应的物质基础，甚至能够在心身因果关系中发挥作用。这一结论已经有大量科学实验的成果作为支撑。李卡德（Ricard）等人利用神经生物学的方法，对佛教常见的三种冥想，即专注冥想、正念冥想和慈悲冥想进行的研究表明，大脑扫描等技术显示了冥想能够让人脑发生变化——某些脑区的体积会变大。[①]

第二，纯意识状态是意识的最小变量。我们赞同巴尔斯的说法，应该在研究意识时把意识作为一个变量来看待。把意识作为一个变量来看待，就意味着，由冥想所导致的纯意识状态是意识变化区间中的最小值，即最小变量。对意识的解释应该遵循由浅入深、由简到繁的次序，选择最简单的样本进行研究，因此纯意识体验这个意识的最小变量应该成为解决意识问题的突破口。

第三，纯意识体验的存在并不意味着我们的一部分心灵是非物质的。无论是冥想还是其导致的纯意识体验都具有相应的神经关联物，对意识的困难问题的研究应该在自然主义的框架下进行。

第四，要解决意识的困难问题应该更充分地认识意识现象本身的丰富性和多样性。把纯意识体验界定为无经验内容的意识，确实把握了纯意识的一个显著特性，但这并不是纯意识体验的全部内容，因为纯意识体验明显还伴随有内心的平静感、体验的自明性等其他显著特性。这些特性也应该为解决意识的困难问题助力。

第五，既应注重对冥想所导致的心理状态的标志性特征的筛选和研究，又应注意对特殊文化背景下的特殊冥想案例的研究，尤其是应该大力挖掘东方传统文化中的冥想资源，了解中国和印度各种禅定所导致的心理状态。

第四节　冥想的功能作用与价值性维度

冥想对于缓解压力、心理健康及产生积极的情绪有用，这并不是一个新鲜的话题。东方传统中人们很早就认识到这一点，并发展出多种形式的冥想技术来进行心身调节。来自实验心理学的证据也能够证明这一点。实验心理学对禅修的研究不但证明禅修与意识的状态有关，而且证实了禅修可以导致意识状态的变化并

[①] 李卡德、卢茨、戴维森：《冥想之力重塑大脑》，易小又译，《环球科学》2015年第3期，第80-87页。

对人的行为和人格具有长期影响。例如，禅修可以降低焦虑、压抑，可以提升自我价值感，等等。这一领域的进展不断证明，来自不同文化传统的心理学方法可以相互印证，互为借鉴，得出丰硕成果。当然，需要注意的是，实验心理学的方法并不能够做到对禅修完全、无遗漏的把握。这也恰恰说明了东西方比较研究方法论的多样性：不可能有一种方法可以解决所有问题。对冥想研究的求真性研究是西方心灵哲学研究的主流，如利用对冥想的研究来解决意识和自我问题。但近些年来，也有一部分哲学家对冥想实践产生的身心积极作用感兴趣，开始关注冥想的价值性，这种关注主要是为了寻找这种积极作用产生的心理机制和脑机制。

总体来看，当前对于冥想功能作用及价值维度主要有三种研究路径：一是神经科学的研究路径，这种研究试图从大脑的层面找到冥想之所以能够对身心发挥积极作用的依据，其研究重点是寻找冥想积极作用的大脑机制。神经科学家丹尼尔·博尔（Daniel Bor）是此方面研究的代表人物。二是冥想研究的自然主义路径，这种研究试图利用心灵哲学中的自然主义资源对冥想进行说明和解释，尽力对冥想去神秘化，甚至它并不把冥想视为一种特殊的心理活动。哲学家帕特里夏·丘奇兰德是其中的代表人物。三是主张在对冥想进行自然化研究的同时，承认冥想的特殊性，把冥想作为一种自然主义可以理解的独特的心理现象或者心理过程，它主张在对冥想进行慎重的甄别和分类的基础上，整合多种资源进行更深入的研究。弗拉纳根是其中的代表人物。下面我们分别介绍这三种研究路径。

丹尼尔·博尔是著名的神经科学家，同时也非常熟悉意识的哲学研究，并对心灵哲学有浓厚兴趣。他根据一种与传统哲学观点截然不同的、全新的意识运作模型，解释了冥想对于改善心理状态的作用。他认为，负责恐惧的杏仁核与负责意识活动的前额叶皮层时刻处于对抗之中。在我们面临威胁或者其他各种压力时，杏仁核会使我们产生恐惧，从而尽快做出避免威胁的决定。而前额叶皮层则会在此时对我们面临的情况做出详细、慎重的评价，并以此来决定是否抑制杏仁核的活动，进而抑制恐惧感。一旦这种对抗失去平衡，比如持续的压力或焦虑会使前额叶—顶叶网络停止工作，工作记忆不能正常运作，从而降低意识水平。在这种情况下，大脑会作出恐惧反应，产生负面效果。[①]其结果是，前额叶皮层的

---

① 博尔：《贪婪的大脑：为何人类会无止境地寻求意义》，林旭文译，机械工业出版社2013年版，第227页。

第八章　比较心灵哲学视野中的冥想研究

活动完全被杏仁核的活动所抑制，心理状态不佳，甚至精神疾病产生。就神经机制而言，改善心理状态的方法就是要让前额叶皮层而不是杏仁核的活动发挥主导作用。在能够实现这一目标的各种方案当中，冥想是一种既简单又有效的方法，它使得其他方案都黯然失色。

在丹尼尔·博尔看来，冥想并不神秘，尽管它有多种形式，但最简单有效，最理想的冥想形式就是："意识到的东西尽可能地少。"[1]冥想无论持续时间长短，都会引起大脑产生重大变化。而冥想引起的这种大脑变化恰好与压力及精神疾病引起的变化相反。他发现："与焦虑和压力引起的大脑变化完全相反，冥想会增强前额叶—顶叶网格的活动，尤其是外侧前额叶皮层的活动。这间接证明了冥想确实能够提高意识能力。"[2]而长期冥想的人效果尤为显著，会使得前额叶皮层的作用加强，杏仁核的作用被抑制，这些脑的活动在心理上的表现就是变得平静，恐惧感消失，能够更好地管理痛苦和烦闷的情绪[3]。

著名哲学家帕特里夏·丘奇兰德对冥想研究也深感兴趣，她不但从脑成像技术对冥想的研究中寻找证据来证明"冥想实践可以增进平静、满足与喜乐的感受"，而且参加瑜伽冥想练习，亲身体验到了冥想中的"身心愉快"。[4]

作为一名具有强烈自然主义倾向的心灵哲学家，帕特里夏·丘奇兰德试图从心灵哲学的视角了解冥想能够对身心产生积极影响的机制。她直言她对冥想的研究就是要弄清，在瑜伽实践时"脑中发生了什么"[5]。帕特里夏·丘奇兰德对冥想做出的是一种完全自然化的解释。就大脑机制而言，她认为，在瑜伽冥想的练习中，身心的调整导致了脑的"任务导向系统"和"默认系统"这两个脑的一般系统之间的转换。默认系统是一种"内部反思"和"心智游移"的系统，它的活跃伴随着主体负面情绪的产生。脑成像技术也发现，以各种方式进行的冥想持续期间，默认系统的活动水平会大大降低。而任务导向系统的活跃，则有利于主体将注意力集中在当下任务上并远离忧虑等负面情绪。但是，帕特里夏·丘奇兰德认为，由冥想所导致的这种心理状态的变化非但不神秘，而且在日常生活中处处可见，只

---

[1] 博尔：《贪婪的大脑：为何人类会无止境地寻求意义》，林旭文译，机械工业出版社2013年版，第228页。
[2] 博尔：《贪婪的大脑：为何人类会无止境地寻求意义》，林旭文译，机械工业出版社2013年版，第229页。
[3] 博尔：《贪婪的大脑：为何人类会无止境地寻求意义》，林旭文译，机械工业出版社2013年版，第229页。
[4] 丘奇兰德：《触碰神经：我即我脑》，李恒熙译，机械工业出版社2015年版，第43页。
[5] 丘奇兰德：《触碰神经：我即我脑》，李恒熙译，机械工业出版社2015年版，第43页。

要是能够导致脑的这两个系统之间转换的活动,比如诉诸祈祷、念咒、跑步、打高尔夫球以及四重奏演奏都能够达到与冥想实践相类似的效果。

基于这种自然化的理解,帕特里夏·丘奇兰德给出了她对冥想研究的结论。其一,人们应当而且完全能够根据脑来解释冥想体验。其二,冥想实践并没有唤起非物质的精神这样的东西。她说:"在神经科学的框架中理解异乎寻常的经验,不论这个经验是由药物还是由冥想造成的,并不会对经验的品质本身造成影响,而只会对我们如何理解它造成影响。"①

弗拉纳根是当今价值性心灵哲学的研究者当中最具有代表性的人物,他同时对各种形式的冥想研究感兴趣,而且亲自进行过禅修实践。他认为,佛教所讲的禅修,就佛教自身所主张的功能作用来看,有强弱之分。弱的功能是主张禅修是证得佛教承诺的某些存在和真理的手段。例如通过禅修来确证佛教的智慧、德行等概念的真实性。强的功能是认为禅修是达到涅槃的手段。而且在佛教所承诺的可以达到涅槃的所有三种手段当中,禅修被认为是在现实世界中可以获得觉悟的唯一方式。

除此之外,弗拉纳根还注意到禅修对于个人生活的价值。西方人一般只把禅修看作一种孤立的实践活动。但弗拉纳根认为,禅修对于佛教所主张的幸福生活的获得具有重要作用。在佛教中,禅修被看作是获得智慧与德行的唯一必要手段。比如,禅修实践可以揭示出所有经验的无常本质,由此使人获得智慧;还可以使人更深刻地了解自己的欲望,认识到利己主义是痛苦的根源,并由此来缓解痛苦。所以,他从自然主义角度,对禅修与德行和智慧之间的关系做了大量有价值的研究。

与西方学者对冥想的多层次、多维度的深入研究相比,国内学者对冥想的研究明显滞后,但是对待冥想的功能作用和价值,总体上还是肯定的。任继愈主编的《中国佛教史》对佛教的禅定实践进行了唯物主义的分析,认为禅定实质上是一种变态心理,但仍然肯定了禅定对于人的身心调节具有积极作用。近年来,国内一些学者的研究也注意到冥想特别是东方佛教独有的内观禅修对人的身心健康和幸福感提升的积极作用。②事实上,不但东方有丰富的关于冥想的理论资源,

---

① 丘奇兰德:《触碰神经:我即我脑》,李恒熙译,机械工业出版社 2015 年版,第 44 页。
② 参见陈语、赵鑫、黄俊红等:《正念冥想对情绪的调节作用:理论与神经机制》,《心理科学进展》2011 年第 10 期,第 1502-1510 页;赵晓晨:《内观禅修对心智觉知与主观幸福感的影响》,华东师范大学 2011 年版。

第八章 比较心灵哲学视野中的冥想研究

而且这些资源还培养了大量的适合充当被试的冥想实践者,这些有利条件都是西方研究者所不具备的。应当承认,禅定对心灵哲学的研究、对神经科学的研究,具有积极的、必不可少的作用。这个作用主要表现为,长期禅定的人成了神经科学研究当中最好的被试。没有禅修实践的人的心有两个特点,一是不可控制性,二是没有观照自心的能力。也就是说,心理现象在内部发生了,他自己没有办法观察到。而有长期禅修实践的人,他的这种反观自照的能力更强,他能够把心内发生的东西观察得清清楚楚、明明白白。照此看来,休谟等人依据内省所做出的结论可能就是有问题的,因为他本身并不是一个合格的被试。除了禅定以外,儒家所谓的"静坐"、道家所谓的"心游"都是冥想的形式,但这些尚未引起研究者的重视。庄子之所谓"心游"即冥想之一种。张世英说:"'心游'的意思是指一种对有限性的超越和对无限虚空的冥想。"[①]利用现代的科学技术条件和心灵哲学的资源研究冥想,对于东西方哲学而言都极有价值,这不但是东方哲学走向现代化、实现自我发展和转向的一个机遇,而且是西方心灵哲学摆脱发展瓶颈,向东方心灵哲学中寻求灵感的重要一步。而且在东西方心灵哲学的视域中研究冥想可能是解决意识的困难问题的一条出路。冥想并非完全能够被西方哲学的方法所把握,我们反对帕特里夏·丘奇兰德把冥想过分世俗化甚至庸俗化的做法,主张在有限的程度上对冥想采取自然主义的立场,正如铃木大拙所认为的,禅是超越人类知性理解范围的,是反理性的、非逻辑的。不论我们如何积累关于禅的绵密的科学研究,我们还是无法参透禅的本质。当然,我们也要反对冥想研究中的神秘主义和不可知论倾向。这就涉及对东方文化中各种层次和形式的冥想进行一个细致的梳理和分类,按照其在自然主义本体论中能够获得承认的可能性的大小来排序。这当然有大量的工作要做。

---

① 张世英:《道家与审美》,《北京大学学报(哲学社会科学版)》2005 年第 5 期,第 21 页。

第九章
东西方自我研究的维度、贡献与思考

在东西方哲学比较的视域中，自我理论是当之无愧的重点和焦点。关于自我问题的比较研究不但历史悠久，从16世纪东西方文化交汇之初就有关于自我的比较产生，而且围绕自我进行比较的视域宽广，层次多样，涉及心灵哲学的本体论、认识论、价值论等多个方面。

具体而言，与自我有关的心灵哲学问题主要涉及三个层次的问题：第一个层次的问题是关于自我的形而上学问题，它涉及对自我本质的解释和对于自我本体论地位的说明，其核心是关于自我的有无问题。从西方哲学的传统上看，关于自我的本体论问题主要有三种解答路径：一是关于自我的还原论，这种理论从根本上否认自我的独立存在地位，把自我分析或者还原成一系列复杂事件的集合，一般认为，佛教的因缘和合论和休谟的"一串观念"论就是关于自我的还原论。二是关于自我的二元论，其中又有实体二元论和属性二元论的差别，这些理论认为自我是与身体有关系但在本质上或者性质上有区别的另一种实在。比如，笛卡儿的关于自我的观点通常就被认为是一种二元论的观点。三是关于自我的具身解释，它把自我看成是一种具身现象，如记忆论和身体连续论。第二个层次的问题是关于自我的现象学和认识论问题。所谓现象学转向指的是，在解决自我是什么之类的形而上学问题时，应把现象学的方法和原则作为前提性条件加以看待，应关注或转向对自我经验的研究。如果通过对自我经验的研究能发现其后真的有自我存在,并能碰到形而上学问题,那么才有必要过渡到自我的形而上学研究。第三个层次的问题是自我意识的功能作用问题,即自我意识在我们的认知系统中发挥什么作用。具有自我意识的主体思考、行动的方式不同于不具有自我意识的主体。

在回答自我是否存在等形而上学问题前,为什么要以现象学研究为出发点,或为什么要进行现象学转向?当今自我研究的旗手 G. 斯特劳森的回答是:在我们开始回答自我是否存在之前,我们有必要知道我们问的自我是什么样的事情。[①]而这最好是由现象学来回答。人们之所以觉得有自我这样的事物,是因为有自我经验。所谓自我经验或经验着的自我,即作为自我的经验或关于自我的经验。他强调,他用这类词时,是取其现象学意义,即指的不是实在的自我,而是经验的某种形式。这里没有说有自我这样的实在。他承认,这类词有点"欺骗性""迷惑性",会让人以为说的是自我实在,其实只是在说关于自我的经验。[②]另外,现象学转向也是由分析哲学中流行的自然主义纲领暴露出的根本性缺陷所决定的。他认为,自我研究的具体方式尽管很多,但从走势上看则不外乎两种进路,即还原论或自然主义进路和现象学进路。前者通常被视为形而上学进路,它关心的问题是:有无自我?如果有,它是什么?以什么形式存在?由什么构成?有何作用?等等。G. 斯特劳森坚持认为,要得到关于自我的形而上学结论,就必须用现象学方法研究人的自我感、自我经验。

他的自我研究不仅顺应了分析哲学中主流的语言学转向的要求,而且他还倡导并实施现象学转向和认识论转向。这两种转向尽管都强调自我研究要从自我感出发,而不能像过去那样一上场就直奔自我是什么之类的形而上学问题,但仔细分析还是有一定的差别的。如前所述,现象学转向关注的自我感包含的主要是自我的经验,以及人对自我的经验,而认识论转向则侧重于自我感的认识论方面,即人事实上具有的对自我的感觉、直觉和认知,以及人事实上具有的关于自我的知识、信念。就自我感的具体内容来说,说人有自我感就是说他把自己经验、感觉为一个有个性或人格的事物,具言之,把自己经验为一种有心理的属性的东西、一种经验主体、一种有连续性和同一性的存在,等等。当然,也应看到,人们的

---

① Strawson G ."The self". In Martin R, Barresi J (Eds.). *Personal Identity*. Oxford: Blackwell, 2003.
② Strawson G ."The self". In Martin R, Barresi J (Eds.). *Personal Identity*. Oxford: Blackwell, 2003.

自我感中并不必然包含人格、个体、连续性这些东西。因为人们的自我感的形式和内容五花八门，例如，人们有时所感觉到的自我可能是意识的焦点，而这意识可能是脱节的、有裂隙的、非连续的、混沌的。因此在这样的自我感中，人们不一定能感觉到自己作为一个人的人格和性格特征。同样，自我感中不一定包括对长期的连续性的感知。G. 斯特劳森说：一个人在任何时候可能有关于单一心理自我的充分感觉，但不一定把自己看作是某种具有长期连续性的东西。[①]从发生学上说，儿童就有自我感，如他们朦胧地有关于成为一个心理存在或一个只在头脑中的存在的感知。这自我所具有的身体只是心理事物的载体或容器。[②]

在具体实施自我研究的认识论转向时，G. 斯特劳森认为，自我不是自然发生的，而是根源于人的自我感，根源于人不知何故所具有的关于自我的认知和直觉。由于人们有关于自我的这样的认知，因此人们就相信有自我存在。他说：自我感也是经验到关于自我的哲学问题的根源。[③]既然如此，要解决关于自我的哲学问题，就要进到它的源头，研究人的自我认识、信念本身，探讨自我的纠缠的认识论问题。例如，它是什么？包含什么内容？是从哪里来的？其本质是什么？自我感的本质是什么？具有自我感的基础和前提条件是什么？只有对这些问题做出了研究，才有可能进到有关的形而上学问题，例如，有无自我这样的实在？如果有，它是什么？等等。[④]

根据他对自我认知的研究，人的自我感的诸方面是非常基本的东西，它们位于文化的变化层面，是概念的而非情感的。正是自我感的认知现象学成了自我感的概念构造。这种构造不依赖于人的情感方面。自我的认知现象学与自我的情感现象学以复杂的方式交织在一起。什么是自我感呢？他的回答是：它是人们所具有的关于自己的感觉，如把自己感觉为一种心理的在场、一个心理的某人、一个单一的心理事物，它是拥有经验的有意识主体，有某种特点或人格，在某种意义上不同于思想、情感等，不同于所有别的事物。[⑤]关键在于，它常被看作一种独

[①] Strawson G. "The self". In Martin R, Barresi J (Eds.) . *Personal Identity*. Oxford: Blackwell, 2003.
[②] Strawson G. "The minimal subject". In Gallagher S (Ed.). *The Oxford Handbook of the Self*. Oxford: Oxford University Press, 2011.
[③] Strawson G. "The self". In Martin R, Barresi J (Eds.) . *Personal Identity*. Oxford: Blackwell, 2003.
[④] Strawson G. "The self". In Martin R, Barresi J (Eds.) . *Personal Identity*. Oxford: Blackwell, 2003.
[⑤] Strawson G. "The self". In Martin R, Barresi J (Eds.) . *Personal Identity*. Oxford: Blackwell, 2003.

特的心理现象。自我感真的是某种常见的东西吗？他的回答也是肯定的。如果是这样，进一步加以追溯，就将碰到今日众说纷纭的一个问题，即自我感或自我认知、信念有无对应的实在，有无一个实在的自我作为它的对象？换言之，人们自我感中所呈现的自我及其特点、属性是不是真的？有无存在地位？人的自我感是对真实存在的事物的准确再现吗？

自我的现象学问题是与自我的形而上学问题密切地关联在一起的具有独立存在地位的问题，原因在于，无论在关于自我的形而上学问题上得出怎样的结论，即无论自我基于某种本体论而言是否存在，关于自我的觉知都是确定无疑的，这是一个简单的生活经验，比如，我们感到高兴、难过、尴尬，都是对自我的觉知，因为这是我们自己在高兴、难过、尴尬。心灵哲学中把关于自我的这样一种觉知叫作自我感。自我感的普遍存在，就导致了关于自我的一类独立存在的问题。例如自我的现象学问题，其表现方式是：成为我，感觉之所是（成为一个我感觉起来所是的东西究竟是什么）？

在本章中，我们将从比较研究的视角对以上三个层次的问题展开讨论。关于自我的本体论和认识论是我们重点探讨的两个层次，对自我功能作用的讨论将与这两个层次的讨论结合起来进行。当然，鉴于自我问题的复杂性以及东西方心灵哲学在自我研究上的侧重点和差异性，笔者在此不打算做一个面面俱到的比较研究，而是从精心选择的特定的维度来呈现东西方哲学在自我问题上所做的思考，当然，在讨论中笔者也阐述了自己对这些问题的见解。

第一节　比较心灵哲学视域中的自我知识

一、西方哲学自我知识的基本问题及问题的由来

古希腊德尔菲神庙的门楣上刻着这样一个神谕："认识你自己。"苏格拉底借这句话实现了哲学研究的一次转向，在广泛的意义上我们可以说苏格拉底是第一个关注到自我知识这一问题的西方哲学家。自苏格拉底开始，哲学家认识自我的努力从未停歇。近代以降，就自我研究而形成的诸多理论观点无不隐含着这样一个令人困惑的理论难题：人的任何经验的存在都要求有一个自我存在，否则经

验便无以成形，但是这个必须要存在的自我本身却无法被经验到，因而成了幽灵般的空洞存在。其结果是出现了一个关于自我的悖论，即自我这个对我们绝对必要的东西却不能被我们把握到，尽管自我的种种经验存在，但自我反倒可能不在。在近代，关于自我的这一悖论在笛卡儿和休谟的持续争论中初现端倪，并经由康德"点化"而一举成名天下知。康德之后，虽然无数有智慧的头脑曾为破解自我悖论贡献过自己的才智，但事实却不幸如康德所言，甚至连最有智慧的人也受到这一悖论的"愚弄和烦扰"。[①]在现代，自我悖论伴随着自我研究的持续升温，再次成为哲学研究的焦点。在当前，自我不但是心灵哲学、意识哲学、形而上学等哲学门类的核心议题，而且成为神经科学、心理学、认知科学等经验科学关注的对象，不但积累了大量新的研究成果和理论资源，提供了关于自我的样式、类别、条件、作用等新知识，而且通过方法论变革，实现了自我研究的现象学转向，这使自我悖论的破解成为可能。

二、现象学转向与常识化自我知识

纵览当今哲学的自我研究不难发现，自我研究早已突破单一的理论视域和方法局限，在多学科研究成果的影响下形成一个由众多不同层次的问题构成的庞大问题域。但是，这些不同层次的问题在自我研究中并非同步展开的，而是具有不同的逻辑优先次序。与以往的自我研究强调应首先关注自我之有无这样的本体论问题，进而才能解答关于自我的其他问题不同，当代心灵哲学把自我的现象学问题放在研究的第一序列。当代心灵哲学把自我研究区分为三个层面的问题：其一是自我的形而上学问题，主要涉及对自我本质的诠释和对于自我本体论地位的说明，其核心是在判定自我之有无的基础上揭示自我之所是；其二是自我的现象学和认识论问题，主要涉及对诸如自我感、自我意识、自我觉知等关于自我的种种经验知识的现象学性质和认识论地位的说明，其核心是通过分析自我感觉起来之所是，来探究我们能够获得什么样的自我知识；其三是自我的伦理学和作用论问题，主要涉及对自我及自我知识的功能作用的认知与评价，如自我知识在人的认

[①] Shear J. "Experiential clarification of the problem of self". In Gallagher S, Shear J(Eds). *Models of the Self.* Charlottesville: Imprint Academic, 1999.

知系统和道德实践中能发挥什么样的作用,其核心是研究自我知识对于主体思维和行为方式的影响。对于这三个层面的问题的关注尽管早已经或多或少地存在于自古希腊以来的西方哲学的自我研究当中,但是在当代心灵哲学中,不但这些问题本身获得了更清晰的表达与呈现,而且这些问题的相互关系及其解答的优先次序也被作为自我研究的一项重要议题。

在自我研究的问题次序上现象学问题优先表征了当前自我研究的现象学转向。所谓现象学转向,就是要求在自我研究中首先引入现象学的方法和原则,把自我知识问题看作是一切关于自我的哲学问题的源头。换言之,自我研究不能一开始就关注自我的本体论问题,而是要从人们都有关于自我的经验知识这样一个基本的事实出发。如果通过对自我经验知识的研究发现其后真的有自我存在,并能碰到形而上学问题,那么才有必要过渡到自我的形而上学研究。英国哲学家G. 斯特劳森是当今西方自我研究的旗手,他对自我研究现象学转向的必要性进行了分析。他认为,我们在提出并着手解答自我的本体论问题之前,首先有必要弄清我们追问的这个自我是什么样子的,而弄清自我的样子是现象学的任务。所以自我研究应在次序上优先选择探讨自我的现象学问题,自我的形而上学和本体论问题虽然重要,但必须放在现象学问题之后进行研究。[①]现象学转向实质上基于人们对自我与自我知识之间关系的这样一种看法,那就是,人们尽管不知道自我是什么,但却肯定有自我存在,而这不过是因为人们有种种自我经验知识的存在。所以,要研究自我,应该反过来追本溯源,从自我知识入手。按照这样的思路,就问题的研究次序而言,自我研究首先就要用描述心理学的方法,梳理并澄清人们关于自我的经验知识有哪些样式、内容和表现,再利用多学科方法研究这些自我知识的本质、限度和条件,之后才能过渡到自我之有无这样的形而上学问题和自我的功能作用问题。

现象学转向的直接目的不在于建立关于自我存在或者自我本质的形而上学,而在于研究我们的意识与自我感之间的联系,把自我的现象学作为切入自我本身的前提。在此种研究中,自我感、自我经验或者经验自我之类语词的使用只能取其现象学意义,它们不指涉任何实在的自我,而只是纯粹的某种经验形式。我们

---

① Strawson G. "The self". In Martin R, Barresi J (Eds.). *Personal Identity*. Oxford: Blackwell, 2003.

不能确定自我存在，但是可以确定的是我们有关于自我的感觉。比如，就自我感这种常见的自我知识形式而言，人们凭借自我感而把自己感觉为一种心理的在场、一个心理的某人或者一个单一的心理事物。在现象上，自我感表现为：我们知道，成为我，感觉起来之所是（what it is like to be me）。这时一旦进一步追问自我感有无一个实在的自我作为其对象，那么问题就超越了现象学的界限，进入了形而上学的领域。自我的现象学问题和形而上学问题被混淆在一起有两个方面的原因：其一，与自我经验有关的语词带有误导性。G. 斯特劳森强调说，关于自我经验之类的语词在使用中具有一定的"欺骗性"和"迷惑性"，它们会让人误以为被言说的是自我实在，而实际上被说的只是关于自我的经验。[①]比如自我经验与经验着的自我意思混同，都被解释为作为自我的经验或关于自我的经验。其二，在自我研究的方法进路中始终存在一种矛盾，一方面，自我经验知识的真实存在并不构成自我存在的理由；另一方面，自我经验知识似乎是我们洞察自我的唯一途径，离开了自我经验知识，我们无以言说自我。按照 G. 斯特劳森的区分，自我研究的方式方法看似多样，但根本的方法路径不外乎自然主义和现象学两种。分析哲学中占主导倾向的自然主义路径的根本缺陷在于它忽视了自我经验知识的现象学意义，在现象学分析缺位的情况下直接导向各种形而上学问题，如自我之有无、样式、构成、功能等。

自我知识研究在逻辑上应该走在自我研究之前，但是如果按照现象学转向所要求的描述心理学的方法进行审视，则会发现，关于自我知识的研究相对于自我研究严重滞后。其表现有二：其一，对自我知识样式、类别和范围的研究受限，无法满足自我研究的要求。一方面，自我研究在神经科学、心灵哲学、精神病学等学科的共同参与下成为哲学的前沿热点，衍生出最低限度自我论、社会自我论、幻觉自我论、生态学自我论等大量各具特色的自我论。但另一方面，自我知识研究却没有伴随这些自我论的出现走向繁荣，甚至经验科学利用现代技术手段获得的一些新的自我知识形式被遗漏掉。其二，常识化自我知识仍然在自我知识研究中占据主导地位。大量未经反思的常识化自我知识在自我研究中的运用，不但诱使人们形成种种错误的自我观念，而且以潜移默化的方式导致人们对其他自我知

---

① Strawson G. "The self". In Martin R, Barresi J (Eds.). *Personal Identity*. Oxford: Blackwell, 2003.

第九章 东西方自我研究的维度、贡献与思考

识形式产生错误理解。常识化自我知识源自人们关于自己的内在心灵状态的经验知识,这种知识人人都有,不用专门学习,是作为常识而存在的知识。比如,人们即便不清楚有没有自我,难以回答自我到底是什么,不知道我们何以能够获得关于自我的种种知识,但是在日常生活中却积累起大量关于自己内在心理状态的经验知识。所以,在一般人看来,常识化自我知识是确定无疑的。常识化自我知识的确定无疑可以在与其他类型的知识对照中呈现出来。一般来说,常识化自我知识具有三个明显的现象学特征,即直接性、权威性和透明性。

首先,我们关于自己内心状态的知识都是无须推论而直接获得的。我们有许多不同的关于我们自身的知识,其中有些知识我们在获取时并不比别人具有更明显的优势,比如关于我的样貌、身高、体重、健康状况等方面的知识。我要借助体重秤才能知道自己的体重,在这一点上我并不比别人有特殊的优势。但是,关于我的内在心理状态的知识却不一样。比如,我可以直接地知道我现在想到了你,但是你却不能够直接知道这一点。这里似乎有一条我们通达自己内心世界的优越通道:与关于身体和外部世界的知识相比,一个人能够更快、更直接地获取关于自己心灵的知识。其他人需要通过观察我的行为,以推论或者猜测的方式获得关于我的内在心理状态的知识,但是我获得这些知识不需要推论,而是直接获知的。换言之,我最知道我,我比别人更懂我。

其次,我们关于自己内心状态的知识是不可错的,因而是具有权威性的。对于我自己内心状态的这一类知识,我不但比别人知道得"更快",而且能够知道得"更好"。在人们的常识观念中,我们每个人都能比别人更清楚准确地知道自己的内在心理状态。所以,如果我们的心灵中真有一个自我存在的话,那么我们关于自我的知识就应该是所有的知识形式中最可靠、最具权威性的一类知识,是不可错的知识。在这类知识中,我不但是认识的主体,而且是被认识的对象,这决定了自我知识的获取只能够采取我反观自身即反省的方式。自我知识的这种独特的获取方式,使得我成为关于我自己的各个方面的知识的绝对权威。我关于自己此时此刻样貌和体重的知识可能出错,但是我关于自己此时此刻内心想法的知识一定不会出错。质言之,我对关于我的心灵的知识具有权威性。这种权威性也可以称作是自我知识对错误的免疫性,即我们在自我知识基础上做出的相关判断是不可错的。

最后，关于我的心灵的知识，对我自己而言是毫无保留地呈现出来的。就知识的对象而言，没有任何其他类型的知识对象能够完全地一下子把自己暴露在我们的面前，但自我知识则不同：我的内在心理状态对我自己而言是透明的，我总能获得关于我自己的完整的知识。抛开潜意识，人的心灵中不会有任何既在意识当中，而又不被意识到的东西。所以，如果心灵中有我的话，那么这个我就一定能够被意识到。如果我想你，那么毫无疑问我会清楚地知道我想你。如果你害怕蛇，如果你想喝水，那么毫无疑问你应该清楚地知道自己的这些心理状况。而且由于意识的连续性，自我知识也是连续的。反过来，自我知识的完整性和连续性，意味着自我知识的主体和对象即自我本身也一定是统一的、连续的。

三、自我悖论与常识化自我知识的反思

常识化自我知识不但潜移默化地塑造了一般人的自我观念，即常识化的自我观，而且导致了自我哲学研究中的自我悖论。通常认为，笛卡儿所持的是一种典型的关于自我知识的常识化观点，并认为我们具有关于自我的清晰的直观知识。他在经过一番全面细致的怀疑和考察之后说：" 所以，在对上面这些很好地加以思考，同时对一切事物仔细地加以检查之后，最后必须做出这样的结论，而且必须把它当成确定无疑的，即有我，我存在这个命题，每次当我说出它来，或者在我心里想到它的时候，这个命题必然是真的。"[①] 笛卡儿的我思故我在，实质上表征的是对自我知识与自我之间的关系的追问与回答。其思路是：首先肯定我知道我在思考，这就是获得了关于自我的一类知识，接着再从自我知识出发去追问已经被我知道的这个"自我"究竟是什么。凭借这种自我知识，笛卡儿不但肯定了自我的存在，即我就体现在我思的行动当中，而且给出了对于自我的正面规定，即自我是统一的、简单的、连续的。这与常识化的自我知识所理解的自我具有完全一致的规定性。所以，从自我知识中追溯自我，由自我知识的特征而探究自我本身的规定性，这就是笛卡儿的自我研究路径。

休谟最先质疑笛卡儿关于自我的论证，并对我们觉察到自我的能力表示怀

---

① 笛卡尔：《第一哲学沉思集》，庞景仁译，商务印书馆1986年版，第25页。

疑。首先，自我知识和自我之间并没有必然的联系，自我知识的存在无法表征自我的存在。休谟认为，我们的知觉是相互独立的，根本不需要任何其他东西来支撑其存在，因此他看不出知觉怎样和自我发生联系，如何能够归属于自我。而且，不同的知觉在心灵这个剧场当中"你方唱罢我登场"，在知觉的背后根本找不到任何统一的、简单的、连续的作为自我的东西。其次，内省是获取自我知识的方式，但是自我本身却并不在内省当中出现。休谟强调，借助内省，他除了发现各种各样的特殊的知觉以外，观察不到别的任何东西。由此休谟认为，笛卡儿式的自我观念全无意义，自我就是知觉之间的一种接近或相似关系。这意味着人们的常识化的自我概念不过是一种"虚构"。自我决不能成为直接被觉知到的对象，决不能出现在内省当中。最后，自我不能单独作为一类知识的对象而被把握到。在休谟看来，人们关于自我的知识总是与关于其他对象的知识在一起而被把握到的，没有一个纯粹的关于自我本身的知识。这意味着，如果我们把自己的心理状态作为自己知识的对象，那么我们必须在此对象中进一步辨明自我和与自我有关的其他对象之间的关系。

康德曾尝试采用一种折中的方式来化解笛卡儿和休谟在这一问题上的矛盾。在康德看来，就我们不得不具有一个自我而言，笛卡儿是正确的；就我们不可能体验到自我或者只能把自我看作是一个抽象而空洞的零而言，休谟又是正确的。但是康德的这种折中的解答方案并不能令人信服。一方面，康德认为，统一、简单、连续的自我是任何一个经验能够存在的绝对必要的前提条件，因为任何一个经验自身的独立存在，都意味着这个经验的每一个部分都被给予了一个经验者。这就类似于一个人拥有对一首诗的经验，其前提是这个人必须拥有对这首诗中的每一个字的经验。就此而言，康德支持笛卡儿的观点。但是另一方面，康德又和休谟一样否认我们能够对这个统一的自我有任何经验。其理由是，尽管我们的一切经验都有在时间和空间上延展的性质，否则我们就觉察不到它，但是自我却没有任何这样的延展性质，它是纯粹的"空意识"，不能被我们经验到。所以，自我尽管必不可少，但它本身只能被看作是一个不能够被经验到的空洞的抽象，即"等于 X 的东西"。这样一来，康德的自我理论中就出现了自我的悖论：经验的存在要求一个常识化的自我的存在，但是对于经验之存在绝对必要的自我本身，却并不能被经验到其存在。

自我悖论虽然明确呈现在康德的自我理论中，但其源头在笛卡儿。笛卡儿依照常识化的自我知识来言说自我，从自我知识出发以迂回的方式阐述自我的存在地位和规定性。休谟尽管批评笛卡儿的自我观念，但在自我研究的理论方法上并没有超越笛卡儿，而同样是从常识化的自我知识出发否定笛卡儿的结论。康德在继承笛卡儿和休谟自我理论的同时也继承了他们对于常识化自我知识的理解，因此康德对笛卡儿和休谟自我理论的调和不但难以奏效，反而使其中隐藏的矛盾激化。自我悖论就是这一矛盾激化的产物。笛卡儿、休谟和康德的自我理论对现当代西方自我的研究具有重要影响，而常识化的自我知识，则是这三种自我理论进行理论构造的逻辑起点。笛卡儿、休谟和康德三者所构建的自我理论中的矛盾冲突表明，常识化自我知识以及与之相伴而生的自我观念正是自我悖论产生的根源。要破解自我悖论，就要重视自我知识在自我研究中的地位，反思常识化的自我知识，在自我知识的重构中重新审视其与自我本身的关系。

常识化自我知识是人们在日常生活中逐渐累积的关于自我的一些零散、自发形成的思想资源，它潜存于每个人的心灵当中，虽然在人们的日常生活实践中发挥指导作用，但其本身却是前科学的，充斥着大量的矛盾和谬误，不能用来指导严肃的科学和哲学研究。由常识化自我知识切入的自我研究导致了自我悖论的产生，这表明未经反思的常识化自我知识不能直接胜任在自我研究中发挥关键作用的角色。就自我的哲学研究而言，如果把自我知识作为切入自我的手段，那就必须对自我知识进行严格的反思，在获得关于自我的可靠的现象学知识的基础上，进而才能展开关于自我的其他方面的研究。

第一，常识化的自我知识中存在大量的语词错误。常识化的自我知识中含有大量意思模糊、界限不清的语词，这些词汇能够满足日常生活的语用要求，但它们在哲学研究中被照搬和使用会导致自我理论中的诸多谬误。这些词汇构成了常识化自我知识中的语词错误，即由语词的不当使用而造成的错误。比如在日常生活中经常被用到的"意识""思维""自我"等词汇，在笛卡儿的自我研究中就造成了语词错误并导致误解。希尔对笛卡儿著名的"我思故我在"的文本分析就指出了其中存在的语词错误。在希尔看来，cogito ergo sum 在现代英语中的正确理解应该是"我有意识，故我存在"，而不是人们通常所理解的"我思故我在"。这种观点的文本根据在于，无论是在拉丁语还是在法语中，笛卡儿所用的 cogito 一词想要表明的都是我们现在所谓的"在意识中"（being conscious），而非单纯的"思维"，因为除了思维之外，它还包含希望、感受、想象、理解、怀疑等。[①]但无论是笛卡儿还是其思想的很多研究者，都同样受到了常识化自我知识的影响，没有对意识、思维和自我等词汇做出必要的区分。甚至笛卡儿明确地把意识和自我等同起来。所以，在笛卡儿看来，一个人既然不能怀疑自己意识的存在，也就不能怀疑自我的存在。而这样一个我们确定无疑其存在的自我，就是意识，即在一个人的觉察中始终存在的单一的、简单的、连续的这同一个意识。

第二，常识化自我知识中的语法错误是存在范围更广且后果更为严重的一类错误。有一种观点认为，语法错误是自我理论的本质，自我完全是由于哲学家误解反身代词的用法而杜撰出来的。[②]G. 斯特劳森尽管反对把自我的所有问题都归结为语言问题，认为先验的自我感是"自我"这样的词汇产生的根源，但他把对于"自我"的语法分析和澄清作为构建自我理论的前提。他认为"自我"这个词有双重用法，有时指代整体的人，有时指代心理自我，我们的自我知识是基于心理自我而产生的知识。[③]质言之，我们用"自我"一词指称的东西是具有延展性的，有时它只延展到心理上的自我，有时则会更大范围地延展到作为我所是的那个人。这就像"城堡"这个词所指代的东西，有时只延展到城堡这个建筑本身，有时则会延展到整个建筑内包含的其他所有建筑物和地面。但是常识化自我知识完全没有意识到自我的这种延展性，它或者把心理自我当作是一个孤立的片段，或者把心理自我和作为一个人的自我混淆在一起。比如"我一个人在教室里"和"我想到了你"这两个句子。前者作为主体的自我是一个人，意思是有一个人在教室里，这个人是我。后者作为主体的自我是心理自我，意思是我处在"想你"这样的一个特殊的心理状态当中。根据这种区分，后者是自我知识，而前者并不属于自我知识的范围，因为前者中出现的自我的延展范围已经超出了心理自我的界限。常识化自我知识无视自我延展性的后果，把一些本不属于自我知识的特性

[①] Shear J. "Experiential clarification of the problem of self". In Gallagher S, Shear J(Eds.). *Models of the Self*. Charlottesville: Imprint Academic, 1999.
[②] Kenny A. *The Self*. Milwaukee: Marquette University Press, 1988: 4.
[③] Strawson G. "The self". In Martin R, Barresi J (Eds.). *Personal Identity*. Oxford: Blackwell, 2003.

归属于自我知识，进而在此基础上对自我进行规定。

即便抛开作为个人的自我，只考察心理自我本身，常识化自我知识中仍然存在严重的语法错误。当代哲学自我研究中存在着所谓内在主义和外在主义的争论。在外在主义看来，无论是笛卡儿、休谟和康德的自我理论，还是当前各种版本的内在主义自我理论，共同之处都是始终把自我作为主体去研究，在研究时始终停留在主体内部，这是一种从内部出发的立场。这种从内部出发的立场最大的问题就在于它没有区分主体的自我和客体的自我。主体的自我是第一人称的现象我（I），而客体的自我是第三人称的现象我。休谟对笛卡儿的批评就指出了自我在自我知识中扮演的矛盾角色，那就是，自我既作为主体，又作为客体。[1]维特根斯坦曾阐明这种区别。按照维特根斯坦的说法，自我（I）有两种用法：一是作为主体的用法，二是作为客体的用法。因此，在关于自我的报告中，不能把同一个自我既作为主体，又作为客体，否则会导致误解。常识化自我知识关于自我知识的直接性的认识就源自这种误解。

第三，常识化自我知识把内省看作是获得自我知识的唯一手段，但是实际上我们有多种手段可以获取自我知识。内省是我们获取关于自己心灵的知识的最基本的能力，但却不是唯一的能力。但是在常识化自我知识中，一切关于心灵的知识的获得都被归因于内省，因为内省被看作是我们通达心灵所能够诉诸的唯一的能力，其结果是这种能力被严重夸大了。内省能力被夸大的表现就是，自我知识被认为是不可错的，是无遗漏的（显著的）。

当前一些研究者利用跨学科、跨文化的研究方法，摆脱内省的局限，构造多元化的自我知识。比如当今西方心灵哲学在自我知识研究中就倡导一种多元的方法论取向，一方面重视对自我知识的现象学分析，另一方面利用神经科学、认知科学的成果以及现代分析哲学的方法来对自我知识进行自然化说明。其中与纯意识体验有关的一些特殊的自我知识形式成为哲学和科学自我研究关注的焦点。[2]法辛用现象学分析的方法来研究纯意识体验中呈现的自我意识。他区分

---

[1] Liu J L, Perry J (Eds.). *Consciousness and the Self: New Essays*. New York: Cambridge University Press, 2012: 3.
[2] 布莱克摩尔：《对话意识：学界翘楚对脑、自由意志以及人性的思考》，李恒威、徐怡译，浙江大学出版社 2016 年版，第 3 页。

了两种类型的自我意识：一是具有经验内容的自我；二是经验本身的自我显现。他认为达到纯意识体验的途径就在于通过抑制前一种类型的自我意识，以显示出后一种类型的自我意识，这后一种自我意识更为基本，它使我们成为主体性的存在。我们通常的自我意识能把我们自己和别人区别开，也就是说把某些经验内容看成是我们自己的，但是我们以这种方式却绝对不能真正意识到正在进行经验这个活动本身。比如，一个人绝对不能在其他的对象中发现自己作为对象的意识，而只能够经验到自己作为一个对象在场。[①]

纯意识体验之所以能够被用于解答关于自我的各种问题，是因为主体总会在直观上把纯意识体验与自我联系在一起：一个主体把觉知到的一切都从心灵中剔除，同时还能够保持清醒，那么剩下的就一定是主体的自我了。希尔从纯意识体验的视角出发，分析了笛卡儿、休谟和康德自我知识理论。他认为，笛卡儿、休谟和康德关于自我知识的分析中，实际上有一个重要的线索没有被挖掘出来，那就是他们都把纯意识体验作为一种对自我的经验，离开了这一点，他们对自我知识的说明就都是无法理解的。对笛卡儿和洛克而言，唯有纯意识体验能够赋予其常识化的简单意识以经验的意义，因为其所谓的常识化的简单意识决定着但又不同于我们变化的知觉，那它就只能采取一种纯意识的形式。否则，如果这个常识化的简单意识有了经验的内容，那它就应该在自省中被观察到，休谟正是抓住这一点对笛卡儿的自我观念进行了否定。对休谟而言，唯有这种纯意识体验才能够赋予独立于全部经验集合的自我观念以经验的含义。对康德而言，唯有这种纯意识体验才能够满足其所谓的无一切可识别标志的说明。从纯意识体验这一新的视角出发，就有了获取自我知识的一种新的方法，这种方法有助于我们以一种经验的方式化解笛卡儿、康德和休谟的自我理论之间的矛盾，化解关于自我知识的哲学构造与一般人的常识之间的矛盾。

四、心灵观重构与自我悖论之破解

以何种方式研究自我，不只是一个方法论问题，其中还包含有关于自我的基本的形而上学问题。因为研究自我的方法实质上表征了我们通达自我的方式，即

[①] Fasching W. "Consciousness, self-consciousness, and meditation". *Phenom Cogn Sci*, 2008, 7(4): 463-483.

我们能够通过何种路径进入我们的心灵,获得关于自我的知识。而如何通达自我的问题,在根本上是与自我的本质问题联系在一起的。对于没有自我知识的动物或者机器而言,通向我们所谓的自我的道路是封闭的,这样的动物和机器没有自我,也没有关于自我的问题。自我的存在与人的身体的存在不同,身体的存在不需要任何通达身体的方式来构成其存在。比如,我们不需要用视觉、触觉等觉知身体的方式来构成我们的身体。但是自我的存在则不同,通达自我的路径如内省实际上就是自我得以存在的前提条件。正如加拉格尔所说的:"路径(自我知识)是自我的构成方面。"① 我们实际上有两条路径可以通达自我:一是从内部出发的第一人称的路径;二是从外部出发的第三人称的路径。这两条路径在赋予我们自我知识的同时,也在不断重构自我本身。现代西方心灵哲学注意到与这两种路径相关的自我知识。比如,按照自我知识所表述的心理内容区分出作为命题觉知的自我知识和作为直接觉知的自我知识。在前一类自我知识中,意识的直接对象是一个命题或者事态(包括属性和关系等),如"我意识到我是教室里唯一的男性"。在后一类自我知识中,觉知的对象是一个特殊的事物,如"我想到了我妈妈"。

把第一人称路径和第三人称路径结合起来,是当前心灵哲学自我研究的一个基本的方法论倾向。诉诸第一人称经验是把握自我的首要方法,尽管有不同的方法论偏重的存在,但任何形式的自我知识都不能完全摆脱第一人称方法的影响。第三人称方法及其与第一人称方法的结合可以提供更加多元化的自我知识,它的一个典型案例就是当前哲学和科学自我研究中经常被论及的盲视现象。当一个人的视觉皮层的特定区域受到损伤时,这个人会丧失视觉经验,报告说自己是一个盲人。但是对这个人的第三人称观察会发现,这个人可以正常地视物和行动,与常人无异。其结果就是,盲视者自以为是一个盲人,但是在外部观察者看来他并不是盲人。盲视者当然并不是真正的盲人,其心灵拥有关于外部环境的各种空间位置信息,并以此来指导其行为。但是盲视者在第一人称视角下却无法通达自己心灵的特定区域,即无法获得有关自己视觉经验的知识,因此盲视者会将自己"构造"成一个盲人。盲视为自我悖论提供了生动的例示。就像盲视是由第一人称视角所导致的一样,内省导致了自我悖论:内省既是通达自我的方式,又是构成自

---

① Gallagher S, Marcel J. "The self in contextualized action". *Journal of Consciousness Studies,* 1999, 6: 4-30.

我的要素，因此内省本身的存在要求一定要有一个自我存在，否则内省就无以进行，但是内省作为自我的构成要素又无力觉察到自我的存在。归根到底，内省只能让我们在有限的程度上认识心灵，自我并不完全把自己呈现在内省的视野当中。所以，与自我有关的问题并不是一个局域性问题，不能仅仅依靠第一人称的方法来解决，而是要在一个更加整体化的视野中考察心灵、大脑与行动的关系。其中的关键是改变旧的心灵观念，重构心灵的地形学、地貌学、动力学和结构论。唯有依靠多元化自我知识对心灵观念的重构，自我悖论才有望破解，关于自我问题的答案才能够清晰地呈现出来。

利用第一人称方法从内部入手分析心灵的结构层次能够部分地为自我悖论的破解提供思路。常识化自我知识所依赖的内省是典型的第一人称经验的方法。就人的整个心灵而言，即便抛开无意识的因素，有意识的心灵本身当中也有内省无法显现出来的东西。著名哲学家麦金在承认意识和无意识区别的基础上，对意识本身的结构进行了分析。在麦金看来，意识自身并非铁板一块，而是有着表层和底层的区别，以此为基础，人的心灵可以区分为三个不同的层次，分别是意识的表层、意识的潜在结构和无意识的部分（其中包括情感无意识和计算无意识）。这三个层次中，只有意识的表层对内省是开放的，其他两个区域对内省而言都是盲区。换言之，一个人在通过内省关注自己任何一个心理状态的同时，都会遗漏两个方面：一是正在发生的无意识心理过程；二是正被意识到的那个心理状态的底层的、潜在的方面。[1]所以，意识必定有一个潜在的结构，这个潜在的结构导致了意识有一个无法被意识到的维度，这决定了我们不可能通过内省把握意识的全部内容。因此，确实有些事件在我们的意识中发生而没有被我们意识到。意识对内省而言并非完全透明和开放的。内省可被理解为一个在你意识中的意识，但是在你意识中有比你通过内省所意识的东西更多的东西。[2]内省作为意识中的意识，实质上就是一种反思性意识。就人的意识内部而言，可以区分为两个不同的层面：一是反思性意识即内省；二是作为内省之对象的基础层次的意识，如看到红色。但是，因为意识的潜在结构的存在，基础层次的意识的本质并不能完全由

---

[1] 麦金：《神秘的火焰：物理世界中有意识的心灵》，刘明海译，商务印书馆2015年版，第121页。
[2] 麦金：《神秘的火焰：物理世界中有意识的心灵》，刘明海译，商务印书馆2015年版，第126页。

对它的反思性意识揭示出来。对自我的反思性意识同样如此，反省并不能完全揭示自我。比如，我看到红色的某物这个一阶意识现象，并不是我通过内省这个二阶意识完全能够把握到的，内省可以理解的只是现象学层次的自我，比如我的红色经验。在现象学层次的自我背后还有一个潜在的结构层次是被内省所遗漏的，这就是深层自我。

利用第三人称方法从外部入手分析心灵，能够形成关于自我的更完整的图景。第一人称方法关注的是自我的现象学层面。问题在于，现象学层面的研究究竟在多大程度上有助于我们理解自我？我可以像表征我的客厅中的一件家具那样对我的心灵中的自我进行表征吗？心灵不是客厅式的存在，自我也不是我的心灵中的一件家具。仿照我们表征外部世界中的事物的方式，把自我设想成心灵空间中的一个存在物，进而去获得关于自我的各种知识，这完全是对心灵结构的一种错误的理解。心灵并不是一个封闭的内部空间，自我也不是心灵空间中具有完全一致的内在规定性的东西。根据心灵延展性的观点，心灵是以身体为中心的，但是并不局限在身体的边界之中，人类的认知是由身体外的环境中的活动来实现的。[①]从外部立场出发来研究心灵，要求把自我和自我知识放到外部世界中进行解释。根据这种立场，一个人可以通过多种途径获取关于自我的信息，并非所有这些途径都是私密的，而是有着能够从公共的途径获得的关于自我的信息。质言之，自我具有开放性。按照这种方式来理解的自我可称作是"公共自我"。"公共自我"否定了自我知识的权威性，而这种权威性在常识化自我知识中是与内省绑定在一起的。著名哲学家德雷斯基曾以不同的方式对自我知识的这种所谓的权威性进行过批评。在他看来，一个人并不能够"从内部"获得关于他自己事实上在想什么的优先证据。[②]现实生活中，人们并不是总能够弄清自己的真实意图，可能误判自己的心理态度。比如，我经常为难一个人，我原本以为这是因为我讨厌这个人，但是后来经过一段时间的反思后发现，我为难这个人不是因为我讨厌这个人，而是因为我嫉妒这个人。

---

① Clark A. *Supersizing the Mind: Embodiment, Action, and Cognitive Extension*. Oxford: Oxford University Press, 2008：28.
② Liu J L, Perry J (Eds.). *Consciousness and the Self: New Essays*. New York: Cambridge University Press, 2012：150.

错误的心灵观会导致错误的自我知识和对自我的错误规定。对心灵观进行革命性重构是当代西方心灵哲学最值得重视的成就之一。驱动这场变革的内在动因是，心灵哲学认识到人的身体、行为、对象和环境等情境因素共同在心的发生和构成中发挥作用。不但出现了外在主义、4E 理论等新的心灵理论，而且完成了从单子主义心灵观、小人心灵观向延展心灵观或宽心灵观的心灵观革命。利用新的心灵观理论资源，有助于破解自我悖论。罗森塔尔基于他所提出的所谓高阶思维理论指出了休谟自我理论中错误的心灵观念。休谟之所以否定自我，是因为他错误地把知觉作为我们认识自我的唯一手段，而实际上除了知觉以外，我们还有其他的手段。在不同认识手段的背后隐含着关于意识和思维的不同理论模型。具体而言，用知觉手段来认识自我，诉诸的是所谓的内感官理论，根据这个理论，如果内感官知觉到一个心理状态，那么这个心理状态就直接地、毫无保留地呈现出来。休谟的自我研究诉诸的就是内感官理论，尽管"内感官"这个词是后来由康德创造的。高阶思维理论认为，一个人的心理状态之所以是有意识状态，就在于这个人自身是处在这个心理状态当中进行思维的。自我感、自我意识等自我知识就会作为有意识心理状态的拥有者浮现出来。[1]质言之，休谟的观点错误的根源在于其诉诸了错误的心灵理论模型，内感官理论并没有正确地呈现意识、思维与自我之间的关系。而根据高阶思维理论，可以通过对一阶思维的二阶自我反思来获得自我的确定性，比如，我反思我自己思考的行为，那么我就确定必然有一个我在进行思考。这种确定性仅限于每一个单独的思考时间点，只有这时我才知道我作为一个思考者存在着。[2]一方面，"自我"并没有成为我反思的直接对象（内省对象），而是我把自己当作一个在世界中行动的自主体。我的反思性意识指向的就是我在这个世界中的活动。另一方面，在每一个单独的思考时间点上被确定的自我，并非连续性的，但是这种非连续性却往往被我们掩饰过去，并诱使我们创造出关于一个连续的、持久的自我的感觉。G. 斯特劳森通过第一人称观察的方法得出同样的结论，即把自我看作是一串类似于珍珠的东西。[3]但实际上，在

---

[1] Liu J L, Perry J (Eds.). *Consciousness and the Self: New Essays*. New York: Cambridge University Press, 2012: 25.
[2] Liu J L, Perry J (Eds.). *Consciousness and the Self: New Essays*. New York: Cambridge University Press, 2012: 2.
[3] Strawson G. "The self". In Martin R, Barresi J (Eds.). *Personal Identity*. Oxford: Blackwell, 2003.

这种反思中被确定的自我超越了现象学自我的层面，只能是一种本体论上的承诺，因此是一种形而上学自我。就此而言，在康德自我理论中出现的自我悖论又可以看作是现象学自我和形而上学自我之间的矛盾。

自我并不简单。通过对心灵观念的重构，自我展现出它所具有的复杂的层次性、结构性和开放性。常识化的自我知识对自我做出的"统一的、简单的、连续的"规定，恰好表明它犯了将自我简单化的错误。深层自我尽管能够作为"我"发挥作用，但其本身却是第一人称路径无法通达的，唯有依靠形而上学分析才能够确认其存在，在此意义上，它又是本体论自我。深层自我和本体论自我是现象学自我能够安立的基础，但它本身却不在现象学自我中显现。现象学自我作为内省等第一人称路径所能通达的自我，是由第一人称路径本身参与构建的现象，其本身却不具有实在性，但却是常识化自我知识的主要来源。第三人称路径同样参与到自我的构建当中，与之相应的是第三人称自我。

五、自我知识研究的跨学科、跨文化视角

自我研究的现象学转向使自我知识在当代哲学的自我研究中具有核心和枢纽的地位。重构心灵观念，破解自我悖论是自我知识研究的功用之一而非其全部。自我研究必然要求对包括常识化自我知识在内的整个自我知识系统进行反思，挖掘、发现、评估和利用其中有价值的自我知识形式，而这离不开跨学科、跨文化的研究视角。事实上，如果在自我研究现象学转向的视域中反观中国哲学的自我知识，则会发现中国哲学中同样存在着一个具有不同理论内涵和独特意蕴的自我悖论。其表现为，如果不能获取自我知识，则自我无法真正实现，而要获取自我知识又必须通过自我的实现，所以自我知识的获取与自我本身的实现只能被认为是同一个过程。

就中国哲学的特殊的形上学角度而言，中国哲学的自我知识及其获取过程的设定具有其存在的合理性和必要性。中国哲学自我知识的特殊性体现在它对人生或者生命有深切的关注，而这种关注并不是向着人的现实生活状态这一外在的维度展开的，而是设定了一个与内心体验直接贯通的形而上学状态。中国哲学的自我知识主要是关于这一形而上学心理状态的知识。如果能够反过来体验、观照到这个

内在的形上学状态，个体内心自具的佛性、圣性才能彰显，个人的生活才算完满。这就是经由获取自我知识的活动，而呈现的对成圣、成佛、得道的追求。获取自我知识的活动要凭借一定的程序和过程。这个过程就西方哲学而言就是通过内省等第一人称手段获悉关于自己心灵中状态、过程和事件等内在对象的知识，就中国哲学而言，则根本不存在这样一个所谓的向内的向度和内在对象。换言之，中国哲学不承诺这种客体化的、作为对象的自我知识，而把自我知识的获得视作从主体中发明的过程。就良知这种典型的自我知识而言，如果把良知当作对象就见不到良知，只有在不被当作一个对象看待的时候，良知自己才能生发出来。有一种观点认为，儒家的自我知识不是一种通过口头知识传授的理论，而主要是强调唯有通过特定类型的实践手段才能习得的东西，通过这种实践我们可以发现真实的自我，因而自我知识在本质上是一种无对象的觉知，是人的理智直觉可能性的实现。[1]所以在中国哲学中，关于自我的知识主要是与实践有关的知识，获得自我知识的过程就是一个自我实现的过程。

强调中国哲学之特殊性以给予自我知识形上学的合理性和必要性，并不意味着这些知识只能被限制在形上学的层面，因为这种做法在保全这些形上学知识不受自然主义本体论侵扰的同时，也为其施加了巨大的限制，更无法打消来自外在主义立场的质疑。中国哲学的自我知识即便不是全部，至少应该有一部分要能够经受自然主义和科学方法的检验。能够经受这种检验的自我知识具有更强的信度，因此能够更好地解决实践问题。这种检验是一个庞大的跨学科的系统工程。其中首要的一步就是对中国哲学中所具有的自我知识概念进行系统梳理，并依照自然主义的标准对之进行评估和分类，以确认其中哪些自我知识最容易得到自然化的解释，哪些概念解释的难度较大，哪些概念可能完全不能见容于自然主义的本体论框架。近年来，一些学者从跨学科、跨文化视角出发对中国哲学的自我知识进行了新的发挥和论证，以阐明我们究竟在多大程度上能够相信儒家的自我知识。这些研究所采用的方法大体上分为两种类型：一是充分利用自我知识的可描述性，尽量以描述事实知识的形式把自我知识呈现出来。比如借用西方哲学知识论的研究成果，与中国哲学自我知识进行对照，并运用语言分析等研究方法把个

---

[1] Tu W. *Confucian Thought: Selfhood as Creative Transformation*. Albany: SUNY Press, 1985 : 18.

人内省的资料明确化。[①]二是综合利用心理学、神经科学和认知科学的方法寻找自我知识的客观基础,以此来增强自我知识的可信度和说服力。例如尝试用心理测试的方法对王阳明意义上的良知的彰显进行认知分析。[②]现代西方心灵哲学对自我知识的研究意识到两个对立的维度,即停留在主体内部的所谓"内在主义的立场"和关注从公共的层面把握自我知识的"外在主义的立场"。如果从西方哲学的视角来看,中国哲学在自我知识问题上显然更倾向于内在主义的立场。内在主义的立场强调主体对于自我知识的作用,只有从主体的层面出发才有可能获得关于自我的内在体验。这种内在体验是自我知识的基础。与这种主体层面的自我知识相关的是人应该成为什么样的人的问题,而不是这种知识的确证性问题。

跨学科、跨文化视角还把一些新的问题维度引入自我知识研究当中:一是自我知识的内容的自然化问题。比如,中国哲学因为更注重价值、境界、心性等问题,使得知识论与价值论、境界论、涵养论紧密关联在一起,因此在自我知识中增添了很多西方哲学所没有的维度。这些问题一方面是中国哲学自我知识研究彰显其独特魅力之所在,但另一方面也使之易于遭人诟病,成为中国哲学自我知识研究不得不正视的问题。这一问题集中表现为:是否以及如何为中国哲学自我知识提供自然主义的说明。二是自我知识的获得手段的多样化问题。在中国哲学中,自我知识的获得一般都是通过"静坐""禅定""体会"等主体性的、内在的方式进行的。而跨学科、跨文化的比较研究则探求自我知识的多样实现性。自我知识之获取不仅仅有主观的、内在的维度,而且有外在的维度,即有私密的部分也有公共的部分。其问题表现为:对不同类型的自我知识的获取,在何种程度上能够利用第三人称的技术手段。中国哲学在此过程中应该以更积极的姿态参与进来,正视自我知识面临的种种问题,既为中国哲学的自我知识正名,又为心灵哲学自我知识理论的发展助力。在笔者看来,当前至少有两个方面的工作要做:第一,分析和阐明中国哲学自我知识的性质、层次和特点,以说明它们在广义的心灵哲学中存在的意义和价值;第二,充分与西方自我知识理论展开对照,用现代哲学的方法为中国哲学的自我知识的合法性提供确证。在跨学科、跨文化研究的

---

① Chi C. "A cognitive analysis of confucian self-knowledge: according to Tu Weiming's explanation". *Dao*, 2005, 4 (2): 267-282.
② 冀剑制:《从西方认知科学探讨儒家自我知识的可信度》,《哲学与文化》2009 年第 10 期,第 149-161 页。

视域中，我们应对自我知识进行审慎的分析和确认，这对中国哲学而言是一项时代化、规范化和精细化的工作，对西方哲学而言则是一个获得新视角、新素材和新发展的机遇。

第二节　比较心灵哲学视野中的有我与无我

自我问题是西方哲学关注的一个焦点，在长期的探讨中，形成了为数众多的自我理论。在近代，自我问题最先由洛克提出并论证，后经莱布尼茨、休谟、康德等人的反复争论和批评而成为近现代认识论、心理学和伦理学关注的一个重点。可以说，自我问题是最受哲学家关注的、被讨论最多的，同时也是争议最大的问题。在当代，对自我问题的探讨，既有对以往研究方法和思路的继承与发展，又呈现出一些前所未有的、新的变化。前者主要体现在，对自我的探讨继续与"同一性"这一传统的形而上学的研究交织在一起，也就是把自我问题主要看作是人格同一性问题，进而再把人格同一性问题作为同一性问题的一个个例来探讨。后者则表现在多个方面：一是重视对"自我"的语言分析，反对直接地、笼统地使用"自我"这样的词汇，而是通过增添修饰词的方法得到大量的关于自我的变种词汇，比如"叙事自我""概念自我""具身自我""经验自我""表征自我"等，这使自我的研究更加精确化和具体化。二是把对自我的研究与对意识和感觉经验的研究结合在一起，通过对自我意识和自我感的研究来推进对自我本质的认识，甚至有些学者把对自我意识的研究就视作是对自我本身的研究。三是受到心灵哲学中占主导地位的自然主义的影响，对自我的研究表现出一种"将自我自然化"的倾向。这表现在，一些心灵哲学家反对对自我的神秘化和二元论解读，要求对自我进行完全科学的说明。更为重要的是，随着西方心灵哲学逐渐分化出比较心灵哲学这一分支，很多心灵哲学家开始在东西比较的框架下探讨自我问题。弗拉纳根、阿尔巴哈里、德雷福斯、扎哈维是其中最有代表性的人物，他们既是国际知名的心灵哲学家，又对东方的特别是佛教的心灵哲学抱有浓厚的兴趣。在对自我问题的研究上，他们无一例外地用心灵哲学的术语、概念、方法分析佛教的自我观念、无我原则,并将之作为主要的比较项与西方哲学的自我理论进行比较。通过比较,这些哲学家得出了一个令人意想不到的结论:否认实体性存在的自我,把自我看作构造和幻象,并非佛教哲学所独有,西方哲学的主流观点和佛教在自我问题上殊途同归,同样否认自我的实在性,坚持主张"无我",认为"自我"仅仅是人们构造的产物。

一、佛教的"无我"与"立我"

众所周知,佛教以坚持无我原则著称,"诸法无我"在佛教的三法印中被视为"印中之印",因此是否承认无我乃是佛教与非佛教最明显的判别标志。尽管佛教内部宗派众多,但可以肯定的是,佛教诸派在"无我"这一原则性问题上并没有实质差异。事实上,导致佛教内部宗派分立的主要原因就在于"无我见",即对"我"进行破斥和否定的"见"。质言之,佛教的"无我见"就是要把"我"作为破斥或否定的对象,进而达到其特殊的价值诉求。

佛教的无我原则在操作上带有典型的解构主义的特点。这表现在,无论是为一般人所执着的、认为理所当然存在的"我",还是佛教以外其他一切理论学说所要关注和研究的"我",都恰恰是佛教所要破和无的对象。佛教对所有这些"我"采取的都是一种欲破先立、立之而后破的策略。也就是先假设这些"我"存在,并对之进行梳理和分类,然后再一一破除。所以,要弄清佛教所说的"无我",就必须先弄清佛教各宗派所要无的这个"我"究竟是什么样子的我,即佛教的自我观念是什么样子的。一般而言,佛教所谓的"无我"有"人无我"和"法无我"的分别,与此相应,所要"无"或者"破"的这个"我"也有"人我"和"法我"的分别。西方哲学对无我的研究只涉及佛教所说的人无我的一部分,而对法无我则完全没有涉及,所以在此我们也只考察佛教所说的"人我"。

佛教的"人我"就是佛教诸派对于人们所能用到、想到的"我"的诸种意义的一次彻底的梳理和总结。就类别而言,不同宗派对"我"的分类又有不同。例如,南传佛教将"我"分为两类,宗密的《圆觉经略注》则将"我"分为四类,而《宗镜录》则将"我"分为六种。这些分类标准不一,内容繁杂,但其一个基本的思路是"依蕴解我",即根据与诸蕴的关系对"我"进行分类和对照:把身体和对身体的感觉作为色蕴,其他一切心理的东西作为受想行识诸蕴。因此,"我"的由来便与五蕴密切相关,或者是"五蕴即我",或者是"我有五蕴",或者是"五蕴中有我",或者是"我中有五蕴"。例如在《杂阿含经》卷一第2,佛言"若诸沙门、婆罗门见有我者,一切皆于此五受阴见我",就是说众生所见的一切自我都不出五蕴,我是从五蕴中生起的。在此我们参照法尊法师在《四宗要义讲记》中的方法,按"我"与五蕴的关系,把人我分为四种类型:离蕴我、即蕴我、不即不离蕴我和以自性为所执的我。

离蕴我是我们一般人所体认并承诺的自我,在佛教这里又被称作凡夫妄计我或者神我。这种"我"的特点是常住、单一,有支配作用、统一性和自在性。[①]佛教诸派都否认这种我的存在。即蕴我和不即不离蕴我的分歧主要是由对"我""自我"等语词名实关系的不同判断所引起的。例如,主张设立不即不离蕴我的正量犊子部注意到,不管是佛经还是人们在日常语言中都不可避免地要用到"我""我的""我们"等,既然佛和世人都说我,就有必要立此一我。这个我既不能离蕴独立,又不是那个即是诸蕴且支配诸蕴的我,这就是佛教著名的"不可说我"。与佛教其他诸派不同,这两派认为不即不离蕴我是实有的我,不应否定和破除。与此相反,主张即蕴我的诸派认为,这个作为语词的"我"只是空洞的名相,没有实在性,是为了使用上的善巧方便而假立的,但"假必依实",或者说"依于实法而必有假我"。至于假我所依赖的实法到底是什么,各派亦有不同解答,大体包括"内识相续""阿赖耶识"和"第六意识"等,此处不再展开。以自性为所执的我是应成派的主张,它认为人无我和法无我所要无的我,既不是个别的蕴也不是作为整体的五蕴,而是所执五蕴诸法的有自性,以此自性为所执才有人我法我的差别,所以佛教和世间所说的一切我都是"依蕴假立"的假设。这个假我在我们的语言中是有存在地位的,只不过没有自性罢了。法尊法师认为对于人我所做的上述四种类型的分类具有次第性,第四种说法可以涵盖前面的三种说法,具有更大的包容性。

在对一般人所具有的自我观念进行破斥之后,佛教还辩证地安立了它自己所承认的"我"。佛教立我的原因有二:其一是佛教认为,人身上虽然没有众生所

[①] 陈兵:《佛教心理学》,南方日报出版社2007年版,第302页。

执着的那种"假我",却存在着世间学说所没有发现的"真我"。这种"真我"虽然人人皆有且须臾不离,但却是需要通过佛教特有的实践活动才能接触到的现象学事实。因此,在破"假我"之后立"真我"是如实认识人类心灵的需要。其二是一味破我而不立我,既会导致很多常见的心理和生理现象无法得到解释,也会使佛教自己主张的因果学说和涅槃理论难以自圆其说。比如,人身上客观存在的人格同一性和认识统一性,都要求有一个"我"为其提供依据。由此,佛教所立的"我"实质上包括两种意思:一是佛教用来说明涅槃德行和万物体性时所说的我,亦称"大我",比如作为涅槃四德的"常乐我净"中的我,或者在做真妄之别时等同于真心的真我;二是为了语用的方便而假名施设的我,亦称"小我"。比如佛教经典中常说的"如是我闻"的"我"即是如此。

二、佛教自我观念的心灵哲学解读

佛教关于自我的思想,早在 17 世纪就传播至欧洲,并对休谟等人关于自我的思想产生过影响。[①]但是,自康德、黑格尔以来,西方哲学中一直存在着一种贬低和蔑视东方哲学的倾向,所以佛教的自我思想虽然经常在西方哲学家的著作中被提及,却很少能够作为一个正式的比较项与西方关于自我的思想进行真正严格意义上的哲学比较。这种情况在近些年,随着西方心灵哲学遭遇发展的"瓶颈"和"危机"而逐渐有所改变。越来越多的心灵哲学家开始反思西方哲学的"西方中心论"和"沙文主义"等错误倾向,并重新审视东方哲学,以期从东方哲学中找到"医治"西方哲学问题的"良药"。弗拉纳根、阿尔巴哈里等一些具有远见的、对佛教感兴趣的西方哲学家都认为,对自我和意识的求真性研究虽然不是东方哲学的主流,但仍值得重视,因为它们不但能够拓展西方原有的研究视野,而且能够为心灵哲学研究增添新的素材和课题。但是,他们在进行比较时,并不是原封不动地或者描述性地把佛教思想纳入自己的比较视野当中,而是对佛教的相关思想进行了极具当代西方心灵哲学色彩的重构和解读。这表现在,他们对佛教思想进行重构和解读时主要进行了两个方面的工作:一方面是进行文字上的"翻

---

① Chakrabarti K K. *Classical Indian Philosophy of Mind: The Nyāya Dualist Tradition*. Albany: SUNY Press, 1999.

第九章 东西方自我研究的维度、贡献与思考

译",即用现代人熟知的西方心灵哲学的话语体系重新解读,甚至创造性地重构佛教的相关哲学思想;另一方面,也是更主要的方面,是在自然主义原则的指导下对佛教思想进行甄别、选择和改造,即将佛教自然化。他们在自己的著作中也丝毫不掩饰对佛教的这种企图,并纷纷用"分析的佛教""自然化的佛教""佛教还原论"等为自己的理论冠名。比如弗拉纳根就认为,如果能够将佛教当中那些迷信的、超自然的东西抛弃掉,那么剩下的就是一种伟大的哲学思想。所以他提出了这样的问题:有没有可能从佛教这样一种古代的、全面的哲学中剔除那些迷信的把戏,从而得到一种对于 21 世纪那些具有广博科学知识的世俗思想家有价值的哲学呢?[1]

对于佛教自我和无我观念的研究,他们的总体思路是,先从佛教典籍(如《杂阿含经》《相应部经》等)中找出具有代表性的关于自我问题的论著,进而用分析哲学、心灵哲学的名相概念对之展开分析和解读,最后在心灵哲学中对这些论述进行定位。所以,他们对佛教经典的解读明显带有现代解释学的性质,而且在这种研究方法的影响下,受到他们解读的佛教不再是通常我们所理解的"原汁原味"的佛教,而是带有强烈的分析哲学和自然主义的色彩。在这些研究成果中,阿尔巴哈里的著作《分析的佛教:自我的两重幻象》对佛教自我观念的解读最有代表性。阿尔巴哈里对他人经验自述的美妙涅槃状态感兴趣,把涅槃与有我和无我的研究结合起来。她认为研究涅槃的方法有三:一是进行佛教的涅槃实践;二是借助仪器在实验室中再现涅槃的心理状态;三是阿尔巴哈里自己所主张的方法,即不做预设,用分析哲学的手段和方法来研究涅槃的可能性。当然她并不肯定涅槃实际存在,而只是从模态的角度出发,把涅槃当作心灵哲学的一个主题来对待。她认为这种探讨具有重要意义:对涅槃之可能性的认真研究尚未进入分析哲学的主流,尽管这对于心灵的形而上学意味深远,假如涅槃是可能的,那么它意义重大。[2]

阿尔巴哈里通过她对佛教的分析和解读指出,佛教对自我进行了颠覆和解

---

[1] Flanagan O. *The Bodhisattva's Brain: Buddhism Naturalized*. Cambridge: The MIT Press, 2011: 11.
[2] Albahari M. "Nirvana and ownerless consciousness". In Siderits M, Thompson E, Zahavi D (Eds.). *Self, No Self?: Perspectives from Analytical, Phenomenological, and Indian Traditions*. Oxford: Oxford University Press, 2011.

构，其出发点是对"自我"和"自我感"（sense of self）进行了区别。"自我感"即对自我的假定，它传递的是一种主观经验，借用内格尔的话说，对 x 的自我感就是：从第一人称视角来看，具有或者经历对 x 的一种一般的有意识经验，像是什么样子。所以自我感是我们人人都具有的一种真实的感觉，而非幻象。在佛教看来，我们大多数人都错误地认为自己是一个有意识的、个体的自我，这是一种幻象，而在达到涅槃之前，我们一直都被茧缚在这一幻象当中。在达到涅槃之后，这层茧会被抛弃，但我们并不会因此变成丧失自我的僵尸。

　　区别自我和自我感对佛教而言意义重大，因为这种区别使我们认识到这样一种可能性：在本体论层面上，自我感广泛存在，而自我本身却不在。广泛存在的自我感意味着大多数人都把他们自己看作是一个自我实在，而自我本身并不存在，意味着事实上并没有这样的一个实在以使大多数人把他们自己看作是一个自我实在。拥有对 x 的感觉并不一定需要 x 存在。换言之，佛教否认作为实在的自我存在，而是主张无我原则。阿尔巴哈里认识到，尽管体现在佛教经藏中的无我原则更多的是一种离苦得乐的策略，而非一种本体论上的断言，但她还是按照西方哲学的做法从本体论视角对"无我原则"进行了探究。这一探究要回答的问题是：佛教否认其存在地位的这个自我到底是什么？我们如何界定它？如果没有自我的话，自我感又从何而来？佛教经典并没有对这些问题做出明确回答，而阿尔巴哈里认为自己要通过对佛教的解读并在心灵哲学的帮助下回答这些问题。

　　通过对经藏中关于自我论述的分析，她认为，自我感是通过主体对诸蕴的假定而产生的：主体把各种不同的蕴假定成是"我"（因此蕴就与"我"的存在联系在一起），或者假定成是"我的"（因此蕴就属于我）。所以，由五蕴所导致的自我感，就类似于由贪所导致的苦一样。就此而言，佛教所关注的自我并非高深莫测，而是指怀藏贪欲的一般人、普通人认为自己所是的东西。归根结底，普通人认为自己所是的这个自我，是一个"拥有者"。正是我们作为拥有者的这种自我感才导致了苦。对蕴的拥有就是这种拥有者的一种主要表现。而佛教的实践就是要消除拥有者的这种印象。

　　按照《杂阿含经》的说法，要成为拥有者就是要进入与他物的"归属关系"当中。为此，阿尔巴哈里区别了三种归属：视角归属、占有归属和个人归属。视角归属即一个主体在视角上拥有某物，也就是说，该物即客体要以某种方式向该主体显现，而不向其他主体显现。所有"私人的"现象，例如思维、意向、知觉、感觉在显现给一个主体时，都是被这个主体在视角上拥有的。也就是说，作为一个主体的我，从我的视角观察它们。例如，对于树这样的客体，在视角上被拥有的不是这棵树，而是这棵树通过相关的感觉输入（视觉、听觉等）显现给主体所用的特定方式。如果客体以这种方式向主体显现，并因此被看作是"我的"，那么，与该客体联系在一起的这个主体就可以被称作是"视角的拥有者"。占有归属是指一个主体在占有的含义上拥有某物，也就是说，客体因社会约定而被看作是属于主体的。例如，对衣服、房屋、金钱的归属都能算作这一范畴。个人归属涉及把经验、思维、行动等据为己有，把自我确定为它们的个人拥有者，它们要么被看作是"我的"，要么被看作是"我"的一部分。佛教在论述自我观念时所讲的归属仅仅是个人归属，它暗含在人们对自己身心的普遍态度当中（即诸蕴的和合）。在个人归属的情况下，当一个主体把某个东西确认为其自身或其自身的一部分时，自我感也就随之而生。换言之，个人归属感所具有的"我的性"（my-ness），是普遍存在的，而且正是个人归属导致了自我感的产生。

视角归属和个人归属经常一起出现，一般人只要有对身和心诸方面（即蕴）的视角归属，就会产生对这些方面的个人归属，自我感也就产生出来。因此，西方哲学并没有认识到视角归属和个人归属的区分。而佛教则强调了这种区分，并通过对个人归属的分析揭示了自我感产生的原因。例如，佛教所描述的阿罗汉就不具有对蕴的任何归属，因而不具有个人归属，但阿罗汉并没有丧失在视角上拥有对象的印象，即视角归属。

通过对佛教自我观念的心灵哲学解读，阿尔巴哈里总结了佛教所描述的自我：自我被定义成是一个有限的、追求快乐/规避痛苦的见证的主体（witnessing subject），该主体是个人的拥有者和有控制力的自主体，是统一的、非构成的，既具有即时的、不破不易的显现，又具有长期的持久性和不变性。[1]这种自我，佛教认为，是我们或者我们大多数人认为我们自己所是的东西。但是，这样一种自我实在在佛教看来是否存在呢？在佛教看来，对于作为这样一种实在的感觉或者假定，确实是存在的，但是这种实在本身，即我们条件性地认为我们本质上固

---

[1] Albahari M. *Analytical Buddhism: The Two-Tiered Illusion of Self.* New York: Palgrave Macmillan, 2006: 81.

有的这个自我，在佛教的本体论中是没有存在地位的。佛教通过八圣道的实践所要抹去的也不可能是这样的自我，因为它原本就不存在。

三、西方哲学与佛教自我观念的殊途同归

对自我的研究一直是西方哲学史上的一项重要内容，在长期的研究中，西方哲学形成了内容丰富、形式各异的自我理论。问题在于，就自我问题展开西方哲学与佛教的比较研究，首先要弄清西方哲学中是否存在着一种一般化的或者占主导性的关于自我的观念。如果存在的话，我们就可以用西方哲学的这种"一般化的自我观念"与佛教的自我观念展开比较，这样一来双方的比较也就简化成了整体性的、一对一的比较。阿尔巴哈里、德雷福斯等人在这方面做了大量分析性、总结性的工作，他们选择了西方哲学史上主要的、有代表性的哲学家关于自我的描述进行梳理和分析。这些哲学家包括笛卡儿、休谟、洛克、赖尔、丹尼特、弗拉纳根和威廉·詹姆斯等。结果他们发现，尽管每一位哲学家都只能描述自我的一个或几个方面，但如果把这些描述进行整合，形成一幅关于自我的整体画面的话，人们就会发现，西方哲学中确实具有一个对于自我的一般观念，西方哲学不但在现象上对自我做出了与佛教相同或者类似的描述，而且最终以不同的方式对他们所描述的这种自我做出了否定。

阿尔巴哈里对西方哲学和佛教在自我描述上的共性进行了总结。她认为，我们条件性地把自我当作是主体，该主体承担了五种角色并分别具有相应的属性：一是经验的知道者、观察者、见证者，以及注意的来源；其属性是有意识的、心理的和可觉察的。二是思维、知觉、经验、身体、人格的拥有者；其属性是有界的，即其同一性在本体论上是唯一的。三是行为的自主体或者发起者，即行动和意志的来源；其属性是统一的、个别的、简单的。四是思维的思考者和发起者；其属性是本质上不变的。五是快乐的追求者，其属性是非构造的。总而言之，我们一般人所谓的自我在本质上，是一个统一的、连续不破的经验主体，它具有个人化的界限和视角。对自我的这些功能和属性的描述是西方哲学和佛教共有的，是东西方在自我描述上的一种趋同和相互印证，它也从一个方面验证了，佛教所主张的对自我的假定是人所共有的，而不止是佛教传统中所特有的东西。

第九章 东西方自我研究的维度、贡献与思考

西方哲学对自我进行的描述有一个显著的共同特征，那就是它们都对可知的、有意识的主体和被知道的客体进行了明确区分。这一区分对于西方的一般自我观念而言是基础性的。形象地说，主体可以被看作是一颗沙粒，而自我则是由这颗沙粒逐渐形成的一颗珍珠。在此过程中，主体通过对各种功能（如充当观察者、拥有者、行动者）和属性（如有意识的、统一的）的整合，变成了所谓的"自我"。而这些角色和属性原本只是和主体绑定在一起的。自我是一个主体，相对于经验对象。这个"主体"描述的是通常所谓的自我的一个重要的方面，即第一人称视角的内在位置。主体仅仅只是通过大量的知觉和认知样式来观察和见证对象。阿尔巴哈里用"见识"（witness-consciousness）一词来描述这种纯粹的观察要素，认为它是所有的心理活动共有的东西。而"客体"这个词描述的是任何有可能被一个（见证的）主体注意到的东西，如思维、知觉、树木、身体、行动、事件等。

在自我问题上，西方哲学和佛教尽管结论一致，即都认为自我不是实在，而是幻象，但它们达到这一结论所用的方法、路径却大不相同，这主要体现在它们对作为构造和幻象的自我所做的分析上。比如，一个显著的不同之处就在于，西方哲学家认为，被归因于自我的很多属性完全是被构造出来的，而佛教则认为它们在本质上是非构造的。佛教从其本体论出发，反对和拒斥自我实在，但它并不反对和否定被归属于自我的种种特性。比如，在谈到人格同一性时经常被提到的统一性、不破不易等。只有这些属性的印象由于错误地被归属于一个有界的、个人的拥有者而被曲解时，佛教才把这些特性看作是构造的。例如，当见证所固有的不破不易性与一个有界的自我印象结合在一起时，所产生的印象就不仅是即时同一性的，而且是长期同一性的。这个长期的同一性就涉及曲解，这样一来，同一性（就像自我一样）成了心理构造。而其不破不易性的核心方面，即瞬间的有意识持续，则是由见证带给自我感的东西，并不被看作是心理构造。这就与西方哲学比如休谟的说明完全不同，因为这个同一性的印象，即自我感，并不完全根植在一种无常的本体论当中。此外，西方哲学和佛教对自我缺乏实在性的认定是根据不同的形而上学标准做出的。按照佛教的形而上学，对自我缺乏实在性的说明与涅槃联系在一起。但是，涅槃在西方哲学的形而上学体系中没有一席之地。所以，尽管西方哲学也否认自我实在，但它依据的往往是另一套完全不同的形而

上学标准。

在近代，洛克、休谟、帕菲特等人通过著名的束论（the bundle theory）否认自我的实在性。[①]休谟作为西方哲学坚持无我立场的先驱人物，他的作品经常被用来与佛教的无我原则做对比。当代西方心灵哲学在最近几十年经历了一场声势浩大的本体论变革之后，大多数哲学家都通过建立各种理论如取消论、同一论、还原论、解释主义等得出了与佛教一致或类似的结论：自我在总体上是构造出来的，是幻象。但对于自我如何被构造出来，他们却提出了一种与佛教完全不同的理论。比如，他们把同一性、不破不易性等自我的属性选作他们证明自我不存在的主要原因，并把这些属性本身完全看作是构造出来的，是幻象。如弗拉纳根所说的：下述这种观点是错误的，即认为在所有的有意识经验背后都存在着一个"我"，而且这个"我"正是自我的核心、我们的意识控制中心、所有行动和计划的源头。[②]他还说：心灵的"我"是一个幻象，这个幻象具有两个方面，一方面作为自我、自身和我来组织经验、引起行动，并说明我们不变的人格同一性，另一方面，作为经验之流。如果这种看法是误导，那么更高明的见解是什么呢？那就是，存在的是而且只是经验之流……我们是无我的。[③]丹尼特同样明确地要求消解自我的实在性。他认为：无论在我们的大脑里面，还是在我们的大脑外面，有一个控制我们身体、运转我们思维、做出我们决策的实在吗？当然没有！这样一种看法要么是经验主义的白痴（詹姆斯的"教皇的神经元"），要么是形而上学的噱头（赖尔的"机器中的幽灵"）。[④]

阿尔巴哈里用一个实例来说明佛教对无我的说明和典型的西方说明之间的不同。比如，两个人都梦到刺耳的声音。这个刺耳的声音在这两种情况下都是构造的，都是思维、想象等作用下的一个现象的内容。假如第一个梦是由闹钟的声音杜撰而成的，那么我们就可以认为，正是闹钟的声音给了梦中这个"刺耳的声音"（作为现象的内容）刺耳的质。这里的这个尖锐刺耳，是在独立于梦的闹

---

① 束论认为，我们在自己内部观察不到任何同一的、持续不变的东西，所能观察到的只是纷至沓来的一系列或者一束经验，因此自我只是由于观念的习惯性联想而被归属或者构造出来的东西，实际上并不存在。有学者认为，佛教的无我原则实际上也是束论的一种表现。
② Flanagan O. *Consciousness Reconsidered.* Cambridge: The MIT Press, 1992: 78.
③ Flanagan O. *Consciousness Reconsidered.* Cambridge: The MIT Press, 1992: 80.
④ Dennett D. *Consciousness Explained.* London: Penguin Books, 1991: 413.

铃声的作用下产生的,就此而言,尖锐刺耳本身并不是心理构造。只有当这个尖锐刺耳在梦中被归因于"刺耳的声音",并由于这个假定而被曲解时,它才是一种构造。假如在第二个梦中,这个刺耳的声音并不是由闹铃杜撰而来,而纯粹是做梦梦到的,那么,归因于这个声音的尖锐刺耳,连同这个刺耳的声音本身,就都是一种心理构造。所以,在闹钟作用下产生的这个"刺耳的声音",就类似于佛教所理解的"自我",具有许多固有的非构造的特性。而完全是做梦梦到的这个"刺耳的声音"就类似于西方哲学所理解的"自我",具有许多构造的特性。

四、总结

一直以来,人们对东西方哲学的分工存在一种根深蒂固的偏见,即认为:包括佛教在内的东方哲学是价值性的,其中即便包含有关于求真性问题的研究,也无足轻重,根本无法与西方哲学相提并论;而与此相反,西方心灵哲学则完全是事实性的,很少或者完全不涉及对价值性问题的探讨。但是当前弗拉纳根、阿尔巴哈里和德雷福斯等人所做的工作,却代表着总是在积极寻求并倡导各种"哲学转向"的西方心灵哲学可能迎来一场名副其实的最新转向,那就是心灵哲学的"东方转向"。这场转向的诱因在于,西方心灵哲学在当前的发展中正遭遇一场困境:尽管心灵哲学研究成绩斐然,但对于心灵、自我、意识等心灵哲学主要问题的认识却并未见到实质性、突破性进展。麦金、查尔莫斯、弗拉纳根等人都意识到了这一点。为此,西方心灵哲学家进行了大量的尝试和努力,比如倡导"概念革命""跨学科研究""跨文化研究"等。而转向东方,向东方哲学寻求帮助,借鉴东方哲学中关于人类心灵认识的真理性颗粒,是当前很多西方心灵哲学家的共识。在东方视角中,自我不是由本质决定的,而是被建构出来的。西方人则一直倾向于认为,人具有固定不变的本质,这一本质不但是人与其他一切动物相区别的依据,而且是自我认识的基础。佛教和道家关于自我的观点,使西方人可以在其"传统视角"之外重新观照自我概念。在前者看来,自我和所有事物一样都不是固定不变的、永恒的。禅宗强调对当下短暂细微观念、平凡之物的注意,主张自我的无常和缘起特性。这都与现代西方心灵哲学的基本主张相呼应。

像西方一样,佛教同样对自我问题具有浓厚兴趣,甚至对之进行了更为具体深入的探讨。在关于涅槃的描述中，自我就具有中心的地位。西方哲学与佛教在有我和无我问题上的比较是东西方心灵哲学比较的一个较为成功的案例。比较哲学具备的一些基本功能，如扩大比较双方的研究视野、增进各自的真理性认识等都得到了一定程度的实现。西方哲学家对佛教自我观念的心灵哲学解读，使得佛教心灵哲学更加现代化、国际化和规范化。他们用西方哲学的方法对佛教本身并不关注的本体论问题的创造性阐释，也为佛教本体论的发展做出了贡献。更为重要的是，西方学者在自然主义立场上对佛教进行的自然化解读，为我们提供了一种从哲学视角研究宗教问题的值得借鉴的方法，那就是在坚持自然主义立场的基础上，对宗教的哲学思想进行解释和重构，抛弃其中带有超自然性质的、神秘主义的和迷信的思想，用现代哲学的话语重新表述其中那些能够被自然主义框架所容纳的思想。比如，在对待自我问题上，佛教主张既破除"假我"又安立"真我"，实际上承诺存在一个只有借助特殊的佛教体验才能够获得的"我"。但这样的"我"，在自然主义看来就是不存在的，因为它不能得到科学的说明。

西方哲学和佛教都大量地论述了自我，也都坚持承诺无我。但如何协调有我与无我的关系，是双方都必须面对的一个问题。总的来说，在对待和使用"自我"一词所采用的方法上佛教较西方哲学更为精细和灵活。西方心灵哲学虽然也对"自我"一词做了大量的分析，区分了该词的不同用法和含义，但它似乎缺乏有效的办法来自圆其说：既然坚持无我，为什么还要使用"我""我的""自我"等语词，两者的关系如何处理。佛教则认为，通过适当的解释，我们可以在主张无我的同时使用"我"，即把"我"看作一种在交流上有用，但不命名任何真实的东西。

西方对自我实在性的否定主要是依据束论做出的。根据这种理论，自我具有的诸种属性与自我本身具有同样的本体论地位，否认自我的实在性就不得不否认自我的属性的实在性，反之亦然。所以西方哲学总是在两种极端之间徘徊。或者把自我连同其属性一道抛弃，或者承认自我的实在性进而逐一解释其属性。但这两种做法都面临一些无法克服的困难。比如，对同一性这一自我属性的否认就与人们的直觉和常识发生矛盾。正如齐硕姆指出的：我们似乎都有这样一种强烈的，或许是以生物学为基础的感觉：我们是一个连续体，在我们存在的每时每刻，我们都完全表现为一个人，而且我们不是由某些更基本的实体即暂时的个人阶段所组成的逻辑构造……这是一个事实问题。①所以，西方哲学要通过否定同一性、不破不易性等这些事实存在的属性来达到对自我实在性的否定。这当然会招致持自我实在论立场的人的激烈反对和批评。

西方哲学为说明同一性而创立的主要理论，如记忆论（memory theory）、身体连续论（bodily continuity theory）都具有巨大缺陷，无法回应这样一些其必须回答的问题，比如，什么使得在一时间存在的一个人与在另一时间存在的这个人成为同一个人？或者说，什么使得一个人所处的两个不同的个人阶段成为这同一个人的不同阶段？实际上，困扰西方哲学的这样一些问题源自对自我的静态的、实体化的理解。而佛教则通过俱生我执和分别我执化解了这一问题。弗拉纳根对佛教所说的自我做了这样的类比，佛教所说的自我是一种赫拉克利特式的自我。正如赫拉克利特所言，你不能两次踏入同一条河流，因为你和河流都在刹那之间发生了变化。但这并不意味着没有河流和你。

在对待无我与有我的关系问题上，佛教采用的方法同样更具解释力和合理性。如弗拉纳根所言，佛教通过区分与无我观联系在一起的形而上学理论和道德理论有效化解了所有因坚持无我原则所引起的混淆。②所谓的形而上学理论就是认为，不存在永久的、不变的、常住的自我。道德理论则认为，人是自私的，减少这种自私能够增进幸福快乐。弗拉纳根认为，通过这两者之间的区分，可以达到两种结果：一是它可以让佛教哲学保持逻辑上的连贯性，比如，在阐发自我知识和自我控制的同时否认有任何自我在知道或者控制；二是可以解释佛教所说的个人幸福，因为佛教的幸福仍然是加于个体之上的。

---

① Chisholm R. "The persistence of persons". In Kim J, Sosa E(Eds.). *Metaphysics: An Anthology.* Oxford: Blackwell, 1999.
② Flanagan O. *The Bodhisattva's Brain: Buddhism Naturalized.* Cambridge: The MIT Press, 2011: 123.

第十章
"吾心之藏"、种子识与原初心灵：天赋心灵论比较

　　本章的主题是从比较上研究东西方关于天赋心灵的思想。切入这个论题首先面临的是合法性问题，即在比较心灵哲学中提出和探讨这个问题是否合法。根据西方哲学的传统分类法，天赋论属于认识论范畴，因此要对它做比较研究，那就只能在认识论框架中进行，而不应从心灵哲学角度去做。的确有这样的问题。如果天赋论仅仅只是认识论理论，那我们的确没有理由把这个比较项纳入本书中来。但问题是，西方的天赋论在现当代发生了心灵—认知转向，即除了仍有一部分人继续在从认识论角度从事天赋问题研究之外，还有很多人已开始把它作为心灵哲学和认知科学问题看待，并取得了大量属于心灵与认知范畴的成果。其标志性的变化是，由此角度切入的天赋问题研究，关心的问题不再是认识有无天赋的源泉和根据问题，而是人或有机体在形成时，如在结合成胚胎时，有没有"天赋心灵"？如果有，它是什么？天赋的心理构成、资源有哪些？它们有什么作用？后来怎样发展？等等。在追问天赋的心灵资源时，心灵哲学的天赋研究尽管也涉及了天赋的认识方面的资源，但更关心的是个体最初的心灵构成及结构问题。有的人把这最初的心灵称作"原始心灵"或"原初心灵"。中国和印度的天赋论一开始就有认识论和心灵哲学的双重意趣，例如，中国哲学所说的心性、人性以及佛教所说的种子都不只是纯粹的天赋认识，而与西方当今所说的"天赋心灵"有异曲同工之妙。既然各方客观上有可资比较的问题和思想，那么我们对此做比较

研究就既有合法性，又有必要性和学理意义。

由于各种文化的天赋论异常复杂，特别是西方的天赋论还在当今经历了从认识论到心灵哲学、认知科学的转向，因此在具体考释中、印、西三方的天赋心灵研究之前，特别是在考察西方的天赋心灵的心灵科学与认知科学研究及其特点之前，我们先拟在比较视野下考察中、印（主要是佛教）和英美各自的带有心灵哲学意义的天赋论。

第一节 中国哲学对"吾心之藏"的探究

在西方，天赋问题的研究主要有两个维度。在现代以前，它主要是被当作一个认识论问题看待的，关心的是经验认识之前心中有无先天知识的问题。现代以降，由于对它的探讨既涉及对后天经验之前的心灵构造的追问，又关乎心灵的深层资源和结构问题，因此它们同时被纳入心灵哲学视野，被作为心灵哲学的问题加以探讨。如上所述，正是因为有后一维度，因此我们对它做比较心灵哲学研究才有可能性和合法性。中国哲学由自己的特殊动机和特质所决定，对天赋问题的探讨同时贯穿着认识论维度和心灵哲学维度。我们这里侧重于考察后者。

一、中国天赋心灵研究的动机与"先天之学"

中国哲学的直接和主要动机是解决如何做人或如何去凡成圣及其根据、机制、原理等深层次的、带有根本性的问题。牟宗三先生说："它的着重点是生命与德性。它的出发点或进路是敬天爱民的道德实践，是践仁成圣的道德实践，是由这种实践注意到'性命天道相贯通'而开出的。"[①]它没有西方那样的形而上学、认识论和逻辑学。由此所决定，它便没有直接从认识论、形而上学角度提出和探讨天赋问题，没有纯粹而独立的天赋论。由于它要解决上述去凡成圣的问题，它就必须优先回答成圣是否可能、如何可能、可能的先天根据是什么等问题，因此它的天赋研究是它的主题性研究的副产品。当然，由这样的学理理路所决定，

---

① 牟宗三：《中国哲学的特质》，上海古籍出版社1997年版，第10-12页。

它的天赋研究尽管也有认识论意义，但更多的是心灵哲学意义。因为它要回答它的主题性问题，就必须以整个天赋心灵为对象，必须关注认识的先天根据之外的成圣的心理根据。事实也是这样，它在追溯成圣的先天根源时涉及了这样一些带有心灵哲学意义的问题，人知觉到的心除了充塞着物欲、思虑的心或为这些东西所蒙蔽的心之外，其内或其下还有无更深一层的心？人的心的最初的状态是什么？里面有无与生俱来或先天授予的东西？如果有，它们是什么？中国天赋论占主导地位的预设是：其后至少有一个充满义理的心，至少有本心，其中包含有能帮人完满人格的宝藏、资源，它们是天生的或自然禀赋的。陆九渊说："道理无奇特，乃人心所固有，天下所共由。"①也可以说，义理为心所固有。王夫之通过对心灵本身的研究提出：现象的心之后还有资源或宝藏，可称作"吾心之（所）藏"（《尚书引义》），因此心灵哲学的一个任务就是要弄清、发明这个所藏。从比较上看，这个预设近于莱布尼茨的看法，断言的是，生来就有的心不是白板，而一定有点什么，如至少有其纹路；另外，它与当今西方"转型天赋论"（详见本章第三节）正着力探讨的"天赋心灵"也有异曲同工之妙。中国哲学常说人心内有理路或纹理（理）。这与莱布尼茨所比喻的"心像有花纹的大理石"何其相似。不同的是，一个关心的是真理的先天资源，一个除了关心这一点之外，更关心道德、圣学方面的资源。陆九渊说："此心之灵，自有其仁，自有其智，自有其勇。"（《象山全集》）黄乐发说："象山之学"，"谓此心自灵，此理自明，不必他求"。（《宋元学案》）这是人本有的，人由于私欲而让其隐藏起来了，但通过一定工夫，是可以"复其本心"的。而心学的任务就是完成这个"复"。

中国哲学事实上提出了"先天之学"的概念。这里所说的"先天"指的就是，原先就来自天，决定于天。就本义而言，先天之学指的当然不是像西方人所说的天赋论之类的理论或学说，而是先天就有的学问、知识、能力，质言之，资源。儒家常说："此先天学，未有许多言语。"（《宋元学案》）《圣学宗传》强调："先天之学，心也；后天之学，迹也。"在没有相应条件时，存在于人之内，隐而不显，好似没有；但一遇外因刺激，如"略为开其端倪"，其先天的藏品便会像泉水一样涌出，甚至"援引古今不已"。不过，我们可以稍做发挥，把先天之

---

① 陆九渊：《陆九渊集》。

学理解为中国的关于先天资源的学问。

如果存在着先天之学的话，那么据此可以说，人类的心理王国又多出了一片广大的领域，即一般心灵哲学关注的后天心理之外的先天心理。如果它有本体论地位，客观存在，那么它就应成为心灵哲学的一个研究对象。需探讨的问题是：相信其存在的本体论根据是什么？它里面是什么样式，包括哪些构成？其内在的结构是什么？它们对人有何作用？怎样起源？与基本的自然事物、属性是何关系？此即天赋心理的自然化问题。最后，承诺了天赋心理之后的、由先天和后天心理构成的全部心理的结构是什么？本质是什么？等等。当然，如果没有关于天赋心理的本体论承诺，就自然没有上述问题，例如经验论就用不着回答这些问题。

对这些问题，中国儒家的基本看法是：心不是白板，或心不只有后天、经验心理这一块，还有作为此心理之根基、本体的先天心理。其论证的逻辑是：人有不学而能、不虑而知这样的事实，要予以解释，就必须承认其后有作为其根据和机制的先天的良能、良知。王夫之说："有仁，故亲亲。有义，故敬长。秩叙森然，经纶不昧，引之而达，推行而恒，返诸心而夔夔（恐惧）齐栗（庄敬），质诸鬼神而无贰尔心，孟子之所谓良知良能，则如此也。"[①]承认有先天心理的最重要的根据是，人生下来就有"性"（详见后文）。另一根据来自对一种特殊的、具体心理的个案研究，即对童心的研究。

在先天之心包含哪些资源、其具体样式有哪些这类问题上，中国的"先天学"的看法既包含近代唯理论的思想（承认心包含有真理的种子）、康德的思想（承认心包含有真善美的先天形式），而且有超越，这主要表现在：它强调人后天所拥有的一切，包括吉凶祸福、寿夭、凡圣、真善美等，都在人心中有其先天的种子，就像遗传学所说的，人后天的生理上的一切都离不开基因密码的决定作用。根据中国的先天学，心中的先天的种子就像基因一样决定了人的后天的一切，当然不是唯一地决定，而只是像种子在植物生长中的作用一样。另外，中国先天学最为关心的是人生中道德的、成圣的无天心理资源。

先天学承认的最重要的先天之心是良知。王阳明认为，只要有心，就有良知，因此良知可看作是心之本体。他说："心之本体即天理也，天理之昭明、灵觉，

---

① 王夫之：《思问录·内篇》。

所谓良知也。"[①]"良知"是先验的认识主体、道德本体。"良知不由见闻而有，而见闻莫非良知之用，故良知不滞于见闻，而亦不离于见闻。"[②]"良知只是个是非之心，是非只是个好恶。"[③]在描述天赋资源的存在方式时，王阳明的看法十分接近于莱布尼茨，如他不承认天赋的东西以现成的知识形式存在，即不认为它们表现为现实性，而只以潜在的形式存在，或像决定事物发展变化的程序、纹理一样。他说："理也者，心之条理也。"[④]当然，先天学对良知的具体的内容及作用的看法是不完全一致的。一般的看法是认为，先天的东西就是道德本体或道德的先天根源，而有的人认为，它同时有两方面的资源及作用。欧阳德认为，良知即心之本体，有体必有用，此用有二：第一，它是一切道德的总根源；第二，它是认知之根。他说："良知不由闻见而有，而见闻莫非良知之用，犹聪明不由视听而有，而视听莫非聪明之用。"[⑤]

道是中国哲学最神圣的范畴，是有识之士最景仰的价值。在先天学看来，道不在心外，而由心先天具有，质言之，心具足道。吴澄说："一心也，自尧舜禹汤文武周公传之，以至于孔子，其道同……岂有外心而求道者哉。"[⑥]说心具足道也可理解为心天生就包含着理，而理至大无外。"塞宇宙一理耳，学者之所以学，欲明此理耳。此理之大，岂有限量？"[⑦]众所周知，王阳明生平中发生过如同佛教所说的"开悟"一样的"龙场悟道"。所悟的道实即这样的天赋资源：圣人之道具足于每个人的心，因此不假外求。此道亦即良知、至善或人心"自有之则"。杨国荣评述说："在王阳明那里，天赋之理同时又是指'心之条理'（先验的条理知识），而心则包括表现为自思的自心。与此相应，王氏所谓心即理，又内在地包含着先验的知识条理（天赋的普遍之理）与自思合一之意。"[⑧]

在先天学看来，不仅人的后天的能力、闻见之知、道德情操及行为都有先天的种子作为其根源，而且人的富贵、贫贱、贤愚都有天生的一面。这里的问题在

---

① 王守仁：《王阳明全集》。
② 王守仁：《王阳明全集》。
③ 王守仁：《王阳明全集》。
④ 周汝登：《周汝登集》。
⑤ 周汝登：《周汝登集》。
⑥ 周汝登：《周汝登集》。
⑦ 陆九渊：《陆九渊集》。
⑧ 杨国荣：《王学通论：从王阳明到熊十力》，华东师范大学出版社2003年版，第39页。

于，既然每个人都有相同的先天种子，为何现实的人又有富贵、贫贱、贤愚等不同。朱熹对此的解释是，因人生时禀气不一样，即所用材料、所形成的结构不一样，因此便有上述差别。他说："人之禀气，富贵、贫贱、长短，皆有定数寓其中。"[1]

人文价值有许多表现形式，如艺术、道德、宗教、认知等。根据先天学，它们都源于心。例如美，自然事物本无美丑，只有像庄子所说的那样，让心进入虚静明之心，对象才会有美感。宗教的根源也是心。总之，如徐复观所说：中国文化立足于心的力量太强了。[2]

陆九渊将先天之心中所藏的藏品的范围放得最宽，如认为本心装着全宇宙的理。"四方上下曰宇，往古来今曰宙。……千万世之前，有圣人出焉，同此心同此理也。千万世之后，有圣人出焉，同此心同此理也。……理之所在，安得不同？"[3]他还认为，人心本明、本善、本神、本灵。他说："道心大同，人自区别。人心自善，人心自灵，人心自明，人心即神，人心即道，安睹乖殊？圣贤非有余，愚鄙非不足。何以证其然？"[4]例如，人人有恻隐之心、羞恶之心，等等。

当然，先天学也有对先天之心的范围的限定，即强调不是一切都是先天的。例如最一般的限定是，不承认先天之心包含有现成的知识、现成的道德原则、现成的圣人、现成的科学知识、现成的能力等，如不同于德行之知的闻见之知就不是先天的。即使是像德行之知的知、能，如果是天赋的话，也只能以潜在性或种子的形式存在。它们之所以不同于现实的东西，是因为它们若无相应的条件，就将永远是可能性。而可能性在没有转化为现实性之前则与"无"没有区别。程颐说："闻见之知，非德性之知，物交物则知之，非内也，今之所谓博物多能者是也。德性之知，不假闻见。"[5]这就是说，天赋的只是德行之知。程颐还看到，这种知识尽管是天赋的，但若没有后天工夫（格物）的激发，此种知识不会现实出现。"知者吾之所固有，然不致则不能得之。而致知必有道，故曰致知在格物。"[6]

---

[1] 黎靖德编：《朱子语类》。
[2] 徐复观：《中国思想史论集》，九州出版社2014年版，第298页。
[3] 陆九渊：《陆九渊集》。
[4] 陆九渊：《陆九渊集》。
[5] 程颢、程颐：《二程集》。
[6] 程颢、程颐：《二程集》。

孔子其实也做过为先天之心划定界限的工作，如强调：只是部分知能是天赋的。就人来说，有些人是生而知之，这种人即为上等人。而有些则需通过学才知。有些是困而学之，等等。由于他们的所知是通过不同方式得到的，因此他们相对于上等人来说就是下等人，当然其内有程度的差别。孔子说："生而知之者，上也；学而知之者，次也；困而学之，又其次也；困而不学，民斯为下矣。"①

先天学也研究过先天心理资源转化为现实心理的条件和过程。如前所述，先天学一直强调：先天之心只是种子，没有相应的条件是不可能变成现实的。这条件多种多样，如孟子认为，良知、良能变成现实需触发、诱发。例如，舜"闻一善言，见一善行"，其良知、良能就像决口的江河，"沛然莫之能御也"。②先天之心转化为现实的最重要的条件是工夫。徐复观说：孟子等是通过一种修养工夫，使心从其他生理活动中摆脱出来，以心的本来面目活动，这时心才能发出道德、艺术、纯客观认知的活动。③理学认为良知是心之本体，而致良知只有靠工夫。王阳明认识到，良知以种子的形式存在于心中。要使其从潜在转化为现实，必须借助学之类的"耕种"式的操作。"心，其根也，学也者，其培壅之者也；灌溉之者也，扶植而删锄之者也，无非有事于根焉而已。"④这一思想极近于莱布尼茨的大理石花纹说，杨国荣先生也承认这一点。他说：王阳明的看法在某些方面类似莱布尼茨的天赋观念论。⑤

中国心灵哲学在天赋问题上的另一有意义的工作是，为了让人心悦诚服地接受先天之心的本体论地位及其所倡导的有关概念、理论的合理性，许多论者对先天之心做了"自然化"说明，即用公认的概念和理论说明了先天之心的合理性。首先，先天之心以形色作为起点。王夫之认为，人有天性之知，有生来就有的能力和资源，离不开心所依的形色。他说："形色莫非天性，故天性之知，由形色而发。"⑥其次，所知的对象的存在也是心理现象现实出现的条件，如人的知见要现实出现，就离不开与对象或所知之物的交感，"不与物交，则心具此理，而

---

① 《论语》。
② 《孟子》。
③ 徐复观：《中国思想史论集》，九州出版社 2014 年版，第 299 页。
④ 王守仁：《王阳明全集》。
⑤ 杨国荣：《王学通论：从王阳明到熊十力》，华东师范大学出版社 2003 年版，第 66 页。
⑥ 王夫之：《船山全书》。

名不能言，事不能成"①。最后，从先天之心的起源来说，它像后天之心一样来自大自然（天），而且具备天的主要东西。王夫之说："心者，天之具体也。"②在对天赋心理的自然化说明中，最常见的方式是用气、命、道、理等予以说明。

应看到的是，中国在天赋问题上不止一个声音，同样充满着百家争鸣的特点。最明显的是，自古以来一直就有与天赋论对立的反天赋论。在先秦，墨子坚持的观点就近于白板说。由于这类观点是我们较熟悉的，没有提出什么有意义的问题，也没有独特的理论建树，因此我们这里从略。

中国先天学在对心的天赋资源的探讨的基础上，重构了关于心理的地貌学、地理学和结构论。首先，它认为，先天之心是人心后面的宝藏，是"吾心之藏"。因此人心的构造不止是一般心灵哲学所承认的那些外显的心。王夫之说："吾心所藏，即天下之诚。"③这所藏即性，即天然的理，或理的凝聚。就此而言，心的构造就像有表层和海底的大海，先天之心即为底。形象地说，这作为宝藏的先天之心就是地底下的有无穷妙用的天然气，经过开发、提炼和加工，就会转化成许多有现实作用的东西。另外，人的整体的心是一个有静有动的大系统。王夫之说："心之方静，无非天理之凝也；心之方动，无非天理之发也。"④如果只注意表层的心之动，将遗漏心的广大的世界或心的根本的部分。⑤朱熹把一般心灵哲学地理学所遗漏的这片土地称作心的"安宅"。他说："一家自有一个安宅，正是自家安身立命、主宰知觉处，所以立大本、行达道之枢要。"⑥此安宅、枢要，即心之性。人之所以能立大本，行达道，是因为心中有此宝。

先天学基于天赋论的心理结构论还可用许多方式加以描述，如有的人认为，人的全部心理是由妄心和真心或由人心与道心构成的复杂统一体，等等。

二、童心与赤子之心

如前所述，中国没有纯粹而独立的天赋论，或者说没有创立这种理论的主观

---

① 王夫之：《船山全书》。
② 王夫之：《船山全书》。
③ 王夫之：《船山全书》。
④ 王夫之：《四书训义》。
⑤ 王夫之：《四书训义》。
⑥ 黄宗羲：《宋元学案》。

动机，但它有对西方人关注的天赋问题乃至有现当代意义的天赋问题的客观的涉及和解答。这主要体现在它所创立的一系列有中国特色的哲学理论中。我们先看童心说。

中国哲学在追问人为何皆可为尧舜这一根本性问题时，首先注意到的是人的作为后天发展之前提条件的童心，即人刚生下来的、没有受到后天染污或影响的心。[①]这也是西方今日的原初主义所说的原初之心（详见后文）。对于它，中国哲学有自己独特的形而上学惊诧：它究竟是什么？其内是不是什么都没有？儒家很多代表人物对童心做了极富特色的研究，基本观点是，童心之内不是什么都没有，而是具有一切先天的能力和知识，特别是其内有寂然不动的"真心"，这是后天经验论所忽视的客观存在的心理。李贽说："夫童心者，真心也。若以童心为不可，是以真心为不可也。夫童心者，绝假纯真，最初一念之本心也。"[②]童心是先天就有的，"纵不读书，童心固自在"[③]。此童心说尽管与王阳明视良知为本心的思想有渊源，但又有很大不同。王阳明认为，童心天赋有良知或至善或义理这样的先天准则或道德本原，而李贽认为，童心绝假纯真，如果有道理、义理，哪怕是先天的，也不名为童心。"童心者，心之初也。夫心之初曷（怎么）可失也！然童心胡然而遽失也？盖方其始也，有闻见从耳目而入，而以为主于其内而童心失；其长也，有道理从闻见而入，而以为主于其内而童心失……夫道理闻见，皆自多读书识义理而来也。"[④]意为，心中的一切内容，如道理、知识都从后天来，童心只是纯一童心、最初一念之本心，什么条理、义理都没有，若有即失童心。这当然是一家之言。

童心内除真心之外还有什么？尽管没有义理、道理、见闻之知，但人在有经验的心之前，必定是有一个心的，这心也不是什么都没有，而是一定有点什么，这先天有的东西是不会消失的，是故说："心之初曷（怎么）可失也！"[⑤]正是因为有心之初，人才能学到道理、知识，就此而言，心是有其纹（文）理的。用现在的话说，有其潜在的可能性根据或资源。这"文"不自外来，而自有。李贽

---

① 李贽：《童心说》。
② 李贽：《童心说》。
③ 李贽：《童心说》。
④ 李贽：《童心说》。
⑤ 李贽：《李温陵集》。

第十章 "吾心之藏"、种子识与原初心灵：天赋心灵论比较

说："童心者之自文。"①这初、这纹就是天赋的东西，但它是什么呢？不同的人对此的回答是不一样的。李贽认为，它不是道德原则，而是人所以有情感表现、自性发挥的先天根据。这先天的东西在每个人身上都有，但由于每个人有个性差异，因此它们又有差异。他说："莫不有情，莫不有性。而可以一律求之哉！"②人之所以有自私自利的行为表现，也是因为童心中有相应的先天之纹理，"夫天生一人，自有一人之用"③。"富贵利达，所以厚吾天生之五官，其势然也。"④"我以自私自利之心，为自私自利之学，直取自己快当。"⑤

由这种童心说必然引申出个体主义和自由主义的结论。事实也是这样，李贽思想中包含有追求个性自由发挥、反对人为压制的自由精神，而这又是以天赋论为其理论基础的。他认为，人有天生的情、性、心、志，做人的原则应是顺其自然，不能矫正、压制、昧、抑。他说："不必矫情，不必逆性，不必昧心，不必抑志。"⑥

与童心概念相关的概念是赤子之心。在特定意义上，它们没有区别，因为赤子之心是知与道的本然之体，如《宋元学案》云："赤子之心如谷种，满腔生意尽在其中，何尝亏欠。"谷神即生养之神，亦即原始的母体。"赤子之心是个源头。""赤子之心，视听言动，与心为一，无有外来掺和，虽一无所知，一无所能，却是知、能本然之体。逮其后，世故日深，将习俗之知、能换了本然之知、能，便失赤子之心。大人无所不知，无所不能，不过将本然之知、能扩充至乎其极，其体仍然不动，故为不失。"⑦

由上可以说，存在着两种知能或两种心理。这是中国心灵哲学对心灵的一个独到的认识。一是习俗之知能，即出生后所形成的心理。所谓习俗知能，即由后天经验、习俗在先天赤子之心的基础上所塑造的心理，一般人形成这种心理后，便把它的根源忘掉了，或"将习俗之知能换了本然之知能"⑧。西方心灵哲学只看到并只关注、研究这种心理。二是作为其源头的本然之知能，或赤子之心。它

---

① 李贽：《李温陵集》。
② 李贽：《李温陵集》。
③ 李贽：《李温陵集》。
④ 李贽：《李温陵集》。
⑤ 李贽：《李温陵集》。
⑥ 李贽：《李温陵集》。
⑦ 黄宗羲：《宋元学案》。
⑧ 黄宗羲：《宋元学案》。

是一切心理的源头，本身没有具体的知和能，只是后天知、能的根据和条件，"如谷神，满腔生意尽在其中"，其体虚静、寂然不动。

三、心性：天赋心理的根源与奥秘

如果说心性论从一个侧面表达了中国哲人关于心理本质这一核心的心灵哲学问题的看法的话，那么可以说，中国的天赋论具有更本然的心灵哲学意义。

在切入心性及心理本质研究时，中国心灵哲学表现出了这样不同的特点，即不仅有求真性、认知性动机，即试图如实知心，而且始终贯穿着解脱论或人生哲学动机，即试图通过对心性的探讨找到人类离苦得乐、去凡成圣的机理与途径。心性研究之所以有人生价值论意义，是因为心本身蕴藏着对人有用的资源，因为它堪称宝贵，为体大，相比较而言，耳目之欲等为贱、为小。对心性展开求真性研究的心灵哲学意义在于：由于中国心灵哲学所深究的心性处在心灵的底层，是心的底层的储藏、构成和图景，因此对它的探究就是对心的本质或决定心之所以然的根本的探究。明代心学家汪俊说："虚灵应物者心也，其所以为心者，即性也。性者心之实，心者性之地。"[①]就此可以断言，中国心灵哲学的心性探讨的直接动机尽管是要弄清做人及其道理、机制等问题，但客观上有如实知心之本来面目和本质的求真性意义。就中国心性论具体的研究课题而言，它事实上也触及了人心最原始、最根本的状态与实质，例如试图回答的问题是：心的生而即有的东西是什么？

应看到，"性"在中国心灵哲学中是一个用得极滥的概念，要准确把握中国的心性论，显然必须优先对其不同用法做出考释。

在已考认的甲骨文中，未见"性"字，但已有作为其构成部分的"生"与"心"字。从"性"的构成上看，既然"性"是"心"与"生"的合成字，其意义就必定与这两者有某种关系。[②]也就是说，性所指的一定是心性的东西，而"生"最初指的是草从土中生长出来。可见，性与生有关。同时应看到，由于"性"字有偏旁"忄"，因而它指的就是原来的"生"表达不了的新的对象。

从"性"的实际运用看，该词没有统一的意义，不同人在不同语境下用的

[①] 黄宗羲：《明儒学案》。
[②] 罗振玉：《殷虚书契前编》。

第十章 "吾心之藏"、种子识与原初心灵：天赋心灵论比较

性，意义大不相同。语言哲学的语言分析方法是减轻或消除语言混乱的行之有效的方法。中国哲学也懂得这个道理，如王阳明认为，对"性"的不同理解、规定实际上是由人们看问题的角度、言说方式所造成的，如孟荀言善言恶就是如此，其实他们并无对立。他说："有自本体上说者，有自发用上说者，有自源头上说者，有自流弊处说者。"[①]意为性之本体原是无善无恶的，发用上既可为善也可为恶。孟子说性，直从源头上说来，亦是说个大概如此。荀子性恶之说，是从流弊上说来。[②]人的善恶、愚智的差别其实也不难理解，因为每个人的身体像盛水的器皿一样，性像水一样，身体有大小、好坏之别，因此所盛的水（性）不同。"气质犹器也，性犹水也。均之水也，有得一缸者，得一桶者，有得一瓮者，局于器也。气质有清浊厚薄强弱之不同，然其为性则一也。能扩而充之，器不能拘矣。"[③]性与心的关系也是这样，体是一，看问题的角度不同，说法就有差别。他说："心之本体即是性。"[④]心之本体就是心，因此心也就是性，"心，性也"[⑤]。从性与气的关系看，"气之灵，皆性也。人得气以生而灵随之"[⑥]。

在"性"的理解中，争论最大的是："性"的所指究竟是一还是多？换言之，客观上是否存在着不同种类的性？是否能够对之做出分类？一种看法认为，只有一种性，即本然之性，因此反对对性做本然、气质二分。心学家唐枢说："性无本然、气质之别。天地之性，即在形而后有之中。天之所赋，元是纯粹至善。气质有清浊纯驳不同，其清与纯本然不坏，虽浊者、驳者，而清纯之体未尝全变。其未全变处，便是本性存焉。"[⑦]即只有天地之性。占主导地位的观点是认为，性就层次、种类、内容而言，是极为复杂的，不能认为只有一个性。《文始真经》认为，性确实包括体性。万物只有这个体性，即体空、虚无。"在大化中，性一而已，知夫性一者，无人无我，无死无生。"但性同时有不同层次。万物的共同体性是虚无，每类事物又有自己的共性，个别事物有自己的特性。例如，上等人和中等人尽管天性相同，但又各有不同的性。《亢仓子》也说："上等之人得其

---

① 王守仁：《王阳明全集》。
② 王守仁：《王阳明全集》。
③ 王守仁：《王阳明全集》。
④ 王守仁：《王阳明全集》。
⑤ 王守仁：《王阳明全集》。
⑥ 王守仁：《王阳明全集》。
⑦ 黄宗羲：《明儒学案》。

性则天下理（得到大治），中等之人得其性则天下大乱。"

中国哲学专门把心性作为一个对象来加以探讨肇始于儒家，而孔子又是其当之无愧的祖师。他对性的论述不多，但为后来的研究确立了"范型"。有两个要点，一是《论语·阳货》中的观点："性相近也，习相远也。"二是《论语·公冶长》中的说法："夫子之文章，可得而闻也。夫子之言性与天道，不可得而闻也。"孟子继承了孔子的基本思想，认为心之性即人心共同具有的道德本原。它足以把人与非人区别开来，是人之所以然。其内容主要是道和义。朱熹认为，心与性的区别是显而易见的，因为"灵底是心，实底是性。灵便是那知觉底。如向父母则有那孝出来，向君则有那忠出来，这便是性。如知道事亲要孝，事君要忠，这便是心"①。"主宰运用底便是心，性便是会恁地做底理。"②心是执行系统，而性则像程序、条理一样制约着心的运作。

再看道家、道教的心性论。应承认，老子未说"性"字，《庄子·内篇》也无，但其所说的"德"就是性，《庄子·外篇》涉及了"性"。庄子认为，心源于道。"夫昭昭生于冥冥，有伦生于无形，精神生于道。"他对性的界定是："性者，生之质也。"即产生出来的东西生而有之的质性、质素。这质素不是白板，而是有其内在的可能性资源，即有先天的东西。道教至唐代重玄学的成玄英，便加大了对心性问题的关注和探讨的力度，从此以后，道教的心性学与中国佛教的佛性论、儒学的心性论并驾齐驱。重玄学之后的心性学的基本观点是：道体即心性，亦有亦无，玄之又玄，修心即修道。在心性问题上，成玄英认为，心性即人的真实不虚的本性，可简称作"真性"。从起源上说，非人为，非偶然，而为自然、天生。"自然之性者，是禀生之本也。"真性不同于天性。真性是人人普遍具有的共性。而天性尽管也是天造地设的，但因人而异。"所禀天性，物物不同。"因为天性是每个人在因果承负原则下所天然形成的浅一层的本性，里面包含有先前的善恶诸业所留的痕迹。可见，他在心性里面所看到的天赋心理又进了一层，即除了浅层的道德资源之外，还有真性。真性的作用在于，它是成圣的先天根据，若创造条件，让其显现，人即完成由凡向圣的转化。

---

① 黎靖德编：《朱子语类》。
② 黎靖德编：《朱子语类》。

第十章 "吾心之藏"、种子识与原初心灵：天赋心灵论比较

从比较角度看，中国的心性论有近于莱布尼茨和康德的地方。他们在心理的大发现中，发现人除了现实表现出来的、能为人经验到的现实的心之外，在其后还看到了以禀赋、潜能形式存在的心。由此他们得出了心不是白板而是有其先天资源的结论。不仅如此，他们还分别从体与用两个方面对这种先天的心做了探讨。康德把关于这种心之体的研究称作"形而上学的阐明"，而把关于天赋之心的用的研究称为"先验的阐明"。这是十分恰当的。中国心灵哲学对心性的研究类似于他们的研究。关于体的研究，在前面我们已做了考释，这里要研究的是中国心灵哲学关于心性之妙用的讨论。

概括说，中国心灵哲学在这方面的基本观点有两方面：一是像莱布尼茨一样承认心性是人们获得认识尤其是获得真理、成为人才的必要条件。因为如胡宏所说："性，天下之大本也。""心也者，知天地，宰万物，以成性者也。"尽心，则"能立天下之大本"[①]。二是提出了不为西方哲学家关注的独特的观点，这就是：心性中的先天资源是决定人做得如何、是否能完满人格、是否能成圣的必要条件。性在这方面的作用在于：决定后天可能与不可能的范围，是成圣成凡的可能性根据。圣人之所以为圣人，关键是顺性而为。圣人能"全性之道"，即性全、天全、神全。是故圣人之于声色滋味，利于性则取之，害于性则捐之，此全性之道也。所谓全性之道，即保全天性之道，使之完整、全面发挥。性全具有无上妙用，如性全则天全，天全则神全。"神全之人，不虑而通，不谋而当，精照无外（精气普照无边），志凝宇宙，德若天地。"[②]

总之，中国的人性论实际上就是一种心灵哲学，不仅触及了标准的心灵哲学问题，而且提出和回答了大量有心灵哲学意义的问题，如性、命、气、理、道、心、才、情等的本质及其关系问题等。徐复观说："人性论是以命（道）、性（德）、心、情、才（材）等名词所代表的观念、思想，为其内容的。人性论不仅是作为一种思想，而居于中国哲学思想史中的主干地位，并且也是中华民族精神形成的原理、动力。"[③]因为如前所述，这里的性既涉及宇宙万物最一般的本质，又涉及心的"性"。在探讨人性时，既有对心灵哲学意义上的心理本质的探讨，又有

[①] 黄宗羲：《宋元学案》。
[②] 《亢仓子》。
[③] 徐复观：《中国人性论史·先秦篇》，九州出版社2013年版。

对心之先天资源、内在构成的探讨，更有对现实的心理样式及其具体性质的探讨。中国人性论当然也是中国人的生命哲学和道德哲学，徐复观说：人性论是"对人的生命的根源、道德的根源的基本看法"①。

四、未发与已发

这两个概念尽管是中国独有的，但所表达的天赋心灵思想最接近于莱布尼茨的大理石花纹说，除了从一个侧面揭示了天赋心理的构成、样式与特点之外，更突出的是说明了天赋心理变成现实心理的条件与过程。它们始见于《中庸》。如其中有言："喜怒哀乐未发谓之中，发而皆中节谓之和。"宋代以后，受佛教心性论的影响，已发与未发这一课题再度受到关注和新的诠释。陈来说：佛教的这样一种还原思想（将现实情感思想还原为内心本来状态）显然刺激了儒者对《中庸》"未发"观念的诠释活力。这一研究不仅具有实践的意义，而且有"心性哲学的范畴意义"。②这一研究尽管主要是围绕圣学而展开的，但客观触及了深层次的天赋问题，如人们能接触的心是"已发"的心，即在接触外物时表现出喜怒哀乐等情状的心，除此心之外，还有没有未现实表现其内容和作用的心，即有无"未发"之心？如果有，它是什么样子？其内有什么？一般持肯定回答，如朱熹说："未发只是思虑事物之未接时，于此便可见性之体段，故可谓之中，而不可谓之性也；发而中节，是思虑事物已交之际，皆得其理，故可谓之和，而不可谓之心。心则通贯乎已发、未发之间，乃大易生生流行，一动一静之全体也。"③也就是说，如果承认心有已发和未发两种状态，那么心的面貌、全体或整体的构成与结构就不是经验论所说的那个简单的样子。

中国心灵哲学的高明之处还在于，已认识到这未发中的心理世界的东西的构成及实质，如认为它不是现实的知识、道德、真理、能力等，而只是一种成为这些现实东西的可能性根据，用比喻说，仅仅只是类似于种子一样的东西。它尽管是潜能、禀赋，但确实是人心之内的真实的存在。它不在外，不由外力所使然，而由心所固有。例如，道德上的仁在人心内就有这样的种子。它只要碰到相应条

---

① 徐复观：《中国人性论史·先秦篇》，九州出版社2013年版，第1页。
② 陈来：《有无之境：王阳明的哲学精神》，生活·读书·新知三联书店2009年版，第74-75页。
③ 朱熹：《答林择之》。

件，就会有感而应，成为现实的仁。王夫之说："心如太虚，有感而皆应；能不在外，故为仁由己，反己而必诚。"①当然，作为种子的天赋心理又有这样的本质特点，即没有其他条件，它仅只是可能性。正是因为看到了这样的本质，所以王夫之说："知见之所自生，非固有。"意为已发的知见不是未发的心性，后者是心本身固有的，而前者的产生需要众多条件，不是由先天一个因素决定的，因此不是固有的。已发的知觉、知见的产生，至少要有这样一些条件，如他说："形也、神也、物也，三相遇而知觉乃发。"

周敦颐对已发与未发的区分标准是：相对于认识而言，已发可见，未发不可见。但对于未发，可推知。"因其可见，以推其不可见。"②二程在诠释中提出了两个问题：一是关于两概念的定义，二是如何在实践中体认未发。二程对两概念的规定不一致。一种说法是："未发是指心的静的状态，是思虑未起、情感未作时的内心状态"，已发则是指心的静转化为动，如有情感思想发生了。另一说法是：凡言心皆指已发，包括动与静。"作为'中'的未发只能是内在于心的'性'了。"所以已发与未发是心与性的关系，或者说未发是已发中的体。③吕大临认为，未发与已发是一心的两种状态。"心一也，有指体而言者，'寂然不动'是也，有指用而言者，'感而遂通天下之故'是也。惟观其所见何如尔！"④二程的学生胡宏不赞成把未发等同于寂然不动，他说："未发只可言性，已发乃可言心。"因为圣人已发时，也可做到寂然不动。"圣人尽性，故感物而静，无有远近幽深，遂知来物；众生不能尽性，故感物而动。"⑤

已发与未发研究的另一有争论的问题是如何理解"中"。一种观点认为，喜怒哀乐之未发为中，而子思认为，除了这种中之外，还有这样的中，例如在它们发后，既不泊于它们，又不灭它们，也可看作中。"发而中节谓之和。"⑥程颐认为，未发的体就是中。程颐担心人们把它们当作两物，如"在未发前讨个中"，于是强调它们实是一物。还有人从修行角度，对它们做了区分，强调可通过静观

---

① 王夫之：《尚书引义》。
② 周汝登：《周汝登集》。
③ 陈来：《有无之境：王阳明的哲学精神》，生活·读书·新知三联书店2009年版，第75页。
④ 黄宗羲：《宋元学案》。
⑤ 胡宏：《胡宏集》。
⑥ 周汝登：《周汝登集》。

去观察未发之前的状态，这状态尽管可称作中，但一旦认得了此中，就会认识到此中即未发。因此中与未发在本质上是一致的。古人把两者区别开来，是"古人不得已诱人之言"①。理学认为，中、和两词能较好地说明心的体用不二的本质特点。因此关于心的中和的说明是理学关于心的构造、本质的一种独到观点。朱熹认为，心的本质特点是既中又和。所谓中指的是：心的静止、虚寂但又具足全部道义的状态，是心的本然状态。他说："心者，所以主于身而无动静语默之间者也。方其静也，事物未至，思虑未萌，而一性浑然，道义全具，其所谓'中'，乃心之所以为体，而寂然不动者也是。"所谓和，指的是"心之所以为用，感而遂通者也"。②心体尽管寂然不动，但又能妙应万物，此即心之用，如心之动时对事物的知觉、认知等。为了防止对未发的误解，朱熹特别强调，未发状态不是心的绝对休息，"不是漠然全不省"，里面仍有心的作用，是一种具足全部道义的"中的状态"。有人问：心在未发时，形体的动作与心有关否？朱熹认为，也有关，因为"心无间于已发未发，彻头彻尾都是"③。即使喜怒哀乐未发，但只要身体有运动变化，就意味着心在哪里。"然视听言动，亦是心向那里。若形体之行动心都不知，便是心不在。行动都没理会了，说甚未发。未发不是漠然全不省，亦常醒在这里，不恁地困。"④

王阳明认为，由于中是心的未发状态的特点，因此无法在未发时求中，只能通过思虑的不息流行之用来体认作为性之本体的中。当然，他也有对未发的不同寻常的理解，如反对以未发为性，而认为未发之中是思虑未萌的状态。他认为中有三种：一是性善的中。它是人人都有的，因为它是本于人的，属人之固有，类似于佛教所说的本有、本觉。二是思虑未发时能全其本体的中，即境界，类似于始觉、始有。三是无所偏倚，即没有对名利等的偏斜、染着的性质。"美色名利皆未相着"，"如明镜然，全体莹彻，略无纤尘染着"。⑤

心学对"中"的研究既有理论的需要，更有实践上的动机，如它要解决这样的问题，即修行的最好下手处在哪里。回答是，最好在"未发之中"上用功。所

---

① 周汝登：《周汝登集》。
② 黄宗羲：《宋元学案》。
③ 黎靖德编：《朱子语类》。
④ 黄宗羲：《宋元学案》。
⑤ 王守仁：《王阳明全集》。

谓未发之中即本心的未受遮蔽的不掺杂一丝私念的纯然状态，它廓然大公、鉴定衡平。在此处用功，就是要保持它，以便让天理在心中发用流行，进而有"发而中节之和"。用功的方法是："但戒慎不睹，恐惧不闻，养得此心纯是天理。"①这些语词很容易让人想到佛教的"大圆镜智"，更何况王阳明明确运用了佛教的名言，如"应无所住而生其心"。

第二节 佛教的天赋心灵论

佛教的天赋心灵论像中国哲学的天赋论一样，是它的主题性理论（如人生解脱论等）的副产品。但它在切入这个问题研究的过程中，又像西方的转型的天赋心灵研究一样，既对个体生命开始之初的那个原初心灵做了探讨，又对人现实具有的整体的心灵结构中不来自后天经验而属先天本有的心灵构成发表了深刻的看法。就此而言，这种天赋研究无疑是货真价实的心灵哲学研究，因为它至少从心灵来源的角度切入了对心灵的构成与本质的研究。由于这种天赋论有这样的性质特点，我们必须到它的心理结构论中去窥探它的天赋心灵论。

一、深层心理结构与天赋

佛教心灵哲学的最有个性的心理结构分析是对心之深浅结构的分析。在做这种分析时，佛教还做出了这样一些贡献，即像探矿师一样在心理的中层、底层找到了许多不为人们所知的心理现象，如末那识、阿赖耶识，再如在菩萨和佛的心中找到了许多深心。三地菩萨具有的深心是：净心、猛利心、厌心、离欲心、不退心、坚心、明盛心、无足心、胜心、大心。②六地菩萨具有的深心是：决定心、真心、甚深心、不转心、不舍心、广心、无边心、乐智心、慧方便和合心。③阿赖耶识对于表层心理尽管甚深甚细，但它还不是最后、最细的识，因为其后还有一一心识、一切一心识、庵摩罗识，所有一切心识最后的根本是真心，此心才

---

① 王守仁：《王阳明全集》。
② 《大方广佛华严经》。
③ 《大方广佛华严经》。

是"心中心"。①概言之，可这样描述心的从浅至深的结构：①粗妄心；②细妄心；③八识内部及其细心（见分、相分、所藏种子识）；④识精；⑤真心。佛教对天赋心理的探讨主要与阿赖耶识和真心有关，这里先看阿赖耶识。

佛教所说的阿赖耶识与弗洛伊德等人所说的无意识心理尽管同属深层心理，但前者比后者要深得多、隐秘得多。因为据佛教说法，不仅一般常人不知，就连认识、修行达到圣人境界的声闻、缘觉也没法"入种种稠林阿赖耶识窟"②，因此不曾识知，唯佛菩萨能知。"稠林"本意为稠密的树林，在这里用来比喻众生以烦恼为特征的心理世界的错综复杂性。它之所以复杂，不仅因为烦恼交络繁茂，而且因为里面有阿赖耶识这样的深窟。尽管难知难识，但阿赖耶识对佛教又太重要了，《瑜伽师地论》说它是"佛世尊最深密记"，因为它隐藏着众生成圣成凡的秘密。③无著认为，它是大乘独有十大主题、原则（"大乘十义""十胜相"）中的一个。这个原则可表述为："阿赖耶识说名应知依止相。"④意为，此识是大乘的"应知"，之所以应知，是因为它是诸法的"依止相"。"诸法依藏住，一切种子识，故名阿赖耶，我为胜人说。"⑤所谓"为胜人说"，即只对有相当根基的人才说此法，而对一般受众则不说，以免让他们把阿赖耶识执着为我。世尊说："阿陀那识甚深细，一切种子如瀑流，我于凡愚不开演，恐彼分别执为我。"⑥

从字面上说，"阿赖耶识"有着落处、依处、窟宅、家、藏、根本识等意，是佛教在向深层心理、微观意识深掘中所发现的一个心理现象。之所以被称作阿赖耶识，是因为它是一切业行的果，是一切后来新产生的法（如身体、心）的因。"一切有生不净品法，于中隐藏为果故，此识于诸法中隐藏为因故，复次，诸众生藏此识中，由取我相故，名阿赖耶识。"⑦意思是说，由于"阿赖耶"是有执持作用的心，因此有情在任何时候所做的事情都以种子形式储存在它之中，为它所持有。以后只要所需条件成熟，里面的种子就会作为原因变现成相应的实在。这些种子是众生后来所拥有的一切东西（包括身心状态和周围环境）的根本原因。

---

① 《观自在如意轮菩萨瑜伽法要》。
② 《楞伽经》。
③ 《瑜伽师地论》。
④ 《摄大乘论》。
⑤ 《摄大乘论》。
⑥ 《瑜伽师地论》。
⑦ 《摄大乘论》。

第十章 "吾心之藏"、种子识与原初心灵：天赋心灵论比较

以此为起点，众生又会造业，而造业又会熏习种子。如此递进，以至无穷。此识不仅是身体的根本、基础，而且是人有现实的意识的根源。从比较研究角度说，这里的思想十分接近于西方转型天赋论这样的看法，即人的天赋的东西，不仅包括传统所说的天赋的认知资源，而且包括其他天赋心理资源，乃至包括天赋的生理资源。简言之，人后天所表现出的一切，不管是心还是身，抑或别的什么，都有其先天的基础或因由。莱布尼茨的大理石花纹说较好地说明了天赋心理的本质、构成和特点，以及与后天心理的关系，只可惜，他的论述仅限于认知范围，而佛教在这里的思想则弥补了这一缺憾。

佛教还从构成和结构上解析了阿赖耶识。这一解析既有助于我们认识心的结构，又能帮我们认识其内所储藏的天赋的东西。从本质上说，它也有一般心识共有的构成、结构及功能，如它也有一般心识所具有的见分和相分这样的构成，因此也是一种识，只是这种识有自身的特殊性而已。[①]具体而言，它以意识为见分，不过，此意识只是一种能缘作用，而没有前六识的那类了别、思量作用，因为它"不能分别诸相貌"，它也不能缘这样的相貌。[②]但如果放宽对"了别"的理解，也可说，这种见分在特定意义上也是一种了别作用。根据对放宽了的"了别"的理解，了别有三种：①事相了别，只有前六识有此功能；②妄相了别，第七识属这种了别，如执第八识为我；③真实自体了别，第八识有此功能。应注意的是，阿赖耶识的了知、分别功能不同于一般的了别，因为它的知是顿知，而非渐知。正是因为佛教看到了它的知的这一特点，因此佛教才能顺理成章地解释一般世间哲学不能解决的这样的难题：历时性送来的各种认识材料为什么能被加工成共时性的认识。[③]第八识之所以也是识，是因为它也有自己的相分。作为该识之相分的被了别的境有三种：一是种子境，即熏习于心中的能生别法的种子。而种子有一部分用我们的话说恰恰是天赋的东西。二是根身境，即自己的六根与身体。三是器世间境，即众生所生存于其中的生活世界，如山河大地、社会文化环境。这些关于天赋心理的说明在世界的天赋论史上显然是独一无二的，因为它不仅说明了天赋心理的具体样式、构成，而且强调：储存在心中的天赋的东西同时都有意

[①] 关于见分和相分，我们将在讨论"意向性"时予以具体分析，这里从略。
[②] 《决定藏论》。
[③] 《楞伽经》。

识和被意识的性质,有心性的明的一面,只是它们都比较微弱甚至邻近无意识(当然不是纯然的无意识)罢了。这是我们在揭示天赋心理的本质特点时值得关注和思考的。

根据佛教的心灵哲学,阿赖耶识不仅有存在或本体论地位,至少有妙有的地位,不仅有能把它与别的事物区别开来的性相特点,而且有巨大、广泛、根本性的作用。有情众生之所以是其所是,他们的心理,他们的外在世界、生活世界之所以是其所是,与阿赖耶识是密不可分的,甚至可以说,它在这些过程中起着根本性的作用。如果说有本原的话,它可看作是名副其实的本原。众生之所以能"一念三千",如一念同时具足四圣六凡十法界,或具足十八界,是因为阿赖耶识中装有成为这些界的种子。"有眼界、色界、眼识界,乃至有意界、法界、意识界,由于阿赖耶识中有种种界故。"[①]现实世界中才有种种界,种种差别。从心理学上说,众生之所以有种种个性差别,人性之所以不同于物性、兽性,其中的一个根源是阿赖耶识。它不仅是生起万法之总因,而且也是圣人成圣之根本。[②]原因在于:人的阿赖耶识中储存着各式各样的种子,如既有成为饿鬼的种子,又有如来、涅槃种子。后天为其提供的是让成为饿鬼的种子变成现实的条件,人就成为饿鬼,为其提供的是成佛的条件,人就成佛。余可类推。

由于佛教要解决的主要问题是如何做人、如何让人去凡成圣的问题,因此佛教还从价值角度分析了天赋资源的特点,强调里面的资源有染有净,如所储藏的有漏种子像污泥,无漏种子像污泥中的莲花。因此此识有"皎洁清净、离诸尘垢"的一面,"出习气泥而得明洁"。清净最重要的表现是,诸如来清净种子就藏在里面。[③]阿赖耶识染污的原因是:它本来是清净的、不动的,就像海水一样,本不动,但由于海风而动。阿赖耶识亦复如是,受其余诸识的分别作用,便有其动,变成了染污之场所。

总之,阿赖耶识体、相、性、用分别是:"谓先世所作增长业、烦恼为缘,无始时来戏论熏习为因,所生一切种子异熟识为体。此识能执受、了别色根、根所依处及戏论熏习,于一切时,一类生灭,不可了知。又能执持、了别外器世界,

---

① 《瑜伽师地论》。
② 《楞伽经》。
③ 《大乘密严经》。

与不苦不乐受等相应,一向无覆无记,与转识等作所依因,与染净转识、受等俱转,能增长有染转识等为业,及能损减清净转识等为业。"①

二、种子说

十分巧合的是,佛教的天赋论不仅在表述方式上十分接近于西方近代著名哲学家莱布尼茨的"大理石花纹说",其核心概念就是种子,而且在内容上也有许多相似之处,如都承认种子是天赋的,是近于潜质、可能性条件、禀赋之类的东西,不是现成的知识、品质、能力,但都是这些现实的东西得以形成的先天条件。如果说它们有不同的话,其不同首先表现在,莱布尼茨语焉不详,而佛教则为之建立了繁复而深邃的理论体系,可称作"种子说"。其次,佛教关心的天赋问题本身大大超越于他们所关心的问题,莱布尼茨关心的主要是真理性知识有无先天根据、种子这类认识论问题,康德的问题尽管从认识论问题扩展至审美判断和人的道德知识及实践有无先天基础等广泛的问题,但佛教的天赋问题除了包含上述内容之外,还提出并着力探讨了下述问题,例如,幸福、快乐,特别是那些无漏、究竟的幸福、极乐、大乐,究竟在哪里?是不是本来就在众生的心中?其他最美好、最殊胜的价值,如真理、正知正见、般若、涅槃、正义、佛的相好庄严等,无疑都可成为客观的事实或结果,如果是这样,其因果制约因素究竟有哪些?有无先天的根源?同理,人的心理学上的气质、能力、性格等也可作为结果客观地存在,决定它们的原因系统中有无先天的因素?人的做人、人格也有这个问题,它们事实上分别表现为四圣六凡中的一种。为什么同是人,做人有这么大的差距?人性为什么如此不同?有无先天的原因?如果有,它们是什么?

佛教认为,种子是断与常的统一,既刹那灭,又具有内在的连续性,既相异又同一,像流水一样,后面的水不是前面的水,因此人不能两次踏进同一条河流,但前面的水与后面的水又不是隔绝的,而有它的连贯性、相续性、一体性。"故体才生,无间即灭,名为种子,有胜功力,才生即有,非要后时。"②这就是说,

---

① 《显扬圣教论》。
② 《成唯识论述记》。

种子不是诸行中一个不动不变的实体或实物，而是一种有生果功能的、不一不异的实在或元素。即能决定事物及变化、运动走向的一种力量。相对于过去的业来说，种子是果，相对于未来被引生的东西而言，是因，故名种子。应注意的是，种子尽管有引果的功能，但这不是因为它里面有神我作为作者。一切因缘和合，没有这样的作者。种子的构成和本质也是这样，"种子体无始时来，相续不绝。性虽无始有之，然由净不净业差别熏发"①。自从有情识的生命诞生以来，种子就客观存在于阿赖耶识之中。当然，它作为现实的种子出现在八识中，一是根源于它的"性"，此性是无始以来就有的，但此性本身还不是种子，只是成为种子的可能性。二是净和不净业，由此不同业力的熏发，种子才现实出现在八识之中，并具有生果的功能。因此就性而言，种子是无始就有的，相对于享有种子的生命体在不同趣或道（数数取）上的流转来说，相对于种子的所生果来说，种子又是"新"的。因此种子中没有不变神我，本身是因缘和合体，非一非异，非断非常。

综上所述，从因果关系上说，种子是由阿赖耶识中"无始就有的性"和后天的各种不同的净或不染业力熏习在八识中的，能产生各种性质的现象、事物（果）的一种功能，或者说，是有此功能的一种非常微妙的实在。为方便人们把佛教所说的种子与别的实在或外道所说的种子区别开来，佛教制定了这样一些区分标准，它们是佛教所说的种子的标志性特征，因此足以成为区分的标准。第一，刹那灭，即它不是永恒不变的，而是刹那生灭的，但它又具有同一性，因而既生生灭灭，又相续不断。第二，果俱有，即种子和它所生的果俱时和合而有。第三，恒随转，长时间内，其性一类，自类相生，前种生后种，相续不间断。第七识尽管也恒时相续，但没有自类相续的特点。第四，性决定。指熏习种子的法具有何性质，如善、恶、无记，决定了它生起、现行的法的性质。换言之，熏习它的业是什么性质（善、不善、无记），它所生的果就具有相应的性质，这是一定的、确定无疑的。第五，待众缘。种子生果的功能有赖自他众缘，只有在条件成熟时，可能变现诸法的种子才现实地变现相应的法。第六，引自果。种子只能引生自类的果，如色法的种子只能生色法，心法的种子只能生心法，等等。②《摄大乘论》

---

① 《瑜伽师地论》。
② 《成唯识论述记》。

把这些特征称作种子的内在相,即内在本质性的相状或标志性特征。

从种子与有关实在的关系看,种子是佛教在心灵深处所发现的一种特殊的有特定本体论意义的东西。从种子与阿赖耶识的关系看,种子聚集在一起,即为阿赖耶识,或者说阿赖耶识是能藏,是执持种子之体,种子是所藏,是被储藏的禀赋、潜能、可能性根据等。就种子与习气的关系来说,两者既有一致性,又有差别。习气又可称作气分、余习、残气。习即串习,反复起某种作用之意,气即串习所遗留下来的影响。在阿含类经中,习气指的是烦恼在内心所留下的气分,至晚期部派佛教和大乘佛教时,其适用范围大大扩展,泛指一切有为法熏习的余气势分。在唯识学中,习气只为阿赖耶识所摄,即一切现行法熏习阿赖耶识所形成的余气、势分。习气熏习在阿赖耶识中,作为内境界、相分而存在。在这种意义上,可以说,种子即习气。

就种子之自相、特征而言,它有许多鲜明的可识别之处:①相对于所变现的实在来说,种子潜沉而稳在,此即沉稳性;②相对于粗显的现行来说,极微细,此即微细性;③尽管生生灭灭,是有为法,但"一类坚住相续而转"[1],此即坚住性;④种子的差别具有无量性;⑤种子作为整体积集在阿赖耶识,非零乱、杂散,此即有序性;⑥种子构成相似相续的种子流,且具有无始性,此即无始的相续性。

种子尽管是潜在的功能,但它的作用不可小视。佛教对它的作用的挖掘和清理正是对天赋问题的回应。它的作用表现在:第一,它有决定生命流转的作用。人之所以生与死,生命之所以生生不息,之所以在再生时于六道中轮回,这完全取决于种子的作用。"若果已生,说此种子为已受果。由此道理,生死流转,相续不绝。"[2]第二,生命的后天的一切状况,如智商的高低,财富、形貌的状况,生活的顺利与否,都与种子的作用有关。种子的"决定性"特点足以说明这一点,业力的善、不善、无记必然烙印在种子之上,而种子在现行时,又必然将上述性质体现出来,于是便有种瓜得瓜的现象发生。用西方哲学的术语翻译这里的思想,可以这样说,种子决定了众生及其现实世界的可能与不可能的范围和程度。一个人没有成为音乐家的种子,再努力也白费;一个人适合学文科,

---

[1]《摄大乘论》。
[2]《瑜伽师地论》。

偏偏要去学理科，结果只能是事与愿违；一块大理石，上面的纹路适合于雕刻某些人的像，就只能顺势而为，否则就一定是劳民伤财。第三，种子甚至也是转凡成圣的内在根源。人之所以能证得无漏智，能让第八识转变为大圆镜智，让前五识转变为妙观察智，让第七识转变为平等性智，让第六识转变为成所作智，乃至能成佛作祖，都是因为第八识中有相应的种子，这些种子是八识本有的。生死之所以能转变为涅槃也是如此，也是因为种子发生了相应的转变。之所以有这样的转，这是由种子的可能性决定的。第四，种子的作用，从现象学角度而言，人面前的世界及其构成（一切有为、无为、善恶诸法）都由种子变现而成。"一切法生，皆从'自种'而起。"意为，六根面前出现了什么样的法，感知到了什么对象，获得了什么知识，皆由相应的种子所决定。即使四大按不同的比例，和合形成不同的事物（造色），也离不开种子的作用。[①]四大之所以形成这样那样的事物，都与心识中有相应的种子有关。[②]

在佛教看来，天赋肯定是存在的，需研究的是众生身上有哪些天赋的东西，它们以什么形式储存在第八识之中。佛教的回答不同于中国的生而知之说和西方的回忆说，而近似于莱布尼茨的看法，即认为，天赋的资源不表现为现成的知识，而以可能性的形式存在。佛教在对种子进行分类时表达了自己对有关问题的看法。总的来说，佛教是从三个角度对种子进行分类的：一是把种子分为业力种子与名言种子两类，二是分为有漏种子与无漏种子两类，三是分为本有种子与新熏种子两类。第一种分类，有关论著说得较多，且与我们关注的天赋问题关系不太密切。我们只拟考释后两种分类。首先应注意的是，后两种分类是相互包含的，也就是说，"诸法种子有漏、无漏，各有二类"，即本有与新熏。这样说是"不违经"的。同理，本有和新熏种子也各有有漏、无漏两种。[③]

有漏种子和无漏种子可分别被称作染污种子和清净种子。"杂染、清净诸法种子之所集起，故名为心。"[④]正因为有不同性质的种子，因此有不同的因果链。一方面，有清净因果链，如本有无漏种子、新熏清净种子，将导致诸清净果，染

---

① 《瑜伽师地论》。
② 《瑜伽师地论》。
③ 《成唯识论述记》。
④ 《成唯识论》。

第十章 "吾心之藏"、种子识与原初心灵：天赋心灵论比较

污种子由邪恶业行熏习而成，将引恶果，导致六道轮回。"故应信有能持种心，依之建立染净因果。"①总之，佛教承认的天赋的种子的范围是十分广泛的，如佛性、菩提、真心等都可以是天赋的，许多具体的心相、心性、心行也有天赋的一面，如惭愧有两种：一是本性惭愧，即发自内心、不需修习所具有的；二是依处，即依于某时某处的修习所形成的惭愧。②

佛教对本有种子和新熏种子的论述表达了佛教对天赋的形式的看法，认为天赋有两种情况：一是从来就有的，此为绝对先天的资源。二是后来在经验的过程中习得并随着阿赖耶识的流转而在一代一代人身上传递的种子，此为相对先天的资源。前一资源即"本有种子"，后一资源即"新熏种子"。在佛教中，这本有和新熏两个概念是围绕种子的来源或产生及其原因问题而形成的。对此问题，教内有三种不同的看法：一是护月论师的本有说。该论认为，种子是八识本来具有的，后天的熏习尽管也有作用，但只有增长或延续的作用。③二是难陀论师的新熏论，即主张种子不是本有的，而是在后天的经验中由人所造之业熏习而成的。三是护法论师的折中看法。他认为，种子有两种，一是本有，二是新熏。一般认为此看法是佛教的"正义"或正确、标准的看法。用近现代天赋论的术语说，本有种子是康德所说的绝对先天、绝对与生俱来的资源，而新熏种子则是相对先天的资源，是获得性遗传的产物。它可能是过去经验、教育的产物，但一经形成，又积淀在人的内在文化心理遗传载体之上，变成了内在的可能性种子。就此而言，"种子"概念本身包含着对天赋论的承诺。

这里我们重点剖析一下种子的熏习。因为它包含有获得性遗传或康德所说的"相对的先天"这类十分珍贵的思想。佛教强调：种子熏习即人建构新的天赋知识、潜能。"熏者发也，或由致也，习者，生也、近也、数也，即发致果于本识内，令种子生"。④意思是，七转识将习气留存于第八识之中，使之成为种子。有熏习发生，一定离不开三个条件，即有能熏、所熏和种子生长。所谓能熏，即能将种子熏习于第八识中的力量。一力量要成为能熏必须符合以下四个必要条

---

① 《成唯识论》。
② 《瑜伽师地论》。
③ 《瑜伽师地论》。
④ 《成唯识论述记》。

件：一是有生灭转变，唯其如此，才能生果；二是有胜用，如有能缘的作用，有强盛的作用；三是有增减，即有能熏作用的东西，是可以变化的，有增有减；四是能熏与所熏同时、同处。符合这四个条件的是七种转识，而在因位的第八识、心所法，不能成为能熏。窥基说："唯七转识至可是能熏。"[①]所熏也有四个条件：一是坚住性，即始终一类相续，不会一时是这法，一时是那法。二是具有无覆无记性，即不具有善恶性质，没有烦恼覆蔽。三是有可熏性，即能为种子之熏习提供场所，而只有确定的、自在的、常住坚密的法才能具有可熏性。例如心所法、无为法不符合此条件，因此不能成为所熏。四是与能熏具有共和合性，即与能熏法同时、同一身，不相离。符合上述四条件的只有第八识，其他心法、色法都不能成为所熏处。

熏习有两种，即见分熏和相分熏。前七转识作为能熏，各有两个方面，一是能缘的见分，如见分、证分、证自证分；二是所缘的相分，以及所缘托的种子。每一识在自缘其境时，它们的自体与有力能缘的见分，就留下了能缘的习气。此过程即见分熏。熏所缘的种子，名为相分熏。正是因为有这两种熏习，因此第八识虽没有强盛的作用，色法虽没有能缘的势用，但是七转识能缘此成为所谓相分熏，故便有新熏种子出现。从本质上说，两种熏习，都是把能缘、所缘的影子留于第八识之中[②]，使之成为新的天赋成员。

从新熏种子与本有种子的关系看，前者有依赖于后者的一面。"本有种望新熏种，非其因缘，现行能熏，为因缘故"，意即现行是新熏种子的因缘，当然现行与本有种子有关，"本有唯望现行，现行唯望新熏为因缘故"[③]。从与染净种子的关系看，本有种子都是无漏种子。而新熏的种子由于离不开染净两种条件，因此被熏习的种子既可能是染污的，也可能是清净的。全面地说，新熏种子的根源，一是先天作用，如"法力熏习"一词所说的，众生本具心真如不仅是真如理，而且是本觉的心，它能从生命中跃起，起熏习的作用。二是后天环境、习气的作用，"无漏起时，复熏成种，有漏法种，类此应知"[④]。

---

① 《成唯识论述记》。
② 《成唯识论述记》。
③ 《成唯识论述记》。
④ 《成唯识论》。

染熏习的形式主要是受贪嗔痴及其相应行业的熏习。净熏，如闻佛法。"此闻之熏是极清净。"能持净熏习种子的是法界，"法界即是如来法身"，"界即因也，是出世间诸法之界"。[①]它也能断烦恼、所知二障及别的习气，"名极清净"。

种子毕竟只是可能性，与后来的现实性显然有根本差别。如果离开了相应的条件及转化过程，种子无异于虚无。就像每个人都有佛性，但事实上绝大多数人并不是佛。这是为什么呢？种子怎样才能变成现实？业怎样转化为种子？为说明这类问题，佛教提出并论证了"成就"范畴。这是佛教的种子说或天赋论中的关键范畴，与莱布尼茨天赋论中的"可能性之变成现实"十分相近。这里的"成就"实即现实化，或可能性转变成现实。有三种成就，即种子成就、自在成就、现行成就。种子成就有二义，一是业力变成了种子，二是种子生果，如生欲界，是由种子变成现实所致，故说"由种子成就故成就"。自在成就，即由修行而让佛性变成现实，也指各种修法得以实现。现行成就，即种子在所需的条件下变成了现实，如与诸蕴处界的出现相应，出现了各种或善或不善或无记的法。它们的成就是随现行成就而出现的。[②]可见，种子的成就是离不开条件的，只有为之提供了所需的一切条件，种子才会由可能性转化为现实。因为种子尽管是后天品质、能力、知识等得以现实形成的重要而内在的根据，但若缺乏相应的条件（缘），则它们只是纯可能性，乃至近于虚无。例如，人人都有成佛的种子，但由于大多数人没有让此种子变现的条件，因此都不是佛。[③]同样，要实现我们有学问、有智慧、事业有成等愿望，也必须这样。可见，这一观点不仅是高深的哲学理论，而且是实践的指南，它无疑为我们追求事业的成功以及为我们实现去凡成圣的大愿指明了前进的方向和具体的操作方法。

三、如来藏与天赋心理

"如来藏"这个概念本身具有十足的天赋论色彩。所谓如来藏，即藏如来种子的地方。"赖耶中有彼如来无染种子，能藏多果，名如来藏。"[④]所谓如来藏，

---

① 《手杖论》。
② 《大乘阿毗达磨集论》。
③ 《大乘止观法门》。
④ 《瑜伽论记》。

也可理解为真心、菩提心等，它有如下特点：第一个特点是体大，即广大无边，体性湛然寂静。第二个特点是用大，即能生人的现实世界的一切果，人现实地是什么样子完全由如来藏里的资源所决定，"成就诸妙乐，能变化一切"①。之所以如此，是因为它有相大这第三个特点。所谓相大，是指如来藏本来具足一切功德种子，染的、净的、不染不净的，无不尽收其中。因此我们的如来藏不仅藏有成为如来的种子或天赋的资源，而且同时有成为佛的可能性资源。现实如何，完全取决于我们为其提供的条件。

佛教对如来藏的探讨之所以有心灵哲学的意义，是因为这一探讨有近于莱布尼茨和康德哲学的地方。他们对心的基本本体论承诺是，心内不是白板，不是什么也没有，而是有先天的资源，是有"纹路"和许多禀赋的。这种对心内构成的深挖无疑是心灵哲学的应有之义。佛教的如来藏思想也是这样。该词的"如"有"不变"之意，指的是万事万物的真实不变的体性、实相，也可称作真如。有两种如：一是如如智。第一个"如"字有"像"之意，如如智即如实观照真如理体的智慧。二是如如境，即真如的境地，事物的本来面目，如实际一样，无人为增减。"来"即来自、源自。"如来"即从真如体性而来。"藏"有宝藏、隐藏等意。从字面上说，"如来藏"指的是藏佛教珍宝的地方，或像藏宝室一样的实在，亦即如来之藏。论云："一切众生悉在如来智内，故名为藏。"②

佛与众生都有如来藏，所不同的是，如来藏在众生身上是潜在的，在佛身上，则现实化了。经云："一切众生，虽在诸趣烦恼身中，有如来藏常无染污，德相备足，如我无异。……若佛出世，若不出世，一切众生如来之藏，常住不变，但彼众生烦恼覆故。"③在众生身上，如来藏之所以未显现，是因为它为烦恼覆盖着。佛教的任务就是要开发这个宝藏。如偈云："一切众生身，佛藏安隐住，说法令开现。""譬如真金堕不净处，隐没不现。"④尽管不为人所知，但真金客观存在，不坏不变。只要方法运用得当，定能让其显现。

佛教不仅承认心中有宝藏，而且对其具体内容或所藏的具体珍宝进行了具体

---

① 《佛说最上根本大乐金刚不空三昧大教王经》。
② 《佛性论》。
③ 《大方等如来藏经》。
④ 《大方等如来藏经》。

的勘探和开发。《佛说不增不减经》强调，如来藏有三法，即有三方面的体性、构成。首先，"如来藏本际相应体及清净法"。"本际"即本来的、实际的，意思是说，如来藏作为无为法如实不虚，不离不脱，有空寂之本体，智慧清净，是真如法界、不思议法，无始本际以来，"有此清净相应法体"，有能生种种善法的清净种子。其次，"如来藏本际不相应体及烦恼缠不清净法"。意即，从无始本际以来，如来藏与烦恼等不清净法不相应，本身不是不清净法，但为不清净法所覆所染。尽管如此，仍自性清净。最后，"如来藏未来际平等、恒及有法"。意即就未来而言，如来藏永远都一样，都是平等不二的，都不生不灭，常恒清净，且住持一切法、摄持一切法。[①]

从作用上说，如来藏尽管是潜在的可能性宝藏，但它是佛由凡转圣的根本、基础，是如来心所依处、所行处，因此是真正的第一义谛，是甚深义。这里的"义"即客观真理、实际。经云："此甚深义乃是如来智慧境界，亦是如来心所行处。"[②]如来藏对成佛之所以重要，是因为它是人心中成佛的因或种子。我们知道：佛心的特点是恒常寂灭。这种如金刚一样的心是不能来自刹那不住的有为法的，就像金子不能来自破铜烂铁一样，而必须以有恒常不变、非刹那生灭性的资源为根据。这根据正是来自如来藏。

如来藏尽管是心中的深层构造，是心的根本和基础，众宝具足，有巨大的能动作用，但它不同于外道所说的神我。它尽管也是"常恒清净不变"的，但不同于外道所说的恒常不变的"神我"，因为"我说'如来藏常'，不同外道所有神我，大慧。我说如来藏空、实际涅槃、不生不灭、无相无愿等。文辞章句，说名'如来藏'，大慧……而如来藏无所分别，寂静无相"。[③]它不是一个实体，不是一个东西，只是说名为如来藏，而不应执着有我之相。可以把它称作涅槃或无我、实际等。

如来藏的多种名称都从特点方面体现了它的特点。例如可以说，如来藏是如来境界，是清净心，"如来藏者，是法界藏，法身藏，出世间上上藏，自性清净

---

① 《佛说不增不减经》。
② 《佛说不增不减经》。
③ 《楞伽经》。

藏"①，是不思议如来境界。它为客尘烦恼所覆、所染，但作为真心其本身是清净的，本身不是烦恼，是故可说："烦恼不触心，心不触烦恼。"②

从种类上说，如来藏有五种：①自性如来藏，即自性是其藏义，一切诸法不出如来自性，而自性以无我为相；②正法藏，因是其藏义，即一切圣人所持的正法，如四念处等，都以如来自性为境，质言之，正法含藏，体现的是如来自性；③法身藏，其意义是至得，"至"有至极之意，至得即圆满获得，圣人"信乐正性"，通过信解行证，圆满证得法身，获得如来一切胜妙功德，"故说此性名法身藏"；④出世藏，真实是其藏义，如来藏能令世人出离世间，是出世的宝藏，故名真实；⑤自性清净藏，以秘密是其藏义。③

从如来藏心与染污法、心的关系看，"如来藏自性清净，具三十二相，在于一切众生身中，为贪、嗔、痴、不实垢染阴界入衣之所缠裹"④。在众生身中，如来藏就像人的身体，穿着的是贪等之类的衣服。不难看出，如来藏实即为染污心所覆盖的清净真心。其不同于真心概念的地方是，侧重于突出真心之妙用的根源，这就是，真心尽管体空，但藏有如来种子，因此既能随缘变现万法，也能为众生成佛提供先天的可能性根据。

第三节　西方天赋研究的心灵—认知转向与"天赋心灵"的深度探析

由于西方的天赋论极为复杂，我们将只关注现当代转向了的或转型的、以天赋心灵为研究对象的天赋论，而且将在比较的视角下，即把它放在与西方传统以及东方的天赋研究的比较中来加以研究，着力揭示它的特点和成就。

一、天赋研究心灵—认知转向的过程与标志

西方当代天赋论的心灵—认知转向肇始于乔姆斯基。他通过对语法、语言能

---

① 《胜鬘师子吼一乘大方便方广经》。
② 《胜鬘师子吼一乘大方便方广经》。
③ 天亲：《佛性论》。
④ 《楞伽经》。

第十章 "吾心之藏"、种子识与原初心灵：天赋心灵论比较

力、知识的研究提出的语言天赋论不仅扭转了经验论在天赋研究中定于一尊的局面，而且由于在探索天赋语言资源的过程中涉及了超出认识的天赋根源的更多的天赋资源，因此为这一转向指明了方向，开了后来更大规模转向的先河。正是沿着他的思路，后来的心灵哲学家和认知科学家将天赋心灵研究扩展到共相、数、动物、人造物、道德等的探索之中。

伴随天赋论转向的是天赋论理论化的发展。所谓天赋论理论化是指调动多学科的资源，对天赋论的新结论做系统的理论论证和实验建基。辛普森（Simpson）等人说："天赋论的理论化为我们提供了关于我们的认知能力以及我们在自然界的地位的最好的理论。"[1]哲学、心理学、人类学、发展理论的研究都支持天赋论的理论化。可以预言，随着工作的继续，对天赋论理论化的支持还将迅速增加。[2]

当代天赋论的心灵—认知转向的表现是：它的目的、重心和问题域发生了重要的，有的地方甚至是根本性的变化。就目的来说，新的转向了的天赋论在阐释、发展以及与经验论进行争论时，最终的目的不只是要弄清真理性知识的来源，而且更热衷于提供关于人类心灵及认知发展的完整的图景[3]。例如，乔姆斯基等人阐发的语言天赋论以及围绕它所展开的天赋论与经验论、建构论的争论，其最终目的不是要说明，语言在人一出生是否完全呈现出来，而是要弄清作为语言获得基础的心理结构的特征[4]。另外，天赋论对天赋心灵的探讨主要不在于回答认识问题，而在于找到解释现实心理的初始的心理条件。用塞缪尔斯（Samuels）的话说，要找到心理结构中的"原初"资源和根据。以天赋的道德资源的研究为例，辛普森说：这一研究"只关心引起成熟的认知结果状态或构成这种状态的心理属性"[5]。

转向的最显著的标志是，它不只关心天赋的认识，而且关心它以外的一切天赋的心理条件。简言之，它以天赋心灵为对象，聚焦的是心灵本身。因为要回答

---

[1] Carruthers P, Laurence S, Stich S(Eds.). *The Innate Mind: Structure and Contents.* Oxford: Oxford University Press, 2005: 15.
[2] Carruthers P, Laurence S, Stich S(Eds.). *The Innate Mind: Structure and Contents.* Oxford: Oxford University Press, 2005: 19.
[3] Carruthers P, Laurence S, Stich S(Eds.). *The Innate Mind: Foundations and the Future.* Oxford: Oxford University Press, 2007: 6.
[4] Carruthers P, Laurence S, Stich S(Eds.). *The Innate Mind: Foundations and the Future.* Oxford: Oxford University Press, 2007: 6.
[5] Carruthers P, Laurence S, Stich S(Eds.). *The Innate Mind: Foundations and the Future.* Oxford: Oxford University Press, 2007: 136.

人有无天赋的认识、情感等，首先得弄清心灵是什么，怎样来的，有何结构与机制，不仅要弄清个体的初始的心灵，而且要研究成人的心灵。卡拉瑟斯（P. Carruthers）等数十位来自各个相关学科的科学家、哲学家花近十年时间完成的浩大工程最终以"天赋心灵"为标题结集出版三卷本论文集，足以说明这一点。他们在预言天赋论与经验论争论的未来走势时指出："两个阵营中的研究者在争论中取得进步的最好办法就是，尽可能设法提供关于心灵及其发展的详细的、令人信服的图景。"[①]他们合力完成的《天赋心灵》一书的目的也是想在认识心灵本身方面有所作为，他们说：这实际上是他们想做的事情。[②]换言之，该书的侧重点不再是泛泛争论有无天赋、经验论与天赋论谁是谁非的问题，而是转向了这样的研究，即探讨足以决定人的认知发展的心理结构的样式、组成、本质、特点等。[③]

就当代转向了的天赋论关心的问题来说，问题不再是过去的纯认识论问题，而转向了带有"求真性"的心灵哲学——认知科学问题。众所周知，最早围绕天赋论的争论发生在古希腊的柏拉图与亚里士多德之间。他们关心的问题是：心灵在人一出生时是否就固有一些知识与概念，换言之，所有的概念与知识是否都从经验中来，除了经验这一知识来源之外，理智本身是不是知识的一个来源？对此，出现了两种理论，一是经验论。它断言：一切知识都来源于经验，换言之，凡在理智中的无一不先在感觉经验之中。二是先验论，它在上述回答的基础上增加了一条：理智本身除外。转型后的天赋问题发生了显著变化，其表现是，问题变得更加复杂了，即除了继续讨论心灵一生下来是否就有一些概念或知识之外，还探讨这样的问题：心灵是否具有一些专门负责特定领域知识的专门的机能，例如有没有专门的语言能力、数学能力等。最近的争论则主要集中在有没有像模块这样的心灵资源。用卡拉瑟斯等人的话说，转型后的天赋研究关心的是天赋论的"基础性问题"[④]，如天赋与基因的关系问题，天赋概念在心灵哲学和认知科学中的

---

① Carruthers P, Laurence S, Stich S(Eds.). *The Innate Mind: Structure and Contents*. Oxford: Oxford University Press, 2005: 6.
② Carruthers P, Laurence S, Stich S(Eds.). *The Innate Mind: Foundations and the Future*. Oxford: Oxford University Press, 2007: 7.
③ Carruthers P, Laurence S, Stich S(Eds.). *The Innate Mind: Foundations and the Future*. Oxford: Oxford University Press, 2007: 4.
④ Carruthers P, Laurence S, Stich S(Eds.). *The Innate Mind: Foundations and the Future*. Oxford: Oxford University Press, 2007: 8.

作用问题，怎样看待"基因中心论"（其基本观点是，只有基因才能解释复杂的表型属性）？基因能否被理解为对表型信息的编码？什么样的证据才能证明认知能力的天赋性？当代天赋论所关注的问题的最大变化是，它不再只关注少数几个认识论问题，而涉及广泛的形而上学、语言哲学、认识论、心灵哲学、发展心理学、进化论、人类学等问题。由于问题众多，因此有理由说，它们形成了由众多问题构成的有严密逻辑结构的问题域。例如，当代天赋论关心的一个新的问题是：天赋与认知发展的关系问题。

"天赋的是什么"当然是转型天赋论研究的核心问题。传统一般认为是认知，尤其是真理性知识，因此传统的天赋研究主要是认识论问题。新的认知科学、心灵哲学的倾向是，扩大了天赋的范围，如追问：在什么范围内，我们说心灵的结构和内容是天赋的？换言之，在什么范围内，我们说它们是通过学习或习得得到的？卡拉瑟斯等选编的三卷本《天赋心灵》关心的问题从一个侧面较全面地反映了当今天赋论的心灵—认知哲学研究的问题域。第一卷探讨的是天赋心灵的整体结构是什么，有何特征？《天赋心灵》第二卷关心的问题是文化与天赋心灵的关系问题。在什么意义上可以说，成熟的认知能力是特定文化的反映？在什么意义上可以说，它们是天赋因素的产物？在成熟的认知能力的形成过程中，天赋因素与文化是怎样相互作用的？心灵怎样产生和形成文化？心灵怎样加工文化？总之，应怎样理解文化、自然与生物自我的关系？第三卷在研究天赋论的基础理论问题的基础上，对未来天赋论研究做了展望。基础性问题主要有：天赋概念如何界定？说某物是天赋的，是什么意思？天赋与遗传性、遗传信息是什么关系？此外还涉及天赋的元问题，即与认知发展有关的问题，如怎样看待天赋论与经验论的争论：首先，怎样看待对天赋论的肯定和否定论证？它们有何地位、意义？怎样理解基因在发展和遗传中的作用？"天赋"究竟该如何理解？不同的天赋论者对"天赋"有不同的规定，究竟怎样看待这些差别？评判它们对错的标准是什么？揭示"天赋"一词的意义的正确方法是什么？其次，由于天赋论只承认某些认知属性是天赋的，因此新天赋论要进一步探讨的是，究竟有哪些属性是天赋的？最后，人们对天赋论有不同的理解，因此这里更根本的问题是：究竟什么是天赋论？它要说的究竟是什么？这显然是天赋问题中最具根本性的问题。辛普森说："理论家对于怎样最好地理解他们关于'天赋'的主张，是有明显的分歧的，这似乎一开始就提出了更为重要的问题。"①

传统观点认为，人有什么样的心灵，完全是由后天的认知发展所决定的。甚至可以说，心灵是由认知发展所塑造的。而新的转向后的观点认为，人的后天的认知发展离不开人一生下来就具有的心灵结构。这就是说，先于认知发展，人不仅有心灵，而且心灵里面有初始资源。这些初始的结构、状态不仅是后来认知发展不可或缺的前提条件，而且决定了后天认知发展可能与不可能的范围以及发展所能达到的程度。由上所决定，转型后的新天赋论特别重视并探讨天赋的初始状态与后天经验、学习的相互关系，承认它们既能结合在一起促进认知发展，又能相互作用。肖勒（Scholl）说："认知科学的一个最经常、最重要的课题是，各种认知机制、过程、能力和概念在某种意义上是不是天赋的，是怎样天赋的。"②

二、转型天赋心灵研究的特点与"天赋"概念的自然化

下面，我们再把西方现当代转型的天赋研究放到西方天赋论历史发展长河和跨文化的背景下，通过比较研究来揭示它的特点。

转型的天赋论的方法论上的特点是，少见对天赋结构的先验推论，反对以隐喻、类推的方式去认识心灵的天赋结构，重视实证方法的运用，重视对具体科学所取得经验材料的挖掘、分析、梳理和推论。这些都是它有别于传统和其他文化传统的天赋论的鲜明特点。其倡导者不仅自己做经验研究，而且大量、广泛地利用认知科学、神经科学、进化论、进化生物学、人类学等领域的最新成果。卡拉瑟斯等说："如果说在最近 50 年，我们获得了关于心灵本质的真实理解的话，那么这主要得益于它深深扎根于经验研究之上。"③有把握说，当今的转型性天赋心灵研究已成为一个跨学科的研究领域，其中的主力军当然是心灵哲学和认知科学，此外，心理学、认知心理学、脑科学、人工智能、生理学、文化研究等也都功不可没。

---

① Carruthers P, Laurence S, Stich S(Eds.). *The Innate Mind: Foundations and the Future*. Oxford: Oxford University Press, 2007: 126.
② Scholl B J. "Innateness and (Bayesian) visual perception: reconciling nativism and development". In Carruthers P, Laurence S, Stich S(Eds.). *The Innate Mind: Structure and Contents*. Oxford: Oxford University Press, 2005.
③ Carruthers P, Laurence S, Stich S(Eds.). *The Innate Mind: Foundations and the Future*. Oxford: Oxford University Press, 2007: 6.

第十章 "吾心之藏"、种子识与原初心灵：天赋心灵论比较

以前看似与天赋研究无关的学科，今天也加入进来了，如人类学就是如此。人类学家阿特兰（Atran）指出：对不同古代人种、民族的研究表明，我们的先民身上存在着共同的但又为他们所专有的天赋认知系统。[①]博耶尔（Boyer）也论证过，先民的宗教概念和实践尽管因部落不同而千变万化，但他们的不同的概念和实践又受到他们共同具有的民间心理学、民间物理学、民间生物学系统的制约。而这些系统又是先天地被决定的。[②]人类学、发展心理学共同关注的是包含有丰富的、领域专门的认知能力的天赋心灵的模式。

在当今的融多学科于一体的天赋心灵研究中，进化生物学扮演着重要角色。20世纪后半叶以降，一大批哲学家和生物学家将进化生物学的理论和方法应用于人的行为和认知的研究之中，导致了认知科学、心灵哲学中所谓的"生物学或进化论转向"。这一研究除了有哲学的意义之外，还有具体科学的意义。例如，随着研究的深入，一大批新的分支部门纷纷应运而生，如先是出现了社会生物学，然后又诞生了"行为生态学"。它们认为，人的行为之所以是那个样子，是因为这些行为是适应功能的表现。具言之，这些行为在进化中有利于人类，因而获得了进化，并借自然选择而得到保留。[③]

转型的天赋心灵研究在论证方法上有许多创新和特点。经典的创新体现在乔姆斯基的刺激贫乏论证之上。他强调：儿童表现的语言能力、知识，用环境中得来的刺激，以及学习、教育等都无法予以完全的解释。因为环境及其刺激并不包含足够的信息，使我们能解释人所具有的语言能力。简言之，诉诸刺激作用的解释是软弱无力的。结论只能是：儿童的语言能力、知识是天赋的。现在的许多天赋论论证都在继承上述论证的基础上做了创造性发挥。[④]

基于进化论的论证是最常见的形式。有论者强调："对于进化心理学家来说，'白板说'在理论上是错误的（因为白板式的结构会严重地妨碍动物的进化），

[①] Atran S. "Modular and cultural factors in biological understanding". In Carruthers P, Stich S, Siegal M (Eds.). *The Cognitive Basis of Science*. Cambridge: Cambridge University Press, 2002.

[②] Mithen S. "Human evolution and the cognitive basis of science". In Carruthers P, Stich S, Siegal M (Eds.). *The Cognitive Basis of Science*. Cambridge: Cambridge University Press, 2002.

[③] Carruthers P, Laurence S, Stich S(Eds.). *The Innate Mind: Foundations and the Future*. Oxford: Oxford University Press, 2007: 6.

[④] Carruthers P, Laurence S, Stich S(Eds.). *The Innate Mind: Foundations and the Future*. Oxford: Oxford University Press, 2007: 134-135.

而且违反比较研究的证据。"[1]达尔文以及后来的进化论者对大量物种的研究表明：有机体表现了不来自个体发生史的知识和能力。也就是说，这些知识与个体后天的环境、刺激无关。这种知识可根据自然选择来解释。

解剖具体的天赋能力或知识是当代天赋论论证的又一重要特点。例如，格林（Greene）倡导研究"道德心灵结构"[2]，认为应通过研究道德心理结构来研究道德的天赋性，强调要研究道德判断的天赋能力，必须从研究道德心理结构出发。在研究道德心理的过程中，认知神经科学功不可没，因为其他对心灵的研究，都把心灵当作"黑箱"，主张通过观察人的行为推论黑箱中的状态，而认知神经科学直接进到了心灵更深的层次，努力打开这个黑箱，进而用物理语言来理解其内的运作过程与机理。格林考察了认知神经科学对道德心理结构的研究成果，指出：人的道德判断中包含有天赋的因素。没有这种因素，任何道德判断都不可能。[3]他还考察和分析了达马西奥等人关于一些特殊病例的认知神经科学成果。例如，有一个叫艾欧特的人，由于大脑受到了伤害，便出现了这样的情况，即能对问题做出正常的回答，但没法做出与社会和道德生活有关的决策。由此可以推断，患者只受到了选择性的伤害，即只是"道德中心"受到了破坏，格林说："这些材料表明，大脑中存在着可分离开的认知系统，其中有些非对称性地制约着人的道德判断。"[4]当然尚无充分理由让人相信存在着"道德模块或专司道德判断的专门能力"[5]。

转型的天赋心灵不同于西方传统和其他文化的天赋研究的特点还在于，它不仅热衷于研究心灵的进化史和结构，而且重视研究大脑内的结构、机制本身。例如对天赋道德心理的研究就是如此。有些人强调：道德判断既然离不开人的相应的情感和认知系统，因此要弄清道德判断的根源、根据、形成过程和方式，就必须深入人的大脑的这些系统之中。而一旦这样做了，就会看到其中天赋的东西。

---

[1] Carruthers P, Laurence S, Stich S(Eds.). *The Innate Mind: Structure and Contents.* Oxford: Oxford University Press, 2005: 305-310.
[2] Greene J. "Cognitive neuroscience and the structure of moral mind". In Carruthers P, Laurence S, Stich S(Eds.). *The Innate Mind: Structure and Contents.* Oxford: Oxford University Press, 2005.
[3] Greene J. "Cognitive neuroscience and the structure of moral mind". In Carruthers P, Laurence S, Stich S(Eds.). *The Innate Mind: Structure and Contents.* Oxford: Oxford University Press, 2005.
[4] Greene J. "Cognitive neuroscience and the structure of moral mind". In Carruthers P, Laurence S, Stich S(Eds.). *The Innate Mind: Structure and Contents.* Oxford: Oxford University Press, 2005.
[5] Greene J. "Cognitive neuroscience and the structure of moral mind". In Carruthers P, Laurence S, Stich S(Eds.). *The Innate Mind: Structure and Contents.* Oxford: Oxford University Press, 2005.

他们基于有关实验和理论研究得出结论说："道德思想的形成在很大程度上依赖于人类心灵的大规模的结构。认知神经科学日益清楚地表明：心/脑是由一系统的相互关联的模块所构成的。而模块性一般关联于天赋论。"[1]模块是从哪里来的？肯定不是个体心理和生理发生发展的产物，不是通过学习、教育得到的，而是先天的。格林说："没有大量专门的生物适应过程，是不可能产生大规模的模块结构的。如果是这样，那么人的道德思想的形成在很大程度上就是通过人的心灵所经历的进化而形成的。"[2]换言之，人的道德思想不是由经验写在心灵白板上的。我们的道德判断极大地依赖于我们认知结构中的沟回。[3]

转型天赋论的相对于其他文化的形而上学的特点是十分重视对天赋论基础问题的研究。新天赋论者承认，天赋论有合理和不合理之别。不合理的天赋论之所以不合理，就是因为它的基础有问题。"要阐发合理的天赋论的基础，有效的办法就是考察天赋论的不合理的形式"，看它的不合理性表现在什么地方，根源何在。有一种观点认为，"坚定的"天赋论就是如此。它的特点是强调基因事先规定好了一切。认知的发展完全受基因的控制。因为基因把领域专门化的模块作为目标。它还认为，环境对认知即使有用，也只有诱发的作用。[4]这一理论得到了K.史密斯（K. Smith）的支持，常被看作是正确的。因为它似乎抓住了许多人关于天赋论的直觉，且一致于占主导地位的天赋论的观点，因而被认为是对标准的天赋论的准确阐释。辛普森认为，事实恰恰相反，没有理由把它看作是天赋论主张的准确阐释。[5]这里首先要澄清的是：标准天赋论的核心主张究竟是什么？根据他自己的解读，"对天赋论者重要的东西是，某些特殊（或类型）的认知属性是'天赋的'"[6]。而坚定的天赋论并未抓住这一点。

---

[1] Greene J. "Cognitive neuroscience and the structure of moral mind". In Carruthers P, Laurence S, Stich S(Eds.). *The Innate Mind: Structure and Contents.* Oxford: Oxford University Press, 2005.
[2] Greene J. "Cognitive neuroscience and the structure of moral mind". In Carruthers P, Laurence S, Stich S(Eds.). *The Innate Mind: Structure and Contents.* Oxford: Oxford University Press, 2005.
[3] Greene J. "Cognitive neuroscience and the structure of moral mind". In Carruthers P, Laurence S, Stich S(Eds.). *The Innate Mind: Structure and Contents.* Oxford: Oxford University Press, 2005.
[4] Simpson T. "Toward a reasonable nativism". In Carruthers P, Laurence S, Stich S(Eds.).*The Innate Mind: Structure and Contents.* Oxford: Oxford University Press, 2005.
[5] Simpson T. "Toward a reasonable nativism". In Carruthers P, Laurence S, Stich S(Eds.).*The Innate Mind: Structure and Contents.* Oxford: Oxford University Press, 2005.
[6] Simpson T. "Toward a reasonable nativism". In Carruthers P, Laurence S, Stich S(Eds.).*The Innate Mind: Structure and Contents.* Oxford: Oxford University Press, 2005.

转型的天赋研究一直在做的一个独到的工作是，对"天赋"概念进行自然化。这既是由英美心灵哲学的大背景所使然，因为得不到自然化的概念在科学社会中是没有地位的，又是由天赋研究的现实所决定的，因为天赋概念本身的确很混乱，需要诉诸科学的方法加以清理。其直接的诱因是反天赋论的这样的责难，天赋论提出的是缺乏经验根据的假说，其核心概念理解即对"天赋"的界定存在着根本性缺陷，是一个"混乱透了的概念"。[1]有的人还认为，天赋论的传统失误的根源在于它的核心概念是完全错误的。由此便出现了所谓的天赋概念取消论。"天赋"概念尽管早已进入科学和哲学的视野，但它首先是一个日常用语，就像"水"一样。既然如此，就有必要用科学概念来对之做出说明，以便让其指称更加准确和明了，就像用 H_2O 来说明"水"一样。这样用科学概念说明常识概念的操作就是通常所说的自然化。许多人认为应像对民间心理学的概念和理论进行自然化一样，应对"天赋"这一常识概念进行科学化，即要用更科学的术语来表述、解释这一概念，更明确地用科学术语来表述它的指称和意义。马罗戈利斯（Marogolis）等人说："认知科学哲学家花大力气做的工作是对概念做出澄清，说明它在科学理论化中的作用。"[2]当然在具体的自然化过程中，出现了不同甚至明显对立的倾向。现在比较流行的自然化方式是用遗传、信息编码、编程等来说明天赋。最有影响的自然化方式是根据遗传术语来说明天赋。戈德弗莱-史密斯（Godfrey-Smith）对这一新的动向做了这样的概括：人的原先述说"水"时所表述的东西事实上就是 H_2O。同样，人们过去述说"天赋"时所表达的东西事实上是遗传上的编码。总体来看，人们对于"天赋"之意指有四种观点。第一种观点认为，"天赋"指的是"遗传上决定的信息"。第二种观点认为，"天赋"指的是"专门的与认知的特定方面有关的基因组"。第三种观点认为，"天赋"指的是自然选择对认知的这些方面的"设计"。第四种观点认为，"天赋"指的是认知的那些特定方面的早期发展，它们本身包含着特定的机制。

---

[1] 持这类看法的人很多，限于篇幅，此处只列举一个人的文献，即 Griffiths P E. *What Emotions Really Are: The Problem of Psychological Categories.* Chicago: University of Chicago Press,1997; Griffiths P E. "What is innateness?" *Monist*, 2002, 85(1):70-85. 他个人以及与他人合作的相关成果还有很多，可按人名去检索。
[2] Marogolis E, Samuels R, Stich S. "Introduction:philosophy and cognitive science".In Marogolis E, Samuels R, Stich S (Eds.). *The Oxford Handbook of Philosophy of Cognitive Science.* New York: Oxford University Press, 2012.

第十章 "吾心之藏"、种子识与原初心灵：天赋心灵论比较　　457

这里重点剖析一下心理原初主义（primitivism）的自然化尝试。它由考伊（Cowie）和塞缪尔斯各自独立阐发，其目的就是通过归纳有机体获得一特征所用的方式，改进其他自然化方案。不同于阿里尤（Ariew）的"表型限渠道化"的地方在于，阿里尤是根据天赋特征怎样获得来肯定地描述天赋特征的，而原初主义则是根据它们不是怎样获得的来否定地予以描述的。它强调，天赋特征首先不是通过学习获得的。而不是习得的，就是原始的、原来就有的，即具有本原性。只要心理特征不是通过后天心理过程获得的，就可看作是天赋的。塞缪尔斯对原初主义的最早的表述是："一心理结构是天赋的，当且仅当它从心理学上看是原始的。"[1]从解释上说，原始的特征只能为生物学等科学所解释，不能为心理学所解释。由于这一规定受到了许多质疑，后来，他又对之做了改进，其表现是：突出"正常情况"的作用。他说："一心理结构对基因型是天赋的，当且仅当它是一心理学上原初的结构……是在事件的正常过程中获得的。"[2]

塞缪尔斯的原初主义是针对概念混淆论或取消论而提出的基于认知科学的自然化方案。他不否认过去天赋论包含有对天赋的不同的，甚至相互冲突的理解和界定。归纳起来，不外乎这样的理解：①天赋指的是只能用进化解释的东西；②指的是后天发展中作为基础、桥梁的东西；③指的是人内部具有普遍性、一般性的东西；④指的是生来就有的东西；⑤不是通过学习得到的东西。塞缪尔斯认为，这些定义证明了天赋的存在，但所肯定的东西只与天赋性有认识上的关系，没有构成上的关系。而对天赋本质的认识及界定要揭示的恰恰是有关属性与天赋心灵的构成上的关系。他对天赋是什么这一问题的回答是：在认知科学语境下，天赋指的是作为认知基础的属性，它将在基因型正常的发展过程中突现出来。[3]

他认为，要澄明天赋概念是不是混淆概念，首先要知道"天赋"一词究竟是何意。这当然是有争论的问题，有许多不同的理解。塞缪尔斯提出的原初主义认为，天赋即个体发生发展史上的心理的初始性或原初性，即一个体在开始他的心理发生发展时最初所具有的东西，或作为前提与出发点的东西。这初始不可能什

---

[1] Samuels R. "Nativism in cognitive science". *Mind and Language*, 2002, 17(3): 246.
[2] Samuels R. "Nativism in cognitive science". *Mind and Language*, 2002, 17(3): 259.
[3] Samuels R. "Is innateness a confused concept?". In Carruthers P, Laurence S, Stich S(Eds.). *The Innate Mind: Foundations and the Future.* Oxford: Oxford University Press, 2007.

么也没有、什么也不是，否则，后来心理的发生和发展就是不可能的。如此理解的天赋显然不同于常识所说的天赋。这里的"原初的"，可这样界定，一属性是原初的，当且仅当对这属性的获得不可能有正确的科学解释。因为它是初始的，不是由科学所能说明的别的因素促成的。他说："说一认知结构 S 是原初的，就是主张：从科学心理学观点看，S 有必要被看作是这样的结构，对它的获得，不可能形成科学的解释。……这不是说，没有什么理论解释 S 的获得。事实真的或大概是这个样子，别的科学分支，如神经生物学或分子化学能对之做出解释。恰当地说，心理学不能成为这样的解释理论。"[①]简言之，所谓原初是相对于心理学而言的，因为天赋的认知属性相对于别的心理现象来说，是最原始的、基本的，是源泉。但由于它依赖于、来源于分子的、生物的因素，因此可对之做非心理学的或别的科学的解释。

根据原初主义，认知科学的天赋概念反映的是两类广泛认知结构之间的差别。这两类结构是根据其获得方式来加以区分的。一类结构是个体产生后在某一阶段所获得的结构，在此之前，它没有此结构。它得到此结构的方式主要是借助心理的过程，如知觉、推理等。此结构是后得的而非原初的。另一类结构则相反，是个体一开始就有的，此即天赋结构。可这样表述其充要条件，一结构是心理上原初的，有两个条件：①它为某种正确的心理学理论所承认；②对它的获得，任何正确的心理学理论都无法做出解释。

自然化中的中间或折中立场是一种关于天赋概念的批判性、紧缩性理论。一方面，它不赞成近来流行的用基因编码或编程，用封装了专门信息的特征来说明心理特征和语言能力的天赋；另一方面，又有限制和有条件地承认天赋的存在，如认为关于信息和编码的概念可与关于天赋的观念结盟，并对之做了遗传学的阐释。[②]另一折中方案的特点是：一方面，不承认有与天赋概念对应的单一的现象，如塞缪尔斯说，"不存在支持天赋话语的任何单一的、真实的生物现象"；另一方面，如果说"天赋"有其指称的话，那么最好认为，它是一个族概念，即包含许多属性集于一身的概念。[③]

[①] Samuels R."Nativism in cognitive science". *Mind and Language*, 2002, 17(3): 246-247.
[②] Godfrey-Smith P."Innateness and genetic information". In Carruthers P, Laurence S, Stich S(Eds.). *The Innate Mind: Foundations and the Future*. Oxford: Oxford University Press, 2007.
[③] Godfrey-Smith P."Innateness and genetic information". In Carruthers P, Laurence S, Stich S(Eds.). *The Innate Mind: Foundations and the Future*. Oxford: Oxford University Press, 2007.

三、"直指心源"与"天赋心灵"

转型天赋研究最具体明确的特点是"直指心源",或向心灵本身和深层机制进发,即直指心灵及其后面的深层结构、机制和条件。尽管东方也有直指心源的表现,也试图对天赋心灵做直接的描述,如佛教从现象学角度用描述现象学方法描述了作为天赋资源的种子的相貌、作用和特点,但看不到西方当今这样的实证研究和向深层机制的进发。

西方的这一天赋论研究进路是由乔姆斯基开创的。他认为,人之所以一生下来就有令人吃惊的语言学习和运用能力,是因为人有"天赋的语言模板"(template)。之所以说他发起了转向,是因为他通过对儿童的言语行为的实际表现的实证研究,进到了对心灵结构的研究,认为人们之所以有这样那样的言语表现和能力,之所以能遵守语言规则,是因为心灵中有相应的天赋结构和机制,因此他说:"规则依赖于结构。"[①]这种转型的天赋研究的特点在于:注重研究心灵的结构,进而从结构中寻找天赋的东西。普特南尽管对天赋论有保留的看法,但对乔姆斯基的天赋研究给予了充分肯定,如说他给人以极高理智力的感觉,有超常的心智,致力于天赋观念学说的复兴,探讨了"心灵的结构"这类"具有极端、恒久重要性"的论题。[②]另外,普特南也不绝对否认心灵的结构中包含有天赋的资源或节目。他说:不管天赋的认知储备中包含别的什么,它一定包含有多目的性的学习策略、启发式程序等。更明确地说,儿童生来就有对特定领域都有效的"学习理论",它是遗传上决定了的天赋状态的一种属性。[③]他还强调:心灵结构中有天赋的东西存在,但有可能尚未被我们发现。他说:"没有理由认为,人类心灵的复杂功能作用对人类心灵永远是透明的。但是普遍智能的存在是一个问题,将它揭露、描述出来的前景又是另一个问题。"[④]

[①] 转引自 Putnam H. "What is innate and why: comments on the debate". In Beakley B, Ludlow P(Eds.). *The Philosophy of Mind: Classical Problems and Contemporary Issues*. Cambridge: The MIT Press, 2006.
[②] Putnam H. "What is innate and why: comments on the debate". In Beakley B, Ludlow P(Eds.). *The Philosophy of Mind: Classical Problems and Contemporary Issues*. Cambridge: The MIT Press, 2006.
[③] Putnam H. "What is innate and why: comments on the debate". In Beakley B, Ludlow P(Eds.). *The Philosophy of Mind: Classical Problems and Contemporary Issues*. Cambridge: The MIT Press, 2006.
[④] Putnam H. "What is innate and why: comments on the debate". In Beakley B, Ludlow P(Eds.). *The Philosophy of Mind: Classical Problems and Contemporary Issues*. Cambridge: The MIT Press, 2006.

转型天赋研究不同于传统天赋研究的最重要的特点是，它的聚焦点被放大为"天赋心灵"，而不再仅局限于认识论意义的"天赋认识"。从语词上说，它的关键词是"天赋心灵"。塞缪尔斯概括说："当代天赋论的核心承诺是，人具有天赋的、领域专门化的心理结构，它们不仅为低层次的知觉过程所利用，而且有利于各种'高级的'认知任务。"[1]最典型的是，推理、决策中都离不开这些天赋的心理结构。这就是说，即使是推理这样的"核心认知"也依赖于天赋心理结构。转型天赋研究的主要任务就是弄清这个深层次的结构。

新型的天赋研究不仅对象被放大了，而且方法也与时俱进。我们知道，过去对心灵黑箱中的事物包括天赋认识的研究主要建立在类推、隐喻的基础上，西方哲学史上一些著名比拟，如心灵=蜡块、心灵=白板、"大理石花纹"等足以说明这一点。转型的天赋研究尽管难有根本的突破，但试图有所超越，这主要表现在：在用实证方法研究天赋心灵的基础上，加强对天赋问题本身的理论研究，进而创立系统的理论。这一方法论上的特点通常被称作天赋论的理论化。辛普森等说："天赋论的理论化正如火如荼地进行着。"[2]它还得到了遗传学、进化生物学等领域学者的有力支持。

"天赋心灵"作为转型天赋论主攻的目标或对象不是空泛的口号，而有具体的指标。它着力要弄清的首先的确是原初的心理，即生命一形成时就具有的东西，类似于东方所说的作为最初质材的"性"。相对于后来习得的东西而言，它们是一个体最初或初始的心理，是作为后来心理发生和发展出发点或基础的心理。新天赋论首先要弄清并具体查明的是它们的家底，以及它们的具体样式和构成。然后在此基础上进一步研究它们的结构及特点，以及它们与后来的发展的关系。这一研究无疑有哲学甚至形而上学的关切，其表现是，有些人着力研究心灵本身，特别是"研究心灵的根本（fundamental）结构，研究其中所包含的天赋的东西"[3]，试图回答的问题是：心灵中的哪些能力、过程、表征、爱好、倾向、

---

[1] Carruthers P, Laurence S, Stich S(Eds.). *The Innate Mind: Structure and Contents*. Oxford: Oxford University Press, 2005: 107.
[2] Carruthers P, Laurence S, Stich S(Eds.). *The Innate Mind: Structure and Contents*. Oxford: Oxford University Press, 2005: Introduction.
[3] Carruthers P, Laurence S, Stich S(Eds.). *The Innate Mind: Structure and Contents*. Oxford: Oxford University Press, 2005: Introduction.

第十章 "吾心之藏"、种子识与原初心灵：天赋心灵论比较　　461

联系是天赋的？这些天赋因素在人后来的认知能力发展中有什么作用？这些因素中哪些是为动物所共有的？简言之，天赋心灵的结构究竟是什么？总之，根据新的看法，人类心灵中有"天赋心灵"（innate mind），这心灵有自己的结构和特征。新的天赋研究就是要弄清它的庐山真面目。卡拉瑟斯等人合作完成的一个交叉科学的项目——"天赋性与心灵的结构"，可看作是当今天赋心灵研究的典范和标杆。它是由英国艺术与人文研究委员会（AHRC）资助的一个重大项目。其目的是对已有的天赋论理论建设做出评估，并对未来研究应选择的方向做出探讨。

四、天赋心灵的个案研究

转型天赋研究不同于西方传统和东方传统天赋论的又一鲜明特点是，十分重视对天赋心理的个案的研究。这既与它坚持的实证方法论有关，又与它承诺了天赋心灵中包含有太多的、其他天赋论没有注意到的心理资源有关。它所做的个案研究，就是"解剖猴子"，即通过分析心理个例尤其是简单、低级的认知能力，来回答一般的天赋问题。肖勒说："在涉及高级认知时，既然天赋性成了如此复杂和有争论的问题，因此有效的方法就是探讨，自然和环境因素在更简单的没有争议的情境下是怎样相互作用的。"[1]例如，可研究这样的简单事例，即在视知觉中，自然和环境是怎样相互作用的、有无天赋的方面。质言之，这一新的走向热衷于研究专门领域或具体认知、心理现象中的天赋问题，如语言、宗教、审美、数量认知、空间认知、社会认知、创造性、学习、经济行为等中的天赋因素。它不泛泛地讨论天赋知识、观念，而从一种细小的、专门的认知现象入手，如从语言、知觉、行为等入手，探讨里面有没有天赋的东西。

有的论者通过研究"杀人"这种社会文化现象，追溯它的进化根源。为解释这种现象，人们提出了不同的进化适应理论。根据这些理论，杀人这一现象有其天赋的根源。而这种天赋性又是由进化所决定的。由于杀人在一定的环境下有利于人的生存，不杀就会遭到淘汰，于是自然选择就让杀人的部落生存了下来，久

---

[1] Scholl B J. "Innateness and (Bayesian) visual perception: reconciling nativism and development". In Carruthers P, Laurence S, Stich S(Eds.). *The Innate Mind: Structure and Contents*. Oxford: Oxford University Press, 2005.

而久之，杀人的倾向就被积淀在了基因之中。①

儿童的行为理解、解释以及儿童的"他心知"也是常被研究的个例。专家经过大量实验发现：新生儿可以没有任何困难地对超出他们自己的全部技能的行为做出解释。另外，人到了一定的时候，都有能力根据他人表现出的行为推论他有何信念和愿望，同时根据有关信念、愿望推论他人会做出什么行为。格格利（Gergely）据此论证说：成人和婴儿身上都分布有天赋的"教育学（pedagogy）系统"，它能让成人发送信号，演示文化上重要的信息和技能，同时让婴儿对这些信号和演示特别敏感，进而把它们中有关的方面与无关的方面区别开来。②

创造性既是人们追求的品质，同时又是客观发生于人身上的真实事实。这在语言运用中表现得尤其突出。怎样解释这一事实呢？经验论一般用后天的教育、学习、培养等来解释。新天赋论一般根据天赋的认知结构来解释，强调人的创造性的一个基础是其后有天赋的认知结构。就语言的创造性运用来说，贝克提出：这一事实根源于心灵特定的天赋机制，当然要从生物学上说明这种能力是怎样来的，现在还难以做到。就此而言，贝克的天赋论只能是非生物学的天赋论。③根据这一理论，人之所以有语言运用的创造性，是因为心灵中有其独特的模块，有些模块是天赋的，例如人客观上表现出的词汇、语法和语言的创造性运用都有对应的模块，后两个模块至少有天赋的因素，如人的语言的创造性运用是人的心灵中的一个模块，"是人类心灵的极明显的不明推论能力的组成部分"，或者说是最明显的外层能力。④

还有人专门研究了整数学习、乐感之类的个案，以及道德抉择、动机状态等的天赋基础。在研究后一类问题时，他们关心的问题是，受到广泛研究的人的行为决策中的偏向、倾向是不是天赋的？它们是不是某种文化学习的产物？人在决策时，无一例外地是两利相权取其大，两害相权取其轻，这是为什么？有没有先

---

① Carruthers P, Laurence S, Stich S(Eds.). *The Innate Mind: Structure and Contents*. Oxford: Oxford University Press, 2005: 303-304.
② Gergely G. "Learning 'about' versus learning 'from' other mind". In Carruthers P, Laurence S, Stich S(Eds.). *The Innate Mind: Structure and Contents*. Oxford: Oxford University Press, 2005.
③ Baker M C. "The creative aspect of language use and non biological nativism". In Carruthers P, Laurence S, Stich S(Eds.). *The Innate Mind: Foundations and the Future*. Oxford: Oxford University Press, 2007.
④ Baker M C. "The creative aspect of language use and non biological nativism". In Carruthers P, Laurence S, Stich S(Eds.). *The Innate Mind: Foundations and the Future*. Oxford: Oxford University Press, 2007.

天的根源？如果有，是什么？

五、转型天赋心灵论的主要形态

西方最新的天赋论不同于东方的特点在于：它建构出了名目繁多的理论形态。从激进或温和的程度上分，它有强（strong）天赋论和弱（weak）天赋论以及中间型三大类形式。从所依据的科学基础分，有计算主义的天赋论、联结主义的天赋论和进化生物学的天赋论等不同形式。从关注的领域看，转型天赋论有这样一些新形式：语言天赋论、道德天赋论、概念天赋论、"心灵理念"（民间心理学）天赋论、美学天赋论、输入输出系统天赋论和中心认知系统天赋论，等等。

这里只略述几种较有影响的形式。除了前面曾述及的原初主义（原初天赋论）之外，这里重点看一下模块天赋论、道德天赋论和概念天赋论。原初天赋论是当今十分有影响的一种理论，也是转型天赋论中最有个性的一种理论。其他天赋论都是根据天赋特征怎样获得来肯定地描述天赋特征的，而原初主义则是根据它们不是怎样获得的来否定地予以描述的。

模块论是近年新出现的、逐渐跃居主导地位的激进的天赋论形式。常被称作"整体模块论"。它强调，我们除了具有天赋的表征结构之外，中央的加工还依赖于大量天赋的、有专门目的的信息加工机制或模块。例如它认为，我们有像民间物理学、生物学、心理学、算术等这样的模块。很显然，这样的模块天赋论是关于认知结构的天赋论，不同于传统的强调天赋认知内容（概念、命题）的理性主义的天赋论。两者的共同性在于：第一，都承认中心认知依赖于大量天赋的、领域专门化的结构。第二，都承认某种形式的外周模块假说。根据这一假说，知觉（输入）过程和行动（输出）过程都由一组天赋的模块所制约。模块论的独特主张是：我们稳定地发展着的、类型上专门的神经计算结构包含有过去所说的天赋观念。[①]福多说：模块是具有专用数据库的计算系统……其作用是将它的特定的输入映射为它的特定的输出……在这个过程中，它的信息资源受到了专用数据库中的东西的限制。模块论最新的发展表现在，随着对内隐的具有天赋性的认知

---

① Carruthers P, Laurence S, Stich S(Eds.). *The Innate Mind: Structure and Contents.* Oxford: Oxford University Press, 2005: 309.

系统的研究的深入，人们对模块的结构和本质特点有了更多、更新的认知，于是发现了福多的定义中的种种问题，进而纷纷尝试对之做出改进。目前被认为较恰当的、流行的定义是由塞缪尔斯[1]提出的定义，另外，卡拉瑟斯[2]提出的看法也颇受关注。塞缪尔斯认为，认知能力的确有封装或领域专门性的特点，这表现在两个方面：一是表现在加工时所用的信息上，二是表现在完成加工所用的计算过程之上。就此而言，模块有两类，一是表征性模块，它是具有领域专门化的数据包，其中的数据以适当方式整合、组织在一起。二是计算模块。它是具有领域专门化特点的加工系统。[3]新模块论的特点还在于，试图将模块概念推广到某些中心加工过程中，得出这样的结论，即像输入、输出系统是模块一样，中心加工系统、概念系统也是模块。由于中心模块能对信念做出加工以产生别的信念，因此它们的信息就不可能是完全封装的。卡拉瑟斯赞成中心模块这一概念，认为它是"合法的概念"，因为其理由是"有力的"。领域专门化是模块的一个重要标志，表面上近于福多所说的信息封装。斯帕伯（Sperber）认为，他所说的领域专门化不同于福多所说的信息封装。因为后者不能说明人的认知事实上存在的变化性、可塑性。鉴于此，他提出了领域专门性概念。所谓领域专门性指的是一装置的这样的特点，即它的功能是只加工属于某个专门经验领域的输入，例如面部识别装置，它的加工即使也能由似面部的刺激所引起，但它的功能只对面部识别做出加工。认知模块在特定的时候做什么，完全由它加工的输入、由它的程序及数据库所决定，而不直接由认知系统的别的模块所控制。被封装的装置则不同，它只能用有限的数据来加工它的输入。

许多认知科学家，尤其是一些进化心理学家，不仅强调中心加工系统是模块，而且认为人类心灵在本质上完全就是模块，或至少是大规模的（massive）模块。这一观点的根据之一来自进化生物学。根据进化生物学，新系统或结构在进化时所用的方式就是将新的符合于专门目的的事项结合到原有的配置之中，进而形成

---

[1] Samuels R. "Massively modular mind". In Carruthers P, Chamberlain A (Eds.). *Evolution and the Human Mind: Modularity, Language and Meta-Cognition.* Cambridge: Cambridge University Press, 2000.
[2] Carruthers P, Laurence S, Stich S(Eds.). *The Innate Mind: Structure and Contents.* Oxford: Oxford University Press, 2005.
[3] Carruthers P, Chamberlain A (Eds.). *Evolution and the Human Mind: Modularity, Language and Meta-Cognition.* Cambridge: Cambridge University Press, 2000: 19.

领域专门化的系统。另一论证方法是沿着福多的思路进一步往前走，如强调：心灵是从计算上实现的，而整体性的、非模块的过程是计算上难以完成的，因此心灵一定完全或主要是由模块系统构成的。

转型天赋论的又一形式是道德天赋论，其基本观点是，人之所以有这样那样的道德行为和判断，之所以表现为有不同德行的人，是因为其心灵深处有其天赋基础，即有天赋的德行。对此有许多论证，如基于建构主义的论证、根据联结主义的论证、根据"关系模型"的论证等。道德天赋论有不同的样式，例如，规则天赋主张，人生来就有能力理解规则，能够对规则做出推论；道德原则天赋论认为，人除了有理解规则的能力之外，还有关于不同道德原则的知识，其中有些原则就是天赋的，如一些普遍的道德原则——不准强奸、不准谋杀、反对暴力等，就是如此；道德判断天赋论认为，人在很小的时候，就能把标准的违反道德的行为与标准的习惯的行为区别开来。

概念天赋论是当今认知科学中十分流行的一种天赋论，由福多首创，后得到杰肯多福、莱尔德等著名学者的有力支持。当然，它也有许多悬而未决的问题。福多阐发的概念天赋论有两部分：第一，他论证说，关于人的大脑的最适当的模型是通用数字计算机模型。这种计算机如果真的能"学习"的话，那么它一定有能使用它的生来就有的机器语言的天赋的程度。第二，大脑能学会运用的每个谓词，一定能翻译成大脑的计算语言。基于这两点，可得出结论，没有概念是习得的，一切概念都是天赋的。

第四节 从比较看天赋问题解决的出路与途径

本节的任务是，先简要分析三种文化传统中天赋心灵论的异同，挖掘和梳理里面所蕴藏的积极的、可资利用的思想资源，然后在对天赋问题研究中存在的问题及其症结做出诊断的基础上，对问题进一步解决的出路和途径做出我们的新的思考。

首先，我们必须承认，三种天赋论之间存在着重大差异。这表现在，它们的动机大相径庭。例如，西方的天赋心灵论一开始就是为解决学理性问题而创立的，有强烈的形而上学和科学色彩。古代和近现代的天赋论主要是解答真理性认识的根据、基础问题的产物。在它看来，经验都是个别的、有限的，而真理性认识具有普遍必然的有效性，因此必须到心灵中寻找真理的先天根据。现当代的天赋论除了有这一认识论的动机之外，还有更多的形而上学、心灵哲学乃至认知科学的动机。康德天赋论的动机要复杂一些，如除了要找到真理性知识的先天条件和根据之外，还要弄清审美判断和道德准则的先天根据。但包括现当代转型的天赋论在内，它们都属于认知上、理论上的动机，与解决做人的问题没有直接关联。而东方的天赋心灵论则不同，它们除了附带有学理的动机之外，其主要的、根本的、直接的动机则都服务于如何做人、如何转凡成圣这一人生解脱论的目的。例如，中国的天赋心灵论是围绕人是否都能成为尧舜这样的集真、善、美、福、吉、安等最高价值于一体的圣人这一圣学的根本问题而展开的。它们的回答是肯定的，其可能性的根据在于，如王夫之所云：现象的心之后还有资源或宝藏，可称作"吾心之藏"[1]，接下来的工作就是要弄清、发明这个所藏。心学认为，"此心之灵，自有其仁，自有其智，自有其勇"[2]。成圣的根据资源是人本有的，人由于私欲而让其隐藏起来了，但通过一定工夫，是可以"复其本心"的，心学的任务就是完成这个"复"。佛教的天赋心灵论的目的大体如此。

由于动机和关心的问题各不相同，各种天赋心灵论展开它们思想的理路、组织结构以及所属的理论类型便自然不同。例如，中国和印度的天赋心灵论没有像西方那样直接从认识论、心灵哲学、形而上学角度提出和探讨天赋问题，没有纯粹而独立的天赋论，而西方的天赋论则不同，转型前的天赋论是按认识论的逻辑展开的，而转型后的天赋论，如本章第三节所述，则是兼有科学和心灵哲学双重性质的研究。

三方的天赋论尽管有如此多和如此大的差异，但它们之间又有显而易见的相同之处。首先，就问题而言，其不同中又包含着相同，例如，都在承诺人心不是洛克所说的白板而"有点什么的"的前提下追问：它里面究竟有什么？它们以什

---

[1] 王夫之：《四书训义》。
[2] 《象山全集》。

第十章 "吾心之藏"、种子识与原初心灵：天赋心灵论比较

么形式存在？对人后天的发展有什么作用？等等。其次，其不约而同地提出了许多相近的概念，如不仅都承认有种子，而且对其来源、构成、样式、种类、性质特点、作用等阐发了十分相近的思想。再如，中国哲学所说的"童心""赤子之心"等十分相似于今日为转型天赋心灵论所发现的"原初心灵"。另外，在天赋的范围问题上，都有将其放大至全部心灵的倾向。中国和印度自不待言，因为它们早就将关注的范围超出了天赋认识，而关心心灵中一切天赋的东西，因而事实上提出了"天赋心灵"的概念。西方尽管只是到当代才有这种自觉，开始把天赋心灵作为天赋论研究的对象，但可谓后来居上。这同样是我们不得不承认的。究其原因，这当然与它采用了更新的方法、调动了相关前沿科学的资源、对心灵本身做了直接的而非过去的隐喻式、类推式研究不无关系。再次，三方都有"直指心源"的追求和实际行动。中国和印度早就有这种倾向，西方在最近鲜明地表现出了这一特点。这种取向是天赋论有前途和希望的一个表现。最后，它们通过不同的路径得出了一些大致相近的结论。最突出的是，在承认有天赋资源的前提下，看到了许多相同的天赋资源，如承认与后天认知、能力、情感、性格、人格、品格等相对应，都有其作为内在根源的心理构造、"原初心灵"或"种子"。

通过比较研究，我们可以清楚地看到，西方的天赋研究尽管有许多优势，但也有其不可避免的局限性。有理由说，由于问题本身的复杂性，仅靠西方的智慧和资源是不可能真正解决里面的深层次的困难问题的。东方的天赋研究尽管只是它们的主题性关切（如何做人）的副产品，它们没有建立独立的、纯粹学理性的天赋论，但也有自己的特色，有对人类的天赋研究做出的不可替代的贡献。开发、打磨、提升这些成果，不仅可补西方之不足，而且将成为推进人类天赋认识的一个不可或缺的途径。这里，我们不妨略作探讨。

佛教对天赋的东西的样式、种类、范围等发表了比西方天赋论更具体、更详细的看法。而弄清天赋的这些内容恰恰是未来天赋研究要重点攻克的课题。佛教建立的博大精深的种子说告诉我们，种子不是现成的知识、能力，而是近于潜质、可能性条件、禀赋或"原初心灵"之类的东西。这些看法与莱布尼茨、康德等没有太大的不同，但佛教的论述既多又深，远非西方所能相比。

中国的天赋心灵论对人类的天赋研究也做出了值得关注的贡献，例如，它一方面对天赋的范围、样式发表了远超西方人的看法，另一方面又十分辩证地反对

人为地扩展其范围的做法，进而对先天之心的范围做了限定，即强调不是一切都是先天的，但又反对人为扼杀客观存在的天赋的东西。

　　比较研究不仅让我们较好地认清了被比较各方天赋心灵论的内容、特点和优势，而且为我们进一步有的放矢地、深入地探讨天赋研究中的一系列难题提供了启示，指明了出路和方向。我们知道，各种文化卓有成效的天赋研究已将认识推进到了这样的地步，即用不着再花太大力气来对付过去需作为前提来探讨的有无天赋资源之类的问题，因为即使今日仍有经验论向天赋论的质疑和挑战，但如前所述，新经验论不再绝对否认天赋的东西，连行为主义对天赋论所说的有天赋资源的观点也表示敬重。例如，普林茨等人创立的概念代型论就是一种最新的经验论。它不赞成说概念是理性概括、抽象的结果，而认为概念是由一个经验中的一个具体的表征转化而来的。获得或呈现一个代型，就是进入这样一种知觉状态，即一个人经验到代型所表征的事物时所进入的状态。代型的样式很多，如可以是一种多模块的表征、一种单一的视觉模型，甚至是关于一个词的心理表征（如"狗"一词的听觉印象）。另外，知觉表征的每个长期记忆网络都包含了许多交叉、重叠的代型，但它同时又承认了天赋论的某些基本原则。在普林茨看来，过去之所以强调经验论对立于天赋论，是因为对经验论做了片面的理解。其实，经验论并不否认人脑中有天赋的资源，新经验论更是如此，例如它承认，有特定认知功能的细胞，如视网膜中的细胞就有天赋的模块。儿童生来有天赋的"民间理论"，如民间哲学、民间本体论、民间心理学、民间力学、民间数学理论等。"根据这种观点，婴儿的心灵就像一所大学，它可分为不同的系。每一个系都有自己的课题、课程，有自己阐释这些课题的原则。"[1]就民间哲学来说，婴儿生来就有自己的本体论承诺。就民间力学来说，婴儿生来就知道许多东西，例如，因为儿童先天知道事物后面有原因，才会经常不停地追问为什么。既然有天赋的知识，其中就一定有天赋的表征，而有些就可能是能成为代型的表征。普林茨说："概念经验论承认这些类型的天赋表征。"[2]有这样的代型，就能说明那些与后天经验无关的概念是如何形成的。神经元或神经元群天赋地连接在一起，能对相同的事物做出探测或分辨，就足以证明这一点。

---

[1] Prinz J. *Furnishing the Mind: Concepts and Their Perceptual Basis*. Cambridge: The MIT Press, 2002: 195.
[2] Prinz J. *Furnishing the Mind: Concepts and Their Perceptual Basis*. Cambridge: The MIT Press, 2002: 195.

第十章 "吾心之藏"、种子识与原初心灵：天赋心灵论比较　　469

现在需要进一步探讨的是，天赋的东西以什么形式存在？在不同的人身上有没有差异？如果有，如何揭示其差异？这差异对后天发展有什么样的作用？如何确定天赋的东西的范围？除了承认有天赋的心理资源之外，是否还应承认存在着天赋的生理、生物、运动机能等方面的先天因素？人身上究竟有哪些天赋的东西？东西方的研究已证实，人在一形成之初就有作为后来发展之出发点和前提的"原初或原始心灵"，现在需要进一步具体探讨的是，它究竟是什么？有何内在构成和结构？最后，如果有天赋心灵、原初心灵，那么它们与人后来形成的现实的心灵是何关系？天赋心灵在现实的心灵中居于何种地位？是变化还是不变化的？这些问题既是天赋研究的应有之义，同时又具有更广泛的心灵哲学意义。对它们的探讨，不仅会把天赋研究引向纵深，而且将推进我们对心灵本身的认识。除了这些问题之外，转型天赋研究正在争论的一系列前沿和焦点问题都是未来的天赋研究应予关注的。由于前面有交代，这里从略。

从比较研究中，我们至少可以引出如下进一步探讨这些问题的思路和办法。

第一，为了避免不必要的混乱和无谓的争论，我们应对有关概念做出必要的分析和清理。例如"天赋""先天""先验"，以及相关的同源词、派生词、扩展词，都是从日常语言中直接搬到哲学和科学的研究中来的。其分析的必要性和重要性已为当今西方许多学者正确地表述了，这里不重复。我们要强调的是，不仅要对它们做出分析，而且要对它们进行自然化，要么用科学的方法、理论、概念来加以说明，要么通过一定的限定，将它们提升为科学概念。西方许多学者在这方面已做了大量的尝试性探讨工作，积累了宝贵的经验。但这些成果由于分别来自熟悉某一科学部门的学者，如生物学家、进化论者、遗传学家、计算机科学家、神经科学家等，因此在有其合理性的同时，又难免有只见树木不见森林的偏颇。所以概念分析和自然化的出路只能是站在更高的基点上，无偏见地吸引各方的积极成果，探寻带有更大综合性的解决办法。

第二，在天赋的范围问题上，我们可以采取灵活、变通的态度。根据天赋的一般界定，我们可以像佛教那样承认，人的后天的所有一切，如吉凶祸福、性格特点、运动能力等都有其先天的根据。质言之，天赋的范围可以放大到心理和生理的一切方面。但是，不同的学术部门只需要也只能关注与它的学科性质相对应的那一部分天赋资源。例如，心灵哲学就只应研究天赋心灵，认识论就只应研究天赋的认识上的"种子"，如此等等。

第三，在心灵哲学切入对天赋心灵的研究时，应采取各个击破、具体问题具体分析的策略，即用西方现在比较流行的个案研究的方法，先弄清天赋心灵中的子类、具体样式，如天赋的道德资源、天赋的数学资源、天赋的本体论知识或能力、天赋的民间心理学，以及天赋的语言能力、思维能力、情感能力、意志能力等，然后采取形而上学思辨和具体实证科学相结合的方法，对它们的具体存在方式、构成、结构、机制等，既做形而上学的推断，又利用脑科学的无创伤技术做直接的观察和研究。

第四，加强对各种文化都关注到的初始心理或童心的研究。这应成为未来天赋研究的重点，因为如此研究将有望把我们对天赋心理的认识大大向前推进。

第五，正如许多心灵哲学家注意到的，心灵哲学研究尽管离不开相关具体科学的帮助和滋养，但它毕竟首先且主要是一项形而上学的事业，其中特别突出的是本体论的探究。对天赋的心灵哲学研究也莫不如此。在这里，最突出的心灵哲学问题就是东方天赋心灵论所突出的心性问题。因为人身上之所以有天赋的东西，其最终的根源是人在形成时尤其是心在生成（此为"性"之直接指称）时大自然的赐予或选择。这应成为天赋的形而上学研究的一个突破口。

第十一章
阳明心身学与西方心灵哲学的心身学说

中国心灵哲学底蕴深厚、内涵丰富、形式多样、代表人物众多,但是若要在其中选择一个与西方心灵哲学最贴近、最宜进行对话沟通的学说,则必为阳明心学无疑。我们之所以这样说,主要不是因为王阳明的这种儒家哲学被称作是"心学",这一称呼很容易被人望文生义地解释成心灵哲学(当然两者命名上的相似确实能够说明一些问题,比如至少说明两者都把心灵作为反思的对象,至于两者对于心灵的理解的异同在后面我们会做一个辨析),而是因为以下两个方面的原因。一方面,阳明心学对很多问题的论述与长于分析、论证的现代西方心灵哲学在风格上极为接近,以至于有人说王阳明的一些东西,几乎可以让像《分析》这样的当代哲学期刊接受为短文[1],这当然意味着阳明心学与西方心灵哲学在思考问题的方式上比中国其他的心灵哲学更具一致性。另一方面,即使以最严苛的标准而言,王阳明作为一位15~16世纪的中国哲学家,对心灵哲学的探讨也达到了令人惊叹的高度、深度和广度,至少就所涉及的问题而言,他事实上触及并回答了许多标准的心灵哲学问题,质言之,在很大程度上,王阳明是在以一个中国哲学家的独特方式思考标准的西方心灵哲学问题,这些问题包括了心身问题、意向性问题、心理的内在机制问题、心灵在自然界中的地位问题、心理内容与行动的关系问题、心灵的价值功用问题等。

---

[1] 倪德卫:《儒家之道:中国哲学之探讨》,万白安编,周炽成译,江苏人民出版社2006年版,第266页。

对于阳明心学的研究在过去几百年中已经取得了许多杰出的成就,但每当把它与一种新的哲学理论做对照时,似乎总能得到一些新的悟解和启示,这也许就是阳明心学价值和魅力的一种表现,即使将阳明心学与西方心灵哲学相对照,在当今而言也早已经不是一种新鲜的尝试,在从心灵哲学和现象学视角出发对阳明心学的比较性的研究中,心与物、心与事、心与意、心与性、知与行等广泛的问题已经被涉及。但是就我们所能掌握的资料来看,从心灵哲学视角对阳明心学的解读尤其是对于他的心身关系理论的解读是很薄弱的,当然也很有意义,这是因为我们有以下三个理由:其一,当代西方心灵哲学发展迅猛,产生了很多新的理论内容和思想方法,如果仍以过去的西方哲学思想为依据来对照阳明心学未免有失公道,中国哲学对阳明心学的研究同样如此,那么我们有什么理由在研究中不考虑双方最新的成果呢?其二,就关于阳明心学的已有研究来看,从心灵哲学这一特定维度出发对阳明心学的梳理、对照和辨析任重道远,这体现了我们从事这项研究的一个初衷,那就是:阳明心学究竟在何处异于西方心灵哲学?两者又在何处有共通之处?它们能够从对方身上汲取哪些营养?其三,尽管过去对于阳明心学的研究成绩斐然,无论是按照中国哲学的概念图式还是按照西方哲学的问题框架来看,阳明心学的很多维度都已经被不同程度地涉及,如吴震、杨国荣、陈立胜诸先生都曾就阳明心学中的身、心、意等问题有所论述,但是在比较视域中探索阳明心学中的心身关系仍有很多工作有待继续推进。心身问题是西方心灵哲学关注的一个核心议题,阳明心学对它自己意义上心身问题的关注也不言而喻,无论是王阳明在讲学时反复强调的"讲之以身心""在身心上实用其力""做身心之功",还是其弟子后学津津乐道、孜孜以求的"身心之学",都表明心身问题或曰身心问题在阳明心学中的重要地位。我们本章所做的工作就是要用现代西方心灵哲学的术语、范畴和方法对阳明心学中的心身问题做一个解读,并与西方心灵哲学中流行的心身理论进行对照,进而希望这个细小维度的研究能够使我们更多地理解这两种心灵哲学的整体状况。

第一节 阳明心学中的心身范畴

心身问题在阳明心学中的地位仅从最粗浅的文字统计上也能看出一些端倪。

第十一章　阳明心身学与西方心灵哲学的心身学说

在《王阳明全集》中，"心"之一字出现大约 3300 次，"身"字出现的次数大约是 850 次，"身心"或者"心身"做一词合用出现 40 余次，当然如果考虑到王阳明对这些词的同义的或者可替代的术语的使用则数量远不止于此。例如，王阳明常用"躯壳""身躯""眼耳鼻舌"等语词来指代身，也常用"意""性""体""良知"等词来表示心，这是阳明心身学说在名相概念上表现出的复杂性，因此，我们要理解阳明心身学说，就先要在文字术语的层面做一个梳理和辨析，以弄清王阳明对"心""身""心身""身心"等语词是如何使用的。

理解王阳明对心身的界说不能完全比照西方哲学的思路和框架来进行。因为从大的方面说，即便阳明心学与西方哲学具有很强的可比性，但两者在对人的总体图式的看法上，在对身、心及两者关系的理解上都存在很大差异，这种差异的存在是我们在研究阳明心身学时不得不格外注意的。一方面，我们可以尽量用西方哲学的概念范畴解读阳明心身学，以便让两种心身学说能够有一个比较的媒介或公共平台；另一方面，我们也应避免对阳明心身学的过分西化，尽量不在解读中出现误读、误解和误比。首先，在对心身概念的界定上，虽然王阳明曾有大量诸如"何谓心""何谓身"之类的设问，但这并不代表心身可以孤立出来单独进行界定。这与西方哲学的情况差异较大。笛卡儿是近代西方哲学中现代意义的心身问题的促发者，他所提出的理论对后来心灵哲学中心身问题的探讨有决定性影响。在他对身体和心灵的界定中，两者就是可以分开说明的。笛卡儿先把身体和心灵或者精神规定成本质上不相干的两种东西，进而再花力气去解释两者之间如何发生关系。笛卡儿说：精神就是一个在思维的东西，一个没有长宽厚的广延性、没有一定物体性的东西。[1]与精神的性质相反，肉体则是一个有广延而不能思维的主体。[2]我们很容易从笛卡儿的身心定义中看出，身和心之间除了性质上相反，如能否思维、有无广延之外，并无其他的联系发生。但在王阳明的心身界说中，情况则完全相反。王阳明不但把心身看成是一个不可分割的整体，甚至把与心身相关的很多要素都直接解释成一个东西，所以在王阳明的心身界说中，心和身非但不能单列开来说明，而且对一方的解释从来都是需要另一方作为参照的。这样

---

[1] 笛卡尔：《第一哲学沉思集》，庞景仁译，商务印书馆1986年版，第55页。
[2] 笛卡尔：《第一哲学沉思集》，庞景仁译，商务印书馆1986年版，第162页。

的定义在王阳明的著述中比比皆是，身、心、意、知、物、事、天理等相关范畴经常在一起出现，"相互帮衬着"去说明对方，因此只有对这一系列范畴都有一个整体的理解，对阳明心身学有一个整体的把握，我们才有可能理解其中像心和身这样的概念。下面我们就尝试在这样一种整体理解下尽可能对王阳明所谓的心和身及两者的关系做一个梳理和分析。

其一，从心身相互的功能作用的方面看，心是身的主宰，身是心的形体运用。在王阳明为徐爱解说如何做工夫的对话中，心、身、意、知、物五者之间的关系有一个总体的界说。"身之主宰便是心，心之所发便是意，意之本体便是知，意之所在便是物。"[1]单从此处来看，心作为身的主宰与中国古代对于心的具象理解并无差异，先秦时期的人就基于人与外界感应中心的变化而把心看作耳、眼、鼻、舌、身的主宰。[2]所不同的是，王阳明为心增加了意这样一个成分，意是由心所产生的一种能力，它的本体是知，它的对象是物。王阳明对心和意的理解受朱熹影响。

在下面这段对话中，王阳明对心、身、意、知、物五者的意思有了进一步解释。问："身之主为心，心之灵明是知，知之发动是意，意之所着为物，是如此否？"先生曰："亦是。""只存得此心常见在，便是学。过去未来事，思之何益？徒放心耳！"[3]此处对心作为身的主宰的说明没有变化，变化的是王阳明认可了将知看作心之灵明的说法，结合上文所说"意之本体便是知"，我们似乎可以得出结论说：心之灵明就是意之本体，就是知。王阳明所谓的知，就是心中那一点灵明。这里又说"知之发动是意"，结合前述的"心之所发便是意"，就强调了心和心中之灵明（知）的一个共同的能力，那就是"意"。那么，究竟什么是意呢？王阳明在此处只交代了意的对象，那就是物。与前一次说明不同的是，对于作为意之对象的物的说明，在措辞上从"意之所在"变成了"意之所着"，虽是一字之差，但意思却有不同，"所在"只是说明物作为意所指向的对象，"所着"则进一步把这种指向关系的特征阐述出来，意与物的关系应该是更贴近、更具有粘连性的。而且，对于意所要着的对象也有选择和规定，不能是任意去粘连，

---

[1] 王守仁：《王阳明全集》。
[2] 张立文主编：《心》，中国人民大学出版社1993年版，第6页。
[3] 王守仁：《王阳明全集》。

第十一章 阳明心身学与西方心灵哲学的心身学说

如过去未来之事,用意去攀附对于学而言是没有好处的。

在《大学问》中,王阳明从修身明德的工夫次第的角度,对心身及其关系进一步明确界说。"何谓身?心之形体运用之谓也。何谓心?身之灵明主宰之谓也。何谓修身?为善而去恶之谓也。吾身自能为善而去恶乎?必其灵明主宰者欲为善而去恶,然后其形体运用者始能为善而去恶也。故欲修其身者,必在于先正其心也。然心之本体则性也。性无不善,则心之本体本无不正也。"[1]这里王阳明对心的界说略有补充,心不单是身的主宰,而且是一个灵明的主宰。心灵的灵明是知,知就是灵明,如此一来,灵明就是心的一个性质,这个性质的表现就是知。对照西方哲学而言,笛卡儿说人心是能思维的,王阳明则说人心是灵明的,是能知的。修身是为善去恶,这也是从心上来说身的,因为身如果只是肉身,只是眼耳鼻舌躯体,那就没有善恶可言了,只有心才有善恶,所以修身关键在修心。心的本体是性,性是天生的东西,其性质是"无不善",所以心的本体也是"本无不正"的。王阳明还从修身明德的工夫次第的角度论及心身及其关系,心是身之主宰,所以修身主要在于正心,而心的本体本来是没有不正的,只有在意念发动后才会有不正的情况出现,所以所谓正心主要就是"正意"。"故欲正其心者,必就其意念之所发而正之,凡其发一念而善也,好之真如好好色;发一念而恶也,恶之真如恶恶臭:则意无不诚,而心可正矣。"[2]那么,决定了心有这种本体本性的东西又是什么呢?这就涉及对人心的形而上学根据的进一步说明,王阳明区别了人心和道心。

其二,从心自身的类别而言,心有道心和人心之异同,道心和人心是一而二、二而一的关系。在王阳明与徐爱的对话中,心的这种区别和联系体现出来。徐爱问:"道心常为一身之主,而人心每听命。以先生'精一'之训推之,此语似有弊。"[3]先生曰:"然。心一也,未杂于人谓之道心,杂以人伪谓之人心。人心之得其正者即道心;道心之失其正者即人心:初非有二心也。程子谓'人心即人欲,道心即天理',语若分析而意实得之。今曰'道心为主,而人心听命',是

---

[1] 王守仁:《王阳明全集》。
[2] 王守仁:《王阳明全集》。
[3] 王守仁:《王阳明全集》。

二心也。天理、人欲不并立，安有天理为主，人欲又从而听命者？"①朱熹等人认为道心与人心是二，是基于一种错误的认识假象。朱熹说人心与道心是二，在于他没有摆清楚人心、天理和外部事物之间的逻辑关系。可以说，朱熹的认识论更接近于康德之前西方哲学传统的认识论观点，在这种观点中，人心在对外物的认识中的作用被大大低估了。就朱熹而言，从认识论上讲"格物"，是把事事物物作为一个对象，然后以人心去探求事物中所含的天理，从这样对待的角度上，人心与天理是二而不是一，如果是一，就不需要再格物穷理了。王阳明说："朱子所谓'格物'云者，在即物而穷其理也。即物穷理，是就事事物物上求其所谓定理者也，是以吾心而求理于事事物物之中，析'心'与'理'而为二矣。"②

王阳明认为，从本来的意义讲，道心与人心是一，不能是二。事事物物不能作为天理的本体，因为事事物物是生灭变化的，一个事物毁灭了，天理并不会跟着毁灭。王阳明举例子说，这就像是我们不能够把孝之理归之于父母亲人，否则亲人死去之后，孝之理就不会存在，人心中也就没有孝了，但事实显然不是这样。把理作为一个外部的认识对象，是"务外遗内"，把理真正所在的地方给遗漏了。所以，天理本来不在外物中，而在人心中。王阳明认为，人心、外物、天理之间的关系并不是一种割裂对立的关系。他说："若鄙人所谓致知格物者，致吾心之良知于事事物物也。吾心之良知，即所谓天理也。致吾心良知之天理于事事物物，则事事物物皆得其理矣。致吾心之良知者，致知也。事事物物皆得其理者，格物也。是合心与理而为一者也。"③由此可见，王阳明认为天理即人心中的良知，格物致知就是用人心中的良知去格致事事物物，正是由于人心的这种活动，事物才有天理，从这个意义上讲，事物中的天理不是本源的，而是派生的，是人心"格致"的结果。王阳明对于人心、天理、事物之间关系的这种理解实际上就是康德所发起的人为自然界立法的所谓"哥白尼式的革命"的心学版本。

其三，心、身、性、天、命等本为一体，是同一个东西在不同关系中的变现，它们的差异只是名相概念上的差异。王阳明在回答恻隐、羞恶、辞让、是非，是否性之表德这一问题时，说道心与天、帝、命、性是同一性质的东西，之所以会

---

① 王守仁：《王阳明全集》。
② 王守仁：《王阳明全集》。
③ 王守仁：《王阳明全集》。

第十一章　阳明心身学与西方心灵哲学的心身学说

有不同的名相称呼是因为它们处在不同的关系范畴当中，这就像同一个人在不同社会关系中成为不同的角色一样。王阳明说："仁、义、礼、智也是表德。性一而已：自其形体也谓之天，主宰也谓之帝，流行也谓之命，赋于人也谓之性，主于身也谓之心；心之发也，遇父便谓之孝，遇君便谓之忠，自此以往，名至于无穷，只一性而已。犹人一而已：对父谓之子，对子谓之父，自此以往，至于无穷，只一人而已。人只要在性上用功，看得一性字分明，即万理灿然。"①"性是心之体，天是性之原，尽心即是尽性。"②对于心身而言，王阳明明确指出它们本为一体，就意味着他在本质上把心和身看作是一种东西、一种实在，而不是两种实在，正是因为条件不同、人们描述方式的差异，它们才会有两个名称。

王阳明用以表述"身"的概念颇多，如"躯壳""躯壳的己""真己""耳目口鼻四肢"。在解释如何方能克己时，王阳明说克己先要有为己之心，如此才能克己，为自己的躯壳就是为己，因为躯壳的己就是真正的自己，两者不可分割。但是从价值论而言，王阳明又为这个"为躯壳的己"做了新的规定，对自己言行举止的规范，非礼勿视听言动，才是为耳目口鼻四肢，才是为真正的躯壳的己，否则像一般人那样满足自己感官上对声色味触的追求，那反而是对真己有害的。在王阳明看来，"躯壳的己"要和"躯壳外面的物事"区别开来，为前者动心动的就是为己之心，为后者动心动的是害己之心。心对于身的主宰地位在此充分体现出来，耳目口鼻四肢如果没有心"发窍"于其中，就只是一团血肉，自己是不能发挥视听言动的作用的。所以，就对于身的功能而言，心就是使得感官能够发挥作用的那个东西。但是，心又绝不是能够断然和身割裂开来的、独立的东西，即便它具有对身的优先地位。王阳明说："所谓汝心，亦不专是那一团血肉……所谓汝心，却是那能视听言动的，这个便是性，便是天理。有这个性，才能生这性之生理，便谓之仁。这性之生理，发在目便会视，发在耳便会听，发在口便会言，发在四肢便会动，都只是那天理发生，以其主宰一身，故谓之心。这心之本体，原只是个天理，原无非礼，这个便是汝之真己。这个真己，是躯壳的主宰。若无真己，便无躯壳，真是有之即生，无之即死。"③那个能够视听言动的，便

---

① 王守仁：《王阳明全集》。
② 王守仁：《王阳明全集》。
③ 王守仁：《王阳明全集》。

是人心，是性，是天理，它们是同样一种东西，我们把天赋予人的东西称作性，把它相对于身而言的称作心，心之于身唯有相对而言才能说是有，因此心尽管主宰身，但却不是像宗教中天神主宰人世那样的一方对另一方的对立关系，而是一种相互成就、相互支撑的关系。王阳明说"这视听言动皆是汝心"，又说这心"不专是"一团血肉，如此这般说法，都是从人心与身的关系来讲的。身体感官之所以能够视听言动，都是因为人心在耳目口鼻四肢等感官中的变现，反过来说，没有这些感官也就没有人心。

王阳明在为陈九川解答"诚意工夫"时，明确说道，"身、心、意、知、物是一件"。针对陈九川"物在外，如何与身、心、意、知是一件"的疑问，王阳明进一步解释说："耳、目、口、鼻、四肢，身也，非心安能视、听、言、动？心欲视、听、言、动，无耳、目、口、鼻、四肢亦不能，故无心则无身，无身则无心。但指其充塞处言之谓之身，指其主宰处言之谓之心，指心之发动处谓之意，指意之灵明处谓之知，指意之涉着处谓之物：只是一件。意未有悬空的，必着事物。"[①]说身、心、意、知是一件事，不算很难理解，因为它们所形容的毕竟都在人身上，令人难解的是，王阳明把物也与它们算作是一件。王阳明的解释是，身是心的另一种表达，是心的物象化，因为从心的角度说，心充塞的空间场所就是身，对于这样一个空间场所的主导者而言，就是心。心的活动就是起意，意所关于、指涉的东西就是物。他又说，意一定是要有所指涉的，不能是悬空的，也就是说，不可能存在一个什么都不关于的、纯粹的意，意只能作为一个关系范畴才能成立。

第二节　阳明心身学的心灵哲学维度

王阳明对身、心、意等范畴的理解与西方心灵哲学确实有很大不同。西方心灵哲学中的心身问题整体上是在心身二元对立的人学图景中进行探讨的，如心灵的本体论地位问题、心身因果作用问题等，在此意义上将西方心身学说称作笛卡

---

① 王守仁：《王阳明全集》。

儿的遗产是恰如其分的。相比之下，阳明心身学对人的理解从一开始就具有一个整体性的框架，它不是在将心身先分裂之后再求其统一，而是努力从一体的心身中辨认出心身关系来，在对心与身等概念的诠释中从始至终都贯穿着一种整体论的思想。这样说的意思是，王阳明虽然将身、心、意等范畴视为一体，强调它们实际上是一个东西，但这些东西并不是混沌地杂糅在一起的，而是有着清晰的界限和各自不同的功能作用。通过对这些概念的细致辨析，我们从中能够清晰地看到王阳明在心身关系问题上不同于西方主流思想（二分图式），而近于非主流思想（如双重语言论等）但又有自己鲜明个性的独到思想。

从整体上看，王阳明所谓的心和身都是多层次的、多名的，但它们的"实"却只有一个。心身关系不是简单的二元关系，而是多元关系，不是在心身二元对立中的心身两种实在的关系，而是同一种实在的不同部分或者要素之间的关系。质言之，心身本来就是同一个东西，它们的差异只在语言描述的层面，而不在实在的层面。这就意味着，王阳明不像一般人（包括笛卡儿式的常识观点）那样，在思考身、心、意、物、事等时，一上来就受到语言的"蛊惑"，不假思索地在语言名相的背后安立实在，错误地以为既然在语言中心与身能够相提并论，人身上既然有实在的身体（眼、耳、鼻、舌、躯干、四肢），那么肯定也应该有能够与之对立的心、意、知之类的东西了。王阳明关于心身的主张与现代西方心灵哲学的一些观点是不谋而合的。有人认为，王阳明对心身一体的这种理解极具前瞻性和预见性，是名副其实的"未来哲学原理"，它不是主观的或者客观的唯心主义，而应理解为一种多重语言论或一实多名论或视角主义，他也非常接近赖尔等人的"双重语言论"与 D. 戴维森的解释主义。[①]

既然王阳明对心身的理解是多层次的而且是一实多名的，那么在这一实或者是一个整体的框架下来理解，王阳明所说的心身关系就不只是一种单一的关系，而是多层次、多维度的关系。王阳明所谓的"心"不是西方心灵哲学所谓的 mind，甚至也不是精神的心灵和肉体的心脏的复合，如有人主张将之写作 mind-heart，而是一个有着多重要素、复杂结构、丰富内涵的独特的中国哲学范畴。这个范畴部分地可以用西方心灵哲学的属于概念予以说明和解释，但其中还有一部分含义则唯有在中国哲学特殊的语境中才能得到全部的理解。比如，王阳明所说的心，

---

① 高新民：《人心与人生——广义心灵哲学论纲》，北京大学出版社 2006 年版，第 390 页。

既涉及人的心智的成分（有些学者甚至认为应该将 mind 直接译作"心智"，突出心灵哲学的对心的理智探求的部分），又涉及非理智的直觉、情感；既涉及心的认知的、对身体的因果性的功用，更强调心的价值的功用，如对修身的主导作用；既涉及心作为一个整体性的名相概念的统一性和一致性的方面，又非常强调心的不同因素各自的作用。

"意"是在阳明心学中占有重要地位的概念，有人甚至认为它是阳明心学的核心概念，承担了心的大部分的功能作用。不但心的任何行为倾向都要通过意表现出来，而且知、行、事、物、身都是与意直接相关的，所以意是阳明心学中当之无愧的核心范畴。因此，考察王阳明的心身关系，首先就要考察他的意与身的关系，因为意身关系是心身关系在阳明心学中的一种特殊变现。如前所述，阳明心学中意与物是紧密关联在一起的，因为意不能是悬空的，它总是指涉着物，但是值得注意的是，阳明对于意和物的规定，明显是将两者都内在化了，不但作为心理活动的意，而且意所指向和关于的对象都处在心身的范围之内。从心灵哲学的视角来看，王阳明对于意的规定，实际上就具有西方心灵哲学所谓的意向性或者关于性、指涉性的意思。陈来也说：就"意之所在便是物"来说，意指意识、意向、意念。意之所在指指向对象、意识对象。这里的"物"主要指"事"，即构成人类社会实践的政治活动、道德活动、教育活动等等。[①]心灵哲学对人心的这种关涉其对象的能力有大量的研究。布伦塔诺最初把这样一种能力称作"意向性"，并把它作为心理现象区别于物理现象的独特标志。现代西方心灵哲学中，意向性的研究具有枢纽地位，一般认为它就是一事物能涉及、表现、关于、指向它之外的事物的性质和特征[②]。人的心灵就具有意向性。比如，当我心里想到长城时，我的心灵就表现出一种关于心灵这个对象的能力。这时就可以说，我的心灵与长城处在一种意向关系当中。我们的心灵不但可以关于和指涉像长城这样现实中存在的对象，而且可以与超时空的东西，甚至绝对非存在的东西发生意向关系，比如，我想到独角兽、方的圆、世界和平。应当说，心灵哲学对于意向性及其对象之间关系的理解，本身就具有模糊性。意向性是心灵的一种独特的能

---

① 陈来：《有无之境：王阳明哲学的精神》，生活·读书·新知三联书店 2009 年版，第 59 页。
② 高新民：《意向性理论的当代发展》，中国社会科学出版社 2008 年版，第 9 页。

力，它内在的规定性要求它必然涉及与对象的指涉关系，但是否能够因为这种指涉而把对象内在化又是令人费解的。当心灵所指涉的对象就是我们面前的事物时，我们不能否认心灵能够与外在事物发生意向关系。如果把意向对象看作是出现在心灵面前的一种特殊的内在对象，那么对于非存在对象和现实中存在的对象就能够有一个统一的解释，这就意味着所有的意向对象都是内在的，意向性就是有对象内在于心中。但是这样一来，对于这种内在对象的性质又该如何解释？这就又涉及对意向对象之本质的旷日持久的争论，这构成一个专门的分支即"意向对象的形而上学"。[1]

如果把王阳明所说的"意"理解为一种意向性的话，那么他显然是把意向性的对象做了一个内在化的处理。王阳明从心的立场出发，意向性是心的一种活动能力，而且它不能够与其对象分裂开来，所以把意向性所指涉的东西归属于人心，似乎就顺理成章了。这样，从王阳明的立场去解释，不但心、身、意是一体的，而且它们连同作为对象的物，也都是一体的了。所以，王阳明所谓的"物"，不是外在的对象物，而是由我的视角看到的、被卷入我的世界当中的意向之物。

"知"是阳明心学中的另一个重要概念。知是意的本体，是人心中的灵明。相对于西方心灵哲学而言，王阳明所谓的知，既是人心具有的自明性，强调了人对自心的有意识的方面，又说明这个知是作为本体而存在的，它既然是意的本体，那么我们能够获得关于自我的心灵的知识就不需要其他的理论解释了。因为知在人心中的地位更加根本，所以心与身的关系也应该从知与身的关系来予以考察。在王阳明早期的学说中，他特别强调"知行合一"的好处。知作为有意识的心理活动，与行这一显著的生理的、身体的活动是一种对立统一的关系，这实际上是阳明心身一体论的另一种表述。

贺麟先生在对知行合一的解释中实际上阐发的就是阳明心学中心身关系的这一个维度。他虽然没有明确指出这一点，但我们从贺麟先生的论述中仍可以看出，当他讨论知性关系时，实际上是把知看作心的一个主要要素，把行作为身体的方面来看待的。按照贺麟先生对王阳明的知行概念的分析，知是一种活动，行也是一种活动，知是心理活动，行是物理活动，这两种活动都有上下等级之分，

---

[1] 高新民：《意向性理论的当代发展》，中国社会科学出版社2008年版，第9页。

有所谓的"无行之行"和"无知之知",也就是说,最不显著的行的活动与最显著的知的活动是上下贯通的,所以,知行合一就有了生理学和心理学上的依据。按照这种理解,贺麟从心身关系的角度分析了王阳明知行合一论中的知与行或者说心与身的几种关系模式。首先,就心与身的合一而言,两者是"合"而不是"混",不是说心与身的概念是含混不清、混为一谈的,而是说通过对"合一"这种关系的强调,更加明确地呈现出心身之间真正应该具有的关系,以免人们在此问题上或者不加分别地把两者混为一谈,或者片面强调两者的对立性和差异性,陷入二元论的错误境地。王阳明在说明心身关系时是煞费苦心的,是下了一番功夫的,从过程上看,这表现为四个有目的、有计划的阶段。第一,王阳明在心身关系上,既强调了心身本来合一,又说明了两者为何又区别为二,并以不同名相概念表现出这种区别,最后又从名相概念入手追本溯源,说明心身如何本来就是合而为一的关系。第二,从时间过程来看,心身是同时发动、同时产生,不分先后的。因为知是意识活动,行是生理活动,知行合一就是说这两种活动同时发生,不分先后。第三,心身是同一种东西的两面。贺麟认为,王阳明的知行合一之说与斯宾诺莎的心身两面论具有相类似的地方,两者都是主张心身合一的,而且斯宾诺莎就是用同时发动来解释心身合一的,知与行是同一生理活动的两面,因此两者当然是合一的。[①]第四,心与身之间是一种平行关系。心与身的行动在时间上是一而二,二而一的关系,次序相同。从解释的层面看,心的层面与身的层面各有自己的解释序列和方法,不能混同。除此之外,贺麟先生在解释心身关系时还注意到阳明心身学相对于西方哲学而言有其独特的方面,这主要表现在,心身关系从类别上划分可以区分为自然的心身关系和价值的心身关系。当然,用贺麟先生的话说,就是把知行合一区别为自然的知行合一和价值的知行合一。[②]心身关系从自然的层面讲,两者不能够互为因果、互相解释,质言之,在这个层面上不存在一个所谓的心理因果性问题。在价值的层面上,心与身之间可以相互决定,相互解释。知可以是行的原因,行也可以是知的原因。贺麟认为王阳明知行合一的这种新的解释在解释心身关系时能够产生很多红利。比如,当前西方心灵哲学广泛

[①] 贺麟:《近代唯心论简释》,上海人民出版社 2009 年版,第 47 页。
[②] 贺麟:《近代唯心论简释》,上海人民出版社 2009 年版,第 50 页。

第十一章 阳明心身学与西方心灵哲学的心身学说

争论的副现象论，贺麟称为浮象论，他认为浮象论仍然是斯宾诺莎心身平行论的继续，是将之唯物论化了。但是西方哲学的浮象论却忘记了心身平行论的主旨，那就是，身心既然平行，就不能相互决定，两者在事实上不能够有一个先后主次。但是，浮象论把心作为身的影子或者副现象，实际上是把身置于优先于心的地位。贺麟说：要于知行、身心间区分主从因果关系，只能在逻辑上或价值上去分辨。但就逻辑上讲来，心为身之内在因，知为行之内在因，心较身、知较行有逻辑的先在性。而如何从逻辑上证明身决定心，行决定知，则浮象论者却没有作过这番批评的功夫，而只知根据片面的事实，作理论的武断。故浮象评论之说，既违背斯氏平行论的基本原则，又缺乏逻辑上的批评工夫。[1] 贺麟对西方哲学副现象论的批评确实切中了问题的要害，西方心灵哲学从神经科学、心理学等自然科学研究成果中汲取大量养分，而这些研究成果主要就集中在对人的物理的身体的层面，如心理活动的神经机制、意识活动的神经关联物。在这种研究中，任何关于心的知识，如果能在脑的层面上得到最终的验证和解释，都是不完善的。但问题在于，这些研究一开始就是在身心二元对立的框架下进行的，因此即便解释了身体的活动，也还要回过头来去问心的活动如何解释，这样一来心的活动就只能够作为一种副现象被搁置起来。这样一种看待心身关系的态度，就是所谓的"只知根据片面的事实"了。

实际上，在阳明心身学中，心与身的先后次第也是存在的，但它却比西方哲学区分得更加精细，多了一些区分和解释。就王阳明所说的心身关系而言，在本然的层面上，心与身是浑然一体的，我们既可以说身是心的变现，也可以说心是身的变现，因为两者不可分割，所谓心与身的名相都不过是在特定条件下为了说明的需要而安立上去的。

身与心本然一体，在事实的、本来的层面上是一个东西，这是心身、知行能够合一的根本。在这个意义上没有所谓的心身关系，因为在这个意义上根本没有所谓的身心之别，既然没有分别，当然不可能发生关系。在语言安立之后，心身关系产生，如果这是要分别心身之间的关系，也不能笼统地说心身如何。这里又有两个层次：一是从整体上来看，当然能够说心是身的主宰，身是心的形体。但

---

[1] 贺麟：《近代唯心论简释》，上海人民出版社2009年版，第55页。

是对于心身的这个关系也不能够笼统地、孤立地理解，因为一旦这样理解，就容易把心与身看成是对立的两个东西，而事实上，阳明心身学强调两者的整体性。二是从细微的过程来看，从心之发动，到意、知的呈现，再到行、身、事、物的出场，都是一个整体。这众多的要素共同构成了心与身。所以，在王阳明的心身关系中，心身不是两个单一要素的二元关系，而是有着不可分割的多要素共同参与的一个系统关系。质言之，心身是一个庞大的、统一的系统。当然，在本然的层面之外，王阳明也承认心与身之间的先后次序。例如在价值上，心优先于身。说心优先于身，一般认为最明确的证据就在于王阳明多次强调，心是身的主宰，心是身之主，这样说固然不错，但也要有一个辨析，那就是王阳明这样说是在一个价值的意义上强调的。因为王阳明说心身主要的着力点并不像西方哲学那样，试图弄清心身之间发生关系的心理机制和生理机制，而是要为修身立德这样一个价值的、境界的目标寻找心身机制。虽然这两种机制可能有相关的地方，但区别是显著的。在王阳明看来，修身之所谓身，既是生理上的身体，又是价值上的载体，两者虽然一致，但后者显然是修身的逻辑重点。有人认为，在王阳明那里，所谓身就是心之形体化，而所谓心，就是身体的精神化[①]。要修身，当然就要为身体找到一个控制的枢纽，这个枢纽就是人心，而人心又是天理在人身体中的变现，所以，修身就是修心。对于身的为善去恶这一价值诉求而言，与其说是身体在行动，不如说是心在行动。心由此获得相对于身的价值上的优先地位就是合理的了。

第三节 与西方心身理论比较之结论

阳明心身学与西方心灵哲学的心身学说确实有诸多可以比较之处，但是如果要问它究竟与西方心身学说的众多理论中的哪一种最为接近或者相似，这个问题并不容易解答。因为如前所说，阳明心身学并不像西方哲学那样把心身看作二元对立的范畴，进而可以在二元框架下寻求心身关系的答案。与王阳明对于心身的

[①] 黄俊杰：《东亚儒家思想传统中的四种"身体"：类型与议题》，《孔子研究》2006年第5期，第20-35页。

第十一章 阳明心身学与西方心灵哲学的心身学说

理解框架相比，这种二元框架被大大简单化了，不但心和身被理解成相对简单和单一的东西，而且心身关系的多样性也被大大简化，因此对心身问题的解答也被局限在有限的几种可能性当中。纵观西方心灵哲学自笛卡儿以降对心身关系问题的解答，理论虽然众多，但新意不多，尤其是对心和身本身的理解并没有发生显著的变化。

现代西方心灵哲学对心身关系问题的解答方案细致地看有上百种之多，但从总的思路上看却并未超出近代哲学较为著名的几种解决方案。具体来看，西方哲学对心身关系问题的解答不外乎以下几种：第一种是二元论，以笛卡儿的实体二元论为代表，这种理论认为心灵与物理的身体既能够分离，又有着显著的差异。这种理论实际上是以一种相对否定的方式来规定心灵的本质的，因为它总是强调心灵不是身体、不是物质、没有广延等，但是很难正面说清心灵到底是什么。再者，这种理论从一产生开始就伴随有一个致命的理论难题，那就是，如果心灵与身体在本质上不一样，而身体和周围的整个物理世界能够打成一片，那么非物质的心灵与物质的身体之间究竟是何关系？17世纪的哲学家就此问题给出了三种主要的解答方案：一是平行论，二是副（附）现象论，三是交互作用论。平行论视心身为本质相异的两种东西，而且它们在因果上是相互隔离的，心理事件是心理事件的原因，而不是身体事件的原因，反之亦然。这种理论的困难在于它无法解释生活中一些显而易见的心身现象，比如我的愿望与行为之间似乎存在明显的因果关系，如果两者能够保持一致的话，那么究竟是什么让它们保持一致？是上帝吗？这是一个令持自然主义立场的心身关系的解释者难以接受的答案。副现象论和平行论一致的地方在于它也认为心身之间在因果上是隔离的，但差别在于它把这种双向的因果隔离变成了单向隔离，也就是说，它承认身体对于心灵有因果作用，但是否定心灵对于身体的因果作用。这样心灵就完全变成了身体活动的副产品。人的信念、欲望等心理活动是由身体活动引起的，但它们产生之后却不发挥任何作用，只是被摆放在那里。这种解释是与直觉完全相反的解释，而且从进化的角度来说，既然心灵只是副产品，不能够发挥实际的因果作用，那么它还有什么必要被产生出来呢？我们只有身体而没有心灵岂不会更节省能量？交互作用论认为身体和心灵尽管本质上不同，但是两者之间却能够发生因果作用。交互作用论最著名的形式之一就是笛卡儿式的二元论。根据笛卡儿的理论，心灵作为一个完全非物理的实体存在于人的大脑中的松果腺当中，对身体行为发号施令。但是这一理论也存在致命的困难：既然身体和心灵是本质上不同的东西，它们如何能够在同一个因果网络中发挥作用呢？

第二种是行为主义。行为主义的兴起与所谓的哲学的语言学转向直接相关，这构成了对心身二元论的巨大挑战。哲学行为主义的代表人物是赖尔。在赖尔看来，哲学难题的根子在语言当中，二元论及围绕心身问题展开的争论完全是失败的，之所以失败就是因为争论者对于心理语言所扮演的角色没有一个正确的认识。由此他批评以往的心灵哲学是笛卡儿式的神话，这种神话把心灵看作是一个只有通过内省才能知道的内部密室，并且试图去解释这个内部密室与身体、物理对象等公共事物之间的联系，由此就引发了一个心身关系的问题。这种对于心身关系的追问实际上犯了赖尔所谓的"范畴错误"，这就像一个人在参观了大学的所有建筑之后，仍然去问大学在哪里。

第三种是同一论。20 世纪 50 年代，心身同一论作为一种新的心身关系理论在心灵哲学研究中兴起，这一理论的兴起与心灵的科学研究发展联系在一起。心灵哲学家发现对于心身问题及心身机制的研究有助于心灵的科学研究建立起科学的理论框架。比如，心脑同一论就是这个理论框架中的一种有影响力的理论，它主张心理状态就是大脑过程。对于哲学家而言，研究的重点并不是要确定心灵到底是不是大脑，因为这是科学研究的任务，心灵哲学的任务是要严格审视这种理论的可能性，即它究竟有没有可能为真。比如，假定思维、信念、欲望等与大脑过程是同一的，这究竟能不能说得通呢？如果它说得通，至少要面对两个理论问题：一是莱布尼茨法则问题。根据莱布尼茨法则，如果说两个东西是同一的，那么无论什么东西只要对其中一个为真，对另一个也必然为真。质言之，如果心脑是同一的，那么对心灵成立的东西，对大脑也必然要成立。但问题在于，大脑是定域的，有特定的位置，而心灵则不能说在某个特定位置，心理内容是有真有假的，但大脑则不能说真假。二是种族沙文主义的异议。在心身同一论上沙文主义的一种表现是类型同一论，即认为心理状态的类型同一于大脑状态的类型。比如处在疼痛之中就与 C 神经纤维的激活类型统一，但是这可能犯了沙文主义的错误，因为完全有可能有其他类型的疼痛。对此的补救办法是个例同一论，但是这种理论的解释力相对薄弱，而且每一个特定的心理事件如何才能够同一于一个特定的物理事件呢？

第四种是机器功能主义。功能主义针对心身同一论给出了一种新的心身图景。在功能主义者看来，心身同一论实际上过分关注从物理语言的层面来解释心身关系问题，这就像是试图仅仅分析沙漏、钟表、电子表的机械构造来说明为什么它们都能够给出时间指示。功能主义认为，问题的关键不在于物理层面的语言描述，而在于把握这些不同的物理状态的功能性。同样的程序可以在不同类型的物理机器上运行。以功能主义理解心身关系问题就类似于理解计算机的程序与其硬件之间的关系。

第五种是取消主义。取消主义为心身问题的解决提供了一种较为另类的方案。取消主义的重点在于对我们常识化的心灵观念进行解构，在这种理论看来，我们的心灵观念是各种常识化的心理现象的集合，把科学的任务设定为解释这些心理现象可能是一种错误的做法。这就像是历史上以太、燃素等概念出现在科学研究的术语体系中一样，是一种误导。心灵概念与这些伪科学概念可能遭遇同样的命运。因此澄清对于心灵概念的理解是解决心身问题的一种有效方案。

到此为止，我们已经简单梳理了西方心灵哲学为解决心身问题所提供的几种最主要的方案。从上述简单的考察中，我们仍然能够看出西方心灵哲学对于心身关系进行考察所具有的总的特征：其一，西方心灵哲学在总体上对心灵的理解不同于阳明心学。西方心灵哲学对心的理解无论在具体的规定性上存在何种差异，但总体上其意思都在 mind 一词的涵摄之下。西文中的"心灵"一词是由"灵魂"一词演化而来的，而灵魂这个词汇就其本意而言就意味着一种与肉体可以相分离的、不同的东西。只是到了近代，在心理学和哲学中，"灵魂"一词似乎摇身一变就被"心灵"一词所取代，两者之间的转变并没有经过一个合理的甄别和说明。把灵魂和心灵看成紧密相关的概念在西方心灵哲学中是一种较为常见的做法，就连帕特里夏·丘奇兰德这样的具有神经科学背景的心灵哲学家在对心灵这个术语做解释时，也是从"灵魂"一词开始讲起的。在通常使用"灵魂"的地方，今天已代之以"心"这个词。[①]当前心灵哲学研究心灵的一项重要工作就是要想方设法找到心的一个标志性的特征，以便能够把心理现象（心的现象）和物理现象

[①] 沙弗尔：《心的哲学》，陈少鸣译，生活·读书·新知三联书店1989年版，第5页。

（物的现象）区别开来。例如意识、意向性就是常见的作为心理现象独特标志的东西。甚至有人认为，心灵哲学顾名思义就是要研究所有心的现象，如意识现象。①阳明心学对于心的理解从一开始就不同于西方哲学，如前文所述，王阳明所谓的心既是道德修养的本体，是身体的主宰，对于修身具有根本的作用，同时心又渗透或者发散在身体当中，有身体的基础，根本不容许脱离身体而单独存在。相比较而论，阳明心学对于心身的这种理解虽然看起来不像西方哲学那样在概念上更具有条理性和明晰性，因而容易引人误解，但对于心身本然的关系却有一个较为准确的直观把握。西方心灵哲学把心和身看作是可分离的，尽管试图说明两者如何能够一致起来，但在根本上两者是二，这样一来，西方心灵哲学研究心身问题就有两个方面的任务：一方面要说明心灵与身体能够区别开来的标志性特征；另一方面还要说明两者能够一致起来发生因果关系的机制。而在阳明心学中，心身是一，而不是二，心身原本就是互相渗透的，其主要任务就是要说明在互相渗透的这样一个心身整体中，不同的要素之间是如何运作的，或者说，心身运作的整个机制是怎样的（图11-1）。

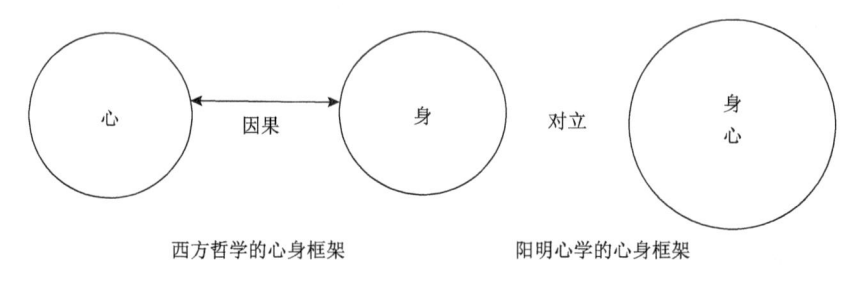

图 11-1　西方哲学和阳明心学的心身框架

阳明心学把心和身看作是相互渗透的，这一理解框架导致它在心身关系问题上与西方哲学的各种理论既有交叉相似之处，又不等同或者能够被归属于其中任何一个。就心与身有所区别，能够发生相互作用而言，阳明心身学与二元论具有相似之处，但因为王阳明对于心和身有不同于西方哲学的理解和规定，因此它能够有效地避免西方心灵哲学二元论的各种麻烦。王阳明明确指出了心灵对于身体

---

① 沙弗尔：《心的哲学》，陈少鸣译，生活・读书・新知三联书店1989年版，第8页。

的主宰作用，从而避免了陷入平行论和副现象论的窘境，而在对心身作用的说明上，他主要从心的视角出发，强调了心灵对身体的主导性和优先性，但又摒弃了常识的观点，并不把这种作用视为一种心身的因果作用，因为一旦涉及因果性就等于承诺了心身作为两个相互区别的东西。在王阳明这里，心身的关系是浑然一体心身的内在运动过程，如果从心的方面来看，身体及其运动不过是心的赋形化或者形体化；如果从身的方面看，心自然是身的一部分，是身体中的灵明。这样看来，阳明心身学似乎与西方心灵哲学的心身同一论有相似之处，如从表面上看两者都强调心即身，但实际上双方强调的重点有明显差异。西方心身同一论认为心理活动本质上就是大脑活动，其解释路径是从身体的层面出发，在了解了身体的神经活动与心理活动的关系之后，把心灵归属于身体，或者用生理的、身体的东西去消解心灵的东西。西方心灵哲学之所以采取这种做法，一是因为其理论以深厚的自然科学成果的积累为基础，二是因为这种理论框架的提出本身就是为心灵科学的研究服务的。如果能够把心灵同一于身体，则心灵科学研究就具有了坚实的基础，所以，这种名义上的心灵科学、心灵哲学实则是名副其实的身体科学、身体哲学。而阳明心身学的情况则刚好相反，在王阳明这里，探讨心身关系的目的是为修身服务，阳明心身学的产生有着深厚的以境界修养为导向的"心学"传统大背景。说朱子之学是彻头彻尾的一项圆密宏大的心学[1]，甚至说整个中国儒家哲学都是心性之学[2]，亦无不可。徐复观也说，中国文化最基本的特性就是心的文化，这种文化中作为价值之泉源的心，指的是人的生理构造的一部分而言，即指的是五官百骸中的一部分；在心的这一部分所发生的作用，认定为人生价值的根源所在。也像认定耳与目是能听声辨色的根源一样[3]。徐复观认为，处在身体之中、作为形体之一部分的心，是中国哲学对心的理解的独特之处，因此不能将之理解为唯心论，因为西方哲学唯心论的心根本就不是人的生理构造的一部分，将中国哲学的这个心牵附到唯物论去反倒是有一点影子。他还附会《周易》中的"形而上者谓之道，形而下者谓之器"的说法，认为所谓"形"指的就是形体（身体），所以人的心灵在身体之中，可以说"形而中者谓之心"，因此关于

---

[1] 钱穆：《朱子新学案》，九州出版社2011年版，第88页。
[2] 牟宗三：《中国哲学的特质》，上海古籍出版社2008年版，第13页。
[3] 徐复观：《中国思想史论集》，九州出版社2014年版，第294页。

心灵的哲学只能是"形而中学",不能是形而上学。①徐复观对于中国哲学心身关系的一般解读,无疑是适用于阳明心身学的,在阳明心身学中,心正是出于身体之中,心学正是这样一种形而中学。有学者发现《郭店楚简》的《六德》中将"仁"字写作上身下心,这也说明了中国文化中身体对于心灵的重要基础作用。②阳明心身学的心身关系,与其说是心身同一论,不如说是心身渗透论或者心身一体论更为恰当。这种心身之间的渗透关系是西方哲学未曾涉及的一种新型的心身关系,这种关系对于解决西方心灵哲学的心身关系难题或者会产生有益的助力。

贺麟先生从知行合一出发,对阳明心身学与近代西方哲学中比较流行的几种心身关系论进行对照,确实揭示了这种心身渗透论的一些特征,如与心身两面论、心身平行论具有一致之处,并能够避免西方哲学心身关系中的副现象论等难题,所以尽管他注意到阳明心身学不是在二元对立的框架下阐发心身问题,但他对阳明心身学的理解在整体上并未超出西方心身理论旧有的窠臼,因此没有进一步指出心身之间这种相互渗透的特性。就与西方心身学说的比照而言,阳明心身学不是二元论,因此避免了与二元论相关的许多麻烦,它尽管相似于心身同一论,但又不是心身同一论,因为心身同一在西方心灵哲学的语境中就意味着要用一种东西,如肉体,去同一另一种东西,如心灵,而在阳明心身学中则不存在这种意思。同样,阳明心身学具有功能主义的意味,但它又不同于西方的功能主义,它从肉体的功能作用的角度去理解人心,相反,它把心灵作为主要的描述对象,把身体(修身)作为心灵的运动(修心)所实现的东西。就体用关系而言,身体不过是心灵之用。这里所谓的用,与西方哲学所谓的功能作用是类似的。相比之下,阳明心身学是一种颠倒了的功能主义。有学者在谈到阳明心身学的这种反心身二重性的心身关系时,就通过与西方心灵哲学的类比指出:如果没有心("真己"),眼睛将确实看不到任何东西。但是,这仅仅意味着:若无真己,便无躯壳。也就是说,如果我们将心看成"机器里的幽灵",那么,我们也可以反过来思考,认为幽灵构成这架"机器"。③

---

① 徐复观:《中国思想史论集》,九州出版社2014年版,第294页。
② 黄俊杰:《东亚儒家思想传统中的四种"身体":类型与议题》,《孔子研究》2006年第5期,第20-35页。
③ 倪德卫:《儒家之道:中国哲学之探讨》,万白安编,周炽成译,江苏人民出版社2006年版,第270页。

第十一章　阳明心身学与西方心灵哲学的心身学说

对于阳明心身学实质上所主张的这种心身渗透论，我们应如何予以理解？首先，这种心身渗透论既可以从心的方面理解，也可以从身的方面去理解。王阳明主要是从心的方面对其进行理解和阐发的，因为其目的在于说明心对于修身的价值功用。但这并不意味着从心去理解是唯一的方式。近些年，一些研究儒家哲学的学者提出身体哲学的概念，认为"身体性"是中国传统哲学根深蒂固的特性之一。这些提法无疑弥补了过去只注重对中国哲学的"心性"的阐发，而误解了本应"心身"并重的中国哲学的本来面目的缺陷。尽管王阳明是从价值的维度理解心身关系的，但他对心身关系的揭示却并不因为视角的特殊而受到局限，相反，我们认为王阳明对心身关系的说明更接近心身关系的本来面貌。反过来，从身的维度去理解这种心身渗透论就能够为以求真为导向的心身理论提供启示。在王阳明的学说中，既有从心出发对身体的说明和界定，又有从身体出发对心灵的界定，对于理解心身而言两者是缺一不可的。

其次，阳明心学把心既理解为价值之心（mind），又理解为形体之心（heart），这并不应该被视为一种因为无知而产生的概念混淆。问题的关键在于我们的身上究竟有没有类似于王阳明所说的能够作为修身之根本的东西，有没有孟子所谓的仁义礼智心之四端。如果这样的东西确实存在，那么它被归属于心脏（heart）还是大脑（brain）对于阳明心身学的阐发而言并无实质差异。相反，我们应该从王阳明对"心"一字的赋义中体会到他的用心所在：用"心"这样一个词既指代mind，又指代heart，实际上的意义在于，它肯定心是具身的，与身体为一体是心的本然属性，不能脱离肉体去安立一个所谓的mind。与现代西方心灵哲学通过大量实证研究提出的"心即脑"的结论相比，王阳明对于"心"的理解确实可避免很多不必要的麻烦，比如最显著的优势就是，它大大降低了犯"范畴错误"的可能性。这样一来，当我们在心理语词的固定用法中继承了由文化传承下来的心身图景之后，就用不着再费心思去搞心灵的"祛魅"，乃至取消主义了。

再次，王阳明强调从心出发理解心身关系，并不意味着阳明心身学是一种唯心论的主张。从心出发去理解心身关系是阳明心身学的视角，但并不是阳明心身学所坚持的立场，相反，王阳明充分强调身体在心身关系中的重要性。把身看作心灵之用，是从价值论、境界论、修养论的视角讲的，并不因此把身体看作心灵的派生物。从心出发去理解，确实是一种容易导致误解的方法。在过去，阳明心学通常被贴上唯心主义的标签，甚至认为王阳明是一个贝克莱主义者，但实际上这些观点都犯了形上学的分析的错误。当王阳明强调人心与天地一体、此心与彼心无碍的时候，他是要为他热衷阐发的价值之心找到一个形上学的根据。现代西方心灵哲学从生物进化论和神经科学中去寻找类似的根据，王阳明从人心与天理的一致性去寻找这个根据，但这充其量只说明阳明心学缺乏足够的科学资源提供支撑，却并不构成它作为唯心主义的理由。实质上，中国传统哲学中唯物论的成分要远远多于二元论和多元论的成分，唯心论的思想甚少。即便是通说一切现象都由心生，阳明这样说是在价值论的意义上讲，而贝克莱则是在本体论的意义上讲，不可相提并论。把阳明心身学视为唯心论既误解了阳明心学，是对中国哲学的无知，又误解了唯心论，是对西方哲学的无知。

最后，价值之心与形体之心的关系如何处理，这是当前心灵哲学理应关注的一个重点。价值之心即心的价值功用的方面，与形体之心即心的生理构造的方面并非是风马牛不相及的，以往一些学者如牟宗三等人，大都有这样一种主张，即价值之心是一个独立的形上学的范畴，与具体的关于心的生理、神经等的科学研究应该是截然分离的。但是现代西方心灵哲学的发展却对这种看法构成了挑战，一些研究者通过生物学、进化论和神经科学的研究发现，类似仁义礼智这样的东西，在人的神经进化中有一个自然的基础。相比之下，笔者既不赞成把心绝对地拔高到形而上的高度，因为这样的心只能停留在抽象的假设之中，类似于康德为灵魂设定的位置；同时笔者也反对把心灵完全看作身体的神经构造，这是现代西方心灵哲学的心脑同一论的做法，这种做法把心灵降低到身体的层面，既限制了心灵的价值功用的阐发，又制约了心灵哲学的发展，把心灵哲学降低为心理学、神经科学等的解释者和附庸。笔者赞成徐复观先生把心灵之学作为"形而中学"的看法，这就既为心灵之体用阐发留有必要的空间，又为心灵的求真求实及与现代西方心灵哲学的接轨提供了可能。在阳明心身学中，价值之心和形体之心本来就是浑然一体的，现代西方心灵哲学的发展为这种观点提供了佐证。

第十二章
东西方价值性心灵哲学：比较、融合和世界主义

通过对中外心灵哲学研究的历史和现实的考察，我们不难看到，这一哲学分支中客观存在着从价值论或规范性角度切入心灵哲学研究的领域，中国古人把它称作"治心之学"，我们把它称作价值性心灵哲学，而西方最近有学者把它概括为"规范性心灵科学"或"幸福的科学"或"真正困难问题的心灵-认知研究"。笔者认为，它们是异名同实的关系。就中国的说法而言，由于心在中国心灵哲学中不仅有哲学本体论、科学心理学意义上的"体"、本质和奥秘，而且有人生价值论意义上的体与用。正是这一体认，成就了中国从先秦开始就十分发达的特殊形式的心灵哲学：从心里去挖掘做人的奥秘，揭示人之为凡为圣的内在根据、原理、机制和条件。这种学问从内在的方面说是名副其实的心学，而从外在的表现来说，则是典型的做人的学问——圣学。由于它同时也是切入心灵哲学本体论问题、本质问题等独有问题的不可替代的方式，因此自然可看作是心灵哲学的应有之义。另外，从价值论角度探讨心灵，必然要先从价值论上区分开好的心理和不好的心理，然后探讨它们人为转化的可能性及其根源，质言之，这里必然涉及"心灵转化"或"经验转化"问题，最后又必然进入或涉及对心的求真性探讨。西方有论者也看到了这一点，因而呼吁或强调心灵哲学和认知科学应把心灵转化纳入心灵哲学的视野。瓦雷拉等说："新的心智科学需要拓展其视野，同时把活生生

的人类经验和内在于人类经验的转化的可能性囊括其中。"①所谓经验转化指经验的自然和人为变化、生灭,如新的经验从旧的经验中产生,好心情变为其反面,或相反,等等。这样的心灵学问也可说是"治心之学"。它的目的就是要在如实知心的基础上调心、制心、治心。

令人称奇的是,西方心灵-认知研究中出现了一个十分相近的概念,即"规范的心灵科学"。以前,"规范"与"科学"这两个概念是水火不相容的,因为规范的,即应然的、非事实的,与人的设计、评价息息相关,如价值就是一种规范性现象。再如伦理之类的规范来自道德律令,有应当性,而无自然必然性。它们是自然科学、自然主义的难题,但不是其对象。而心灵的科学即研究作为事实的心灵的科学,与规范性没有关系。最近在心灵-认知研究中诞生的这个不伦不类的"混血儿",就是要以自然主义为基础探讨人的生活,以及做人过程中时时要面对的幸福、价值、生活的意义之类的规范性问题。很显然,这一研究与东方的价值性心灵哲学有不谋而合之处,如都想挖掘心灵的科学和哲学研究对于解决人的存在特别是提升生活质量、增强幸福感的价值,从价值论角度切入对心的研究,等等。但也应看到,西方所倡导的规范的心灵科学也有其自身的特点,例如,它是顺应西方自然主义的潮流的产物,深深刻上了自然化的印记,具有自然化伦理学的特点(如此建构的伦理学是工程学的一部分),当然,它又有融规范性与自然化于一体的特点。此外,这一研究有从细小、具体个例出发的特点,例如它不是泛泛地从心灵哲学角度探讨一般的价值,或从价值论角度泛泛论心,而是抓住价值中的幸福、快乐或生活的意义这一具体的价值形态来以点带面地展开自己的研究。在具体的研究中,它既有形而上学的意趣,更有实证科学的特点。例如,它关心的是幸福与大脑的关系问题,或更具体的佛教徒的大脑(因为据考证,佛教徒的幸福指数高于平均水平)与幸福的关系问题,试图回答:心灵或大脑是不是幸福的所在地或依止处(seat)?什么是真正的幸福?什么是现象学意义的真正幸福?如果有这样的幸福,我们如何予以判断和评估?如何到达它?这种幸福的原因和构成是什么?如果一个人是由于有某种错误的信念(即真实的幻觉)而

---

① 瓦雷拉、汤普森、罗施:《具身心智:认知科学和人类经验》,李恒威、李恒熙、王球等译,浙江大学出版社2010年版。

感觉自己幸福,那么怎样予以判断?等等。

在本章中,我们将采取以点带面的方式,即通过考察各种主要传统中的有典型意义的个案,进而在揭示其贡献和一般特点的基础上,对各方思想做出比较研究,最后,我们也会像有些西方比较学者那样,借题发挥,利用有关成果和由比较研究所得的启示,对该领域的难题做出我们的思考。

第一节 中国价值性心灵哲学的特质与贡献

如我们在本丛书的《中国心灵哲学论稿》中所述,中国有博大精深的心灵哲学,而这又完全是由中国文化发展的性格特点所决定的。关于中国文化发展的特点以及它与心灵哲学的关系问题,徐复观先生在其《中国人性论史》一书中做了细心的考证和缜密的论证。他说:中国文化发展的性格,是从上向下落,从外向内收的性格……从人格神的天命到法则性的天命,由法则性的天命向人身上凝聚而为人之性,由人之性而落实于人之心,由人心之善,以言性善。这是中国古代文化经过长期曲折、发展,所得出的总结论。[1]这就是说,中国文化中的"心"这一观念在中国文化尤其是其道德哲学、人生哲学、价值哲学、政治哲学中具有基础性、枢纽性的地位,是由"下落"到"上升",由"内收"到"外扩"的枢纽和转换器。天命、道、理等下落、内收便有了中国哲人所要面对和思考的心,通过对它的独特的研究,他们既发现了西方哲学家所发现的那些具有知识论价值的东西,又发现了后者未加注意,因而不可能看到的丰富而珍贵的非知识论价值资源,即道德论的、生存论的、修养论的价值资源,一言以蔽之,成圣的价值资源。由此所决定,中国便有十分发达的价值性心灵哲学或如今日西方所说的"规范性心灵科学"。这种特殊的心灵哲学,也可称为圣性理学或心理哲学。这是"去圣"的"绝学",至少是其中的枢纽和重要组成部分。它的致思取向比西方的心灵哲学要广泛,即不仅要追问心灵是什么、是否存在、以什么形式存在、与身有何关系之类带有科学和哲学本体论双重性质的问题,而且更为关心的是圣人的心

---

[1] 徐复观:《中国人性论史·先秦篇》,九州出版社2013年版,第146-147页。

理标志，以及成圣的心理机理、机制、原理、条件和方法途径等问题。应特别注意的是，这里所说的"理"不是规律，而是机理、原理、机制，甚至有"纹理"的意思，类似于莱布尼茨所说的大理石之"花纹"。更为重要的是，它关注的心不是一般的心，而是心灵之中的、由自然所授予的"性"或价值资源。中国古代的圣心理哲学就是要以此为条件、根据和基础，用类似于康德的所谓"前进法"，顺推人的善行、德行、人的最美好的人生境界、无漏的幸福生活是如何可能的，圣人人格之成就是如何可能的，以及是如何从先天的资源中生发、扩充出来的。因此中国心灵哲学的任务是要探寻至圣之道，而其直接的对象是心，尤其是其中的先天的禀赋和价值资源，而其宗旨是揭示这一资源生成圣人之"理"，即由潜在的性转化为现实的性（圣）之理。

一、中国价值性心灵哲学的特质

从动机和内容上说，中国的心灵哲学既关心心灵本身是什么的本体论、知识论性质的问题，又关心价值论方面的问题，如在运用现象学方法扫描心的个别的显现方式、存在样式的基础上从价值论角度探讨心，揭示它们的价值属性，弄清它们对于人的利害关系，找到转化有害心理、培养或生起有利心理的原理与方法。质言之，把心生活、意识修养以及心灵转化的本质、原理和方法提到心灵的哲学研究的议事日程之上。刘文英先生说："在中国古代的意识观念中，除了形神关系、心物关系、闻见与思虑的关系以及言意关系等问题之外，关于意识本身的修养问题，也占着重要的地位，并受到各派哲学家普遍的重视。"[①]

如此展开的心灵研究之所以也属于心灵哲学的范畴，是因为它们也以特定的方式切入了心灵的本质研究（没有这样的研究，就没有心灵哲学）。例如，中国心灵哲学在揭示心之价值资源与禀赋时，其侧重点落脚到了心之性情之上，而对心之性情的研究是同时具有求真性和规范性双重意趣的。钱穆说："中国人独于人心有极细密之观察。中国人常以性情言心。言性，乃见人心有其数千年以上之共通一贯性。言情，乃见人心有其相互间广大之感通性。西方希腊人好言理性，此仅人心之一项功能而止。中国文化之最高价值，正在其能一本人心全体以为基

[①] 刘文英：《中国古代意识观念的产生和发展》，上海人民出版社1985年版，第234页。

第十二章 东西方价值性心灵哲学：比较、融合和世界主义　　497

础。"①由对性的关心所决定，中国的心灵哲学与人性论之间便有着千丝万缕的、不可分割的，甚至相互包摄的关系。根据徐复观先生对中国人性论的理解，可以说中国心灵哲学是人性论的一个组成部分。徐复观先生说：人性论是以命（道）、性（德）、心、情、才（材）等名词所代表的观念、思想，为其内容的……要通过历史文化以了解中华民族之所以为中华民族，这是一个起点，也是一个终点。②但从中国心灵哲学的目的、任务和实际所涉及的范围来说，人性论又可看作是心灵哲学的有机组成部分。

中国心灵哲学由其至圣取向所决定，还特别关心心的生活。这与西方现象学心灵哲学的取向有一致之处。最近西方的弗拉纳根等人倡导的"规范心灵科学研究"则把用现象学方法扫描心理生活作为对幸福的认知神经科学研究的第一步。中国哲学认为，人的生活有两方面，一为肉体或身的生活，二为心的生活。相比于身生活，人与人之间的心生活差别更大，经验或给人的体验迥然有别。例如，"孔子饭疏食，饮水，曲肱而枕之。颜渊居陋巷，一箪食，一瓢饮。就物质生活言，此属一种极低度之生活，人人可得。但孔子、颜子在此物质生活中所寓有之心生活，则自古迄今，无人能及。乃亦永久存在，永使人可期望在此生活中生活"③。

我们之所以说价值性心灵哲学可称作应然性、规范性心灵哲学，是因为这种心灵哲学除了探讨了心的事实性的生死问题、心身关系问题等之外，还提出和探讨了心的生灭、转化等"应然"问题，即应该怎样对待我们自己所拥有的心理，怎样让我们喜欢的心理产生和存在，以及怎样让有害的心理得到灭除。它追求的不是让心灵永恒，而是要让对人有害、不利的心得到减轻直至灭除，例如烦恼、恐惧、悲伤、愤怒等对人是有害无益的，如果能铲除，让其永远不再发生，那么无疑等于进入了幸福美满的境地。质言之，它要探讨的是，应该怎样摄心、制心、把捉心、让心自主，让心身进入它该进入的关系之中。问题是：它们有无这样的可能性，特别是有无人为予以灭除的可能？如果有，其机理、条件是什么？而要回答这些问题，又必须回答：它们生起的条件和机理是什么？若能找到答案，并在人生实践中努力不提供有关的条件，那么它们就自然不会出现在人身上。这样

---

① 钱穆：《灵魂与心》，广西师范大学出版社 2004 年版，第 94 页。
② 徐复观：《中国人性论史·先秦篇》，九州出版社 2013 年版，序言，第 2 页。
③ 钱穆：《灵魂与心》，广西师范大学出版社 2004 年版，第 90 页。

的探讨无疑具有重要的心灵哲学意义，因为要回答有关问题，必然会深入对心的起源和本质的探讨之中。

中国对心理样式特别是对要予以转变的"妄心""乱心"的地理大发现是有自己的独特贡献的。因为根据中国心灵哲学的逻辑，要治心，必须知人心的构成、本质及特点。而要如此，又必须尽可能全面地弄清心的范围和样式。知道得越多、越全，对心之本质的认识就越可靠，对治心研究就会越有成效。于是，中国心灵哲学特别重视对人心的"人口普查"或"地理大发现"。例如庄子对妄心的挖掘和发现体现在他的"四六之心"上。所谓四六之心是指这样一些心理样式，它们共有四大类，每类又有六小类。圣心之所以不同于凡心，就是因为他们将这些心理都清除干净了，如分别用四种方法将四大类心理去掉了：第一，"彻志之勃"，即要彻底消除"勃志"，或"志"上的"悖乱"；第二，"解心之谬"（谬即缪，束缚），即解除"心缪"或束缚心灵的绳索；第三，"去德之累"，即去掉德行上的系累，即去"累德"；第四，更为根本的是要"达道之塞"，即要清除"塞道"，或"道"上的阻碍。庄子还具体说明"四六"，即勃志、谬心、累德、塞道四方面的各六项有害心理。六种"勃志"是：贵、富、显、严、名、利。由于它们会让志动摇、悖乱，故被称作六种"勃志"。六种"谬心"是：容（貌）、（行）动、（颜）色、（纹）理、气（息）、（情）意。这六方面会窒息、束缚心灵，故说"谬心"。六种"累德"分别是：恶、欲、喜、怒、哀、乐。六种"塞道"分别是：离去、趋就、取得、施与、知（智虑）、技能。[①]

祛除"四六"的重要性在于："此四六者，不荡（不扰乱）胸中，则正（心神即会端正）；正，则静；静，则明（心明眼亮、无不通达）；明，则虚；虚，则无为而无不为也。"[②]圣人之所以为圣人，就在于完成了上述心灵转化，使心由四六之心成了有正、静、明、虚、无为无不为特点的心，即不表现为四六之心，而表现为明净之心。这不是没有其可能性的，因为圣人事实上就完成了这样的转化。其内在的机制和原理是，人及其心像万物一样，其本质是自然无为的，与道本来是合一的。庄子承认，现实生活中的人是背道而驰的，因此大多都生活在凄惨、

---

① 《庄子》。
② 《庄子》。

困窘、苦不堪言的状态之中。其表现之一是愚痴无比，例如事物本有的用看不到，而其不存在的用或没有用的用又拼命求取，其结果不外乎是一场辛苦一场空。

庄子的这些分析和探讨表面上只涉及做人的秘密的问题，其实触及了心灵哲学的深层次的问题，如两类价值不同的心理（圣心和凡心）的构成、内在本质和生成机理，值得当代心灵哲学进一步探讨。

二、从钱穆的"安心之学"看中国心灵哲学的贡献

这里我们不妨再通过解剖一个有典型意义的个案——钱穆的心学——来说明中国价值性心灵哲学的内容及其特质。对心灵哲学有精深思考，且有专著行世，如《灵魂与心》和《人生十论》等。

（一）心教：中国特色的价值性心灵哲学

钱穆先生认为，由于人同时有心生活和身生活，因此人类进化到现在，最重要的问题是"如何安心"，如何让心安得稳、安得住。即使还有其他问题，"安心"也是"解决当前一切问题之枢纽"[①]。而为了揭示安心的机理、条件、具体操作方法，他不仅做了大量价值性心灵哲学的工作，而且对求真性心灵哲学做了大量有标准心灵哲学意义的工作，如在论述灵魂与心的区别的过程中，对中西方心灵哲学的异同（主张中国哲学没有西方人的灵魂观念、二元论思想）、心的深层结构和本质发表了许多独到见解。基于对中国心灵哲学的解读特别是东西方心灵哲学的比较研究，他不仅揭示了中国哲学对求真性心灵哲学的贡献，如对文化心、道心的发现，而且论述了中国价值性心灵哲学的内容和特点，将它准确概括为"心教"，认为这种心教既以仁为最高境界，又以仁为进入此境界的根本途径。

他说：如果说中国的哲学是一种教化的话，那么它可被称作"心教"，儒学就是这样。是故钱穆先生写了《孔子与心教》一文。[②]他认为，儒家建立心教旨在解决人生两大难题：一是死与生的矛盾。一方面，人皆有死；另一方面，人又皆有求不死的倾向与诉求。为了化解这样的矛盾，便有种种宗教。二是人与我的

---

① 钱穆：《人生十论》，九州出版社2011年版。
② 钱穆：《灵魂与心》，广西师范大学出版社2004年版，第16-21页。

矛盾问题。每个人都有一个小我。而小我必有与他人、社会的冲突。西方为了解决这一问题，特别强调法律、道德。中国则不同，如孔教既不倡西方人的宗教，又不重西方人的法律。它是通过"心教"来解决上述问题的。心教教的是：去凡成圣，或成仁，只要成仁，就没有上述两个矛盾。因为"在仁的境界之内，人类一切自私自利之心不复存在，而人我问题亦牵连解决。……扩充至极，则中国社会可以不要法律，不要宗教，而另有其支撑点。中国社会之支撑点，在内为仁，而在外则为礼"[①]。从比较上说，孔门之发展而演变成了教育，耶稣之训后演变成宗教。"孔子教义，重在人心之自启自悟，其归极则不许有小己之自私。曰仁曰礼，皆不为小己。"[②]

（二）自我、自由、不朽及其心理机制

有我、无我问题是当代心灵哲学研究最热门、最前沿的问题之一，涌现了数以百计的崭新理论。钱穆先生对此也有独到的思考，认为自我与自由是密切联系在一起的问题。要回答自由的种种问题，首先要弄清什么是我。因为自由即由我自己做主，那么什么是我？佛教认为，人们所相信存在的那个我是空，是不存在的。詹姆斯认为我有三种，即肉体我、心理我、社会我。钱穆先生改造詹姆斯的思想认为，真正的我是心我或精神我，它不是一个实体，只是一种觉。这有点类似于今日最低限度自我论的思想，后者也认为，自我就是意识的前反思的自我觉知。钱穆先生说："此我，则只在我心上觉其有。而此所有，又在我心上真实觉其为一我。"[③]

圣人有我还是无我？如果有我，其特点是什么？钱穆先生的回答是：圣人有我，但不是一般人的小我（肉体我），而是大我、"真我"。"所谓真我者，必使此我可一而不可再。旷宇长宙中，将仅有此一我，此我之所以异于人。……故此一我，乃成为旷宇长宙中最可宝贵之一我。"[④]从表面上看，人身上只有穿衣吃饭、生儿育女之类的现象，"我之所以为我者又何在？"[⑤]就现实的人而言，

---

① 钱穆：《灵魂与心》，广西师范大学出版社2004年版，第17页。
② 钱穆：《灵魂与心》，广西师范大学出版社2004年版，第28页。
③ 钱穆：《人生十论》，九州出版社2011年版，第107页。
④ 钱穆：《人生十论》，九州出版社2011年版，第67页。
⑤ 钱穆：《人生十论》，九州出版社2011年版，第68页。

第十二章 东西方价值性心灵哲学：比较、融合和世界主义

此真我不是现成，而是"待成"，因为一般人身上充其量只有成真我的可能性资源。

在寻求、发现真我时，务必认识到，真我不能离当下现实的我或人而求之，因为真我的依凭、可能性根据、种子就在当下之人之中。若一意求异于人以见为我，则此我将属于非人。[1]要完成真我，不仅不能离开现实的人，而且也不能离开现实的世界。"我之所贵，贵能于人世界中完成其为我，贵在于群性中见个性，贵在于共相中见别相。故我之为我，必既为一己之所独，而又为群众之所同。"[2]

依法、依道德而行在一些人看来，是自由的，因为法、道德是自由意志的表现。钱穆先生认为，这也不是真自由。如孟子所说：由仁义行，非行仁义。因为在社会关系中，规定有仁与义，我依规定而行仁义，则此种行是由社会关系所强制，并非出于我。只有由我自性行，因我自性中本具有仁义，故我由自性行，即成为由仁义行。此乃我行为之最高自由。[3]质言之，由我自发的行为才是自由的行为。

讨论人生问题当然无法回避朽与不朽的问题。在这方面，中国也很有特点。钱穆先生说：中国"早已舍弃灵魂观念而另寻吾人之永生与不朽。……明白了这一义，才可明白中国思想之特殊精神与特殊贡献之所在"[4]。从《左传》中可以看出当时人们所追求的不朽不是灵魂不朽，而是有两方面的不朽："一是家族传袭的世禄不朽，一是对社会上之立德立功立言的三不朽。"[5]根据这一观念，人即使没有死后的灵魂存在，也照样可以做到不朽。在上述两种不朽中，三不朽"较高大"。这里追求的不朽不是死后到另一世界中去，而是继续留在现实世界之中。怎样留呢？很简单，只要功德、事功、言论留在现实的人心中，就等于不朽。[6]不同于西方的地方还在于：中国人不仅不承认西方所谓的灵魂，而且强调心有人心和道心两方面。人心可随肉体而生灭，而道心即文化心，是不灭的。

---

[1] 钱穆：《人生十论》，九州出版社2011年版，第68页。
[2] 钱穆：《人生十论》，九州出版社2011年版，第68页。
[3] 钱穆：《人生十论》，九州出版社2011年版，第111页。
[4] 钱穆：《灵魂与心》，广西师范大学出版社2004年版，第6页。
[5] 钱穆：《灵魂与心》，广西师范大学出版社2004年版，第6页。
[6] 钱穆：《灵魂与心》，广西师范大学出版社2004年版，第7页。

钱穆先生还探讨了这类不朽的心理根源，认为圣人之所以能不朽，凡人之所以有朽，是因为人心有魂、魄两种构成，魄依附于形体，其知极其有限，即拘于知身之冷暖。而魂则不同，有超越于身的认知能力。人死时，其魂气不像魄那样归于地，而归于天，因此能远播。"一人之死，乃死其身，死其附随于身之知。而别有超越其身之知，则可不死常在。而且引申变化莫测。故曰：形与魄则归于地，魂与气则归于天。"[①]因此，"古人之魂气，仍可常在，流传于后世千万年之下，故曰归于天"[②]。

如果人有特定意义的不朽，那么人就用不着悲观，因为根据他的看法，人可由小生命进至大生命之中，根据在于：人有心之神明功能。钱穆先生说："人类生前之心，有能得人心之同然者。此为由心返性，即孟子所谓尽心知性，尽性知天，亦可谓之由人合天，是即由每一人生前之小生命转进到人类继继绳绳万世不绝之大生命中，而何复有断灭之忧。而人类此一短暂渺小之小生命，乃能寄存于大生命中，随以俱前，此可谓之至神。"[③]

（三）孔颜之乐与"真正的难问题"

我们知道，自周敦颐教二程寻孔颜乐处始，就把所乐何事这一儒家圣学的核心问题更明确地摆在了人们面前。钱穆先生认为，圣人所乐的事很多，如哀乐也是一乐。他借解释《论语》"乐而不淫（过度），哀而不伤（伤害）"时说："哀乐者，人心之正，乐天爱人之与悲天悯人，皆人心之最高境界，亦相通而合一。无哀乐，是无人心。无人心，何来有人道？"[④]当然在哀乐表现时，有过与不过的问题。最好是适度，因为乐逾量，便成苦恼；哀抑郁，则成伤损。可见，他所说的作为乐的哀乐是无过无损的适度的乐，此乐为人心之正。通过对喜乐的深层机制的研究，钱穆先生认为，快乐与否主要取决于心，取决于人的感受结构，而与引起乐的外部刺激关系不大。例如鸡汤从外面吃进去，但味则从心灵内部感觉到。一个人吃粗茶淡饭，比别人吃鸡鸭鱼肉还好，这就是"味"不同。这个"味"

---

① 钱穆：《灵魂与心》，广西师范大学出版社 2004 年版，第 96 页。
② 钱穆：《灵魂与心》，广西师范大学出版社 2004 年版，第 96 页。
③ 钱穆：《灵魂与心》，广西师范大学出版社 2004 年版，第 99 页。
④ 钱穆：《论语新解》，生活·读书·新知三联书店 2012 年版，第 68 页。

第十二章　东西方价值性心灵哲学：比较、融合和世界主义

字，在人生中牵涉很广，也很深。我们总要自己生活得有味。由此可知，人生主要，应该是高出于物质人生之上的内部人生，应该是心灵的。[1]人生的理想境界就是要"活得有味"。而人活得是否有味，不在于物质生活，而在于心灵生活。他说："高级生命则形为心役，以身体物质生活为手段，以心灵精神生活为目标。……心的价值意义，远胜过了身的价值意义。"[2]

他上升到价值论的高度强调：安乐即人的终极价值。他说："我们的人生除了安与乐还有第三个要求吗？"[3]安乐可分为安和乐，它们有递进关系，有条件与结果的关系，如只有安了才有乐。因此，安是我们人第一个重要的字，安了就能乐[4]。就其所依条件而言，安乐与富贵贫贱没关系，因为富贵的人不一定安乐，而贫贱的人有时很安乐。安乐从哪来？怎样得真安乐？关键是"圆满我们的天性"，由于性是潜在可能性，是规律，因此只有顺性而为，让天性满足，才能真安乐。完成我的天性，自会得到安乐两字做我们人生最后的归宿。[5]这里的天性就是生来就有的资源，本自具足。这天性因得自天的道，因此也可称作"德"（得）。在这里，钱穆先生从天性的角度论述了通常看作有害心理表现的必然性及其与快乐的关系，他认为，由于哀、怒等是人的天性，因此必然表露出来，而且只要正确予以表现，就可有益于人生。他说：人遇到哀伤时不哀伤，便会不快乐。如父母死了，不哭，你的心便不安。[6]如果让它在这样的情况下表现出来，哀伤反而像变成快乐了。怒也是如此，该怒时不怒，就有害，若"发怒得当，也就像是一种快乐"。总之，喜怒哀乐是人的感情，从天性而来，只要发泄得当，表现得圆满，就既合天性，又有益于人生。他说：我们人生最后的归宿，就要归宿在此德性上。性就是德，德就是性。我们最好是"圆满发展它"。[7]

怎样看待幸福或生活的意义？这是弗拉纳根所说的心灵哲学和认知科学的"最困难的问题"。钱穆先生从阐释儒家有关思想出发，表达了自己的看法。他说：儒家思想并不反对福，但他们只在主张福德俱备。只有福德俱备那才是真

---

[1] 钱穆：《灵魂与心》，广西师范大学出版社2004年版，第121页。
[2] 钱穆：《灵魂与心》，广西师范大学出版社2004年版，第121-122页。
[3] 钱穆：《人生十论》，九州出版社2011年版，第133页。
[4] 钱穆：《人生十论》，九州出版社2011年版，第133页。
[5] 钱穆：《人生十论》，九州出版社2011年版，第133页。
[6] 钱穆：《人生十论》，九州出版社2011年版，第134页。
[7] 钱穆：《人生十论》，九州出版社2011年版，第134页。

福。①另外，真福还体现在"内外调和心物交融的情景中"②。这就是说，钱穆先生倡导的幸福是一种内外和谐、既有为又无为的状态。这里值得探讨的是：如何像以前的禅宗般，把西方的新人生观（重利、外）综合上中国人的性格和观念，而转身像宋明理学家般把西方人的融合到自己身上来，这该是我们现代关心生活和文化的人来努力了。③

他的幸福论还体现在他对价值样式的讨论中。在比较中西方价值观时，钱穆先生认为，西方人关注的价值主要是真善美。由于西方文化的强劲推进，这几乎成了世界性的普遍观念。在他看来，这是有欠缺的，"并不能包括尽人生的一切"。做补充的人很多，如巴文克（B. Bavink）主张应增加适合与神圣。适合即工技适合，如以最少的资力获得最好的效果。神圣即宗教神圣。钱穆先生认为，这增补的两种价值还应扩充，如政治上的法律制度、社会上的风俗礼教都应有适的一面，除了物质工业之外，还应发展"人文工业""精神工业"，让它们也有"适"的特点。④除上述几种价值之外，钱穆先生认为，还应追求第五种价值，即神，并将它加到其他价值之中。这里的神不是人格神，而是将生命活出神味，如让有限生命具有无限性。他说："以如此般短促的人生，而居然能要求一个无限无极的永永向前，这一种人性的本身要求便已是一个神。"⑤神的表现还可这样表述：在生活中，随其短促之时分，而居然得到一个适，得到一种无终极里面的终极，无宁止里面的宁止。而这种终极，又将不妨害其无限向前之无终极。这种宁止，又将不妨害其永远动进之无宁止。适我之适者，又将不妨害尽一切非我者之各自适其适⑥，这就是神。从心灵哲学上说，这种神是一种不同于道家所讲的精气神的神，它也是一种极为玄奥的心理状态，值得心灵哲学研究。

在探讨生活意义这一心灵哲学最困难的问题时，他有时把有目的、有意义的人生称作"文化的人生"。它是人按特定目的而建构的人生，不同于"自然的人生"。当然，文化的人生离不开甚至包含着自然的人生。例如，老、病不是人的

---

① 钱穆：《人生十论》，九州出版社 2011 年版，第 7 页。
② 钱穆：《人生十论》，九州出版社 2011 年版，第 7 页。
③ 钱穆：《人生十论》，九州出版社 2011 年版，第 8-9 页。
④ 钱穆：《人生十论》，九州出版社 2011 年版，第 13 页。
⑤ 钱穆：《人生十论》，九州出版社 2011 年版，第 18-19 页。
⑥ 钱穆：《人生十论》，九州出版社 2011 年版，第 19 页。

目的,属自然人生,但这是文化人生所不可免的。从来源上说,文化的人生,是在人类达成其自然人生之目的以外,或正在其达成自然人生之目的之中,偷着些余剩的精力来干另一些勾当,来玩另一套把戏,"文化的人生"的特点是自由,即"从自然人生中解放出来的一个自由"。①由于人的境界、情趣、能力不同,文化人生当然有层次差别,即有高低、深浅之别。

在探讨如何过有意义的人生时,钱穆先生提出了圣人的"艺术心情"说。他从对《论语》的"子在齐闻韶,三月不知肉味,曰:'不图为乐之至于斯也'"②的解释开始说起。他不赞成过去的三种解释:第一,一旦闻美乐,何至三月不知肉味。第二,"心不在焉,食而不知其味",岂圣人亦不能正心?第三,圣人之心应能不凝滞于物,岂有三月常滞在乐之理?钱穆先生的看法是:这是"圣人的一种艺术心情"。孔子说自己"发愤忘食,乐以忘忧",这也是圣人的一种艺术心情。"艺术心情与道德心情交流合一,乃是圣人境界之高。"③

在从价值论角度研究心时,钱穆先生同样表现出了他一直坚持的自然主义,如强调心生命依于身生命。他说:"心生命必寄存于身生命,身生命必投入于心生命。"④即使是圣人所拥有的喜乐也不是物质生命之外的东西,而是生命最高发展的产物。

(四)心灵转化与以仁心为安宅

这里必然碰到的问题是,成圣、成好人可能吗?由凡心向圣心转化可能吗?如果可能,该如何进行心理的操作?钱穆先生的回答是肯定的,认为其可能性根据在于:"由于各自内心之明觉,由于各人自己之向内体验。"⑤因此人人都有转化心灵、由凡转圣的可能性根据。尽管各人才性、气质、长相、时空等千差万别,但有这样的共同性,即都有良知,或那么一点明觉或灵性或灵明妙德。他说:各自之良心,人人良知之所明觉,此即人人当体即是之真理。⑥由此所决定,人

---

① 钱穆:《人生十论》,九州出版社2011年版,第27页。
② 钱穆:《论语新解》,生活·读书·新知三联书店2012年版,第160页。
③ 钱穆:《论语新解》,生活·读书·新知三联书店2012年版,第161页。
④ 钱穆:《灵魂与心》,广西师范大学出版社2004年版,第114页。
⑤ 钱穆:《人生十论》,九州出版社2011年版,第65页。
⑥ 钱穆:《人生十论》,九州出版社2011年版,第65页。

人皆可为尧舜，人人可成为无限宇宙之中心。方法是：借助本有的明觉，不向外求，而向内求。"各人凭其各自内心之明觉而向内体验，由此所得之真理，真乃有限之有限，当体而即是。人生一切真理，莫要于先使自己做成一好人。而各人自知之明，必远多于他人之知我。"①

要完成心灵转化，必须抓主要矛盾、崇本息末，因为"君子务本"。孔子说："本立而道生，孝弟也者，其为仁之本与？"②孝指善事父母，弟（悌）指善事兄长。钱穆先生解释说："孔子之学所重最在道。所谓道，即人道，其本则在心。"③有仁心始可有仁道，所谓仁，即人群相处之大道。此道以孝弟（悌）为本。"孔门论学，范围虽广，然必兼心地修养与人格完成之两义。"④

成圣的过程实即寻找心之安宅或最好寄托的过程。根据儒家的看法，人心安宅不难求，那就是要到仁中求。《论语》云："里仁为美，择不处仁，焉得知！"⑤意为居于仁为美，若择身所处而不择于仁，哪算是知呢？孟子云："仁，人之安宅也。"⑥因为仁既利人，又利己，让自己永处逸乐。

怎样以仁心为安宅？他的回答是，一切时、境都安心于仁，或让仁心久驻，果如此，即为得圣心，成君子。他说："仁者人心，得自天赋。……惟君子能处一切境而不去仁，在一切时而无不安于仁，故谓之君子。"⑦在他看来，人要提升品位，要完满人格，关键是找到可靠的寄托，就像人不以脚为支撑就没法行走一样。他强调：要知道有止有进，正如两只脚走路，只有一只脚停下来，另一只才能进，人生也是这样，随时得找个归宿。"人生要能这样才能安，才能乐，此始是所谓圆满。"⑧一般而言，成圣的最好的止是止于至善。"至善便是人生归宿处。""中国人讲一个'止'一字，并不妨碍了进步，进步也要不妨碍随时有一个歇脚，这歇脚就是人生一大归宿。"⑨

心灵转化直至完成对痛苦死亡的超越，离不开自我的转化，换言之，通过自

---

① 钱穆：《人生十论》，九州出版社 2011 年版，第 65 页。
② 《论语》。
③ 钱穆：《论语新解》，生活·读书·新知三联书店 2012 年版，第 6 页。
④ 钱穆：《论语新解》，生活·读书·新知三联书店 2012 年版，第 5 页。
⑤ 《论语》。
⑥ 《孟子》。
⑦ 钱穆：《论语新解》，生活·读书·新知三联书店 2012 年版，第 80-81 页。
⑧ 钱穆：《灵魂与心》，广西师范大学出版社 2004 年版，第 129 页。
⑨ 钱穆：《灵魂与心》，广西师范大学出版社 2004 年版，第 129 页。

我的心理转换,可完成对痛苦的超越,由有限过渡到无限。我有两种:一是自然生命中的有限的我,二是心灵生命中的无限的我。解脱的关键就是,从心灵生命中见我……于一切感中认知有此心,而复于此无限心量中感知有此我。当知自心即具一切感,不仅感知有此身,抑且感知身外之一切。非身是我,此感乃是我。而且自心以外,复有他心。能从一切他心中感知我。此一我,决不仅止一身我,必且感知及于我之心而始认之为是我。……人必从我与他之两心之相互感知中认有我。此之谓心起见。此始是一种人文我,而此我则是一无限。[①]总之,痛苦之超越,有限向无限的转化,是可以做到的,当然要从心中做,要进行心理操作或革命,用他的说法就是要"从心起见"。看到我与他人、非我是一大我、一文化我。

要完成心灵转化,最要紧的当然是崇道、敬道、知道、得道。因为道即宇宙人生的普遍共有的规律、大道。它由于具有普遍的必然性,也可称作天道。君子、圣人之所以为君子、圣人,是因为他悟此大道。那么其是怎样悟的?很简单,"于某一时代某一人之心中,而独为所发现?"[②]因为道具于身,具于心。有道是:"道不远人",既如此,心中必有道。它尽管难知,但圣人之知必以知此为终极。因为不知命,不知道,不以为圣人。钱穆先生说:道与命之合一,即天与人之合一也,亦即圣人知命行道,天人合一之学之最高所诣。[③]

第二节 佛教心灵哲学新论域

20世纪50年代以后,随着心灵哲学概念框架的变化尤其是放宽,以及对印度思想了解的加深,国际学术界将心灵哲学研究的视角对准了佛教,不仅承认佛教的心论中包含有博大精深的、具有现代意义的心灵哲学思想,而且对之展开了多角度的深入研究。就西方而言,研究佛教心灵哲学的论著呈与日俱增之势,其内容既有概论性、思想史性质的,又有研究具体著作、人物、学派、学说的,还有比较性的。许多主流心灵哲学家如休梅克、H. 史密斯(H. Smith)、奥尔波特

---

① 钱穆:《人生十论》,九州出版社2011年版,第80页。
② 钱穆:《人生十论》,九州出版社2011年版,第117页。
③ 钱穆:《人生十论》,九州出版社2011年版,第70页。

(G. Allport)等也加入了研究的行列,特别是在心灵哲学、认知神经科学中颇有建树的弗拉纳根不仅从心灵哲学和脑科学角度研究了佛教的禅定、幸福理论及实践,而且对佛教心灵哲学的广泛问题,如自我论、现象学、自然主义倾向、意向性理论等展开了深入研究,取得了大量有较高水准的成果。但同时应看到的是,西方已有关于佛教心灵哲学的解读和研究仍只是初步的,不仅有误读、有不到位的解读,而且有许多空白,特别是佛教的带有开创性的、至今仍未被超越的许多思想,尤其是它在一些重要问题上的建树及其特质,并未得到应有的注意和客观的揭示,它关于心的大量的论述所隐藏的现代心灵哲学意义并未得到必要的挖掘和彰显。主要有两种倾向:一是紧缩主义,其表现是,根据分析性心灵哲学框架,只承认佛教中有十分有限的心灵哲学;二是自由主义倾向,即把佛教的但凡关于心的论述都看作是佛教的心灵哲学。在中国,尽管已有好的开端且有一些成果,但规范而标准的解读尚在探索中。笔者在这里的目的是:依据我们认为比较标准的心灵哲学概念框架,挖掘学界特别是西方关注不够而又确实是佛教的带有个性的、能体现佛教特质的、纯正的心灵哲学思想,并揭示其现代意义。

一、佛教价值性心灵哲学的"如实知"意义

我们之所以把佛教的由解脱论动机、价值论而促成的关于心灵的思想也看作是(价值性)心灵哲学,是因为这一动机与求真性动机既有不一致性,又有统一性。更重要的是,由这种动机所促成的心的研究,为对心灵本身的认识做出了不可替代的贡献。

用我们今天的话说,"如实知"就是获得了关于事物之本质、真实面目的真理。这里的真理就是客观真理,如果"入于"(逼近、完全把握)它,那么就获得了与其一致的主观真理。对心的如实知也是这样,只有入于心,才是如实知心,才是入于真理。

佛教如实知心的一个不同于世间心灵哲学的独有的方面是:不停留于对可经验的表层心理本质的揭示,而试图查明、弄清"心、意、意识深密之义"。所谓深密之义是指,人们通常信以为真的心意识,其实是体空的。如实知空,如实行空,就是如实知心的深密之义。的确,佛教花了大力气揭示心意识生起的原因、

第十二章 东西方价值性心灵哲学：比较、融合和世界主义

过程，但这样做的目的是不让它们现起，而让它们彻底伏断。因为只有这样，行者才算走上了转凡成圣的征程，才算"知第一义谛"。故如是知心即为大菩萨。菩萨的特点就是伏断了这些认识，"不见内外意，不见内外法，不见内外意识，能如实知……我说如是诸菩萨等善知第一义。……是故，我说菩萨应知心、意、意识深密之法。……菩萨如是解知心、意、意识深密法已，我说是人是真菩萨"①。

如实知心有两方面的意义：一是可帮人获得关于心的本来面目的认识，满足人的求真欲望；二是有解脱论意义，可服务于人的解脱论、价值论动机。因为通过对心的探讨可帮人找到去凡成圣、由缚至解脱、获得真正美好价值的原理、条件、方法和出路。从否定的方面说，佛教立教旨在帮人断烦恼、离系缚，而要如此，就要关注直至进入心灵世界，寻找烦恼、苦难、轮回的总根源，寻找生死大苦的总根源。这根源不是别的，就是自心。用《楞严经》的话说，心是生死和一切不如意的根本。《大乘本生心地观经》云："观一切烦恼根源即是自心。"众生的最大问题是：其心染着，"不知烦恼根本"，"不知五境从自心生"，众生凡夫"从无始至于今日，轮回六趣，无有出期，皆自妄心而生迷倒，于五欲境贪爱染着"。②

心灵哲学为什么能承载解脱论动机？究心为什么能帮人至解脱？心灵与人的解缚究竟是什么关系？佛教的看法是，众生是受系缚、沉沦生死，还是得究竟解脱，与心的状态息息相关。不得解脱的根本原因是迷失本心，以当下的思虑心为真心，因此只要帮众生找回真心，返妄归真，令失本心者"得本心"，"令住坚固心"，"令得究竟，住决定心"③，就能让众生离苦得乐，摆脱系缚而至究竟解脱。而要如此，就必须依靠相应的心学或心灵哲学获得关于心的正确认识，即获得对心的如实知。只要认识到：一切众生界皆悉如幻，当下的心意识不仅虚幻不实，而且是痛苦烦恼的总根源，进而在行动上"远离内外境界，心外无所见"，离心意识，"远离阴界入、心因缘……唯心直进，观察无始虚伪，过妄想习气"，"思维无所有佛地"，便能成佛得究竟解脱。④总之，唯有了心，才能成正觉或

---

① 《深密解脱经》。
② 《大乘本生心地观经》。
③ 《大方等陀罗尼经》。
④ 《楞伽阿跋多罗宝经》。

成佛，得真正的解脱。"普了已心，能成正觉，则入法身也。所以者何，如来至真，不舍心本，乃至大道。"①佛的成功经验表明：佛之所以为佛，成正觉，入法身，是因为他至真，即如实知己心，证得了心本，并安住于心本。

与上述解脱论动机相一致，佛教心灵哲学还有近于健康心理学的调心、识心的动机，如让"心开悟，无有覆盖"，即清除覆盖心灵的污秽、染污，扫除不健康心理。在佛教看来，凡夫之所以为凡夫，就是因为其心上有覆障，不清净，不健康，其表现是：其上有"贪欲、嗔恚、愚痴垢、烦恼垢、障碍、覆盖、系缚、不善行垢"，因此其心"是障碍心、不开心、覆盖心，是蔽心，是起向缚不净心，是不白、不明了心"。②而佛教心灵哲学的理论和实践上的任务帮助众生"明了心"，让心开悟，无有覆盖③，就是要找到这些染污心理形成的根源，进而找到调伏直至灭除的原理和方法。佛教心灵哲学这方面的动机也可这样表述："系念"、把心捉住，就是要找到管控心理的原理和方法，让人真正成为自心的主人。经云："智者应系念，除破五欲想。精勤执心者，终时无悔恨。心意既专至，无有错乱念。智者勤捉心，临终意不散。"④

佛教心灵哲学的解脱论动机之所以被看作是心灵哲学的动机，是因为这种动机也有认识心灵本身的作用。根据佛教的观点，佛教之所以从解脱论、圣学角度挖掘心灵，乃是有这样的断言或认知，心灵中包含有成佛之因。换言之，佛教要从解脱角度研究心灵，首先要回答关于心灵的内在构成、资源方面的问题，即要有对心灵本身的更深入的认识，明确自心所储藏的成佛之因或资源。佛在分析舍利弗等人过去"失大得小"的根源时指出："本心不解，皆有是耳"⑤，此本也是人本、五阴本、六入本、十二处本。"人本者，无从出，无所受，无作者，无有主，无色无识，不生不灭。""五阴本者，无有住处。""六入本者，犹如空野。""十二缘起，本无端绪，来无所从，去无所至。"⑥此本实即本无、空本、毕竟性空。正是因为有此本，人才有成佛之因。迷失此本，即堕凡夫。

---

① 《佛说如来兴显经》。
② 《舍利弗阿毗昙论》。
③ 《舍利弗阿毗昙论》。
④ 《大庄严论经》。
⑤ 《佛说法律三昧经》。
⑥ 《佛说法律三昧经》。

二、佛教价值性心灵哲学关注的主要问题与展开维度

即便是根据现代严格的心灵哲学标准，我们也有充分的理由说，佛教有真正意义上的心灵哲学。它不仅提出和探讨了自己独特的心灵哲学问题，而且探讨了标准的心灵哲学问题或带有共性的种种问题。我们这里重点分析一下它探讨过的有个性但又没有偏离心灵哲学主旨的问题。

它探讨过的最有意义的一个问题是，表层心理（即一般心理学所知的心理现象如六识、情、意等）之后的深层心理的构成、结构、本质、运作机理及作用，而这主要体现在对末那识、阿赖耶识、阿摩罗识、一一心识、一切一心识等的探讨之上。《瑜伽师地论》说，佛教的一个任务是揭示"心意识秘密义"。此秘密义之一是，阿赖耶识是众生生死、流转轮回之根本；之二是，阿陀耶识（阿赖耶识中摄持根身、种子等的一种功能）是诸识、根身的基石、依止、根本；之三是，阿赖耶识可转，有些功能可灭（详见后文）。[1]

密切相关的另一课题是，探讨活着的众生是否可以做到无心，即有心与无心的问题。这也是佛教心灵哲学独有的问题。佛教的回答是肯定的，即认为人可以做到无心。佛教不否认人在大多数时候有常识心理学所说的心。例如，前五识在了别对象时是有心，有寻有伺是有心，无寻唯伺是有心。无寻无伺中，除无想定、灭尽定等以外，其余的都是有心，无心睡眠、无心闷绝也是有心，因为在这些过程中，第七识、第八识仍在起作用。无心的情况主要有，在无想定、灭尽定中，人在特定意义上是无心的，因为这些过程中没有常识心理学所说的心理现象的发生。另外，任何现实存在的心理现象，都是众缘和合的结果，例如，只有当根、境、识同时存在着并相互结合而起作用时，才有相应的心理现象发生。若缺一缘，便不会有相应的心生。因此人在没有这些条件共具时，可以说无心，例如人有时没有眼识、耳识等。这是相对意义上的无心。论云："若缘具，此心得生，名有心地。若缘不具，彼心不生，名无心地。"[2]最后，无心有真假两种。例如，人处在无余依涅槃中，是真正的无心，因为"诸心皆灭"，而其他的无心，如无想定、灭尽定，这里的无心是"假名无心"，因为相对于没有相应的转识而言是无

---

[1] 《瑜伽师地论》。
[2] 《瑜伽师地论释》。

心的，但在这些过程中，"第八识未灭尽"，因此不是真无心。①

值得特别一提的是，佛教价值性心灵哲学提出和探讨过佛心或圣心问题。我们可把这一探讨称作"圣心'理'学"。因为它不仅探讨了圣人心理的标志、特点，成圣的心理条件、方法、途径等，而且真正深入心的最深隐秘处去揭示成圣的"理"，即规律、原理、本质和奥秘。这种探讨无疑有心灵哲学的意义。据《观佛三昧海经》记载，有一国王见佛后，从头顶到脚予以遍观，提出了这样的问题："佛心内有何境界？有何相貌？修行何事？佛心所念为是何物？"②这些问题正是佛教心灵哲学关注较多的问题，但无疑触及了心理的本质、范围、深层心理及其奥秘等标准的心灵哲学问题。

佛教的价值性心灵哲学还涉及了广泛的课题,如如何管理、调御、制伏心身？佛教认为，要成圣，要心身健康，要获得真正的幸福，显然要制身，而要制身，必先制心。这类看法是建立在对众生心理的本质特点的认识基础上的。众生心理的特点是像猴子等动物，好攀缘、向外驰逸，一刻也不安宁。而这恰恰是众生沉沦苦海的根源。论云："此五根者，心为其主，是故汝等当好制心。心之可畏，甚于毒蛇、恶兽、怨贼。……譬如狂象、无鉤（钩）猿猴，得树腾跃，踔踯难可禁制，当急挫之，无令放逸。……制之一处，无事不办。是故比丘，当勤精进，折伏汝心。"③去凡成佛的关键是不随妄心，端心正意。经云："既著心中，当端其心，弃恶心，受好心。……当与心净，不当随心，心欲淫怒痴不得听，常自戒于心，不得随心。……当端心正意。"④持善心、慈心于天下，"心不复走，一心无所著"⑤。

再来看佛教价值性心灵哲学的展开维度。这里所谓的"展开维度"指的是思想呈现、内容展示出来的大的维度或方式。佛教心灵哲学有两种展开维度：一是分别从"破"和"立"两个维度展开的，"破"即破世间的心灵哲学，"立"即立自己的心灵哲学；二是按世俗谛和胜义谛两个维度展开的。这里稍作分析。

这里所谓的"谛"既可以理解为我们所说的客观真理，即事物的本来的性相

---

① 《瑜伽师地论释》。
② 《佛说观佛三昧海经》。
③ 《遗教经论》。
④ 《佛般泥洹经》。
⑤ 《佛般泥洹经》。

或客观的义理，又可理解为主观的真理，即与客观真实相一致的主观思想、认识。世俗谛即世间一般人所承认的真理，又可称作世谛、权说、方便说、善巧说等。第一义谛又可称作胜义谛、真谛、实说、究竟说等，它指的是涅槃、真如、空等。如论云："第一义谛"是无生无灭，"第一义谛名为涅槃"，而涅槃即空，谛是一相，一相即无相、无自体，如来性空。①当然，在二谛各自所指的是什么、其具体内容有哪些、两者是何关系等问题上，即使是经论，所做的论说、概括也存在着很大的差别，更不用说后来的解释者所提出的理解。

如果不懂二谛说，就有可能把佛教的心身学说与世间的心身学说等量齐观。不错，佛教的确提出了关于心身本质及关系的较系统的理论，但是佛教这样做的目的只是随顺说，终极目的是要让人们最终超越它。论云："应知诸法，离言自性。谓一切法假立自相，或说为色，或说为受……乃至涅槃。当知一切唯假建立，非有自性，亦非离彼别有自性。"②意为说五位百法，说心、身、物（色）都是"假建立"，是名言施设，说它们有这相那相，都是"假立"的，目的是更好地破除它们、离弃它们。这里的论点与《唯识三十颂》开头的两句话是一个意思："由假说我法，有种种相转。"③

三、佛教价值性心灵哲学的要点

第一，它试图揭示心理的价值变化过程及其规律。根据佛教的探讨，心理变化不外乎两个方向：一是向好的方面变化，如凡心变为圣心，染污烦恼之心变为清净极乐之心；二是向坏的方面变化，如凡夫的心越变越糟糕。而此变化又有两种形式。"诸法变坏，略有二种，一世变坏，二理变坏。"④世变坏即现在的东西变成了过去，理变坏指一切染污法皆违理体。染污心亦不例外，也有这两种无常变坏。

第二，提出了"摄心、策心、伏心、持心、举心、舍心、制心、纵心"等课题，并做了全面深入的探讨。用现代术语说，佛教在这方面所做的工作，有一致

---

① 《顺中论》。
② 《瑜伽师地论》。
③ 《唯识三十颂》。
④ 《阿毗达磨大毗婆沙论》。

于心理学对心理调适的原理及方法的研究,但有诸多超越。[①]例如,它还关心这样一些有意义的子课题,即探讨"心何所依"[②],探讨什么是心的最可靠、最值得安住的处所,心灵的真正寄托是什么,怎样"正心""安心",等等。《法句经》云:"心正无不安。"[③]另外还探讨了如何降伏心灵,尤其是降伏像烦恼、妄念之类的心魔。经云:"轻难护持,为欲所居,降心为善,以降便安。"[④]降心也可说是护心。不好好护持,则流转生死,反之则受乐。"众生心所误,尽受地狱苦,降心则致乐,护心勿复调。""心为众妙门",护好了,"便在泥洹门"。[⑤]"善守护自心……永得尽苦恼。"[⑥]该经还对佛陀的"出世本怀"做了这样的表述,即降心魔,或降伏众生的心魔。"所以如来世尊出现于世,正欲降伏人心,去秽恶行。"[⑦]

　　第三,着力揭示人们心身"何得不生苦恼忧感"[⑧]的机理和方法,或者说弄清心得解脱的原理及方法。护心也就是善摄其心。论云:"修禅定者,善摄其心,一切乱想不令妄干,行住坐卧系念在前。"[⑨]"定有二种,邪定正定。""不善一心,是谓邪定,若善一心,是谓正定。"[⑩]根据诸经论:心的最好的安住法是,回归本然空寂状态,安住真实法。"心之自性非染非净,无所增减,无所动转……住真实法,此心真实故。"所谓真实即空。经云:"诸法性空,是真实义。"[⑪]护心、降心、摄心也可以说是让心不放逸。而心不放逸法正是佛教的"宗极"。[⑫]就此而言,佛教是安心之教。因为关于安心、住心的言教弥漫一切经论,如《华严经》中到处可见这样的告诫:"心不放逸""咸起慈心""心无违逆""悟解自心""心无倚着""心无依住""心无疲厌""心无染着""明照其心""心恒入平等境界""令心远离诸见牢狱""于诸众生其心平等""破心迷执""使心

[①]《阿毗达磨集异门足论》。
[②]《大宝积经》。
[③]《法句经》。
[④]《出曜经》。
[⑤]《出曜经》。
[⑥]《法集要颂经》。
[⑦]《出曜经》。
[⑧]《中阿含经》。
[⑨]《发菩提心经论》。
[⑩]《解脱道论》。
[⑪]《佛说未曾有正法经》。
[⑫]《大宝积经》。

清凉""心常随顺""心无吝惜",等等,真是俯拾即是。另外,值得特别注意的是下述表述:"应以妙法治净自心""应以善法扶助自心""应以法雨润泽自心""应以精进坚固自心""应以忍辱卑下自心,应以禅定清净自心,应以智慧明利自心,应以佛德发起自心,应以平等广博自心,应以十力四无畏明照自心"。由此可看出,修四摄六度,关键在治净自心。

第四,研究了灭心、断心的原理及方法。这是兼有价值性和求真性双重意义的心灵哲学工作,当然是佛教心灵哲学的特色之所在。根据佛教的幸福观、解脱理论,有心念生灭,就无真正的幸福和解脱。因此在究竟的解脱境界,在最美妙的佛地,不仅要断灭有为不善心,而且在修行进到较高境界时,还要"灭觉观",灭寂照之心,因为有觉有照仍是妄念。"若觉观寂静正寂静灭没除,是名灭觉观。"[1]喜乐也是如此,也应灭除。这一工程用《法句经》的话说就是探讨"洗除心垢"[2]的原理及方法。论云:"诸相与断灭,无失坏方便,彼二果差别,是诸经略义。"[3]我们之所以说这一研究具有求真性的意义,是因为它在解决有关问题时,必然要涉及对心的本质及结构的探讨,必然要把佛教倡导的"如实知心"的追求落到实处,尤其是要回答人为灭除心理现象是否可能这一重大的理论问题,甚至要涉及灵魂是否不朽这一古典心灵哲学问题。

第五,试图探讨怎样通过对心灵的认知、实证,达到了生脱死、超越生死的目的。《真心直说》在总结、提炼《楞严经》等有关经论关于此问题论述的基础上,明确、概括地把这一课题表述为:真心出死。也就是说,佛教在探讨心灵时有一不共的维度,即从生死的角度探讨心灵。其基本思想是:只有如实知心,才能知生死根源,明出生死之根本途径。生死之根源在于众生之一心本性,即非动非静,非生非灭,非净非染。由无明熏,动成妄念,流转生死,备受诸苦。佛教不仅找到了出离生死的根据,而且找到了出离的关键,那就是:令心不动,回归本自真心。如果能如实知心,"了自心性,本来寂灭,令无动念",那么当下即得解脱,因为"有动者,皆是无明动念,无明亦无所起。知心无动,不起念者,

---

[1]《舍利弗阿毗昙论》。
[2]《法句经》。
[3]《显扬圣教论》。

契证心源，永无流转"。①

第六，揭示了去凡成圣或得解脱、入涅槃的原理及方法。佛教的基本观点是，凡圣皆系于一念心。念想即是佛，故经云："想能作佛，离想无有。"②做人做得怎样，是成佛得极乐，还是流于凡俗而受苦，关键是要会想，如想佛之所想，即是佛。因为三界无别法，唯是一心造。"如是三界，一切诸法，皆不离心。若能了知一切诸佛及一切法性惟心量，得随顺忍，或证欢喜地……或生极乐净佛土中。"③换言之，涅槃是极乐世界，而得涅槃不离心。因为涅槃不在别处，就在人心中。"以涅槃得依心起，故名在心中。"④佛教追求的解脱是全面的解脱。所谓全面，是指人身上的五个方面，即色受想行识五蕴，只有它们都得解脱，才为解脱。当然，"五蕴中，心为最胜"，因此说心解脱，即说一切解脱。另外，心所法皆依、皆随心王，而外在的色法、不相应行法都依于心、心所，因此才"偏说心，不说余蕴"。"心是主故，若心清净，余蕴亦然。"只要心解脱，余法亦皆解脱。⑤圣者的特点是明解脱。明即明白、明了，有大智慧。有三种明：无学宿住随念智作证明、无学死生智作证明、无学漏尽智作证明。解脱有三种：第一，心解脱，其表现是无贪、善根相应，已胜解、当胜解、今胜解；第二，慧解脱，其表现是无痴、善根相应；第三，无为解脱，即通智抉择，达到了寂灭境界。⑥解脱的关键是心解脱。所谓心解脱，"离贪嗔痴，心得解脱"，"自身中诸烦恼断，尔时，此心自在行世……名得解脱"。⑦在这里，论者强调，清净心与烦恼心是不相杂的，两者迥然有别，是接续关系，如认为只有断烦恼等，才能得解脱。未断，则不能说得解脱。故"解脱心必无烦恼"。就像月亮一样，有烟、云等所障蔽，明月不显，只有除去障蔽才有明月出现。⑧

第七，佛教最有特色的工作是探讨了妄心伏断的原理与方法，而这又是它切入心理本质探究的独有路径。妄心其实是世间心理学所关注的生生灭灭的、有念

---

① 《大乘起信论略述》。
② 《大方广佛华严经不思议佛境界分》。
③ 《大方广佛华严经不思议佛境界分》。
④ 《阿毗达磨大毗婆沙论》。
⑤ 《阿毗达磨大毗婆沙论》。
⑥ 《阿毗达磨集异门足论》。
⑦ 《阿毗达磨大毗婆沙论》。
⑧ 《阿毗达磨大毗婆沙论》。

头现起的心理现象,从根本上说,即使是其中的以快乐、愉悦形式表现出来的心理现象,也都以烦恼、有漏为特征,因此妄心就是烦恼。世间心理学也十分重视探讨如何管控、调适心理,当然只涉及明显负面、有害的心理。佛教不仅有这种关切,而且有这样不共的课题,即探讨烦恼、妄心的产生与断除的问题。这里最富挑战性的探讨是,佛教不仅探讨妄心的自然生起和消亡问题,而且探讨能否人为予以生起和灭除的问题。这种探讨不仅有解脱论的意义,也有重要的心灵哲学意义,即它有助于我们从一个独特的角度切入对心理结构及本质的探讨。因为要调控乃至灭除妄心,首先要弄清有无人为调控、灭除的可能性。而要如此,肯定要进到对妄心的结构与本质的探讨之中。佛教通过自己的研究,不仅肯定了这样做的可能性,而且进一步探讨了调控和灭除的具体途径和方法。在这样的探讨中,佛教深入进行了对妄心的种类、形成原因、过程、表现方式、危害等的探讨,尤其是探讨了它们形成的机理、内在本质,真正做到"如实知了"。不然的话,灭除妄心就是一句空话。因此完全有理由说,烦恼问题是佛教心灵哲学独有的主题。它既主要表现为价值性心灵哲学的问题,同时又有求真性心灵哲学的意味。因为对烦恼的地毯性搜索和挖地三尺的探讨必然涉及心理的本质与生灭等问题。总之,佛教在探讨妄心调伏、灭除问题时,在建立关于烦恼的完备理论体系时,开辟了切入心灵哲学的心理本质研究的独特进路。这无疑是佛教对人类心灵哲学的宝贵贡献。

佛教探讨妄心伏断的逻辑进程是:先扫描,次归类,再分析它们的性质特点、产生条件及原因,最后讨论伏断的原理及方法。《大乘义章》云:"烦恼尽处名之为断,断是智果,果仍因名,故号断智。""虽智是智,断是智果,故说断智。"共有九种,例如,欲界地苦集谛下烦恼断处,即是断智,灭道谛下烦恼尽处分别有两种断智,等等。[1]这里讲的是作为果的断,即断尽后的结果,此结果即转识成智。还有作为因的断或断智。窥基大师认为,要断烦恼,必须知根,根即我执。"我执为根,生诸烦恼。若不执我,无烦恼故。证无我理,我见便除,由根断故,枝条亦尽。"所知障也是妄心,其根源是法执,因此破法执便能断所知障。[2]《唯

---

[1]《大乘义章》。
[2]《成唯识论述记》。

识三十颂》在讨论每一识的性、相、因相、果相等之后，专门有一个主题就是讨论在何位次才能伏断它们。它的整体结构也可说明心之伏断问题在佛教心灵哲学中的地位。唯识宗对识的讨论分这样几个阶段：一是唯识相，二是识之伏断，三是唯识位及其修证。例如，至圆位的伏断是这样的："五品已圆解一实四谛，其心念念与法界诸波罗蜜相应，遍体无邪曲偏等倒，圆伏枝客、根本惑故，名伏忍。"到十信位，"破界内见思，界内界外无知尘沙"。"十行、十回向、十地、等觉，皆破无明，同是无生忍位。妙觉断道已周，究竟成就，名为寂灭忍。"[①]

第三节 西方价值性心灵哲学的兴起与建树

最近，西方心灵哲学和认知科学的动机和形态发生了微妙的变化，其表现是有向东方靠拢的倾向，即涉足了价值性或规范性心灵哲学领域，如关注和研究以前纯粹由伦理学、宗教学等包揽的诸如幸福、善良、救赎、解脱之类的规范性对象。如前所述，这一转向研究得最多的是幸福、快乐，特别是它们的神经关联物、心灵机制等问题。从表面上看，西方的价值性心灵哲学在范围和内容上比东方的要小得多，因为东方的研究涉及的是心灵转化、转凡成圣、人格完善、如何做人等十分广泛的问题。尽管这里的重点是心灵之用、心灵的价值性分析，但它关注的远远超出了幸福这一种价值，因为根据东方的圣人观和理想人格理论，圣人是集一切最高级、最美好价值（真、善、美、福、吉、顺、寿、康等）于一体的人格绝对完美的人。幸福充其量只是圣人的一个标志性特点。其实，西方的研究也有趋同的一面，因为不同的人对幸福有不同的理解，如果根据快乐主义的观点，那么幸福只是多种价值中的一种，但如果根据亚里士多德主义的理解，幸福本身是一种集理智、德行、积极等多种价值于一体的价值，即是具理性和德行的健康而积极的生活。如果是这样，幸福的人同时也可看作是完人、圣人。如果从心灵哲学和认知科学角度去研究这种幸福，那么西方的研究除了有自然化的独有维度之外，与东方的一致还是很明显的。例如，美国当今十分活跃、热衷于比较研究

---

① 《妙法莲华经玄义》。

的哲学家弗拉纳根对幸福的心灵哲学研究就是这样，因为他关注的幸福就是包含复杂内外因素的价值统一体。

一、"幸福的科学"

西方的心灵与认知研究中，的确出现了趋同于东方价值性心灵哲学的走势，弗拉纳根把它称作"规范性心灵科学"。它关心的课题主要是过去通常由伦理学、生存哲学、做人的学问等研究的带有规范性特点的对象，如幸福、快乐、至善等，但所用的方法、所做的研究都有科学的特点，特别是建立在自然主义和神经科学的基础之上。其中最有影响的是"幸福的科学"（science of happiness）。它的任务是对幸福做认知神经科学研究。除此之外，还有很多新的走向，如神经伦理学、神经存在主义等，它们将关注的范围大大扩展了，推广到了幸福之外的广泛的规范性问题之上。

先看"幸福的科学"。"幸福的科学"一词之所以打上引号，是因为它有特定的所指。首先，它不同于人们常说的对幸福的科学研究（这一说法在中国也很常见），因为这门新的学问所关注的幸福主要是佛教徒的幸福。在它的倡导者看来，佛教徒是世界上最幸福的人，至少其幸福指数高于平均水平，因此只要能找到这种幸福的原因、条件、构成，特别是它在大脑中的神经机制和关联物，那么就可将所得的结论一般化。这一研究之所以以佛教徒为个案和切入点，是因为他们多数有禅定经验。由于有此经验，他们的心的可控性就高，就是较理想的被试。其次，这一研究带有经验科学的性质。之所以这样说，是因为它的研究基于2000多年来对人的科学研究成果，其独特之处在于：对于幸福的本质、原因、条件做经验科学的研究，所提出的各种关于幸福问题的观点都建立在历史和当代证据的基础之上。另外，应注意的是，这里所说的"科学"主要指神经科学，特别是其中的认知神经科学这一带有心灵哲学性质的学问。它不是纯粹的神经科学，而是带有心灵科学与哲学的双重特点。不难看出，这一研究本身就具有比较研究的性质。弗拉纳根说：佛教已在神经科学家和认知心理学家中享有特许的地位。

这一研究所依据的前提是，佛教与幸福问题密切相关。据说，这已得到了实验研究的支持，例如，通过对佛教徒尤其是修行功夫较高的行者的研究，他们的幸福感或幸福指数很高。持这种倾向的人得出结论说：某些神经活动与人的某些现象状态（即某些快乐感）是相关的，与禅定有关的神经活动必然伴有快乐感。

"幸福的科学"的倡导者主要是对佛教比较熟悉（有的甚至精通、有长期禅修经验）的神经科学家，其中有些是世界一流的学者，如 R. 戴维森等。他们从事此研究的目的是澄清幸福的本质和源泉，方法是：借助神经科学的无创伤技术观察修行者的大脑活动，以弄清这些活动与人的关于幸福的现象学知觉的关系。因此"这门科学是经验科学"。[1]当然，其内部在这一点上是有分歧的，有的人从大脑是幸福所在地这一原则出发，在大脑中探寻幸福的根源和机制；有的人则强调幸福的科学具有学科多态性的特点，如既是哲学，又是规范性的学问。因为它试图用一种统一的方法或"提供一种统一的构架"，将有关科学和思想资源整合在一起，对幸福问题做协力攻关。待整合的科学有哲学心理学、道德和政治哲学、神经伦理学、神经经济学、积极心理学。它同时还重视传统的修行实践、心理调节实践，如佛教、亚里士多德主义、斯多葛主义等传统哲学中的各种思想和实践。弗拉纳根认为，这些实践有无神论性质，与科学并行不悖，可称作科学的探索，因为它们也试图理解幸福的本质、原因和构成，试图增进人类福祉，因此"是工程幸福学（project eudemonia）的组成部分"。[2]弗拉纳根评述说："尽管幸福的科学本身不是现代意义的科学，但它包含的系统的哲学理论化与科学具有连续性，因此坚持的是为科学所严肃建立的关于人的图景。"[3]

幸福的科学的基本结论是：某些神经活动与人的某些现象状态（即某些快乐感）是相关的，与禅定有关的神经活动必然伴有快乐感。[4]由于幸福就在大脑中，因此应到神经元的广泛分布中去寻找幸福。当然不同的人由于侧重点不同，因此基于实证研究所得的"幸福假说"便自然有别。

神经科学还在进行这样的研究，即用无创伤大脑成像技术，研究禅定功夫高深的禅师进入禅定状态时的大脑状态。已有这方面的大量报道，如详细介绍禅师入定时大脑有关部位表现出的"正效应"。许多媒体甚至以夸张的语气转述了文

---

[1] Flanagan O. *The Really Hard Problem: Meaning in a Material World*. Cambridge: The MIT Press, 2007: 2.
[2] Flanagan O. *The Really Hard Problem: Meaning in a Material World*. Cambridge: The MIT Press, 2007: 4.
[3] Flanagan O. *The Really Hard Problem: Meaning in a Material World*. Cambridge: The MIT Press, 2007: 2.
[4] Flanagan O. *The Really Hard Problem: Meaning in a Material World*. Cambridge: The MIT Press, 2007: 21.

章的内容,如说:"佛教引领科学家进入幸福的所在地。"[1]有的人推论说,佛教徒的大脑在进入幸福状态时是极度活跃的,这些大脑的所有者是异常幸福的人,甚至是所有人中最幸福的人,禅定在那些幸福的人身上是幸福大脑的决定力量,等等。看到神经科学的研究成果,许多人以为它真的发现了幸福的秘密,于是问:科学家是怎样发现佛教徒是世界上最幸福的人的?幸福存在于大脑的什么地方?还有媒体把热心研究僧人禅定实践的神经科学家 R. 戴维森等称作"快乐发现家、探索家"。弗拉纳根认为,应理智而冷静地对待佛教与幸福的关系问题以及神经科学的有关研究。他说:我认为大多数浮夸式喧闹尽管没有恶意、无害,但却是愚蠢的。因为这里的问题、关系很复杂,值得小心梳理。例如关于它们的关系,可有这样一些情况,或这样一些断言:第一,成为佛教徒与得到幸福是有关联的。问题是什么样的人才算是佛教徒?什么是其成员的标志?这里的幸福是哪种幸福?怎样定义?第二,以佛教方式禅定与感觉到快乐有内在联系。但快感是幸福吗?第三,进入佛教倡导的心理状态、获得其心理结构与幸福的确有关联。但这种心理状态、结构究竟是什么?目前可能还是科学的盲区。第四,成为佛教徒与身心健康有关联。但这关联具体究竟是什么?第五,成为佛教徒与获得某些类型的自主神经系统控制(如能控制恐惧、惊慌反射)有关联。第六,功夫高深的佛教修行者都有极好的面相,或者说相好庄严。但面相与幸福是何关系?第七,禅定功夫高的修行者有大量的大脑同步整体激活。第八,也是最重要的,幸福与什么有关?是否能找到一切幸福形式中最一般的必要条件、决定因素?

二、规范性心灵研究的拓展

在西方的价值性心灵哲学研究中,也有将研究范围推广到幸福这一价值之外的价值之上的表现,神经幸福学、神经伦理学、神经学佛教、神经现象学、神经存在主义等就是如此。

神经幸福学的宗旨、任务与东方的价值性心灵哲学基本一致,也是想通过对心灵和大脑的研究找到解脱,特别是幸福的原理、机制与实现途径,其特点是侧重于用神经科学的手段和方法研究与幸福有关的大脑结构与过程。弗拉纳根对它

---

[1] Flanagan O. *The Bodhisattva's Brain: Buddhism Naturalized.* Cambridge: The MIT Press, 2011: 10.

的概括是：神经幸福学是关于幸福的构成要素与原因的自然主义探讨。这里所谓的幸福即亚里士多德说的每个人都最想得到的东西。亚里士多德的说法千真万确，因为关于人的一个普遍真理是，人们在一切时间和地点都希望愉快、至福、幸福，而这种幸福是人所过的充满着理智和德行的积极的生活，即东方人所说的圣者的生活。因此有必要知道：它是什么？存在于哪里？怎样得到？神经幸福学主张：神经科学能推进我们对幸福之构成和原因的理解。神经幸福学研究有不同走向：①神经佛教、神经伦理学、神经存在主义；②神经怀疑论；③弗拉纳根的中间立场。

就它与前述"幸福的科学"的关系而言，它的范围略大于后者，如里面有神经佛教、神经伦理学、神经存在主义和怀疑论等不同走向，另外，它关心对情绪等与幸福有关的心理现象的研究。例如，神经幸福学重视对积极情感与大脑关系的研究。R. 戴维森等人于 2000 年、哈格达尔（K. Hugdahl）等人于 2002 年就做过这样的研究。前者的实验表明，当向被试显示如落日美景等令人愉快的图片时，功能性磁共振成像等仪器就会显示，被试大脑前额叶皮质有不断提高的激活。被试会报告说，他很快乐。反之，当让他们看令人不快的照片时，激活就会下降，被试会有不快的报告。实验表明：前额叶皮质与情绪有关，同时它又是生命在晚近进化中形成的构造，它们在预见、计划、自我控制等方面都有重要作用。

神经幸福学的另一工作是研究幸福的中枢实现地，或幸福、好情绪的神经定位。其结论是："左倾额叶前部的激活是积极情绪的可靠的指标，但值得信任的科学家不会说：在左撇子中，你越左，你就越幸福。"[①]

神经幸福学还对幸福的理论问题或心灵哲学问题做了探讨，如思考过：第一，概念问题——好情绪、积极情感与幸福究竟是何关系？一般的看法是，它们不能等同，因此找到了好情绪的位置并不一定就等于证明了幸福的位置。第二，幸福的中枢实现与幸福的内容和原因的关系问题，幸福的内容、源泉与大脑状态的关系问题。对此也有不同的看法，如一种观点认为，幸福的原因是不一样的。有的人的幸福生活源于家庭条件，有的源于美德，有的源于金钱。但它们的大脑实现、表现都可以是相同的，如都在大脑中有光亮发出。再就内容而言，内容不同的幸

---

① 参阅 Flanagan O. "Neuro-eudaimonics or Buddhists lead neuroscientists to the seat of happiness". In Bickle J (Ed.). *The Oxford Handbook of Philosophy and Neuroscience*. Oxford: Oxford University Press, 2009.

福形式也可能有相同的大脑状态，如都有相同的激活，有光亮出现。例如，有一种幸福状态，它的内容特征是由对虚无的禅观而形成的，还有一种幸福状态的内容是由解开了量子力学方程式而来的，但它们都可以有相同的大脑表现。这就是说，现象学上不同的幸福状态，如希腊式的幸福和佛教式的幸福，完全可以有相同的大脑实现。①

神经幸福学还探讨了宗教信仰、宗教经验与幸福的关系。一般认为，它们也可成为幸福的一个源泉，当然也是幸福的一种构成和形式。例如，天主教许多教派的修道士都相信人的神性，都有对此的冥想经验。而这些都能导致幸福。人对上帝的信仰，以及与上帝的关系都被肯定地认为是他们所寻求的那类幸福的构成要素。新的观点是，科学家即使不相信真的存在着信徒所相信的神性，也可以搜寻这样的心理状态，它们确实是聚焦于神性的（将其作为此状态的内容）。②

另一有意义的研究课题是，佛教与非幸福现象（注意力、问题解决能力等）的关系问题。对此，帕格诺尼（Pagnoni）等人做了这样的实验研究，即研究参禅者（特别是老参）与没有这类经验的人在注意力、问题解决能力等方面的不同。结果表明，禅定真的有提高这些能力的作用。他们由此推断说：如果是这样，那么就可把禅定技术用于治疗早期阿尔茨海默病、注意力紊乱的患者。R. 戴维森等人研究了信佛与患流感等疾病的关系，以及信佛与积极情感、免疫系统的免疫能力的关联问题。

这类研究以下述两个形而上学假定为前提：一是同一论假定。它断言所有心理状态都是大脑状态。根据这一假定，神经幸福学认为，现象学方法尽管可以帮我们进到心灵的表面结构，但不能让我们进到心灵状态的深层神经结构。而在这里，第三人称的技术方式则可帮我们进到这里。同一论还认为，用第三人称方式看到的与用第一人称方式感受的可以是同一或等同的。③二是中枢关联观，即认为每个心理状态都有其对应的神经关联物。

---

① 参阅 Flanagan O. "Neuro-eudaimonics or Buddhists lead neuroscientists to the seat of happiness". In Bickle J (Ed.). *The Oxford Handbook of Philosophy and Neuroscience.* Oxford: Oxford University Press, 2009.
② 参阅 Flanagan O. "Neuro-eudaimonics or Buddhists lead neuroscientists to the seat of happiness". In Bickle J (Ed.). *The Oxford Handbook of Philosophy and Neuroscience.* Oxford: Oxford University Press, 2009.
③ 参阅 Flanagan O. "Neuro-eudaimonics or Buddhists lead neuroscientists to the seat of happiness". In Bickle J (Ed.). *The Oxford Handbook of Philosophy and Neuroscience.* Oxford: Oxford University Press, 2009.

有这样的问题，即有些心理状态尚未找到神经关联物，甚至找不到与主观经验或现象学报告对应的大脑关联物。即使我们承认常见的技术能分辨积极的情绪，但尚没有这样的技术，它能对不同命题态度状态的内容做出区分。有些人甚至断言，每个经验的主观属性不可能完全还原为那个经验的神经基础，因为这些经验也许有自己的非物理的属性。如果是这样，它们就超出了神经科学的范围。另外，关于心理状态的原因，神经科学也有其无能为力之处。弗拉纳根认为，禅定中见到的"大光明"、大圆满、周遍法界、湛然清净等是找不到神经关联物的。他说："光明意识是一种特别纯粹的心灵状态，这种状态与人的最纯净的本质即佛性密切相关。"[1]但他不赞成说光明意识是非物理的。神经科学的局限性还在于：上述现象学经验及其内容肯定是事实，但已有的大脑技术是找不到它们的神经关联物的。

有的人基于神经幸福学碰到的上述问题指出：推进有关研究，解决有关形而上学问题的出路，就是开展神经现象学研究。弗拉纳根对神经现象学的概括是："神经现象学是旨在解释心脑活动的战略，其方法是，先小心获得来自被试的生动的第一人称现象学报告，然后用我们在认知心理学和神经科学中所能得到的一切知识和工具，确定大脑在被试所报告的经验中做了什么。"[2]

就神经伦理学而言，它在形式上有点像帕特里夏·丘奇兰德所说的神经科学，其宗旨就是要用神经科学的方法研究传统的伦理道德、人生哲学问题。与之相近的还有瓦雷拉所说的神经现象学。它们关注的问题仍是传统伦理学、现象学、心灵哲学中的问题，但用的方法则发生了很大的变化。其中最重要的一点是：将神经科学的最新成果推广应用到了这些领域之中。

神经伦理学的一种新倾向是，重视对慈悲之类的自利利他的美德的研究。它们不关心这样的问题：为什么要慈悲？慈悲有何好处、必要性？慈悲与人的幸福是何关系？怎样慈悲？而转向了这样的问题：慈悲能否被培养？一个不慈悲的人能转向慈悲吗？转变的可能性根据、条件、机理是什么？等等。很显然，这些研究都是典型的价值性心灵哲学的问题，但里面同时又包含着求真性的因素，因为

---

[1] 参阅 Flanagan O. "Neuro-eudaimonics or Buddhists lead neuroscientists to the seat of happiness". In Bickle J (Ed.).*The Oxford Handbook of Philosophy and Neuroscience.*Oxford: Oxford University Press, 2009.
[2] 参阅 Flanagan O. "Neuro-eudaimonics or Buddhists lead neuroscientists to the seat of happiness". In Bickle J (Ed.). *The Oxford Handbook of Philosophy and Neuroscience*. Oxford: Oxford University Press, 2009.

第十二章 东西方价值性心灵哲学：比较、融合和世界主义

对培养、转变等的研究必然涉及对心灵的本质的研究。

从心灵哲学上说，上述慈悲喜舍、贪嗔痴之类的特征都属于心所法，即伴随各种主识而发生的心理现象。根据神经学佛教，它们都应被自然化。这是神经学佛教在关于规范性心灵哲学问题的探讨中必然过渡到求真性探讨的表现。它强调，自然主义者在这里想弄清的是道德的根源，既然如此，就要探讨这样的问题：在慈悲喜舍、贪嗔痴中，哪些应理解为情感性心理，哪些属于认知现象。尽管佛教没有把心理现象分为情感和认知，但这样的区分对自然主义者是必要的。因为从神经成像研究的观点看，有些大脑区域，如额叶前部皮质的背外侧面及顶叶与情绪状态的关系较为密切。

这一领域中的综合性倾向也是值得关注的。近年来，许多心灵哲学家、心理学家、神经科学家以及精神分析学家、各种心理治疗师、经济学家、进化心理学家，试图把情感神经科学、积极心理学与神经幸福学结合起来，开始考察积极的情感、积极的心情、无破坏性的情绪的社会心理基础，以及它们与幸福的联系。这一纯应用的科学工作在很大程度上是由下述承诺所驱动的，即改进人类生活的品质。它试图通过从经验上确认哪一种存在和生活方式足以产生真正的意义和确实的幸福。[①]有的人把这样的探讨称作"幸福生活学探讨"，即对好的存在状态的原因、条件的探讨[②]，它赞成"积极心理学"。"幸福生活学探讨"特别看重感受状态，尽管主要的兴趣集中于生活方式之上。这一研究的某些工作，而非全部，则是要考察佛教与幸福的关系，或用更常见的话说，研究某些佛教实践，其中主要是禅定与积极情感、情绪以及对主观的好的生存状态的判断之间的关系。

超个人心理学（transpersonal psychology）是西方现代心理学中的一支，其特点是融合，即试图把世界文化史的传统宗教、哲学与现代心理学结合起来。前者包含对人及其精神生活的理解和践行方式，后者尽管有对人的身体与心理的科学研究，但它们的问题是割断了与世界精神传统的联系。超个人心理学对世界精神传统和现代心理学持同等尊重态度，试图将二者结合起来，并加以创造性的综合，最终在建构一种包含身体、心灵和精神（body-mind-spirit）的整体的图式的基础

---

① 参阅 Lenzenweger M F. "Authentic happiness: using the new positive psychology to realize your potential for lasting fulfillment". *American Journal of Psychiatry*, 2004, 161(5): 936-937.
② 参阅 Flanagan O. *The Really Hard Problem: Meaning in a Material World.* Cambridge: The MIT Press, 2007.

上重新审视和科学地认识人自己。由于有这样的追求和特点，因此它包含有较多的价值性心灵哲学思想，如它的理想接近于佛教"统一与共存""一如一体""无缘大慈、同体大悲"等理念，它看重这样的心理样式——超个人的心灵状态、价值、理想、理念、生命意义，着力研究死亡、个人与整个人类、自然的关系，热衷于对禅定的实践和理论研究，认为它是扩展、放大人的心量的方法，有助于建立身体、心灵、精神的一体化，而无量心、广大心是社会危机之解决的必要条件。其倡导者有苏蒂奇（Sutich）等。

超个人心理学由于不仅从求真性角度研究心理，而且承认价值性视角的必要性，承认不同心理样式对人有不同的效价和利害关系，并认为它们都有转化的可能性，因而不仅重视对转化机理、根源的研究，直至切入对心灵本质这一心灵哲学独有问题的研究，而且十分重视探寻有助于解决人的生存危机、促进心灵转化的实践技术，即疗法（therapy），如发明了开心（open heart）疗法、存在分析疗法（logotherapy）或言语疗法、意义疗法。

值得特别强调的是，超个人心理学把心灵转化的理论和实践问题放在十分突出的地位。作为宗教的心理学，它的任务之一就是探寻转化、转生的道路、原理和方法。而这正是传统宗教尤其是宗教秘密主义关心的课题。超个人心理学热衷于研究精神论传统中的种种实践及其对个人的影响，进而探讨存在或意识的层次，这些层次只出现在转化过程的个人升华之中。它也关心历史地形成的各种传统的思想体系及其相互联系，在此基础上，试图找到超越文化隔阂的方法，最终建立关于超越的整合性纲领。[1]由于有这样的关切，因此关注"转化""变化"就成了它的一个特点。由于对这一问题的理论和实践探索，必然牵涉各种各样的心理样式、各种层次的意识轮廓，因此一般认为，它建立了自己独特的心理地理学、地图学、结构论和动力学。

作为科学心理学的一个分支，它试图以科学心理学方法研究个人的超越问题，特别是探讨如何克服自我中心主义，如何完成由小我向大我的转化，如何获得超越性经验和知识这类高级的精神状态。为此，它首先对心理状态、过程和特征做出解释，尤其是查明日常心理生活的地图及其特征；其次，试图弄清与超个

---

[1] Lancaster B L. *Approaches to Consciousness: The Marriage of Science and Mysticism*. Basingstoke: Palgrave Macmillan, 2004: 10-11.

人经验有关的心理过程和状态。可见，它与认知神经科学及别的心理学分支有共同的目的和根基。

超个人心理学通过研究所得的关于如何做人、如何解决人类面临的精神和社会危机的主要结论是，人能够而且应该寻求内在的真正智慧，因为只有进入内在的智慧，进入自我的智慧之源，不断地向内寻求，人才能发现真我之所在。而这种智慧只有通过净化心灵才能得到。健康是我们揭开生命固有意义的结果。人一方面要不断发现深层意义，同时又应不断地建构和解释这种深层意义。发现生命的意义具有非常重要的治疗价值。生活的创伤和悲剧往往提供了进入精神世界的动力。在黑暗中，心灵最痛苦之处可能出现一抹补偿的光芒，一种安慰、康复和新的成长可能由此开始。通向精神解放的道路多种多样。既然如此，具有渊博的知识并且尊重所有不同的道路（包括无神论）是至关重要的。整合世界各种文化传统的宗教、哲学及其践行的知识并将其纳入现代心理学的架构就成为超个人心理学的使命。

三、"真正的困难问题"与弗拉纳根的创造性融合

弗拉纳根是当今西方价值性心灵哲学研究中最活跃、成果最突出的人物，因此是我们这里的比较研究的主要被比较项。他的思想的特点是融合基础上的创新，而融合既表现为对科学与规范的融合、西方各种思潮的融合，更表现在对东西方价值性心灵哲学的融合之上。

弗拉纳根开始是赞成"幸福的科学"这个口号和有关研究纲领及思路的，并做了一些开创性的工作。但后来经过反思，他觉得应予放弃。因为他发现，这里所揭示的所谓联系、关联是不可靠的，缺乏普遍性。他说："关于佛教与幸福关系的已有研究由于所关注的身体和心灵状态各不相同，因此是多种多样的。例如有的人关心的是佛教与免疫系统的功能的关系，与注意力、专注的关系，与认知的关系，与抑制惊恐反应的关系，等等。但它们并未涉及佛教对幸福究竟有何作用的问题。甚至有些声称要研究幸福的人并没有真的触及幸福。因为它们涉及较多的是积极健康的情绪。而这与幸福并不是一回事。最重要的是，现在的研究技术还十分有限，如不能让我们在大脑中看到，慈悲发生在哪里，幸福发生在

哪里。"①因此仅仅基于神经科学研究，就将幸福与佛教关联起来，其实包含着许多不科学的因素。因为他经过研究发现，幸福不只与大脑活动有关，而且由众多因素所决定，进而走向了关于幸福、生存意义的整体论。

下面再看他新提出的"真正的困难问题"以及所做的解答。有理由说，他这方面的工作是比较纯正的价值性心灵哲学研究。

他之所以能走进这一领域，主要是因为他的研究既有科学和形而上学上的求真性动机，又有较突出和鲜明的伦理性动机。以对自我的研究为例，他除了想弄清自我、心灵的庐山真面目之外，的确有这样的追求，即为着人的善，或为着人类的幸福、美好、解脱的生活。他像佛教一样认识到，人的生存状态、生活质量与人对自我的看法及态度息息相关。许多人之所以生活在水深火热之中，是因为相信有实我存在，以及有相应的我痴、我执、我见、我慢这四种烦恼。因此解脱的根本出路在于破我。由于他的自我研究有这样的体认，因此提出：心灵哲学和认知科学等的"真正的困难问题"不是查尔莫斯等人所说的"意识的产生问题"（这是最近20年来西方心灵哲学研究中最热闹的研究领域，其成果据说有几十万项之多），而是"意义"问题。须知，这里所说的意义不是文本的意义，而是人活着的意义、生存的意义、人生的价值，在特定意义上也可说是幸福问题。

生活的意义与幸福都属于规范性现象，都是人们孜孜以求的价值。两者是何关系呢？他的看法是，生活的意义不外乎两种：一是觉得没有意义，二是觉得有意义，值得过下去。后一生存状态就是幸福。英文的"幸福"（well-being）较准确地表达了这种状态，指的就是有价值的、好的生存状态。但什么是好的生存状态呢？怎样评判一种生存状态是好还是不好呢？弗拉纳根深知，这是一个众说纷纭的问题。至少有这样三种不同的看法：首先，快乐论的或享乐型的幸福。快乐论是心理学的一个分支，研究的是人的快乐和不快乐的意识状态，这里的研究当然是科学的研究，即用科学方法去研究人在较长时期表现出来的幸福感，对之做出评估，而评估是根据对受试在每一时间点表现出的经验的密集的记录而做出的。这里关注的幸福是"客观的幸福"。诺贝尔生理学或医学奖获得者卡尼曼

---

① Flanagan O. "Neuro-eudaimonics or Buddhists lead neuroscientists to the seat of happiness". In Bickle J (Ed.). *The Oxford Handbook of Philosophy and Neuroscience.* Oxford: Oxford University Press, 2009.

(Kahneman)说:"客观的幸福可根据一定时期的平均效果而来定义。"[①]其次,主观的、康乐型的幸福。这种幸福形式是赞成研究并测量主观幸福的人提出的。他们认为,主观幸福是生活满意度高、快乐的情绪、对工作和健康感到满足,感觉有意义、负面情绪较低等的函数。自20世纪70年代积极心理学兴起以来,这种强调对主观幸福做出测量的方案就一直在强劲发展。最后,幸福论的幸福。其形式多种多样,而这又取决于人们对幸福所持的不同的规范概念。其不同主要表现在:人们对美好生活由什么决定、个体与这些决定因素是什么关系、怎样生活在这种关系中有不同的规范性看法。在当代的幸福研究中,人们也试图对这种幸福做出测量和评价,尽管里面包含着对客观因素的测评,但不同于客观幸福论所做的测评。试以亚里士多德的观点为例做一分析。根据亚里士多德的观点,我们不能凭主观感觉或别人的评价来判断一个人幸福与否,而应看他的生活与他的人格、别人的生活的因果关系。[②]亚里士多德的观点显然是道德至上主义,因为他强调:一个人是否非幸福,要看他的道德表现。这道德表现既与现世的生活状态有关(不道德就不可能有真的幸福),更与未来(来世)、他人的生活有关。因此根据亚里士多德的观点,评价人幸福与否,应看当下生活所能导致的后续的客观事态,如他的人格是否完美、对别人的利害关系。弗拉纳根所理解的幸福主要是这样的幸福。

弗拉纳根认为,他围绕上述问题所做的工作可称作科学的探索,因为它们也试图理解幸福的本质、原因和构成,试图增进人类福祉,因此"是工程幸福学的组成部分"[③]。他的基本答案是:①人是生活在自然世界的自然造物;②根据新达尔文主义的观点,人是动物;③人的实践是自然现象;④艺术、科学、伦理、宗教、政治都是人的实践;⑤自然科学和人文科学原则上能描述、解释人的本质和实践。[④]关于人及其特点,他的自然主义结论是,"我们是具身性的、有意识的存在,能完成高度复杂的心理的-诗意的行为"[⑤]。对于他所谓的"真正的困难

---

① Flanagan O. "Objective happiness". In Kahneman D, Diener E, Schwarz N (Eds.). *Well-being*. New York: Russell Sage Foundation, 1999.
② Flanagan O. "Objective happiness". In Kahneman D, Diener E, Schwarz N (Eds.). *Well-being*. New York: Russell Sage Foundation, 1999.
③ Flanagan O. *The Really Hard Problem: Meaning in a Material World*. Cambridge: The MIT Press, 2007: 4.
④ Flanagan O. *The Really Hard Problem: Meaning in a Material World*. Cambridge: The MIT Press, 2007: 21.
⑤ Flanagan O. *The Really Hard Problem: Meaning in a Material World*. Cambridge: The MIT Press, 2007: 37.

问题",他提出了所谓的"生活有意义的整体论"。其基本观点是,生活是否有意义,取决人所从事的全部活动。其中,主要有六大方面的活动,即艺术、科学、伦理、宗教、政治、精神。他说:我们生活的品质,确切地说,我们的生活是否有意义,在很大程度上取决于我们是怎样(用柏拉图的话说)划分艺术、科学、伦理、宗教、政治、精神的空间的。这六个空间是古德曼集合的成员,而我则把它们称作意义的空间。[①]从关系上说,每个空间还能以多种不同方式与自己和别的空间相互作用。

再来看他建立"规范性"心灵科学的尝试。规范性即应然性,是必然性的对立面。相对于人的认识而言,它历来是经验科学难以同化的现象。最典型的规范性现象是幸福、价值、生活的意义等。心灵科学本来是以事实为对象的实证性科学,为什么能成为研究应当之类的规范性问题的科学?他的根据是,事实上有这样的情况,即以前属于规范的、关心"应当"问题的学科,如医学、精神病学、医学心理学等,后来都成了经验性实证科学。既然如此,以幸福为对象的伦理学等也可被改造成规范的心灵科学。这样的科学事实上已经出现了,如古代有两种规范的心灵科学:一是亚里士多德的《尼各马可伦理学》所包含的;二是佛教的"阿毗达磨"中所包含的。两者都提供了统计上规范的心理学,它们都有关于美德的理论。在亚里士多德看来,一个幸福的人是这样的人,首先他真的是幸福的,其次他真的充满生机、兴旺发达,并有理性和德行。在佛教那里,幸福的人是摆脱了各种弊端和心灵创伤、充满四无量心的人,如慈无量、悲无量、喜无量、舍无量。

他的规范性心灵科学关心的问题是规范性问题,但它的原则、目的、方法和手段又有经验根据。从方法论上说,他在研究规范性问题时要用的方法主要是他倡导的"自然的方法"。这个方法论体系实即经他改进了的、融合了东西方积极思想成果的自然主义方法。法尔曼(Fireman)等认为,在研究意识、自我与叙事及其关系的过程中,人们常用"自然的方法"。该方法最先是研究意识的一种方法,其基本原则是,在提到意识时,可关注这样一些问题:①意识感觉起来是怎样的,研究这个问题其实是要弄清意识的现象学;②意识做了什么或能做什么,

---

[①] Flanagan O. *The Really Hard Problem: Meaning in a Material World.* Cambridge: The MIT Press, 2007: 37.

第十二章　东西方价值性心灵哲学：比较、融合和世界主义　　531

回答这个问题就是要弄清意识的心理构造、机制；③意识是怎样实现的，回答这个问题就是要弄清意识的神经机制即意识的神经生物学。这一方法近来扩展到了这样一些研究之中，即与自我意识、人格同一性、自我表征、梦境叙述及解释等有关的研究。在这里，弗拉纳根把它应用于解决规范性心灵哲学的研究之中。当如此推广、运用时，这一方法就被称作"扩展了的自然方法"。首先，这一方法的最大特点是，除了像西方的一般的自然主义哲学家那样强调用自然科学的概念、理论解释那些非基本的现象以便将它们"自然化"之外，还在自然化时，重视诉诸人类学、历史社会学、宗教、文学甚至通俗文化。①其次，他的这一方法还有这样的动机，即调和科学主义、自然主义与人文主义、常识直觉之间的冲突。他认为，生活的意义、非物质心灵、自由意志、固定不变的自我等是人文主义所强调的东西，而人文主义根本对立于科学主义。弗拉纳根认为，自古以来，这两种思潮一直针锋相对，势不两立。根据科学主义，灵魂、自我问题是假问题。而人文主义者一般坚信或假定有灵魂，尽管许多人都认为灵魂是一个过时的概念。②

　　在幸福问题的性质这一问题上，弗拉纳根发表了富有革命性意义的观点。传统观点认为，幸福、生活的意义等纯属规范性问题，而非经验性问题，就像为什么要在河上建一座桥这一问题一样。因为它与人的需要、目的有关，不是必然性、经验性、事实性问题。同样，幸福是什么等问题也是规范性问题。弗拉纳根认为，这个问题同时兼有规范性和实然性。它即使是规范性问题，也必须用经验方法予以解决，否则就不能解决。就此而言，规范性问题也可以成为经验问题。③另外，意义、幸福的来源在真实世界是有其位置和源泉的，这就是前面所说的艺术等空间。就此而言，像幸福在哪里等问题就有了经验的性质。他说："如果意义有其定位，那么它只能在那个空间中，而不能在别的地方。"④另外，意义空间的本质、形态、内容都有其偶然性，这也说明意义问题有经验性质。

　　由于他像多数英美哲学家一样坚持自然主义，并在此基础上倡导他赋予了新

---

① Fireman G, Gary D, Flanagan O (Eds.). *Narrative and Consciousness*. Oxford: Oxford University Press, 2003: 4.
② Flanagan O. *The Problem of the Soul: Two Visions of Mind and How to Reconcile Them*. New York: Basic Books, 2002: 38.
③ Flanagan O. *The Problem of the Soul: Two Visions of Mind and How to Reconcile Them*. New York: Basic Books, 2002: 38.
④ Flanagan O. *The Problem of the Soul: Two Visions of Mind and How to Reconcile Them*. New York: Basic Books, 2002: 39.

含义的"自然的方法",因此他还试图根据自然主义来回答规范从哪里来这样的问题。很明显,规范不会像关于事实的知识那样来自经验。

根据康德以来的观点,伦理之类的规范来自道德律令,有应当性,无必然性。自然主义对此的回答是不同的。当然,自然主义有不同的形式。弗拉纳根坚持的自然主义是一种围绕自然主义而展开的自然主义。他强调,正像关心植物生长的自然主义者寻求植物学智慧一样,他作为关心幸福的自然主义者要探寻的是:生活于复杂世界中的人如何才能获得幸福,人在得到幸福时与哪些信息有关。在做这种探讨时,他的自然主义首先承认:人类追求幸福是合理的、必然的、天经地义的,当然也是值得的。其次,他的关于幸福的自然主义以历史上的有关幸福观为思想源泉。他强调:当他说幸福论是规范的、经验的时,他说的就是上述意见。质言之,研究幸福必须研究借鉴前规范的方面。但作为自然主义者,他同时强调:幸福论又必须是科学的。说它是科学的,意思不外是说,在对幸福论做哲学的系统化、理论化时,必须与科学保持一致,必须把这项工作看作是科学的继续。尤其是要利用有关科学的成果,如进化论、神经科学、人类学等。蒯因曾说:伦理学就像工程学。[1]弗拉纳根认为,这是一个极其恰当的类比。就像你要过河得建一座桥一样,你想得到幸福,该建什么样的桥呢?要建的桥很多,如建构友谊、改造你的性格等。

总之,规范的心灵科学是规范性学问,但它的原则、目的、方法和手段又有经验根据。它认为,规范不会像关于事实的知识那样来自经验,但又与自然主义并行不悖,只是他认可的自然主义是更加宽松的自然主义,因为它强调自然化的基础除了物理学等自然科学之外,还包括微观生物学、神经科学、历史学、人类学。不难看出,他的规范的心灵科学与神经科学的心灵科学有同有异。相同在于:都强调要根据自然科学说明幸福,要对幸福进行自然化。两者的不同表现在三个方面:第一个不同是,他视之为自然化基础的科学部门更多,不止是神经学。第二个不同是,在强调幸福离不开真善美等价值时,他特别给予真以优越地位,认为它在人的幸福获得中,比美、慰藉、简单的幸福更重要,尤其是当它们有冲突时更是如此。因为人类的兴旺发达主要是由真授予的。他说:"真是幸福的可靠的授予者。""尊重真理是基本的,轻视真理肯定会导致个人和政治的功能紊乱、

---

[1] 转引自 Margolis E, Samuels R, Stich S (Eds.). *The Oxford Handbook of Philosophy of Cognitive Science*. New York: Oxford University Press, 2012: 4.

不爽。"在这一点上，他自认为他是一个柏拉图主义者。第三个不同是，强调追求超越、超脱、心胸宽广是幸福的必要条件。他认为，追求超越是心理学的普遍原则，同时是促使群体和谐的保证。就此而言，超越是道德的黏合剂。而只有在一个充满高尚道德情操的群体中，个人的真正幸福才是可能的。规范的心灵科学的独特之处在于：强调生存的意义这一问题是一个如何为精明的、群居的社会动物谋取幸福的问题，是用什么手段和方法去实现幸福的问题。弗拉纳根关于幸福的自然主义以历史上的有关幸福论为源泉，当然是批判地接收前人的思想。为此他研究了前人思考幸福的方法，以及前人所积累的如何获得幸福的智慧和知识。由上述特点所决定，弗拉纳根的幸福论既是规范性的，又是科学的。

第四节　西方伴随规范性心灵科学而来的比较研究

在西方当代，与规范性心灵科学诞生几乎同步，对它与东方特别是佛教中的有关思想的比较研究也悄然兴起。也可这样说，规范性心灵科学诞生的一个条件就是西方当今十分兴盛的比较心灵哲学研究。而随着它的诞生，人们又迅速将它作为比较研究的被比较项，从而促成了西方规范性心灵科学与东方价值性心灵哲学比较研究的形成。

伴随这一新的比较研究领域的诞生，人们对比较研究的元问题及具体操作方法的看法也发生了许多重要的变化。例如，对于比较研究的目的、功能和任务，新的看法强调：比较研究不再只有思想史、解释学的功能，即不只是帮助更好地认识和理解被比较项的本质及特点，澄清有关历史事实，而同时有学习新知识、认识新道理、互补、融合、借题发挥、解决该领域理论难题甚至做出理论创新的作用。例如对认知科学和藏传佛教的有关思想的比较研究做了大量工作且颇有建树的德查姆斯在自己的研究中就关心这样的问题：通过比较，如通过对佛教心灵哲学与脑科学的比较，我们能学到的究竟是什么？他的研究得出的结论是，通过比较可以学到很多新知识，找到解决当前面临难题的新办法。另外，他认为，比较会导致创新，因为比较让人看到的是多种多样、异彩纷呈的思想，它们会给人以启迪，激发人的创新灵感。他说：多样性会产生创造性，学习某种不一样的外来方式去面对熟悉的难题，会有助于自己重新厘清问题。①例如，只要认真关注和研究佛教的心识论，再辅之以西方的心灵哲学和神经科学，就能更好地解决心灵哲学的难题。

弗拉纳根是当今倡导心灵哲学、神经哲学跨文化研究且成就卓著、独领风骚的学者，完成了《菩萨的大脑：佛教的自然化》等大量极有影响的比较研究著作。科塞鲁（Coseru）评述说："弗拉纳根的《菩萨的大脑：佛教的自然化》一书表达了进行跨文化神经哲学研究的雄心勃勃的计划，对佛教哲学自然化的论述尽管不是没有问题的，但显然是必要的。"②弗拉纳根认为，这一领域可同时运用三种方法，即比较哲学的方法、融合性哲学的方法和世界主义哲学的方法。第一种方法其实是狭义的、传统的比较研究方法，而后两种方法也是比较方法，即他所倡导的新的比较方法。他说：比较哲学方法就是做比较或对比。就伦理学而言，孔子曾说：孝顺（或孝）就是永恒的善。亚里士多德并未提过孝或别的相近的东西对德行来说是必要的。对于佛教徒来说，慈悲是首要的、最高的善；对于当代自由社会的公民而言，不管是左派还是右派，个体的慈悲（同情心）或多或少是一种值得选择的善，尽管个人和政治两个层面的正义或公正，作为对行使别的无节制的自由的一种限制，拥有优先的地位。

融合方法强调的是，在比较或跨文化研究中，应把在比较中发现的好的有价值的东西融合起来，使之形成新的思想。例如，如果我们把孔子所说的孝加到亚里士多德所列举的种种德行之中，那么我们会得到一种有趣的、有吸引力的混合，这种混合能改进我们的文化，让我们得到一种具有更大综合性的行为规范，甚至能使年轻人更懂礼貌、社会更有序。

世界主义方法就是要以更开阔的胸襟和视野对待各种不同甚至有冲突、不相容的思想，耐心地成为倾听者，以把有用的东西吸纳进来。当然又不能止于此，而应在这个过程中同时成为诉说者，亦即像中国人所说的"接着讲"。试想我们这样来阅读、生活和言说，公开地、无拘无束地超越不同的传统，充满着对各种

---

① 德查姆斯：《心的密码：佛教心识学与脑神经科学的对话》，郑清荣、王惠雯译，法鼓文化事业股份有限公司 2010 年版，第 8 页。
② Coseru C. "The bodhisattva's brain: Owen Flanagan meets critics". *Zygon*, 2004, 49(1): 208.

第十二章　东西方价值性心灵哲学：比较、融合和世界主义

已出现的、具体的、受到争论的生活方式，包括我们自己的生活方式的嘲讽或怀疑的精神，当然又能顺应我们自己的存在和生活方式的要求，假设这方式完全是偶然的，但又在使人成为他所是的人的过程中发挥着同样的作用。弗拉纳根说："世界主义者既是听者，又是说者，既是时间误植者，又是种族中心主义者。他喜欢比较和对比，愿意把各种愚蠢的、可靠的东西融合在一起，当然更多的是喜欢生活在多种意义空间的交汇之中，等着观看一切将发生的事情。"[1]

他将上述方法应用于西方关于幸福与大脑关系问题特别是佛教和西方认知神经科学在这一问题上的看法的比较研究，就有了以《菩萨的大脑：佛教的自然化》为核心的大量论著的行世。该书第一部分的标题就是"论比较神经哲学"。这里的比较神经哲学就是我们所说的比较心灵-认知研究，其关心的核心问题是幸福及其神经关联物。他认为，这门新兴的比较研究出现在神经科学和哲学的交叉地带，特别是要回答佛教是否能导致"至福"（flourishing）或别的不同的幸福，神经科学能否研究像至福和幸福这样的课题。由于他热衷于从比较角度研究佛教和幸福之间的联系，因此人们送了他两顶"帽子"：一是心灵哲学家，二是比较哲学家。他乐意接受。他自认为，他作为比较学者所做的工作是试图限定："自然化的佛教作为一种能产生自己独有的至福与幸福的具体的哲学，凭自己能提出什么样的主张。我还试图说明：它是什么类型的至福与幸福，我称作佛教式快乐和幸福的东西究竟是什么。现在尚无根据说，佛教徒是世界上最幸福的人，即使他们比一般的人幸福。"[2]他还讨论佛教认识论和自然化，认为它是十足的经验论，因而是为自然主义者所宠爱和着迷的科学。因为佛教认识论是经验论，因此他认为它有内在的、将自己自然化的工具。

在对幸福做心灵哲学和比较研究时，他强调，要有效地开展比较研究包括这里所说的比较神经哲学研究，首先要认识到，不同人所说的幸福有不同的含义，或在世界上客观存在着不同类型的幸福。它们之间有的有相近的关系，而有的则没有可比性，例如，佛教就不承认快乐主义所说的幸福是真正意义的幸福。为了让神经哲学的比较研究有可靠的地基，他花大力气从比较的角度考察了"幸福"

---

[1] Flanagan O. *The Bodhisattva's Brain: Buddhism Naturalized.* Cambridge: The MIT Press, 2011: 1-2.
[2] Flanagan O. *The Bodhisattva's Brain: Buddhism Naturalized.* Cambridge: The MIT Press, 2011: 6.

一词的不同用法。他说:"在我们对一般人所说的幸福或所寻求的幸福是什么意思、那些声称要在大脑中找到幸福的神经科学家意指什么做出评价之前,我们有必要把每个人说幸福及其同源词时所包含的意思弄清楚。"①

东方和西方哲学家都认为,人都会追寻快乐,但并非一切快乐都同样值得追寻。对于感性快乐与理性快乐(感官与思考诸行无常,哪一个更有价值)、量的快乐与质的快乐(多少冰淇淋筒等值于阅读书籍)等的相对价值,学界见仁见智。亚里士多德指出:他问每个人,你想凭自己而非别的任何东西得到什么?每个人都会说:得到幸福生活。要注意的是,希腊的"幸福生活"一词像我们所用的"幸福"(happiness)一词一样具有多义性。它是一个试图通过统一发声以获得统一意义的理论术语。但事实并非如此。亚里士多德强调:①幸福对不同人意味着的是不同的事情;②并非一切形式的幸福都被认为是好的或值得得到的;③并非所有获取幸福甚至获取各种值得得到的幸福的方法都被认为是可接受的,或是不同的、有效的方法。在此基础上,他论证了自己关于幸福生活的规范概念,认为它像权利概念一样,是哲学上可辩护的概念,指的是充满理性和德行的积极生活。对幸福的第一种理解以亚里士多德为代表。亚里士多德意义上的幸福生活是一种好生活或者一种好人的生活,即有至福的人的生活。它是相对于快乐主义者、隐士或遁世之人、最著名或最普通的人、纯沉思者的生活而言的(不包括《尼各马可伦理学》,在这里,亚里士多德赞赏他以前曾说到的,仅适于神的沉思生活)。即使这些过着别的形式的生活的人声称自己幸福,它也不是亚里士多德所说的那类幸福。在这里,德行主要指的是古希腊所流行的这样一些德行,如勇敢、正义、友谊、乐善好施。如果这些人,如快乐主义者、隐士、富人,是幸福的,那么他们恰恰在上述德行这一方面是不幸福的。对幸福的第二种典型的理解是快乐主义者所说的幸福,即认为幸福就是有快乐的心理感受。当代西方人一般也认为,幸福表示的是一种主观心理状态。此外,还有一种观点,在东西方的一般人中也很流行,即认为值得得到的幸福就存在于通过一种实践所导致的产品中,如金钱、财富等之中。

佛教的看法与东西方一般人的幸福观大相径庭,因为佛教认为,一般人所追

---

① Flanagan O. *The Bodhisattva's Brain: Buddhism Naturalized.* Cambridge: The MIT Press, 2011: 11.

第十二章　东西方价值性心灵哲学：比较、融合和世界主义

求的幸福、快乐本身就是苦，有道是"三界无安，犹如火宅"。但这不是说人绝对得不到幸福，相反，世界上不仅有幸福可求，而且有远比人们想象的更美妙的幸福，如有极乐、妙乐、大安乐等。弗拉纳根把各种佛教追求的至福称作幸福生活^{佛教}，认为它包含下述两方面：首先，对于宁静和满意的稳定的感觉；其次，这种宁静的、满意的状态是由佛教哲学所描述的觉悟或智慧、德行或善良以及禅定或专注引起的，或由它们所构成。第一个方面说的是幸福生活^{佛教}的主观方面，即它的幸福的构成；第二个方面指的是生活形式的方向，或生活形式的诸方面，这种形式是佛教徒存在于世的方式，正是它又引起或规范地产生了这样的幸福状态，即幸福^{佛教}。换言之，第一个方面说的是佛教提供的是什么样的心理状态；第二个方面说的是这种状态也许可被称作幸福^{佛教}，它是由过一种智慧、德行、专注的生活，即过幸福生活^{佛教}，所引起的。①

总之，幸福是一个常见的神秘的语词，是一个密码，是一个没有得到解释的标记，是一个变项。不同的人可在里面装进自己想装的内容。概括说，用他倡导的加上标的方法，可把它们分为这样几类：幸福生活^{地方快乐主义俱乐部}、幸福生活^{亚里士多德}、幸福生活^{佛教}。由于幸福主要指幸福感，因此，应把它与包含内外复杂因素的"幸福生活"（相当于我们中国所说的"五福"）区别开来。它也有不同的类型，如幸福^{地方快乐主义俱乐部}、幸福^{亚里士多德}、幸福^{佛教}。它们不同于幸福生活^{亚里士多德}或幸福生活^{佛教}，指的是一种主观的感觉状态（幸福），它伴随着（一般来自）某类生活方式、幸福的生活以及某个作为真正的哲学实践者的个人。在佛教和亚里士多德哲学两种情况下，主观的感觉状态，即幸福的组成部分，对于幸福生活^{亚里士多德}或幸福生活^{佛教}来说，可能不是允诺过一种好的佛教的或亚里士多德主义的生活的主要的回报。

弗拉纳根注意到，对于佛教在幸福问题上的立场，西方有虚无主义、快乐主义等不同解读。根据前一解读，佛教不承认人可以得到幸福，即使得到了所谓的乐或幸福，那也不能解决人的根本问题，因为它们在本质上仍是苦。根据后一解读，与其说佛教是虚无主义，不如说是快乐主义。弗拉纳根认为，佛教的幸福理解比较复杂。一方面，它的确认为，现实世俗的世界及生活于其中的凡夫是无乐

---

① Flanagan O. *The Bodhisattva's Brain: Buddhism Naturalized.* Cambridge: The MIT Press, 2011: 16.

可言的，一切皆苦。但另一方面，它又主张人只要满足一定的条件，如转凡成圣，那么不仅有乐可言，而且可得大乐、极乐。

还有这样一种关于东西方幸福观比较研究的成果，认为东方幸福观主要指中国的儒道与印度的印度教和佛教的幸福观，它们与西方的思想至少有这样一些差异。第一，东方一般主张节制，主张超越自我，而西方重自我发展，强调要增强自我意识，放大个体。第二，东方重德行、理性对于幸福的作用，而西方重快乐感受。第三，东方重和谐，西方重主宰、控制。第四，东方重满足，西方重满意，重乐意、快乐的事情。第五，东方重尊重，西方重离苦。第六，东方强调精神生活与宗教的相关性，而西方一般认为，它们是相对无关的。

西方关于价值性心灵哲学比较研究的一种新方式是，围绕心灵与生活、生命等专题与佛教特别是藏传佛教展开高层次对话。参与者除了来自东方的佛教理论家之外，还有弗拉纳根、帕特里夏·丘奇兰德、泰勒（Taylor）、索伯（Sober）、汤普森等当今十分活跃的心灵哲学家、认知神经科学家、比较研究专家等。一般而言，西方学者研究佛教有两种态度：一是神秘解读，其中也有人主张，佛陀是古代的科学家；二是自然化解读，即在说明佛教与科学一致的基础上，挖掘其中所隐藏的对今日仍有价值的思想资源。弗拉纳根就是后一倾向的一个主要代表。

所谓佛教的自然化，其实是弗拉纳根将他倡导的融合性哲学、世界主义哲学的方法以及自然主义方法运用于佛教的比较研究中的一个结果，是比较研究发挥其创新、解决问题功能的一个表现。根据这一方案，被自然化的佛教是抛弃了佛教中不符合自然主义精神的、再造的、可用来医治当今精神和社会问题的佛教。它没有来生，没有让正义从根本上得到实现的因果报应系统，没有涅槃，没有翱翔在莲花上的菩萨，没有佛界，没有非物理的心灵状态，没有任何神祇，没有天堂和地狱，没有神谕，没有由转世而来的喇嘛。没有这些，剩下的只有一种有趣的、可辩护的、具有形而上学意趣的哲学理论，即一种关于存在着什么、存在者怎样存在的理论；一种认识论，即关于我们怎样知道、我们能知道什么的理论；一种伦理学，即关于善恶和怎样过上最好生活的理论。这里所谓的伦理学，实即他所倡导的规范性心灵科学，或我们所说的价值性心灵哲学，它的宗旨就是要探讨幸福生活的深层次原理、机制和方法，因此值得分析哲学家和科学自然主义者关注。①

另外，标准或强自然主义的最大难题是不能令人满意地说明"规范性"，而在规范性中，"意义"又是最大的难题。在"意义"的样式中，自然主义此前几乎没有触及的是"人的生活、存在的意义"，尤其是"幸福"这一"有意义""有价值"的生存状态。有鉴于此，弗拉纳根便把它看作是比"意识"更困难的难题，把它看作是他的自然化操作的重头戏。他承认心灵、意识怎么可能从物质世界中产生是困难问题，但又强调："更困难的问题是解释意识怎么可能出现在这个物质世界。"生活的意义在心灵哲学中之所以比意识更困难，是因为，"我们是这样的有意识存在，他们寻求有意义的活法"，"怎样说明生命的意义是最困难的问题"。②

如果承认人寻求有意义的生活是一个问题，那么自然主义者就有将其自然化的任务。自然主义者该怎样说明生活的意义、不可思议性和神秘性呢？③弗拉纳根说："如果说我们是生活在物质世界中的物质性存在，那么我将对我们怎么能够使我们的生活充满意义做出尝试性解释。我的基本图式是自然主义的、令人着迷的。"④质言之，他试图根据自然主义说明生活的意义这一传统规范性难题。在强调自然主义的基础地位这一点上，他与其他自然主义者没有区别，所不同的是，他的自然主义是宽松的，即他据以说明生活的意义的"科学"不仅包括一般人所强调的物理学，还包括其他自然科学部门，甚至广泛的人文社会科学。

从比较上说，前述的"幸福的科学"也有双管齐下的特点，即一方面试图借助神经科学等现代科学手段解决像幸福、快乐之类的规范性问题，另一方面在解决有关问题时又有比较研究的视角。

该领域比较研究的融合主义走势表现在，出现了把佛教的心理学、心灵哲学与其他相关理论整合在一起的尝试。根据西佛罗里达大学心理学系的米库拉斯（Mikulas）等人所倡导的这一方案，佛教既不是宗教，也不是哲学，而是一种心理学、心灵哲学，特别是规范性的心灵哲学；这样的佛教可与西方的一般心理学、

---

① Flanagan O. *The Bodhisattva's Brain: Buddhism Naturalized*. Cambridge: The MIT Press, 2011: 3.
② Flanagan O. *The Really Hard Problem: Meaning in a Material World*. Cambridge: The MIT Press, 2007: xi.
③ Flanagan O. *The Really Hard Problem: Meaning in a Material World*. Cambridge: The MIT Press, 2007: xii.
④ Flanagan O. *The Really Hard Problem: Meaning in a Material World*. Cambridge: The MIT Press, 2007: xii.

认知科学、心灵哲学、行为科学、精神分析、超个人心理学相互关联。不仅如此，还有这样的可能，即将佛教心灵理论与西方的同类理论整合起来，进而可产生一种更广泛的心灵理论和更有效的治疗方法。[1]佛教之所以被有些人认为是非宗教，理由是佛教关心的是人的生存而非神，佛也不认为自己是神，信仰佛不是信仰神。在佛教看来，佛陀所发现的真理本具于每个人心中，可为每个人得到，只要有相应的方法和实践，因此心在佛教中有本根的意义。佛教关心的是人离苦得乐这一现实的问题，探讨的是实践上的问题，而非学理性问题。最突出的是佛教（至少原始佛教）拒绝回答与人的生活无关的形而上学问题，拒绝与哲学家展开争论。有道是："佛不与世争。"佛陀倡导的是：净化心灵，过好每天的生活，以禅定摄心，开阔胸襟（open the heart），等等。这些无疑就是一种价值性心灵哲学。如果说佛教有哲学和宗教的一面的话，那是后来的事情，原始佛教只是一种告诉人们如何改造、塑造、净化心灵的教化。米库拉斯说："佛教显然是心理学，因为它包含的是这样的论题，即感觉、知觉、情感、认知、动机、心智和意识。佛陀说他的首要工作就是拔苦与乐。"[2]有理由说，佛教给予心理学的关注是任何其他精神科学所无可比拟的。米库拉斯还认为，倡导这种判释并非他的独创，许多人都赞成这一观点，如席尔瓦（Silva）、莱文（Levine）等。

作为心理学、心灵哲学的佛教对感觉、知觉、情绪、动机、心智等同时做了大量具有心理学和心灵哲学性质的探讨，其轴心和主要内容就是关于离苦得乐的心理根源、机制、原理、条件和方法的探讨。它们与西方心理学、心灵哲学有许多共同之处：①都重视研究如何离苦，尤其是离苦的心理学；②都关心人的生存状态，并用自然而非宗教的词语予以解释；③都强调慈悲、爱心、怜悯的重要性；④都承认心灵有深浅不同的层次和作用；⑤都重视研究心理健康以及实现心理健康的原理和方法。

根据米库拉斯的看法，融合是比较研究中的一种新的走向，而主张佛教心理学与西方心理学的融合则是一种世界性的浪潮。他说："这种融合趋势在世界许

---

[1] Mikulas W L. "Buddhism and western psychology: fundamentals of integration". *Journal of Consciousness Studies*, 2007, 14(4): 8.

[2] Mikulas W L. "Buddhism and western psychology: fundamentals of integration". *Journal of Consciousness Studies*, 2007, 14(4): 8.

第十二章 东西方价值性心灵哲学：比较、融合和世界主义　　541

多地方都极为盛行，已成了有影响的课题，例如英国、荷兰、澳大利亚、斯里兰卡、泰国、中国、日本。""佛教心理学为西方心理学奉献良多，包括新的概念、理论和实践。在这个输入的过程中，西方心理学家有机会重新考虑和改进基本的结构和动力学，进而转向新的领域。……同时，我们有必要把佛教心理学融入我们的纲领和教材之中，特别是开发佛教心理学方面的课程和实验。"[①]在此基础上，他提出了一种包容更广的整合或融合论，如强调把西方心理学与东方养生文化、瑜伽、印度韦达养生学、中医、道家融合起来，而把西方心理学与佛教融合起来只是这种广泛融合工程的一部分。根据他的理解，西方传统的心理健康只是身、心、精神整体健康的一部分。如此建立的整合论可称作"联合（conjunctive）心理学"。具言之，融合可从四个层面展开，即生物学层面、行为层面、个人层面、超个人层面。生物学层面的融合关心的是身体的生物构成；行为层面的融合关心的是包括认知在内的身体的活动；个人层面的融合关心的是有意识的个人实在，包括自我感和意志；超个人层面的融合关心的是群体心理。联合心理学独有而核心的概念有心灵行为、禅定的构成要素（禅支）、有我—无我问题等。就心灵的行为这个概念而言，它指的是心的活动及过程，不同于心理内容，心理内容即出现在人的意识中的对象、观念、似尘，如知觉经验、重组的记忆、心理语词、视觉印象、情绪和态度的认知方面等。心理行为则是这样的活动或过程，如对内容做出比较、挑选、重构，并形成对内容的觉知等。西方心理学家常把内容与行为混为一谈，而佛教则做了区分。有三种重要的心理行为，即坚持（clinging）、专注（concentration）、留意（mindfulness）。

值得融合进联合心理学的内容还有很多，例如，佛教的阿毗达磨中所包含的丰富的认知科学和心灵哲学思想。因为它用系统的方法将佛法组织在一起，它把法分为五大类，即色法、心法、心所法、心不相应行法、无为法。然后又对心理现象做详细的田野调查、梳理、分类。再一有意义的工作是，对每种心理现象、事件分别从共时性和历时性角度做出分解。例如，从后一角度，对每一心理的心路做出分析，认为其中有十来个心理环节。当然这一分析同时有两种动机和意义：一是有认知的意义，即弄清心的构成和本质；二是有实践或解脱论意义，因为如

[①] Mikulas W L. "Buddhism and western psychology: fundamentals of integration". *Journal of Consciousness Studies*, 2007, 14(4): 60.

此分析便能让人认识到，作为外法之本原的心本身也是空的，是刹那生灭的。米库拉斯说："阿毗达磨（终极教育）是关于心灵的精于分析的、详细的地图，如像剥蒜头一样把心分解为有意识的、心理的要素，把经验分解为'法'，而法则是有意识实在的基本本质。"[1]再一值得整合的内容就是对心理的"转变""改正""伏断"的探讨。例如，佛教经常说转识成智，伏断妄心，这类似于西方所说的行为矫正、行为疗法、行为分析。最后，佛教特别重视对日常负面、有害心理的分析、还原，并利用经验方法探讨心理的动力学，揭示人格结构的构成及运作机制，重视培养人的正确知觉、把握事物能力，以形成对事物的本质的洞察，重视对自我、自我感的分析，关心人的发展和心理健康，探讨如何摆脱矛盾心理，如何实现内心宁静。基于这些，他赞成说，佛陀是像弗洛伊德一样的心理分析高手。[2]

佛教也有超个人心理学的内容。所谓超个人心理学是这样的解决人类心理问题的理论和策略，即探讨如何超越自我中心层次，如何形成这样的经验，它们与整个人类、生命、心灵、宇宙息息相关。米库拉斯认为，重视这方面的探讨是佛教的一大特色，因为它的一个中心就是揭示如何让小我升华为无所不包的大我。他说："在佛教看来，超越自我具有根本的意义，因为佛教实践的所有别的方面都服从于这个目的。"[3]西方超个人心理学开出的医治自我中心主义的处方是：平静心灵、增强觉性（awareness）、开心疗法、减少附着物。这也是米库拉斯提出的联合心理学的基本主张。他说："在联合心理学中，这四种实践被称作身-心-精神实践。它们对人的各个层次都有强烈的影响。"[4]他同时强调：在具体实施时，可借鉴佛教的方法，例如通过禅修让心灵平静下来，通过内观提高人的觉知力、觉性，通过减轻执着来减轻人的附着物、依附性，通过慈悲观实现人的开心。有理由说，有佛教的帮助，超个人心理学所倡导的方法会更加有效。

价值性心灵哲学的一个主要工作就是心灵转化的原理和方法，而其思想渊源

---

[1] Mikulas W L. "Buddhism and western psychology: fundamentals of integration". *Journal of Consciousness Studies*, 2007, 14(4): 29.
[2] Mikulas W L. "Buddhism and western psychology: fundamentals of integration". *Journal of Consciousness Studies*, 2007, 14(4): 41.
[3] Mikulas W L. "Buddhism and western psychology: fundamentals of integration". *Journal of Consciousness Studies*, 2007, 14(4): 46.
[4] Mikulas W L. "Buddhism and western psychology: fundamentals of integration". *Journal of Consciousness Studies*, 2007, 14(4): 49.

第十二章 东西方价值性心灵哲学：比较、融合和世界主义

和资源则广泛存在于各种"定学"之中。须知，这样的理论和技术尽管主要得益于宗教的实践，但宗教以外的文化对之也有不可磨灭的贡献。质言之，禅定理论和技术是人类的共同财富。随着价值性心灵哲学比较研究的推进，禅定经验或冥想实践也进入了人们的视野。丰塔纳（Fontana）认为，东西方都有丰富的冥想实践及理论探讨，所倡导的具体方法尽管千差万别，但有三方面的共性，即专注、平静或安定（tranquillity）、洞彻或分明（insight）。[①]当然，其不同也是显而易见的，如东方的冥想是伴有思想过程或观想（ideation）的禅定，或"有种子的"（with seed）的禅定，而西方的冥想是不伴有思想的或"无种子的"静心。[②]前者指的是带有念想、念头的冥想，例如行者让一个或一组观念出现在觉知面前，然后用它们来引起一个有指向的活动过程，如藏传佛教的金刚密乘中的本师瑜伽，指的是行者建构关于本师的细致的视觉印象，专心致志地观察本师的每一细节，如三十二相、八十种好等。在无念冥想中，行者努力让注意力远离认知、经验过程，去体验那被认为是心灵的无内容的觉知状态。据某些传统说，这种纯觉知的状态是心的本然状态。当然，两种禅定形式之间存在着某种交叉。例如临济宗的"公案"就是居间性的形式。丰塔纳说："公案这种禅定形式既是有念的，又是无念的（或像祖师所强调的，既非有念，又非无念）。"[③]其有念的、近于概念性方法的地方在于：行者必须对公案意义做出询问，要这样，行者就必须对之做出考究，就像人们思考问题一样。而这正是在运用概念的方法，即进行有念禅定的操作（在笔者看来，这些描述是不符合禅宗精神的）。或者这样也行，仅仅将公案摄持在心中，不动不摇，直至自心发明，而这正是无念禅定或非概念方法的运作。持咒禅定中有两种禅法的交汇。

就结果而言，丰塔纳认为，只要按要求去做，经过长时间的锻炼，心真的能得到转化，如将像猴子一样的心转化为听话、专注、宁静的心。如果如此，就能让人进入一种美好的生存状态。他说："宁静经验作为一种自然的心理结果就会

[①] Fontana D. "Meditation". In Velmans M, Schneider S (Eds.). *The Blackwell Companion to Consciousness*. Oxford: Blackwell, 2007.
[②] Fontana D. "Meditation". In Velmans M, Schneider S (Eds.). *The Blackwell Companion to Consciousness*. Oxford: Blackwell, 2007.
[③] Fontana D. "Meditation". In Velmans M, Schneider S (Eds.). *The Blackwell Companion to Consciousness*. Oxford: Blackwell, 2007.

随之出现。"①在这里，"心灵抛弃了分别和攀缘，据说烦恼的根源被铲除了。在这里，意识不再有对心理或物理干扰的意识，而仅仅只意识到意识自身"②。这当然向传统哲学和心理学提出了挑战：这种心怎么可能？胡塞尔等现象学家也许会说，这种意识经验是不可能的，实证论者则会按休谟的原则论证说，离开了知觉，人没法认识自己。而丰塔纳则认为，这些看法不符合印度苦行僧、佛教禅定者、基督教神父、祷告者的内在经验。经过长期的训练，人们是可以得到上述内在意识经验的。他认为，有无这些内在经验，不仅可通过禅定实践来回答，还可借助科学研究来回答，如客观记录禅定者的口头报告，然后去探讨用科学方法搜集到的禅定的神经关联物、行为关联物的证据，最后去探讨口头报告和实验研究之间的相同和不同。他说："大量研究已形成了一致的结论，它支持这样的假说，即禅定真的能导致意识状态的改变。"③

第五节 我们的比较研究与思考

在本章前面部分中，笔者其实已经表述了我们在一些具体问题上所做的比较研究工作和想法，因为我们对中、印、西的价值性心灵哲学的考释是在比较研究的观点和框架下进行的，而不是孤立的、就事论事的探讨。另外，还对有关问题上的观点做了具体的比较研究。在这里，我们再做一些补充性的、较系统的工作。

笔者认为，价值性心灵哲学其实是求真性心灵哲学应用于解决做人问题、如何使生活更有意义、如何完满人格等的产物。从上面的考察我们不难发现，东西方的价值性心灵哲学探讨尽管在动机、旨趣、维度、方法和具体内容上存在着重要而明显的差异，但显然又有许多趋同。当然，根据比较研究的新的认知和操作，对不同文化做比较研究的目的和任务不只是要找到它们的同和异，更重要的是找到解决理论研究中难以解决的问题的灵感和办法，进而做出新的理论创新。按照

---

① Fontana D. "Meditation". In Velmans M, Schneider S (Eds.). *The Blackwell Companion to Consciousness*. Oxford: Blackwell, 2007: 158.
② Fontana D. "Meditation". In Velmans M, Schneider S (Eds.). *The Blackwell Companion to Consciousness*. Oxford: Blackwell, 2007: 158.
③ Fontana D. "Meditation". In Velmans M, Schneider S (Eds.). *The Blackwell Companion to Consciousness*. Oxford: Blackwell, 2007: 158.

第十二章　东西方价值性心灵哲学：比较、融合和世界主义　　545

这样的认知和思路，我们在下面的分析中既着力揭示东西方价值性心灵哲学的异同，以更好地把握它们的实质和特点，同时也将在这个过程中探寻解决该领域理论难题的办法。我们首先将挖掘的是，东西方的价值性心灵哲学中包含哪些可为我们今日进行理论创新所利用的内容和方法。由于西方学者对东方特别是中国价值性心灵哲学的奉献所知不多，即使有所知，所知中也难免有误解和误读，因此我们将把侧重点放在对中国的分析和挖掘之上。

中外价值性心灵哲学都把追求和获得终极幸福、彻底解脱作为最高目的。在东方，价值性心灵哲学中的理想完美人格表面上看主要体现在真善美等价值的圆满具足，特别是道德的完美之上，其实不然。不可否认，这些维度是理想人格的最基本的不可或缺的方面，如周敦颐被朱熹誉为"得孔孟不传之正统"的人[1]，既弘扬正统圣学，又批判"俗学之卑陋"，通过对圣人的心灵及其理路的考察，他建立了这样的公式：诚、神、几＝圣人。具言之，"寂然不动者，诚也"[2]。诚也可理解为诚心，即无妄之心。它是通过颠覆妄心而成的，或是"反"的结果，即反当前妄，回复到妄之源头。"诚心，复其不善之动而已矣……不善之动，妄也；复妄，则无妄矣；无妄，则诚矣。"[3]"感而遂通者，神也。动而未形，有无之间者，几也。诚精故明，神应故妙，几微故幽。""人之道心未尝不诚，未尝不神，其动之始曰几。"[4]总之，诚、神、几曰圣人。但中国哲学不仅不否认，反倒强调圣人还有富、贵、吉、福、顺、寿等特点，没有这些方面，即使道德上再高大，也不为圣人。当然，这里的吉、福等价值都有其特殊的意义。例如，周敦颐经常强调：圣人也有其富贵的特点。这富贵不是常人所追求的富贵。他们鄙视这种富贵，但他们也有自己的富与贵，即道与安。"君子以道充为贵，身安为富，故常泰无不足。"[5]

"孔颜乐处"是周敦颐率先在理学中引入的一个议题，也是儒学乃至全部价值性心灵哲学应有的课题。据二程说，二程在师从周敦颐时，就受到了此问题的

---

[1] 周敦颐：《周敦颐集》。
[2] 周敦颐：《周敦颐集》。
[3] 周敦颐：《周敦颐集》。
[4] 周汝登：《周汝登集》。
[5] 周敦颐：《周敦颐集》。

启发，程颢说："昔受学于周茂叔，每令寻颜子、仲尼乐处，所乐何事。"① "孔颜乐处"确实指出了人生哲学、价值性心灵哲学中的重要问题，如孔颜真实发现和体验的一种乐的形式究竟是什么？乐的表现是什么？为何而乐？所乐的是什么？其乐源于什么？乐于何事？乐的表现、标志、机理、条件究竟是什么？周敦颐不仅提出了问题，而且做出了自己的回答。他说："颜子'一箪食，一瓢饮，在陋巷，人不堪其忧，而不改其乐'。夫富贵，人所爱也。颜子不爱不求，而乐乎贫者，独何心哉？天地间有至贵至爱可求，而异乎彼者，见其大而忘其小焉尔……见其大则心泰，心泰则无不足，无不足则富贵贫贱处之一也，处之一则能化而齐。故颜子亚圣。"②可见，乐的根源、途径多种多样，道、"大"也可致人于乐，不仅如此，它给予人的是最高级的、绝对的、无负面效应的纯乐，有此乐，则大富大贵，且不管在什么样的环境下都"处之一"，如在贫贱中也能不改其乐。可见，富贵有不同的形式，一是世间的富贵，二是由道而致的富贵，有此富贵，则于一切"能化而齐"，绝对平等，"常泰无不足"。"君子以道充为贵，身安为富。故常泰无不足，而铢视轩冕，尘视金玉，其重无加焉尔！"③在探寻孔颜之乐时，中国尽管没有西方人所擅长的理性的、科学的（今日为认知神经科学）维度，但有西方人所没有的视角，即到人心的底层即心性之中去揭示幸福的根源、表现和机理。

怎样得道进而得孔颜之乐？程颐对此的回答是："凡学之道，正其心，养其性而已。中正而诚，则圣矣。"④成圣就得到了最高的孔颜之乐。程颐说："君子之学，必先明诸心，知所养，然后力行以求至，所谓自明而诚也。故学必尽其心。尽其心，则知其性，知其性，反而诚之，圣人也。故《洪范》曰：'思曰睿，睿作圣。'"⑤圣人是纯吉无凶之人，至少能逢凶化吉。其根源是心复诚，而极静。此可通过两个途径得到：一是不假修为而自然，二是通过修为而得。由于心极静，因此最为吉祥，反之，小人不明白静的妙用，违背极静，因此"小人悖之凶"⑥。

---

① 程颢、程颐：《二程集》。
② 周敦颐：《周敦颐集》。
③ 周敦颐：《周敦颐集》。
④ 程颢、程颐：《二程集》。
⑤ 程颢、程颐：《二程集》。
⑥ 周敦颐：《周敦颐集》。

第十二章　东西方价值性心灵哲学：比较、融合和世界主义

在道家看来，圣人不是只吃苦、不知享受的人，而同时也拥有强、富、吉利等好处。例如，圣人有强大的一面，其表现是能自己战胜自己，而不是战胜、压倒别人。圣人也很富有，之所以富有，是因为他知足，容易满足。圣人长生久视，甚至不死，其表现是人们能永远记住他，他永远活在人们的心中。之所以如此，其根源在于他不失其根基，不失其道。圣心最重要的价值是让得此心的人逢凶化吉，无为而无不为。老子说："盖闻善摄生者，陆行不遇兕（犀牛）虎，入军不被甲兵，兕无所投其角，虎无所措其爪，兵无所容其刃。夫何故？以其无死地。"[①]意谓：有圣心一定会养护生命，进而有这样的特点，在陆地上行走，不会碰到犀牛和老虎，在战斗中不会受伤害。犀牛的角和老虎的爪以及兵器的刃对圣人都派不上用场。圣人之所以不会受到伤害，不会被害死，乃是因为他不会死，或者说没有死与不死的问题，他已与道合一了。

西方同时从规范性和经验科学角度所展开的幸福、快乐研究无疑将人类对这一课题的研究大大向前推进了一步。首先，说它发起了一种研究转向一点也不过分，甚至还可以说，这一转向可与心灵研究的语言学转向媲美。因为它让幸福的学术身份、研究进路及方法发生了重大变化，也为过去扑朔迷离的幸福研究开出了一条充满希望的道路。它除了奠基于前述的规范性和经验科学研究之外，还有语言分析和现象学方法的相助，因此使新的幸福研究既表现出进路清晰的特点，又让人有内容充实和丰满的感觉。它强调：要研究幸福，既应做词源学研究，又应做用法分析。因为"幸福"一词有规范性特点，不同的人有不同的用法，在不同文化中，有不同的词源，因而在为之命名时有不同的命意。根据弗拉纳根的条分缕析，幸福从大的方面看有内在的幸福和综合内外因素的幸福两种，前者可称作"幸福"（happiness），后者可称作"幸福生活"或至福。对于这两种幸福，不同的人有不同的理解，大致说有亚里士多德主义、佛教、快乐主义（可惜遗漏了中国的多种倾向）等不同走向。科学的幸福研究强调，要想将幸福研究引向真正的科学轨道，必须首先弄清要研究的幸福是哪一种，否则将无功而返。还值得我们关注的是，它将幸福研究的维度和进路大大拓展了，如强调要研究幸福的种类、构成、原因、条件、内在原理、机制等，不能像过去那样把它们混同起来。

[①]《老子·第五十章》。

另外，由于任何幸福都有其内在心理的构成，如感受结构、心理的体验及状态，而它们又不完全由外在的东西所决定，因此在幸福研究中便必然有向心灵深处进发的必要和可能。而这样的研究又有认识心灵本质和找到幸福内在根源及条件的双重意义，即同时有求真性意义和价值论意义。更为重要的是，当今的幸福研究，首次延伸至神经科学等自然科学前沿科学之中，使它们派上了用场。客观地看，幸福尽管不完全在大脑之中，神经关联物和机制尽管不是幸福的唯一决定因素，但至少是其必要条件，因此，这样的研究至少是揭示幸福的庐山真面目的不可或缺的一环。与此相连的是，神经科学为了弄清幸福的秘密，以有禅定经验的人为被试，这既有认识幸福之本质的意义，又将认识的触角伸向了心灵深处，因为禅定经验毕竟是心灵世界内部隐藏很深的东西，值得探讨。可以预言，随着研究的深入，我们在人心内部将有更多的发现。

这里值得我们关注和思考的是，中国5世纪就已出现、后家喻户晓的"五福临门"说与今日弗拉纳根所倡导的幸福内外主义有惊人的一致之处，里面隐藏着关于幸福的构成、原因和条件的宝贵思想，值得当今不知道幸福在哪里、如何寻找幸福的人思考，当然也值得我们在建构更科学的价值性心灵哲学时借鉴。"五福"源自《尚书·洪范》："一曰寿，二曰富，三曰康宁，四曰攸好德，五曰考终命。"后为避讳，东汉桓谭于《新论·辨惑第十三》中把"考终命"改为"子孙众多"。所谓寿指命不夭折、福寿绵长，富指钱财富足、地位尊贵，康宁指身体健康、心灵安宁，好德指生性仁善、宽厚宁静，考终命指能预知此生的终期，死得好，死得无痛苦，心里没有挂碍和烦恼，安详而且自在地离开人间。这一概括包含丰富的内涵：一是揭示了幸福的构成，如认为幸福是由内外多种因素共同构成的，因此既不同于快乐主义的内在论（幸福即内在的快乐感），又不同于常人的外在主义（幸福在于拥有外在的物质财富）。二是回答了幸福的来源、原因和条件，例如它认为，好德仁善既是幸福的构成，又是幸福的来源和条件。其实，弗拉纳根所强调的幸福尽管说法不同，所包含的因素不止五个方面，但精神实质则一致，即坚持的是介于内在主义和外在主义之间但同时包含了两者的合理内容的一种幸福观。

中国心灵哲学的独特之处在于：它有一独特的、西方心灵哲学从未涉及的研究课题，即"性"。这是值得我们在重构价值性心灵哲学的过程中进一步深入开拓的一个研究课题。应承认,莱布尼茨、康德等人在认识论、道德哲学和美学中对此有所触及,但无论是范围还是深度,都没法与中国的心性论相比。因为西方哲学家在心灵中所发现的可作为人出生后心理发展前提的性或可能性种子、资源,主要限于认识方面,后来康德扩展至审美和道德两方面,而中国哲学认为,人的后来的一切发展都与其先天的资源有关,甚至人做得怎样,是成圣还是为凡,都与其先天的根性的开发、发明息息相关。更重要的是,这种根性的根源既可追溯到每个人的形成之初,又可回溯到种系之初。从中国心灵哲学的价值追求来看,心灵哲学实即圣学,而要揭示成圣的先天根据、内在机制、原理和实现途径,又必须深入人心之中,尤其要进到"性"之中。而要如此,又必然要涉及对命、理、道、材的探讨。

当然,从中西比较的角度看,西方哲学也有丰富的人性论思想,但从心灵哲学的角度直接将人性作为对象来研究,这在西方几乎是看不到的。而且即使西方有对人性的研究,但在致思的目的、对象、侧重点等方面,与中国的人性论是不可同日而语的。首先,这表现在,中国哲学瞄准的性是天赋的潜在可能性、倾向或禀赋,而西方人的人性论要澄明的是现实的人性。当谈到潜在、天赋之性时,我们自然会想到莱布尼茨和康德。不错,中国哲学所关注的性与莱布尼茨所说的"大理石花纹",以及康德所说的心灵所具有的先天知识原理、道德原理、审美原理的确有某种可比性。它们的共通点在于,都承认心灵不是白板,上面不是什么都没有,而是有点什么。这种"有"不是后天获得的,而是先天的或天生、天赋的。中文的"性"字本身就说明了这一点:性即"天生之心"。荀子说:"性者,天之就也。"[①]莱布尼茨和康德也都明确肯定,心一开始就有自己潜在具有的东西,就像大理石一开始就有自己的"花纹"一样。其次,对性的存在形式及作用,他们的看法也有会通之处,如都认为,这性只是一种可能性,而不是现实的性,因此具有因条件、践行而变的可塑性。尽管如此,但它又是现实的东西之必不可少的条件,决定了后者可能与不可能的范围及程度。例如,没有成为数学家的"花纹"或"种子",你的环境再好,再努力,老师的水平再高,你还是不能成为数学家。

---

① 《荀子》。

尽管有上述共通之处，但中西哲学之间的差异是非常大的。中国人对性的关注主要是为着揭示成圣的先天根据及原理，而西方的天赋观念论主要是为着认识论的目的而建立起来的。即使在康德那里，目的有所扩展，即增加了伦理学和美学的维度，也还是不能与中国心灵哲学的人性论相提并论。因为从范围上说，中国的人性论涉及的性的范围和作用要大得多，即既要查明认知性的性（如荀子说："凡以知，人之性也。"①意思是说，人之所以能知，一定有其先天的性），又要弄清人之能为善，甚至达到最高的善的先天根据（如仁义礼智四端），还要弄清人有无摆脱不幸、获得彻底幸福乃至解脱的可能性及先天根据。如果有这些根据或"端"，那么就有成圣的可能，换言之，"圣可学而致"。

在理想人格特别是它的心理构成、本质特点等问题上，东西方思想尽管有趋同的一面，但在主要方面则存在着重要的差异。古今中外的人格理论林林总总，五花八门，但有一共性，即把理想的人，想成就的人，值得崇拜、模仿、学习的人称为"圣人"，把成就人格的过程看作"去凡成圣"或"转凡成圣"的过程。不仅如此，各种崇圣的理论还有这样的共性，即在规定圣人人格的要件和标志时尽管具体内容不尽相同，但都承认圣人有道德高尚、幸福感强、人格高伟的一面。就差别而言，首先，儒家的思想有高洁和从俗的两面性，孔子的"狂狷"说就是其表现。他说："不得中行而与之，必也狂狷乎！"②"狂者进取"，即狂放激进之人积极进取，而"狷者有所不为"。不过，又应看到，儒家的"君子"说中也包含有重视无为的因素。例如，无欲无疑是无为的一个方面，而孔子对"刚"的界定恰恰是"无欲则刚"。其次，儒家追求的有为境界就是大，而此大实即无，因为它不是任何具体的有，在世界上绝对找不到它，因此按一般人的存在标准，它是真正的无。在佛道两家的理想人格模式中，空无的追求和智慧不仅是圣人的重要一维，而且是圣人人格的基础、体性。圣人的其他特点都是其用，即由之派生而来。在庄子看来，圣人之所以为圣人，从体上来说，圣人已摆脱了凡俗之心，而建构出了道心。他说："圣人之心静乎，天地之鉴也，万物之镜也。夫虚静恬淡寂漠无为者，天地之平，而道德之至也，故帝王圣人休焉。"③不过，圣人的

---

① 《荀子》。
② 《论语》。
③ 《庄子》。

第十二章　东西方价值性心灵哲学：比较、融合和世界主义

"心静"不是为静而静，不是因为静有好处才去求，更不是处静时还有求。这种静不是真正的静，即使到了这样的静，也还算不上圣人。因为真正的圣人之静是"昧然无不静"，是无为之静，静前、静中、静后皆"昧然"，皆无为。西方的理想人格理论不外乎三种倾向：一是理性主义，主张完美的人即理性完全发挥从而生活在理性中的人。斯宾诺莎理想的人就是至善、至真、最幸福的人。至善和幸福又要源于至真，即一个人如果取得了与自然一致的真理，那么也就是最幸福、最美满、至善至圣的人。二是非理性主义。唯意志主义的超人理论就是其典型。三是综合型的理论，古希腊柏拉图主义和弗洛伊德主义的理想人格模式就是理性、意志、情欲三者处在一种最理想的关系状态中，亦即三者各司其职，把各自的德行，如理性之智慧、意志之勇敢、情欲之节制完美地表现出来。具体地说，就是让理性在心理生活中居于绝对的统治地位，使人体现出智慧的品格，并让理性支配意志和情欲，真正做到意志在服从理性时体现出勇敢的德行，情欲表现出节制的德行。如果一个人做到了这一步，那么在表现出"正义"这一美德的同时也就成了一个完美的人。

东方心灵哲学不仅探讨了心灵转化的利益、途径和方式等问题，而且进到了同时兼有求真性心灵哲学意义的这样的问题，即心灵转化的根源和机理问题，如道家中的关尹子就是如此。他强调：心之所以可治、可转，是因为心有同其他事物一样的道。为了说明心灵转化的原理，《文始真经》花大力气论述道，如该经一开头像《道德经》一样，讨论道与言、思的关系，说道不可言、不可思，"不可言即道"，"不可思即道"。[①]"道茫茫而无知乎，心倪倪而无羁乎，物迭迭而无非乎。"[②]另外，根据《文始真经》对心的本质、结构的认识，凡夫表现出来的种种心不过是假象而已，其后有真实的心或真心。此真心也可称作"性"。正因为如此，也可说，心性正是心灵转化的内在可能性根据。合此道、此性在道理上不难，因为道即无为，不可为（不可人为），不可致（邀致），不可测，不可分，故曰无，曰命，曰玄。[③]只要真正从心上做到恬静无为，那么当下即合道。圣人之所以为圣人，是因为圣人以真心（性）待物，而不以妄心待物，以

---

① 牛道惇：《文始真经注》。
② 牛道惇：《文始真经注》。
③《文始真经》。

妄心待物便有凡夫的心物对峙、彼此分别的世界观。圣人"以性对之","而不对之以心"。①总之,圣人对心物的态度是顺其本性。"圣人御物以心,摄心以性。"②

由于东方心灵哲学在人身上发现了比西方要多得多的机构和心理构件,其中有些带有自主体特点,如精、气、神、魂、魄、灵、心、意、识等,因此在探讨心灵转化和生活的意义时,无论是问题、角度,还是思想内容,都有不同于西方的特点。例如道教认为,要进行心灵转化,要提高生存的意义感、幸福感,要养生益身,关键在调节精气神,质言之,养精气神,安精气神。"专精养神,不为物杂,谓之清;反神服气,安而不动,谓之静;制念以定志,静身以安神,保气以存精。""欲求仙大法有三,保精、引气、服饵。""故当运用调理、爱惜、保重,使荣卫周流,神气不竭。"③凝固、充实精气神的关键是心意守一。"不欲老者,当念守其气含精神也,令不出其形,合而为一也。……心中大安,欣然若喜也,但宜闭目而卧,著志意于身内。身意不出,则身炼形变也。"守一的重要性在于,天得一以清,地得一以宁,神得一以灵,谷得一以盈。保气的重要方法是服气,而服气的关键又是静心,如尹真人就强调这样的服元气术。经云:"人身中之元气,常从口鼻而出。今制之令不出,便满丹田,丹田满即不饥渴,不饥渴盖神人矣。""服元气先须澄其心,令无思无为,恬淡而已。"养气贵在平衡,即阴阳各得其所。如果阴阳失衡,如"阴气制阳",则人心不清净,神气缺少,肾气不续,进而疾病缠身,乃是"大期将至"。④

基于对精气神等人身微观构件的体认,中国心灵哲学对寿夭这一生存哲学的重大问题发表了惊世骇俗的看法,认为个体生命的不死在理论上是可能的,于是相信和追求长生久视。这些体认中隐含着值得关注的求真性心灵哲学思想。例如对精气神的本质和作用的认识就颇值得研究。根据有关的论述,精气神既是有特定能量的微观物理实在,又是有殊胜心理力或精神力的心理主体。它们既可耗可泄,又可固可充。泄则病则早夭,反之则健康乃至长寿。质言之,人之寿命长短

---

① 牛道惇:《文始真经注》。
② 牛道惇:《文始真经注》。
③ 张君房编:《云笈七签》。
④ 张君房编:《云笈七签》。

与外无关，取决于如何调适精气神。南宋周守忠说："人生而命有长短者，非自然也，皆由将身不谨，饮食过差，淫洪无度，忤逆阴阳，魂神不守，精竭命衰，百病萌生，故不终其寿。"①《太平经圣君秘旨》认为：长生与否，取决于是否保全精气神。"夫人本生混沌之气，气生精，精生神，神生明；本于阴阳之气，气转为精，精转为神，神转为明。欲寿者，当守气而合神，精不去其形，念此三合以为一，久即彬彬自见，身中形渐轻，精益明，光益精，心中大安，欣然若喜。"《云笈七签》卷五十六云："我命在我，保精、受气，寿无极也。""无劳尔形，无摇尔精，归心静默，可以长生。"

长生久视或生命的永恒在表面上或现实上是不可能的，但从理论或概念上说则是有其可能性的。因为根据道家道教的观点，生命之根在于精气神的充分、充足，人只要真正做到让精气神不泄漏、永远充分，就能让生命永远延续，而生命之所以夭折、短暂，根源在于精气神的泄漏乃至枯竭。可见，是否能长生久视不是由生命本身的本质所决定的（生命在本质上、理论上是可以永恒不朽的），而是源于人有没有真正做到让精气神不泄漏。

梁启超依据佛教和自己对当时遗传学、进化论的特殊解读对不死问题做了新的阐发，强调人身在死时，肯定有许多东西随之而逝，如人身中的许多物质性的东西就是如此。他说："人之肉身所含原质，一死之后，还归四大"，根据生物、生理学的"血轮肌体循环代谢之理"②，结论也是这样。但人的行为所造的业，所留下的东西会遵循能量守恒的原理继续存留，因为"凡造一业，必食其报，无所逃避"，就像"人食物品，品中土性、盐质，除秽泄外，而其余精，遍灌心管"一样。③他认为，这些思想也"与今日进化论者流之说，若合符契也"④。他根据当时的遗传学、进化论强调："一人之身，常有物焉，乃祖父之所有，而托生于其身，盖自受生得形以来，递嬗迤转，以至于今，未尝死也。"⑤形象地说，人死时，有很多东西死掉了，但肯定有不死的东西会传递下去，例如父子之间的相似性，种族、种群的相似性，只有承认有不死的东西在遗传，才能予以合理解

---

① 周守忠：《养生类纂》。
② 梁启超：《开明专制论》。
③ 梁启超：《开明专制论》。
④ 梁启超：《开明专制论》。
⑤ 梁启超：《开明专制论》。

释。他说：族类自无始来迄今日生存竞争之总结果，质而言之，是即既往无量岁月种种境遇、种种行为累积结集全量所构也。[①]另外，社会心理、国民心理之所以代代相传、发展，也是因为其内有不死的东西作为后来发展的基础。他说，这种发展根源于"前此全国全社会既死之人，以不死者贻诸子孙也"[②]。类似的思想在西方更多、更丰富、更深刻。当然，这些思想都必须且应该接受未来科学的裁决。

对心的价值性认识同时具有求真性意义，因为这一探究方式也为我们认识心的深层构成和本质做出了自己不可替代的贡献。这一判断同时适用于东西方。就东方而言，在追求心的静的状态时，在进行成圣的心理操作时，它提出了一个问题：按一般对心的理解，任何心理状态、现象都一定有对象性，有动的一面，有生、变化的一面。而禅宗和道教等都认为，在进行心的无化操作时，最后可进入湛然常寂的状态，它不仅没有对心、形、物的指向，没有对象性，而且最后连无化的动作也没有。但是，最后剩下的仍可名之为心，不仅如此，它还有寂而常照、照而常寂或常应（应对、观照）常静（心不动不变、犹如止水）的特点。这里提出的问题是：在心理王国中，在千变万化的心理样式组成的心理家族中，是否真的存在着湛然常寂这种心理样式？笔者的看法是，这样的心理是可以出现的，因为根据现在对意识本质结构的现象学分析，一般的有意识的心理现象同时有指向对象的性质和不假心动的前反思性自我意识，或心有自明性、本明性。在特殊情况下，前一性质可不出现，只出现后一性质，例如人们可以生起这样一个心理活动，让它去观照心内有什么东西出现没有，若有，就会有对心的高阶观照，若没有，那么就只有一个像夜晚在到处照而什么也没有照到的纯粹的探照灯的照。扎哈维等基于此明确把这种纯粹的觉知性意识称作"纯意识"。

苦乐是当代西方规范性心灵哲学乃至幸福神经学所关注的热门话题。它们所做的工作主要是用实证科学的方法研究快乐和幸福的样式、种类、构成、原因、条件，特别是在头脑中去寻找快乐的神经关联物。如果真的找到了这样的严格的

---

① 梁启超：《开明专制论》。
② 梁启超：《开明专制论》。

第十二章　东西方价值性心灵哲学：比较、融合和世界主义　　555

关联物，那么以人工的方式"制造幸福"或"人工合成幸福"就将变成现实，例如，只要刺激对应的部位，就可无须通过辛勤的劳动就能让人幸福起来；如果有人工的方法让人的对应的部位永远建构和固定下来，那么人就会永远幸福。这当然只是一种设想。如果幸福有头脑之外的构成，那么上述构想就会化为泡影。中国也有对苦乐的长期而发达的研究。在章太炎先生看来，苦乐既是心理样式，又是诸多心理样式所伴随的感受。他依佛教和当时的科学对之做了分析，认为凡苦有三，即怨憎会、求不得、爱别离。乐则相反。按照他的说法，从感受角度说，苦有两种，即苦受和忧受；乐也有两种，即乐受与喜受。"乐事现前，瞑瞒耽溺，若忘余事，是为乐受。喜受是指，乐事未来，豫为掉动，乐事已去，追为顾恋。"[①]苦乐的进化规律是：第一，"世界愈进，相杀相伤之事渐少，而阴相排挤之事亦多。彼时怨憎会苦，惟在忧受，不在苦受"[②]；第二，"卫生愈善，无少毁伤，其感乐则愈久，其感苦亦愈久"[③]；第三，思想愈精，利害较著，其思未来之乐愈审，其虑未来之苦亦愈审[④]；第四，资具愈多，悉为己有，其得乐之处愈广，其得苦之处亦愈广[⑤]；第五，好尚愈高，执着不舍，其器所引之乐愈深，其器所引之苦亦愈深[⑥]；第六，夭殇愈少，各保上龄，其受乐之时愈永，其受苦之时亦愈永。[⑦]

苦乐还有这样的规律，即世间的乐总伴随着苦。只有超越，才有真正的纯乐、无漏之乐。苦乐相随还说明，世间的乐、福不是真乐、真福。人身不过是苦之聚积。苦无疑是苦，乐再多，只要有苦，也乐不起来。"如存百子乐，不如丧一子苦。夫尽世间之上妙乐具，无益于我秋豪（毫），而只足以填苦壑，则人生之为苦聚可知。"[⑧]福也是这样，本身有苦乐二相，即既有苦又有乐，"是故福二相，二相故无常，是以应舍。然则若苦若乐，终之为苦一也"[⑨]。在日常生活中，人有时也能感受到快乐，章太炎先生认为，这是世间的有漏之乐，必伴有痛苦烦恼。

---
① 章太炎：《章太炎全集》。
② 章太炎：《章太炎全集》。
③ 章太炎：《章太炎全集》。
④ 章太炎：《章太炎全集》。
⑤ 章太炎：《章太炎全集》。
⑥ 章太炎：《章太炎全集》。
⑦ 章太炎：《章太炎全集》。
⑧ 章太炎：《章太炎全集》。
⑨ 章太炎：《章太炎全集》。

他还在批判地接受进化论思想的基础上,对这种乐与苦的关系做了分析,认为,进化非由一方直进,必由双方并进,如智与识、道德的善与恶、乐与苦都"双方并进,如影之随形"[①]。基于此,章太炎先生提出了"俱分进化论"[②]。再如,富贵之人所得的乐尽管多,但其苦也俱进,如"易箦(更换床席,指人将死)告终,其苦必甚于贫子;贫子之死,其苦必甚于牛马"[③]。

在从价值上观察心、探讨心态的优劣好坏时,东西方表现出了明显的差别。一般而言,东方占主导地位的倾向是认为,最好的、值得人进入和永驻的心理状态是宁静的、平常的、没有太多情绪变化的心境。这同时也是真正的幸福和解脱的必要条件。佛教、印度的其他正统哲学——宗教派别、中国的道教和道家等自不待言,儒家的思想尽管相对复杂,但也表达了主静的心灵价值观。以儒家为例,它的纲领性论著《大学》对静心的深浅等级(止、定、静、安)、进入方法和好处等做了言简意赅的表述:大学之道,在明明德,在亲民,在止于至善。知止而后有定,定而后能静,静而后能安,安而后能虑,虑而后能得。而西方则不同,除少数人和学派(如皮浪主义、休谟等)发表过褒扬心灵宁静的言论之外,占主导地位的倾向是以刺激心灵、让心灵进入兴奋状态为调心、安心目标。

东西方的"不谋而合"还表现在:看到了心与生活、身体、环境的"辩证关系",如心的产生、存在、构成离不开生活这类心以外的因素,而心又有对它们的作为"君""主"的作用。根据梁漱溟对心的观察,心不像非心事物,只有在人有生命且过着具体的生活的情况下才出现和有作用。由于"生"不仅依赖于人有身体或具身(embodiment),还离不开包括心在内的更为复杂的因素及其合力运动,因此梁漱溟先生的思想既有其一致于今日认知科学的一面,也有其新颖性和超越性。基于对心产生原因、条件和构成的分析,他强调必须从人生(人类生活)以言人心。他说:"人心,人生,非二也。"[④]人之为人,"独在此心"[⑤]。复从人心以谈乎人生。人有"精神气魄","思维活动"。[⑥]在心身关系问题上,

---

① 章太炎:《章太炎全集》。
② 章太炎:《章太炎全集》。
③ 章太炎:《章太炎全集》。
④ 梁漱溟:《人心与人生》,上海人民出版社2011年版,第20页。
⑤ 梁漱溟:《人心与人生》,上海人民出版社2011年版,第18页。
⑥ 梁漱溟:《人心与人生》,上海人民出版社2011年版,第18页。

第十二章　东西方价值性心灵哲学：比较、融合和世界主义

他的基本看法是：身为"物质基础"、预备条件。[1]不难看出，他不仅从因果关系上把人生看作是人心得以出现的原因和条件，而且像今日比较激进的情境化理论一样，把人生看作是人心的构成，就像延展理论把进入人认知和实践范围的事物，如面前的电脑等，看作是心的组成部分。梁漱溟先生的这一思想同时具有心灵哲学和人生哲学的积极意义，一方面，他为我们认识心的原因、构成及本质提供了一种新的思路；另一方面，又为更科学、全面思考人生问题指明了方向，这就是，在解决人生的种种问题时，必须有心性论的视角。还值得注意的是，他在这里不仅包含有当今西方的 4E 理论强调的心离不开身体、情景的思想，如说："心非一物也，固不可以形求"[2]，要识心，必于"生"（语默动静）中求，而且同时承认马克思和恩格斯的有关思想，即强调通过社会交往认识人心。

东方哲学在从价值论角度切入对心的研究时，提出并探讨了一个兼有价值性和求真性意义、在今天仍值得进一步研究的课题，即心的人为生灭、人能否无心的问题。我们知道，心理现象如何生起、持续（住）、转化、消灭，这是所有一切心灵哲学的共有课题。佛教心灵哲学除对它们做出了带有共性的研究之外，还提出并探讨了这样的问题：心除了自然生灭之外，能否人为断除或消灭？如果能，怎样予以实现？佛教的回答是肯定的，认为人可以不具有所有一切心理现象，同时又保有生命。当然，这是一个漫长的、由低到高的、循序渐进的过程。心理断除是佛教修行的最高目的或最后要做的事情，如经云："因诸乱意，菩萨以故习自伏心。"[3]其前期的工作是调适、治理、摄持、驾驭其心等，如常护其心，调伏其心，安住其心，清净其心。[4]这些工作与心理学所说的心理健康及治疗有相似之处，但人为伏断绝对是佛教独有的心灵哲学子课题。就此而言，我们有理由认为，佛教建立了关于心理伏断的必要性、可能性、内在机理、方法途径等的完整、系统的理论，即"心理伏断论"。这里要伏断的当然只是妄心、乱心，而不是真心。这里之所以把它归入心灵哲学的范畴，是因为它对有关问题的解答必然涉及对心理本质、内在奥秘和机理等问题的回答。这就是说，要回答如何调（适）、

---

[1] 梁漱溟：《人心与人生》，上海人民出版社 2011 年版，第 18 页。
[2] 梁漱溟：《人心与人生》，上海人民出版社 2011 年版，第 19 页。
[3]《阿差末菩萨经》。
[4]《阿差末菩萨经》。

治（理）、伏断心理等问题，关键是如实知心。具体而言，一是要知心之本质、实相，特别是要认知、通达、证得真心，即要达（通达）心、晓（了）心、知心。二是要知妄心的生灭原理、本质及方法。对于这两方面，不仅佛教做了大量探讨，而且中国的儒道也是如此。根据它们的论述，伏断之所以可能，是因为它们是由一定的因缘而形成的，因此只要把这些因缘完全弄清了，伏断就可以实现，即只要改变或不为之提供条件，相应的心理样式自然就会转化或消亡。

与此密切相关的一个问题是，人能否做到完全无心？佛教的回答是肯定的，如佛就是这样。在佛教看来，佛无心正是佛心之秘密。如经云：佛"心无思行，心无游行……心无暗，心无生，心无喜，心无怯，心无住，心无往，心无想，心无望，心无求想……心无乐处，心不非乐"。这就是"如来心秘要"。[①]当然，这里的无心即无掉一切妄心。果真如此，真心便现前。这里有一种关于有心和无心的特殊的辩证法，即把妄心无掉就是真有心，而凡夫看似有这心那心，其实并非真有心。因为人在有妄心时，真心就被埋没了。这里当然包含着佛教的一种特殊的价值观，即只要心中充斥的是妄心，人就无乐可言，更谈不上有终极的快乐和解脱，相反，只有无掉妄心，让真心做主，人才有真正的幸福，甚至成为集一切价值于一体的圣人。这些思想当然值得我们在思考幸福、快乐、解脱的程度、层次时认真考量。

东方的许多哲学派别不仅倡导无心，而且极力论证无我的真理性、必要性和意义，反对自我中心主义，强调自我中心主义在理论上是错误的，因为自我在本质上是幻觉，在实践上是有害的，既不能让人离苦得乐，又会让社会陷入无止境的你争我夺。而西方尽管有边缘话语倾向于东方的思想，但占主导地位的仍是自我中心主义。

---

① 《大宝积经》。

第十三章
西方心灵哲学与现代新儒家直觉研究之比较

　　直觉在东西方哲学的语境中通常都是作为一种方法论范畴而出现的,那么东西方心灵哲学比较研究为什么要将直觉作为一个比较项予以研究、关注呢?这主要有两个方面的原因:其一,直觉作为一种东西方哲学研究普遍使用的研究方法,在中印西心灵哲学研究中具有重要地位,不但在中国哲学中直觉是一种具有根本性的研究方法,现代新儒家更是自觉对直觉的研究方法进行了反思和总结,而且现代西方心灵哲学在经过长时间的怀疑和观望之后,终于将直觉作为心灵哲学的一个重要的研究议题予以关注,甚至围绕直觉研究诞生了一个新的心灵哲学分支,即实验心灵哲学。因此,将东西方心灵哲学中同时占有重要地位的直觉范畴拿出来予以比较就显得格外必要了,这种比较不只具有一般比较项在比较时所具有的个体意义,而且对于从整体上对照和把握东西方心灵哲学的研究方法具有重要价值。其二,直觉作为一种研究方法,有其自身的独特之处,因为它不只可以作为一个方法论范畴而存在,而且可以作为一个心灵哲学的研究对象而存在。从语词的层面来看,无论在东方还是西方,直觉及其相关概念都是常见的民间心理学概念,人们在日常生活中常常会遇到"我觉得""我的体会是""我感觉"等说法。在哲学研究中,东西方哲学都有与直觉相关的大量术语。就心理实在而言,直觉是东西方哲学都承认并重点关注的心理现象或者心理过程。在中国哲学中,认识论、方法论与心性论密不可分,"体贴""领会"等直觉方法不但是身心修养、契合道理的实践方法，而且是领悟真知、阐明学问的研究方法。在中国哲学中尽管表示直觉的范畴众多，意思也有出入，但在作为心理现象或者心理过程这一点上，基本上是一致的。现代新儒家引进了"直觉"这一术语，并且直接比照感觉、知觉等其他心理现象来说明直觉，实际上是以一种隐晦的方式在心灵中给予直觉一个定位。现代西方心灵哲学明确肯定直觉作为一种心理现象，并就其本质、地位、作用及在心灵哲学研究中运用的合法性问题展开了激烈的讨论。东西方的这些共同的关注说明将直觉作为心灵哲学比较研究的一个选项具有其合理性。在本章，笔者打算就现代新儒家的直觉观念与西方心灵哲学特别是实验心灵哲学的直觉观念进行一个比较，以了解这两个来自不同文化的哲学派别对直觉的心理定位、直觉与理智的关系及直觉在哲学中的作用等问题的看法，进而探讨如何深化对直觉本身的认识。

第一节 现代新儒家的直觉研究及其特点

直觉乃是一个用途多变、含义丰富的词，在哲学、科学及日常生活中皆有其用法。直觉作为哲学研究的一种方法，堪称命运多舛，它既是古往今来一切哲学研究都离不开、舍不掉的一个"法宝"，又常常难入哲学家的"法眼"，被斥作是古代的或者东方的神秘主义的方法论残余。直觉在儒家哲学中地位殊胜，是一种具有根本性的研究方法，但在现代之前儒家哲学对此方法却运用有余而反思不足。这主要表现在，儒家哲学不但对其使用的数以十计的直觉相关概念如体道、睹道、尽心、观心、玄览、见独、反观等缺乏必要的梳理和辨析，而且对直觉之于哲学研究的地位、条件、作用、限度等少有观照。现代新儒家的代表性人物如梁漱溟、冯友兰、熊十力、贺麟等在此方面发前人所未发，不但对中国传统哲学中广泛运用的直觉方法进行了梳理和融汇，而且引入和对照当时西方哲学直觉研究的方法，对中国哲学中的直觉范畴进行了新的阐发，在比较视域中重构儒家直觉观念。他们的工作不但将直觉引入中国哲学研究的话语系统，使儒家哲学具有专门的直觉研究，而且在当前与现代西方实验心灵哲学的直觉研究形成呼应。

一、中国哲学语境中直觉观念的分类辨析

作为哲学术语的"直觉"是一个外来词。以柏格森为代表的现代西方哲学家关于直觉的思想对梁漱溟、熊十力等现代新儒家的代表人物产生了影响,经由后者推介,中国哲学中开始出现"直觉"这一术语。在此之前,中国哲学中虽未出现作为专门术语的"直觉"名相,但却有多达数十种的、与"直觉"一词之实指紧密关联的概念。这些概念与西方哲学的直觉概念既有共通之处,又有一些独特意蕴。如张岱年所说:"以中国哲学中的一些方法为直觉,因为中国哲学家的这些方法与西洋哲学中所谓直觉法有类似处,并非谓中国哲学中此类方法与西洋哲学中所谓直觉法完全相同。"[1]鉴于"直觉"一词含义的复杂性及中西哲学直觉理论的多层次、多意蕴的特点,在比较视域中对直觉的任何言说,都要求先就直觉的意思进行辨析。在中国哲学中,直觉不是一个意思固定不变的术语,而是一类意思相关的或相近的概念的统称,它们实质上构成了中国哲学独具特色的直觉概念家族。中国哲学中的直觉基本上属于一般方法论的范畴,而依照不同标准,可以对直觉概念进行分类辨析。

就直觉的整体指向而言,中国哲学中区分了所谓向外的直觉和向内的直觉。前者如体道,意思是对宇宙根本之道的直接的体会,老子和庄子常主张此种方法;后者如尽心,意思是发明本心,这是孟子及陆王心学常采用的方法,"发明"一词颇能体现此种方法向内的意味,在中国哲学中,对自心只能发明,无须另立一个对象。与"发明"一词相对应的是发现,其蕴含的意思则是将自心之外的道作为直觉的对象,因而直觉指向的是与自心相对而存在的宇宙,在认识的次序上是由外而内的。孟子说:"尽其心者,知其性也,知其性则知天矣。"[2]孟子此处所谓的尽其心就是发明本心的意思,通过向内发明本心就能够知性,进而就能够知天了,在认识的逻辑次第上是由内而外的。所以,在孟子看来,领悟宇宙的根本道理,不用向外,只需内求,向内用功的直觉方法是最根本的方法。就直觉所指向的具体对象而言,中国哲学中则有多层次的区别,如"观之以心""观之以理""知天下""见天道""置心在物中"。

---

[1] 张岱年:《中国哲学大纲》,商务印书馆2015年版,第807页。
[2]《孟子》。

就直觉方法与理性方法的关系而言,中国哲学中的直觉可以区分为三种基本类型:基于理智而起的直觉、不基于理智的直觉以及与理智并用的直觉。例如孔子所倡导的一以贯之的方法,就是一种基于理智的直觉法。张岱年说:孔子所说的一以贯之,是后来直觉法的渊源;多学而识,是析物法的本始。①所谓析物,就是对外物加以理智的观察和分析,如孔子所说的多学而识和博学而文就是在析物的方面下功夫。当理智的功夫做到一定程度,则思绪贯通,产生直觉之认识。不基于理智的直觉,则是指不重视经验,也不在理智上用功,直接获得对宇宙的根本把握,如老子所说的玄览即此法。"涤除玄览,能无疵乎?"②玄是形而上的东西,览通鉴,意思是镜子,所以玄览就是用内心发光的镜子去映照形而上的道,无须理智和经验,脱离实际,足不出户就能获得认识。与理智并用的直觉就是既重视经验的积累、理智的分析,又重视对万物之理的领悟,如程颐的格物穷理。程颐说:"若只格一物便通众理,虽颜子亦不敢如此道。须是今日格一件,明日又格一件,积习既多,然后脱然自有贯通处。"③将理智与直觉并重是程颐的直觉法的独特之处。张岱年对此评价颇高:一般的直觉法,都是由心直接领会宇宙之全体,而伊川则是由部分以及全体,所以伊川的哲学方法,虽包含直觉,却并非仅是直觉。可以说,伊川之整个的哲学方法,是参用直觉与思辨的。④

就目的功用而言,中国哲学中的直觉法的基本倾向是既注重致知,又注重道德修养和境界提升,而且通常主张把两者结合起来。这是西方哲学的直觉研究所少有的。中国哲学中,无论对于直觉的对象、方向、方法、基础等的理解有何不同,基本上无一例外地把道德修养和境界提升作为追求知识的最终目标。不但孔孟老庄皆如此,理学和心学更是将这一倾向发扬光大。例如,张载完全把道德修养和知识提升看成一回事,其所谓的穷神知化、存神即重视致知与道德修养的关系,就此而言,直觉方法之运用的主要目的在于无我而与天为一,由此而能够崇德盛德。王阳明更是把致良知作为其发明本心的直觉方法的归宿,把致知和道德修养归为一类。

---

① 张岱年:《中国哲学大纲》,商务印书馆2015年版,第769页。
② 《道德经·第十章》。
③ 程颢、程颐:《二程集》。
④ 张岱年:《中国哲学大纲》,商务印书馆2015年版,第795页。

中国哲学对直觉方法的偏重和依赖，使中国哲学事实上积累了大量有价值的、值得深入挖掘的关于直觉研究的理论资源。但对这些资源的有意识地挖掘和反思，则始于现代新儒家具有比较意味的直觉研究。现代新儒家的直觉研究关注的重心是直觉对于知识之作用、直觉与理智的关系以及直觉在哲学研究中之地位。这与现代西方实验心灵哲学的直觉研究所关注的重点基本一致。现代新儒家的直觉研究中，梁漱溟、冯友兰和熊十力三人的思想最有代表性，其表现有二：一是他们对直觉都有专门论述，并在中国现代直觉研究中具有承接和枢纽的作用；二是他们三人对直觉的研究都在一定程度上受到西方哲学影响，因而他们所理解的直觉具有现代哲学的意味。

二、现代新儒家对直觉观念的比较式重构

现代新儒家的直觉观念实质上是跨文化、跨学科、跨时空比较的产物。比较方法作为现代新儒家直觉研究所采用的基本方法，首先是由其研究目的所决定的。这一点在梁漱溟的直觉研究中表现得最为明显。作为现代新儒家哲学中首倡直觉研究并对直觉之作用最为推崇的人物，梁漱溟研究直觉的出发点是为中印西三方哲学乃至文化之比较提供一个有效的工具。按照梁漱溟的理解，哲学是思想之系统，思想又是知识的进一步，所以要透彻地研究东西方之哲学，必先要有一个工具能够对作为哲学之基础的知识有一个认识。而要认识知识，就离不开直觉。

梁漱溟认为，现量、比量和非量是构成知识的三种工具，其中非量就是直觉。现量、比量和非量是梁漱溟从唯识学中化用而来的概念，既保留了其原本在唯识学中的一部分意思，又通过与现代西方哲学和心理学的比照而增添了一些新的意思。具体来说，现量就是感觉（sensation），其作用只是单纯地进行感觉。人凭借现量所获得的只是一堆既无头绪又无意义的感官材料，梁漱溟认为它正对应于唯识学所谓的"性境"。此"性境"的获得有两个条件：一是有影有质，二是影要如其质。所谓影就是主体依外界刺激而产生的影像，质则是使得主体产生此种影像的那个刺激。影是质的变现，质是影的依据，两者缺一不可，共同构成性境的第一个条件。性境的第二个条件是影要如其质，也就是说，主体变现的影，必须是由他所接受刺激的那个质而来的，否则就会产生谬误。用信息论的话说，主

体接收到并处理的信息必须是关于特定信源的信息。比量实质上是能够从个别上升到一般的理性思维能力，梁漱溟称之为理智。这种能力对于知识的构成而言有两种作用，即简综和分合。他曾以茶的概念为例来说明这两种作用。一个人见到红茶、绿茶、清茶等种种茶，从中得到其共同点的作用，就是综的作用。把茶和油盐酱醋等分别开来，就是简的作用。与现量认识个别事物的杂多不同，比量认识的是事物的概念，即唯识家所谓的"共相"。

  知识的构成要借助现量和比量，但是只有它们两个还不够，因为现量和比量中间还要有一个作用，离开了这个作用，现量就无法过渡到比量。这就涉及第三种工具，即非量。因为按照唯识家的说法，现量只是单纯的影像，毫无意义，凌乱不堪。如此的话，无论有多少影像的累积，其结果还是一堆无意义的影像，比量又如何能施展其简综的作用呢？这里一定要有一种新的能力介入进去。梁漱溟借用唯识学心王—心所的理论来加以解释。他说：所以在现量和比量中间，另外有一种作用，就是附于感觉——心王——之"受""想"二心所。"受""想"二心所是能得到一种不甚清楚而且说不出来的意味的……"受""想"二心所对于意味的认识就是直觉。故从现量的感觉到比量的抽象概念，中间还需有"直觉"之一阶段；单靠现量与比量是不成功的。[①]仅就语词本身的意思而言，梁漱溟认为，"直觉"一词比"非量"一词更能够体现这样一种特殊的心理作用，所以就用直觉与现量和比量并列，作为构成知识的三种工具。

  现代新儒家把比较方法作为其直觉研究的基本方法，重点体现在其对直觉与理智关系的说明当中。就此而言，冯友兰凭借正的方法和负的方法对直觉和理智关系的分析具有代表性。与梁漱溟一贯地在哲学研究中倡导直觉方法不同，冯友兰对待直觉的态度显示出一个明显的变化过程。在20世纪30年代以前，冯友兰受逻辑实证主义的影响，极力主张用逻辑分析的方法改造中国哲学，改变中国哲学重直觉而轻逻辑的传统，故主张把直觉的方法排除在哲学之外。冯友兰批评佛家对于"不可说"的最高境界只靠证悟，不算是哲学，只有"以严刻的理智态度说出之道理，方是所谓佛家哲学"[②]。在《新理学》的绪论当中，冯友兰表明了

[①] 梁漱溟：《东西文化及其哲学》，上海世纪出版集团2006年版，第72页。
[②] 冯友兰：《中国哲学史》，中华书局2014年版，第15页。

第十三章 西方心灵哲学与现代新儒家直觉研究之比较

这一时期他对哲学的看法：照我们的看法，哲学乃自纯思之观点，对于经验作理智地分析、总括及解释，而又以名言说出之者。①之所以如此，在于这一时期他认为直觉之作为方法只能够使人得到一种神秘的经验，而不能给人一个确切的道理，道理是一个判断，必定是合逻辑的，不靠直觉。

冯友兰对直觉方法和理智方法在哲学研究中地位和作用的说明是其对照融合中西哲学的产物。冯友兰所推崇的逻辑分析的方法，被他称为形上学的正的方法，它是以逻辑分析法讲形上学，就是对于经验作逻辑地释义。其方法就是以理智对于经验作分析、综合和解释。这就是说以理智义释经验②。就此而言，冯友兰把直觉与理智截然对立，试图以理智为基础方法来构建新的形上学体系。但是，冯友兰对哲学功用的认识及对形上学的态度都迥异于逻辑实证主义。他一方面否认形上学只具有诗的意味，哲学只在于使知识明晰；另一方面认为若按照中国哲学的范畴来讲，哲学是"为道的范畴"，其功用不在于增加积极的知识，而在于提高精神的境界，对此而言，形上学是必不可少的。

当冯友兰把这种形上学的正的方法运用于新的形上学体系的建构时，就暴露出逻辑分析方法的缺陷。一方面，逻辑分析的方法对于如何将关于经验世界的观念上升为具有价值论意义的形上学体系无能为力；另一方面，冯友兰改造中国哲学构建新的形上学体系所用的材料，如理、气等并非全在理智的范围之内。所以，他只好勉为其难地把负的方法收入新理学当中，承认哲学是对不可思议者思议，对不可言说者言说。③就此而言，冯友兰的负的方法主要是为哲学最终之功用即"为道""为境界的提升""道德的修养"服务的。

在《论形上学的方法》一文中，冯友兰把正的方法和负的方法并列为真正的形上学的方法，他说：真正形上学的方法有两种：一种是正的方法；一种是负的方法。正的方法是以逻辑分析法讲形上学。负的方法是讲形上学不能讲，讲形上学不能讲亦是一种讲形上学的方法。例如，画家用烘云托月的方法来画月，就类似于一种负的方法，即"画其所不画亦是画"。负的方法就是要从形上学所不能讲讲起，其实质就是直觉的方法。冯友兰曾以唐宋时代的禅宗为例进行说明：禅宗的方法即

---

① 冯友兰：《贞元六书（上）》，中华书局2014年版，第13页。
② 冯友兰：《三松堂全集（第5卷）》，河南人民出版社2001年版，第150页。
③ 冯友兰：《三松堂全集（第5卷）》，河南人民出版社2001年版，第150页。

一种典型的负的方法，禅宗正是以负的方法来对待不可说之第一义的。

负的方法所要呈现的正是直觉的对象。因为负的方法是针对形上学所不能讲的，要从形上学所不能讲讲起，这里所说的不能讲的是指以理智为基础的正的方法所不能把握的东西。只要是理智可以把握的东西，都是可说可讲的，对于不可说的东西，冯友兰也赞同维特根斯坦所说的，人必须静默，并专门指出，这种静默是禅宗式的静默。质言之，直觉的对象是理智的对象以外的东西。就这两种方法的关系而言，冯友兰强调两者应是一种相辅相成的互补关系，甚至负的方法要超越正的方法。他说：一个完全的形上学系统，应当始于正的方法，而终于负的方法。如果它不终于负的方法，它就不能达到哲学的最后的顶点。但是如果它不始于正的方法，它就缺少作为哲学的实质的清晰思想。[①]在冯友兰这里，理智与直觉非但不矛盾，反而是相辅相成的，共同成就了完整的哲学。

现代新儒家把比较方法作为其直觉研究的基本方法，还体现在其对科学与哲学关系的整体理解和阐述当中。在对待现代西方的科学精神、科学方法及其与直觉的关系上，熊十力体现出一种辩证的态度。一方面，他承认科学方法的严谨、精细、周密、准确，且前景光明，充分肯定科学的、理智的方法的地位和作用；另一方面，他又看到这种方法的局限性，那就是它重经验、重分析，而对于本体本心的体认和发明无能为力。他说：科学假定外界独存，故理在外物，而穷理必用纯客观的方法，故是知识的学问。哲学通宇宙、生命、真理、知能而为一，本无内外，故道在反躬（记曰不能反躬，天理灭矣，此义甚严）。[②]科学与哲学是不同性质的学问，科学重在求知识，哲学旨在求得道，故采用的方法自然有别，科学方法属量智，重理智，哲学方法属性智，重直觉，所以理智方法不能代替直觉方法。熊十力用"性智""证量"对应"量智""比量"，把直觉和理智分别管辖的范围区别开。性智是人自己的真正觉悟，寂寞无形包含万理，是人一切知识的基础。量智是借由人的感官经验得来的知识。性智为本，量智为用。性智和量智获得之心理过程，即证量和比量。

理智与直觉的方法虽然有别，但并非割裂。首先，理智方法是直觉方法的必

---

① 冯友兰：《三松堂全集（第6卷）》，河南人民出版社2001年版，第288页。
② 熊十力：《十力语要》，中华书局1996年版，第72页。

由之路。他确信，凭借理智和分析绝对无法获得哲学之真理，哲学之真理要由直觉（如证会）获得，但是，哲学决不可反对理智，而必由理智走到超理智的境地①。其次，理智方法与直觉方法各有其适用之范围。理智的方法，倾向于外，用在日常生活中的物理世界，适用于认识论。直觉的方法，倾向于内，用在自心体性的反省自求，适用于本体论。最后，直觉方法始终为理智方法留有余地。即便用直觉的方法得见本体本心，理智的方法仍然大有用处。"然玄学要不可遮拨量智者，见体以后大有事在。若谓直透本原便已千了百当，以此为学，终是沦空滞寂，堕废大用，毕竟与本体不相应。"②尤其是在认识论层面，理智的方法不可或缺。熊十力强调直觉之方法为本，理智之方法为末，但他也批评中国哲学不重视理智分析方法是"务本遗末，弊不胜言"。他依直觉对象之不同，区分了两种向度的直觉：一是"向外的直观"，其对象是"宇宙之本体"，这种直观借由"洞然旷观"完成；二是"向内的直观"，其对象是"吾人的本心"，这种直观由"返己体认"来完成。

三、现代新儒家直觉比较研究的特点

第一，现代新儒家直觉研究的着眼点主要不在于直觉，而在于以直觉作为根本方法的整个中国哲学。近代以降，直觉方法在与西方哲学和科学的接触和对照中，地位急转直下，不但成为儒家哲学被批评的一个焦点，甚至成为文化沙文主义者否定中国哲学和文化的口实。毋庸讳言，直觉的方法有其弊端。从其自身在中国哲学中的发展脉络来看，直觉方法在宋明理学和心学中最是发扬光大，但其带来的空谈心性等种种弊端却逐渐暴露，随后颜习斋和戴东原已明确表示不赞成直觉的方法，但直到现代新儒家才对此方法有一个彻底的清算。梁漱溟、冯友兰和熊十力以或激烈或温和或狂狷的方式吸纳西方哲学和科学的新方法，发扬中国哲学的旧方法，他们对直觉的规定和分析，不但明显有康德哲学、实用主义、逻辑经验主义的痕迹，有对科学主义的批评和反思，更有对中国哲学中直觉概念家族的辨析、梳理和继承。梁漱溟和熊十力的直觉思想直接受到柏格森的直觉思想的影响，冯友兰对直觉的态度也受到蒙塔古（Montague）和杜威（Dewey）的影响。

---

① 熊十力：《十力语要》，中华书局1996年版，第133页。
② 熊十力：《新唯识论》，中华书局1985年版，第677页。

直觉的地位和作用在东西方哲学中都曾受到质疑。但与西方相比，直觉法在中国哲学中的地位更为殊胜，因此围绕直觉而展开的批评和辩护在中国哲学中远远超越了一般方法论在哲学研究中的地位，而是成为中国哲学和文化未来命运的一个缩影。直觉方法的根本地位若被颠覆，那就如梁漱溟所说，是真正的要绝了中国文化的根株，向着咽喉去着刀！① 在此意义上，直觉方法的有效性意味着中国哲学和文化的基本路数的合法性。现代新儒家在比较视域中对直觉观念的解读和重构，立足于直觉，但却着眼于中国哲学乃至中国文化。

第二，现代新儒家从中西方对哲学本身的不同理解出发，反观直觉在哲学研究中的作用和价值，并由此肯定直觉为哲学研究的必要方法。现代新儒家在整体上肯定和重视直觉的作用，并从不同维度论述其对于哲学的必要性。一方面，直觉的方法是现代新儒家意欲捍卫和阐发的方法，非此无以为中国哲学张目；另一方面，现代新儒家发现西方哲学并非是不讲直觉，而只是直觉在西方哲学中不如其在中国哲学中之地位崇高。东西方哲学对待直觉的态度，部分地是由其各自对哲学本身的理解决定的。正如梁启超所言，把西方哲学所做的学问称作爱智慧，诚属恰当，中国学问则不然，中国哲学不以求知识为归宿点，毋宁说是行为的学问，是人生哲学。② 所以直觉在西方哲学中的地位是与西方人对哲学的理解相称的，中国哲学亦如此。质言之，在儒家看来，哲学不是一种，而是两种，或者说哲学有两种可以并存的风格和取向。西方重视认识论、知识论的哲学自然可以把直觉放在次要的位置上，而中国强调实践论、境界论的哲学则必须赋予直觉方法根本性的地位。现代新儒家通过比较发现了一个关键的问题：哲学并不能总只是认识论和知识论，哲学总要有一个顶点，在这个顶点上它要复归于人生，所以哲学总是离不开直觉。

第三，现代新儒家在直觉观念的重构中探索能够与现代哲学和科学相适应的直觉方法的存在方式。这一方面表现为现代新儒家试图以明晰的方式对直觉进行界说，另一方面表现在现代新儒家对直觉与理智关系的调和上。在现代之前，儒家哲学对直觉大多停留在笼统规定的层次，对直觉发生之原理，缺乏细致入微的

---

① 梁漱溟：《东西文化及其哲学》，上海世纪出版集团2006年版，第15页。
② 梁启超：《梁启超论儒家哲学》，商务印书馆2012年版，第4页。

分析。熊十力通过界说"性智""证会""体证""默识"等一系列用以表述直觉的概念,力图说明直觉的本质、原理、功用、过程、界限等。直觉和理性在哲学中都有其一席之地,但它们的关系如何,这既是现代新儒家直觉研究的一个关注重点,也是梁漱溟、冯友兰和熊十力之间的一个分歧所在。他们的观点体现了直觉与理智之间关系的三种典型看法。

第一种是直觉在理性之下,这是梁漱溟的看法。梁漱溟不但对印度学、中国儒释道三家兼容并蓄,而且对来自西方的各种学问包括进化论、心理学和马克思主义都有理解和体会。梁漱溟对直觉和理智关系的论述,体现的是从感性认识上升至理性认识的一个知识获得过程。现量作为感觉只是纯粹在感性认识的层面,而且只是感性认识的初级阶段。按康德哲学的话说,对现量的分析完全是先验感性论的工作。比量能够形成概念做的是理智的工作,是处于理性认识的阶段。非量作为直觉,地位就处在现量和比量之间,高于现量但低于比量。当然,梁漱溟讲到有基于理性的直觉,但此种直觉必然有新的意味的积累,又会有新的更高层次的理性认识产生出来,所以,直觉在每一阶段上位置都是低于理智的。除认为直觉能够为理智服务以外,梁漱溟还强调理智对直觉的作用。在《东西文化及其哲学》一书中,梁漱溟将直觉分为两种:一是附于感觉的直觉,二是附于理智的直觉。前一种直觉的获得是因声色气味等感觉而起的,后一种直觉是因文字的意义等理智的东西而起的。这说明理智亦可以作为直觉的条件。

第二种是直觉在理性之外,这是冯友兰的观点。冯友兰把形上学的负的方法即直觉的方法看作是对正的方法的超越,是讲正的形上学所不能讲的方法。负的方法与正的方法并不是同一层次上的并列关系,而是完全处在不同的上下两个层次上。按照冯友兰对形上学的方法的层次的理解,有些方法之间的冲突是在同一层次之上的冲突,如佛教空宗对有宗破斥的方法;有些方法是中立的方法,如逻辑分析法对唯物论、唯心论、一元论、多元论进行破斥的方法。但另有一些方法则是不同层次上的,如道家破斥儒墨的方法和佛教禅宗的方法。道家《齐物论》所说的"圣人不由而照之于天",就是超越人世间的是非,不受限于人的立场和观点,而从天的观点看待事物。儒墨的观点则停留在人世间的层面上。所以,道家与儒墨的方法冲突,是天人之间的冲突,完全不在一个层次上。禅宗亦是从一个较高的立场看待佛家各宗的,所以冯友兰认为,禅宗自称"教外别传"并不恰当，它所讲的佛法是"超佛越祖之谈"，应称作"教上别传"才算贴切。[①]

第三种是直觉在理性之上，这是熊十力的观点。熊十力从体用本末的方面讲直觉与理智的关系，直觉管体，理智管用，直觉管本，理智管末。从本体上看，他采引唯识学的观点，以心为本，又把宇宙论置于本体论的统摄之下，如此一来，无论是对宇宙的开显还是对人生的领悟，都只有以返求自心的直觉体认为宗。至于理智所关于的对象，无论如何重要，根本上都只是迷本执妄、妄生分别的现象末节。熊十力虽然主张哲学所把握的真理并非知识，不是理智可以相应的，但并不反对理智，也没有像冯友兰那样把两者置于不同的层次之上。所以，在熊十力这里，理智可以和直觉并存共处，只是直觉的层次更高一些。

第二节　当代西方哲学的直觉研究及其实验心灵哲学维度

心灵哲学在百余年的发展中不断分化。这些分化有些因问题而起，产生了如意识哲学、行动哲学等领域；有些因文化地域而起，产生了如中国心灵哲学、印度心灵哲学等分支；但是，也有些分化产生的原因更为复杂，既有问题的作用，又有研究方法的影响，甚至是多学科共同作用的产物。实验心灵哲学就是这样一系列复杂因素共同作用的产物。它因直觉问题的研究而缘起，又积极引入实验等经验的研究方法，并融合了实验哲学、心灵哲学及其他经验科学的成果，迅速成长壮大。它从心灵哲学中分化出来不过短短数年时间，当之无愧地是心灵哲学大家庭中最年轻的成员。

一、当代西方直觉研究的缘起、特征与主要问题

直觉尽管乃是来自西方之一译名，但西方哲学对直觉的运用和专门研究在时间上却要远远落后于中国。甚至根据辛提卡（Hintikka）的说法，直觉的哲学用法最早只能追溯到乔姆斯基对语言学方法的描述，而在此之前的哲学研究当中找

[①] 冯友兰：《贞元六书（下）》，中华书局2014年版，第1028页。

第十三章　西方心灵哲学与现代新儒家直觉研究之比较　　　　　　　　　　　　　　571

不到对"直觉"这一术语的使用。事实上，直到 20 世纪初期，直觉在西方还普遍被看作是一种神秘主义的方法。蒙塔古在其《认识的途径》(*The Ways of Knowing*)一书中论述了人类获得知识所可能采用的六种方法，而直觉作为一种神秘主义的方法是这六种方法中的一种。所谓神秘主义就是指"认为可通过超理智的、超感觉的直觉官能来达到真理"[①]。蒙塔古将直觉作为一种神秘主义的方法来研究，除了考察神秘主义作为一种研究方法的实际效用、对人生态度的影响及对哲学研究的价值之外，还重点考察了作为神秘主义之基础的直觉的性质问题。在他看来，直觉有两种：一是作为灵魂能力的直觉，它具有超自然主义的性质；二是作为本能和想象力的直觉，具有自然主义的性质。蒙塔古认为，尽管对本能和想象我们知之甚少，但我们仍可借助其对直觉做出自然主义的说明。人类大脑和心灵是长期进化的结果，所以我们会以本能形式从种族记忆中继承到某种东西，这就是所谓的下意识，亦可称为"遗传倾向"。这种下意识形成之后就成为个人经验的背景，以一种先天的形式发挥作用。所以看似不可理解的直觉和洞见，往往就是种种先天倾向的自发性表现。正是来自遗传的和来自记忆的一系列倾向，它们不在意识里露面而经常控制着我们种种有意识的活动，并偶尔贡献种种创造性的观念和种种巧妙的灵感。[②]

蒙塔古对直觉的分析奠定了西方后来直觉研究的自然主义基调。但在此之后的相当长一段时间内，直觉在哲学中却遭受了冷遇，鲜有研究涉及。直到最近几十年，直觉在西方哲学中的研究热度突然升高，甚至成为最受关注的研究课题之一。这是因为，分析哲学的研究者开始关注这样一些问题：分析哲学的哲学实践中，究竟有没有直觉参与其中？如果有的话，应如何看待直觉在哲学中的地位和作用？对此，具有分析哲学和心灵哲学背景的哲学家出现了前所未有的严重分裂。对直觉持赞成态度的人将之奉为瑰宝，认为直觉不但是分析哲学中至关重要的研究方法，而且是我们区别哲学与科学方法论的重要依据。戈德曼(Goldman)说：当哲学家从事哲学"分析"之时，他们的内心常常充斥着直觉。[③]克里普克也充分

[①] 威廉·蒙塔古：《认识的途径》，吴士栋译，商务印书馆 2012 年版。
[②] 威廉·蒙塔古：《认识的途径》，吴士栋译，商务印书馆 2012 年版。
[③] Goldman A. "Philosophical intuitions: their target, their source, and their epistemic status". *Grazer Philosophische Studien*, 2007, (74): 1-25.

肯定直觉的地位与价值,他说:"当然,一些哲学家认为,一事物所具有的直觉内容只能够为该事物的论证提供非决定性的证据。而我认为,直觉内容在任何论证中都是非常重要的证据。总体而言,我不知道还有什么更有决定性的证据。"[①]对直觉持否定态度的人则视之为毫无价值的糟粕,不但公然否认直觉在哲学中的作用,甚至从根本上否定直觉在心灵中独立的存在地位。挪威哲学家开普兰(Cappelen)在其引发广泛关注的著作《无直觉的哲学》中曾声称,直觉在西方分析哲学中的作用被夸大了,实际上,在现代哲学中,直觉作用甚小或者完全无用,那些担忧直觉在哲学中泛滥的想法完全是杞人忧天。[②]这种分裂与对峙的结果是导致在当前的直觉研究中出现大量围绕直觉的辩护和反辩护。

在这种辩护与反辩护中,不但直觉研究本身更加深化、细化,而且直觉研究与心灵哲学研究逐渐呈现合流趋势,直觉研究的内容、方法、目标等都与心灵哲学产生交叉,心灵哲学关于心理现象的很多新的分类、范畴和结论被广泛应用到直觉的讨论当中。这表现在以下几个方面。

其一,直觉在人的心灵地形图中的定位问题。直觉作为一种心理现象,无论是心理状态还是心理事件,在人的心灵中都应占有一席之地。问题在于,直觉是否能够作为一种独立的心理状态?对此问题,主要有两种主张:一种主张是把直觉完全看作是信念或者信念的某种变形,认为直觉本身并不是一种新的心理状态。对此主张的辩护涉及两种分析方式:第一种分析可以称作直觉的信念分析,即把直觉等同于信念。这就意味着,一个人具有某种直觉,他就一定要相信自己直觉的内容。例如刘易斯就认为:我们的"直觉"不过就是观念。[③]就本体论而言,这是一种更加简约的做法,因为把直觉等同于信念就不需要再额外承诺新的心理状态。但是,把直觉等同于信念,就意味着拥有某种直觉的人一定会相信自己直觉的内容。而这与事实相违背。信念有时会和直觉产生冲突:我们经常会不相信自己的直觉。第二种分析可以称作倾向分析,即把直觉仅仅看作是相信的倾向。这意味着,一个人具有某种直觉,只需要他倾向于相信其直觉的内容,而无须他完全接受这一内容。这种分析的问题在于,倾向在这里是一种行为还是一

---

① Kripke S. *Naming and Necessity.* Cambridge: Harvard University Press, 1980: 27.
② Cappelen H. *Philosophy without Intuitions.* New York: Oxford University Press, 2012: 4.
③ Lewis D. *Philosophical Papers: Vol. I.* New York: Oxford University Press, 1983: 29.

种态度？如果是态度的话，它与它的内容之间究竟是什么关系？这是这种分析难以回答的。另一种主张是把直觉作为一种独特的心理状态，认为直觉本质上就是一种独特的、偶然发生的命题态度，信念不是直觉的条件，直觉则能够成为信念的基础。根据这种主张，如果一个人拥有某种直觉 P，这个人不只是表征 P 或者相信 P，更为重要的是，P 还是这个偶然发生的非信念命题态度的内容。接受这种主张就意味着要提供直觉独立存在的现象学证据，以及能够把直觉与其他心理现象区别开来的标准。

其二，直觉的分类与概念辨析问题。如果承认直觉是一种独立的心理现象，就涉及对直觉与其他心理概念进行辨析，以及对直觉进行分类的问题。在此问题上，比勒（G. Bealer）的研究最有影响。为了揭露经验主义存在的问题，比勒对直觉概念进行了全面细致的分析。他辨析了直觉与一系列相关概念的区别，这些概念包括想象、信念、判断、猜想、预感、记忆和常识等。在他看来，直觉是一种能够得到自然主义说明的、独立的智力过程，既不是感觉也不是内省，它在语言学上的一个直观特点是"看起来是"，正是这一特点能够把它与想象、信念、判断、猜想、预感等区别开来。正如比勒所说：当你有直觉 A 时，在你看起来就是 A。这里的"看起来"不是含糊其辞，也不是要提醒注意，而就是指明某种真正的有意识经历。[1]他还率先对哲学研究中的直觉与其他领域中的直觉进行了区分，将直觉分为先验直觉和物质直觉。哲学中的直觉是先验直觉，它与物理直觉的区别在于，先验直觉表现为一种必然性，而物理直觉则不呈现出这种必然性。比如，一栋房子建立起来，我们会有一种物理直觉，即它会倒塌。但这并不是必然的，房子也可能不会倒塌。先验直觉表现出的必然性可以体现为：如果 P 的话，那么一定不会不是 P。在此之后，哲学家对直觉进行了更为多样细致的分类，如语言直觉、本体论直觉、现象学直觉、道德直觉等。

其三，直觉的认识论地位问题。这一问题是当前直觉研究中最受关注的一个问题，其实质是直觉在哲学认识论中使用的合法性问题。对直觉合法性的质疑主要有两个方面：一是关于直觉的可靠性，其表现是，直觉在信念的形成过程中具有重要作用，但是直觉只是一种表面证据，而且是可错的，比如，不同哲学家对

---

[1] Bealer G, Strawson P F. "The incoherence of empiricism". *Proceedings of the Aristotelian Society*, 1992, (66): 99-142.

同一问题经常会产生相互冲突的不同直觉，这时必然有一种或几种直觉是错误的。二是关于直觉的标准性。其观点是，能够作为证据的东西一定是标准化的，比如尺子。而标准化的东西需要有一个独立的其他标准为其提供支持。同理，直觉要想成为证据就必须由其他独立的标准来为其提供一个关于直觉的标准，即什么样的直觉才是正确的。但是我们事实上难以找到这样一个独立的标准，唯有诉诸直觉。其结果是导致循环论证。如此一来，我们有什么理由把直觉作为论证的有效证据呢？退一步讲，即便承认直觉有一定作用，那么我们应对直觉的使用施加何种限制？或者我们能够在多大程度上信赖直觉？对直觉合法性的辩护呈现出多种方法：一是通过将直觉细化并分类来分别应对不同挑战；二是对直觉的内容进行准确的辨析，以此表明直觉内容上的细微差别可能是导致依靠直觉获得的结论之间存在冲突的原因，即这些冲突只是表面上的冲突；三是对哲学认识论的标准和范畴本身进行审视，以此为直觉的合法性辩护寻求突破。有一种观点认为，认识论中所有基础的概念都和直觉一样存在循环论证的问题，因此我们不应该深究直觉的细节，而应该承认这种循环论证的合理性。查尔莫斯则干脆认为，直觉在认识论中具有特殊地位，承认这种地位是理解哲学中直觉作用的关键，而直觉在哲学中的作用主要就体现在：某些涉及直觉的观点是辩明的，且有能力去辩明其他观点，但这些涉及直觉的观点自身则无须任何形式的辩明。[①]质言之，直觉的辩明是不通过推论、知觉、反省、记忆、证明等任何其他辩明形式而获得的一种辩明。

二、实验心灵哲学的直觉研究

实验心灵哲学既可以看作是心灵哲学分化的产物，又可以看作是实验哲学与心灵哲学融合的结果，它在最近几年的产生和发展中将直觉的哲学研究推至一个全新高度。实验哲学有广义和狭义的区别。广义的实验哲学旨在利用经验的方法来解答哲学问题，而狭义的实验哲学则旨在利用经验的方法来解答哲学中与直觉有关的问题。但无论根据何种含义，直觉都是经验哲学中最重要的中心议题。实验心灵哲学继承了实验哲学对直觉研究的这种偏好：它力图在将直觉作为中心议题的

---

① Chalmers D. "Intuitions in philosophy: a minimal defense". *Philosophical Studies*, 2014, 171: 535-544.

同时，去关注更广泛的研究内容。在致力于实验心灵哲学的研究者看来，将直觉作为研究的中心议题还有助于将心灵哲学的工作和科学研究的工作区别开来。[1]在当前，脑科学家常常关注心灵哲学关注的一些问题，比如心灵的本质、心理状态、意识以及它们与大脑的关系等。其结果是，脑科学家所从事的这些研究也往往被贴上心灵哲学或者实验心灵哲学的标签，而真正的心灵哲学研究则被混淆了。所以，对实验心灵哲学的研究领域施加限制的一种方法就是，集中于对人的直觉的研究。[2]

实验心灵哲学研究直觉的目标并不是要为直觉的使用提供支持和辩护，而是要通过实验，描述和解释人们做出归属的那些心理状态，揭示出直觉在哲学案例中的使用方法，以及直觉在心灵哲学的论证中作为证据使用所存在的问题。它所运用的方法主要是实验，既包括一些科学实验和调查研究，又包括当前心灵哲学中大量存在的各式各样的思想实验。而心灵哲学中的思想实验正是借助直觉来进行论证的重灾区。不但当前心灵哲学中流行的一些思想实验，如僵尸论证、中文屋论证、色谱颠倒论证等，甚至追溯到莱布尼茨、休谟等人提出的一些与心灵相关的思想实验，也都能发现它们不同程度地诉诸直觉。可以说，心灵哲学对直觉严重依赖。[3]我们以布洛克著名的反对功能主义的思想实验"中国的全体国民"论证为例，来说明实验心灵哲学对直觉的研究。

布洛克在《功能主义的麻烦》一文中提出了这样一个思想实验。我们设想，中国的每一个国民都通过双向无线电交流来执行一个神经元的功能属性。大脑有十亿个神经元，中国有十亿国民（实际上两者的数量远远不能相匹配）。就像大脑会执行特定的功能主义程序一样，中国的全体国民也会执行完全相同的程序。全体中国国民以这种方式组成一个系统，就实现了对大脑的功能复制。问题在于，这种方式组成的系统有没有产生心灵？按照功能主义的观点，这就是心灵。布洛克由此认为，这个案例使各种版本的功能主义都陷入了困境，因为它揭露了功能主义的自由主义倾向，功能主义把不具有心性的东西看成是有心性的。而之所以它能够成为功能主义的反例，用布洛克自己的话说是因为"乍一看来就值得怀疑它具有任何心理状态——尤其是哲学家所谓的'感受状态''原感觉'或者'当

---

[1] Sytsma J(Ed.). *Advances in Experimental Philosophy of Mind*. London: Bloomsbury, 2014: 2.
[2] Sytsma J(Ed.). *Advances in Experimental Philosophy of Mind*. London: Bloomsbury, 2014: 2.
[3] Sytsma J(Ed.). *Advances in Experimental Philosophy of Mind*. London: Bloomsbury, 2014: 12.

下的现象学的感受性质'"①。

实验心灵哲学的倡导者纳多（Nado）对布洛克的思想实验中所隐含的直觉方法进行了分析，试图以此来呈现心灵哲学中直觉的"传统用法"。她认为，这种分析至少可以起到两个作用：一是在分析中提供一个更清楚地认识直觉观念的机会；二是更清楚地认识直觉作为证据所存在的潜在问题。她指出，布洛克在"中国的全体国民"论证中所说的"乍一看来就值得怀疑"就涉及直觉。在这个案例中，人们可以马上断言中国人组成的这个系统不是心灵，尽管如此，人们并不能马上解释为什么是这样。这一细节是实验心灵哲学关注的重点。对于这里所涉及的直觉究竟是什么，可能有多种解释，如一种判断、一种信念、一种相信的倾向或者一种命题态度等。但至少有两点是可以肯定的：一是直觉的发生没有有意识的推理参与；二是直觉涉及一种可区别的现象学要素，这种要素可以用"乍一看来""看起来"等来加以描述。因此这个分析就呈现出直觉的一个特征：直觉是这样一种状态，在这种状态中，某一命题在有意识推理不参与的情况下看起来为真。

这个思想实验还表明，在哲学论证中，直觉在一定程度上具有独立作为证据的功能。也就是说，直觉所认可的命题，一般可以认为是由所谓直觉自身的存在来提供支持的。但是在不同的案例中，这种支持的程度是不同的。在有些案例中，命题几乎完全由直觉来提供支持，而有些案例中的直觉可能出错，还需要进一步的论证来提供支持。仅就此而言，布洛克的论证中对直觉的运用是存在问题的。布洛克希望在他的论证中发挥主导作用的是理性的推理，即便有知觉参与，直觉也应该有一个理性的基础。但事实上，布洛克的案例中发挥关键作用的不是理性，而是直觉。因此，我们并不能够合理地"乍一看来就值得怀疑"。尽管布洛克的本意并不是依靠直觉来完成论证，但直觉的传统用法却为其论证提供了支持，并因此为这一案例成为功能主义的反例提供了助力。

这里的关键问题是案例中的这个直觉缺乏一个理性的基础，而当前的心理学发展对此无能为力。实验心灵哲学的研究者对此问题也进行了大量的探索。其中积极的观点认为，经验研究的成果能够帮助我们找到一种关于直觉的心理学解释，而这种解释在过去看来是完全不合情理的。这种解释就是，他们根据大量的

---

① Savage W(Ed.). *Perception and Cognition: Issues in the Foundations of Psychology*. Minneapolis: University of Minnesota Press, 1978: 261-266.

经验调查成果发现，人类可能存在一种认知倾向，即在评估一主体是否有资格被归属于一种心理状态时（或者一主体是否有资格成为一种经验的拥有者时），人们倾向于诉诸身体的标准（physical criteria）。比如，已经有研究者发现，主体更愿意把信念和欲望这样的态度归属于群体自主体（group agent），而不愿意把现象学意识归属给这些自主体。因此，"主体的身体构成"对于我们是否愿意归属现象学意识具有决定性影响，但它对非现象学心理状态进行归属的意愿的影响不大。质言之，人们不愿意把现象学意识归属给那些没有统一的物理身体的主体。比如，我们可以说大学想要发展，但不能说大学不开心。因为大学并不像一个人一样拥有一个统一的物理身体。这一发现就是当前心灵哲学和认知科学中流行的具身假说（embodiment hypothesis）的最初形态。具身假说认为，统一的生物学具身是对心理状态进行归属所需要的最主要的心理学要素。按照具身假说的观点，只有具备适当类型的生物学身体的主体才有可能拥有心灵。而在布洛克的案例中，全体中国人组成的系统不能够拥有心灵的原因在于这个系统不是一个统一的生物学的身体。因此，一些人认为，具身假说的观点为解释直觉的心理学基础提供了一种方法。[1]

但是也有一些实验心灵哲学的研究者根据不同的思想实验对此提出质疑。巴克沃特（Buckwalter）和培伦（Phelan）通过五组实验来测试普通人是否愿意将某些主观经验（如情绪状态）归属于那些没有生物学身体的主体，如灵魂等。结果他们论证说，具身假说的观点是有问题的，生物学的身体并不能作为心灵归属的心理学基础。同时，他们认为，有证据表明，群体自主体对于心灵归属的意愿会因文化而产生差异。一个有意思的巧合是，西方人对心灵归属的意愿更符合西方哲学家的观点，而东方人的观点则恰恰相反。[2]

三、实验心灵哲学直觉研究的特点及其反思

实验心灵哲学把经验研究的方法运用到以直觉为主的一系列心灵哲学议题当中，为心灵哲学提供了新的研究路径。这主要体现在，以往在心灵哲学中被普遍认为只能够与第一人称视角相关联的心理状态，如感受性质、现象学感受、直

---

[1] Sytsma J(Ed.). *Advances in Experimental Philosophy of Mind*. London: Bloomsbury, 2014: 2.
[2] Huebner B, Bruno M, Sarkissian H. "What does the nation of China think about phenomenal states?". *Review of Philosophy and Psychology*, 2010, (1): 225-242.

觉等，现在通过经验研究的方法而获得了第三人称视角的关注和参与。特别是，实验心灵哲学的研究者非常重视哲学以外的非专业人士的意见。他们对直觉的研究就体现出这一特点。不仅如此，对于普通人的意见还贯穿在他们对所有的心灵哲学议题的研究当中。当前心灵哲学中最为流行的关于心理现象的分类，是把全部心理现象分为命题态度和现象性经验两大类，在此种分类的基础上，哲学家再进行更加细化的研究。通常即便有人对这种分类产生怀疑，也会在心灵哲学家内部圈子中进行问题讨论，而不会征求外行的意见。而实验心灵哲学家的做法则截然相反，他们会通过经验调查，大量征求非专业人士的意见，考察普通人对心灵哲学中流行的范畴、分类等的看法和反应，以确定普通人是否会按照哲学的心理现象分类对心理状态进行归属。他们通过调查研究发现，感受性质、现象性经验这样一些心灵哲学的专业概念，其实在普通人当中也能够获得认同。这种调查的结果是，一些心灵哲学研究中根深蒂固的观念受到了挑战。比如，我们通常认为，只有人类主体才能够具有对"红色"的感受，其表达式为"看起来是红色的"，而计算机则不可能有这种感受。但是实验心灵哲学的研究者通过调查发现，普通人即便在充分理解"看起来是红色的"这一表达式的现象学含义时，仍然会倾向于把这种感受归属于计算机。其深层原因在于，人们在进行此种归属时，实际上有两种根据可供选择：一是信息论根据，二是现象学根据。当普通人对"红色"的感受进行归属时，完全可以依据信息论根据来进行，因为人们有理由认为，计算机一定接收到了关于红色的信息并对之进行了处理，计算机感受到了红色。

与心灵哲学主要关注对心灵的求真性研究的做法不同，实验心灵哲学在其经验研究中自觉地把关于心灵的求真性研究与价值性研究相结合。比如，他们不是纯粹从理论兴趣出发考察和验证心灵哲学关于心理现象的分类，而是还会通过经验研究的方法将这些心理现象分类与价值判断相对照，寻找其中的关联性。有一些实验发现，普通人能够把主观经验和其他心理状态区别开来，而且对两者的归属分别与不同的道德判断有关；这些研究还基于实验数据，对意向立场、物理立场、现象学立场三者之间与道德判断的关系进行了说明。[①]

[①] Jack A, Robbins P. "The phenomenal stance revisited". *Review of Philosophy and Psychology*, 2012, (3): 383-403.

第十三章　西方心灵哲学与现代新儒家直觉研究之比较

实验心灵哲学把心灵哲学研究中是否广泛存在并运用直觉研究作为其关注的一个焦点。就它们的研究成果来看，至少在心灵哲学研究中直觉是普遍存在的，甚至离开了直觉心灵哲学的研究就无法进行下去。这一结论对一向重视理智和分析的西方心灵哲学而言意味深远，可能成为它重新审视和反思自身研究方法的契机。直觉对于心灵哲学研究而言究竟有多重要？直觉是不是心灵哲学研究必不可少的一种研究方法？如果答案是肯定的话，那么直觉本身在哲学研究中运用的合法性问题就成为西方心灵哲学理应关注的一个焦点，如此一来，与直觉研究相关的一系列心灵哲学问题的地位就会凸显出来，因此实验心灵哲学在当前的诞生就不足为奇了。

总体来看，实验心灵哲学所做的工作主要是对现有的心灵哲学研究成果进行梳理、核查和澄清，并在此基础上借助经验研究的手段提出一些设想和假说。当前心灵哲学研究的一个主要问题就是成果多、理论多、设想多，但对心灵认识的实质进展少。就此而言，实验心灵哲学对于当前的心灵哲学研究具有相当的积极意义，因为实验心灵哲学能对当前心灵哲学研究的成果进行一定程度的审核和把关。但是，实验心灵哲学自身在发展中也存在一些问题。这主要表现在两个方面：其一，实验心灵哲学对解释主义存在过多依赖。实验心灵哲学的研究者在心灵观问题上的一个显著倾向是把心灵看作解释和归属的产物，并以此来展开其对直觉等心理现象的经验研究。这种心灵观当然是最有利于其经验研究的一种理论选择，但解释主义心灵观并非对心灵的唯一可能的解释。因此，实验心灵哲学在理论的选择上过于单一，无法形成与其他理论观点的对照和呼应。其二，实验心灵哲学缺乏跨文化的研究视角，而这一视角在当今西方心灵哲学研究中已经获得较为广泛的认可。尽管实验心灵哲学的研究者在进行调查研究时，在一定程度上注意到了文化多样性对调查结果的影响，但是对于其他文化已有的研究成果，特别是中国心灵哲学的研究则几乎没有涉及。中国哲学对直觉有源远流长、深入多样的研究。正如张岱年所说的：中国哲学中，讲直觉的最多。[①]中国哲学对于直觉之类别、对象、特性、范围、目标及直觉与其他思维方法之间关系的说明，都遥遥领先于西方。仅用于表述直觉法的哲学范畴就包括体道、睹道、尽心、观心、玄览、见独、反观、体物、即物、存神、格物穷理、觉悟贯通等十余种。所以，

[①] 张岱年：《中国哲学大纲》，商务印书馆2015年版，第807页。

以直觉为中心议题的实验心灵哲学要想获得发展和突破，就必须借助中国心灵哲学的研究资源。

第三节　对比较结论的简单思考

现代新儒家的直觉观念在本质上是跨文化、跨学科、跨时空比较的产物。当前继承现代新儒家直觉研究成果的最佳方式，就是在新的时代背景下对现代新儒家的直觉观念进行比较研究。唯其如此，儒家哲学所倚重的直觉方法才能获得其具有时代精神和中国气派的存在方式。在此背景下，西方最近十余年兴起的实验心灵哲学值得关注。实验心灵哲学以直觉作为主要的研究对象，通过语言分析、案例调查等理智和经验的方法，揭示心灵哲学研究中大量存在但却不易被人发现的直觉论证以及这些论证所存在的问题。实验心灵哲学的研究表明，尽管哲学家不愿意承认，但直觉方法在整个哲学研究中大量存在，甚至离开了直觉方法哲学研究寸步难行。就此而论，实验心灵哲学所做的工作是以一种新的、不同于现代新儒家哲学的方式，论证了直觉方法对哲学研究的必要性。但与现代新儒家大张旗鼓地强调直觉在哲学研究中有必不可少的作用不同，当代西方实验心灵哲学争论的一个焦点是直觉在哲学中是否广泛存在，以及是否应该对哲学研究中直觉方法的泛滥感到忧虑。仅就此方面而言，实验心灵哲学和现代新儒家的直觉研究殊途同归。但是，双方的差异性也非常明显，而且是在其主要的方面。这主要体现在以下几点。

第一，动机上的差异。如前所说，现代新儒家研究直觉除了为中国哲学张目，以及从根本上论证中国哲学的合法性之外，还有一个最终目的，那就是为中国哲学所关注的本体本心的把握和践行提供方法论的依据。毋庸讳言，直觉之方法对于中国哲学的意义要远远大于其对西方哲学的意义。这并不是说直觉在西方哲学中不重要，或者西方哲学更少地利用到直觉的研究方法，而是因为，中国哲学比西方哲学更早地明确意识到直觉在哲学研究中有必不可少的作用。对中国哲学而言，直觉方法的承诺和运用是显而易见的，因而对此方法的说明和论证显得迫在眉睫，是一个必须要予以说明的紧要任务。而西方哲学则不同，它对于直觉在哲学中的作用和地位的认识不甚清晰，乃至误以为哲学可以脱离直觉来进行研究，因此它并不自觉地意识到直觉研究的重要性，至少没有把直觉摆到与其他研究方法同等重要的地位上。此外，即便是实验心灵哲学在心灵哲学研究中"重新"发现了直觉的作用，并把直觉作为其研究的一个中心议题之后，西方心灵哲学对直觉研究在动机上也与现代新儒家有显著差异。现代新儒家研究直觉也具有方法论建构的意义，但其主要目的是在价值论和境界论上的，方法论只在其次。直觉方法对于人生境界和道德提升的价值是现代新儒家直觉研究的关注重点。西方心灵哲学研究直觉则少有此方面的考量，其目的主要是增加其哲学论证的明晰性和严谨性，这与西方哲学一贯的精神主旨是一致的。如果把直觉作为一个民间心理学概念来看待的话，那么西方心灵哲学的主要研究动机就是要把直觉自然化。因为直觉在心灵哲学看来是包含有隐秘过程的一种心理现象，它的发生机制、神经关联等知识性的东西是西方心灵哲学的关注重心。

第二，侧重点的差异。西方心灵哲学研究直觉的重心在认识论，其关注的问题是直觉是否能够作为一种可以辨明的方法用于哲学的论证当中，即直觉使用的合法性问题。而新儒家的重心是本体论和境界论，其关注的问题是借由直觉通达心体的可能性。西方心灵哲学中不存在心体心性、仁心仁性等概念，它们对直觉的忧虑在于，从看似合理的、毋庸置疑的哲学论证当中突然发现了一种既非理性的又非有意识的心理现象。如果这种心理现象得不到辨明和解释，知识论就会受到威胁和挑战。新儒家实际上也通过种种手段说明了直觉手段使用的合法性，但它并不把知识论作为直觉适用的领域，直觉的使用在新儒家那里体现出一种"不得不如此""唯其如此"的紧迫性。质言之，西方心灵哲学把直觉作为一种一般性的心理现象和心理过程来看待，不是很关注它对于人的价值修养的独特功用。庄子曾批评惠施强于物而弱于德，这对西方心灵哲学的研究而言，同样适用。心灵哲学中也有关于道德修养和人生幸福的价值性的内容，但相对于其面向事实和知识的求真性研究而言，明显滞后。

第三，心灵观的差异。西方心灵哲学和现代新儒家直觉研究之差异还体现在双方对心灵的定位和理解存在显著差异。新儒家继承了中国哲学传统关于心之体用的传统，把直觉看成是本体之心自我发明的过程，在此心灵图景中，人心不但是个人的根本，而且是人心宇宙圆融统一的核心。所以，新儒家所说的直觉总是由内而外的，直觉体会的对象在根本上都是由自心发散而来的。西方心灵哲学的心灵观虽然种类繁多，但基本上都不与新儒家的心灵观相类似。实验心灵哲学更是把心灵看作解释和归属的产物，这就完全把心灵对象化和外在化了。并不是说现代新儒家的心灵观优于实验心灵哲学的心灵观，而是说对心灵观的理解会大大影响到对于直觉观念的理解。如果效仿新儒家的做法对心灵做更细致的划分的话，直觉似乎也应该有一个相应的更细致的分类。

第四，直觉与理性关系的差异。在分析新儒家直觉研究的特点时，我们就其中直觉与理性的关系做了较为详细的辨析，但无论新儒家认为两者处于何种关系模式当中，一个基本的立场是承认直觉与理性应是在质上不同的两种东西。实验心灵哲学则表现出不同的态度，在它们看来，直觉应该是一个可以在自然主义的框架下获得解释的概念，它要么就是属于理智本身，要么应该由理智的因素而得以解释，经验和直觉不但应该而且完全能够说明知觉现象。在它们看来，直觉毫无神秘性可言，就是人的众多心理现象的一种，既应该在心理的地形学、地貌学、动力学上得到合理的解释，又应该由科学的手段予以观察和研究，既应有第一人称的报告和解释，又应有第三人称的广泛参与。所以，心灵哲学并没有笼统地界说直觉和理性的关系，而是做了大量细致的分析和解释。现代新儒家和实验心灵哲学对直觉的这种看法，受到其各自哲学传统的影响。西方哲学中虽然也有将直觉视为神秘主义的传统，但近代以来哲学家和心理学家不断试图根据自然科学的成果来解释直觉。荣格等人在分析人的心理机能时就明确地通过心理机能十字架的形式把直觉放在与感觉相对立的位置上，把直觉归属于理智的层面。现代新儒家的情况则相反，受其研究动机和侧重点的制约，新儒家的直觉中预设了很多难以自然化的东西，这些东西唯有在理智之外才能获得一个合理的解释，所以，新儒家的直觉观念总是与理智区别开来，保持距离。

第十四章
中西方心灵哲学情绪研究中的主要问题

情绪是东西方心灵哲学共同关注的重要话题之一。在西方哲学中，柏拉图就曾通过对灵魂做出理性、激情和欲望的三重区分，来探讨情绪对人的作用。现代西方心灵哲学对情绪有更深入具体的研究，而且有情绪哲学这样的分支学科产生出来。在中国哲学中，对情绪的研究也起源甚早，孔孟和庄子、墨子等人都有关于情绪的论述。鉴于中西方情绪研究的复杂性和多样性，本章拟在梳理中西方心灵哲学研究各自所关注的主要问题的基础上，对双方研究之异同和粗细做一个概要性的梳理和呈现。

第一节 西方心灵哲学情绪研究的主要问题

在最近几十年，情绪一直是一个多学科共同关注的话题。即便是情绪的哲学研究也深刻受到心理学、社会学和神经科学的影响。情绪在当今的西方心灵哲学研究中尽管是一个焦点，但是其发展的历史并不长，在20世纪60年代以前，心灵哲学几乎没有关注到情绪问题，在心灵哲学的著作中也没有带有"情绪"一词或者以"情绪"为标题的章节。当前西方心灵哲学情绪的研究已经发展成一个具有较为完整的问题域和相对独立的研究内容的心灵哲学分支。前者表现在它把与情绪有关的求真性、事实性问题的研究作为重点，有涉及情绪与价值、道德，乃至情绪与艺术、审美等之间关系的一些价值性、规范性问题。后者表现在，心灵哲学分化出情绪哲学这样专门研究情绪问题的哲学分支。

大体看来，西方心灵哲学的情绪研究所关注的问题主要包括以下这些方面：第一方面是情绪的本体论地位问题，它涉及的是情绪是否作为一种独立的心理现象存在，它相对于其他心理现象的特征、边界是什么。借用保罗·丘奇兰德的话说，那就是要研究情绪的心理地形学、地貌学。比如笛卡儿就曾主张有一些基本情绪的存在，其他各种形式的情绪都是由这些基本情绪组合而成的。当前一些哲学家则更倾向于把情绪合并到类似信念、知识这样更容易理解的心理范畴当中。从语言的层面来看，有一些通常被归属于情绪术语的词汇，如"恐惧""惊讶""愉快""悲痛""懊悔"等，那么这些词汇所表示的意思究竟是什么，它们所表述的东西与其他的心理状态和现象有没有本质上的区别？当前借以说明情绪的本体论地位的理论很多，这些理论通常通过对"情绪是什么"这一问题的回答来表明其在本体论上对情绪的立场，这些回答包括：情绪是生理过程，情绪是对生理过程的觉知，情绪是神经心理状态，情绪是适应性倾向，情绪是价值评价，情绪是计算状态，情绪是社会事实，等等。在所有这些回答中，充分肯定情绪的本体论地位，将情绪作为一种自然种类来看待，并将这个自然种类的范围无限扩大的，是认知科学中的一些研究者。比如达马西奥，把情绪定义为"由特殊原因引发的一种有机体状态转换"[①]。这样一来，情绪就和弗洛伊德的力比多、柏格森的生命冲动一样成为一个最基本的、应用范围极广泛的范畴。明斯基说，情绪是一个"手提箱"式的词汇，我们用它来掩盖大范围内不同事物的复杂性，而这些事物之间的相互关系我们还没有理解。[②]在日常生活中，情绪是一个民间心理学概念，与此相关的心理状态并不是一个统一的心理状态。心灵哲学情绪研究的一项核心工作就是对情绪概念的梳理和修正。

第二方面是情绪的定义性问题，它主要研究情绪的本质是什么，尤其侧重于说明情绪与理性之间的关系。情绪究竟是无理性的感受（feeling），还是理性的

[①] 斯蒂克、沃菲尔德主编：《心灵哲学》，高新民、刘占峰、陈丽等译，中国人民大学出版社2014年版，第342页。
[②] 明斯基：《情感机器》，王文革、程玉婷、李小刚译，浙江人民出版社2016年版，第20页。

判断呢？20世纪初，人们都认为情绪就是感受，这是关于情绪的一种常识观点。在这种观点看来，情绪不是感觉，并且它因其经验上的质而被主体感受到。达尔文是这种观点较早的倡导者，他把情绪和饥饿、疼痛等感觉区分开来，实质上把情绪看作是人和动物的一种经验感受。威廉·詹姆斯和卡尔·朗格所倡导的所谓的"詹姆斯-朗格情绪理论"也是这种观点的一种变体，它把情绪看作是由生理条件变化所引起的感受。质言之，感受在詹姆斯的情绪理论中具有核心地位。在20世纪60年代以后，在对情绪之本质的界定中，依据的资源重心逐渐由感受转向理智。在此时兴起的情绪哲学研究中占有主导地位的思想倾向是命题态度理论和认知主义理论。情绪哲学有两个基本的承诺：一是主张情绪间的区别在于它们所涉及的认知状态；二是主张这些认知状态要根据心理内容的命题态度理论来理解。[1]情绪的认知理论主张，情绪产生于对刺激情境或对事物的评价，认知过程是决定情绪性质的关键因素。在这种理论看来，无论情绪发生在认知之前还是之后，认知都是情绪产生的必要条件。情绪认知理论的核心词语是评价，即情绪源于对情境、事件、事实等做出的评价。有一种观点认为，关于情绪的这些理论都能被追溯到两个具有开创性的理论源头：一是詹姆斯，在他看来情绪就是身体的感受或者对身体感受的觉知；二是亚里士多德和斯多葛学派，他们认为情绪是认知的，是具有外在导向性的意向状态。[2]当前，认知科学的情绪研究对情绪与认知之间的关系做出了新的说明，情绪被看作是与理性密不可分的，如达马西奥就认为，实践推理依赖于经验情绪的能力。认知科学的这种研究被认为与亚里士多德的古老主张产生了共鸣。

  第三方面是情绪的因果作用问题，这一问题涉及情绪的感受性质、情绪与行为的关系、情绪的意向性等问题。就情绪与感受性质的关系而言，情绪的出现总是伴随有各式各样的感受性，这些感受或者是生理上的，或者是心理上的。问题是：如果把这些与情绪相关的生理或心理感受都去掉，还会有什么东西留下来吗？对这一问题的回答不仅关系到对情绪与其他生理和心理事件之间关系的理解，还关系到对情绪的本质的理解。就情绪与行为的关系来说，情绪往往在行为中得到表达，而且看起来情绪确实能够引起行为的变化。但是问题在于，行为对

---

[1] 斯蒂克、沃菲尔德主编：《心灵哲学》，高新民、刘占峰、陈丽等译，中国人民大学出版社2014年版，第327页。
[2] Goldie P. *The Oxford Handbook of Philosophy of Emotion*. Oxford: Oxford University Press, 2012.

于情绪而言是必需的吗？是否存在一种情绪，它没有任何的行为表达，或者即使有行为表达，但是这种行为表达是完全不可表述的吗？这些问题实质上关注的是情绪本身是否同一于情绪所表达或者导致的行为。就情绪的意向性而言，情绪作为心理状态的一种，它也和其他心理状态一样具有意向性。情绪因果作用问题在这里主要以情绪与其意向对象的关系问题的形式体现出来。甚至可以说，分析情绪与其对象的关系是哲学在情绪研究中的主要任务之一。这里有两个问题要区分：首先是情绪的对象究竟是意向对象，还是自我心中的观念或者别的什么东西；其次才是情绪与这个对象的关系究竟是不是因果关系。

第四方面是情绪的规范性问题。对这一问题的阐述有多种维度：一是体现在对情绪的本质的理解上。有一种理论认为，对情绪的认知并不是一个纯粹描述性的过程，它还涉及价值评价的方面，这种理论被称作情绪的"评价理论"，其核心思想是认为情绪的本质就是"评价"。质言之，使躯体状态和感受成为情绪的东西就是评价。在这种理论看来，评价尽管是主体性的，但它仍然算是一种客观属性，因为有一些属性是只有在主体的评价中才能够显现出来的。因此，情绪就是这样一种带有评价性的客观属性。在这种观点看来，引发情绪的因素除了生理和心理上的各种刺激因素外，主体自身对这些刺激因素的评价也至关重要。不同的人面对同样的刺激，所产生的情绪可能存在极大差异，比如有人可能在评价这个刺激后产生生气这种情绪，但另一些人则可能在评价后不生气，甚至直接拒绝这种评价行为的发生。这种带有评价性的情绪还有它区别于其他认知现象的独特之处，有人称为先于述说的（pre-articulate）、前反思式的（pre-reflective）性质。这种性质能够在情绪与信念的冲突中表现出来。比如，通常所说的"心有余悸"，危险的事情已经过去，即理智上已经排除了危险之事发生的可能性，但情绪上仍然感到害怕。情绪所涉及的这种对刺激的"评价"被认为是一种典型的认知过程的东西。扎伊翁茨提出了关于通向认知和情绪的所谓双路径概念，认为有一种"自动评价机制"与基本情绪联系在一起，而且它的运行不依赖于形成关于刺激情景的有意识的或者可报告的判断。[1]就此而言，对于情绪的产生有重要作用的这种评价很有可能是在人清楚地意识到之前就自觉发生的，这是它与其他类

---

[1] 斯蒂克、沃菲尔德主编：《心灵哲学》，高新民、刘占峰、陈丽等译，中国人民大学出版社2014年版。

型的评价相比的不同之处。二是体现在情绪与道德的关系上。情绪是道德动机和审美中的关键因素。尽管人们很早就注意到情绪的复杂性以及情绪作用的重要性，但是因为这些问题长期悬而未决也使得情绪在伦理学中的地位受到极大的争议。情绪对于道德的作用在伦理学中被呈现为两种极端对立的思想倾向：一种倾向把情绪视作道德的威胁，另一种倾向则把情绪置于道德生活的核心。这种对立在与情绪相关的词汇中也有明确体现。一方面是"嫉妒""愤恨""骄傲"等被认为与恶有关的词汇，另一方面则是"爱""同情""仁慈"等被认为与善有关的词汇，但是所有这些词汇却都是情绪词汇。在古希腊哲学中，无论是伊壁鸠鲁学派、斯多葛学派还是怀疑论者，都把情绪看作是非理智的，而美好生活的获得或者与欲望的消除有关，或者与灵魂的平静、不受打扰有关。这样，哲学就带有治疗的性质，其功能是从灵魂中净化情绪。这里的突出问题在于：有可能在保留善的情绪的同时，消除掉恶的情绪吗？这些问题在当前的心灵哲学和认知科学中继续存在。认知科学还证明，正常的情绪对于理性行为和道德行为似乎都是必要条件。但是问题在于，我们凭什么断定一种情绪是正常的情绪，并因此把它作为道德的一个关键因素呢？因为像愤怒、喜爱这样的情绪，与像厌恶、嫉妒这样的情绪一样，似乎都是正常的。

　　第五方面是情绪的普遍性问题。情绪是否具有普遍性，这一问题不仅对于道德、审美研究具有重要影响，而且对于情绪的跨文化比较研究意义重大。如果所有人都能够表现出、认识到相同的情绪，并据此做出行为反应，那么道德和审美研究无疑就找到了一个普遍有效性的论据。相反，如果情绪在不同文化中乃至在不同个体那里都有不同的个性特征，那么与情绪有关的研究都将具有相对主义的性质。20世纪70年代以前，心理学和人类学中对于情绪跨文化研究的共识是：各种文化之间的人类情绪是存在着普遍差异的。除了来自经验研究的材料支撑外，这种相对主义的主张还有这样的理论根据：情绪涉及对刺激对象的认知评价这一主张是被普遍接受的，所以，人们进而想到，文化的差异一定会影响到对刺激的评价的差异，进而影响到情绪。比如，如果两种文化对于欲望的看法不同，那么，由于快乐涉及对欲望的评价，快乐在这两种文化中就是不同的情绪了。20世纪80年代，分析哲学家开始参与到关于情绪普遍性的争论当中。保罗·埃克曼（Paul Ekman）提出了"基本情绪"这一概念，并且用"神经文化理论"来解释基本情绪表达中的文化差异。埃克曼的研究证明，不同文化传统中的人的面部表情具有同源性，而面部表情带有情感程序的成分，对于面部表情的研究可以找到一些具有普遍性的"基本情绪"，这些情绪包括恐惧、愤怒、惊奇、悲伤、高兴和厌恶等。质言之，埃克曼是根据行为和生理特征来界定行为的，但是他也承认在不同文化中触动相同情绪的东西是存在差异的。当然，埃克曼的研究并不会意味着否定情绪的文化差异性。与情绪普遍性研究相关的问题主要表现在两个方面：一是情绪是否是跨文化的，即是否在一切文化中都有；二是情绪是否是单态的（monomorphic），即是否在每一个个体身上都有。

第二节 中国心灵哲学中的情绪研究的主要问题

情绪问题是贯穿在整个中国哲学研究中的一个核心问题。这不仅是因为中国哲学中有围绕情绪问题之研究而形成的所谓"情论"这样一个专门的论域，而且因为情绪问题与中国哲学最为关注的心灵境界和道德价值密切相关。冯友兰就曾在中国哲学中区别出所谓的"唯理派"和"唯情派"，牟宗三对魏晋玄学也曾有"显情"和"显理"的区分。蒙培元曾说境界与情感有不可分割的联系，境界是合情感与认知而为一的，或是建立在情感之上的。相比之下，中国哲学的情绪研究有与西方研究的一致之处，但更多的是在中国哲学独特语境下的个性化发挥。

在中国文化和哲学中，与西方"情绪"（emotion）一词在意思上最为接近、最能够对应起来的是"情"这样一个字。以往的研究已经在对"情"之一字的含义的辨析上做了许多工作。利用郭店竹简对先秦文献中"情"字用法的分析表明，二戴《礼记》之前的"情"字基本上取真、实、诚这样的意思，从《礼记》一直到《荀子》，"情"字才主要表情感、性情的意思。[1]这后一种意思才是与西方所谓的"情绪"一词的意思相匹配的。葛瑞汉也认为在汉代以前的文献中"情"字并没有情绪的意思。一般认为，直到战国时期作情绪解的"情"字的意思才开始大量出现，这主要体现在《性自命出》《荀子》《庄子》等文献之中。[2]

---

[1] 李天虹：《郭店竹简〈性自命出〉研究》，湖北教育出版社2002年版，第33-50页。
[2] 何善蒙：《魏晋情论》，光明日报出版社2007年版，第18页。

第十四章 中西方心灵哲学情绪研究中的主要问题

关于情绪之定义、分类和性质的研究如下。在中国古代，尽管存在有关七情六欲的说法，但是在七情六欲的具体构成和来源上却并没有一个统一的说法。什么是情绪？哪些心理现象能够算作情绪？情绪的来源和性质是什么？中国哲学很早就涉及对此类问题的研究。孔子曾明确述及的情绪术语包括"好恶""哀乐""忧""惧""怒"。墨子也涉及了喜、怒、乐、悲、爱、恶等多种情绪。但孔子和墨子对情绪只有态度，而无明确的理论。[1]严格来说，中国哲学中对情绪的最早定义来自荀子。《荀子·正名》中有云："性之好恶喜怒哀乐谓之情。"按荀子的意思，好恶、喜怒、哀乐这样相互对应的六种心理现象都属于情绪，它们作为性的内容，和性一样是天生的、自然的。换言之，情绪是人人有之的东西，正是有了这样的东西，才能够进而"矫饰人之性情而正之""扰化人之性情而导之"，性情的人为改造才有了可能。这就提出了对情绪的引导和管理的问题。孟子虽然在人性主张上与荀子相反，但同样把情绪看作人心固有的东西。在孟子那里，恻隐、羞恶、辞让都明显是作为情绪存在的，相比之下，孟子对情绪是极为看重的，在其所谓的心之四端中只有是非之心不是情绪。如果说孟子的心之四端带有天赋性质的话，那么孟子所言的情绪也是一种天赋性质的东西。西汉时期出现的反映先秦儒家哲学思想的《礼记》把情绪分为七种类型："何谓人情？喜怒哀惧爱恶欲，七者，弗学而能。"在这里，一方面，"欲"被作为"情"之一种而出现，关于七情的说法开始成型；另一方面，情绪进一步被认为是人所固有的东西，是不需要后天学习就能够具有的。上述这些关于情之构成和来源的说法，揭示出了人心、人性对于情绪之产生的本源作用。《性自命出》中说："情生于性。"这可看作是性对于情绪之本源作用的一个极好的注释，它虽然不排斥外物对于情绪产生的作用，但却明显更倾向于从一些内在的维度上去理解情绪。

那么，人心、人性中究竟何以能够产生出情绪呢？从方法路径上看，对这一问题的回答主要有两种致思路径：一是从外部寻找能够诱发人心中情绪产生的因素，把情绪的产生变成内外因素相互作用的结果；二是从人的内心中寻找情绪能够发生的心理机制或人性机制。

先来看第一种方法。这种方法同样是在《礼记》当中就有其萌芽的。《礼记·乐

---

[1] 张岱年：《中国哲学大纲》，商务印书馆2015年版，第679页。

记》中就有对关于情绪之构成的另一个因素的强调，这个因素主要通过"物"来呈现。《礼记·乐记》总结了前秦儒家的音乐和美学思想，但它同时也是体现儒家情绪观的一部重要著作。《礼记·乐记》中说，乐和所有声音一样，是以人心为其源头的。凡音之起，由人心生也。但是，人心并不是情绪由以产生的唯一因素，人心只有在感于物，即与物出于某种特定关系时，才会有音乐产生出来。"乐者，音之所由生也，其本在人心之感于物也。"进一步说，音乐是人心中的情绪外在化的表现。"情动于中，故形于声。"《礼记·乐记》区别了哀、乐、喜、怒、敬、爱六种情绪，说明了这六种情绪在音乐表达上的差异，并且指出，这六种情绪主要并不是人的天性，而是人心在外物的刺激下而产生的东西。"是故其哀心感者，其声噍以杀；其乐心感者，其声啴以缓；其喜心感者，其声发以散；其怒心感者，其声粗以厉；其敬心感者，其声直以廉；其爱心感者，其声和以柔。六者非性也，感于物而后动。"可见，《礼记·乐记》对情绪性质和来源的说明有了新的特点，至少对它提到的六种情绪而言，它们的产生既离不开人心这个根源，又不纯是在人心之中，而是人心和外界刺激共同作用的结果。除了笼统的"物"之外，"阴阳""四季""天地""五脏""五行"等也被认为是对于情绪的产生有作用的因素。董仲舒在《春秋繁露》中就从天人相类的观念出发，论述了人之形体、血气，天之暖晴、寒暑，以及春夏秋冬四季与人之情绪之间的相互感应关系。

　　三国时期刘邵所著的《人物志》是对上述第二种方法的一个较为详细的展开。他将人的情绪分为六种，并提出了六机的概念。"夫人之情有六机：杼其所欲则喜，不杼其所能则恶，以自伐历之则恶，以谦损下之则悦，驳其所乏则婟，以恶犯婟则妒；此人性之六机也。"所谓六机就是人的情绪之所以会产生的六个关键。从其分析来看，情绪产生和变化的关键因素都在人心本身当中，人心中的倾向或者机制是情绪产生的原因。有学者在评价其观点时说：人的情感的产生是建立在人的心理基础之上的，其最基本的特点就是总是想要比别人好，想要尽可能地发展、表现自己。[①]王阳明也侧重于从人内在的方面阐发情绪产生之原因。《传习录》中说："喜、怒、哀、惧、爱、恶、欲，谓之七情。七者俱是人心合有的，但要认得良知明白。"这里所谓"人心合有的"，亦是强调情绪的内在维度，王

---

① 何善蒙：《魏晋情论》，光明日报出版社2007年版，第18页。

阳明所说的这七种情绪都是人不通过后天学习就能具有的本能的东西，在这一点上王阳明与荀子和孟子的说法是一致的。王阳明对于情绪的说明具有强烈的整体论的色彩，在他看来，所谓情绪不过是性在一个特定维度上的展开和呈现。他说："性一而已，仁、义、礼、智，性之性也；聪、明、睿、知，性之质也；喜、怒、哀、乐，性之情也；私欲、客气，性之蔽也。"[①]对于同一个性，当然可以从不同的维度上去研究它，如王阳明所说，孟子是从其源头上说这个性的，荀子是从其流弊上说这个性的，按此逻辑，我们也可以说，王阳明是从良知这一心之本体上来认识性的。所以"七情顺其自然之流行，皆是良知之用"，这就是从体用关系之角度来说明情绪之来源了。

在对待情绪的态度上中国哲学各派的差异也较大，但总体上呈现区别对待的特点。从对待情绪的具体内容的态度来看，有主张任情、纵情的，也有主张制情、抑情的。在魏晋玄学中，阮籍、嵇康、向秀等人是前一种态度的代表。但中国哲学对情绪的整体态度并不是放任纵容，而是主张据其性质分别对待。具体而言，有拒斥某一种或者几种情绪的，也有主张拒斥所有情绪的。这一特点在孔子那里就有体现。孔子对于哀乐好恶之情都不排斥，但却反对忧和惧这两种情绪。孔子曰："君子不忧不惧。"[②]《中庸》说："喜怒哀乐之未发，谓之中。发而皆中节，谓之和。中也者，天下之大本也；和也者，天下之达道也。"关于情绪之中和的观点对后世的情绪研究影响极深。无论后儒对未发已发之关系做何理解，可以肯定的是，儒家主张对喜怒哀乐这样的情绪应采取一种中和的态度，这种态度有两种具体表现：一是强调情绪之未发，就是要保持情绪在心中虽有而无显现的状态；二是针对情绪之显现状态，它要求情绪在发出之后不能过度，而要保持中节、合乎节度。对情绪的这样一种态度，儒家谓之中和。朱熹主张，未发的是性，已发的是情，性本身是不可见的，但情是可见的，而且可以通过情来确认性的存在。反过来，情是由性所发的。这样一来，性与情就是未发与已发的关系。王阳明对情与性关系的理解又不同于朱熹，他从良知出发，说良知是心之本体，是在未发之中的，但是"盖良知虽不滞于喜、怒、忧、惧，而喜、怒、

---

① 王守仁：《王阳明全集》。
② 《论语》。

忧、惧亦不外于良知也"①。在王阳明看来，所有情绪都是良知顺其自然而流行起来的，其本身并没有善恶之分，从体用上讲，良知是体，情绪是用，不能对情绪本身有所否定。

墨子则主张除了兼爱之情外，其他情绪都应该去除。"必去喜，去怒，去乐，去悲，去爱，而用仁义。手足口鼻耳，从事于义，必为圣人。"②墨子把喜、怒、乐、悲、爱、恶这六种情绪称作六辟，即六种邪僻，应该统统去掉。对情绪的排斥最为全面和彻底的是庄子。在庄子看来，情绪对人的道德和境界都是有害的。人受到情绪的束缚是不自然的，像一种倒悬的状态。如果人能无情，那就是倒悬之解了。"安时而处顺，哀乐不能入也。此古之所谓悬解也。而不能自解者，物有结之。"③如果人能摆脱哀乐等情绪的束缚，就能达到解脱的境界。《庄子·外篇》中说："悲乐者德之邪，喜怒者道之过，好恶者心之失。"质言之，悲乐、喜怒、好恶这样的情绪对人的道德修养也是有害的，是要抛弃的东西。中国哲学也有对作为整体的情绪的态度体现。张岱年把中国哲学对待情绪的思想大致分为三种：一是节情说，以董仲舒、朱熹、颜习斋、戴东原为代表；二是无情说，以道家思想为代表；三是有情而无情说，以王辅嗣、二程和王阳明为代表。这三种分类，实际上亦是中国哲学中对待情绪的三种主要态度。

对情绪的规范性问题的研究是中国哲学情绪研究的重心，其中又尤其强调对情绪的统御、调节、转化，乃至化解。这体现在中国哲学对情与乐、情与理、情与欲等多种关系范畴的理解和把握当中。从情与乐的关系看，音乐对情绪的作用可称作"以乐转情"。孔子把礼乐视作社会文化的核心制度，但却没有在理论上论述乐对于情绪的影响。《论语》中只是说："子在齐闻《韶》，三月不知肉味，曰：'不图为乐之至于斯也。'"荀子在《乐论》中就指出音乐与情绪之紧密关联："夫乐者，乐也，人情之所必不免也。"质言之，音乐就是快乐，是人的情绪的必要内容。"夫民有好恶之情，而无喜怒之应则乱；先王恶其乱也，故修其行，正其乐，而天下顺焉。"④如果人心中有好恶等情绪，但是却没有相应的方

---

① 王守仁：《王阳明全集》。
② 《墨子》。
③ 《庄子》。
④ 《荀子》。

式把这种情绪表达出来，那么各种混乱就会发生，先王注意到这一点，重视音乐对情绪表达的作用，修正音乐，就达到了治理天下、社会和谐的目的。可见，荀子对情绪是极为重视的，他说音乐重要，那是因为音乐本身就是情绪，既是情绪的主要内容，又是情绪的表达形式。荀子还说："夫声乐之入人也深，其化人也速，故先王谨为之文。乐中平则民和而不流，乐肃庄则民齐而不乱。"①"乐者，圣王之所乐也，而可以善民心，其感人深，其移风易俗。故先王导之以礼乐，而民和睦。"②音乐对人有深刻的影响，而这种影响主要是通过对情绪的调节来实现的，具体说，它可以起到感化人心、改善风俗、治理社会、促进和谐的作用。荀子在这里也指出了情绪对人的价值功用有"入人也深""化人也速"的特点。《礼记·乐记》也从音乐与情绪关系之角度阐发了音乐在情绪调节和转化过程中的重要作用，而且它说明了情绪、音乐与伦理之间的关系。《礼记·乐记》对音乐与情绪关系的认识与荀子《乐论》中的说法如出一辙，而且它直接指出音乐具有伦理的功用。"乐者，通伦理者也。是故知声而不知音者，禽兽是也；知音而不知乐者，众庶是也。唯君子为能知乐。是故审声以知音，审音以知乐，审乐以知政，而治道备矣。是故不知声者不可与言音，不知音者不可与言乐。知乐，则几于礼矣。礼乐皆得，谓之有德。德者得也。"③它还把乐与礼放在对应的位置上，强调礼乐之说对于人情的功能作用。"乐也者，情之不可变者也。礼也者，理之不可易者也。乐统同，礼辨异，礼乐之说，管乎人情矣。穷本知变，乐之情也；著诚去伪，礼之经也。"④

　　礼乐与情绪之关系孔子就曾论及，孔子强调"以仁统帅礼乐"，使礼乐从属于仁，只有这样的音乐才能使人快乐。对孔子而言，以乐转情的问题就表现为：什么样的音乐使人快乐？音乐尽管是情绪的流露和表达，但并非所有音乐都是能够使人快乐的。从音乐具有的更大范围的伦理价值功用来说，并非所有音乐都是对个人和社会有好处的、值得倡导的音乐。《礼记·乐记》中说："治世之音安以乐，其政和。乱世之音怨以怒，其政乖。亡国之音哀以思，其民困。声音之道，

---

① 《荀子》。
② 《荀子》。
③ 《礼记》。
④ 《礼记》。

与政通矣。"音乐与情绪是相通的，对音乐的态度实际上就是对情绪的态度。所以，对个人、社会和国家而言，儒家提倡要通过音乐多多彰显快乐的情绪，抑制和排斥怒、哀等情绪。

在情与理的关系上，中国哲学的观点和内容更为复杂。一是主张以理化情，这主要是道家的主张。《庄子》中说秦失吊唁老子，大哭三声就走，并告诫他人过于伤心地长久哭泣，是对情绪的放纵，这种做法有违背自然的过失。"是遁天倍情，忘其所受，古者谓之遁天之刑。"言外之意，正确的做法就是要理解自然之道，在此基础上可以化解过度的情绪。冯友兰对此解释说："人利用理解的作用，可以削弱感情。"[①]他还对照斯宾诺莎在《伦理学》中的说法，把人借助对事物的理解来化解情绪的做法称作"以理化情"。他说："情可以以理和理解抵消。这是斯宾诺莎的观点，也是道家的观点。"[②]

二是主张以情从理，这是王弼与二程等人的主张。这可以看作是对儒道两家情绪观点的一个融合。因为按照庄子等人的说法，一方面强调顺乎自然，另一方面又主张以理化情，但是情绪难道不也是一种自然的产物吗？以理化情可能同样是违背自然、犯有过失的。例如，儒家强调对于情绪不能不发，但要发之中节。那么理在这个过程中有何作用呢？王弼曾自谓"常狭斯人，以为未能以理从情"，又认为圣人"不能无哀以应物"，而是要"无累于物"，结合起来看，理的作用就在于既能使人的情绪自然流露，又不至于超越中节之限度而"累于物"。这一点在程颢那里说得更加透彻。"圣人之喜，以物之当喜；圣人之怒，以物之当怒：是圣人之喜怒，不系于心而系于物也。是则圣人岂不应于物哉？"[③]在程颢看来，圣人的情绪是应于物而不累于物的，是出于心而不系于心的，因此它既是自然的，又是节制的。冯友兰说，新儒家处理情绪的方法与王弼遵循相同的路线，最重要的是不把情感和自我联系起来。照此说来，所谓的不系于心，实际上就是不系于我，这个我是指自私的小我。程颢虽然说勿"用私"、勿"用智"，但是这里所说的智不是理智，而是把自然和自我区别开来的个人心理活动。如果能够做到这一点，就可以"廓然而大公，物来而顺应"了。所以，以理从情就是要反对把自

---

① 冯友兰：《中国哲学简史》，北京大学出版社2013年版，第106页。
② 冯友兰：《中国哲学简史》，北京大学出版社2013年版，第107页。
③ 程颢：《答横渠张子厚先生书》。

我单列出来，而保持一种"廓然大公"的心态，这样一来，情绪就不是个人心中的私事，而是宇宙中客观存在的公事了。当然，这就是要求情顺乎于理。张岱年说程颢主张以情从理，而不主张全无喜怒情绪，也是以理从情的做法。这实际上也是主张把情绪作为理之从属来观想，是把个人身上的情绪变化为一个对象性的存在。

三是主张以理制情，这是针对顽固难化的极端情绪的做法。程颢在《定性书》中曾说："夫人之情，易发而难制者惟怒为甚。"除怒之外，惧、欲也是理学家讨论最多、最着力去克服的情绪。程颐就说："治怒为难，治惧亦难。克己可以治怒，明理可以治惧。"[1]宋儒常说的"存天理，去人欲"也是同样的意思。对于怒、惧和欲这样的极端情绪，借助理的力量去对治和消除是一种好的方法。当然，这样的极端情绪对治起来难度很高。程颢曾言自己对治见猎心喜这样的一个情绪，十二年尚且难以做到，可想而知对治极端情绪之难度。钱穆说宋儒对治极端情绪唯一的诀窍是用"敬"，但用敬也是循理。他说：敬是一种心理的态度，或说是活动。如从反面说，则是中心没事，是心无所系，是心底里无潜隐，无躲闪；若从正面说，则是循理，是敬。人心有所系便是私，能循理便是公。[2]当然，宋儒所说的用敬循理去战胜情绪，并不只是讲道理，而是以行动和实践去知这个理，由此而得来的理，才能做到"以理胜他"。程颐曾讲过一个有趣的例子，有一个人得了一种疑心病，会把看到的东西都当作是狮子。程颐教他的对治方法是每遇到这种情况，就上前去捉狮子，久而久之，疑心病就好了。这个方法实际上也是以理性制情绪的方法，但它依靠的手段却是行动。

欲是儒家重点对治的另一种顽固的情绪。宋明的儒家经典中常见"以道制欲""存理去欲""存理于欲"的说法。按照朱熹的说法，性虽然是全善的，但是由性而发出的情却是有善有恶的。如果情绪毫无限制，肆意泛滥就是所谓欲。《朱子语类》说："欲则水之流而至于滥也。"质言之，欲就是不受限制的极端情绪。冯友兰说："就人说，从人所有之性或从一个人所有之性所发之生理底、心理底要求，其反乎人之性者，宋儒名之曰欲。"[3]人欲是对天理的反动，是人之私欲，

---

[1]《近思录》。
[2] 钱穆：《阳明学述要》，九州出版社2010年版。
[3] 冯友兰：《贞元六书（上）》，中华书局2014年版，第120页。

对治此私欲的办法就是依靠天理。就情绪而言，就是要让情绪重新回归顺乎天理的状态，消灭因个人之私而引发的情绪的泛滥。王阳明把欲视作情之所着，他说"七情有着，俱谓之欲，俱为良知之蔽；然才有着时，良知亦自会觉，觉即蔽去，复其体矣"①。可见，王阳明并不是要对治情绪本身，而是要对治情绪之有所着，情绪有所着时，就是私欲流行，就是对良知的妨害，这与朱熹对欲的看法是一致的。王阳明曾以怒为例说明私欲与天理的关系。他说："如出外见人相斗，其不是的，我心亦怒；然虽怒，却此心廓然，不曾动些子气。如今怒人，亦得如此，方才是正。"②可见王阳明区别了两种怒：一种是心有所着之怒，这种怒是因私而起的，因此无论它在生理心理上有何表现，都是泛滥的、过当的；另一种怒是无私心、无所着之怒，这种怒是良知的自然流行，它虽然存在，但人心却是廓然大公的。所以，在王阳明这里明确区分了两种性质的情绪：一是作为本体之用的情绪，它是良知的自然流行，是儒家所谓的中和之情绪，对这种情绪是不能有任何抑制的；二是作为欲的情绪，它是情绪之超出中节，是泛滥的、有着的情绪，这种情绪才是要对治的对象。通过对情绪的这两种性质的区分，王阳明似乎能够解决一个困扰西方哲学情绪研究的难题，那就是我们如何对待情绪，使情绪能够成为道德的一个关键因素？他给出的答案就是，把情绪的程度上的区分作为情绪的性质上的区分的依据，好的情绪就是保持在一定限度内的情绪、无所着的情绪，否则就是坏的情绪。作为道德关键因素的只能够是前一种情绪。王阳明曾用一个关于乐的事例来说明这一点。"问：'乐是心之本体，不知遇大故而哀哭时，此乐还在否？'先生曰'须是大哭一番方乐，不哭便不乐矣。虽哭，此心安处即是乐也，本体未尝有动'。"③

---

① 王守仁：《王阳明全集》。
② 王守仁：《王阳明全集》。
③ 王守仁：《王阳明全集》。

第十五章
基督教灵肉观念及其与儒释道的比较

自20世纪中期以来,对基督教哲学与中国传统哲学及宗教的比较研究逐渐发展为海内外学术界的一大热点,各种致力于此项工作的学术机构已经遍布世界各地。尽管迄今,真正有助于双方通过深层次的比较和建设性的对话来实现彼此的"创造性转化"的研究仍然处于摸索阶段,但还是有不少学者通过这种方式实现了对中国传统哲学及宗教的再认识,并且开始尝试对源自西方的基督教思想做出中国式的解读。在他们看来:"在汉语世界的文化传统中有一些资源,是可以对基督教所面对的根本问题(例如经典内的神学分歧),提出一些相当独特的观点供基督教参考。这些资源是值得汉语神学家好好了解、珍惜并发扬,以至能对普世的神学发展作出颇为独特贡献。"[1]基于这样的认识,一部分当代神哲学家甚至不再把学习西方的"圣经语言"(主要是希伯来语和希腊语)和接受西式的神哲学教育当作从事基督教哲学的必备条件,而是试图突破西方文化中心论和西方语言优越论的限制,以竭力探索在这个以汉语为语言载体的中国传统文化处境中重新认识和解读基督教哲学之可能。

在本章,我们也将对基督教哲学家的灵肉学说与中国儒释道三家的相关学说加以尝试性的比较研究,但不同于那些热衷于"基督教本色化运动"的教会人士

---

[1] 赖品超:《大乘基督教神学:汉语神学的思想实验》,汉语基督教文化研究所2011年版,第68页。

的是，这么做的目的不是开创什么"全球化趋势下的跨文化汉语神学"，更不是建立一个"融会中西"的思想体系，我们只是希望以中国传统文化中的儒释道三家通过汉语表达的身心之学、自心自性说和形神观念等相关理论为参照系，运用比较研究的方法来进一步揭示基督教灵肉观念的特性和意义，拓展心灵哲学心身问题研究的视野，促进或提升心灵哲学的"创造性转化"。

第一节 基督教灵肉观念同儒家身心之学的比较[①]

无论是在基督教哲学家的灵肉学说中，还是在中国儒家的身心之学中，对人类存在的精神性和物质性的认识都是其各自的人性论思想的重要基础，而且尤其决定着他们对人类存在的个体性与关系性的理解。在基督教哲学诞生之初，奥古斯丁将古希腊哲学中的灵肉二元论引入基督教哲学并加以改造，而且他的灵肉学说在中世纪乃至近现代的基督教哲学中依然有着不容小觑的影响。正是由于他把人的灵魂解释成不同于物质性身体的另一实体，并且仅仅从个人灵魂同上帝之间的垂直关系来界说内在的人性，所以在柯林·冈顿（Colin Gunton）和罗伯特·马库斯（Robert Markus）等一些当代研究者看来，他的这一学说不仅是以灵魂与肉身、自我与他人、人类与自然的主客二分及其导致的关系性的缺失为特征的西方思维方式的重要根源，而且曾经导致很多后世的基督教哲学家忽视了个人的历史性及其与世界、社会和他人之间的关系性。[②] 与奥古斯丁在基督教哲学中开创的这一传统相比，中国儒家的身心之学则似乎体现了一种更加注重身体和身心统一的传统。作为这一传统的继承人，宋明理学的重要开创者朱熹心目中的人是一种以形神统一为基础的、处在天人合一的和谐关系中的存在者。然而，他为了证明作为万物本原的"理一"的绝对性和唯一性，又没有将形体与精神的相对独立性和相互差异性体现出来，从而同样未能在心与身、人与物、一与多之间建立起真正意义上的关系。通过对这两种源自不同传统的学说的比较，我们不仅

[①] 徐弢、李思凡：《从人的个体性视角看奥古斯丁与朱熹的心身学说》，《武汉大学学报（人文科学版）》2012年第3期，第10-14页。
[②] Markus R. *Saeculum: History and Society in the Theology of St. Augustine*. New York: Cambridge University Press, 1970: 166-169.

第十五章　基督教灵肉观念及其与儒释道的比较

可以分析中西方哲学在处理灵与肉、心与身的相对独立性及其相互关系时表现出的理论特征，而且可以看到人的个体性和关系性问题在中西方文化中产生的思想背景。

一、几个相关问题的理论关联与意义辨析

基督教哲学家的灵肉学说和中国儒家的身心之学不仅都涉及了人类生存的精神性和物质性，而且涉及了人类生存的个体性和关系性。它们所涉及的这两方面问题之间的理论关联表现在：人的生存首先是个人或自我的生存，但任何个人的生存都不仅仅依赖于他的心灵（灵魂、精神、心理等），而且离不开他的身体（肉身、形体、物理等）及其所属的物质世界。[①]一方面，心灵是个人的独特性、自由和价值的必要前提，一个没有心灵的身体绝非真正的个人，而只能算作是一具行尸走肉；另一方面，身体同样是人的个体性和关系性的重要表现，它不仅使人呈现为一个个有血有肉的具体存在而非抽象的理念或共相，而且提供了个人与外部的物质世界、他人和社会发生联系和作用的物质基础。就此而论，我们甚至可以说："对'我'来说，对世界的意识是以对'你'的意识为媒介。……他之所以能够存在着，应归功于自然，而他之所以能够是人，却应当归功于人。没有了别的人，正如他在形体上一无所能一样，在精神上也是一无所能的。"[②]

正如精神性和物质性是人类生存中两个互为条件的不同要素一样，个体性和关系性亦是人的两个互为条件但又不可混同的生存方式。一方面，每个人的生存都具有其不可替代的独特性、价值和自由。借用当代英国基督教哲学家麦奎利的话来说就是："每一个生存都是独一无二的；它是某个人自己的，不能重复，不可替代。每一个人都以一个独特的自我的观点去看世界，并且好像在构筑一个小宇宙。……至少在一定限度内，个人的隐私和自主性值得尊重，他的独特性是应予承认和保护的。"[③]另一方面，每个人的生存又不是完全孤立的和封闭的，而是需

[①] Strawson P. *Individuals: An Essay in Descriptive Metaphysics*. London: Routledge, 2003: 104.
[②] 费尔巴哈：《费尔巴哈哲学著作选集（下卷）》，荣震华、王太庆、刘磊译，商务印书馆1984年版，第113页。
[③] 麦奎利：《人的生存》，载刘小枫编：《20世纪西方宗教哲学文选（上册）》，上海三联书店1991年版，第60页。

要在与他人、社会、自然的关系中才能得以实现。因为正是通过有形化，我们才同其他自我处于一个世界之中，而且正如我们已经注意到的，不可能有一个离开世界和其他自我的自我，那么，一个脱离形体的灵魂或自我的概念，就很难想象了。①

然而，正如灵肉二分的思维方式曾经导致奥古斯丁把压制肉身的情感和欲望当作净化灵魂和赞颂上帝的必要途径②，乃至促使中世纪基督教发展出"一种制度化的抑制感性欲求之正当性的生活形态"③一样，某些现代西方哲学家对人的精神存在与物质存在的割裂也常常在自我与他我、个人与社会、人类与自然之间造成尖锐的对立。按照当代基督教哲学家尼布尔（Niebuhr）的评价，现代人似乎尚未学会在个体性与关系性之间达成真正的和谐，以使社会生活符合个人的理想并由此建立一种互爱和公正的秩序。相反，个人常常为了追求绝对的独立和自由而瓦解社会，而社会又常常以集体的名义和不公正的制度压迫个人，于是强力便成为社会强制过程的一个必不可少的部分④。个体性与关系性的割裂作为现代文化中的一个普遍现象，在中西方学术界均受到广泛关注。虽然中西学者对个体性和关系性的意义有着不尽相同的理解，但他们在探讨人的这两种生存方式时都必然涉及个人的独特性、价值和自由及其与他人、社会和自然的关系。从本体论的层面看，他们涉及的这些内容都与本书所关注的灵肉问题密切相关。

无论在西方还是中国，哲学家对灵肉问题的认识总会影响到他们对人的个体性和关系性的理解。例如，由于"站在奥古斯丁一边的基督教哲学家"笛卡儿所说的"我"与笛卡儿所说的"精神"和"心灵"等词汇一样，都指的是一种与身体、他者和世界无关的精神自我，所以与他同时代的法国哲学家伽桑狄才讽刺道：在这里我承认我弄错了，因为我本来想和一个人的灵魂说话，或者和人由之而活着，而感觉，而运动，而了解的这个内在的本原说话，然而我却在和一个纯粹的心灵说话；因为我看到你不仅摆脱了身体，而且摆脱了一部分灵魂。⑤

---

① 麦奎利：《人的生存》，载刘小枫编：《20世纪西方宗教哲学文选（上册）》，上海三联书店1991年版，第69页。
② 奥古斯丁：《忏悔录》，周士良译，商务印书馆1997年版，第61页。
③ 刘小枫：《现代性社会理论绪论》，上海三联书店1998年版，第322页。
④ 尼布尔：《道德的人与不道德的社会》，陈维政校译，贵州人民出版社1998年版，第3-4页。
⑤ 伽桑狄：《对笛卡尔〈沉思〉的诘难》，载北京大学哲学系外国哲学史教研室编译：《十六—十八世纪西欧各国哲学》，商务印书馆1975年版，第189页。

第十五章 基督教灵肉观念及其与儒释道的比较

在这种主客二分的思维方式下，不少近现代西方哲学家把个人或自我看成游离于社会和自然之外的单子，从而将人的个体性与关系性完全割裂开来。例如，近代理性主义哲学的先驱莱布尼茨虽然把笛卡儿的上述观点视为"非常严重的缺陷"，但他本人同样相信：作为"较高单子"的理性灵魂是一种纯粹精神性的实体，而不具有广延、形状和可分性等任何物质特征。在此基础上，他还把一切具有知觉、欲望和意识的实体都视为没有"窗户"的单子（有时亦称"灵魂"或"隐德莱希"），认为"单子的自然变化是来自一个内在的本原，因为一个外在的原因不可能影响到单子内部"①。这样一来，他便把单子的绝对独立性和封闭性提升为"较高单子"（即理性灵魂）的根本规定性，从而隔断了后者与身体以及身体所属的物质世界之间，乃至与其他灵魂或单子之间的关系。因此，黑格尔评价说：莱布尼茨的基本原则是个体。他所重视的与斯宾诺莎相反，是个体性，是自为的存在，是单子。②虽然莱布尼茨曾试图借助一个"最高单子"（即上帝）的"前定"来恢复所谓的"普遍和谐"，但这一和谐不是以单子与单子之间的平行关系为基础的。一旦离开上帝的"前定"，它便会失去存在的前提而滑向极端的个体主义。③

对于这种排斥身体的灵魂观念所可能导致的唯我论倾向，亦有不少现代西方哲学家进行过反思和批评。例如，费尔巴哈曾从"反对身体和灵魂、肉体和精神的二元论"立场指出：假如由于主观上感觉不到脑和神经存在，从而推断到在客观上也没有脑和神经，甚至根本不具形体的存在物，那就等于说，由于我从自身不能感知我有父母这一事实——因为每个人都只能从别人得知自己的诞生，就断定我出自自身，我的存在并不归功于任何其他实体。④可是从总体上来看，对人的精神性与物质性、个体性与关系性的割裂迄今依然是近现代西方哲学中的一大痼疾。20世纪以降，很多西方哲学家一方面继续主张极端个体主义的观念（如海德格尔的"此在"、胡塞尔的"先验自我"、萨特的"他人即地狱"等），另一方面又企图避

---

① 莱布尼茨：《单子论》，载北京大学哲学系外国哲学史教研室编译：《十六—十八世纪西欧各国哲学》，商务印书馆1975年版，第483-486页。
② 黑格尔：《哲学史讲演录（第4卷）》，贺麟、王太庆等译，商务印书馆1997年版，第164页。
③ 段德智：《论莱布尼茨的自主的和神恩的和谐学说及其现时代意义》，《世界宗教研究》2000年第1期，第101-102页。
④ 费尔巴哈：《费尔巴哈哲学著作选集（上卷）》，荣震华、李金山等译，商务印书馆1984年版，第194页。

免这种极端观念所可能带来的各种现代病症（如人我关系上的唯我论和天人关系上的人类中心论）。然而，只要他们没有真正放弃个体的绝对独立性和封闭性，自然也就无法真正说明作为个体的人与外部的世界、社会、他人之间的关系性。例如，海德格尔所说的"共在"终归仍是一种"非本真的存在"，胡塞尔的"主体间性理论"同样未能将"他我"当作一个与"自我"相对应的主体，萨特对"他人"和"我们"的妥协亦未突破其唯我论的限制。

虽然直到最近几十年来，对人类生存的物质性和精神性、个体性与关系性的割裂逐渐引起中西学术界的共同关注，但是这种割裂其实早在古代西方的教父哲学和宋明时期的中国新儒家中便已现端倪。只不过在西方和中国，人们对这一问题的思考有着各自不同的理论背景、思想特点和重点。与曾经长期主导基督教哲学的灵肉二元论传统及其主客二分的思维方式不同，中国宋明理学的重要开创者朱熹继承了先秦儒家注重身体和身心统一的思想特点。这似乎有助于他本人及其追随者将人理解为一种以形体和精神的统一为基础的并与整个世界处在天人合一的和谐关系中的存在者，而非西方的奥古斯丁主义者眼中的那种以灵魂与身体、个人与他人、人类与自然的主客二分为特征的存在者。可是另外，他为了维护作为万物本原和最高主宰的"理一"（太极）的绝对性和排他性，又始终未能将人的精神存在的相对独立性及其与物质存在的相互差异性揭示出来，所以他同样未能在形体与精神、个人与他人、人类与自然之间建立起一种互为条件但又不可混同的吊诡关系，而只得听凭人的个体性和关系性被"理一"的绝对性和排他性所吞噬。

二、基督教灵肉学说中的个体性与关系性

西方人对灵肉问题的探讨并非始于早期基督教哲学，而是可以追溯到亚里士多德和柏拉图之前的古希腊哲学。不过，这一问题在基督教哲学中的意义又不完全等同于它在古希腊哲学中的意义。在古希腊哲学中，灵肉问题主要涉及对人类自身的认识，可是在基督教哲学中，这一问题不单单涉及对人类自身的认识，而且涉及对上帝的创造和拯救的认识。正因为如此，率先将灵肉问题当作基督教哲学的核心问题来加以探讨的权威教父奥古斯丁才特别强调，他进行这项研究的目

第十五章　基督教灵肉观念及其与儒释道的比较

的是让"灵魂从对自己的认识上升到对上帝的认识"①。正因为奥古斯丁及其追随者是从"认识自己"和"认识上帝"的双重目的来探讨灵肉问题的，所以他们对该问题的思考不仅涉及人类生存的精神性与物质性以及个体性与关系性，而且涉及造物主自身的本质及其与人类应有的"种质"之间的关系。

在作为基督教哲学的重要思想来源之一的《圣经》中，耶稣曾明确指出：神是个灵，所以拜他的，必须用心灵和诚实拜他。所以按照基督教的正统观点，既然上帝本身就是非物质性的灵，而人又是按照上帝的"形象"和"样式"创造的，那么人的灵魂对于肉身便有着先天的优越性和统辖权，甚至可能在肉身朽坏之后继续以某种形式存在下去。然而，正如我们在其他地方所指出的那样，耶稣所预言的拯救绝不仅仅是灵魂的不朽和解放，而是包括灵魂和肉身在内的整个人的复活与永生，所以《圣经》又没有像某些东方宗教的经典那样过于强调肉身的虚幻不实，更没有由此否定肉身在现世的生活中和来世的拯救中的重要价值。受其影响，关于人的本质究竟在于灵魂还是肉身这个问题，基督教哲学家之间一直存有不同看法。一般说来，早期的基督教哲学家在这个问题上主要有两种看法：一种是坚持物质性灵魂观的德尔图良和塔提安等少数护教士的主张，即认为灵魂同样是一种"有形体的存在"，人的本质在于灵魂与肉身的统一；另一种则是奥古斯丁以及克雷芒、奥利金等大多数教父的观点，即一方面承认人在本质上是"一个使用可朽及世间身体的理性灵魂"，另一方面为了强调"肉身复活"的教义和避免"灵魂转世"的结论，又没有像柏拉图那样否认身体的实在性及其与灵魂相结合的必要性。

这些古代护教士和教父的灵肉学说与他们对"上帝的形象"及其与人类的关系的理解是分不开的。对于什么是"上帝的形象"，奥古斯丁之前的护教士爱仁纽曾经做出解释说：上帝的三个位格既有其各自的独特性，又都被其他位格所包含和承载，从而形成了一种融三位格的关系性与个体性为一体的团契。②然而奥古斯丁则认为，上帝不仅是纯粹的灵，而且其三个位格具有"相等的本质"，就

---

① Augustine. *The Soliloquies of St. Augustine*. Gilligan T(Trans.). New York: Cosmopolitan Science & Art Service, 1943: 1.
② 参阅许志伟、赵敦华编著：《冲突与互补：基督教哲学在中国》，社会科学文献出版社 2000 年版，第 56 页。

好像内在于灵魂的理性、爱和知识具有"相同的本质"一样。因此，他眼中的上帝意志是难以容忍受造物的个体性及其相互关系性的"专断意志"（arbitrary will）的。① 受这种思想影响，奥古斯丁不仅没有把物质性的肉身及其具有的各种自然属性视为人所具有的"上帝的形象"，而且难以将灵魂内部的各个要素（理性、爱和知识）之间的关系性及其各自的独特性统一起来。按照他的理解：此三者必然是相同的、单一的本质。若要将此三者混杂，则它们不再是三样东西，我们也无法称它们拥有相互的关系。②

从这样的上帝论和创世说出发，奥古斯丁在灵肉问题上得出了一个带有新柏拉图主义色彩的结论。他认为，由于上帝本身是无形的灵，所以只有通过无形的理性灵魂才能反映出人所具有的上帝形象。按照上帝的形象创造出来的人虽然不可能像创造他们的上帝那样拥有无限的智慧，但却可以在一定程度上具有上帝所赐予的智慧。对人来说，真正的智慧无非是"辨别和获得至高之善的真理"，从而走向一条通往至高之善的幸福道路。反过来，如果有人为了追求肉身的情欲或其他次等之善而无视上帝的至高之善，便会丧失原初的智慧而偏离这条导向幸福的道路，因为"肉体的工作，就像他们自己的阴影，使他们陶醉……但人若爱阴影，灵魂的眼就会变得越弱，越不能仰望你（上帝）。所以当他在黑暗中游荡得越来越久，便乐于追求虚弱状态下最轻易成就的东西，于是不能看见至高的存在"③。同时，由于智慧的实现要以人的灵魂所特有的理性和自由意志为必要条件，所以智慧只能属于人的理性灵魂，而不属于肉身和其他低等灵魂（如动物灵魂）。因此，唯有理性灵魂才是人所具有的"上帝的形象"或人所应有的本质之所在。为了强调灵魂对于肉身的优越性，他还进一步把人区分为"外在的人"与"内在的人"。前者是作为人的外形和表象的肉身，后者则是统辖着肉身的理性灵魂。一方面，正如把"主人"称为某人的本质只是相对于奴隶的关系而言的一样，把"内在的人"或理性灵魂称为人的本质也是相对于身体的关系而言的。另一方面，"内在的人"作为一个不能与身体相混合的理性灵魂，又具有"只与自我、不与他人相关"的特性。这一内在的人性既与身体及其所属的物质世界无关，

---

① Gunton C. *The One, the Three and the Many*. London: Cambridge University Press, 1993: 54.
② 麦葛福：《基督教神学原典菁华》，杨长慧译，校园书房出版社 1998 年版，第 136 页。
③ 奥古斯丁：《论自由意志：奥古斯丁对话录二篇》，成官泯译，上海人民出版社 2010 年版，第 130-131 页。

也与他人无关,而只与"无形的、永恒的理性"相通,作为上帝之光的受体和道德实践的主体。①

然而,正如我们在本章的开头所指出的那样,物质性的肉身不仅是人的个体性的直接表现,而且是个人与外部的物质世界、社会和他人发生联系和交往的必要条件。因此,奥古斯丁所倡导的这种灵肉二元论虽然并未完全否认肉身对人的价值和意义,但由于他把作为外在表象的肉身同作为内在本质的灵魂视为两个彼此独立的实体,所以不仅为心与身这两个"独立实体"之间的相互联系和作用设置了障碍,而且在客观上削弱了人的个体性所依赖的心身统一性和关系性。

他的上述观点不仅成为中世纪经院哲学中的正统思想,而且得到了笛卡儿及其之后的很多西方哲学家的继承和发展。正是在他的上述思想的基础上,笛卡儿才找到了"我在"这一"先于反思知识的内在意识"作为其探讨灵肉问题的出发点。像奥古斯丁著作中的"理性灵魂"一样,笛卡儿所说的"我"亦是一个可以与肉身分离存在的精神实体。因为首先,他认为"我"是"没有长宽厚的广延性、没有一点物体性的东西",所以不可能依赖具有广延性的身体或其他的有形实体而存在。②其次,他还认为"我"的思维活动是不需要肉身或任何其他有形实体参与的纯精神活动,从而表现出了一个可以凭借自身的本质(思维性)而存在的精神实体的特性。由于笛卡儿的灵肉学说像它所继承的奥古斯丁学说一样,都难以说明灵魂与肉身或心灵与身体之间的协调一致性这个显而易见的事实,所以后来的灵肉二元论者逐渐放弃了他们在两者之间寻找一个中介(如笛卡儿所提出的"松果腺")的努力,而是试图在公开否定两者之间的相互作用和联系的"心身平行论"的基础上,再借助上帝这个最高实体或绝对实体的"前定"来说明心灵同身体感官和外部世界的相互作用。

总之,由于奥古斯丁以及后来的笛卡儿、马勒伯朗士和莱布尼茨等人一方面把心灵(或理性灵魂)同身体以及身体所属的整个物质世界分割开来,另一方面又把个人的心灵与他人的心灵分割开来,并且仅仅从个人与上帝之间的"垂直关系"来言说人的内在精神实质及其与身体感官和外部世界的协调一致,所以他们

---

① 转引自赵敦华:《基督教哲学1500年》,人民出版社2007年版,第147页。
② 笛卡尔:《第一哲学沉思集》,庞景仁译,商务印书馆1986年版,第55、82页。

对人的个体性的认识不是以心灵与身体、个人与他人、人类与自然之间的"平行关系"为基础的,而是以其"主客二分"的思维方式及其导致的关系性的缺失为特征的。[1]

三、从先秦儒家到宋明理学家的身心之学

汉语中的"形"主要指的是人的身体或形体,"神"则主要指的是人的精神或心灵,所以基督教哲学家探讨过的灵肉问题在中国儒家思想中常常被称为形神问题。对中国儒家来说,这一问题不仅与人性论有关,还涉及伦理学和社会学等课题。与古代和中世纪的基督教哲学家相比,身体在儒家思想中似乎具有更崇高的地位。在形神问题上,先秦儒家的代表人物并未像西方的教父和经院哲学家那样进行过系统的哲学论证,但他们却通过自己的言行表现出了一种更注重身体和现世生活,而非注重不朽的灵魂和来世的拯救的特征。例如,孔子在《论语》中强调的是生和人,而非死和神。孟子虽然说"尽其心者,知其性也,知其性,则知天矣"[2],但他所说的"心"不是奥古斯丁的"理性灵魂"或者笛卡儿的"纯粹意识",而是能恻隐、能羞恶、能恭敬、能是非,因而充满知情意等各种潜能的实感。由于这些实感都只有通过身体的觉情才能体现出来,所以他所说的"心"不可能是一个与形体相对立的观念。先秦儒家的另一代表荀子更是明确指出:"形具而神生,好恶喜怒哀乐臧(藏)焉,夫是之谓天情。"[3]也就是说,只有形体具备之后,人才能够产生出喜怒哀乐等精神活动。他的这一观点和孔孟的上述思想一样,都表明了先秦儒家注重身体和身心统一的特点,故而后来的宋明大儒将儒家的人学称为"身心之学"绝非偶然,而是与先秦儒家的精神一脉相承。

在宋明时代的儒家思想中,形神问题又是作为宋明理学的根本问题——"理气关系"问题的一种形态展现出来的。宋代的著名理学家张载和程颢、程颐兄弟都曾经对"气"做过较为详尽的论述,同时也很重视"理"。宋明理学的集大成者朱熹则在他们的基础上更明确地提出和回答了"理"与"气"的关系问题,并将这一讨论直接运用到他对形神问题的探讨中。在对"气"的认识上,朱熹与张

---

[1] Guton C. *The One, the Three and the Many.* London: Cambridge University Press, 1993: 64-65.
[2] 《孟子》。
[3] 《荀子》。

第十五章 基督教灵肉观念及其与儒释道的比较

载和二程等人的看法区别不大,他同样把"气"理解为物质的原始状态,认为构成天地万物的原始材料便是气,气分阴阳,由阴阳二气生出金、木、水、火、土五行,再由五行生出万物。

通过把这种"气化论"推广到形神问题上,朱熹得出了一个和荀子的"形具而神生"相近似的观点。他说:"人生初间是先有气,既成形,是魄在先。形既生矣,神发知矣。既有形后方有精神知觉。"[1]又说:"人生时魂魄相交,死则离而各散去,魂为阳而散上,魄为阴而降下。……凡能记忆皆魄之所藏受也,至于运用发出来是魂,这两个物事本不相离。……或曰:大率魄属形体,魂属精神。"[2]这就是说,他认为人首先是由气而成形的,在成形之后才有精神知觉的产生。其中,属于形的魄是属于神的魂借以发挥作用的实体,属于神的魂则是属于形的魄所发出的精神知觉活动。这两者作为构成生人之气的两方面(魄属阴和形,魂属阳和神),统一在人的生存之中。

朱熹的上述思想不仅体现了儒家注重身体和身心统一的思维特点,而且反映了儒家以天地万物为一体的"民胞物与"精神。因此,他所理解的人是以形体和精神的统一为基础的、与整个宇宙的生化大道相结合的、处在"天人合一"关系中的人,而非奥古斯丁及其追随者所理解的那种以灵魂和身体的"不相混合的联合"为基础的、具有"只与自我、不与他人相关"内在本质的、处在"主客二分"的思维方式中的人。[3]应该承认,蕴含在朱熹身心之学中的这种统一性和关系性对合理地说明人的个体性和关系性原本是十分有利的,因为一方面,心与身或形与神的统一性乃是人的真正个体性得以实现的前提条件;另一方面,正如英国学者柯林·冈顿所说的,无论在自然界还是在人类社会中,与个体性相对应的"多"都只有在被互相联系起来的"一"的基础上才能得到真正的凸显、理解和实现。[4]就此而论,他的身心之学与某些早期护教士的物质性灵魂观似乎有共通之处。不过,他的这种学说的本体论基础并非基督教的三一上帝论,而是宋明新儒学所特有的理本论。

---

[1] 黎靖德编:《朱子语类》。
[2] 黎靖德编:《朱子语类》。
[3] 张世英:《天人之际——中西哲学的困惑与抉择》,人民出版社 1995 年版,第 6-10 页。
[4] Guton C. *The One, the Three and the Many.* London: Cambridge University Press, 1993: 37.

在朱熹看来，包括人的形与神在内的天地万物的生成不仅仅需要气，还需要在气之上的理。"气"对他而言不过是决定事物形态的生成材料，唯有"理"才是决定事物本性的真正本原。①那么，这个被他视为本原的理究竟是"一"还是"多"呢？如果是"一"，它又如何能够生成千变万化的具体事物呢？为了回答这个问题，朱熹提出了"理一分殊"的观念。他解释说："本只是一太极，而万物各有禀受，又自各全具一太极尔，如月在天，只一而已，及散在江湖，则随处可见，不可谓月已分也。"②也就是说，总体的"理一"或"太极"本身就是绝对的"一"，而众多的现象都是由这个绝对的"一"通过与气的结合外化所产生出来的。但与此同时，"理一"又作为完满的整体存在于一切事物中，发挥其主宰和定性的作用。因此，从根本意义上来说，"一物之理即万物之理"，宇宙间只有一个最高的、绝对的理，而天地万物各自的理不过是对这个最高的理的外化和分有而已。③

在朱熹的思想中，作为本原的"理一"或"太极"同天地万物所具之理的关系并非整体与部分之间的关系，而是指天地万物所具之理都不过是作为统一性和普遍性的"理一"的外化或分有。④用朱熹本人的话来说就是："只是此一个理，万物分之以为体"⑤，"分得愈见不同，愈见得理大"⑥。因此，当他从这种"理本论"思考心身问题时，常常会因为过分强调那个被他视为万物本原和最高主宰的"理一"的唯一性和绝对性，而难以充分地体现心与身的相对独立性和相互差异性，从而也难以在两者之间建立起真正的关系性。例如，他不仅认为"人物之生，天赋之以此理，未尝不同，但人物之禀受自有异耳。如一江水，你将杓去取，只得一杓；将碗去取，只得一碗；至于一桶一缸，各自随器量不同，故理亦随以异"⑦，而且认为无论人的形体还是精神，都无非只是气的"屈伸往来"所造成的不同形态而已，所以从本体论的层面上看，两者之间并无实质差别。

他的这种学说与古希腊哲学家赫拉克利特把灵魂比作"细微的火"，以及德

---

① 冯友兰：《中国哲学简史》，北京大学出版社1996年版，第255页。
② 黎靖德编：《朱子语类》。
③ 陈来：《朱熹哲学研究》，中国社会科学出版社1987年版，第47-48页。
④ 肖萐父、李锦泉：《中国哲学史（下卷）》，人民出版社1983年版，第75页。
⑤ 黎靖德编：《朱子语类》。
⑥ 黎靖德编：《朱子语类》。
⑦ 黎靖德编：《朱子语类》。

谟克利特把灵魂看作"精细的原子"等素朴的心身同一论一样,都未能将精神与形体的相对独立性和相互差异性体现出来。因此,这种学说无法在真实的、具有相对独特性和差异性的神与形、人与物之间建立真正的关系性,从而使儒家"天人合一"的理想真正得以实现。

四、对于两种学说的综合分析与比较研究

奥古斯丁和朱熹是两位分别在西方基督教哲学和中国宋明新儒学的系统化过程中发挥过关键作用的重要思想家。他们各自的灵肉学说或身心之学都曾经极大地影响过中西文化中对人类生存的个体性和关系性的认识。即使在21世纪的今天,他们在基督教哲学和新儒家思潮中仍有其影响。因此,通过对他们在处理灵与肉、心与身的相对独立性及其相互关系性时所表现出的理论特征的分析比较,我们不仅可以看到人的个体性与关系性问题在中西文化中产生的原因背景,而且能够为现代人类最终破解这一难题提供重要的理论借鉴。

一方面,奥古斯丁所主张的灵肉二元论作为基督教哲学中"主客二分"思维方式的滥觞,后来又被近代哲学的始祖笛卡儿进一步明确为精神与物质、主体与客体相互对立的二元论。这种思维方式虽然的确促进过西方科学认识的发展,但同时也容易导致两个世界的观念,即所谓的"上帝之城"与"世俗之城"的分离。由于受到推崇的上帝之城是精神性的和非物质性的,而受到贬抑的世俗之城则是由按照肉欲生活的人组成的,所以这种分离可以在一定程度上增强某个特定时代的基督徒对尘世苦难的容忍。可是与此同时,它也容易导致基督徒把肉身及其所属的物质世界当作堕落败坏的东西而逐出上帝之城的领域,并且因为片面强调上帝之城的子民在精神灵性上的合一,而忽视了他们作为个体的独特性与现世生活的多样性。

另一方面,朱熹的身心之学似乎能够比奥古斯丁的灵肉学说更好地说明灵与肉、心与身之间的统一性及其相互之间的联系与作用问题,所以他不仅继承了先秦儒家注重身体和身心统一的思维特点,而且为后来的儒家学者正确认识和理解人的个体性和关系性提供了理论基础。但是与此同时,他又未能进一步揭示出人的精神意识现象既与身体和物质世界相依存,又与后者相区别的相对

独立的特性。因此，他对心与身两者之间的关系性和统一性的坚持仍旧是不自觉的，并且很容易被那个作为万物本原和最高主宰的"理一"的绝对性和排他性所取代。

总的来说，奥古斯丁与朱熹对心身问题的认识都与他们对作为"一"的本原（上帝、理一）的理解密切相关。本来，在奥古斯丁以前的一些古代教父（如爱仁纽等人）那里，被基督教作为本原的上帝圣父始终通过他的双手（上帝圣子和上帝圣灵）与受造的物质世界保持一种持续不断的团契关系。[①]可是奥古斯丁之后的许多基督教哲学家在谈论上帝与物质世界的关系时，圣子和圣灵的作用常常被忽视了，三位一体的上帝常常被置换成一个缺乏个体性和关系性的、永恒不变的抽象概念。后来，阿奎那等人又继承并发展了这种过于强调"一"而忽视"三"的思想倾向，从而导致西方基督教哲学中的三一论越来越偏重于奥古斯丁所倾向的"本质三一"与"内在三一"，而非早期的古代教父们所倾向的"救赎三一"与"经世三一"（主张从父、子、灵在救赎历史中的经世行为来理解三者的合一）。[②]在这一点上，朱熹与奥古斯丁等人的思想有一定的相似性，因为他虽然承认"事事物物，皆有个极"[③]，但又把所有"小极"视为那个永恒的独立存在（理一或太极）的外化和分有，甚至认为太极之中"万理毕具"。因此，他所说的"理一"和奥古斯丁眼中的上帝一样，都是一个绝对的、排他的、不变的唯一主体。从这种意义上说，他们两者的区别是相对的，一致性则是主要的。他们都因为过于强调那个作为本原的"一"，而把个体的独特性和多样性放到了统一性和普遍性的对立面。

第二节 基督教灵肉观念同禅宗自心自性说的比较[④]

基督教与佛教在教义教理上存在的一系列重大分歧（如创世与缘起、原罪

[①] 按照基督教正统观点，爱仁纽将圣子和圣灵作为圣父的"双手"这种说法难免把它们降至从属地位之嫌，而这一"缺陷"直到三四世纪才在希腊教父们的努力中得以修正。参见许志伟、赵敦华编著：《冲突与互补：基督教哲学在中国》，社会科学文献出版社2000年版，第56-57页。
[②] 参阅周伟驰：《形象观的继承：阿奎那对奥古斯丁三一类比的继承、转化问题》，《道风：基督教文化评论》2008年1期，第61页。
[③] 黎靖德编：《朱子语类》。
[④] 参阅徐弢、师俊华：《佛耶比较视域中的〈坛经〉心性论和修行观》，《武汉大学学报（人文科学版）》2013年第4期，第32-36页。

第十五章　基督教灵肉观念及其与儒释道的比较　　611

与佛性、灵魂不朽与诸行无常、他力救赎与自性解脱等）表明，要在这两大宗教之间进行信仰层面的直接对话极为困难，但这并非意味着它们一定要采取彼此封闭或相互对立的态度。在宗教多元化的当今时代，双方更应该通过学术层面的比较研究来增进彼此的理解，从而达到和谐共存的目的。从这种角度看，两大宗教在很多问题上的分歧并非绝对的，而是有着比较和沟通的可能。例如，佛教虽然强调一切众生都没有恒常的存在，但是很多佛教宗派又常常以"补特伽罗""阿赖耶识""法身""业力"等作为因果报应的受体或轮回转世的主体，从而与基督教的灵肉观念表现出一定的可比性。有鉴于此，我们以中国佛教史上唯一被尊为"经"的本土佛学著作《六祖大师法宝坛经》（简称《坛经》）为个案[①]，通过分析惠能大师在经中关于自心、自性、法身及其与"色身"和"万法"之间的关系的论述，不仅展示了作为中国化佛教的禅宗在这方面对早期印度佛教思想的继承与发展，而且探讨了在《坛经》的自心自性说与《圣经》的灵魂观、上帝论等相关教义之间进行"求同存异"的比较研究之可能。

禅宗的实际创始人惠能在《坛经》中指出，只有从蕴含着自心自性的法身中才能修到真正的功德和解脱，所以他虽然没有像基督教哲学家那样，把追求肉身的复活与永生作为修行的目的，但是他也没有从灵肉对立的立场把肉身（色身）及其所属的物质世界看作是一种阻碍宗教修行的罪恶阴暗的实在。同时，由于《坛经》中的自心自性不像《圣经》中的上帝那样，是一个超越于人类之外的"完全的他者"，所以他的修行目的不是寻求"自有永有"的造物主的护持和拯救，而是领悟内在于法身中的"本不生灭"而又"能生万法"的真空自性。

一、自心自性说的思想缘起及其理论特征

在世界各大宗教中，佛教是极少数没有从正面肯定某个不变的主体或不死的灵魂之存在的宗教之一。按照释迦牟尼所传的原始佛法，一切众生都是随着"五蕴"（色、受、想、行、识）的因缘和合而生，并随着这种关系的解体而灭，所以都没有一个恒常不变的本体（如不死的灵魂或神我）。正是基于这一原则，他

[①] 因为历代的辗转传抄，现存《坛经》版本众多，体裁各异（如惠昕本、敦煌本、德异本、宗宝本、契嵩本等），而本书采用的是流传最广的曹溪原本。

把"诸行无常、诸法无我、涅槃寂静"当作区分佛教与外道神教的基本标准（三法印）。

在这方面，基督教似乎是与佛教分歧最大的世界宗教之一。在基督教的根本经典《圣经》中，个人灵魂的不朽性不仅是作为一个"灵"的上帝赐予人类的特殊启示，而且是基督徒通过灵魂的修炼和净化来接近上帝和获得拯救的重要保障。例如，《圣经》中的耶稣曾经一再指出："神是个灵，所以拜他的，必须用心灵和诚实拜他"，"凡活着信我的人，必永远不死"。而且正如前文所说，在相当长的一段历史时期（从4世纪到19世纪）内，基督教哲学在灵肉问题上的主流倾向便是把灵魂设想为一种不会随着肉身的死去而消亡的存在，以免肉身的必然死亡这一不可否认的事实会危及灵魂不朽和末日审判等教义的权威。

基于两大宗教在上述问题上的分歧，有少数当代佛学家甚至认为，佛教在实质上是一个主张"无我"乃至"无神"的宗教，而基督教则是一个未能破除"我执"的有神教。例如，当代人间佛教思想的代表之一印顺一方面承认基督教比多神教的神格高尚，另一方面又认为基督教与后者一样难以摆脱我执，因而是虚妄的。相反，佛教是否定了神教，我教，心教；否定了各式各样的天国，而实现为人间正觉的宗教……佛教是无神的宗教，是正觉的宗教，是自力的宗教，这不能以神教的观念来了解它。[①]

然而需要注意的是，佛教的根本教义不仅包括"诸法无我"和"诸行无常"，还有"因果报应"和"六道轮回"。因此，历史上的大多数佛教学派其实并未彻底否定主体或自我的存在，而只是反对把该主体解释为某种不死的灵魂或不变的真我。例如，早在大乘佛教兴起之前的部派佛教时期，就曾有不少僧众对此提出："我若实无，谁于生死轮回诸趣，谁复厌苦求趣涅槃？"[②]为了化解这一困惑，后来小乘佛教中的犊子部率先在五蕴之外提出"不可说的补特伽罗"作为因果报应的受体和轮回转世的主体。随后，许多其他佛教宗派也纷纷提出类似主张。例如，小乘经量部的"胜义补特伽罗"和大乘唯识宗的"阿赖耶识"等概念都常常被后世研究者视为主体或自我的另一种说法。实际上，大乘佛教的空宗（中观派）和

---

① 释印顺：《我之宗教观》，中华书局2011年版，第12页。
② 《成唯识论》。

有宗（瑜伽行派）的最大分歧便是对"我"的不同看法。前者把包括佛性、涅槃在内的一切法都视为空，主张在缘起性空的虚幻不实中展现万法性空的"实相"。后者则认为"我者，即是如来藏义，一切众生悉有佛性，即是我义"，"佛法有我，即是佛性"。①可见，就佛教思想发展的连续性和整体性而言，将其定义为一个完全"无我"和"无神"的宗教似乎失之偏颇。只不过与基督教相比，佛教所理解的主体或自我都是"假名而有"，而非不死的灵魂或不变的真我。

如果说早期佛教的主要竞争对手是印度婆罗门教，所以有必要通过特别强调缘起性空的虚幻不实来否定婆罗门教鼓吹的神我论或不朽的灵魂，那么当佛教传入中国之后，它所面临的主要竞争对手则是长期占据正统地位的儒家思想，所以更需要通过特别强调因果报应和轮回转世来对抗儒家思想中的现实主义和更强烈的入世倾向。在中国南北朝时期发生的"神不灭论"与"神灭论"之争实际上就是这场对抗的初次反映。受其影响，在后世的中国化佛教中，来自大乘有宗的真常唯心论和如来藏学说的影响与日俱增，而来自大乘空宗的般若空论的影响则相对削弱，以至很多中国高僧在谈论空的时候，也大多采取以空显有或以有解空的方式。

在中国化佛教的最主要宗派禅宗的思想中，上述倾向表现得尤其明显。例如，当代著名佛学家印顺虽然主张只有大乘空宗的"性空唯名论"是合乎释迦牟尼所传佛法的"正见"，但是又明确将六祖惠能所开创的禅宗思想归入"真常唯心论"一系。他在《中国禅宗史》中承认，《坛经》中的自心自性说与《楞伽经》和《佛说不增不减经》中的真常唯心论及如来藏学说是一脉相承的：《坛经》所传的，是原始的如来藏说。但不用如来藏一词，而称为"性"或"自性"。如来藏（"性"）就是众生，就是法身，法身流转于生死，可参读《不增不减经》。②真常唯心论及如来藏学说之所以能够得到《坛经》中惠能及其弟子的青睐并由此在中国盛行起来，一方面是因为其中包含着某些与印度教的神我说相类似的言论（如认为众生的法身中本已具足如来相好庄严等），而这些言论显然要比大乘空宗的创始人龙树所提出的一切皆空说更容易得到一般信众的理解和接受；另一方面则是因为

---

① 《大般涅槃经》。
② 释印顺：《中国禅宗史》，中华书局2010年版。

它对传统的烦琐禅法的简化更容易迎合中国各阶层民众崇尚简易的心理。正是在这种心理的作用下，后世禅师继承并进一步简化了如来禅的方便法门（即相信在众生的"法身"中蕴含着真正的"佛性"和"佛心"，并试图通过体悟真性和自性觉悟来实现解脱），从而发展出一套更加注重方便融摄，而非更加注重律制经教的"直指人心"的修行方法。

关于印顺从人间佛教的立场对真常唯心论及如来藏学说在佛教中国化过程中的"畸形发展"提出的种种批评，我们不必急于轻易地做出评判，但是他对《坛经》的自心自性说与后者之间的渊源关系的推断，还是值得我们深思的。《坛经》作为中国佛教史上仅有的一部被尊为"经"的本土佛学著作，不仅仅是供当代学者了解禅宗实际创始人惠能大师的生平事迹的一部历史文献，也是探讨这一中国化佛教宗派的思想源流与理论特质的重要依据。虽然在《坛经》中不难找到某些来自大乘空宗的般若空学和不落两边的中观方法的影响，但是在对自心自性或法身的总体认识上，对它影响更大的似乎还是真常唯心论及如来藏学说。尽管后世的禅宗主流没有像达摩祖师那样用真常唯心论的重要经典《楞伽经》来印心，但并不等于他们已然放弃了《楞伽经》中的唯心论，而是确有可能如印顺所说：因为禅宗在六祖之后"道流南土，多少融摄空宗之方法而已"。

实际上，《坛经》自心自性说的理论源流不仅可以追溯到部派佛教时期的"心性本净"说以及后来大乘有宗中的"如来藏自性清净"说，而且显然受到过强调"一心二门"的《大乘起信论》的直接影响。例如，正像《大乘起信论》中的"心"有时候可以用来指"真心"或"如来藏自性清净心"，有时候又可以用来表示当下的现实之心一样，惠能在《坛经》中所说的"心"也同时具有这两种含义。[①]因此，通过探讨《坛经》中的自心自性说及其对禅宗修行理念的影响，我们不仅可以找出禅宗自身的修行理念的思想根源，而且可以进一步分析它在这些重大问题上不同于佛教其他宗派和基督教等其他宗教的思想特征。

二、心、性、法身及其与"色身"的关系

《坛经》既没有像《圣经》那样使用"灵魂"一词来表述人的精神存在，也

[①] 赖永海：《中国佛性论》，中国青年出版社1999年版。

第十五章　基督教灵肉观念及其与儒释道的比较

没有借用圣灵、上帝、真主、梵天等来自"外道神教"的神名来表述佛教的"终极实在",而是常常以心、性、法身等词汇来阐释其核心的宗教思想。正如"灵魂"一词在《圣经》中有着极为复杂的含义一样,"心"在《坛经》中的含义也比较复杂,它既可以用来表示惠能及其弟子们努力参悟的自心、本心、佛心、净心,也可以用来表示他们竭力克服的邪迷心、诳妄心、不善心、嫉妒心、恶毒心等。不过从总体上看,《坛经》所主要讨论的心还是前一种意义上的心。在《坛经》用来阐释"自心"的词汇中,自性和本性是使用频率最高的两个。《坛经》中常常把它们当作自心、法身、佛性的同义词来加以使用,并且认为只有悟得此性的人才可能得到真正的功德和解脱。因此惠能才说:"见性是功,平等是德。念念无滞,常见本性,真实妙用,名为功德。内心谦下是功,外行于礼是德。自性建立万法是功,心体离念是德。不离自性是功,应用无染是德。若觅功德法身,但依此作,是真功德。"他的这一见解同基督教对灵与肉、神与形的关系的正统解释形成了鲜明对比。

按照基督教的正统教义,人的灵魂虽然比人的肉身更加接近作为"灵"的上帝甚至有可能在肉身死去之后继续存在,但是肉身作为"圣灵的殿"和"基督的肢体",同样是上帝救赎之恩的受体和人类宗教实践的主体,所以无论在尘世的生活中还是最后的拯救中,人的灵魂和肉身都是不可分离的。受其影响,基督教哲学家在探讨灵魂与肉身之间的复杂关系时,常常是既需要承认灵魂的非物质性、不朽性及其在宗教生活中的优越性,又需要顾及"肉身复活"的必要性及其与灵魂的统一性。例如,《圣经》中的重要使徒保罗就一方面声称,"属肉体的人不能得上帝的喜欢。如果上帝的灵住在你们心里,你们就不属肉体,乃属圣灵了";另一方面又不得不承认,"岂不知你们的身子是基督的肢体吗?我们可以将基督的肢体作为娼妓的肢体吗?断乎不可⋯⋯岂不知你们的身子就是圣灵的殿吗?这圣灵是从上帝而来,住在你们里头的,并且你们不是自己的人,因为你们是重价买来的,所以要在你们的身子上荣耀上帝"。

如果说上述两大前提之间的张力是基督教哲学家长期未能在灵肉问题上达成共识的主要原因之一,那么在《坛经》这部中国化佛教的经典中,由于那个与《圣经》中所说的肉身或身体相对应的"色身"的价值乃至其存在的真实性均未得到明确的承认和强调,所以我们几乎看不到这种张力的存在。按照《坛经》的记载，当惠能听到其师兄神秀所作的偈颂"身是菩提树，心如明镜台，时时勤拂拭，勿使惹尘埃"之后，曾经请求江州别驾张日用为他代书一篇新偈颂："菩提本无树，明镜亦非台，本来无一物，何处惹尘埃。"在一部分当代研究者看来，他在这首广为人知的"六祖呈心偈颂"中指出了包括"色身"在内的一切外物的无常与虚幻不实，所以是一种"典型的唯心主义"。此外，惠能在广州法性寺参加印宗和尚的法会时，曾经有二位僧人因为见到风吹幡动而发生争论，其中一僧说是风动，另一僧则说是幡动。惠能见双方争执不下，便开导他们说："不是风动，不是幡动，仁者心动。"[①]此后不久，他又对自己的弟子法海指出："汝等自心是佛，更莫狐疑。外无一物而能建立，皆是本心生万种法。故经云：'心生种种法生；心灭种种法灭。'"[②]

尽管我们不必像某些当代研究者那样，仅凭这几段话就将惠能定义为一个"典型的唯心主义者"或"主观唯心主义者"，但这些名言至少说明在他的思想中，物质性的身体乃至一切外物都没有恒常的存在和真实的自性，而无非是心的活动所产生的种种幻相。一旦离开心的造作，身体及其活动都将不复存在。

作为上述思想的反映，《坛经》一方面从自心、自性、法身等核心概念入手，提出直指人心、见性成佛的成佛之道，从而将佛教改造成一个"心的宗教"；另一方面又没有像《圣经》那样充分肯定"色身"在宗教生活中的价值，而是更为强调后者的无常与虚幻。在《圣经》中，得蒙上帝喜悦的人不仅需要拥有灵魂的信心、爱心和盼望，而且需要诉诸身体的圣洁、行为和操练，故而在基督教的历史上，总是有一些神哲学家在不断地提醒信徒勿因片面强调"因信称义"而忽视"人称义是因着行为，不是单因着信"以及"身体没有灵魂是死的，信心没有行为也是死的"的《圣经》教导，因为正如早期教父德尔图良所指出的："不是单有灵魂就能实现拯救，除非相信灵魂在身体中，所以身体确实是拯救的条件和关键。由于灵魂在它获得拯救后选择了事奉上帝，因此是身体使灵魂能够真正地进行事奉。为了使灵魂能够洁净，身体确实经过了洗礼；身体受了膏，灵魂才可以成圣；身体有了印记，灵魂才能坚固；身体行了按手礼，灵魂才能被圣

---

① 《坛经》。
② 《坛经》。

灵照亮。"①

然而在《坛经》中，人的"色身"同真正的皈依、功德和解脱之间并无必然联系，唯有蕴含着自心、自性或真如佛性的"法身"才是宗教修行的真正主体。惠能指出："善知识！从法身思量，即是化身佛。念念自性自见，即是报身佛。自悟自修自性功德，是其皈依；皮肉是色身，色身是宅舍，不言皈依也。但悟自性三身，即识自性佛。"②意思就是，唯有从蕴含着自心自性的法身来思量，才能实现真正的皈依、功德和解脱；而作为皮肉之体的"色身"则是与这一切无关的外物，所以企图通过身体上的苦修或物质上的慷慨来皈依佛法、求取功德和获得解脱将是徒劳的。正因为如此，当韶州刺史韦璩向他提出"弟子闻达摩初化梁武帝，帝问云：朕一生造寺度僧，布施设斋，有何功德？达摩言：'实无功德。'弟子未达此理，愿和尚为说"这个疑问之时，他毫不迟疑地答复说："实无功德，勿疑先圣之言。武帝心邪，不知正法，造寺度僧，布施设斋，名为求福，不可将福便为功德。功德在法身中，不在修福。"③通过韦璩与惠能的这一问一答，《坛经》进一步说明了它对色身及其活动的基本态度，即认为人借助"色身"在世上所完成的一切善行至多只能被用于求取世俗的福业，而与真正的宗教修行以及皈依、功德和解脱无关。

三、本不生灭说及其与灵魂受造说的比较

按照源自《圣经》中的创世说，现有的一切存在者（无论它们是肉眼看得见的"有形实体"，还是肉眼不可见的灵魂、天使等"精神实体"）都无非是上帝从虚无中创造出来的受造者，所以除了作为创造主的独一上帝之外，没有任何其他东西可以称为"自有永有"的终极原因和最高本原。因此，在历史上虽然有不少基督教哲学家试图通过种种方法来证明灵魂不可能有一个真正意义上的死亡或终结，但他们却从未像某些古代哲学家那样怀疑灵魂有一个产生的起点，而是一致认为，灵魂是由全能的上帝在某个特定的时刻所创造的（尽管如前文所述，对于上帝创造灵魂的具体时刻、具体方式，他们同样有着诸多不同解释）。

---

① 德尔图良：《论灵魂和身体的复活》，王晓朝译，道风书社2001年版，第128页。
② 《坛经》。
③ 《坛经》。

然而,《坛经》中的惠能一方面没有像基督教那样把作为造物主的上帝当作包括心灵、身体在内的一切存在的最高本原或终极原因;另一方面又用"本不生灭"的自心自性而非一个"自有永有"的造物主来说明万法(世界万物)的生灭变化。他早年在湖北东山寺的方丈室内听讲《金刚经》时,就因为听到"应无所住而生其心"一句而豁然开朗,并对五祖弘忍说:"何期自性,本自清净;何期自性,本不生灭;何期自性,本自具足;何期自性,本无动摇;何期自性,能生万法。"五祖由此断定他已悟透本心本性并赞许说:"不识本心,学法无益;若识自本心,见自本性,即名丈夫、天人师、佛。"[①] 从他对五祖所说的这段话中,可以归结出两层意思。

首先,人的自心自性原本就是"自清净""不生灭""自具足""无动摇"的,所以既无须借助任何其他东西来净化、产生、完善和护持,也不会被任何其他东西所扰乱、消灭、减损和动摇。当唐中宗的内侍薛简向他请教"大乘见解"时,他又进一步做出解释说:"实性者:处凡愚而不减,在贤圣而不增,住烦恼而不乱,居禅定而不寂。不断、不常、不来、不去,不在中间及其内外;不生、不灭,性相如如,常住不迁,名之曰道。"由于薛简一时未能明白这一"常住不迁"的实性与"外道"所说的神我有何区别,便追问道:"师曰不生不灭,何异外道?"于是他开导薛简说:"外道所说不生不灭者,将灭止生,以生显灭,灭犹不灭,生说不生。我说不生不灭者,本自无生,今亦不灭,所以不同外道。汝若欲知心要,但一切善恶,都莫思量,自然得入清净心体,湛然常寂,妙用恒沙。"[②] 也就是说,人的自心自性之所以不生不灭,是因为其原本就空无所生,自然也就无从言灭,而绝非像外道认为的那样,需要借助灭来终止和显现生,或者借助生来终止和显现灭。

其次,惠能在《坛经》中所说的自心自性还具有"能生万法"的功能,即把世界万物的真正本原归结为内在的人心,而非外在的上帝或任何其他神灵。后来,他又多次在《坛经》中向自己门下的弟子阐明这一见解:"若无世人,一切万法本自不有,故知万法本自人兴;一切经书,因人说有","故知万法尽在自心,何

---

① 《坛经》。
② 《坛经》。

不从自心中顿见真如本性？"上述见解不仅为他提出"一念悟时，众生是佛"的顿悟说提供了重要的理论依据，而且对后世宋明儒学中的"陆王心学"产生了深远影响。例如，陆九渊所说的"宇宙便是吾心，吾心便是宇宙"，以及王阳明所说的"心外无物""心外无理"等观点，都无非是把他的这一见解推向极致的产物。

从以上分析可以看出，《坛经》中的自心自性作为一个"本不生灭"而又"能生万法"的内在本原，并不像《圣经》中的灵魂那样依赖一个外在的他者来创造自身，而是在一定程度上反映了《圣经》中的造物主所具有的"自有永有"的特征。然而与此同时，它对自心自性的描述又与《圣经》对造物主的描述有着根本区别：其一，《圣经》中的造物主常常被解释为一个超越人类和世界之外的"至高权能的他者"[①]（sovereign other），而《坛经》中的自心自性则内在于人的法身之中，所以禅宗修行的目的并不是寻求一个"自有永有"的造物主的护持和拯救，而是强调"性在，身心存；性去，身心坏。佛向性中作，莫向身外求"[②]。其二，《圣经》中的造物主具有全能、公义、至善、仁爱等诸多神性，而《坛经》中的自心自性则是没有万法的任何属性的"真空"，故云："心量广大，犹如虚空，无有边畔，亦无方圆大小，亦非青黄赤白，亦无上下长短，亦无嗔无喜，无是无非，无善无恶，无有头尾。诸佛刹土，尽同虚空。世人妙性本空，无有一法可得；自性真空，亦复如是。"在惠能看来，修行者只有悟出这一自性真空的道理，才有可能得到真正的解脱。

第三节　基督教灵肉观念同道家形神观念的比较[③]

在我国现存各大宗教中，只有道教是完全从本土文化中孕育而生的。道家道教作为中国传统文化的三大重要支柱之一，其形神观念与儒家的身心之学与禅宗的自心自性说一样，都曾经在中国传统文化中产生过不可忽视的影响。先秦道家的主要代表人物老子虽然常常被后世的道教思想家奉为创立道教的"道德天尊"，

---

① Kärkkäinen V. *The Doctrine of God: A Global Introduction.* Grand Rapids: Baker, 2004: 125.
② 《坛经》。
③ 参阅徐弢、李思凡：《〈抱朴子〉的心身观念及其科学文化功能》，《社会科学研究》2006 年第 2 期，第 18-22 页。

而且他的《道德经》也一直被列为卷帙浩繁的道经之首，但实际上，老子以及先秦道家的另一代表人物庄子都还没有像后世的道教思想家那样，明确提出和论证"长生久视"和"肉体成仙"的宗教理想，而只是主张通过清静无为和返璞归真的方式来追求个体生命的精神自由，并由此实现与宇宙大道的合一。在本书重点关注的灵肉问题或曰形神问题上，对中国文化影响最大者并非先秦时代的老庄思想，而是两汉和魏晋之后的道教理论。关于后者的起源问题，大多数当代教外学者都不认同所谓的"老子创教说"，而认为它"没有统一的创教教主和集中创教时间，其孕育过程缓慢而分散，经过多种渠道，在不同地区发展，逐渐汇合在一起"[①]。

由于篇幅所限，我们无法对道家及道教思想史上的形神观念做出全面详尽的论述，而只能继续沿用前两节的方法，以某个最有代表性的相关学说为例，来分析比较道家道教的形神观念与基督教灵肉观念的不同特点，并由此对后者的意义做出中国式的解读。更具体地说，我们将分别以魏晋时期的道教思想家葛洪在《抱朴子内篇》和中世纪基督教哲学家阿奎那在《神学大全》中的相关论述为例，对双方的思想分际及其对中西方科学文化的影响加以分析比较。

之所以特别选择葛洪的《抱朴子内篇》作为这一比较研究的切入点，首先是考虑到他作为道教"丹鼎派"（亦称神仙道教）及其"外丹学"理论的主要奠基人，对于早期道家和后世道教之形神观念的传承发展起到了承上启下的关键作用。同时，他在这方面的著述虽多，但最有影响的还是以他本人的道号来命名的《抱朴子》。这部书又分为内外两篇，其中，《抱朴子外篇》主要用来"言人间得失，世间臧否，属儒家"，故与我们所重点关注的问题关系不大；《抱朴子内篇》则从道家道教追求"长生久视"和"肉体成仙"的养生学和炼丹术的视角出发，对"神与形"的基本构成、存在方式及其与宇宙本原（玄、道、一）的关系做出了较为缜密的论证。这些论述不仅展示了该书在思维方式上与中世纪基督教哲学的标志性著作——阿奎那的《神学大全》的"和而不同"，而且为我们以此为契机，对道家道教的形神观念与基督教哲学的灵肉观念及其各自的科学文化功能加以求同存异地比较提供了较为理想的思想材料。

[①] 牟钟鉴、张践：《中国宗教通史》，社会科学文献出版社 2003 年版，第 259 页。

第十五章 基督教灵肉观念及其与儒释道的比较

一、精神的本质及其与形体的关系

在中国古代的道家道教典籍中，并没有一个统一名词来表述人的精神性存在，而是常常将其称为"神""神明""元神""精灵""魂""魂魄"等。关于人的精神性存在的本质及其与人的物质性形体之间的关系问题（或者说"灵魂的本质及其与肉身的关系问题"），先秦道家道教各派的看法也并不完全一致。但一般说来，他们大都没有像西方的极端二元论者那样，把人的精神说成是一种可以完全脱离形体和物质世界而存在的独立实体，而是更加倾向于把它看作一种由特殊的"气"所构成的物质性东西，并且更为强调精神与形体之间的相互依存性与相互统一性。

在《抱朴子内篇》中，葛洪对精神的本质及其与形体的关系的相关论述不仅仅体现了他本人作为道教"丹鼎派"及其"外丹学"代表人物的理论特征，而且在一定程度上体现了整个道家道教主张形神不离和形神统一的思想传统，以及道家道教在该问题上不同于当时的佛学家和西方的基督教哲学家的思想特色。

葛洪曾经说过："夫有因无而生焉，形须神而立焉。有者，无之宫也。形者，神之宅也。"[①]这句话似乎表明，他没有像唯物主义的无神论者那样，把形体看作人的精神赖以存在的基础，而像大多数的有神论者一样，认为精神才是形体赖以存在的基础。不过值得注意的是，他又没有像中国佛学家慧远等人那样，进一步从"神以形为庐"的前提中推导出"形坏而神不亡"的结论。恰恰相反，他常常把"神与形"之间的关系比作"水与堤""火与烛"的关系，认为正如"堤坏则水不留""烛糜则火不居"一样，只要后者不复存在，前者便会"身劳则神散，气竭则命终"[②]。假如当时欧洲的基督教哲学家能够有机会读到他的上述观点，一定会对此感到非常费解，因为他一方面提出了一个与奥古斯丁等古代教父的灵肉二元论相类似的前提，即"形须神而立""形者，神之宅也"，另一方面又得出了一个与古希伯来人的物质性灵魂观相类似的结论，即"身劳则神散，气竭则命终"。

然而，假如他们能够进一步读到葛洪关于"神与形"的内在构成和本质的论

[①] 葛洪：《抱朴子内篇》。
[②] 葛洪：《抱朴子内篇》。

述，便不会对此感到奇怪了。因为在《抱朴子内篇》中，他虽然承认了精神是形体赖以存在的基础，却没有像基督教的古代教父们那样，从中引申出一个分离存在的"精神实体"或"纯形式"的概念。相反，按照他在该书中的说法，精神虽然是形体赖以存在的基础，但是又与后者一样，都是由处于永恒变化中的"气"构成的，所不同的只是，构成它的"气"是一种特殊类型的、极为稀薄的"精气"。

葛洪认为，这种极为稀薄的"精气"在经历了长时间的演化之后，有可能转变成一种具有意识的，甚至具有人格性的"精灵"或"神明"。所以他说："阳精魂立，阴精魄成。二精相薄，而生神明。"既然他所说的"精灵"或"神明"并不是什么独立存在的精神实体，而是通过"受气流行"所产生的东西，那么它存在的长短当然要由所禀赋的"精气"的多少来决定。因此，只有善于养气，血气旺盛，才可以使精灵永存；反之，"气疲欲胜，则精灵离身矣"[①]。

他的上述观点虽然不同于中世纪经院哲学的正统观点，但却比较接近一部分早期基督教护教士从古希伯来人那里继承来的灵肉观念。正如我们在其他地方所指出的那样，在希腊化时代之前的希伯来经典中，用来表述灵魂的原本是 nepeš、ruah 等词汇，而按照犹太教拉比的解释，这些词在旧约希伯来文中主要不是用来表示不朽的精神或理性，而是用来表示生命或象征生命的"血液"和"气息"的。[②]可是在基督教上升为罗马国教的过程中，这种素朴的灵肉观念由于受到古希腊、古罗马人的各种更为系统的灵肉学说的挑战，从而引起了许多爱好哲学思辨的基督徒知识分子的怀疑。于是，他们中的一部分人通过对灵魂观念的非物质化，将灵魂与肉身解释为两个不同的实体。

为了能够说明灵魂与肉身这两个实体之间的相互联系与作用，13 世纪的托马斯·阿奎那在他的《神学大全》的第一部中，通过扬弃亚里士多德的形式质料说的方法，对灵魂与肉身之间的关系做出了不同于奥古斯丁主义的"温和二元论"解释。这种"温和二元论"一方面承认，灵魂是生命的"第一原则"和"潜在地具有生命的肉体的形式"；另一方面又认为，由于灵魂能够从事某些无须肉身参与的理智活动，所以它同时还具有教父们所说的"非物质性"和"实体性"等本

[①] 葛洪：《抱朴子内篇》。
[②] 参阅亚伯拉罕·柯恩编：《大众塔木德》，盖逊译，山东大学出版社 1998 年版，第 89 页。

质特征。在此意义上，他把灵魂称为一种不朽的"实体性形式"。为了论证这一观点，他还进一步指出，灵魂虽然是一种精神实体，但是它一旦与肉身的质料相结合之后，便会被其个体化为整个肉身及其每一部分的形式或现实性，它所特有的理智功能也同它和肉身共同执行的生命功能一样，成为"由这种结合所形成的统一整体的功能"[①]。

虽然阿奎那的上述解释对于中世纪乃至近现代的基督教哲学（尤其是天主教的新经院哲学）产生了巨大的影响，但是用今天的标准来衡量，它里面的灵肉观念所依据的形式质料说却是显得过于简单化和绝对化了，因为现代科学早已证明，人的"形式"或本质并不是由存在于上帝心灵中的、永恒不变的"纯形式"所决定的，而是像其他物种的形式和本质一样，是经过长期的演化或进化形成的，也是对未来的进一步演化或进化开放的。因此，如果当代的新经院哲学家继续像阿奎那一样，通过把灵魂归结为纯形式的办法来论证其不朽性，那么他们非但难以达到预期的效果，反而可能落下一个用形而上学的同一律来对抗进化论观点的骂名。

同这种源于阿奎那的"温和二元论"相比，葛洪在《抱朴子内篇》一书中对精神的内在构成和本质的论述不仅更有助于说明人的精神既依赖于物质形体，又超越于物质形体的相对独立性，而且为他通过"气"的永恒运动来说明物种变化的可能性提供了理论依据。例如，葛洪本人在该书中就曾经以那些同精神一样通过"受气流行"而生的东西的演化为例，来讽刺某些固守形而上学的同一律的"愚人"。他指出："若谓受气皆有一定，则雉之为蜃、雀之为蛤，壤虫假翼……皆不然乎？"[②]又说："愚人乃不信黄丹及胡粉是化铅所作，又不信骡及駏驉是驴马所生，云物各自有种。况乎难知之事哉？夫所见少，则所怪多，世之常也。"[③]他能够在达尔文诞生之前的1500年，就朦胧地意识到物种变化的思想，这无疑是对中国传统文化中"物各有种""天不变、道亦不变"的陈旧观念的一次重大突破。

---

① McDermott T(Ed.). *Thomas Aquinas Selected Philosophical Writings*. New York: Oxford University Press, 1993: 187-190.
② 葛洪：《抱朴子内篇》。
③ 葛洪：《抱朴子内篇》。

二、关于长生久视的可能性与实现途径

葛洪虽然没有像同时代的某些佛学家那样，把脱离人生苦海和得到"无生"的解脱作为修行的目标，但他也没有像阿奎那所代表的基督教哲学家那样，把上帝的拯救和来世的天堂当作实现永生的途径，而是始终以"身重于物，贵生恶死"的道教乐生观作为其思想原则。尽管他的《抱朴子》和阿奎那的《神学大全》都没有否认永生不死的可能，但是双方又从对"神与形""灵与肉"的内在构成及其本质的不同理解出发，对实现永生不死的途径和条件做出了截然不同的描述。

在《抱朴子》中，人是否可以永生不是由内在的精神性或非物质性决定的，而是通过后天的学习修炼达到的，因为在葛洪看来，人的精神就其本质而言，不过是一种由精气所构成的物质性的东西，而且正如"堤坏则水不留""烛糜则火不居"一样，它也必须依附物质性的形体而存在。因此，人若想不死，仅仅靠净化精神和灵魂是不够的，还必须通过修炼来保存形体。而修炼的方法又分为"内丹"和"外丹"两种。作为"外丹学"理论的主要奠基人，他显然更加强调"外丹"的功效，但同时又没有否定"内丹"的作用，而认为通过后者来强身健体同样是修道成仙的必要条件。按照他的理解，所谓"外丹"主要是通过屈伸导引、宝精行气、节食、房中术等方法来强身健体、延年益寿，以使精神不至失去自己的居所，因为人即使在修炼成仙之后，也不会变成一个没有形体的幽灵，而是仍然保留着一些同形体有关的感觉，并会使它们变得更加完美——"餐朝霞之沆瀣，吸玄黄之醇精，饮则玉醴金浆，食则翠芝朱英，居则瑶堂瑰室，行则逍遥太清"[①]。所谓"外丹"则是通过服用一些从丹砂、水银、黄金等富含精气的物质中提炼出来的药饵，来以精化气，以气化神，以神化虚，以使精、气、神"谨固牢藏休漏泄"，并最终达到"形神永存""长生久视"的目的，所以比"内丹"更为重要。

然而，在阿奎那的《神学大全》中，灵魂的不朽并不是通过后天的学习和修炼才达到的，而是由灵魂自身的必然本质所决定的。因为正如我们在前面所指出的那样，阿奎那认为理性灵魂之所以能够"不朽"，首先是因为它作为没有质料的纯形式，不可能由于形式和质料的分离而消亡；其次是因为它具有不倚赖于肉

---

① 葛洪：《抱朴子内篇》。

身的理智活动，以及由此体现出来的依赖自身而存在的特性，而"凡是自身具有存在的东西除自身外是不可能被产生出来或朽坏掉的"①。因此，对阿奎那来说，个人的灵魂不朽并不是通过什么后天的修炼达到的东西，而是由灵魂作为人的"实体性形式"的本质所决定的。就此而论，即使没有经过任何修炼甚至没有任何信仰的人的灵魂，也能在一定程度上做到道教所追求的那种"长生不死"。

有必要指出的是，阿奎那与葛洪的上述分歧并非不可调和的，而是既相区别又相联系的。因为阿奎那的《神学大全》虽然从温和二元论的立场出发，认为灵魂不会随着肉身的死去而消亡，却没有像柏拉图的《国家篇》那样，把离开肉身、返回理念世界看作灵魂的最终归宿。相反，为了说明灵魂在末日审判的时刻为什么不能单独承担责任，而必须与复活的"肉身"一起接受审判，他又强调指出，由于人的本质不是"使用肉身的灵魂"，而是"被赋予了灵魂的肉身"，所以灵魂就其本性来说，并不适合作为独立精神实体而存在，而只适合同原来的肉身相结合。②

受其影响，许多后世的基督教哲学家虽然承认灵魂不会随着肉身的死亡而消亡，但是他们大都没有把"不朽的灵魂"单独作为上帝救赎之恩的受体，甚至也不排除在上帝的帮助下，通过外在的修炼来做到"形神永存"的可能；也正是由于这一原因，当《抱朴子》的形神观念经由阿拉伯世界传入中世纪晚期的欧洲之时，才会在经院哲学中引起巨大的反响，并在一定程度上促成了当时"医学和化学工艺方面的众多发现"。例如，英国的经院哲学家罗吉尔·培根（Roger Bacon）之所以被誉为"披着拉丁外衣的葛洪"，就是因为他在炼就长生不死丹的过程中，进行了大量的科学实验，从而成了近代实验科学的始祖。③

三、关于精神的起源及其与本原的关系

在《抱朴子》中，构成精神的气与构成形体的气一样，都是从作为宇宙本原的"一"中派生出来的，它们的流行变化也是由后者所决定的。而这种说法显然源于老子在《道德经》中把超越于万物之上，而又内在于万物之中的"道"视为"自然

---

① 阿奎那：《神学大全（第一集）》，段德智、徐弢、方永等译，商务印书馆2013年版，问题75第6条，第21页。
② McDermott T(Ed.). *Thomas Aquinas Selected Philosophical Writings*. New York: Oxford University Press, 1993: 192-193.
③ 李约瑟：《东西方长生不老丹的概念与化学药剂》，《社会科学战线》1980年第3期，第187-201页。

之始祖、万殊之大宗"的观点。因为《抱朴子》的"一"与《道德经》中的"道""一""玄"一样,都具有"胞胎元一,范铸两仪,吐纳大始,鼓冶亿类,佪旋四七,匠成草昧,辔策灵机,吹嘘四气,幽括冲默,舒阐粲尉,抑浊扬清,斟酌河渭"①的功能。所不同的只是,《抱朴子》从建立神仙道教的特殊需要出发,进一步神化了"一"的作用,从而使其具有了让人长生久视、形神永存的功能,所以它才特别强调,这个"一"对于人的精神和形体的存在都是同等重要的——"存之则在,忽之则亡,向之则吉,背之则凶,保之则遐祚罔极,失之则命凋气穷",所以,"子欲长生,守一当明;思一至饥,一与之粮;思一至渴,一与之浆"。②

在《抱朴子》的上述思想中暗含这样一个假设,即精神并非人所特有的,山川草木、井灶污池这些东西也可能有精神。按照它的理解,由于构成精神的气与构成这些有形之物的气一样,都是由同一个神妙莫测而又无所不在的本原(道、一、玄)派生出来的,而且都是融物质性和精神性于一体的,所以没有理由否认"山水草木,井灶污池,犹皆有精气;人身之中,亦有魂魄,况天地为物之至大者,于理当有精神"③。因此,葛洪不但承认在自然界中存在着大量由精气的变幻而形成的神明鬼怪,而且对它们的类别和形象进行了描述,如他说:"山无大小,皆有神灵,山大则神大,山小即神小","山中山精之形,如小儿而独足,走向后,喜来犯人",又说,"山中有大树,有能语者,非树能语也,其精名曰云阳,呼之则吉"。④

从这种万物有灵论的观点出发,葛洪认为人们无论是在炼丹的时候,还是在处理日常事务的时候,都需要时时处处留神小心,以免在无意之中触犯到某些邪恶精灵的禁忌。否则的话,轻者可能导致炼丹的失败,重者甚至会危及自己的身家性命。他的这种态度既不同于当时道教中的"符箓派"(亦称"鬼道""左道"或"妖道")的主张,也有别于先秦道家关于鬼、神、灵的观点。

一方面,由于魏晋时期的道教正处于一个从民间宗教向官方宗教发展的转型期,所以为了打消封建统治者对道教可能被下层人民用作反抗工具的疑惧,葛洪

---

① 葛洪:《抱朴子内篇》。
② 葛洪:《抱朴子内篇》。
③ 葛洪:《抱朴子内篇》。
④ 葛洪:《抱朴子内篇》。

第十五章 基督教灵肉观念及其与儒释道的比较

不仅严厉谴责了张角、柳根、李申之等一部分道教人物利用"鬼道""妖道""左道"聚众造反,而且公开反对通过符箓、巫蛊和禁咒来"淫祀妖邪"。与这些人的"符箓派"立场相反,他本人站在"丹鼎派"的立场,宣扬通过修炼和丹药来实现延年益寿、长生久视和肉体成仙的目的。①

另一方面,他又没有像先秦时代的道家那样,对各种神明鬼怪之事持一种若有若无或漠不关心的态度。例如,老子在《道德经》中虽没有直接否认各种神明鬼怪的存在,但又表示:"以道莅天下,其鬼不神,非其鬼不神,其神不伤人,非其神不伤人,圣人亦不伤人。"也就是说,"道"即便没有取消各种神明鬼怪的存在,也至少能够让它们无法发挥神奇的功效,故而统治者只要以"道"治国,就无须再考虑其他神明鬼怪的干扰和伤害。正因为如此,一部分当代研究者才认为,老子在实际上"并不相信天帝鬼神和占验的话",甚至认为在他的思想中包含着某种"无神论"的倾向。②然而,葛洪不仅明确地肯定并生动地描述了自然界中存在的各种神明鬼怪,而且认为它们随时可能对包括道士在内的所有人发挥其神奇的功效。例如,他曾经在《抱朴子内篇》中专门对此做出解释说:"作药者若不绝迹幽僻之地,令俗间愚人得经过闻见之,则诸神便责作药者之不遵承经戒,致令恶人有毁谤之言,则不复佑助人,而邪气得进,药不成也";"凡小山皆无正神为主,多是木石之精,千岁老物,血食之鬼,此辈皆邪炁,不念为人作福,但能作祸,善试道士,道士需当以术辟身,及将从弟子,然或能坏人药也"。

与葛洪所主张的这种万物有灵论的观点相反,作为西方基督教哲学家的阿奎那则依据亚里士多德的"实体理论",对灵魂与本原之间的关系加以完全不同的描述。例如,阿奎那在《神学大全》中指出,灵魂作为一种需要依靠上帝来获得现实存在的精神实体,其本质虽然不像肉身那样需要受到低于自身的质料的限制,但是也并非现实的存在,而只是潜在的形式。因此,理性灵魂既不是从精液之类的物质性质料中产生出来的,也不是从新柏拉图主义者所说的"太一"中流溢出来的,而是"上帝在人的生殖活动的最后阶段创造出来的"③。

---

① 牟钟鉴、张践:《中国宗教通史》,社会科学文献出版社 2003 年版。
② 参阅宫哲兵主编:《当代道家与道教》,湖北人民出版社 2005 年版,第 426 页。
③ 阿奎那:《神学大全(第一集)》,段德智、徐弢、方永等译,商务印书馆 2013 年版,问题 118 第 2 条答异议 2。

从比较宗教学和比较文化学的角度来看，《抱朴子》的精神起源说与古代罗马人的灵魂起源说十分相似，两者都是建立在一种"有机的自然观"的基础之上的。例如，在古罗马盛极一时的斯多葛主义就认为，一切生灭变化都是由物质性的"热"所决定的，因为"热"作为有智慧的世界灵魂，是存在于万物之中的逻各斯（logos），所以凡是"分有"了逻各斯的东西，都具有一定程度的理性（nous），甚至可以成为各种各样的神灵。就此而论，灵魂与肉身、神灵与动物的区别不过是精细的物质与粗糙的物质的区别而已。

由于这种"有机的自然观"容易导致人的观察和思维受到某些非科学因素的影响，所以它在客观上为独立的自然科学的诞生设置了障碍。例如，古罗马时代的天文学家之所以始终未能走出占星术的阴影，其原因之一就在于，他们没有把天体作为客观的自然现象来加以观察，而是常常把天体视为各种可以决定个人和国家的命运的、有智慧和有人格的神灵。相应地，他们研究天体的根本目的不是满足航海或农业生产的需要，而主要是帮助统治者选定一个"黄道吉日"来修路、打猎或发动战争。出于同样的道理，《抱朴子》的上述观点虽然对古代化学、医学和天文学的发展起到了一定的促进作用，却始终未能促使后来的道教思想家真正走向征服自然和改造自然，而不仅仅是神化自然和崇拜自然的道路。

对于这样的评价，某些支持葛洪的当代新道家学者或许会提出质疑。因为在他们看来，导致中国古代科学没有取得更大成就的根本原因并不是《抱朴子》等道家文献中的神秘主义解释，而是中国的社会政治结构以及环境完全不同于欧洲[①]。但是他们不得不承认，正是在这一点上，阿奎那在《神学大全》中提出的灵肉观念为欧洲人最终摆脱这种"有机的自然观"提供了契机。因为按照阿奎那的解释，灵魂不是从自然的本原中派生出来的，而是由超越于自然之外的上帝创造的。所以一方面，人具有"上帝的形象"，是上帝派来治理大自然的"管家"；另一方面，大自然中并没有什么神秘的、令人生畏的神灵，因为真正的神灵只有一个，那就是超越于自然之上的上帝。可见，在中世纪晚期的基督教文化中成长起来的罗吉尔·培根等人之所以能逐步摆脱对天体、海洋等自然物的敬畏，并转而以主人的态度来研究它们的规律，的确是在一定程度上受到了《神学大全》的灵肉观念的影响。

---

① Needham J, Needham D. *Science Outpost.* London: The Pilot Press, 1948.

第十五章　基督教灵肉观念及其与儒释道的比较

有必要指出的是，自 19 世纪末以来，随着科学技术的畸形发展所导致的生态危机、能源危机、环境危机的日趋严重，一些现代基督教哲学家逐渐意识到从人类与自然的关系性和统一性来重新整合《圣经》中的灵、魂、体观念的必要性。不管这种整合是否确切，它至少从一个侧面印证了当代英国科学史家李约瑟（Joseph Needham）先生的说法，即中世纪基督教的灵肉观念在当今时代似乎已不足以持久地满足科学的需要。然而，源于《抱朴子》等道家文献的形神观念却为弥补它的不足提供了某种方法论借鉴。在这种意义上，正如李约瑟所说的，道家的肉体不朽是中国思想整个有机特性的一个侧面，它没有遭受欧洲那种典型的神经分裂症，即一方面是脱离不了机械唯物论，另一方面又脱离不了神学的唯灵论。[①]

通过对基督教灵肉观念同道家形神观念及其各自的代表性解释的比较，我们可以初步得出以下三点结论。第一，基督教和道家道教皆未否认不死的可能性，但基督教哲学家往往试图从灵魂自身的本质来论证和解释其不朽，而道教思想家则往往从"身重于物，贵生恶死"的乐生观出发，把长生久视归功于后天修炼的结果。不过，两大宗教在这方面的分歧并非绝对的，因为正如我们在前文中指出的那样，基督教追求的永生也不仅仅是灵魂的得救与不朽，而是同时包括肉身的复活与解放。第二，道家道教虽然认为精神是形体得以存在的基础，但往往将精神解释为一种特殊的"气"，这种解释比较接近精神或"灵魂"等词汇在旧约圣经中的含义，而且同奥古斯丁、阿奎那等基督教哲学家的精神实体说相比，它似乎更有助于说明精神既依赖于形体又超越于形体的相对独立性。第三，道家道教将精神现象解释为老子所说的自然之道的派生物，但由此导致的"有机自然观"容易使观察和思维受到非科学因素的影响，从而阻碍自然科学的独立发展。基督教则把超越于自然的独一上帝说成灵魂的创造者，从而使西方科学逐步摆脱了对神秘自然物的敬畏。直到近现代之后，随着西方科学的畸形发展及其导致的生态危机、环境危机的加剧，一些现代基督教哲学家才开始从人与自然的关系性出发，对基督教灵肉观念进行重新思考和解释。

[①] 李约瑟：《中国科学技术史（第二卷）》，何兆武、李天生、胡国强等译，上海古籍出版社 1990 年版，第 167 页。

第十六章
马克思主义意识理论与当代心灵哲学：对话与批判

心灵哲学是 20 世纪后半期在英美分析哲学内独立出来的专业性哲学分支，并且被认为是当代哲学中"最活跃、最重要的分支领域之一"[1]。马克思主义意识理论，尽管从诞生时间上看，隶属于近代以来的精神哲学传统，但马克思主义哲学实践性、开放性的理论品质，赋予了马克思意识理论与时俱进的时代感和强烈的现实生命力。以当代心灵哲学中著名哲学家塞尔的生物自然主义心灵观为典型案例，比较和分析其与马克思意识理论在基本哲学立场、方法论、一系列理论观点等方面的异同，将为克服当代心灵哲学中理论范式、研究路径上的局限性，推动马克思主义意识理论体系建设，充分发掘马克思主义意识理论的当代价值提供有益借鉴和产生积极作用。

第一节 塞尔的生物自然主义心灵观

塞尔是当代英美最具知名度的心灵哲学家之一，他最初的研究有关言语行为理论，后来逐渐转移至心灵哲学。因此，塞尔个人研究经历的转变典型地体现了

---

[1] 斯蒂克、沃菲尔德主编：《心灵哲学》，高新民、刘占峰、陈丽等译，中国人民大学出版社 2014 年版，第 1 页。

20 世纪后期英美分析哲学领域内部发生的从语言哲学向心灵哲学的转向。"分析哲学家的兴趣在 20 世纪最后 25 年的显著变化是从意义和指称问题转向了人类心灵问题。"[1]塞尔也是 20 世纪 80 年代的"心灵与计算"大讨论的积极参与者，他本人提出的"中文屋论证"与杰克逊的"色彩科学家玛丽"、查尔莫斯的"怪人论证"等一起成为当代探寻意识本质的经典性思想实验。塞尔还是著作被翻译成中文最多的当代西方心灵哲学家之一，《心、脑与科学》《心灵的再发现》《心灵导论》等代表性著作都已先后被国内学者引进和翻译。

塞尔心灵哲学理论的总体倾向是调和存在于唯物主义与二元论传统之间的内在冲突，提出他称为"生物自然主义"（biological naturalism）的基本理论。基于"生物自然主义"的基本立场，塞尔在有关意识的本质、意识的特性、意识的因果作用等问题上，阐述了一系列极富洞见的观点和看法，并表达了其尝试革新当代研究意识范式的雄心。

意识是什么？对于这个问题，塞尔认为我们不要武断地做出回答，特别是不要轻易采用传统的亚里士多德式的属加种差的方式来定义，因为那样常常导致循环定义，造成概念上的混淆。在塞尔看来，回答"意识是什么"，首先要弄清楚：当人们说"我有意识"时说的是什么意思。根据塞尔的看法，当人们说"我有意识"时，说的不过是："当我从无梦的睡眠中醒来，我进入意识状态，这一状态持续的时间与我醒着的时间一样长。当我睡觉、麻醉或是死亡时，意识就中止了。"[2]借助言语行为理论，塞尔进一步分析说，当人们宣称"有意识"时，存在着两种不同的情况：一是具有意向性的"有意识"情况，例如我意识到有人敲门，我的意识与发生于外部世界的实在性事件有关；二是不具有意向性，但存在着感受性质的"有意识"情况，例如我意识到疼痛，疼痛并不意向地指向某个外部事物，此处的意识不反映超越其自身的其他东西。

在分析了日常语言学中意识概念的含义后，塞尔强调，对意识本质更深刻的理解应定位于科学世界观中。基于近代以来形成的、以原子论和进化论为核心的科学世界观，塞尔指出：意识是具有高度发达神经系统的有机体的进化表型特征。

---

[1] 江怡编：《当代西方哲学演变史》，人民出版社 2009 年版，第 78 页。
[2] 约翰·塞尔：《心灵的再发现》，王巍译，中国人民大学出版社 2005 年版，第 74 页。

塞尔认为，尽管时至今日自然科学也未完全解决意识如何从大脑产生的具体细节问题等，但意识从大脑产生这一基本事实被普遍接受。由此，塞尔论述意识的本质时继续论证说：意识是人类和某些动物的大脑的生物特征。它由神经生物过程所产生，就像光合作用、消化或细胞核分裂等生物特征一样，都是自然生物秩序的一部分。[①]

表面上看，塞尔关于意识本质的说明似乎平淡无奇，像是又倒退到 18 世纪唯物论者"大脑产生意识，就像肝脏分泌胆汁"的立场上，但在有关意识特征的问题上，塞尔却反对当代心灵哲学中占主导地位的各种同一论、取消论以及功能主义，坚持意识具有不可还原的主观特性。

一方面，塞尔通过构想"中文屋"思想实验，反对把意识等同于功能主义所说的计算。在《心、脑与程序》一文中，塞尔首次提出了他的"中文屋"思想实验。设想在一所密闭完好的房间里，生活着一位使用英语、不懂中文的人，这人手头拥有一本关于中英文词汇翻译和语法的百科全书，房子外面的人通过一个小窗口把写有中文的字条塞进去，房子里面的人通过相关百科全书把字条翻译成英语，并把自己对字条中问题的回答翻译成中文，然后把翻译成中文的答案递到房子外边。在这个思想实验中，如果我们仅仅从"输入""输出"来考察，就会像那些坚持计算功能主义的人一样，认为房子里的人对中文有充分的理解，但事实上却不是这样。由此，塞尔认为我们的意识绝不像计算机的程序一样，可以还原为基本的计算操作，而是拥有在计算操作之外的、无法通过计算机模拟和实现的意义性内容。

另一方面，塞尔通过对内在特性和外在特性的区分，明确指出意识的主观特性即那种赋予事物外在特性的东西。所谓事物的内在特性，即那些独立于任何观察者而存在的特性；所谓事物的外在特性，即那些依赖于观察者或使用者而存在的特性。例如，一个物体有质量，这是事物的内在特性，它不依赖于观察者，即使生活在地球上的人都死了，物体有质量这一内在特性依然存在；同时，这一物体还是一个浴缸，浴缸作为一种功能特性，它依赖于使用者，是使用者和观察者赋予它这种特性的，这种被观察者和使用者赋予的特性即外在特性。在塞尔看来，

---

① 约翰·塞尔：《心灵的再发现》，王巍译，中国人民大学出版社 2005 年版，第 78 页。

第十六章 马克思主义意识理论与当代心灵哲学：对话与批判　　633

意识主观性是事物具有外在特性的内在根源，因为意识的主观性不仅为人们把握事物提供了观察者视角，而且，意识的主观性还生成了范围广泛的人类精神文化生活领域。塞尔说："自然科学处理的是独立于观察者的现象，而社会科学处理的乃是依赖于观察者的现象。依赖于观察者的事实是由具有意识的行为能动者创造的。"[①]

塞尔的"生物自然主义"的心灵观，不仅在意识的本质、意识的特征等问题上表现出折中唯物主义与二元论的倾向，在意识的因果性问题上，也是如此。一方面，塞尔坚持物理世界因果封闭的原则；另一方面，塞尔又坚决主张主观性意识能够对物理性实在产生因果效力。

塞尔认为，从经验主义的观点来看，人们能够直接地体验到心理因果作用。针对近代经验主义者休谟的教条，人们在经验中只能体验前后相继的不同事件，不能体验存在于事件之间的因果联系。塞尔批判说：在我们的清醒生活中我们的确大量地知觉到了必然性联系。[②]这些体验的确将那处在我们自己的经验与实在世界之间的因果联系给予了我们。[③]为了说明自己关于心理因果性的经验主义主张是正确的，塞尔从心理的意向性条件方面做了进一步的论证。在塞尔看来，作为心理现象重要特征的意向性，其被满足的必要条件即它必须引起生理性身体的相关运动。例如，我想移动胳膊的意向性，只有当我的胳膊真正移动时，这一意向性才真。因此，对意向性概念本身的分析，已经蕴含了心身因果作用。

但是，在关于因果关系的一般原理上，塞尔又坚决站在科学主义因果观的立场上，他接受科学主义因果观所断言的物理世界因果封闭、因果排除性等基本原则。为了解决这一长期困扰意识哲学的传统难题，塞尔提出了自己的有关身心因果关系的解释理论。还是以我移动胳膊为例，在此处，存在着两类因果解释：一是诉诸"我想移动胳膊"的心理活动来解释移动胳膊的生理性事实；二是诉诸我的运动神经元的活动、肌肉纤维的刺激等来解释移动胳膊的生理性事实。从表面上看，诉诸"我想移动胳膊"的心理活动说明我移动胳膊的因果解释，违背了物理世界因果封闭、因果排除性原则，但塞尔却不这样认为。根据塞尔的解释理论，

[①] 约翰·塞尔：《心灵导论》，徐英瑾译，上海人民出版社2008年版，第6页。
[②] 约翰·塞尔：《心灵导论》，徐英瑾译，上海人民出版社2008年版，第180页。
[③] 约翰·塞尔：《心灵导论》，徐英瑾译，上海人民出版社2008年版，第181页。

无论是诉诸心理活动，还是诉诸神经元活动对移动胳膊所做的因果解释，它们只是以不同描述方式、在不同层次水平上对事实进行说明，在因果解释的本质上，它们是一致的，就像普通人会诉诸汽车气缸中的爆发来解释活塞运动，而汽车工程师则诉诸碳氢化合分子的氧化作用来解释活塞运动一样。

第二节 对话之可能：马克思主义意识理论与塞尔心灵理论的共同特征

与以塞尔等人为代表的当代心灵哲学理论相比，马克思主义意识理论尽管诞生于近 200 年前，但由其自身的实践性、开放性品质所决定，马克思主义意识理论是一种真正具有现代性的意识理论。与当代心灵哲学的众多理论形式相比，马克思主义意识理论不仅不过时，反而处处显示出其超越时代的理论魅力与价值。在把马克思主义意识理论与当代心灵哲学进行对比时，有学者指出："有趣的是，他们在他们的论著中还大量地引证了马克思主义关于意识与语言、社会、文化关系的论述，在论述意识与大脑的关系时，尽管没有这样的引证，但基本观点没有超越马克思主义。"①

考察和比较塞尔的心灵哲学与马克思主义的意识理论，就会发现，它们在有关意识哲学的基本立场、实证主义哲学精神，以及主要观点等方面是基本一致的。

首先，在关于意识问题的基本哲学立场上，塞尔和马克思主义都属唯物主义阵营。毫无疑问，马克思主义意识理论是一种唯物主义意识理论。在《路德维希·费尔巴哈和德国古典哲学的终结》中，恩格斯曾经典性地论述了唯物主义与唯心主义这两种哲学立场的根本性区分。恩格斯认为，思维与存在、精神与自然的关系问题构成了全部哲学的最高问题，哲学家依照对该问题的回答分成了两大阵营，凡是断定精神对自然界来说是本原的……组成唯心主义阵营。凡是认为自然界是本原的，则属于唯物主义的各种学派。②对于这一最高问题，马克思主义经典作

---

① 高新民：《意向性理论的当代发展》，中国社会科学出版社 2008 年版，第 818 页。
② 马克思、恩格斯：《马克思恩格斯选集（第 4 卷）》，中共中央马克思恩格斯列宁斯大林著作编译局编译，人民出版社 2012 年版，第 231 页。

家的回答是:"不是意识决定生活,而是生活决定意识。"[1]"物质不是精神的产物,而精神本身只是物质的最高产物。"[2]

与近代精神哲学中唯心主义占据主导地位不同,在当代心灵哲学中,唯物主义完全处于支配地位。"当今的大多数心灵哲学家都自称是物理主义者(或唯物主义者),不是这一派,就是那一派。"[3]塞尔的生物自然主义理论,尽管其声称是一种既克服了传统二元论弊端,又批判了当代占主导地位唯物主义的新颖理论,但究其理论本质,则实为一种突现论的唯物主义版本。在意识与自然世界的关系上,塞尔明确地表示,意识的出现,是某些有机生物在自然界长期进化的结果,因此,"心智事件和过程就像我们生物自然史中的消化、有丝分裂、成熟分裂、酶分泌一样"[4]。塞尔所谓的对唯物主义的批判,主要反对的是在当代心灵哲学中居主流的各种还原论的唯物主义版本。因为还原论的唯物主义,不仅强调自然世界对意识的决定性作用,而且坚持意识能够同一、还原为神经生理过程,就像水=H_2O、疼痛=C 纤维被激活。塞尔认为,虽然意识是自然进化的产物,并且随着自然进化的持续,意识将发生何种改变还未可知,但与自然世界的其他现象相比,"意识不能像其他现象的还原方式那样来还原"[5]。

其次,在关于意识哲学的实证主义精神上,塞尔和马克思主义都表现出以自然科学为前提的实证主义精神。当代著名的马克思主义研究者麦克莱伦(McLellan)曾指出,马克思主义理论从整体上看潜在地具有"在当时知识界流行的实证主义"[6]倾向。关于马克思意识理论的思想发生史考察也表明,马克思在最初阐述其意识理论时,受到过当时法国著名的实证主义者孔德、特拉西等人的影响。从文本看,在《德意志意识形态》中,马克思和恩格斯在论述其考察意识的方法论前提时说:在思辨终止的地方,在现实生活面前,正是描述人们实践活动和实际发展过程的真正的实证科学开始的地方。关于意识的空话将终

---

[1] 马克思、恩格斯:《马克思恩格斯选集(第1卷)》,中共中央马克思恩格斯列宁斯大林著作编译局编译,人民出版社2012年版,第152页。
[2] 马克思、恩格斯:《马克思恩格斯选集(第4卷)》,中共中央马克思恩格斯列宁斯大林著作编译局编译,人民出版社2012年版,第234页。
[3] 斯蒂克、沃菲尔德主编:《心灵哲学》,高新民、刘占峰、陈丽等译,中国人民大学出版社2014年版,第76页。
[4] 约翰·塞尔:《心灵的再发现》,王巍译,中国人民大学出版社2005年版,第6页。
[5] 约翰·塞尔:《心灵的再发现》,王巍译,中国人民大学出版社2005年版,第102页。
[6] 戴维·麦克莱伦:《马克思传》,王珍译,中国人民大学出版社2008年版,第399页。

止，它们一定会被真正的知识所代替。[①]在此处，马克思和恩格斯明确地反对那种单纯以思辨来把握意识的方式，认为其最终的结果只能获得"有关意识的空话"，与以思辨把握意识的方式不同，关于意识的"真正知识"将开始于"实证科学"。

当代心灵哲学家大多承认，包括塞尔在内的当代心灵哲学理论都统一于科学自然主义的纲领之下。所谓科学自然主义，即在本体论上，把自然科学作为判定自然实在的基本标准；在方法论上，把自然科学方法判定为认识自然实在的根本方法。科学自然主义还主张，哲学要以科学为榜样，努力使自身成为科学。因此，当代心灵哲学中的各种理论形式大多有明确的自然科学前提，这主要包括量子物理学、神经生理学、脑科学、计算机科学、系统论等。顾名思义，塞尔有关心灵的生物自然主义理论，即将其意识理论建立在当代生物进化论的基础之上。塞尔认为，要想建立有关意识的正确哲学理论，首先必须找到有关意识的正确科学理论，而在塞尔看来，能够成为建立有关意识哲学理论前提的正确科学理论即生物进化论。塞尔说："一旦你明白原子论和进化论是当代科学世界观的核心，那么意识自然就是具有高度发达神经系统的有机体的进化表型特征。"[②]

最后，在关于意识的主观性、能动性，以及因果作用等基本观点上，塞尔和马克思主义都对此持有肯定性态度。对于唯物主义来讲，坚持意识具有主观性、能动性以及因果作用力等特征，很可能导致其在理论上面临陷入或重新倒退到二元论道路的危险。"这一问题的本质是这样的，无论我们尝试通过何种方式设法绕出这个问题，无论是在日常的语言中还是在科学和哲学的思考中，我们似乎都会最终钻入二元论的死胡同。"[③]

马克思主义意识理论既在本体论上坚持了"世界统一于物质"的唯物主义基本立场，同时也主张了意识具有主观性、能动性以及因果作用等特征。马克思主义关于人的意识主观性、能动性以及因果作用的说明，与其关于人的类特性的说明紧密相连。马克思认为，具有主观性、能动性以及因果作用的意识，是人与动

[①] 马克思、恩格斯：《马克思恩格斯选集（第 1 卷）》，中共中央马克思恩格斯列宁斯大林著作编译局编译，人民出版社 2012 年版，第 153 页。
[②] 约翰·塞尔：《心灵的再发现》，王巍译，中国人民大学出版社 2005 年版，第 78 页。
[③] 布莱克摩尔：《人的意识》，耿海燕、李奇译，中国轻工业出版社 2008 年版，第 4 页。

第十六章　马克思主义意识理论与当代心灵哲学：对话与批判　　637

物相区分的最重要的标签之一。由此，马克思说：动物和自己的生命活动是直接同一的……人则使自己的生命活动本身变成自己意志的和自己意识的对象。他具有有意识的生命活动。① 动物只是按照它所属的那个种的尺度和需要来构造，而人却懂得按照任何一个种的尺度来进行生产。② 最蹩脚的建筑师从一开始就比最灵巧的蜜蜂高明的地方，是他在用蜂蜡建筑蜂房以前，已经在自己的头脑中把它建成了。③

塞尔把坚持意识的主观性、能动性以及因果作用，视为生物自然主义心灵观中最富理论特色的部分，也是使其理论与当代心灵哲学中唯物主义其他版本相区分的核心标志。考察心灵哲学在20世纪的发展史，会发现这是一幅相当怪诞的画面。因为大多数的心灵哲学家，以心理现象不能被公开观察、测量的原因，称心灵的诞生地为"大脑中的黑箱"，把心灵贬斥为"机器中的幽灵"，"在心灵哲学中，很多（可能是大多数）此领域的顶尖思想家一再否定关于心灵的明显事实"④。与当代心灵哲学中的同一论、还原论以及取消论等唯物主义理论形式粗暴、武断地直接否决意识拥有主观性、能动性和因果作用权利不同，塞尔的生物自然主义是为数不多的主张意识具有主观性、能动性和因果作用等特征的理论形式之一。

第三节　批判之指向：马克思主义意识理论与塞尔心灵理论的主要差别

尽管马克思主义意识理论与以塞尔为代表的当代心灵哲学理论在诸多方面存在一致性，但两者之间也表现出巨大的差异。这种差异不是由二者之间所处时代的不同决定的，而是由世界观、范式的不同决定的。以塞尔为代表的当代心灵

---

① 马克思、恩格斯：《马克思恩格斯选集（第1卷）》，中共中央马克思恩格斯列宁斯大林著作编译局编译，人民出版社2012年版，第56页。
② 马克思、恩格斯：《马克思恩格斯选集（第1卷）》，中共中央马克思恩格斯列宁斯大林著作编译局编译，人民出版社2012年版，第57页。
③ 马克思、恩格斯：《马克思恩格斯全集（第23卷）》，中共中央马克思恩格斯列宁斯大林著作编译局编译，人民出版社1972年版，第202页。
④ 约翰·塞尔：《心灵的再发现》，王巍译，中国人民大学出版社2005年版，第7页。

哲学理论建立在 20 世纪自然科学最新成果的基础上，并完全困囿于自然科学这一狭隘的视界之内。马克思主义意识理论尽管也重视自然科学成果的前提性作用，但又超越了自然科学的设辖范围。正如马克思和恩格斯所强调的，他们的哲学是"实践的唯物主义"[①]，由于把意识作为人的实践活动的一个基本特征，马克思主义的意识理论自始至终保持强烈的社会性、历史感、现实生命力。因此，在解决有关意识的本质、特征及其能动性等传统难题方面，与以塞尔为代表的当代心灵哲学理论相比，马克思主义意识理论超越了科学实证主义的偏见，表现出把科学实证主义与生活性思辨结合起来的理论优势。

首先，在建构意识理论的哲学座架方面，马克思主义把意识问题置于生活世界的场景之中。马克思的实践唯物主义哲学，超越了传统哲学中那种主观世界与客观世界二元对立的座架模式，摒弃了传统哲学中那种人在自然世界之外，自然世界寂静无声的孤立状态。在马克思主义的世界观中，人、自然、社会融为一体；在马克思主义的世界观中，意识是生动活泼的生活世界中翻滚的浪花。正是由于意识到马克思主义意识理论的生活世界背景，有学者指出，在马克思主义哲学中，关于意识的基本问题，不是物质与意识的关系问题，而是生活与意识的关系问题。这不仅是因为马克思本人很少使用"物质"这一概念，还因为马克思曾明确说过："不是意识决定生活，而是生活决定意识。"[②]考察马克思主义经典作家，特别是马克思本人关于意识的论述，也不难发现，他所讲的意识常常是生活世界中的具体的意识，像道德、宗教、神学、哲学等，马克思也把实践唯物主义意识哲学的任务规定为"从市民社会出发阐明意识的所有各种不同的理论产物和形式，如宗教、哲学、道德等等，而且追溯它们产生的过程"[③]。

以塞尔等为代表的当代心灵哲学家，继承了蒯因以来的科学自然主义路线，从而导致在他们的视域中，世界是一幅由力、磁场、基本粒子等物质性实在构成的物理镜像画面，自然化心灵的理论目标，就是恰当地把意识安放在这幅物理镜

---

① 马克思、恩格斯：《马克思恩格斯选集（第 1 卷）》，中共中央马克思恩格斯列宁斯大林著作编译局编译，人民出版社 2012 年版，第 155 页。
② 马克思、恩格斯：《马克思恩格斯选集（第 1 卷）》，中共中央马克思恩格斯列宁斯大林著作编译局编译，人民出版社 2012 年版，第 152 页。
③ 马克思、恩格斯：《马克思恩格斯选集（第 1 卷）》，中共中央马克思恩格斯列宁斯大林著作编译局编译，人民出版社 2012 年版，第 171 页。

第十六章　马克思主义意识理论与当代心灵哲学：对话与批判　　639

像画面之中。塞尔自己也明确地表示，他的生物自然主义理论，就是要把意识明确地安放在由物质的原子理论与生物进化学确立的科学世界之中。对此，塞尔说：我们的世界图像虽然很复杂，但为意识的存在提供了简洁的说明。根据原子论，世界由微粒构成。这些微粒组成了系统……因此意识是某些有机体的生物特征，就像光合作用、细胞核分裂、消化和繁殖是有机体的生物特征一样。①

其次，在考察意识的哲学方法论方面，马克思主义强调了意识的社会发生学研究。尽管马克思主义意识理论也从神经生理学出发，考察了个体意识的发生机制，并得出了意识"归根到底也是自然界产物的人脑的产物"②的结论，但总体上看，马克思意识理论更强调对意识的社会发生学研究，并且从根本上，把意识视为一种社会性事实或现象。在《德意志意识形态》中，马克思和恩格斯在历史地考察了人类社会中的物质生产、人口生产、生命生产等社会性因素之后，紧接着把意识也纳入基本的社会事实和现象之内。马克思和恩格斯说，在我们已经考察了原初的历史的关系的四个因素、四个方面之后，我们才发现：人还有"意识"。③在分析了意识与语言、社会交往的密切关系之后，马克思和恩格斯立即得出结论说：意识一开始就是社会的产物，而且只要人们存在着，它就仍然是这种产物。④恩格斯在《路德维希·费尔巴哈和德国古典哲学的终结》中，也曾历史地追溯和分析过意识从人们的社会生活实践中产生的过程和原因，他说：在远古时代，人们还完全不知道自己身体的构造，并且受梦中景象的影响，于是就产生一种观念：他们的思维和感觉不是他们身体的活动，而是一种独特的、寓于这个身体之中而在人死亡时就离开身体的灵魂的活动。从这个时候起，人们不得不思考这种灵魂对外部世界的关系。⑤由此可见，马克思实践唯物主义对传统自然哲学的批判和超越，自身所固有的历史感，以及实践活动的社会历史性，必然导致马克思主义自觉在社会生活中去寻求意识产生的根源，社会性与历史性也就

---

① 约翰·塞尔：《心灵的再发现》，王巍译，中国人民大学出版社 2005 年版，第 80 页。
② 马克思、恩格斯：《马克思恩格斯选集（第 3 卷）》，中共中央马克思恩格斯列宁斯大林著作编译局编译，人民出版社 2012 年版，第 410-411 页。
③ 马克思、恩格斯：《马克思恩格斯选集（第 1 卷）》，中共中央马克思恩格斯列宁斯大林著作编译局编译，人民出版社 2012 年版，第 160 页。
④ 马克思、恩格斯：《马克思恩格斯选集（第 1 卷）》，中共中央马克思恩格斯列宁斯大林著作编译局编译，人民出版社 2012 年版，第 161 页。
⑤ 马克思、恩格斯：《马克思恩格斯选集（第 4 卷）》，中共中央马克思恩格斯列宁斯大林著作编译局编译，人民出版社 2012 年版，第 229-230 页。

成为马克思主义意识理论对意识的最重要的本质规定。

塞尔等当代心灵哲学家对于意识的考察，更多的是个体发生学研究，侧重于从大脑的神经生理组织阐述机能性意识的产生机理。总体上看，当代心灵哲学的各种理论形式都是围绕着意识是大脑的机能这一核心教条建构的，所不同的是，不同理论形式借以解释机能的科学基础不同，以及对该机能做进一步哲学抽象的不同。以塞尔为例，他主要以生物进化论为基础，解释意识产生的大脑机能，同时，在哲学上把大脑产生意识的机能过程抽象为突现。

最后，马克思主义意识理论蕴含了丰富的人本主义精神。马克思主义意识理论人本主义精神的核心在于，主张只有人的有意识的活动才是自由自觉的活动。有意识意味着有自由，有意识意味着得解放。一方面，马克思主义经典作家通过反复强调意识是人所独有的类特性，动物没有意识，从而赋予了意识人性的光辉。马克思认为：一个种的整体特性、种的类特性就在于生命活动的性质，而自由的有意识的活动恰恰就是人的类特性。[1]有意识的生命活动把人同动物的生命活动直接区别开来。正是由于这一点，人才是类存在物。或者说，正因为人是类存在物，他才是有意识的存在物，就是说，他自己的生活对他来说是对象。仅仅由于这一点，他的活动才是自由的活动。[2]人和绵羊不同的地方只是在于：他的意识代替了他的本能，或者说他的本能是被意识到了的本能。[3]另一方面，马克思主义意识理论通过联系资本主义社会现实，揭示了剩余价值生产活动过程中意识性因素的丧失，批判了近代以来资本主义社会所面临的日益深刻的人的异化生存状态危机。马克思说：人（工人）只有在运用自己的动物机能——吃、喝、生殖，至多还有居住、修饰等等——的时候，才觉得自己在自由活动，而在运用人的机能时，觉得自己只不过是动物。[4]

包括塞尔在内的当代心灵哲学理论，总体上表现出机械主义的风格。由于认

---

[1] 马克思、恩格斯：《马克思恩格斯选集（第1卷）》，中共中央马克思恩格斯列宁斯大林著作编译局编译，人民出版社2012年版，第56页。
[2] 马克思、恩格斯：《马克思恩格斯选集（第1卷）》，中共中央马克思恩格斯列宁斯大林著作编译局编译，人民出版社2012年版，第56页。
[3] 马克思、恩格斯：《马克思恩格斯选集（第1卷）》，中共中央马克思恩格斯列宁斯大林著作编译局编译，人民出版社2012年版，第161-162页。
[4] 马克思、恩格斯：《马克思恩格斯选集（第1卷）》，中共中央马克思恩格斯列宁斯大林著作编译局编译，人民出版社2012年版，第54页。

第十六章 马克思主义意识理论与当代心灵哲学：对话与批判

为意识只不过是神经组织的功能性特征，他们主张，不仅人有意识，动物也有意识，甚至意识也能通过人工模拟的方式出现在机器身上。当代心灵哲学中极端还原论的代表人物克里克曾如此表达过机械主义的意识论，他说：你的喜悦、悲伤、记忆和抱负，你的本体感觉和自由意志，实际上都只不过是一大群神经细胞及其相关分子的机体行为。[1]塞尔尽管反对还原论，主张意识具有主观特性，这种主观特性是神经生理组织突现的结果，但从根本上，塞尔还是没有摆脱当代心灵哲学所内蕴的机械主义风格。因为塞尔的生物自然主义坚持，意识终究是一类自然现象，这类自然现象是生物在进化过程中与环境相互作用产生的相对于环境的生存价值的表型。由此，塞尔认为，意识不仅出现在人身上，"而且我们有足够的证据表明，它也在很多动物物种中出现"[2]。进一步，塞尔还认为人们可以通过人工模拟的方式在实验室中产生出意识，他说："意识完全是由较低层次的生物现象的行为产生的，所以原则上可能在实验环境中通过模拟大脑的因果作用来人工产生意识。"[3]

---

[1] 弗朗西斯·克里克：《惊人的假说——灵魂的科学探索》，汪云九、齐翔林、吴新年等译，湖南科学技术出版社2004年版，第3页。
[2] 约翰·塞尔：《心灵的再发现》，王巍译，中国人民大学出版社2005年版，第78页。
[3] 约翰·塞尔：《心灵的再发现》，王巍译，中国人民大学出版社2005年版，第80页。

结　语

100多年前就已形成的马克思主义意识论，即使用当今认知科学、心灵哲学的眼光来审视，仍不失为一种有自己独立品格的"本体论变革"[①]尝试、一种新颖而彻底的唯物主义。它的"新"和"彻底"不仅表现在它把唯物主义原则全面彻底地推广到了社会历史等领域，而且更重要的是表现在它对世界、对人做了彻底的唯物主义的理解与说明。根据这一新的理论，传统哲学和常识心理学中作为实体或作为独立主体而存在的心灵观念不过是基于错误的想象和类推而形成的"狭隘而愚昧"的观念，"意识""思维"之类的心理语言不过是物质的最高运动形式的另一种描述、指谓方式。这样一来，世界上就真的除了时空中运动的物质以外什么也没有了。因此，它不仅早在今日西方盛行的"本体论变革"之前实施了对二元论幽灵的解构与颠覆，从而发起并完成了本体论变革，而且第一次使唯物主义成为名副其实的唯物主义。与西方其他心灵哲学理论相比，它包含有更多、更丰富的真理颗粒，是人类认识心灵的历史中的重要里程碑，也为我们进一步探讨心灵哲学问题提供了理论出发点和方法论原则。因为它把意识或精神当作整个宇宙特别是种系和个体的历史发展的产物，把意识当作是人脑的机能、属性和产物，当作客观存在的主观反映，肯定精神对人脑乃至外部客观世界的巨大的能动的反作用，因此既坚持了心同一于身、统一于物质从而贯彻了世界的物质统

[①] 当代著名认知科学家斯蒂克等人所创立的一个概念，原指20世纪中叶以来盛行的、以解构传统的心灵观念、颠覆哲学和常识中根深蒂固的二元论、倡导心灵的自然化为宗旨的思潮。参阅 Stich S.*Deconstructing the Mind*. Oxford: Oxford University Press, 1996：94.

一性原则，又肯定了精神的相对独立性，从而坚持了辩证法，避免了机械唯物论、旧唯物主义的还原论的片面性。由于借助了唯物辩证法和唯物史观这两个锐利武器，因而既继承了以前的有关理论中的精华，又超越于旧理论之上。

当然，我们必须承认，马克思主义的生命力在于它的运动和发展，而且历史和现实也提出了发展马克思主义意识论的客观的、紧迫的要求。首先，最近几十年来，与心理、意识现象有关的具体科学如心理学、生理学得到了很大的发展，而且诞生了像认知科学、神经科学、计算机科学这样的一些新兴的部门。它们提供了大量极有价值的、极为丰富的材料，其中有些还需要进一步研究和解释，而有些对某些旧的理论带有否证性，有些为我们建立新的理论提供了基础。此外，作为马克思主义意识论赖以建立和巩固的自然科学基础，即19世纪和20世纪初的生理学、心理学尤其是巴甫洛夫的学说，在现在看来就显得陈旧和不相适应了。这些无疑要求我们站在当代有关自然科学成果的基础上去思考和回答心灵哲学的一系列问题。其次，在有关科学诸如认知科学、计算机科学和神经科学等的推动下，西方心灵哲学研究的问题、范围大大拓展了，认识的水平大大深化和提高了，所形成的理论较20世纪以前则更为丰富和深刻。尽管在西方心灵哲学的发展中，不时出现许多错误的，乃至荒唐至极的学说和观点，但也不乏与马克思主义的意识论相近或可资借鉴、利用的理论和观点，例如各种形式的功能主义、各种形式的同一理论就颇值得我们认真研究、深入思考。再次，由于认识的拓展和深化，当今心灵哲学提出和探讨的问题有许多是经典作家在创立自己的理论的过程时所未曾触及的，从其他子课题的成果，我们就可看到这一点，例如他心知问题、语义学问题、感受性质问题、意向性或心理内容问题、心理因果性问题等。最后，也是最重要的一点，现当代西方心灵哲学在对上述问题做深入探讨的过程中碰到了一些著名难题，有些哲学家为此别出心裁地提出了一些奇特的理论。这些不仅是现当代西方的心灵哲学家关注和争论的中心或焦点，而且对于马克思主义意识论来说也是不可回避、亟待解决的问题，因为它们对马克思主义意识论提出了尖锐的挑战，对马克思主义意识论的存在和发展构成了极大的威胁。然而挑战和威胁对我们而言同时又是机遇。只要我们以马克思主义的基本原则为指导，以开放的视野、以既是倾听者又是诉说者的世界主义精神对待历史的一切优秀心灵哲学成果，同时做出创造性的整合，就不仅可以在解决心灵哲学的世界难题中发出响亮的中国声音，而且能在回应对马克思主义的挑战中将马克思主义的意识论推进到新的高度。

长期以来，国内的马克思主义理论研究中，马克思主义意识理论的重要地位和理论价值并没有受到应有的重视。当前国内关于马克思意识理论研究的一个基本情况是，学界还未成功建构起一个包含了意识、意识形态等基本概念，融合了客观实在性与主观能动性等意识基本特性，统一了生物机体论与社会发生学等意识重要内容的马克思主义意识理论体系。无论是考察当前的马克思主义哲学教科书，还是与之相关的学术论文和著作，关于马克思主义意识理论的具体观点和阐述，在本体论上，往往分属于物质本体论与实践本体论两种不同的本体论预设之下；在认识论中，也常常表现出机械反映论与能动建构论并举的情形。

从国外马克思主义研究的情况来看，马克思主义意识理论也是被误解最多的理论之一。例如，当代著名的西方马克思主义者乔恩·埃尔斯特在通过分析主义的方法论考察马克思主义关于意识的论述后，得出了马克思主义意识理论概念模糊不清、马克思主义意识思想不连贯的错误结论。乔恩·埃尔斯特说：我不知道有任何这样的段落，其中马克思证明了关于意识的一种唯物论理论以及这一理论的任何一个可能的版本，这些版本包括了副现象论（epiphenomenalism），即一种认为精神在本体论上独立于物质但又因果地依赖于物质的观点，以及一种认为精神就是一种不同描述下的物质的同一性理论。[①]

因此，在马克思主义意识理论与当代心灵哲学之间展开对话和批判，一方面对当代心灵哲学克服"落入了技术的或具体学科的层面"[②]，停留于对日常心理词汇的各种用法的琐碎分析，拘泥于心理词汇的烦琐意义、心理陈述的语法、逻辑结构等的分析[③]等缺陷具有重要的理论价值和借鉴意义；另一方面对马克思主义借助现代自然科学最新成果，丰富马克思主义意识理论内容，建构马克思主义意识理论体系，充分发掘马克思主义意识理论现代价值具有积极作用和意义。

基于上述探讨和分析，我们不难发现一条推进心灵哲学发展的出路，那就是

[①] 乔恩·埃尔斯特：《理解马克思》，何怀远等译，中国人民大学出版社2008年版。
[②] 高新民、沈学君：《现代西方心灵哲学》，华中师范大学出版社2010年版，第29页。
[③] 高新民、沈学君：《现代西方心灵哲学》，华中师范大学出版社2010年版，第29页。

依据吸收了心灵哲学最新成果的解读框架，对马克思主义意识论及其所蕴含的心灵哲学思想做出既契合文本真实又与时俱进的解读，然后再以之为指导，综合各种学科、传统、取向和资源，如哲学与科学、自然主义与现象学、求真性取向与价值论取向等，当然也离不开对东西方文化的综合，进而对心灵哲学的广泛问题做出摆脱了西方中心主义的探讨和建构。众所周知，东西方各民族在看待心灵的视角、秉持的心灵观念等方面有明显差异，但都为心灵认识奉献了智慧和真理颗粒，然而其中的一些合理元素由于同各种宗教的、非科学的、神秘主义的因素混杂在一起而长期尘封、不为人知。那么，我们自然会产生这样一些疑问：如何将这些合理元素挖掘、清理出来？在清理之后，我们又如何揭示其潜在的意义？如何将它们整合到深化心灵认识的资源和合力系统之中？如何综合东西方心灵研究的积极成果？如何将这种综合进一步整合到建构当代心灵哲学的复杂体系之中？根据我们上面所说的方法论和思路，这些问题显然可以得到较好的解决。另外，在现当代西方心灵哲学中，占主导地位的理论是各种唯物主义或物理主义理论（当前更多地表现为各种自然主义学说）。有些学者据此认为，现当代西方心灵哲学中出现了一种"向马克思回归"的趋势。但即便如此，我们也要看到：西方心灵哲学中仍有大量与马克思主义哲学不相容甚至对立的内容，有些甚至还构成了挑战和威胁。那么，站在当代中国哲学的舞台上，我们必须思考和回答这样的问题：现当代心灵哲学的发展对马克思主义哲学究竟有什么样的影响？如何应对和化解各种挑战？在深化心灵认识的过程中如何丰富和发展马克思主义哲学（特别是其意识论）？在构建当代心灵哲学体系时如何挖掘、阐发和整合马克思主义意识论的内容？笔者认为，只要坚持我们上面所说的方法，再辅之以扎实的研究，我们就一定能为这些问题找到较圆满的答案。

后　　记

　　心灵哲学，在西方是形而上学，是第一哲学，也是具有强烈自然主义倾向的心智之学，在东方是人学、圣学，是道德境界之学，亦是具有解脱论动机的心性之学。东西方心灵哲学之比较，是一项庞大的、艰巨的、足以磨砺人心的事业。现在，我们在这项事业上迈出了蹒跚的一小步。在这一步中，我们获得的不只是关于人类心灵之认识的累积、拓展和深化，更有对个人心灵之情感、意志、功用、价值及人生意义的深刻体会。

　　本书的撰写主要由我和高新民老师合作完成。高新民老师不但亲自承担大量内容的撰写工作，而且对我负责撰写的内容有很多关键的指导和帮助。在撰写本书的过去这五年，除了一些简单而真挚的祝福和问候，我和高新民老师的每一次见面、通电话、发短信、写邮件、传笔记、递书信都是围绕着"心灵哲学"这一主题展开的，此外便无其他事了。禅宗说照顾话头，这里虽有洋洋洒洒数十万言，但这话头还是照顾到了。除了本书的撰写外，高新民老师在这五年中还承担了另外四部专著的大部分工作和四部原著选辑（包括翻译）的一部分工作，这些工作累计五百八十万言。高新民老师每天早晨五点钟起床，工作至深夜。我常在晚上八九点钟发去书稿，十点多钟收到高老师的意见回复。研究之艰辛难以言表。但能与高老师一起工作，何其幸也！

　　现在终于能为这本书画上一个句号了，虽然自知其中难免有不足甚至错漏之处，但仍感到如释重负。感谢韩璞庚教授、徐弢教授、吴胜锋教授和张孟杰副教授，他们为本书的完成贡献了自己的智慧和力量。我负责本书第一、二、三、八、九、十一、十三、十四章的撰写及全书统稿。高新民老师、张文龙撰写第四、五、六、七、十、十二章。徐弢和吴胜锋分别撰写第十五、十六章。研究生刘凯、张文龙、束海波、罗岩超、何冠岐、肖薇、谭园园、李好笛、陈德升、郭佳佳、常腾飞、王雅俊、王子睿、陈丹丹、夏红莉、王杏蕊、徐琪、卢锐为书稿文字校对贡献了力量。

本书为华中师范大学中央高校基本科研业务费种子基金培育专项"人文信息学与数字人文研究"（CCNU23ZZ008）"成果。

特别感谢科学出版社的邹聪、刘红晋、张楠、刘溪等诸位编辑！

书中错漏之处，请方家不吝指正。

王世鹏
2023 年 9 月 13 日